ERIC KANDEL

Auf der Suche nach dem Gedächtnis

Buch

Zwei Tage nach Eric Kandels neuntem Geburtstag bricht die Gewalt in sein Leben ein. Die Wohnung der Kandels wird von den Nazis geplündert, die jüdische Familie muss aus Österreich fliehen. Gemeinsam mit seinem Bruder trifft Eric Kandel 1939 in New York ein, erst Monate später gelingt es seinen Eltern nachzukommen.

Aus dem Versuch zu begreifen, was ihm geschehen ist, erwächst bei Kandel eine Faszination für die Vergangenheit, für das Erinnern und das Vergessen. Dies führt ihn zunächst zum Studium der Geschichte und Literatur, später dann zu einer intensiven Auseinandersetzung mit der Psychoanalyse. Kandel stößt jedoch rasch an die Grenzen dieses Fachs und wendet sich verstärkt der biologischen Forschung zu; er will mit naturwissenschaftlichen Mitteln erklären, was Freud über psychische Prozesse, das Bewusste und Unbewusste gesagt hat.

Indem Kandel sein Leben Revue passieren läst und seine Entwicklung als Forscher beschreibt, erzählt er zugleich, wie sich die moderne, neurobiologisch fundierte Wissenschaft des menschlichen Bewusstseins entwickelt hat. Eine Autobiografie auf höchstem literarischen Niveau, geschrieben von einem analytischen Meisterdenker und getragen von großer politischer und menschlicher Weitsicht.

Autor

Eric Kandel, geboren 1929 in Wien, ist einer der bedeutendsten Neurowissenschaftler des 20. Jahrhunderts. 1939 emigrierte er mit seiner jüdischen Familie in die USA. Er studierte Geschichte und Literatur an der Harvard University und danach Medizin an der New York University. Seit 1974 ist er Professor an der Columbia University in New York. Für seine Forschung, darunter die Entdeckung eines Proteins, das eine Schlüsselrolle beim Lernen und Erinnern spielt und als »$E=mc^2$ des Geistes« (DIE ZEIT) bezeichnet worden ist, erhielt er im Jahr 2000 den Nobelpreis für Medizin. Kandels Lebens- und Forschungsgeschichte »Auf der Suche nach dem Gedächtnis« wurde unter dem gleichen Titel auch verfilmt.

Eric Kandel

Auf der Suche nach dem Gedächtnis

Die Entstehung einer neuen Wissenschaft des Geistes

Aus dem amerikanischen Englisch
von Hainer Kober

GOLDMANN

Die Originalausgabe erschien 2006
unter dem Titel »In Search of Memory«
bei W. W. Norton & Company, New York.

Dieses Buch ist auch als E-Book erhältlich.

Verlagsgruppe Random House FSC® N001967
Das FSC®-zertifizierte Papier *Lux Cream* für dieses Buch
liefert Stora Enso, Finnland.

2. Auflage
Taschenbuchausgabe März 2014
Wilhelm Goldmann Verlag, München,
in der Verlagsgruppe Random House GmbH

Umschlaggestaltung: UNO Werbeagentur, München
Umschlagfoto: laif / Gaby Gerster
Lektorat und Register: Andrea Böltken, Berlin
Wissenschaftliche Beratung: Prof. Dr. Martin Korte, Braunschweig
KF · Herstellung: Str.
Druck und Einband: CPI – Clausen & Bosse, Leck
Printed in Germany
ISBN 978-3-442-15780-8
www.goldmann-verlag.de

Besuchen Sie den Goldmann Verlag im Netz

Pour Denise

Inhalt

DRITTER TEIL

VIERTER TEIL

FÜNFTER TEIL

SECHSTER TEIL

Vorwort

Die Erklärung des menschlichen Geistes aus biologischer Sicht hat sich im 21. Jahrhundert zu einer der wichtigsten Aufgaben der Naturwissenschaft entwickelt. Wir möchten die biologische Natur von Wahrnehmung, Lernen, Gedächtnis, Denken, Bewusstsein und die Grenzen des freien Willens verstehen. Noch vor wenigen Jahren war es unvorstellbar, dass Biologen in der Lage sein könnten, diese geistigen Prozesse zu erforschen. Bis Mitte des zwanzigsten Jahrhunderts war nicht ernsthaft daran zu denken, dass der Geist, das komplexeste Zusammenspiel von Prozessen im Universum, der biologischen Analyse seine verborgensten Geheimnisse offenbaren könnte, möglicherweise sogar auf molekularer Ebene.

Diese Situation hat sich dank der enormen Fortschritte der Biologie in den letzten fünfzig Jahren gründlich verändert. Die Entdeckung der DNA-Struktur durch James Watson und Francis Crick im Jahr 1953 führte zu einer Revolution in der Biologie und lieferte ihr ein begriffliches System, in dessen Rahmen sich erklären ließ, wie Informationen der Gene die Funktionen der Zelle steuern. Wir erlangten grundlegende Kenntnisse darüber, wie die Gentätigkeit reguliert wird, wie Gene die Proteine produzieren, die wiederum die Arbeitsweise der Zellen bestimmen, und wie die Entwicklung des Organismus die Gene an- und abschaltet und auf diese Weise seinen Körperplan festlegt. Dank dieser außerordentlichen Errungenschaften erlangte die Biologie eine zentrale Stellung in der Ordnung der Naturwissenschaften, vergleichbar mit der Physik und der Chemie.

Voller neuer Kenntnisse und Selbstvertrauen, richteten die Biologen ihre Aufmerksamkeit auf ihr höchstes Ziel: die biologische Erklärung des menschlichen Geistes. Dieser Forschungsansatz, der lange als unwissenschaftlich galt, ist mittlerweile weit gediehen. Wenn Historiker, die sich mit Geistesgeschichte beschäftigen, eines Tages auf die letzten beiden Jahrzehnte des zwanzigsten Jahrhunderts zurückblicken, werden sie sich wahrscheinlich über die überraschende Tatsache auslassen, dass die wertvollsten Einsichten in den menschlichen Geist damals nicht in den Disziplinen gewonnen wurden, die traditionell dafür zuständig sind – Philosophie, Psychologie oder Psychoanalyse –, sondern aus der Verschmelzung dieser Disziplinen mit der Biologie des Gehirns hervorgingen. Vorangetrieben wurde diese neue Synthese in jüngerer Zeit noch durch spektakuläre Fortschritte in der Molekularbiologie. Das Ergebnis ist eine neue Wissenschaft des Geistes, und zwar eine, die sich der Möglichkeiten der Molekularbiologie bedient, um die verbliebenen großen Rätsel des Lebens zu untersuchen.

Diese neue Wissenschaft beruht auf fünf Prinzipien. Erstens: Gehirn und Geist sind untrennbar. Das Gehirn ist ein komplexes biologisches Organ mit großer Rechenkapazität, das unsere Sinneserfahrungen konstruiert, unsere Gedanken und Emotionen reguliert und unsere Handlungen steuert. Das Gehirn ist nicht nur für relativ einfache Veraltensweisen wie Laufen und Essen verantwortlich, sondern auch für komplexe Handlungen, die wir für spezifisch menschlich halten – unter anderem Denken, Sprechen und künstlerisches Schaffen. So gesehen, setzt sich der Geist aus Operationen zusammen, die das Gehirn ausführt, so wie das Gehen sich aus Operationen zusammensetzt, die von den Beinen ausgeführt werden – nur dass die geistigen Operationen unendlich viel komplexer sind.

Zweitens: Jede geistige Funktion im Gehirn – von den einfachsten Reflexen bis zu den kreativsten Akten in Sprache, Musik und bildender Kunst – wird von spezialisierten neuronalen Schaltkreisen in verschiedenen Hirnregionen durchgeführt. Daher sollten wir eigentlich von einer »Biologie der geistigen Prozesse« sprechen, also jener geistigen Operationen, die von diesen spezialisierten neuronalen Schaltkreisen ausgeführt werden, statt – wie es hier aus Gründen der Einfachheit geschieht – von der »Biologie des Geistes«, was eher ein einziges Hirnzentrum suggeriert, das alle geistigen Operationen vornimmt.

Drittens: Alle diese Schaltkreise bestehen aus den gleichen elementaren Signaleinheiten, den Nervenzellen. Viertens: Die neuronalen Schaltkreise verwenden spezifische Moleküle, um Signale in und zwischen Nervenzellen zu erzeugen. Fünftens und letztens: Diese spezifischen Signalmoleküle sind über Millionen Jahre Evolution erhalten geblieben, gewissermaßen »beibehalten« worden. Einige von ihnen waren in den Zellen unserer frühesten Vorfahren zugegen und sind heute in unseren fernsten und primitivsten evolutionären Verwandten anzutreffen: einzelligen Organismen wie Bakterien und Hefe und einfachen Mehrzellern wie Würmern, Fliegen und Schnecken. Um die Bewegungen durch ihre Umwelt zu organisieren, verwenden diese Geschöpfe die gleichen Moleküle, die wir benutzen, um unseren Alltag zu bewältigen und uns an unsere Umgebung anzupassen.

Folglich gewinnen wir durch die neue Wissenschaft des Geistes nicht nur Erkenntnisse über uns selbst – wie wir wahrnehmen, lernen, uns erinnern, fühlen und handeln –, sondern auch eine neue Sicht auf uns selbst im Kontext der biologischen Evolution. Sie lässt uns begreifen, dass sich der menschliche Geist aus Molekülen entwickelt hat, die schon von unseren niederen Vorfahren verwendet wurden, und dass die außerordentliche Beständigkeit der molekularen Mechanismen, welche die verschiedenen Lebensprozesse regulieren, auch für das Leben des Geistes gilt.

Da die Biologie des Geistes so weit reichende Bedeutung für das individuelle und gesellschaftliche Wohlergehen hat, ist sich die wissenschaftliche Gemeinschaft heute weitgehend einig, dass die Biologie des Geistes für das 21. Jahrhundert die Rolle spielen wird, die im zwanzigsten Jahrhundert die Biologie des Gens spielte.

Abgesehen davon, dass sich diese neue Disziplin mit den wichtigsten Fragen befasst, die das abendländische Denken beschäftigen, seit Sokrates und Platon vor mehr als zweitausend Jahren über die Natur geistiger Prozesse spekuliert haben, vermittelt sie uns auch praktische Erkenntnisse, die bis in unseren Alltag hineinwirken. Die Naturwissenschaft ist nicht mehr die ausschließliche Domäne der Naturwissenschaftler. Sie ist zu einem integralen Bestandteil des modernen Lebens und der zeitgenössischen Kultur geworden. Fast täglich bringen die Medien wissenschaftliche Informationen, die von Laien kaum noch verstanden werden können. Die Menschen lesen über Gedächtnisverlust, der durch die Alzheimer-Krankheit verursacht wird, und über altersbedingte Gedächtnisausfälle und versuchen, häufig vergeblich, den Unterschied zwischen diesen beiden Gedächtnisstörungen zu verstehen – die eine progressiv und verheerend, die andere vergleichsweise harmlos. Sie hören von *Cognitive Enhancers* – Medikamenten zur Steigerung der intellektuellen Leistungsfähigkeit –, wissen aber nicht, was sie von ihnen zu erwarten haben. Man sagt ihnen, die Gene würden das Verhalten beeinflussen, und Störungen dieser Gene könnten geistige und neurologische Erkrankungen hervorrufen, aber sie erfahren nicht, wie diese Gene das anstellen. Und dann heißt es, geschlechterbedingte Begabungsunterschiede beeinflussten die Bildungs- und

Berufschancen von Männern und Frauen. Folgt daraus, dass Männer und Frauen unterschiedliche Gehirne haben? Lernen Männer anders als Frauen?

Im Laufe ihres Lebens müssen die meisten Menschen wichtige private und öffentliche Entscheidungen treffen, die ein biologisches Verständnis des Geistes voraussetzen. Einige dieser Entscheidungen werden aus dem Versuch erwachsen, die Spielarten normalen menschlichen Verhaltens zu begreifen, andere werden ernstere geistige und neurologische Störungen betreffen. Daher ist es wichtig, dass jeder in klarer, verständlicher Form Zugang zu den neuesten und verlässlichsten wissenschaftlichen Informationen hat. Ich teile die heute in der wissenschaftlichen Gemeinschaft vorherrschende Auffassung, dass wir die Pflicht haben, die Öffentlichkeit mit solchen Informationen zu versorgen.

Schon früh in meiner Tätigkeit als Neurowissenschaftler fiel mir auf, dass naturwissenschaftliche Laien genauso begierig sind, etwas über die neue Wissenschaft des Geistes zu erfahren, wie wir Wissenschaftler darauf brennen, diese Dinge zu erklären. Vor diesem Hintergrund verfassten James H. Schwartz, ein Kollege von der Columbia University, und ich *Principles of Neural Science,* eine Einführung für Medizinstudenten, die jetzt in ihre fünfte Auflage geht. Das Erscheinen dieses Buches zog Einladungen nach sich, neurowissenschaftliche Vorträge vor allgemeinem Publikum zu halten, eine Erfahrung, die mir zeigte, dass Nichtwissenschaftler durchaus bereit sind, sich um das Verständnis der zentralen neurowissenschaftlichen Fragen zu bemühen, *wenn* die Neurowissenschaftler ihrerseits bereit sind, sich um die Erklärung dieser Fragen zu bemühen. Dieses Buch ist daher für Leser ohne Vorkenntnisse als Einführung in die neue Naturwissenschaft des Geistes geschrieben. Ich möchte auf einfache Art erläutern, wie sich diese neue Disziplin aus den Theorien und Beobachtungen früherer Forscher zu der Experimentalwissenschaft entwickelte, die die Biologie heute ist.

Ein weiterer Anstoß zur Niederschrift dieses Buchs ergab sich im Herbst 2000, als mir das Privileg zuteil wurde, für meinen Beitrag zur Erforschung der Gedächtnisspeicherung im Gehirn den Nobelpreis in Physiologie oder Medizin verliehen zu bekommen. Alle Nobelpreisträger werden aufgefordert, einen autobiographischen Aufsatz zu schreiben. Bei dieser Gelegenheit erkannte ich deutlicher denn je, dass erstens mein Interesse an der Natur des Gedächtnisses in meinen Wiener Kindheitserfahrungen wurzelt und zweitens ich durch meine Forschung an einer historisch bedeutsamen Periode der wissenschaftlichen Entwicklung teilnehmen und ich mich einer außergewöhnlichen internationalen Gemeinschaft von biologischen Forschern zurechnen durfte. Im Zuge meiner Arbeit habe ich einige hervorragende Wissenschaftler kennen gelernt, die an vorderster Front der revolutionären Entwicklungen in Biologie und Neurowissenschaft tätig waren und sind. Durch den Austausch mit ihnen ist meine eigene Arbeit nachhaltig beeinflusst worden.

Daher verflechte ich in diesem Buch zwei Geschichten miteinander. Da ist zum einen die Chronik der außerordentlichen Fortschritte in der Wissenschaft des Geistes, die während der letzten fünfzig Jahre erzielt wurden. Und zum anderen ist es die Geschichte meines Lebens und meiner wissenschaftlichen Tätigkeit während der letzten fünf Jahrzehnte, die der Frage nachgeht, wie frühe Erlebnisse in Wien mein Interesse am Gedächtnis weckten, ein Interesse, das zunächst zur Beschäftigung mit der Geschichte und der Psychoanalyse führte, dann mit der Biologie des Gehirns und schließlich mit den zellulären und molekularen Gedächtnisprozessen. Mithin berichtet das vorliegende Buch, wie sich mein persönliches Bemühen um ein Verständnis des Gedächtnisses mit einem der bedeutendsten wissenschaftlichen Unterfangen aller Zeiten verschränkte – dem Versuch, den Geist auf zell- wie auf molekularbiologischer Ebene zu ergründen.

Erster Teil

Nicht die buchstäbliche Vergangenheit regiert uns – es wäre denn, möglicherweise, im biologischen Sinne. Vielmehr sind es die Vorstellungen von solcher Vergangenheit. Sie aber sind oftmals so komplex strukturiert und so selektiv wie die Mythen. Bilder und symbolhafte Vorstellungen der Vergangenheit sind unserem Empfindungsvermögen nahezu in der Art genetischer Informationen aufgeprägt. Jedes neue Zeitalter der Geschichte bespiegelt sich im Bilde und der weiterwirkenden Mythologie der eigenen Vergangenheit …

George Steiner, *In Blaubarts Burg*

KAPITEL 1

Persönliche Erinnerung und die Biologie der Gedächtnisspeicherung

Erinnerung hat mich schon immer fasziniert. Überlegen Sie mal! Sie können sich nach Belieben Ihren ersten Tag in einer neuen Schule, Ihr erstes Rendezvous, Ihre erste Liebe ins Gedächtnis rufen. Dabei erinnern Sie sich nicht nur an das Ereignis, sondern erleben auch die Atmosphäre, in der es stattfand – die Bilder, Geräusche und Gerüche, das soziale Umfeld, die Tageszeit, die Gespräche, die emotionale Tonlage. Die Erinnerung ist eine Form der geistigen Zeitreise; sie befreit uns von den Fesseln von Zeit und Raum und gestattet uns den Aufbruch in vollkommen andere Dimensionen.

Dank der geistigen Zeitreise kann ich die Niederschrift dieses Satzes in meinem Arbeitszimmer über dem Hudson River hinter mir lassen und mich 67 Jahre zurück katapultieren, ostwärts über den Atlantik nach Wien, wo ich geboren wurde und wo meine Eltern einen kleinen Spielwarenladen betrieben.

Es ist der 7. November 1938, mein neunter Geburtstag. Meine Eltern haben mir gerade ein Geschenk gemacht, nach dem ich mich schon ewig sehne: ein batteriebetriebenes, ferngesteuertes Modellauto. Es ist ein schönes, blau glänzendes Gefährt. Es hat ein langes Kabel, das den Motor mit einem Steuerrad verbindet, mit dessen Hilfe ich die Bewegungen des Autos, sein Geschick, lenken kann. Während der nächsten zwei Tage lasse ich den Wagen überall in unserer kleinen Wohnung umherfahren – durch das Wohnzimmer, in den Essbereich und um die Beine des Esstischs, an dem meine Eltern, mein älterer Bruder und ich jeden Tag zum Abendessen Platz nehmen, ins Schlafzimmer und wieder hinaus. Mit großem Vergnügen und wachsendem Selbstvertrauen bediene ich das Steuer.

Doch meine Freude ist nur von kurzer Dauer. Zwei Tage später werden wir am frühen Abend durch lautes Hämmern an der Wohnungstür aufgeschreckt. Noch heute habe ich das Bummern im Ohr. Mein Vater ist noch nicht aus dem Geschäft zurück, daher öffnet meine Mutter die Tür. Zwei Männer treten ein. Sie weisen sich als Nazi-Polizisten aus und befehlen uns, ein paar Sachen zusammenzupacken und die Wohnung zu verlassen. Sie nennen uns eine Adresse und sagen, dort würden wir bis auf weiteres untergebracht. Meine Mutter und ich packen nur Wäsche zum Wechseln und Toilettenartikel ein, während mein Bruder die Geistesgegenwart besitzt, seine beiden wertvollsten Besitztümer mitzunehmen: seine Briefmarken- und seine Münzsammlung.

Mit diesen wenigen Habseligkeiten gehen wir einige Häuserblocks weiter zu einem älteren, wohlhabenderen jüdischen Ehepaar, das wir noch nie gesehen haben. Die große Wohnung mit den schönen Möbeln finde ich sehr elegant, und der Hausherr beeindruckt mich. Er trägt ein üppig verziertes Nachtgewand, wenn er zu Bett geht, ganz anders als die Pyjamas meines Vaters, und er schläft mit einer Nachtmütze, die seine Frisur, und mit einer Vorrichtung auf der Oberlippe, die seinen Schnurrbart in Form hält. Obwohl wir in ihre Privatsphäre eindringen, sind unsere unfreiwilligen Gastgeber rücksichtsvoll und freundlich. Trotz ihres Reichtums sind auch sie ängstlich und besorgt wegen der Ereignisse, die uns zu ihnen geführt haben. Meiner Mutter ist es peinlich, dass wir unseren Gastgebern zur Last fallen; sie ist überzeugt, dass es ihnen wahrscheinlich ebenso unangenehm ist, plötzlich drei Fremde aufgedrängt zu bekommen, wie es uns ist, dort zu sein. Ich erinnere mich lebhaft an meine Verwirrung und Furcht während unseres Aufenthaltes in der sorgfältig eingerichteten Wohnung der beiden. Doch was uns dreien wirklich Angst macht, ist nicht der Umstand, dass wir bei Fremden leben, sondern die Tatsache, dass mein Vater plötzlich verschwunden ist – und wir haben keine Ahnung, wo er ist.

Nach einigen Tagen dürfen wir endlich nach Hause. Doch die Wohnung, in die wir zurückkehren, ist nicht die, die wir verlassen haben. Sie ist geplündert worden, alles, was irgendeinen Wert hat, hat man fortgeschafft – den Pelzmantel meiner Mutter, ihren Schmuck, unser Silberbesteck, die Tischwäsche aus Spitze und alle meine Geburtstagsgeschenke, auch mein schönes, glänzendes blaues Auto mit der Fernsteuerung. Zu unserer großen Erleichterung aber taucht mein Vater am 19. November auf, einige Tage nachdem wir wieder in unserer Wohnung sind. Er erzählt uns, er sei mit Hunderten von anderen jüdischen Männern zusammengetrieben und in einer Kaserne eingesperrt worden. Er wurde freigelassen, weil er beweisen konnte, dass er im Ersten Weltkrieg als Soldat in der österreichisch-ungarischen Armee gedient und an der Seite Deutschlands gekämpft hatte.

Die Erinnerungen an diese Tage – als ich mein Auto mit wachsendem Selbstvertrauen durch die Wohnung lenkte, das Hämmern an der Tür hörte, mit meiner Mutter und meinem Bruder von den Nazi-Polizisten in eine andere Wohnung geschickt wurde, sah, dass man unser Eigentum gestohlen hatte, erlebte, wie mein Vater verschwand und zurückkehrte – sind die eindrücklichsten Erinnerungen meiner Kindheit. Später begriff ich, dass diese Ereignisse mit der »Kristallnacht«, der Reichspogromnacht, zusammenfielen, jener unheilvollen Nacht, in der nicht nur die Fenster unserer Synagoge und das Schaufenster im Wiener Geschäft meiner Eltern in Scherben gingen, sondern auch zahllose Juden in der deutschsprachigen Welt ihr Leben verloren.

Rückblickend betrachtet, hatte meine Familie Glück. Verglichen mit dem Leid von Millionen Juden, die keine Wahl hatten und im von den Nazis beherrschten Europa bleiben mussten, war unseres unbedeutend. Nach einem demütigenden und angsteinflößenden Jahr konnten Ludwig, der damals vierzehn war, und ich Wien verlassen, um bei unseren Großeltern in New York zu leben. Unsere Eltern kamen ein halbes Jahr später nach. Obwohl wir nur ein Jahr unter der NS-Herrschaft gelebt hatten, wurde diese Zeit meines Lebens durch die Bestürzung, Demütigung und Angst, die ich damals empfand, prägend für mich.

ES IST SCHWIERIG, DIE KOMPLEXEN INTERESSEN UND HANDLUNGEN eines Erwachsenenlebens auf bestimmte Erfahrungen in Kindheit und Jugend zurückzuführen. Trotzdem bin ich davon überzeugt, dass mein späteres Faible für den menschlichen Geist – dafür, wie sich Menschen verhalten, wie unberechenbar ihre Motive und wie dauerhaft Erinnerungen sind – auf mein letztes Jahr in Wien zurückgeht. Nach dem Holocaust lautete ein Motto der Juden »Niemals vergessen!«, wachsam gegen Antisemitismus, Rassismus und Hass zu sein, gegen jene Geisteshaltungen, welche die NS-Gräuel erst ermöglicht hatten. Meine wissenschaftliche Arbeit widmet sich den biologischen Grundlagen dieses Mottos: den Prozessen im Gehirn, die uns zur Erinnerung befähigen.

Ihren ersten Niederschlag fanden meine Erinnerungen an dieses Wiener Jahr, noch bevor ich mich für die Naturwissenschaft zu begeistern begann. Ich studierte an einem College in den Vereinigten Staaten und hatte ein unstillbares Interesse an österreichischer und deutscher Zeitgeschichte.

Historiker wollte ich werden. Ich mühte mich zu begreifen, in welchem politischen und kulturellen Kontext diese unheilvollen Ereignisse stattgefunden hatten, wie ein Volk, das in dem einen Augenblick seinen Sinn für Kunst und Musik bewies, im nächsten barbarische Handlungen von unfassbarer Grausamkeit begehen konnte. In mehreren Semesterarbeiten setzte ich mich mit österreichischer und deutscher Geschichte auseinander, unter anderem – in einer Abschlussarbeit – mit der Reaktion deutscher Schriftsteller auf den Aufstieg des Nationalsozialismus.

1951/52, in meinem letzten Jahr auf dem College, schlug mich die Psychoanalyse in ihren Bann, eine Disziplin, die es sich zur Aufgabe macht, Schicht um Schicht der persönlichen Erinnerungen und Erfahrungen abzulösen, um die häufig irrationalen Wurzeln menschlicher Motive, Gedanken und Verhaltensweisen zu verstehen. Anfang der fünfziger Jahre waren die meisten praktizierenden Psychoanalytiker auch Ärzte. Daher entschloss ich mich zum Medizinstudium und kam dort mit der Revolution in Berührung, welche die Biologie gerade erlebte. Plötzlich erschien es durchaus denkbar, dass die grundlegenden Geheimnisse über die Natur des Lebens gelüftet werden könnten.

Mein erstes Studienjahr war noch nicht um, da wurde 1953 die Struktur der DNA entdeckt. Nun konnten die genetischen und molekularen Funktionen der Zelle erforscht werden. Im Laufe der Zeit sollten diese Untersuchungen auch auf die Zellen ausgedehnt werden, aus denen das menschliche Gehirn, das komplexeste Organ im Universum, besteht. Damals erwog ich zum ersten Mal, das Geheimnis von Lernen und Gedächtnis mit biologischen Mitteln zu ergründen. Wie hinterließ die Wiener Vergangenheit ihre bleibenden Spuren in den Nervenzellen meines Gehirns? Wie war der komplexe dreidimensionale Raum der Wohnung, durch den ich mein Spielzeugauto lenkte, mit der inneren Repräsentation verwoben, die mein Gehirn von der räumlichen Welt um mich herum anlegte? Wie vermochte der Schrecken das Hämmern an unserer Wohnungstür so dauerhaft in das molekulare und zelluläre Gefüge meines Gehirns einzubrennen, dass ich das Erlebnis mehr als ein halbes Jahrhundert später in allen visuellen und emotionalen Einzelheiten wieder aufleben lassen kann? Diese Fragen, die noch vor einer Generation nicht zu beantworten waren, sind für die neue Biologie des Geistes ein ergiebiges Terrain.

Die Revolution, die mich während des Medizinstudiums so beeindruckte, verwandelte die Biologie aus einer weitgehend deskriptiven Disziplin in ein geschlossenes naturwissenschaftliches Gebäude, das fest auf dem Fundament von Genetik und Biochemie ruht. Vor der Entwicklung der Molekularbiologie hatten sich drei voneinander unabhängige Ideen durchgesetzt: die darwinistische Evolutionslehre, nach der Menschen und andere Tiere sich allmählich aus einfacheren, ihnen vollkommen unähnlichen tierischen Vorfahren entwickelt haben; die Vorstellung, dass die Vererbung von Körperformen und geistigen Merkmalen auf genetischer Basis vonstatten geht, und die Theorie, dass die Zelle die Grundeinheit aller Lebewesen ist. Die Molekularbiologie vereinigte diese drei Ideen, indem sie die Funktionsweise von Genen und Proteinen in einzelnen Zellen untersuchte. Sie erkannte, dass das Gen als Erbeinheit die treibende Kraft der evolutionären Veränderung darstellt und dass die Produkte des Gens, die Proteine, den Zellfunktionen zugrunde liegen. Indem die Molekularbiologie die Grundelemente von Lebensprozessen untersuchte, förderte sie zu Tage, was allen Lebensformen gemeinsam ist. Die Molekularbiologie fasziniert uns noch stärker als die Quantenmechanik oder die Kosmologie – die beiden anderen Forschungsfelder, die im zwanzigsten Jahrhundert tief greifende Umwälzungen erlebten –, weil sie unmittelbar in unseren Alltag hineinwirkt. Sie hat mit dem Kern unserer Identität zu tun, mit der Frage, wer wir sind.

In den fünfzig Jahren meiner beruflichen Tätigkeit hat die neue Biologie des Geistes allmählich Gestalt angenommen. Das begann mit ersten Schritten in den sechziger Jahren, als die Philosophie des Geistes, die behavioristische Psychologie (die Untersuchung einfacher Verhaltensweisen an Versuchstieren) und die kognitive Psychologie (die Untersuchung komplexer geistiger Phänomene an Menschen) miteinander verschmolzen und damit der modernen kognitiven Psychologie den Weg bereiteten, dem Versuch, in den komplexen geistigen Prozessen der verschiedensten Tiere – von Mäusen über Affen bis hin zu Menschen – gemeinsame Elemente zu finden. Dieser Ansatz wurde später auf einfachere wirbellose Tiere wie Schnecken, Bienen und Fliegen ausgedehnt. Die neue Disziplin war so streng experimentell wie breit gefächert. Sie befasste sich mit einem ganzen Spektrum von Verhaltensweisen, von einfachen Reflexen bei wirbellosen Tieren bis zu den komplexesten geistigen Prozessen bei Menschen, etwa der Natur der Aufmerksamkeit, des Bewusstseins und des freien Willens, Fragen also, für die traditionell die Psychoanalyse zuständig ist.

In den siebziger Jahren gingen die kognitive Psychologie, die Wissenschaft des Geistes und die Neurowissenschaft, die Wissenschaft des Gehirns, ineinander auf. Das Ergebnis war die kognitive Neurowissenschaft, ein Fachgebiet, das biologische Methoden zur Erforschung geistiger Prozesse in die moderne kognitive Psychologie einführte. In den achtziger Jahren erzielte die kognitive Neurowissenschaft wiederum enorme Fortschritte dank neuer bildgebender Verfahren zur Darstellung des Gehirns. Diese Technik ließ für die Neurowissenschaftler einen Traum Realität werden: mittels Neuroimaging in das menschliche Gehirn hineinsehen und die Aktivität in verschiedenen Hirnregionen beobachten zu können, während menschliche Versuchspersonen höhere geistige Tätigkeiten ausüben – sich ein Bild vergegenwärtigen, sich einen räumlichen Weg ausmalen oder eine willkürliche Handlung ausführen. Beim Neuroimaging werden Hinweise für neuronale Aktivität verzeichnet: Die Positronenemissionstomographie (PET) ermittelt den Energieverbrauch des Gehirns, und die funktionelle Kernspintomographie (funktionelle Magnetresonanztomographie, fMRT) misst seinen Sauerstoffverbrauch. Anfang der achtziger Jahre machte sich die kognitive Neurowissenschaft wiederum die Molekularbiologie zu Eigen, was zu einer neuen Naturwissenschaft des Geistes führte – einer Molekularbiologie der Kognition –, die uns die Möglichkeit eröffnet hat, geistige Prozesse wie Denken, Fühlen, Lernen und Erinnern auf molekularer Ebene zu erforschen.

JEDE REVOLUTION HAT IHRE URSACHEN IN DER VERGANGENHEIT, UND die Revolution, die in der neuen Wissenschaft des Geistes gipfelte, macht da keine Ausnahme. Mochte die entscheidende Rolle der Biologie bei der Untersuchung geistiger Prozesse auch neu sein; die Art, wie wir uns selber sehen, hat sie schon des Öfteren beeinflusst. Mitte des neunzehnten Jahrhunderts vertrat Charles Darwin die These, wir seien nicht einmalig erschaffen worden, sondern hätten uns allmählich aus niederen tierischen Vorfahren entwickelt. Mehr noch, er behauptete, alles Leben lasse sich auf einen gemeinsamen Vorfahren zurückführen – den ganzen Weg zurück bis zur Entstehung des Lebens. Und er ging noch weiter: Hinter der Evolution stecke als treibende Kraft keine bewusste, intelligente oder göttliche Absicht, sondern der »blind« arbeitende Prozess der natürlichen Selektion, eine vollkommen mechanische, auf den Zufall zurückgehende Auslese. Versuch und Irrtum auf der Grundlage von genetischen Variationen.

Darwins Ideen standen in direktem Widerspruch zu den Lehren der meisten Religionen. Da der ursprüngliche Zweck der Biologie darin bestanden hatte, den göttlichen Plan der Natur zu erklären, zerriss seine

Theorie das historische Band zwischen Religion und Biologie. Am Ende sollte die moderne Biologie uns den Glauben daran abverlangen, dass die Lebewesen in all ihrer Schönheit und unendlichen Vielfalt lediglich das Produkt immer wieder neu kombinierter Nukleotidbasen sind, aus denen sich der genetische Code der DNA zusammensetzt. Selektiert wurden diese Kombinationen über Jahrmillionen im Kampf der Organismen um Überleben und erfolgreiche Fortpflanzung.

Die neue Biologie des Geistes ist möglicherweise noch verstörender, weil sie davon ausgeht, dass sich nicht nur unser Körper im Zuge der Evolution aus unseren tierischen Vorfahren entwickelt hat, sondern auch unser Geist mitsamt der spezifischen Moleküle, die unseren höchsten geistigen Prozessen zugrunde liegen – dem Bewusstsein von uns selbst und anderen, dem Bewusstsein von Vergangenheit und Zukunft. Ferner wird in der neuen Biologie die Ansicht vertreten, dass Bewusstsein ein biologischer Prozess ist, den wir irgendwann durch molekulare Signalbahnen erklären können, die von interagierenden Nervenzellpopulationen benutzt werden.

Die meisten Menschen haben keine Probleme damit, die Ergebnisse der Experimentalforschung zu akzeptieren, sofern sie sich auf andere Teile des Körpers beziehen. Mit der Erkenntnis, dass das Herz nicht der Sitz der Gefühle ist, sondern ein Muskelorgan, das Blut durch das Kreislaufsystem pumpt, können wir beispielsweise gut leben. Doch die Vorstellung, dass menschlicher Geist und Spiritualität von einem physischen Organ – dem Gehirn – erzeugt werden, ist für einige Leute neu und befremdlich. Es fällt ihnen schwer zu glauben, dass das Gehirn ein informationsverarbeitendes Organ ist, dessen wunderbare Leistungsfähigkeit nicht aus seinem Geheimnis, sondern aus seiner Komplexität erwächst – aus der ungeheuren Zahl, Vielfalt und Interaktion seiner Nervenzellen.

Für Biologen, die sich mit dem Gehirn befassen, verliert der Geist nichts von seinem Vermögen oder seiner Schönheit, nur weil man experimentelle Methoden auf das menschliche Verhalten anwendet. Ebenso wenig befürchten sie, der Geist könnte durch eine reduktionistische Analyse, also dadurch, dass man die einzelnen Teilelemente und -funktionen des Gehirns auflistet, trivialisiert werden. Im Gegenteil, die meisten Forscher sind überzeugt, dass die biologische Analyse unsere Achtung für die Fähigkeiten und die Komplexität des Geistes noch erhöhen wird.

Tatsächlich kann sich die neue Wissenschaft des Geistes durch die Vereinigung von behavioristischer und kognitiver Psychologie, von neuronaler Wissenschaft und Molekularbiologie nun mit philosophischen Fragen auseinandersetzen, mit denen ernsthafte Denker seit Jahrtausenden ringen: Wie erlangt der Geist Kenntnis von der Welt? Inwieweit wird Geist vererbt? Legen angeborene geistige Funktionen fest, wie wir die Welt erfahren? Welche physischen Veränderungen vollziehen sich im Gehirn, wenn wir lernen und uns erinnern? Wie wird aus einer Erfahrung, die nur Minuten dauert, eine lebenslange Erinnerung? Bislang die Domäne der spekulativen Metaphysik, können Fragen wie diese jetzt mit den Mitteln der Experimentalforschung auf fruchtbare Art und Weise untersucht werden.

WELCHE EINSICHTEN UNS DIE NEUE NATURWISSENSCHAFT DES GEISTES verschaffen kann, zeigt sich am deutlichsten an unseren Erkenntnissen über die molekularen Mechanismen, mit deren Hilfe das Gehirn Erinnerungen speichert. Das Gedächtnis – das Vermögen, Informationen unterschiedlichster Art zu erwerben und zu speichern, von so einfachen wie den Routinehandlungen unseres Alltags bis hin zu so komplexen wie den abstrakten Wissensbereichen der Geographie oder Algebra – zählt zu den bemerkenswertesten Aspekten des menschlichen Verhaltens. Dank des Gedächtnisses können wir die Probleme unseres Alltags lösen, indem es uns mehrere Tatsachen gleichzeitig vor Augen führt, eine Fähigkeit, die für die Problemlösung von entscheidender Bedeutung ist. Allgemeiner betrachtet, versieht das Gedächtnis unser Leben mit Kontinuität. Es liefert uns ein zusammenhängendes Bild der Vergangenheit, das unsere aktuelle Erfahrung in ein Verhältnis rückt. Das Bild mag nicht vernünftig oder exakt sein, aber es überdauert. Ohne die bindende Kraft des Gedächtnisses würde die Erfahrung in ebenso viele Bruchstücke zersplittern, wie es Momente im Leben gibt. Ohne die geistige Zeitreise, die das Gedächtnis ermöglicht, wären wir uns unserer persönlichen Geschichte nicht bewusst, könnten uns nicht an die Freuden erinnern, die uns als Leuchtmarkierungen unseres Lebens dienen. Das, was wir lernen und woran wir uns erinnern, macht uns zu dem, der wir sind.

Unsere Gedächtnisprozesse nutzen uns am meisten, wenn sie uns die mühelose Erinnerung an die freudvollen Ereignisse in unserem Leben erleichtern und die emotionale Belastung traumatischer Ereignisse und Enttäuschungen weitgehend ersparen. Doch manchmal erweisen sich schreckliche Erinnerungen als hartnäckig und beeinträchtigen das Leben der Betroffenen, so zum Beispiel bei der posttraumatischen Belastungsstörung, einem Zustand, unter dem manche Menschen leiden, die entsetzliche Erlebnisse hinter sich haben – den Holocaust, Krieg, Vergewaltigung oder Naturkatastrophen.

Das Gedächtnis ist von entscheidender Bedeutung nicht nur für die individuelle Kontinuität, sondern auch für die Übermittlung von Kultur, für die Entwicklung und Beständigkeit von Gesellschaften über die Jahrhunderte hinweg. Obwohl die Größe und Struktur des menschlichen Gehirns sich nicht verändert hat, seit *Homo sapiens* vor rund 150 000 Jahren in Ostafrika auftauchte, haben sich die Lernfähigkeiten einzelner Menschen und ihr historisches Gedächtnis im Laufe der Jahrhunderte durch kollektives Lernen erweitert – das heißt, durch die Übermittlung von Kultur. Die kulturelle Evolution, eine nichtbiologische Form der Anpassung, dient parallel zur biologischen Evolution dazu, Wissen aus der Vergangenheit und adaptives Verhalten von einer Generation auf die nächste zu übertragen. Alle menschlichen Errungenschaften, von der Antike bis in die Neuzeit, sind das Ergebnis eines kollektiven Gedächtnisses, das durch schriftliche Aufzeichnungen oder gewissenhafte mündliche Überlieferung im Laufe von Jahrhunderten zusammengetragen wurde.

Ganz ähnlich, wie das gemeinsame Gedächtnis unser individuelles Leben bereichert, zerstört Gedächtnisverlust unser Gefühl für unser Selbst, unser Ich-Empfinden. Er durchtrennt die Verbindung mit der Vergangenheit und mit anderen Menschen und kann den Säugling in seiner Entwicklung ebenso nachhaltig beeinträchtigen wie den reifen Erwachsenen. Down-Syndrom, Alzheimer-Krankheit und altersbedingter Gedächtnisverlust sind vertraute Beispiele für die vielen Krankheiten, die das Gedächtnis befallen können. Wir wissen heute, dass Gedächtnisdefekte auch zu psychiatrischen Störungen beitragen: Schizophrenie, Depression und Angstzustände gehen mit Beeinträchtigungen der Gedächtnisfunktion einher.

Die neue Wissenschaft des Geistes lässt darauf hoffen, dass wir mit wachsendem Verständnis für die Biologie des Gedächtnisses auch bessere Behandlungsmethoden für Gedächtnisverlust und dauerhaft belastende Erinnerungen entwickeln können. Tatsächlich dürfte die neue Wissenschaft für viele Bereiche des Gesundheitswesens praktische Bedeutung haben. Ihr Ziel geht über die Linderung verheerender Krankheiten jedoch weit hinaus. Die neue Naturwissenschaft des Geistes versucht, das Rätsel des Bewusstseins zu lüften, und schreckt auch vor dem größten Geheimnis nicht zurück: der Frage, wie das Gehirn eines jeden Menschen das Bewusstsein eines einzigartigen Selbst und das Empfinden eines freien Willens erzeugt.

KAPITEL 2

Kindheit in Wien

Zur Zeit meiner Geburt war Wien das wichtigste Kulturzentrum der deutschsprachigen Welt, ein Rang, der ihm allenfalls von Berlin streitig gemacht wurde. Wien wurde wegen seiner Musiker und Maler gerühmt und war außerdem die Wiege der Schulmedizin, der Psychoanalyse und vieler Ansätze der modernen Philosophie. Die lange Gelehrtentradition der Stadt förderte Experimentierfreudigkeit in Literatur, Naturwissenschaft, Musik, Architektur, Philosophie und bildender Kunst. Denker verschiedenster Art hatten hier gelebt und gewirkt, unter anderem Sigmund Freud, der Vater der Psychoanalyse, bedeutende Schriftsteller wie Robert Musil und Elias Canetti sowie wichtige Wegbereiter der modernen Philosophie, etwa Ludwig Wittgenstein und Karl Popper.

Wiens kulturelles Leben war ungewöhnlich lebhaft und kreativ und verdankte sich seit jeher zu einem guten Teil seinen jüdischen Einwohnern. Der Zusammenbruch dieser spezifischen Kultur im Jahr 1938 hat mein Leben nachhaltig geprägt – sowohl durch das, was ich in diesem Jahr erlebte, als auch durch das, was ich seither über die Stadt und ihre Geschichte erfahren habe. Dadurch hat sich nicht nur meine Wertschätzung für die Stadt, sondern auch meine Trauer über ihren Untergang vertieft, zumal es sich um die Stätte meiner Geburt, meine Heimat handelt.

Meine Eltern lernten sich in Wien kennen und heirateten 1923 (Abbildung 2.1), kurz nachdem mein Vater seinen Spielzeugladen im 18. Bezirk in der Kutschkergasse (Abbildung 2.2) eröffnet hatte, einer verkehrsreichen Straße, zu der auch der Kutschkermarkt, ein Wochenmarkt, gehörte. Mein Bruder Ludwig wurde 1924 geboren, ich fünf Jahre später (Abbildung 2.3). Wir lebten in einer kleinen Wohnung in der Severingasse im 9. Bezirk, einer Mittelschichtgegend in der Nähe der Medizinischen Universität und unweit der Berggasse 19, der Adresse von Sigmund Freud. Da

2.1 Meine Eltern Charlotte und Hermann Kandel zur Zeit ihrer Heirat im Jahr 1923.

2.2 Das Spielzeug- und Koffergeschäft meiner Eltern in der Kutschkergasse. Meine Mutter mit mir oder vielleicht auch meinem Bruder.

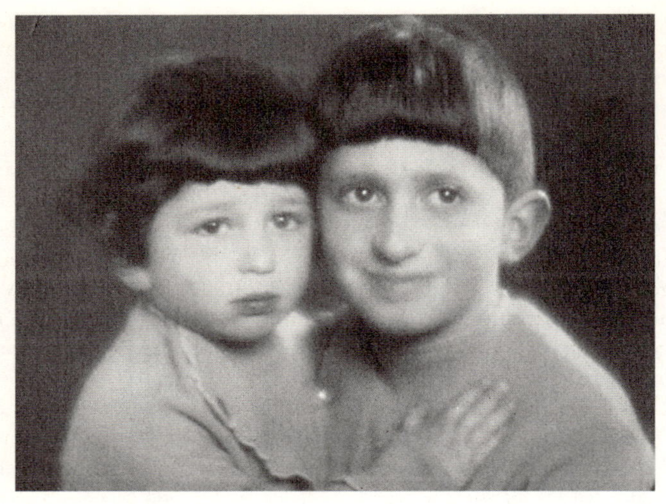

2.3 Mein Bruder und ich im Jahr 1933. Ich war drei Jahre, Ludwig acht Jahre alt.

beide Eltern im Laden arbeiteten, hatten wir zu Hause nacheinander eine Reihe von Hausmädchen.

Ich ging in einer Straße zur Schule, die sinnigerweise Schulgasse hieß und auf halbem Weg zwischen unserer Wohnung und dem Laden meiner Eltern lag. Wie die meisten Volksschulen in Wien folgte sie einem traditionellen, anspruchsvollen Lehrplan. Ich trat immer in die schulischen Fußstapfen meines außergewöhnlich begabten Bruders, der dieselben Lehrer wie ich hatte. Während meiner ganzen Kindheit in Wien war ich der Überzeugung, dass Ludwig eine geistige Virtuosität besaß, die ich nie würde erreichen können. Als ich Lesen und Schreiben lernte, begann er mit Griechisch, leistete Beachtliches auf dem Klavier und baute Radioapparate.

Einige Tage bevor Hitler 1938 seinen triumphalen Einmarsch in Wien inszenierte, hatte Ludwig seinen ersten Kurzwellenempfänger fertig gestellt. Der Empfang, den die Wiener Bevölkerung Hitler bereitete, hat sich meinem Gedächtnis unauslöschlich eingeprägt. Am Abend des 13. März hörten Ludwig und ich mit Kopfhörern, wie der Rundfunkreporter vom Einmarsch der deutschen Truppen am Morgen des 12. März berichtete.

Hitler war am Nachmittag gefolgt, hatte die Grenze bei seinem Geburtsort Braunau am Inn überquert und sich dann nach Linz begeben. Von den 120 000 Linzern säumten fast hunderttausend die Straßen, um ihn wie aus einer Kehle mit »Heil Hitler!« zu begrüßen. Im Hintergrund plärrte aus den Lautsprechern das »Horst-Wessel-Lied«, dessen hypnotischer Wirkung selbst ich mich nicht entziehen konnte. Am Nachmittag des 14. März erreichte Hitlers Wagenkolonne Wien, wo er auf dem Heldenplatz, dem großen Platz im Zentrum der Stadt, von zweihunderttausend Menschen begrüßt wurde, die vor Begeisterung völlig aus dem Häuschen waren. Die Menge jubelte ihm als dem Helden zu, der die deutschsprachigen Völker vereint hatte (Abbildung 2.4). Für meinen Bruder und mich war die überwältigende Unterstützung für den Mann, der die jüdische Gemeinschaft in Deutschland zerstört hatte, erschreckend.

Hitler hatte erwartet, die Österreicher würden sich einer Annexion ihres Landes durch Deutschland widersetzen und stattdessen ein relativ unabhängiges deutsches Protektorat fordern. Doch der jubelnde Empfang, der ihm bereitet worden war – auch von denen, die sich noch 48 Stunden zuvor dagegen ausgesprochen hatten –, überzeugte ihn davon, dass Österreich die Annexion widerspruchslos hinnehmen, ja, sogar begrüßen würde. Offenbar war jetzt jeder bereit, vom bescheidenen Ladeninhaber bis zum elitären Mitglied akademischer Zirkel, Hitler mit offenen Armen zu empfangen. Kardinal Theodor Innitzer, der einflussreiche Erzbischof von Wien, einst ein wohlwollender Verteidiger der jüdischen Gemeinde, ließ an allen katholischen Kirchen der Stadt die NS-Flagge aufziehen und die Glocken zu Ehren Hitlers läuten. Bei seiner persönlichen Begrüßung des Diktators versicherte er diesen seiner Loyalität und der aller österreichischen Katholiken. Das entsprach der Bevölkerungsmehrheit. Er versprach, Österreichs Katholiken würden die »treuesten Söhne des großen Reiches werden, in dessen Arme sie an diesem schicksalhaften Tage zurückgekehrt« seien. Der Erzbischof stellte nur die Bedingung, dass die Freiheit der Kirche gewahrt und ihr Einfluss auf die Erziehung der Jugend garantiert würde.

An diesem Abend brach die Hölle los. Der Wiener Pöbel, Jugendliche und Erwachsene gleichermaßen, aufgehetzt von österreichischen Nazis, zog, Parolen wie »Nieder mit den Juden! Heil Hitler! Tod den Juden!« brüllend, in einem hysterischen nationalistischen Taumel durch die Straßen, verprügelte Juden und verwüstete ihren Besitz. Sie demütigten Juden, indem sie sie zwangen, auf den Knien rutschend jegliche Spuren der Anti-»Anschluss«-Slogans, die man auf die Straße gemalt hatte, zu tilgen (Abbildung 2.5). Mein Vater musste mit einer Zahnbürste die letzten Spuren österreichischen Unabhängigkeitsstrebens beseitigen: das Wort »Ja«, das Wiener Patrioten auf das Pflaster gekritzelt hatten, damit ihre Landsleute für Österreichs Freiheit und gegen die Annexion stimmten. Anderen Juden drückte man Pinsel und Farbeimer in die Hand und nötigte sie, jüdische Geschäfte mit dem Davidstern oder dem Wort »Jude« zu kennzeichnen. Ausländische Beobachter, die die Vorgehensweise der Nazis schon aus Deutschland kannten, waren über die Brutalität der Österreicher entsetzt. In seinem Buch *Vienna and its Jews* zitiert George Berkley einen deutschen SA-Mann: »Die Wiener haben geschafft, was uns Deutschen nicht gelungen ist ... bis heute. In Österreich braucht man den Boykott jüdischer Geschäfte nicht zu organisieren – die Leute haben von selbst damit angefangen.«

Carl Zuckmayer, der 1933 vor Hitler nach Österreich geflohen war, schreibt in seiner Autobiographie, Wien habe sich in den Tagen nach der Annexion »in ein Alptraumgemälde des Hieronymus Bosch« verwandelt.

> Die Unterwelt hatte ihre Pforten aufgetan und ihre niedrigsten, scheußlichsten, unreinsten Geister losgelassen ... Ich hatte in meinem Leben einiges an menschlicher Entfesselung, Entsetzen oder Panik gesehen. Ich habe im Ersten Weltkrieg ein Dutzend Schlachten mitgemacht, das Trommelfeuer, den Gastod, die Sturmangriffe. Ich hatte die Unruhen der Nachkriegszeit miterlebt, die Niederschlagung von Aufständen, Straßenkämpfe, Saalschlachten. Ich war beim Münchener »Hitler-Putsch« von 1923 mitten unter den Leuten auf der Straße. Ich erlebte die erste Zeit der Naziherrschaft in Berlin. Nichts davon war mit diesen Tagen in Wien zu vergleichen. Was hier entfesselt wurde, hatte mit der »Machtergreifung« in Deutschland ... nichts mehr zu tun. Was hier entfesselt wurde, war der Aufstand des Neids, der Missgunst, der Verbitterung, der blinden böswilligen Rachsucht – und alle anderen Stimmen waren zum Schweigen verurteilt ... Es war ein Hexensabbat des Pöbels und ein Begräbnis aller menschlichen Würde.«

Am Tag nach Hitlers Einmarsch in Wien wurde ich von all meinen Klassenkameraden geschnitten, mit Ausnahme eines Mädchens – des einzigen anderen jüdischen Kindes in der Klasse. In dem Park, wo ich spielte, wurde

2.4 Hitler wird bei seinem Einzug in Wein 1938 begeistert von der Menge empfangen, darunter auch einer Gruppe junger Mädchen, die Hakenkreuzfahnen schwenken. Als er auf dem Heldenplatz spricht, erlebt Wien die größte Massenkundgebung in seiner Geschichte – 200 000 Menschen waren gekommen.

2.5 Juden müssen auf den Knien politische Parolen für ein freies Österreich entfernen.

ich verspottet, gedemütigt und gepiesackt. Ende April 1938 entließ man alle jüdischen Kinder aus meiner Volksschule und schickte sie in eine eigene Schule, an der nur jüdische Lehrer unterrichteten. Sie lag in der Pantzergasse im 19. Bezirk, ziemlich weit von unserer Wohnung entfernt. Von der Wiener Universität wurden fast alle Juden entfernt: mehr als 40 Prozent der Studenten und 50 Prozent der Dozenten und Professoren. Ihren vorläufigen Höhepunkt fanden diese Übergriffe gegen Juden, für die meine Behandlung nur ein eher harmloses Beispiel war, in den Schrecken der Reichspogromnacht.

SOWOHL MEIN VATER ALS AUCH MEINE MUTTER WAR VOR DEM ERSten Weltkrieg nach Wien gekommen. Beide waren damals noch sehr jung, und in der Stadt herrschte ein ganz anderes, viel toleranteres Klima. Meine Mutter, Charlotte Zimels, wurde 1897 in Kolomea geboren, einer Stadt von ungefähr 43 000 Einwohnern am Ufer des Pruth in Galizien. Dieses Gebiet des einstigen Österreich-Ungarn nahe Rumänien gehörte damals zu Polen, heute ist es Teil der Ukraine. Fast die Hälfte der Einwohner von Kolomea waren Juden, und in der Gemeinde gab es ein munteres kulturelles Leben. Meine Mutter kam aus einer gebildeten Mittelschichtfamilie. Obwohl sie nur ein Jahr an der Universität Wien studiert hatte, beherrschte sie neben dem Deutschen und Polnischen auch das Englische in Wort und Schrift. Mein Vater Hermann Kandel – zu dem sich meine Mutter augenblicklich hingezogen fühlte, weil sie fand, dass er gut aussah, tatkräftig war und Humor besaß –, wurde 1898 als Sohn armer Eltern in Olesko geboren, einer Stadt mit 25 000 Einwohnern in der Nähe von Lwow (Lemberg), die heute ebenfalls zur Ukraine gehört. 1903, da war er gerade fünf, zog die Familie nach Wien. Direkt vom Gymnasium wurde er in die österreichisch-ungarische Armee eingezogen, kämpfte im Ersten Weltkrieg und wurde durch ein Schrapnell verwundet. Nach dem Krieg konnte er die Schule nicht mehr beenden, weil er für seinen Lebensunterhalt arbeiten musste.

Elf Jahre nachdem Österreich-Ungarn im Anschluss an die Niederlage im Ersten Weltkrieg zusammengebrochen war, wurde ich geboren. Vor dem Krieg war es das zweitgrößte Land Europas gewesen, an Fläche nur noch von Russland übertroffen. Der Vielvölkerstaat hatte sich vom Gebiet der heutigen Ukraine im Nordosten bis zur heutigen Tschechischen und Slowakischen Republik im Osten und Ungarn, Kroatien und Bosnien im Süden erstreckt. Nach dem Krieg verlor Österreich alle fremdsprachigen Gebiete und wurde auf den deutschsprachigen Kern reduziert. Die Bevölkerung schrumpfte von 54 Millionen auf 7 Millionen, und entsprechend verlor das ehemalige Habsburgerreich politisch an Bedeutung.

Trotzdem blieb das Wien meiner Jugend, eine Stadt von fast zwei Millionen Einwohnern, ein lebendiges Zentrum des geistigen Lebens. Erfreut nahmen meine Eltern und ihre Freunde zur Kenntnis, dass der Stadtrat unter Führung der Sozialdemokraten ein außerordentlich erfolgreiches und viel bewundertes Programm zur Gesellschafts-, Wirtschafts- und Gesundheitsreform in die Wege leitete. Wien war eine Kulturmetropole. Neben der Musik von Mozart, Beethoven und Haydn gab es überall in der Stadt auch modernere Werke wie die von Gustav Mahler und Arnold Schönberg zu hören und die kühnen expressionistischen Bilder von Gustav Klimt, Oskar Kokoschka und Egon Schiele zu bewundern.

Doch trotz dieser kulturellen Blüte war Wien in den dreißiger Jahren die Hauptstadt eines repressiven, autoritären Regimes. Ich war noch zu jung, um das zu verstehen. Erst später, als vergleichsweise sorgenfreier Jugendlicher in den Vereinigten Staaten, begriff ich, wie unfrei die Verhältnisse wirklich gewesen waren, die meine ersten Eindrücke von der Welt geprägt hatten.

Obwohl Juden seit mehr als tausend Jahren in Wien lebten und entscheidend an der Kultur der Stadt mitgewirkt hatten, herrschte ein chronischer Antisemitismus. Zu Beginn des zwanzigsten Jahrhunderts war Wien die einzige europäische Großstadt, in der eine Partei mit dezidiert antisemitischem Programm an der Macht war. Der antisemitische Populist Karl Lueger, von 1897 bis 1910 Bürgermeister von Wien, richtete seine demagogischen Tiraden vor allem gegen die »wohlhabenden Juden« der Mittelschicht. Diese Mittelschicht hatte sich im Gefolge der Verfassung von 1867 entwickelt, die Juden und anderen Minderheiten uneingeschränktes Bürgerrecht und Religionsfreiheit gewährte.

Trotz der neuen Verfassungsbestimmungen wurden die Juden, die rund 10 Prozent der Gesamtbevölkerung und fast 20 Prozent der Einwohner im Stadtkern (in den neun inneren Bezirken) stellten, überall diskriminiert: im Staatsdienst, beim Militär, im diplomatischen Korps und in vielen Bereichen des gesellschaftlichen Lebens. Die meisten Organisationen und Sportvereine verweigerten Juden durch einen Arierparagraphen die Mitgliedschaft. 1924 wurde auch in Österreich eine NSDAP mit ausgeprägt antisemitischem Programm gegründet, die sich immer wieder Gehör verschaffte, beispielsweise 1928 durch Proteste gegen die Aufführung einer Oper des jüdischen Komponisten Ernst Krenek im Wiener Opernhaus. (Abbildung 2.6). Erst 1934 wurde die Partei verboten.

Trotzdem waren Wiens Juden, auch meine Eltern, hingerissen von dieser Stadt. Berkley, der Historiker jüdischen Lebens in Wien, schreibt zu Recht: »Das unerschütterliche Festhalten so vieler Juden an einer Stadt, die jahrelang einen so tief sitzenden Hass gegen sie bewies, bleibt die bitterste Ironie überhaupt.« In späteren Jahren erfuhr ich von meinen Eltern, was die Anziehungskraft dieser Stadt ausmacht. Zunächst einmal ist Wien schön: Die Museen, das Opernhaus, die Universität, die Ring-

Wiener und Wienerinnen!

Die Zersetzung und Vergiftung unserer bodenständigen Bevölkerung durch das jüdische Gesindel nimmt einen gefahrdrohenden Umfang an. Nicht genug, daß unser Volk durch die Geldentwertung einer durchgreifenden Ausplünderung zugeführt wurde, sollen nun auch alle sittlich-kulturellen Grundfesten unseres Volkstumes zerstört werden.

Unsere Staatsoper,

die erste Kunst- und Bildungsstätte der Welt, der Stolz aller Wiener,

ist einer frechen jüdisch-negerischen Besudelung zum Opfer gefallen.

Das Schandwerk eines tschechischen Halbjuden

„Jonny spielt auf!"

in welchem Volk und Heimat, Sitte, Moral und Kultur brutal zertreten werden soll, wurde der Staatsoper aufgezwungen. Eine volksfremde Meute von Geschäftsjuden und Freimaurern setzt alles daran, unsere Staatsoper zu einer Bedürfnisanstalt ihrer jüdisch-negerischen Perversitäten herabzuwürdigen. **Der Kunst-Bolschewismus erhebt frech** sein Haupt. Die Schamröte muß jedem anständigen Wiener ins Gesicht steigen, wenn er hört, welch ungeheuerliche Schmach und Demütigung der berühmten Musikstadt Wien durch volksfremdes Gesindel angetan wurde.

Da die christlich-großdeutsche Regierung diesem schamlosen Treiben untätig zusieht und von keiner Seite eine Abwehr versucht wird, so rufen wir alle Wiener zu einer

Riesen-

Protest-Kundgebung

auf, in welcher über die Wahrheit der jüdischen Verseuchung unseres Kunstlebens und über die der Staatsoper angetane Schmach gesprochen werden wird.

Christliche Wiener und Wienerinnen, Künstler, Musiker, Sänger und Antisemiten erscheint in Massen und protestiert mit uns gegen diese unerhörten Schandzustände in Oesterreich.

Ort: Lembachers Saal, Wien, III., Landstraße Hauptstraße.
Zeitpunkt: Freitag, den 13. Jänner 1928, 8 Uhr abends.
Kostenbeitrag: 20 Groschen. / Juden haben keinen Zutritt!

Nationalsozialistische deutsche Arbeiterpartei Großdeutschlands.

2.6 Schon zehn Jahre vor dem »Anschluss« betrieb die nationalsozialistische Partei Österreichs antisemitische Propaganda. Hier wird auf einem Plakat gegen die Aufführung einer Oper des jüdischen Komponisten Ernst Krenek in der Wiener Staatsoper Stimmung gemacht.

straße (Wiens Flaniermeile), die Parks, Schloss Schönbrunn (die Sommerresidenz der Habsburger) mitten in der Stadt – das alles sind architektonische Glanzstücke. Der berühmte Wienerwald vor der Stadt ist ebenso leicht zu erreichen wie der Prater, der Vergnügungspark von fast magischer Anziehungskraft mit seinem gewaltigen Riesenrad, das es später in dem Film *Der dritte Mann* zu Weltruhm brachte. »Nach einem Abend im Theater oder einem Ersten Mai im Prater konnte auch ein besonnener Wiener seine Stadt für den Nabel der Welt halten. Wo sonst gelang es dem schönen Schein, die Wirklichkeit so zu verzaubern?«, schrieb der Historiker William Johnston. Obwohl meine Eltern keine besonders gebildeten Menschen waren, fühlten sie sich dem intellektuellen Wien verbunden, insbesondere dem Theater und der Oper; der melodische Dialekt der Stadt – den ich heute noch spreche – tat ein Übriges.

Meine Eltern teilten auch die Wertvorstellungen der meisten Wiener Eltern: Sie wünschten, dass es ihre Kinder im Beruf zu etwas brachten – nach Möglichkeit in einem geistigen Beruf. In ihren Hoffnungen spiegelten sich typisch jüdische Werte. Seit der Zerstörung des Zweiten Tempels 70 n. Chr. in Jerusalem, als sich Jochanan ben Zakkai in den Küstenort Jabne begab und dort als Zentrum jüdischer Gelehrsamkeit ein Lehrhaus für das Thorastudium eröffnete, sind die Juden ein Volk des Buches gewesen. Von jedem Mann, unabhängig von seiner finanziellen Situation oder gesellschaftlichen Klasse, wurde erwartet, dass er des Lesens und Schreibens kundig war, damit er im Gebetbuch und in der Thora lesen konnte. Ende des neunzehnten Jahrhunderts hielten aufstiegsorientierte jüdische Eltern ihre Töchter wie die Söhne dazu an, sich eine solide Bildung anzueignen. Darüber hinaus bestand das Lebensziel nicht einfach darin, sich eine wirtschaftlich gesicherte Stellung zu verschaffen; vielmehr sollte die wirtschaftliche Sicherheit dazu genutzt werden, sich kulturell weiterzubilden. »Bildung« war das Wichtigste überhaupt. Selbst eine arme jüdische Familie legte es darauf an, dass zumindest ein Sohn Musiker, Rechtsanwalt, Arzt oder, noch besser, Universitätsprofessor werden konnte.

Wien gehörte zu den wenigen europäischen Städten, in denen sich die kulturellen Ambitionen der jüdischen Gemeinde mit den Bestrebungen der meisten nichtjüdischen Bürger vollständig deckten. Nach wiederholten Niederlagen gegen Preußen – zunächst im österreichischen Erbfolgekrieg 1740–1748, dann im Deutsch-Österreichischen Krieg von 1866 – hatten die Habsburger alle Hoffnung auf eine militärische Vorherrschaft unter den deutschsprachigen Staaten aufgegeben. Mit dem Schwinden ihrer politischen und militärischen Macht ersetzten sie jedoch den Wunsch nach territorialer Vorherrschaft durch den nach kultureller Hegemonie. Nachdem durch die neue Verfassung entscheidende Einschränkungen aufgehoben worden waren, setzte im letzten Viertel des neunzehnten Jahrhunderts eine massive Migrationswelle von Juden und anderen Minderheiten nach Wien ein. Die Stadt wurde für Menschen aus Deutschland, Slowenien, Kroatien, Bosnien, Ungarn, Norditalien, dem Balkan und der Türkei zur neuen Heimat – zwischen 1860 und 1880 nahm die Bevölkerung der Hauptstadt von 500 000 auf 700 000 Menschen zu. Die Angehörigen der Wiener Mittelschicht begannen sich als Weltbürger zu verstehen und machten ihre Kinder schon frühzeitig mit der Kultur vertraut. Diese wurden »in den Museen, Theatern und Konzerthallen der neuen Ringstraße erzogen. Sie erwarben ästhetische Kultur nicht, wie ihre Väter es noch taten, als eine Zierde des Lebens oder als Statussymbol, sondern als die Luft, die sie atmeten«, schrieb der Kulturhistoriker Carl Schorske. Und der bedeutende satirische Gesellschafts- und Literaturkritiker Karl Kraus meinte, Wiens Straßen seien »nicht mit Asphalt, sondern mit Kultur gepflastert«.

Doch Wien war auch eine Stadt der Sinnesfreuden. Meine schönsten frühen Erinnerungen sind typisch wienerisch: Sie gelten einem bescheidenen, aber verlässlichen bürgerlichen Behagen, das aus der Geborgenheit einer liebevollen Familie erwuchs, die die Feiertage gemeinsam auf die immer gleiche festgelegte Weise verbrachte, und einem Augenblick erotischen Glücks, den ich der natürlichen Sinnlichkeit unseres verführerischen Hausmädchens Mitzi – ein »süßes Mädel« wie bei Schnitzler – verdanke.

Andrea Lee hat im *New Yorker* geschrieben, bei der Wahl des Hausmädchens hätten bürgerliche Familien in Österreich-Ungarn stets auch darauf geachtet, ob die junge Frau geeignet sei, die heranwachsenden Jungen der Familie von ihrer sexuellen Unerfahrenheit zu befreien, zum Teil auch, um sie vor der Homosexualität zu bewahren. In der Rückschau finde ich es interessant, dass eine menschliche Begegnung, die leicht den Charakter der Ausbeutung hätte annehmen oder von anderen so hätte wahrgenommen werden können, für mich nie im Entferntesten diese Bedeutung gehabt hat.

Mitzi, eine attraktive, sinnliche junge Frau von etwa 25 Jahren, setzte sich eines Nachmittags, als ich mich mit acht Jahren von einer Erkältung erholte, auf meine Bettkante und berührte mein Gesicht. Als ich es ihr mit

Freude nachtat, öffnete sie ihre Bluse, entblößte ihren üppigen Busen und fragte mich, ob ich Lust hätte, sie zu berühren. Ich begriff kaum, wovon sie sprach, aber ihr Verführungsversuch blieb nicht ohne Wirkung auf mich, denn plötzlich fühlte ich mich anders als jemals zuvor.

Als ich unter ihrer Anleitung ihren Körper zu erforschen begann, schien es ihr plötzlich unangenehm zu werden, denn sie sagte, wir sollten lieber aufhören, bevor ich schwanger würde. Wie konnte ich schwanger werden? Ich wusste sehr wohl, dass nur Frauen Kinder bekommen konnten. Woher soll ein Baby bei Jungen kommen?

»Aus dem Bauchnabel«, antwortete sie. »Der Doktor schüttet etwas Puder darauf, dann öffnet sich der Bauchnabel, und das Baby kommt heraus.«

Ein Teil von mir wusste, dass das unmöglich war. Aber ein anderer Teil war sich nicht sicher – und selbst wenn es unwahrscheinlich erschien, wurde ich doch etwas ängstlich angesichts der möglichen Folgen dieses Ereignisses. Meine Sorge war: Was würde meine Mutter denken, wenn ich schwanger würde? Diese Sorge und Mitzis Stimmungsumschwung beendeten meine erste sexuelle Begegnung. Doch fortan äußerte sich Mitzi mir gegenüber völlig unbefangen über ihre sexuellen Sehnsüchte und meinte, mit mir könnte sie sie vielleicht ausleben, wenn ich nur älter wäre.

Wie sich herausstellte, blieb Mitzi nicht enthaltsam, bis ich so weit war. Einige Wochen nach unserer kurzen »Affäre« bändelte sie mit einem Gastechniker an, der kam, um unseren Backofen zu reparieren. Ein oder zwei Monate darauf brannte sie mit ihm in die Tschechoslowakei durch. Noch jahrelang war ich der Überzeugung, in die Tschechoslowakei durchzubrennen, sei gleichbedeutend mit einem Leben in Glück und Sinnlichkeit.

Das bürgerliche Glück unserer Familie verkörperte sich im wöchentlichen Kartenspiel bei meinen Eltern, den Familienfesten an jüdischen Feiertagen und unseren Sommerferien. Sonntagnachmittags kam meine Tante Minna, die jüngere Schwester meiner Mutter, mit ihrem Mann, Onkel Srul, zum Tee. Mein Vater und Srul spielten dann die meiste Zeit Binokel, ein Kartenspiel, das mein Vater hervorragend beherrschte und mit Leidenschaft und Humor spielte.

Zu Pessach kam die ganze Familie im Haus meiner Großeltern, Hersch und Dora Zimels, zusammen. Wir lasen die Haggada, die Erzählung von der Flucht der Juden aus der Sklaverei in Ägypten, und genossen eines der von meiner Großmutter liebevoll zubereiteten Sedermahle, deren Höhepunkt stets ihr »gefilter« Fisch bildete – für mich bis heute der beste weit und breit. Besonders lebhaft erinnere ich mich an das Pessachfest 1936. Einige Monate zuvor hatte Tante Minna Onkel Srul geheiratet, und mir hatte man eine ehrenvolle Aufgabe übertragen: Ich durfte die Schleppe ihres wunderschönen Hochzeitkleids mit tragen. Srul war ziemlich wohlhabend. Er hatte ein erfolgreiches Lederunternehmen aufgebaut, und seine Hochzeit mit Minna war so elegant, wie ich es noch nie erlebt hatte. Daher war ich sehr stolz auf die Rolle, die ich dabei spielen durfte.

Also erzählte ich Minna am ersten Pessachabend begeistert, wie gut mir ihre prächtige Hochzeit gefallen hatte, wo jedermann so hübsch aussah und das Essen so elegant serviert wurde. Die Hochzeit sei so schön gewesen, dass ich hoffte, sie werde bald wieder eine feiern, damit ich so etwas noch einmal erleben könne. Wie ich später erfuhr, hatte Minna ihrem Srul gegenüber eine etwas ambivalente Einstellung. Intellektuell und gesellschaftlich hielt sie ihn für nicht ebenbürtig und nahm daher sofort an, ich würde nicht auf das Ereignis selbst, sondern auf die Wahl ihres Ehepartners anspielen. Zornig hielt sie mir einen geharnischten Vortrag über die Heiligkeit der Ehe. Wie ich dazu käme anzunehmen, sie könne schon so bald den Wunsch verspüren, jemand anders zu heiraten? Ich sollte erst später aus Freuds *Psychopathologie des Alltags* lernen, dass ein Grundprinzip der dynamischen Psychologie die Erkenntnis ist, dass das Unbewusste niemals lügt.

Im August verbrachten meine Eltern, Ludwig und ich unsere Sommerferien stets in Mönichkirchen, einem kleinen Bauerndorf achtzig Kilometer südlich von Wien. Im Juli 1934 waren wir wieder einmal im Begriff, nach Mönichkirchen aufzubrechen, als der österreichische Bundeskanzler Engelbert Dollfuß von einer Bande österreichischer Nationalsozialisten ermordet wurde, die sich als Polizisten verkleidet hatten – das erste Beben, das mein erwachendes politisches Bewusstsein registrierte.

Dollfuß, der 1932 zum Bundeskanzler gewählt worden war und sich Mussolini zum Vorbild genommen hatte, hatte die Christlich-Soziale Partei mit der Sammelbewegung »Vaterländische Front« verschmolzen und einen autoritären Staat errichtet, für den er ein traditionelles Kreuz und kein Hakenkreuz als Hoheitszeichen gewählt hatte, um zum Ausdruck zu bringen, dass er sich an christlichen und nicht an nationalsozialistischen Werten orientierte. Zur Sicherung seiner Regierungsgewalt hatte er die österreichische Verfassung außer Kraft gesetzt und alle Oppositionsparteien, einschließlich der Nationalsozialisten, verboten. Obwohl Dollfuß sich den Bestrebungen der nationalsozialistischen Bewegung Österreichs widersetzte, einen Staat aller deutschsprechenden Völker – einen pangermanischen Staat – zu gründen, ebnete er doch durch die Abschaffung der alten Verfassung und aller konkurrierenden Parteien Hitler den Weg. Nach Dollfuß' Ermordung und in den ersten Jahren der Kanzlerschaft seines Nachfolgers Kurt von Schuschnigg wurden die österreichischen Nationalsozialisten noch weiter in den Untergrund getrieben. Trotzdem gewannen sie auch weiterhin neue Anhänger, vor allem unter Lehrern und anderen Beamten.

HITLER HATTE SEIT SEINER JUGEND VON DER VEREINIGUNG ÖSTERreichs und Deutschlands geträumt. Folglich enthielt schon das erste Parteiprogramm der NSDAP von 1920, das von österreichischen Nationalsozialisten mitgestaltet wurde, die Forderung nach einer Verschmelzung aller deutschsprachigen Völker in einem Großdeutschland. Im Herbst 1936 begann Hitler, dieses Programm umzusetzen. Nach Wiedereinführung der allgemeinen Wehrpflicht 1935 und der Besetzung des Rheinlandes 1936 verschärfte er nun seine Rhetorik und kündigte Schritte gegen Österreich an. Schuschnigg, bestrebt, Hitler zu besänftigen und gleichzeitig Österreichs Unabhängigkeit zu bewahren, bat um eine Unterredung mit Hitler. Am 12. Februar 1938 trafen sich die beiden in Hitlers Sommerresidenz in Berchtesgaden; aus sentimentalen Gründen hatte er sich für einen Ort in unmittelbarer Nähe zur österreichischen Grenze entschieden.

Hitler demonstrierte seine Macht, indem er zu dem Treffen mit zwei seiner Generale erschien und mit einem Einmarsch in Österreich drohte, sollte Schuschnigg nicht das Verbot der österreichischen NSDAP aufheben und drei Nationalsozialisten in Schlüsselpositionen seines Kabinetts berufen. Schuschnigg weigerte sich, doch je weiter der Tag fortschritt, desto mehr erhöhte Hitler den Druck. Schließlich gab der erschöpfte Kanzler nach und willigte ein, die nationalsozialistische Partei zu legalisieren, die als politische Gefangene einsitzenden Nationalsozialisten auf freien Fuß zu setzen und der Partei zwei Kabinettsposten zuzugestehen. Doch das Abkommen zwischen Schuschnigg und Hitler gab dem Machthunger der österreichischen NSDAP nur neue Nahrung. Inzwischen zu beträchtlicher Größe angewachsen, rückte sie jetzt in den Blickpunkt der Öffentlichkeit und inszenierte eine Reihe von Aufständen gegen die Schuschnigg-Regierung, die die Polizei nur schwer unter Kontrolle bekam. Angesichts

Hitlers angedrohter Aggression von außen und der Rebellion der österreichischen Nationalsozialisten von innen ging Schuschnigg tapfer in die Offensive und setzte für den 13. März, nur einen Monat nach dem Treffen mit Hitler, eine Volksabstimmung an. Die Alternative, vor die sie die Wähler stellte, war einfach: Sollte Österreich frei und unabhängig bleiben, ja oder nein?

Schuschniggs mutiger, von meinen Eltern sehr bewunderter Schritt beunruhigte Hitler, weil es fast sicher schien, dass die Abstimmung zugunsten eines unabhängigen Österreich ausgehen würde. Hitler reagierte mit Mobilmachung. Schuschnigg, so seine Forderungen, solle das Plebiszit verschieben, als Kanzler abdanken und den Weg für eine neue Regierung mit dem österreichischen Nationalsozialisten Arthur Seyß-Inquart als Bundeskanzler frei machen. Schuschnigg wandte sich an Großbritannien und Italien um Hilfe, zwei Staaten, die zuvor für Österreichs Unabhängigkeit eingetreten waren. Zum Entsetzen Wiener Liberaler wie meiner Eltern reagierte keines der beiden Länder. Von den vermeintlichen Verbündeten im Stich gelassen und zu sinnlosem Blutvergießen nicht bereit, trat Schuschnigg am Abend des 11. März zurück.

Obwohl der österreichische Bundespräsident alle deutschen Forderungen erfüllte, marschierte Hitler am folgenden Tag in das Land ein.

Jetzt kam die Überraschung: Statt auf wütende Volksmengen von Österreichern zu stoßen, wurde Hitler von einer satten Mehrheit der Bevölkerung begeistert begrüßt. Wie George Berkley gezeigt hat, kann dieser jähe Sinneswandel eines Volkes, das an dem einen Tag noch seine Treue zu Österreich lautstark bekundete und Schuschnigg unterstützte und am nächsten Hitlers Soldaten als »deutsche Brüder« begrüßte, nicht einfach dadurch erklärt werden, dass Zehntausende von Nationalsozialisten aus dem Untergrund auftauchten. Vielmehr handelte es sich um eine der »raschesten und vollständigsten Massenbekehrungen« in der Geschichte. Hans Ruzicka sollte schreiben: »Das waren die Menschen, die den Kaiser bejubelten und dann verwünschten, die die Demokratie begrüßten, nachdem der Kaiser entthront war, und die [Dollfuß'] Faschismus bejubelten, als das System an die Macht kam. Heute ist es ein Nationalsozialist, morgen wird es jemand anders sein.«

Die österreichische Presse bildete da keine Ausnahme. Am Freitag, dem 11. März, unterstützte die *Reichspost*, eine der größten Tageszeitungen des Landes, noch Schuschnigg. Zwei Tage später brachte dieselbe Zeitung auf der Titelseite einen Leitartikel mit der Schlagzeile »Der Erfüllung entgegen«, in dem es hieß: »Dank des Genies und der Entschlossenheit Adolf Hitlers ist die Stunde der alldeutschen Einheit gekommen.«

Die Angriffe gegen Juden, die Mitte März 1938 begonnen hatten, erreichten acht Monate später in der Reichspogromnacht einen ersten Gipfel der Bösartigkeit. Später erfuhr ich aus der Literatur über die Pogromnacht, dass sie teilweise auf die Ereignisse vom 28. Oktober 1938 zurückging. An diesem Tag wurden 17 000 deutsche Juden, die ursprünglich aus Osteuropa kamen, von den Nazis zusammengetrieben und in der Nähe der Stadt Zbszyn an der deutsch-polnischen Grenze abgeladen. Damals hielten die Nationalsozialisten die – freiwillige oder erzwungene – Emigration noch für die Lösung der »Judenfrage«. Die Polen weigerten sich jedoch, die Menschen aufzunehmen, und so wurden sie tagelang im Niemandsland zwischen den beiden Grenzen hin- und hergeschickt. Herschel Grynszpan, ein siebzehnjähriger jüdischer Junge, der außer sich war, weil seine Eltern unter den Deportierten waren, erschoss am Morgen des 7. November Ernst vom Rath, den dritten Sekretär der deutschen Botschaft in Paris, in der irrigen Meinung, es handle sich um den deutschen Botschafter. Diese isolierte Tat als Vorwand nutzend, setzte ein organisierter Pöbel zwei Tage später fast jede Synagoge in Deutschland und Österreich in Brand.

In keiner Stadt des nationalsozialistischen Machtbereichs wütete der Mob in dieser Nacht so entfesselt wie in Wien. Die Juden wurden verhöhnt, brutal geschlagen, aus ihren Geschäften und vorübergehend auch aus ihren Häusern und Wohnungen vertrieben. Habgierige Nachbarn plünderten Geschäfte und Wohnungen. Unsere schöne Synagoge in der Schopenhauerstraße wurde vollständig zerstört. Simon Wiesenthal, der führende Nazijäger nach dem Krieg, sagte später: »Im Vergleich zu Wien war die Kristallnacht in Berlin eine angenehme Weihnachtsfeier.«

Mein Vater, der mit anderen Juden zusammengetrieben wurde, verlor sein Geschäft im Zuge der so genannten Arisierung, einer angeblich legalen Form von Diebstahl. Seit der Freilassung meines Vaters aus dem Gefängnis Mitte November 1938 bis August 1939, als er und meine Mutter Wien verließen, waren sie völlig mittellos. Die Israelitische Kultusgemeinde der Stadt Wien versorgte sie, wie ich später erfuhr, mit Lebensmitteln und verschaffte meinem Vater hin und wieder eine Gelegenheitsarbeit als Möbelpacker.

Da meine Eltern von den judenfeindlichen Gesetzen wussten, die nach Hitlers Machtergreifung in Deutschland verabschiedet worden waren, konnten sie sich ausrechnen, dass die Gewalt in Wien aller Wahrscheinlichkeit nicht wieder abklingen würde. Ihnen war klar, dass sie fort mussten – und zwar so bald wie möglich. Hermann Zimels, der Bruder meiner Mutter, hatte Österreich schon zehn Jahre zuvor verlassen und sich in New York eine Existenz als Buchhalter geschaffen. Meine Mutter schrieb ihm am 15. März 1938, nur drei Tage nach Hitlers Einmarsch, woraufhin er uns umgehend Affidavits schickte, in denen er den US-Behörden versicherte, er würde für unseren Unterhalt aufkommen, sobald wir in den Vereinigten Staaten seien. Doch der Kongress hatte 1924 ein Einwanderungsgesetz verabschiedet, das eine Quote für die Einwanderer aus den Ländern Ost- und Südeuropas festsetzte. Da meine Eltern in einem damals zu Polen gehörenden Gebiet geboren worden waren, dauerte es fast ein Jahr, bis unsere Quotenzahl an der Reihe war. Daran änderten auch die Affidavits nichts. Als die Zahl schließlich aufgerufen wurde, mussten wir stufenweise emigrieren, weil die Einwanderungsgesetze auch die Reihenfolge festlegten, in der die Familienmitglieder in die Vereinigten Staaten durften. Danach konnten die Eltern meiner Mutter als Erste reisen, was sie im Februar 1939 taten; mein Bruder und ich folgten im April, und schließlich waren meine Eltern an der Reihe, Ende August, nur wenige Tage vor Ausbruch des Zweiten Weltkrieges.

Da man meinen Eltern ihre einzige Erwerbsquelle genommen hatte, besaßen sie kein Geld, um unsere Überfahrt in die Vereinigten Staaten zu bezahlen. Daher baten sie die Kultusgemeinde um anderthalb Tickets für die Holland-Amerika-Linie – ein Ticket für meinen Bruder und ein halbes für mich. Einige Monate später mussten sie um zwei Tickets für die eigene Reise bitten. Glücklicherweise wurde beiden Anträgen stattgegeben. Mein Vater war ein gewissenhafter, ehrlicher Mensch, der seine Rechnungen immer pünktlich beglich. Ich besitze heute noch alle Dokumente, mit denen er seinen Anträgen Nachdruck verlieh. Sie zeigen, dass er seine Mitgliedsbeiträge an die Kultusgemeinde immer peinlich genau abführte. Sein Ruf als ehrlicher Mann von einwandfreiem Lebenswandel und Charakter wird von einem Funktionär der Kultusgemeinde in der Stellungnahme zum Antrag meines Vaters ausdrücklich erwähnt.

MEIN LETZTES JAHR IN WIEN HAT MICH NACHHALTIG GEPRÄGT. ZUM einen hatte es großen Anteil an der tiefen, dauerhaften Dankbarkeit für das Leben, das ich in den Vereinigten Staaten führen konnte. Zum anderen aber brachten mich die Erlebnisse in dem Wien unter NS-Herrschaft auch zum ersten Mal mit den dunklen, sadistischen Seiten menschlichen Verhaltens in Berührung. Wie lässt sich die jähe, bösartige Brutalität so vieler Menschen begreifen? Wie konnte sich eine hochgebildete Gesellschaft so rasch zu dieser extrem feindseligen Politik und so massiven Strafaktionen hinreißen lassen, die aus der Verachtung für ein ganzes Volk erwuchsen?

Diese Fragen sind schwer zu beantworten. Viele Forscher haben Teilantworten und widersprüchliche Erklärungen vorgeschlagen. Eine Schlussfolgerung, die meinen Grundeinstellungen zuwiderläuft, besagt, dass die kulturelle Entwicklungsstufe einer Gesellschaft kein zuverlässiger Gradmesser für ihre Achtung vor dem menschlichen Leben sei. Die Kultur sei schlicht unfähig, die Menschen aufzuklären, von ihren Vorurteilen zu befreien und ihr Denken zu verändern. Der Wunsch, die Menschen außerhalb der Gruppe, zu der man gehöre, zu vernichten, sei möglicherweise eine angeborene Reaktion und könne daher in jeder Gruppe mit großem Zusammengehörigkeitsgefühl entstehen.

Ich bezweifle sehr, dass irgendeine quasi-genetische Prädisposition wie diese in einem Vakuum wirksam wird. In ihrer Gesamtheit teilten die Deutschen den bösartigen Antisemitismus der Österreicher nicht. Wie konnten dann Wiens kulturelle Werte so radikal von seinen moralischen Werten getrennt werden? Ein wichtiger Grund für das Verhalten der Wiener im Jahr 1938 war sicherlich reiner Opportunismus. Der wirtschaftliche, politische, kulturelle und akademische Erfolg des jüdischen Bevölkerungsteils rief unter den Nichtjuden Neid und den Wunsch nach Vergeltung hervor, besonders unter denen, die an der Universität waren. Unter den Mitgliedern der nationalsozialistischen Partei gab es anteilig weit mehr Universitätsprofessoren als in der Bevölkerung insgesamt. Infolgedessen waren die nichtjüdischen Wiener eifrig bestrebt, ihr Fortkommen zu sichern, indem sie Juden in den qualifizierten Berufen ersetzten: Jüdische Universitätsprofessoren, Anwälte und Ärzte verloren rasch ihre Stellungen und Praxen. Viele Wiener eigneten sich ohne viel Federlesens jüdische Häuser und Besitztümer an. Tina Walzer und Stephen Templ kamen in ihrer systematischen Studie über diesen Zeitraum zu folgendem Ergebnis:

> Eine Vielzahl von Politikern, Anwälten, Juristen, Ärzten und ergebenen Künstlern verbesserten ihre Wohnsituation nach 1938. Sei es, dass sie selbst eine Wohnung »arisierten«, sei es, dass sie in die freigewordene

Wohnung/Kanzlei/Praxis eines »Ariseurs« einzogen. In jedem Falle waren sie Profiteure des Naziterrors ... [Die Rückstellung] der Wohnungen wurde vereitelt.«

Ein anderer Grund für die Trennung von kulturellen und moralischen Werten war der Wechsel von einer kulturellen zu einer rassischen Form des Antisemitismus. Kultureller Antisemitismus gründet sich auf den Begriff des »Judentums«, der »Jüddischkeit«, als religiöser oder kultureller Tradition, die durch Lernen, eine bestimmte Überlieferung und Erziehung erworben wird. Diese Form des Antisemitismus schreibt Juden bestimmte unangenehme psychologische und soziale Merkmale zu, die durch Akkulturation erworben werden – etwa ein übermäßiges Interesse am Gelderwerb. Sie geht allerdings auch davon aus, dass die jüdische Identität, da durch Erziehung in einer jüdischen Familie erworben, auch durch Erziehung oder religiöse Konversion aufgehoben werden kann: Der Jude überwindet den Juden in sich selbst. Ein Jude, der zum Katholizismus übertritt, kann im Prinzip so gut wie jeder andere Katholik sein.

Der rassische Antisemitismus dagegen wurzelt in der Überzeugung, dass Juden eine Rasse seien, die sich genetisch von anderen Rassen unterscheidet. Die Idee stammt aus der Lehre vom Gottesmord, die lange Zeit von der römisch-katholischen Kirche vertreten wurde. Wie Frederick Schweitzer, ein katholischer Historiker, darlegte, führte diese Lehre zur Entstehung der volkstümlichen Überzeugung, die Juden hätten Christus getötet, eine Auffassung, der von der katholischen Kirche bis in die jüngste Zeit nicht widersprochen wurde. Laut Schweitzer hieß es in dieser Lehre, den jüdischen Vollstreckern des Gottesmordes sei von Geburt an alle Menschlichkeit so fremd, dass sie sich genetisch unterscheiden, Untermenschen sein müssten. Man könne sie ohne Bedenken von den anderen menschlichen Rassen entfernen. Rassischer Antisemitismus zeigte sich bei der spanischen Inquisition des fünfzehnten Jahrhunderts und wurde in den siebziger Jahren des neunzehnten Jahrhunderts von einigen österreichischen (und deutschen) Intellektuellen wie Georg von Schönerer, dem Führer der Deutschnationalen Bewegung in Österreich, und Karl Lueger, dem Bürgermeister von Wien, übernommen. Zwar hatte der rassische Antisemitismus vor 1938 keine bestimmende Rolle in Wien gespielt, aber nach dem März dieses Jahres wurde er zur offiziellen Politik.

Sobald der rassische den kulturellen Antisemitismus ersetzte, konnte kein Jude jemals ein »wahrer« Österreicher werden. Die Bekehrung – das heißt, die religiöse Bekehrung – war nicht mehr möglich. Fortan bestand die einzig mögliche Lösung der »Judenfrage« in Vertreibung oder Vernichtung.

MEIN BRUDER UND ICH FUHREN IM APRIL 1939 MIT DEM ZUG NACH Brüssel. Mit neun Jahren meine Eltern zurückzulassen, war trotz des unerschütterlichen Optimismus meines Vaters und der gefassten Ruhe meiner Mutter schrecklich für mich. Als wir die deutsch-belgische Grenze erreichten, hielt der Zug, und deutsche Zollbeamte stiegen ein. Sie verlangten, alle Juwelen und anderen Wertsachen zu sehen, die wir möglicherweise mit uns führten. Ludwig und ich waren darauf von einer jungen Mitreisenden vorbereitet worden. Daher hatte ich in meiner Tasche einen kleinen goldenen Ring mit meinen Initialen verborgen, den ich zum siebenten Geburtstag geschenkt bekommen hatte. Meine übliche Angst vor Repräsentanten des NS-Regimes erreichte fast unerträgliche Ausmaße, als die Zollbeamten in den Zug kamen. Glücklicherweise beachteten sie mich kaum, so dass ich unbehelligt vor mich hin zittern konnte.

In Brüssel wohnten wir bei Tante Minna und Onkel Srul. Dank ihrer beträchtlichen finanziellen Mittel hatten sie Visa erwerben können, die es ihnen gestatteten, nach Belgien einzureisen und sich in Brüssel niederzulassen. Schon wenige Monate später sollten sie uns nach New York folgen. Von Brüssel aus fuhren Ludwig und ich mit dem Zug nach Antwerpen weiter, wo wir an Bord der *Geroldstein* gingen, eines Dampfschiffs der Holland-Amerika-Linie, das uns in zehn Tagen nach Hoboken, New Jersey, brachte – direkt an der verheißungsvollen Freiheitsstatue vorbei.

KAPITEL 3

Erziehung in Amerika

Die Ankunft in den Vereinigten Staaten war wie der Beginn eines neuen Lebens. Obwohl ich weder die Einsicht noch das sprachiche Vermögen hatte, um zu sagen: »Endlich frei!«, fühlte ich es und fühle es noch heute. Laut Gerald Holton, einem Wissenschaftshistoriker an der Harvard University, setzte bei vielen Wiener Emigranten meiner Generation die gründliche Schulbildung, die wir in Wien erhalten hatten, in Verbindung mit dem Gefühl der Befreiung, das wir bei unserer Ankunft in Amerika empfanden, grenzenlose Energien frei und regte uns dazu an, ganz neue Denkweisen zu entwickeln. Auf mich traf das mit Sicherheit zu. Zu den vielen Dingen, die ich diesem Land verdanke, gehört eine hervorragende geisteswissenschaftliche Ausbildung in drei namhaften Bildungsanstalten: der Jeschiwa in Flatbush, der Erasmus Hall High School und dem Harvard College.

Mein Bruder und ich wohnten bei Hersch und Dora Zimels, unseren Großeltern mütterlicherseits, die im Februar 1939, zwei Monate vor uns, in Brooklyn eingetroffen waren. Ich sprach kein Englisch und hatte das Gefühl, mich anpassen zu müssen. Also strich ich den letzten Buchstaben meines Vornamens Erich. Ludwig unterzog seinen Namen einer noch stärkeren Metamorphose und machte Lewis daraus. Tante Paula und Onkel Berman, die in Brooklyn lebten, seit sie in den zwanziger Jahren in die Vereinigten Staaten ausgewandert waren, meldeten mich in einer öffentlichen Grundschule an. Ich besuchte die Schule, P.S. 217 in Flatbush, unweit unserer Wohnung, nur zwölf Wochen lang, doch als ich sie mit Beginn der Sommerferien verließ, sprach ich gut genug Englisch, um mich verständigen zu können. In diesem Sommer las ich Erich Kästners *Emil und die Detektive*, eines der Lieblingsbücher meiner Kindheit, noch einmal, aber dieses Mal auf Englisch, eine Leistung, die mich mit Stolz erfüllte.

Ich fühlte mich nicht wohl an der P.S. 217. Zwar wurde die Schule von vielen jüdischen Kindern besucht, aber ich war mir dessen nicht bewusst. Im Gegenteil, da so viele Schüler blond und blauäugig waren, war ich überzeugt, sie wären Nichtjuden, die mir vermutlich über kurz oder lang feindselig begegnen würden. Daher zeigte ich mich sehr empfänglich für das Drängen meines Großvaters, eine hebräische Konfessionsschule zu besuchen. Mein Großvater war ein frommer, sehr gelehrter Mann, wenn auch etwas weltfremd. Mein Bruder sagte einmal, unser Großvater sei der einzige Mensch, den er kenne, der sieben Sprachen spreche, aber sich in keiner verständlich machen könne. Mein Großvater und ich mochten uns sehr; als er mir versicherte, er könne mir im Laufe des Sommers genug Hebräisch beibringen, damit ich im Herbst ein Stipendium für die Jeschiwa von Flatbush bekäme, glaubte ich ihm gern. Diese bekannte hebräische Tagesschule bot säkularen Unterricht auf Englisch und religiöse Studien auf Hebräisch, beides auf sehr anspruchsvollem Niveau.

Dank des Nachhilfeunterrichts meines Großvaters trat ich im Herbst 1939 tatsächlich in die Jeschiwa ein. Als ich sie 1944 abschloss, sprach ich Hebräisch fast so gut wie Englisch. Auf Hebräisch hatte ich die fünf Bücher Mose, die Bücher der Könige, die Propheten und einen Teil des Talmuds gelesen. Als ich später erfuhr, dass Baruch S. Blumberg, der 1976 den Nobelpreis für Physiologie oder Medizin erhielt, ebenfalls den ausgezeichneten Unterricht der Jeschiwa von Flatbush genossen hatte, erfüllte mich das mit Freude und Stolz.

MEINE ELTERN VERLIESSEN WIEN ENDE AUGUST 1939. ZUVOR WAR MEIN Vater ein zweites Mal verhaftet und in das Wiener Fußballstadion geschafft worden, wo er von den Braunhemden der SA verhört und eingeschüchtert wurde. Der Umstand, dass er ein Visum für die Vereinigten Staaten hatte und im Begriff war auszuwandern, führte zu seiner Entlassung und rettete ihm wahrscheinlich das Leben.

In New York fand mein Vater, der kein Wort Englisch sprach, eine Anstellung in einer Zahnbürstenfabrik. War die Zahnbürste in Wien zum Symbol seiner Erniedrigung geworden, markierte sie in New York den Aufbruch in ein besseres Leben. Obwohl ihm die Arbeit keine Freude machte, widmete er sich ihr mit seiner üblichen Energie und wurde schon bald vom Gewerkschaftssekretär getadelt, weil er in zu kurzer Zeit zu viele Zahnbürsten herstellte, so dass seine Kollegen neben ihm langsam wirkten. Mein Vater ließ sich davon nicht beirren. Er liebte Amerika. Wie viele andere Einwanderer bezeichnete er es oft als die »goldene Medina«, das Land voller Gold, das den Juden Sicherheit und Demokratie verhieß. In Wien hatte er viel Karl May gelesen, der in seinen Geschichten die Eroberung des amerikanischen Westen mythologisch überhöhte und die Tapferkeit der Indianer verklärte, und mein Vater war auf seine eigene Weise vom Pioniergeist besessen.

Nach einiger Zeit hatten meine Eltern genügend Geld gespart, um ein bescheidenes Textilgeschäft zu mieten und einzurichten. Gemeinsam verkauften sie einfache Damenkleider und Schürzen, Herrenoberhemden, Krawatten, Unterwäsche und Pyjamas. Wir mieteten die Wohnung über dem Laden in der Church Avenue 411 in Brooklyn. Meine Eltern verdienten bald genug, um nicht nur für uns zu sorgen, sondern auch das Gebäude zu erwerben, in dem sich Geschäft und Wohnung befanden. Außerdem konnten sie mich bei meinen Studien auf dem College und der Medizinischen Hochschule unterstützen.

Meine Eltern hatten so viel mit dem Geschäft zu tun – der finanziellen Basis unserer Familie –, dass ihnen für das New Yorker Kulturleben, das Lewis und ich in zunehmendem Maße genossen, keine Zeit blieb. Doch obwohl sie unermüdlich arbeiteten, waren sie voller Optimismus und wussten immer einen Rat, wenn wir ihn brauchten; sie versuchten allerdings nie, uns hineinzureden. Mein Vater war ein Mensch von zwanghafter Ehrlichkeit, der Rechnungen stets sofort bezahlte und das Wechselgeld, das er seinen Kunden herausgab, häufig zwei Mal zählte. Von Lewis und mir erwartete er, dass wir uns in finanziellen Angelegenheiten genauso verhielten, dass wir uns ganz allgemein vernünftig und richtig verhielten. Doch im Hinblick auf meine Studienentscheidung etwa übte er nie den geringsten Druck auf mich aus. Angesichts seiner begrenzten gesellschaftlichen und kulturellen Erfahrung suchte ich in solchen Fragen bei ihm auch keinen Rat, sondern wandte mich dann entweder an meine Mutter oder, noch häufiger, an meinen Bruder, an Lehrer und meist an Freunde.

Bis zur letzten Woche vor seinem Tod im Jahr 1977 arbeitete mein Vater in seinem Laden. Er starb mit 79 Jahren. Bald darauf verkaufte meine Mutter das Geschäft mitsamt dem Haus und zog in eine bequemere und etwas elegantere Wohnung, gleich um die Ecke am Ocean Parkway. Sie starb 1991 mit 94 Jahren.

ALS ICH 1944 DIE JESCHIWA IN FLATBUSH BEENDETE, GAB ES NOCH KEINE ihr angeschlossene Highschool wie heute, daher ging ich an die Erasmus Hall High School, eine öffentliche Schule in unserem Viertel, die hohe Anforderungen stellte. Dort begann ich mich für Geschichte, Schreiben und Mädchen zu interessieren. Ich arbeitete an der Schülerzeitung *The Dutchman* als Sportredakteur mit, spielte Fußball und wurde einer der Mannschaftsführer im Leichtathletikteam (Abbildung 3.1). Ronald Berman, der andere Mannschaftsführer und einer meiner besten Freunde auf der Highschool, war ein außergewöhnlich guter Läufer, der die Stadtmeisterschaft über die halbe Meile gewann. Ich kam auf den fünften Platz. Aus Ron wurde später ein Shakespearespezialist, Professor für englische Literatur an der University of California in San Diego und der erste Direktor der National Endowment for the Humanities, der Nationalstiftung für Geisteswissenschaften, während der Nixon-Administration.

Auf Drängen meines Geschichtslehrers John Campagna, eines Harvard-Absolventen, bewarb ich mich am Harvard College. Als ich diese Bewerbung zum ersten Mal mit meinen Eltern besprach, riet mir mein Vater (der mit den Unterschieden der amerikanischen Universitäten so wenig vertraut war wie ich) wegen der Kosten, die eine weitere College-Bewerbung verursachen würde, davon ab. Ich hatte mich bereits am Brooklyn-College beworben, einem ausgezeichneten Institut, das mein Bruder besucht hatte. Als Mr. Campagna von den Bedenken meines Vaters erfuhr, bot er an, die erforderlichen 15 Dollar aus eigener Tasche zu zahlen. Unter den 1150 Schülern unseres Jahrgangs war ich schließlich einer von zweien (Ron Berman war der andere), die in Harvard zugelassen wurden. Beide bekamen wir Stipendien, die uns die wahre Bedeutung der Harvard-Hymne »Fair Harvard« (Schönes Harvard) aufgehen ließen. »Fair Harvard«, tatsächlich!

Obwohl von meinem Glück höchst angetan und Mr. Campagna unendlich dankbar, fürchtete ich mich ein bisschen davor, Erasmus Hall zu verlassen, denn ich war überzeugt davon, dass ich die soziale Anerkennung, die ungetrübte Freude an schulischen und sportlichen Leistungen, wie ich sie dort erlebt hatte, nie wieder finden würde. An der Jeschiwa war ich ein fleißiger Stipendiat gewesen. An der Erasmus High war ich nicht nur ein guter Schüler, sondern auch ein erfolgreicher Sportler. Das war ein riesengroßer Unterschied für mich. An der Erasmus High hatte ich zum ersten Mal das Gefühl, aus dem Schatten meines Bruder herauszutre-

John Rucker Eric Kandel John Bartel Ronald Berman Peter Mannus

3.1 Die Sieger der Pennsylvania-Staffel 1948: Die Pennsylvania-Staffel ist ein jährlich stattfindender nationaler Wettbewerb für die besten Schul- und College-Staffeln. Wir gewannen einen der Highschool-Läufe über eine Meile.

ten, einem Schatten, den ich an der Schule in Wien als unentrinnbar empfunden hatte. Zum ersten Mal hatte ich eigene Interessen.

In Harvard belegte ich im Hauptfach Neue europäische Geschichte und Literatur. Für dieses Fach wurde unter den Studenten eine Auswahl getroffen, weil sie in ihrem letzten Collegejahr eine Abschlussarbeit schreiben mussten. Wer angenommen wurde, bekam die nur in diesem Fach angebotene Möglichkeit, ab dem zweiten Collegejahr Tutorien in Anspruch zu nehmen, zuerst in kleinen Gruppen und dann allein. In meiner Abschlussarbeit ging es um die Einstellung dreier deutscher Schriftsteller zum Nationalsozialismus: Carl Zuckmayer, Hans Carossa und Ernst Jünger. Jeder Autor stand für eine andere Haltung in dem Spektrum geistig-politischer Reaktionen auf den Faschismus. Zuckmayer, ein mutiger Linker und lebenslanger Kritiker der Nazis, verließ Deutschland schon früh, zunächst Richtung Österreich, dann in die Vereinigten Staaten. Der Arzt und Dichter Carossa verhielt sich neutral; er blieb zwar in Deutschland, ging aber, wie er behauptete, in die »innere Emigration«. Jünger, im Ersten Weltkrieg ein schneidiger Offizier, pries die geistigen Tugenden des Krieges und des Kriegers und war ein intellektueller Wegbereiter des Nationalsozialismus.

Ich gelangte zu dem bedrückenden Schluss, dass viele deutsche Künstler und Intellektuelle – auch vermeintliche Schöngeister wie Jünger, der bedeutende Philosoph Martin Heidegger und der Dirigent Herbert von Karajan – der nationalistischen Inbrunst und der rassistischen Propaganda der Nationalsozialisten allzu bereitwillig erlegen waren. Spätere historische Untersuchungen von Fritz Stern und anderen haben gezeigt, dass Hitler in seinem ersten Amtsjahr keineswegs von einer breiten Mehrheit getragen wurde. Hätten die Intellektuellen mobil gemacht und große Bevölkerungsteile hinter sich gebracht, hätten sie Hitlers Griff nach der totalen Regierungsgewalt möglicherweise verhindern oder zumindest behindern können.

Mit der Abschlussarbeit begann ich im dritten Collegejahr, zu einem Zeitpunkt, als ich mit dem Gedanken spielte, mich im Hauptstudium mit europäischer Geistesgeschichte zu beschäftigen. Doch gegen Ende dieses Jahres lernte ich Anna Kris kennen und lieben, eine Studentin am Radcliffe College, die ebenfalls aus Wien emigriert war. Damals besuchte ich zwei hervorragende Seminare bei Karl Viëtor, eines über Goethe, das andere über moderne deutsche Literatur. Viëtor gehörte zu den besten deutschen Geisteswissenschaftlern in den Vereinigten Staaten, ein kluger und charismatischer Universitätslehrer, und er ermutigte mich, mein Studium in deutscher Geschichte und Literatur fortzusetzen. Er hatte zwei Bücher über Goethe geschrieben – eines über den jungen Mann und eines über den reifen Dichter – sowie eine wegweisende Studie über Georg Büchner veröffentlicht, an dessen Wiederentdeckung Viëtor maßgeblich beteiligt war. Büchner, dem nur ein kurzes Leben beschieden war, hatte einen neuen, realistischen und expressionistischen Theaterstil entwickelt: Sein unvollendetes Stück *Woyzeck* hatte erstmals einem einfachen Menschen von relativ unbeholfener Sprache tragische Dimensionen verliehen. Nachdem Büchner 1837 (mit 24 Jahren) an Typhus gestorben war, wurde *Woyzeck* als Fragment veröffentlicht und später von Alban Berg zu einer Oper *(Wozzeck)* verarbeitet.

Anna gefielen meine Kenntnisse in deutscher Literatur, und zu Beginn unserer Freundschaft verbrachten wir ganze Abende mit der Lektüre deutscher Lyrik: Novalis, Rilke und George. Ich hatte vor, in meinem letzten Collegejahr noch zwei weitere Seminare bei Viëtor zu belegen, doch plötzlich am Ende meines dritten Studienjahres starb er an Krebs. Sein

Tod traf mich tief. Auch in meiner persönlichen Studienplanung klaffte nun ein Loch. Annas Eltern, Ernst und Marianne Kris, die ich wenige Monate zuvor kennen gelernt hatte, beide namhafte Psychoanalytiker aus Freuds Kreis, zeigten mir in dieser Phase vorübergehender Ziellosigkeit jedoch neue Möglichkeiten auf.

HEUTE LÄSST SICH SCHWER VERSTÄNDLICH MACHEN, WIE FASZINIEREND die Psychoanalyse in den fünfziger Jahren für junge Menschen war. Sie hatte eine Theorie der Psyche entwickelt, die mir einen ersten Eindruck von der Komplexität menschlichen Verhaltens und der zugrunde liegenden Motive vermittelte. In Viëtors Seminar über zeitgenössische deutsche Literatur hatte ich Freuds Schrift *Zur Psychopathologie des Alltags* sowie die Werke Arthur Schnitzlers, Franz Kafkas und Thomas Manns gelesen, die sich ebenfalls mit den inneren Prozessen der menschlichen Psyche beschäftigten. Selbst neben diesen eindrucksvollen literarischen Zeugnissen konnte Freuds Prosa bestehen. Sein Deutsch – für das er 1930 den Goethepreis erhalten hatte – war einfach, wundervoll klar, humorvoll und unendlich selbstreferentiell. Das Buch hatte mir eine neue Welt eröffnet.

Die *Psychopathologie des Alltags* enthält eine Reihe von Anekdoten, die zu einem so selbstverständlichen Bestandteil unserer Kultur geworden sind, dass sie als Drehbuch für einen Woody-Allen-Film oder eine Comedy-Sendung dienen könnten. Freud berichtet von höchst alltäglichen, scheinbar unbedeutenden Ereignissen – Fehlleistungen (Versprechern), unerklärlichen Zufällen, verlegten Gegenständen, Rechtschreibfehlern, Erinnerungslücken – und zeigt mit ihrer Hilfe, dass die menschliche Psyche bestimmten, meist unbewussten Regeln unterworfen ist. Diese Versehen scheinen oberflächlich betrachtet vollkommen normale Irrtümer zu sein, kleine Pannen, wie sie jedem passieren. Mit Sicherheit waren sie mir passiert. Doch Freud öffnete mir die Augen für den Umstand, dass keines dieser Versehen zufällig war. Jedes hatte eine schlüssige und bedeutungsvolle Beziehung zum Rest des Seelenlebens. (Besonders erstaunlich fand ich, dass Freud das alles schreiben konnte, ohne je meiner Tante Minna begegnet zu sein!)

Ferner vertrat Freud die Ansicht, dass das Konzept der psychischen Determiniertheit – die Vorstellung, dass im Seelenleben wenig, wenn überhaupt, zufällig geschieht, dass jedes psychische Ereignis durch ein vorangegangenes bestimmt wird – nicht nur für das normale geistige Leben, sondern auch für geistige Störungen von entscheidender Bedeutung sei. Für das Unbewusste ist ein neurotisches Symptom, egal wie seltsam es erscheint, niemals seltsam, denn es steht zu vorangegangenen geistigen Prozessen in Beziehung. Der Zusammenhang zwischen einer Freudschen Fehlleistung und ihrer Ursache oder zwischen einem Symptom und dem zugrunde liegenden Prozess wird durch Abwehrmechanismen verschleiert – geistige Prozesse, die allgegenwärtig, dynamisch und unbewusst sind –, mit dem Ergebnis, dass es zu einem ständigen Konflikt zwischen Selbst-Enthüllung und Selbst-Schutz kommt. Die Psychoanalyse versprach, den Betroffenen durch die Analyse der ihren Handlungen zugrunde liegenden, unbewussten Motive und Abwehrmechanismen zu einem besseren Verständnis ihrer selbst und sogar zu therapeutischen Veränderungen zu verhelfen.

Für mich war die Psychoanalyse auf dem College so faszinierend, weil sie phantasievoll, umfassend und empirisch zugleich vorging – jedenfalls erschien es meinem naiven Verstand so. Keine andere Theorie des geistigen Lebens war so umfassend und scharfsinnig. Frühere psychologische Ansätze waren dagegen entweder hoch spekulativ oder sehr begrenzt.

BIS ENDE DES NEUNZEHNTEN JAHRHUNDERTS BESTANDEN DIE EINZIGEN Versuche, die Rätsel des menschlichen Geistes zu lösen, in introspektiven philosophischen Untersuchungen (Reflexionen speziell ausgebildeter Beobachter über die Beschaffenheit ihrer eigenen Denkmuster) oder in den Einsichten großer Romanciers wie Jane Austen, Charles Dickens, Fjodor Dostojewski und Leo Tolstoi. Das war die Lektüre, die mich während meiner ersten Harvard-Jahre begeisterte. Doch wie ich von Ernst Kris erfuhr, führt weder die geschulte Selbstbeobachtung noch die kreative Einsicht zu jener systematischen Akkumulation von Wissen, die eine Wissenschaft des Geistes als Grundlage benötigt. Für eine solche Grundlage braucht man nicht nur Einsicht, sondern auch Experimente, und die bemerkenswerten Erfolge der Experimentalwissenschaft in Astronomie, Physik und Chemie veranlassten auch die Forscher, die sich mit dem menschlichen Geist beschäftigten, ähnliche Methoden zur Untersuchung des Verhaltens zu entwerfen.

Die Suche begann bei Charles Darwins These, dass das menschliche Verhalten sich aus dem Verhaltensrepertoire unserer tierischer Vorfahren entwickelt hat. Ließen sich demnach Tiere als Modell für das Studium menschlichen Verhaltens verwenden? Der russische Physiologe Iwan Pawlow und der amerikanische Psychologe Edward Thorndike überprüften an Tieren die Weiterentwicklung einer philosophischen Idee, die zunächst von Aristoteles vertreten und später von John Locke ausgebaut wurde: dass wir lernen, indem wir Vorstellungen miteinander verknüpfen. Pawlow entdeckte die klassische Konditionierung, eine Form des Lernens, bei der einem Tier beigebracht wird, zwei Reize miteinander zu assoziieren. Thorndike stieß auf die instrumentelle Konditionierung, eine Form des Lernens, bei der ein Tier nach und nach eine Verhaltensreaktion mit ihren Konsequenzen verknüpft. Auf diesen beiden Lernprozessen bauten die weiteren wissenschaftlichen Lern- und Gedächtnisstudien nicht nur an einfachen Tieren, sondern auch an Menschen auf. Aristoteles' und Lockes Annahme, dass Lernen auf der Assoziation – der Verknüpfung – von Ideen beruhe, wurde durch den empirischen Befund ersetzt, dass Lernen durch die Verknüpfung zweier Reize oder eines Reizes mit einer Reaktion erfolgt.

Bei der Beschäftigung mit der klassischen Konditionierung machte Pawlow auch zwei nichtassoziative Lernformen aus: Habituation (Gewöhnung) und Sensitivierung. Bei Habituation und Sensitivierung lernt ein Tier nur etwas über die Merkmale eines einzigen Reizes. Bei der Habituation lernt das Tier, einen Reiz zu ignorieren, weil er trivial ist, während es bei der Sensitivierung lernt, auf den Reiz zu achten, weil er wichtig ist.

Thorndikes und Pawlows Entdeckungen waren von außerordentlicher Bedeutung für die Psychologie; aus ihnen entwickelte sich der Behaviorismus, die erste empirische Richtung der Psychologie. Zu der Zeit, als ich in Harvard studierte, war B. F. Skinner der führende Vertreter des Behaviorismus. Ich kam durch Diskussionen mit Freunden, die seine Seminare besuchten, mit seinen Gedanken in Berührung. Skinner hielt sich an die Grundsätze, welche die Gründer des Behaviorismus vorgegeben hatten: Eine wirklich wissenschaftliche Psychologie müsse sich auf die Verhaltensaspekte beschränken, die sich öffentlich beobachten und objektiv quantifizieren ließen. Da blieb kein Raum für Selbstbeobachtung.

Folglich konzentrierten sich Skinner und die Behavioristen ausschließlich auf beobachtbares Verhalten und klammerten in ihrer Arbeit alle Verweise auf geistige Prozesse und alle Ansätze zur Selbstbeobachtung aus, weil diese nicht beobachtet, gemessen oder zur Entwicklung allgemeiner Regeln über menschliches Verhalten verwendet werden konnten. Gefühle, Gedanken, Pläne, Wünsche, Motive und Werte – die inneren Zustände und persönlichen Erfahrungen, die uns zu Menschen machen und die die Psychoanalyse in den Blick rückte – waren nach dieser Auffassung von der Experimentalwissenschaft nicht zu erfassen und für die Verhaltenswissenschaft nicht erforderlich. Die Behavioristen waren überzeugt, all unsere psychologischen Aktivitäten seien auch ohne Rückgriff auf solche geistigen Prozesse zu erklären.

Die Psychoanalyse, an die mich die Krises herangeführt hatten, war Welten von Skinners Behaviorismus entfernt. Tatsächlich unternahm Ernst Kris große Anstrengungen, die Unterschiede zu erörtern und zu überbrücken. Seiner Meinung nach beruhte die Anziehungskraft der Psychoanalyse zum Teil darauf, dass sie wie der Behaviorismus versuchte, objektiv zu sein, und aus Selbstbeobachtung gewonnene Schlussfolgerungen ablehnte. Freud vertrat die Auffassung, man könne die eigenen unbewussten Prozesse nicht verstehen, indem man in sich hineinblicke. Nur ein außenstehender Beobachter, der geschult und neutral sei – der Psychoanalytiker –, sei in der Lage, den Inhalt des Unbewussten in einem anderen Menschen zu erkennen. Wie die Behavioristen bevorzugte Freud beobachtbare Experimentaldaten, doch hielt er offenes Verhalten nur für *einen* Zugang, innere Zustände, egal ob bewusst oder unbewusst, zu untersuchen. Freud interessierte sich nicht nur für die inneren Prozesse, die die Reaktionen eines Menschen auf bestimmte Reize vorgeben, sondern auch für die Reaktionen als solche. Die Freudianer waren der Meinung, dass die Behavioristen die wichtigsten Fragen über geistige Prozesse ausblendeten, indem sie die Untersuchung menschlichen Verhaltens auf beobachtbare und messbare Handlungen beschränkten.

Die Psychoanalyse zog mich auch deshalb an, weil Freud, ein Wiener und Jude wie ich, die Stadt ebenfalls hatte verlassen müssen und weil bei der Lektüre seiner Werke auf Deutsch eine Sehnsucht nach dem geistigen Leben in mir erwachte, von dem ich so viel gehört, das ich aber nie erlebt hatte. Noch wichtiger aber waren meine Gespräche mit Annas Eltern, zwei ungewöhnlich interessanten und begeisterungsfähigen Menschen. Ernst Kris war bereits ein ausgewiesener Kunsthistoriker und Kurator für angewandte Malerei und Bildhauerei am Kunsthistorischen Museum in Wien gewesen, bevor er Marianne kennen lernte und sich der Psychoanalyse zuwandte. Der bedeutende Kunsthistoriker Ernst Gombrich, mit dem er später zusammenarbeitete, zählte zu seinen Schülern. Beide leisteten wichtige Beiträge zur Entwicklung einer modernen Kunstpsychologie. Marianne Kris war nicht nur eine namhafte Psychoanalytikerin und Dozentin, sondern auch ein wunderbarer und warmherziger Mensch. Ihr Vater, der hervorragende Kinderarzt Oskar Rie, war Freuds bester Freund und der Arzt seiner Kinder. Freuds hochbegabter Tochter Anna stand Marianne so nahe, dass sie ihre eigene Tochter nach der Freundin benannte.

Ernst und Marianne Kris verhielten sich mir gegenüber so großzügig und ermutigend wie gegenüber allen Freunden ihrer Tochter. Durch meine häufigen Besuche bei ihnen lernte ich auch ihre Kollegen, die Psychoanalytiker Heinz Hartmann und Rudolph Loewenstein, kennen.

Hartmann, Kris und Loewenstein hatten zusammen eine neue Richtung in der Psychoanalyse erarbeitet. Die drei Immigranten verfassten gemeinsam eine Reihe von wegweisenden Aufsätzen, in denen sie darlegten, dass die psychoanalytische Theorie zu viel Nachdruck auf die Rolle von Frustration und Angst in der Entwicklung des Ich gelegt habe – den Teil des psychischen Apparats, der nach Freuds Theorie mit der Außenwelt in Kontakt ist. Stattdessen müsste die normale kognitive Entwicklung stärker betont werden. Um ihre Thesen zu überprüfen, drängte Ernst Kris auf empirische Beobachtungen der normalen kindlichen Entwicklung. Indem er auf diese Weise die Kluft zwischen Psychoanalyse und kognitiver Psychologie überbrückte, die sich in den fünfziger und sechziger Jahren auftat, ermutigte Kris die amerikanischen Psychoanalytiker dazu, empirischer vorzugehen. Er selbst handelte entsprechend und schloss sich dem Child Study Center der Yale University an, um an den Beobachtungsstudien dieses Instituts teilzunehmen.

Während ich ihren faszinierenden Diskussionen lauschte, wurde ich zu ihrer Auffassung bekehrt, dass die Psychoanalyse einen hoch interessanten, möglicherweise den einzig erfolgversprechenden Ansatz zum Verständnis des Geistes bot. Sie eröffnete nicht nur Einblicke in die rationalen und irrationalen Aspekte von Motivation sowie unbewusstem und bewusstem Gedächtnis, sondern auch in die geordnete Natur der kognitiven Entwicklung, der Entwicklung von Wahrnehmung und Denken. Dieses Studiengebiet fand ich allmählich viel spannender als die europäische Literatur und Geistesgeschichte.

UM PRAKTIZIERENDER PSYCHOANALYTIKER ZU WERDEN, WAR ES IN DEN fünfziger Jahren üblich, Medizin zu studieren, Arzt zu werden und dann eine fachärztliche Ausbildung zum Psychiater zu machen, ein Studiengang, an den ich bis dahin noch nicht gedacht hatte. Doch Karl Viëtors Tod hatte in meinen Studienplan eine Lücke gerissen, die ich im Sommer 1951, ohne lange darüber nachzudenken, zunächst mit dem Einführungskurs in Chemie füllte. Der war für das Medizinstudium obligatorisch. In meinem letzten Collegejahr konnte ich dann Physik und Biologie belegen, während ich meine Abschlussarbeit schrieb, und organische Chemie, die letzte Voraussetzung für das Medizinstudium, wenn ich den Collegeabschluss gemacht hatte und immer noch dabei bleiben wollte.

Im Sommer 1951 wohnte ich mit vier jungen Männern zusammen, mit denen ich mein Leben lang befreundet bleiben sollte: Annas Cousin Henry Nunberg, der Sohn von Herman Nunberg, einem anderen bedeutenden Psychoanalytiker; Robert Goldberger; James Schwartz und Robert Spitzer. Einige Monate später wurde ich aufgrund dieses einen Chemiekurses und meiner allgemeinen Collegenoten an der Medical School der New York University angenommen, allerdings unter der Bedingung, dass ich die noch fehlenden Scheine vor der Immatrikulation im Herbst 1952 nachholte.

Ich begann das Studium mit der festen Absicht, Psychoanalytiker zu werden, und hielt an diesem Plan auch während meines praktischen Jahres und der fachärztlichen Ausbildung in Psychiatrie fest. Doch im letzten Jahr meines Medizinstudiums begann ich mich verstärkt für die biologischen Grundlagen der medizinischen Praxis zu interessieren. Ich beschloss, mich näher mit der Biologie des Gehirns zu beschäftigen, unter anderem, weil mir der Kurs über die Anatomie des Gehirns im zweiten Jahr des Medizinstudiums sehr viel Spaß gemacht hatte. Louis Hausman, der diesen Kurs gab, ließ jeden von uns aus farbigem Ton ein vier Mal so großes, aber maßstabsgerechtes Modell des menschlichen Gehirns anfertigen. Wie meine Kommilitonen später in unserem Jahrbuch schrieben: »Das Tonmodell weckte schlummernde Keime der Kreativität, und selbst die Unempfänglichsten unter uns brachten ein vielfarbiges Gehirn zustande.«

Die Herstellung dieses Modells vermittelte mir zum ersten Mal eine dreidimensionale Vorstellung davon, wie sich Rückenmark und Gehirn zum Zentralnervensystem zusammenfügen (Abbildung 3.2). Mir wurde klar, dass das Zentralnervensystem eine zweiseitige, weitgehend symmetrische Struktur mit klar unterschiedenen Teilen ist, die so faszinierende Bezeichnungen wie Hypothalamus, Thalamus, Cerebellum (Kleinhirn) oder Amygdala tragen. Das Rückenmark enthält die Mechanismen, die für einfaches Reflexverhalten erforderlich sind. Durch Untersuchung des Rückenmarks, zeigte uns Hausman, kann man den generellen Zweck des

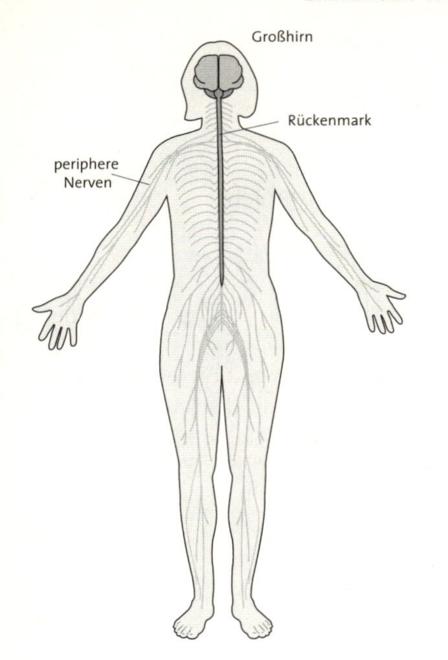

3.2 Das zentrale und das periphere Nervensystem. Das Zentralnervensystem, das aus Gehirn und Rückenmark besteht, ist zweiseitig symmetrisch. Das Rückenmark erhält durch Bündel langer Axone, welche die Haut innervieren, Sinnesinformationen aus der Haut. Diese Bündel heißen periphere Nerven. Über die Axone der Motoneurone schickt das Rückenmark außerdem motorische Befehle an die Muskeln. Diese Sinnesrezeptoren und motorischen Axone gehören zum peripheren Nervensystem.

Zentralnervensystems gewissermaßen im Mikrokosmos erkennen: nämlich Sinnesinformationen aus der Haut mittels langer Nervenfasern, so genannter Axone, zu empfangen und sie in koordinierte motorische Befehle umzuwandeln, die durch andere Axonbündel motorische Befehle an die Muskeln übertragen und diese aktivieren.

Nach oben, in Richtung Gehirn, wird das Rückenmark zum Gehirnstamm (Abbildung 3.3), einer Struktur, die Sinnesinformationen an höhere Hirnregionen übermittelt und motorische Befehle aus diesen Regionen im Rückenmark abwärts schickt. Der Hirnstamm regelt auch das Aufmerksamkeitsverhalten. Über dem Hirnstamm liegen der Hypothalamus, der Thalamus und die Großhirnhälften, deren Oberfläche von einer tief gefurchten Außenschicht, der Großhirnrinde, bedeckt ist. Die Großhirnrinde ist für höhere geistige Funktionen zuständig: Wahrnehmung, Handeln, Sprache und Planung. In ihren Tiefen liegen drei Strukturen: die Basalganglien, der Hippocampus und die Amygdala. Die Basalganglien sind an der Regulierung der motorischen Aktivität beteiligt, der

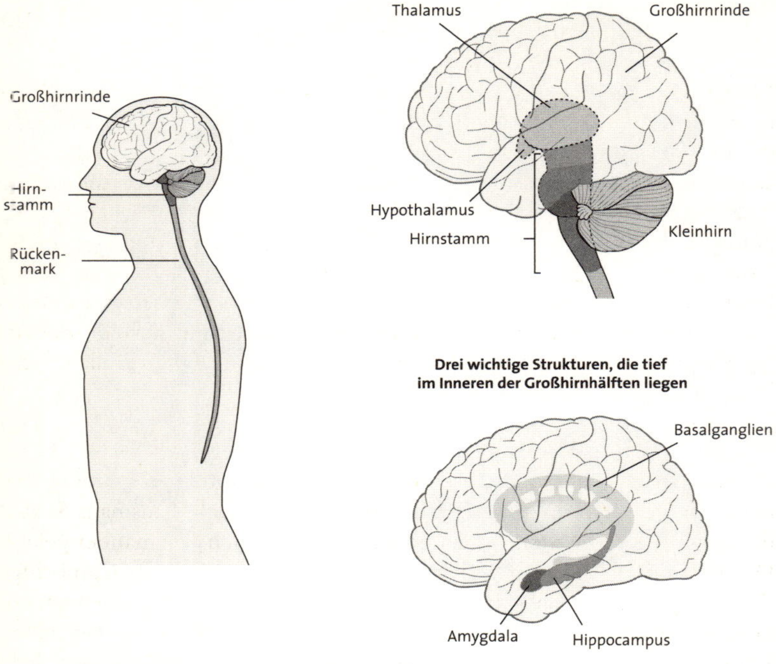

3.3 Das Zentralnervensystem

Hippocampus ist für bestimmte Aspekte der Gedächtnisspeicherung verantwortlich, und die Amygdala koordiniert autonome und endokrine Reaktionen im Kontext emotionaler Zustände.

Es fiel einem schwer, das Gehirn – selbst wenn es sich um ein Tonmodell des Organs handelt – zu betrachten, ohne sich zu fragen, wo denn dort Freuds Ich, Es und Über-Ich angesiedelt seien. Freud, ein profunder Kenner der Hirnanatomie, hat sich wiederholt über die Bedeutung der Biologie des Gehirns für die Psychoanalyse geäußert. So schrieb er 1914 in seinem Aufsatz »Zur Einführung des Narzißmus«, man müsse sich daran erinnern, dass all unsere psychologischen Vorläufigkeiten einmal auf den Boden organischer Träger gestellt werden sollten. 1920, in »Jenseits des Lustprinzips«, hieß es abermals:

> Die Mängel unserer Beschreibung würden wahrscheinlich verschwinden, wenn wir anstatt der psychologischen Termini schon die physiologischen oder chemischen einsetzen könnten.

Obwohl die meisten Psychoanalytiker in den fünfziger Jahren den Geist nicht unter biologischer Perspektive betrachteten, fingen einige doch an, die Biologie des Gehirns und ihre mögliche Bedeutung für die Psychoanalyse zu diskutieren. Durch die Krises lernte ich drei solche Psychoanalytiker kennen: Lawrence Kubie, Sidney Margolin und Mortimer Ostow. Nach längeren Gesprächen mit ihnen beschloss ich im Herbst 1955, an der Columbia University ein Seminar bei dem Neurophysiologen Harry Grundfest zu belegen. Damals maß man der Neurowissenschaft an vielen Medizinischen Hochschulen der Vereinigten Staaten nur geringe Bedeutung bei, und an der NYU gab es niemanden, der in die Grundlagen der Neurowissenschaften einführte.

IN DIESER ENTSCHEIDUNG WURDE ICH NACHDRÜCKLICH VON DENISE Bystryn bestärkt, einer außerordentlich attraktiven und intelligenten Französin, mit der ich seit einiger Zeit ausging. Während ich Hausmans Anatomiekurs besuchte, hatten Anna und ich uns allmählich auseinander gelebt. Die Beziehung, die während unserer gemeinsamen Zeit in Cambridge für jeden von uns etwas ganz Besonderes gewesen war, begann zu bröckeln, als ich nach New York ging. Auch unsere Interessen begannen auseinander zu laufen. Daher trennten wir uns im September 1953, bald nachdem Anna ihren Abschluss am Radcliffe College gemacht hatte. Sie ist heute Psychoanalytikerin mit einer außerordentlich gut gehenden Praxis in Cambridge.

Ich hatte anschließend zwei ernste, aber kurze Beziehungen; beide dauerten nur ein Jahr. Als die zweite Beziehung zerbrach, lernte ich Denise kennen. Ein gemeinsamer Freund hatte mir von ihr erzählt, und ich rief sie an, um mich mit ihr zu verabreden. Im Laufe unseres Gesprächs machte sie mir klar, dass sie viel zu tun habe und nicht sonderlich an einem Treffen interessiert sei. Ich gab jedoch nicht auf und zog alle Register. Ohne Erfolg. Schließlich erwähnte ich, dass ich aus Wien kam. Daraufhin veränderte sich plötzlich ihr Tonfall. Die Tatsache, dass ich Europäer war, ließ sie offenbar vermuten, dass ich doch keine reine Zeitverschwendung war, und so erklärte sie sich doch zu einer Verabredung bereit.

Als ich sie in ihrem Apartmenthaus in der West End Avenue abholte, fragte ich sie, ob sie ins Kino oder in die beste Bar der Stadt wolle. Sie entschied sich für die beste Bar, also führte ich sie in die 31. Straße, nahe der Medizinischen Hochschule, wo ich mir mit meinem Freund Robert Goldberger eine Wohnung teilte. Als wir eingezogen waren, hatten wir die Wohnung renoviert und eine sehr hübsche Bar eingebaut, wahrscheinlich die prächtigste in unserem Bekanntenkreis. Bob, ein Scotch-Kenner, hatte sich eine ansehnliche Sammlung zugelegt, darunter auch einige Single Malts.

Denise war von unserem handwerklichen Geschick beeindruckt (ein Lob, das in erster Linie Bob gebührte), trank aber keinen Scotch. Also machte ich eine Flasche Chardonnay auf, und wir verbrachten einen herrlichen Abend. Ich erzählte ihr von meinem Leben an der Medizinischen Hochschule, und sie sprach über ihr Soziologiestudium an der Columbia University. Denises besonderes Interesse galt dem Versuch, mit Hilfe quantitativer Methoden langfristige Verhaltensveränderungen von Menschen zu analysieren. Viele Jahre später untersuchte sie mit Hilfe dieser Methoden, wie Jugendliche drogenabhängig werden. Ihre epidemiologische Studie hatte wegweisende Bedeutung: Sie wurde zum Ausgangspunkt der Einstiegs-Hypothese, mit der man heute erklärt, wie sich die allmähliche Entwicklung zum Konsum immer härterer Drogen vollzieht.

Unsere Beziehung war ungewöhnlich harmonisch. Denise verband Intelligenz und Neugier mit einer wunderbaren Fähigkeit, den Alltag schön zu gestalten. Sie war eine gute Köchin, hatte einen ausgezeichneten Geschmack, was ihre Kleidung anging – die sie teilweise selber schneiderte –, und mochte es, ihre Umgebung mit Vasen, Lampen und Kunst aufzuhellen. Wie Anna meine Einstellung zur Psychoanalyse beeinflusst hatte, so prägte Denise nun meine Einstellung zur empirischen Wissenschaft und zur Lebensqualität.

Sie brachte mir auch stärker zu Bewusstsein, dass ich Jude und Überlebender des Holocaust bin. Denises Vater, ein begabter Maschinenbauingenieur, entstammte einer alten Familie von Rabbis und Gelehrten und war in Polen selbst zum Rabbi ausgebildet worden. Mit 21 Jahren verließ er Polen und ging nach Caen in der Normandie, wo er Mathematik und Maschinenbau studierte. Obwohl er Agnostiker wurde und nicht mehr in die Synagoge ging, besaß er in seiner umfangreichen Bibliothek eine eindrucksvolle Sammlung religiöser hebräischer Texte, darunter die Mischna und eine Wilna-Ausgabe des Talmuds.

Die Bystryns blieben den Krieg hindurch in Frankreich. Denises Mutter hatte ihrem Mann bei der Flucht aus einem französischen Konzentrationslager geholfen, und beide überlebten den Krieg im Untergrund. In dem südwestfranzösischen Städtchen Saint-Cérés konnten sie sich vor den NS-Schergen verbergen. Denise war während dieser Zeit meistens von ihren Eltern getrennt, versteckt in einem katholischen Kloster in Cahors, rund achtzig Kilometer entfernt. Denises Erlebnisse waren zwar erheblich schlimmer als meine, ähnelten ihnen aber in mancherlei Hinsicht. Im Laufe der Jahre erwiesen sich unsere individuellen Erfahrungen in dem von Hitler beherrschten Europa für uns beide als unauslöschlich und brachten uns noch näher zusammen.

Ein Erlebnis in Denises Leben machte besonderen Eindruck auf mich. In den Jahren, die sie im Kloster verbrachte, wusste nur die Oberin, dass sie Jüdin war, und es drängte sie auch niemand, zum Katholizismus überzutreten. Doch Denise fühlte sich ihren Klassenkameradinnen gegenüber unbehaglich, weil sie anders war. Weder ging sie zur Beichte, noch nahm sie sonntags wie alle anderen an der heiligen Kommunion teil. Sara, Denises Mutter, machte sich wegen dieser Außenseiterstellung ihrer Tochter Sorgen, da sie befürchtete, Denises wahre Identität könnte ans Licht kommen und sie in Gefahr bringen. Sara besprach dieses Problem mit Iser, Denises Vater, und sie beschlossen, Denise taufen zu lassen.

Zu Fuß und mit dem Bus legte Sara die fast achtzig Kilometer von ihrem Versteck bis zum Kloster in Cahors zurück. Sie stand schon vor dem dunklen, massiven Holztor und wollte gerade anklopfen, als sie im letzten Moment vor der schicksalhaften Entscheidung zurückschreckte. Ohne das Kloster überhaupt zu betreten, kehrte sie wieder um. Sie rechnete fest damit, dass ihr Mann wütend sein würde, weil sie nichts gegen die Gefahr unternommen hatte, in der ihre Tochter schwebte. Doch Iser reagierte ungeheuer erleichtert. Während Saras Abwesenheit hatte er sich die ganze Zeit über gegrämt, weil er überzeugt war, mit der Zustimmung zu Denises Konversion einen schweren Fehler begangen zu haben.

1949 wanderten Denise, ihr Bruder und ihre Eltern in die Vereinigten Staaten aus. Ein Jahr lang besuchte Denise das Lycée Français in New York und wurde dann mit siebzehn Jahren am Bryn Mawr College aufgenommen. Mit neunzehn machte sie ihren Collegeabschluss und schrieb sich für das Soziologiestudium an der Columbia University ein. Als wir uns 1955 kennen lernten, hatte sie gerade mit dem Forschungsprojekt für ihre Dissertation in Medizinsoziologie bei Robert K. Merton begonnen, einem der großen Köpfe der modernen Soziologie und Mitbegründer der Wis-

3.4 Denise bei unserer Hochzeit im Jahr 1956.

senschaftssoziologie. In ihrer Dissertation untersuchte sie die Berufsentscheidungen von Medizinstudenten auf der Grundlage von empirischen Langzeitstudien.

Wenige Tage, nachdem ich im Juni 1956 die Medizinische Hochschule abgeschlossen hatte, heirateten Denise und ich (Abbildung 3.4). Nach kurzen Flitterwochen in Tanglewood, Massachusetts, wo ich einen Teil der Zeit dazu nutzte, mich auf das Staatsexamen vorzubereiten – was Denise mich nie vergessen ließ –, begann ich ein einjähriges praktisches Jahr am Montefiore Hospital in New York City, während Denise ihr Promotionsstudium an der Columbia University fortsetzte.

Denise erkannte vielleicht deutlicher als ich, dass meine Idee, die biologischen Grundlagen geistiger Funktionen zu untersuchen, neu und kühn war, und drängte mich, sie weiter zu verfolgen. Ich machte mir jedoch Sorgen. Wir hatten beide keine finanziellen Rücklagen, und ich meinte, mit einer Privatpraxis für unseren Lebensunterhalt sorgen zu müssen. Denise aber maß der Geldfrage keinerlei Bedeutung bei. Ihr Vater, der ein Jahr, bevor ich sie kennen lernte, gestorben war, hatte seiner Tochter geraten, einen armen Intellektuellen zu heiraten, weil ein solcher Mann die Gelehrsamkeit über alles stellen und aufregende akademische Ziele verfolgen werde. Denise, bei unserer Heirat 23 Jahre jung, war der Meinung, sie habe seinen Rat befolgt (mit Sicherheit hatte sie jemanden geheiratet, der arm war), und ermutigte mich stets, kühne Entscheidungen zu treffen, um etwas wirklich Neues und Originelles tun zu können.

Zweiter Teil

Die Biologie ist wahrlich ein Reich der unbegrenzten Möglichkeiten, wir haben die überraschendsten Aufklärungen von ihr zu erwarten und können nicht erraten, welche Antworten sie auf die von uns an sie gestellten Fragen einige Jahrzehnte später geben würde. Vielleicht gerade solche, durch die unser ganzer künstlicher Bau von Hypothesen umgeblasen wird.

Sigmund Freud, »Jenseits des Lustprinzips«

KAPITEL 4

Eine Zelle zur Zeit

Ich kam im Herbst 1955 über einen freiwilligen Kurs ins Labor von Harry Grundfest an der Columbia University. In diesen sechs Monaten hoffte ich, etwas über die höheren Hirnfunktionen zu erfahren. Dass es der Beginn eines neuen Berufsweges, gar eines neuen Lebensweges werden sollte, ahnte ich nicht. Doch schon mein erstes Gespräch mit Grundfest machte mich nachdenklich, denn im Verlauf dieser Unterhaltung schilderte ich ihm mein Interesse an der Psychoanalyse und meine Hoffnung, etwas über den Sitz von Ich, Es und Über-Ich im Gehirn zu lernen.

Mein Wunsch, diese drei psychischen Instanzen zu entdecken, war durch ein Diagramm von Freud in einer Zusammenfassung seiner neuen Strukturtheorie des psychischen Apparats geweckt worden, die er zwischen 1923 bis 1933 entwickelt hatte (Abbildung 4.1). Auch in der neuen Theorie hielt er an der früheren Unterscheidung zwischen bewussten und unbewussten psychischen Funktionen fest, fügte aber drei interagierende psychische Instanzen hinzu: Ich, Es und Über-Ich. Für Freud bildete das Bewusstsein die *Oberfläche* des psychischen Apparats. Viele unserer geistigen Funktionen liegen, so Freud, unter dieser Oberfläche, ähnlich einem Eisberg, der sich zum großen Teil unter Wasser befindet. Je tiefer eine psychische Funktion liegt, desto weiter ist sie dem Zugriff des Bewusstseins entzogen. Die Psychoanalyse lieferte eine Methode, um zu den tiefer liegenden psychischen Schichten zu gelangen, den vorbewussten und unbewussten Teilen der Persönlichkeit.

Ausschlaggebend an Freuds neuem Modell waren die drei interagierenden psychischen Instanzen. Freud definierte das Ich, das Es und das Über-Ich weder als bewusst noch als unbewusst, sondern unterschied sie nach Stil, Zielsetzung und Funktion im Hinblick auf die Kognition (Abbildung 4.1).

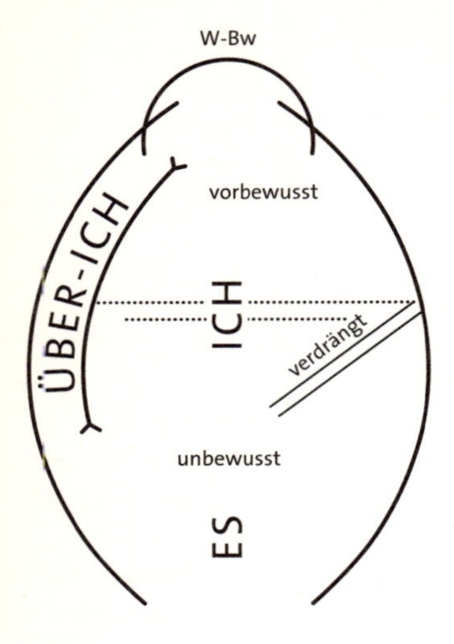

4.1 Freuds Strukturtheorie. Freud ging von drei psychischen Hauptstrukturen aus: dem Ich, dem Es und dem Über-Ich. Das Ich hat einen bewussten Teil (Wahrnehmungs-Bewusstsein oder W-Bw), der sensorische Informationen erhält und in direktem Kontakt mit der Außenwelt steht, sowie einen vorbewussten Teil, einen Aspekt der unbewussten Verarbeitung, der raschen Zugang zum Bewusstsein hat. Die unbewussten Anteile des Ich wirken durch Verdrängung und andere Abwehrmechanismen, um die Triebe des Es, das die sexuellen und aggressiven Instinkte erzeugt, zu hemmen. Das Ich reagiert außerdem auf die Ansprüche des Über-Ich, des weitgehend unbewussten Trägers moralischer Werte. Die gepunkteten Linien markieren die Grenzlinien zwischen den Prozessen, die für das Bewusstsein zugänglich sind, und denen, die vollkommen unbewusst sind.

Das Ich (das autobiographische Selbst), in Freuds Strukturtheorie die Ausführungs- und Kontrollinstanz, besitzt neben einem bewussten auch einen unbewussten Teil. Der bewusste Teil steht durch den Sinnesapparat für Sehen, Hören und Tasten in direktem Kontakt mit der Außenwelt. Er befasst sich mit Wahrnehmung, Denken, dem Planen von Handlungen und der Erfahrung von Lust und Unlust. Hartmann, Kris und Loewenstein legten in ihrer Arbeit dar, dass dieser konfliktfreie Teil des Ich logisch vorgeht und in seinem Handeln dem Realitätsprinzip gehorcht. Der unbewusste Teil des Ich befasst sich mit psychologischen Abwehrmechanismen (Verdrängung, Verleugnung, Sublimierung), den Prozessen, mit denen das Ich den Sexual- und den Aggressionstrieb des Es, der zweiten psychischen Instanz, hemmt, kanalisiert und umlenkt.

Das Es, ein Begriff, den Freud von Friedrich Nietzsche übernommen hat, ist vollkommen unbewusst. Es gehorcht weder Logik noch Realität, sondern allein dem hedonistischen Prinzip, Lust zu suchen und Unlust zu vermeiden. Das Es stellt laut Freud die primitive Psyche des Säuglings dar und ist die einzige geistige Struktur, die bei der Geburt vorhanden ist. Das Über-Ich, der dritte Kontrolleur, ist die unbewusste moralische Instanz, die Verkörperung unserer Ideale.

Obwohl Freud dieses Diagramm nicht als neuroanatomische Karte der Psyche gedacht hatte, regte es mich doch zu der Frage an, wo diese psychischen Instanzen in den komplexen Faltungen des menschlichen Gehirns wohl angesiedelt sein könnten, eine Frage, die schon die Neugier von Kubie und Ostow erregt hatte. Wie erwähnt, hatten diese beiden Psychoanalytiker mit ihrem ausgeprägten Interesse an Biologie mich auch bewogen, bei Grundfest zu studieren.

Grundfest hörte mir geduldig zu, als ich ihm von meinen ziemlich großspurigen Ideen erzählte. Ein anderer Biologe hätte sich gefragt, was er mit diesem naiven und irregeleiteten Medizinstudenten anfangen solle, und mich weggeschickt. Nicht so Grundfest. Die biologische Grundlage von Freuds Strukturtheorie des Geistes verstehen zu wollen, erklärte er mir, gehe weit über die gegenwärtigen Möglichkeiten der Neurowissenschaft hinaus. Um den Geist zu begreifen, müsse man vielmehr bei der Untersuchung des Gehirns eine Zelle zur Zeit betrachten.

Eine Zelle zur Zeit! Anfangs fand ich diese Feststellung niederschmetternd. Wie konnte man psychoanalytische Fragen nach den unbewussten Motiven des Verhaltens oder die Handlungen unseres bewussten Lebens dadurch angehen, dass man das Gehirn auf der Ebene einzelner Nervenzellen untersuchte? Doch während wir uns unterhielten, fiel mir plötzlich ein, dass Freud selbst 1887 als Berufsanfänger die verborgenen Rätsel des psychischen Lebens ebenfalls dadurch zu lösen versucht hatte, dass er eine Nervenzelle zur Zeit studierte. Freud hatte als Anatom begonnen und einzelne Nervenzellen untersucht. Damit hatte er einen entscheidenden Punkt der späteren Neuronenlehre vorausgeahnt, der Ansicht, dass Nervenzellen die Bausteine des Gehirns sind. Erst später, nachdem er begonnen hatte, in Wien Patienten mit seelischen Störungen zu behandeln, machte er seine wegweisenden Entdeckungen über unbewusste psychische Prozesse.

Ich fand es bemerkenswert und einigermaßen ironisch, dass ich nun aufgefordert wurde, Freuds Weg in umgekehrter Richtung zurückzulegen und das Interesse an der von oben nach unten ausgerichteten Strukturtheorie des Geistes durch eine von unten nach oben aufbauende Untersuchung der Signalelemente des Nervensystems, der komplizierten inneren Welten von Nervenzellen, zu ersetzen. Harry Grundfest erbot sich, mich in diese neue Welt zu führen.

4.2 Harry Grundfest (1904–1983), Professor für Neurologie an der Columbia University.

ICH HATTE MICH SEHR BEMÜHT, BEI GRUNDFEST ARBEITEN ZU KÖNNEN, denn er war der kenntnis- und geistreichste Neurophysiologe in New York City – einer der besten im ganzen Land. Mit 51 Jahren befand er sich auf dem Gipfel seiner beträchtlichen geistigen Fähigkeiten (Abbildung 4.2).

Grundfest hatte 1930 an der Columbia University in Zoologie und Physiologie promoviert und dort anschließend ein Postdoktorandenstipendium erhalten. 1935 ging er ans Rockefeller-Institut (heute Rockefeller University), um im Labor von Herbert Gasser zu arbeiten. Gasser war ein Pionier auf dem Gebiet der elektrischen Signalübertragung in Nervenzellen, ein Prozess, der von entscheidender Bedeutung für die Funktion des Nervensystems ist. In der Zeit, als Grundfest zu ihm kam, war er als frisch gekürter Präsident des Rockefeller-Instituts auf einem Höhepunkt seiner beruflichen Laufbahn angelangt. 1944 – Grundfest war noch immer in seinem Labor – erhielt er den Nobelpreis für Physiologie oder Medizin.

Nach seiner Ausbildung bei Gasser verfügte Grundfest neben breit gefächerten biologischen Kenntnissen auch über ein solides elektrotechnisches Grundwissen. Außerdem kannte er sich in der vergleichenden Biologie des Nervensystems aus – von den einfachen Wirbellosen (Langusten, Hummern, Tintenfischen und ähnlichen) bis zu Säugetieren. Damals gab es nur wenige Forscher mit vergleichbarem Hintergrund, weshalb seine Alma Mater ihn 1945 als Direktor des neuen neurophysiologischen Labors am Neurologischen Institut des College of Physicians and Surgeons zurückholte. Bald nach seiner Ankunft begann er zusammen mit dem bekannten Biochemiker David Nachmansohn zusammenzuarbeiten; sie untersuchten die biochemischen Veränderungen, die sich bei der Signalübertragung in Nervenzellen vollziehen. Grundfests Zukunft schien gesichert, doch dann geriet er beruflich in Schwierigkeiten.

1953 wurde Grundfest nämlich vor den Ständigen Untersuchungsausschuss des Senats zitiert, dem Senator Joseph McCarthy vorsaß. Während des Zweiten Weltkriegs hatte Grundfest, der aus seinen radikalen politischen Ansichten kein Hehl machte, auf dem Gebiet der Wundheilung und Nervenregeneration in der Climatic Research Unit der Signal Laboratories in Fort Monmouth, New Jersey, gearbeitet. McCarthy unterstellte, Grundfest sei ein Sympathisant des Kommunismus gewesen, und er oder seine Freunde hätten während des Krieges wissenschaftliche Forschungsergebnisse an die Sowjets verraten. Bei der Anhörung vor dem McCarthy-Ausschuss sagte Grundfest aus, dass er kein Kommunist sei. Unter Berufung auf den Fünften Zusatzartikel weigerte er sich, noch mehr über seine politischen Überzeugungen oder die seiner Kollegen zu sagen.

McCarthy konnte nie den Schimmer eines Beweises für seine Unterstellungen beibringen. Trotzdem bekam Grundfest einige Jahre lang keine Forschungsmittel mehr von den National Institutes of Health (NIH). Nachmansohn, der um seine eigenen staatlichen Forschungsmittel fürchtete, schloss Grundfest aus ihrem gemeinsamen Laboratorium aus und beendete ihre Zusammenarbeit. Grundfest musste seine eigene Forschungsgruppe auf zwei Personen reduzieren und hätte wohl noch ernstere berufliche Konsequenzen erdulden müssen, hätte ihn die wissenschaftliche Leitung der Columbia University nicht so stark unterstützt.

Für Grundfest war die Beschneidung seiner Forschungskapazitäten zu einem Zeitpunkt, der sich als der Höhepunkt seiner wissenschaftlichen Karriere herausstellte, verheerend. Paradoxerweise war dieser Umstand für mich günstig. Grundfest hatte mehr Zeit zur Verfügung, als es unter normalen Umständen der Fall gewesen wäre, und verwandte einen erheblichen Teil davon darauf, mir klar zu machen, was es mit der Neurowissenschaft wirklich auf sich hatte und wie sie sich von einer deskriptiven und unstrukturierten Disziplin in ein geschlossenes, auf die Zellbiologie gegründetes Forschungsfeld verwandeln konnte. Ich wusste so gut wie nichts über die moderne Zellbiologie, doch die neue Richtung der Hirnforschung, die Grundfest skizzierte, faszinierte mich und regte meine Phantasie an. Die Geheimnisse der Hirnfunktionen begannen sich tatsächlich zu lüfen, wenn man eine Hirnzelle zur Zeit untersuchte.

SEITDEM ICH IN MEINEM NEUROANATOMIEKURS DAS TONMODELL GEformt hatte, hielt ich das Gehirn für ein ganz besonderes Organ, ein Organ, dessen Funktionen sich radikal von denen anderer Körperteile unterschieden. Das stimmt natürlich: Die Niere und die Leber können weder Reize empfangen und verarbeiten, die auf unsere Sinnesorgane einwirken, noch können ihre Zellen Erinnerungen speichern oder abrufen und bewusstes Denken hervorbringen. Dennoch sind allen Zellen, worauf Grundfest immer wieder hinwies, zahlreiche Merkmale gemeinsam. 1839 formulierten die Anatomen Matthias Jakob Schleiden und Theodor Schwann die Zelltheorie, der zufolge alle Lebewesen von den einfachsten Pflanzen bis zum Menschen aus den gleichen Grundeinheiten bestehen, den so genannten Zellen. Und obwohl die Zellen diverser Pflanzen und Tiere sich im Einzelnen erheblich unterscheiden, haben sie alle eine ganze Reihe von Eigenschaften gemein.

So ist beispielsweise, wie Grundfest erläuterte, jede Zelle in einem mehrzelligen Organismus von einer ölhaltigen Membran umgeben, die sie von den anderen Zellen und von der extrazellulären Flüssigkeit trennt, in der alle Zellen schwimmen. Die Zellmembran ist für bestimmte Stoffe durchlässig, so dass Nährstoffe und Gase zwischen dem Zellinneren und der umgebenden Flüssigkeit ausgetauscht werden können. Im Inneren der Zelle befindet sich der Zellkern, mit einer eigenen Membran und umgeben von einer intrazellulären Flüssigkeit, dem so genannten Zytoplasma. Der Zellkern enthält die Chromosomen, lange, dünne Gebilde aus DNA, welche die Gene wie Perlen auf einer Schnur enthalten. Abgesehen davon, dass die Gene die Reproduktionsfähigkeit der Zelle kontrollieren, geben sie der Zelle auch an, welche Proteine sie für ihre Aktivitäten herstellen muss. Die eigentliche Maschinerie zur Proteinherstellung befindet sich im Zytoplasma. So gesehen, ist die Zelle die grundlegende Einheit des Lebens, die strukturelle und funktionelle Basis aller Gewebe und Organe in Tieren und Pflanzen.

Darüber hinaus haben alle Zellen spezialisierte Funktionen. Leberzellen beispielsweise führen Verdauungsaktivitäten aus, während Gehirnzellen über bestimmte Mittel verfügen, Informationen zu verarbeiten und miteinander zu kommunizieren. Dank dieser Interaktionen können Nervenzellen im Gehirn Schaltkreise bilden, die Informationen übertragen und verwandeln. Spezielle Funktionen, betonte Grundfest, sorgen dafür, dass eine Leberzelle besonders für den Stoffwechsel und eine Gehirnzelle besonders für die Informationsverarbeitung geeignet ist.

All das kannte ich zwar schon aus den Einführungskursen an der New York University und aus Lehrbüchern, doch fand ich diese Dinge nicht sonderlich interessant, bis Grundfest sie in einen übergreifenden Zusammenhang stellte. Die Nervenzelle ist nicht nur ein wunderbares biologisches Gebilde, sie ist auch der Schlüssel zum Verständnis der Hirnfunktionen. Grundfests Ansichten über die Psychoanalyse verfehlten ihre Wirkung ebenso wenig. Mir wurde klar, dass wir erst verstehen mussten, wie die Nervenzelle arbeitet, bevor wir verstehen konnten, wie das Ich aus biologischer Sicht funktioniert.

Dass Grundfest es für so wichtig hielt, die Funktionen von Nervenzellen zu ergründen, war für meine späteren Forschungsarbeiten zum Lernen und zum Gedächtnis von wesentlicher Bedeutung. Und dass er auf einer zellulären Annäherung an die Funktionsweise des Gehirns beharrte, sollte sich für die Entstehung einer neuen Wissenschaft des Geistes als entscheidend erweisen. Wenn wir bedenken, dass das menschliche Gehirn aus rund 100 Milliarden Nervenzellen besteht, ist es rückblickend bemerkenswert, wie viel die Forschung im letzten halben Jahrhundert durch die Beschäftigung mit einzelnen Gehirnzellen über die geistige Aktivität in Erfahrung gebracht hat. Dank der Zellstudien haben wir einen ersten Blick auf die biologische Basis von Wahrnehmung, Willkürbewegung, Aufmerksamkeit, Lernen und Gedächtnisspeicherung erhaschen können.

DIE BIOLOGIE DER NERVENZELLE BERUHT AUF DREI PRINZIPIEN, DIE größtenteils in der ersten Hälfte des zwanzigsten Jahrhunderts entdeckt wurden und bis auf den heutigen Tag unser Verständnis der funktionellen Hirnorganisation bestimmen. Die *Neuronenlehre* (die Zelltheorie, auf das Gehirn angewandt) besagt, dass die Nervenzelle – das Neuron – der Grundbaustein und die elementare Signaleinheit des Gehirns ist. Die *Ionenhypothese* betrifft die Informationsübertragung innerhalb der Nervenzelle. Sie beschreibt die Mechanismen, durch die einzelne Nervenzellen elektrische Signale, so genannte Aktionspotenziale, erzeugen, die sich innerhalb einer gegebenen Nervenzelle über beträchtliche Entfernungen ausbreiten können. Die *chemische Theorie der synaptischen Übertragung* befasst sich mit der Informationsübermittlung zwischen Nervenzellen. Sie beschreibt, wie eine Nervenzelle mit einer anderen kommuniziert, indem sie ein chemisches Signal, einen Neurotransmitter, freisetzt. Die zweite Zelle erkennt das Signal und reagiert mit einem spezifischen Molekül, dem Re-

4.3 Der große spanische Anatom Santiago Ramón y Cajal (1852–1934) stellte die Neuronenlehre auf, die zur Grundlage all unserer modernen Auffassungen vom Nervensystem werden sollte.

zeptor, an ihrer äußeren Membran. Alle drei Konzepte konzentrieren sich auf einzelne Nervenzellen.

Ermöglicht wurden solche Zellstudien geistiger Prozesse durch Santiago Ramón y Cajal, einen Neuroanatom und Zeitgenossen Freuds (Abbildung 4.3). Cajal legte das Fundament für die moderne Erforschung des Nervensystems und ist möglicherweise der wichtigste Neurowissenschaftler aller Zeiten. Eigentlich wollte er Maler werden. Um sich mit dem menschlichen Körper vertraut zu machen, ließ er sich von seinem Vater, einem Chirurgen, anhand von Knochen, die sie aus einem ehemaligen Friedhof ausgruben, in Anatomie unterweisen. Fasziniert von diesen Überresten alter Skelette, gab Cajal die Malerei zugunsten der Anatomie auf und landete schließlich bei der Anatomie des Gehirns. Bei der Hinwendung zum Gehirn trieb ihn die gleiche Neugier, die Freud und Jahre später auch mich beflügelte. Cajal wollte eine »rationale Psychologie« entwickeln. Und der erste Schritt dahin bestand seiner Ansicht nach darin, detaillierte Kenntnisse über die Zellanatomie des Gehirns zu gewinnen.

Cajal besaß eine verblüffende Fähigkeit, die Eigenschaften lebender Nervenzellen aus den statischen Bildern toter Nervenzellen herzuleiten. Seine Phantasie machte – möglicherweise dank seiner künstlerischen Begabung – gleichsam einen Satz nach vorn und ließ ihn die entscheidenden Merkmale seiner Beobachtungen erfassen und in anschauliche Begriffe und lebendige Zeichnungen übertragen. Der namhafte britische Physiologe Charles Sherrington schrieb später:

> Wenn er [Cajal] beschrieb, was das Mikroskop zeigte, sprach er in der Regel so, als hätte er ein lebendes Bild vor sich. Das war umso verblüffender … als die Präparate alle tot und fixiert waren.«

Weiter heißt es bei Sherrington:

> Die eindringlichen anthropomorphen Beschreibungen dessen, was Cajal in den gefärbten und fixierten Schnitten des Gehirns erblickte, waren zunächst gewöhnungsbedürftig. Er schilderte die Szenerie unter dem Mikroskop, als wäre sie lebendig und von Wesen bewohnt, die fühlten, handelten, hofften und strebten wie wir … Eine Nervenzelle »tastete« mit ihrer entstehenden Faser umher, »um eine andere zu finden«! … Wenn ich ihm lauschte, fragte ich mich, wie weit diese Fähigkeit zur Anthropomorphisierung wohl zu seinen Forschungserfolgen beitrug. Ich habe nie wieder einen Wissenschaftler getroffen, bei dem diese Tendenz so ausgeprägt war.

Vor Cajal vermochten die Biologen sich keinen Reim auf die Form der Nervenzellen zu machen. Im Unterschied zu den meisten anderen Körperzellen, die eine einfache Gestalt haben, besitzen Nervenzellen vollkommen unregelmäßige Formen und sind von einer Vielzahl extrem feiner Fortsätze umgeben. Die Biologen wussten nicht, ob diese Fortsätze zur Nervenzelle gehörten, weil es keine Methode gab, um zurückzuverfolgen, woher sie kamen und wohin sie führten. Außerdem sind die Fortsätze außerordentlich dünn (rund hundert Mal dünner als ein menschliches Haar), daher konnte niemand ihre äußere Membran erkennen. Viele Biologen, auch der bedeutende italienische Anatom Camillo Golgi, glaubten deshalb, die Fortsätze besäßen keine Oberflächenmembran. Da die Fortsätze, die eine Nervenzelle umgeben, außerdem unmittelbar an die Fortsätze anderer Nervenzellen stoßen, schien es Golgi, als vermische sich das Zytoplasma in den Fortsätzen ungehindert mit demjenigen in anderen Fortsätzen und schaffe so ein kontinuierlich verbundenes Nervennetz – wie das Netz einer Spinne sei –, in dem sich Signale gleichzeitig in alle Richtungen schicken ließen. Für die Grundeinheit des Nervensystems hielt Golgi daher das ungehindert kommunizierende Nervennetz und nicht die einzelne Nervenzelle.

Cajal suchte in den neunziger Jahren des neunzehnten Jahrhunderts nach einer besseren Methode, um die Nervenzelle in ihrer Gesamtheit sichtbar zu machen. Dazu kombinierte er zwei Forschungsstrategien. Erstens untersuchte Cajal das Gehirn von neugeborenen anstatt von ausgewachsenen Tieren. Bei Neugeborenen ist die Zahl der Nervenzellen klein, die Zellen sind weniger dicht gepackt, und die Fortsätze sind kürzer. Dadurch konnte Cajal im Zellwald des Gehirns einzelne Bäume ausmachen. Zweitens nutzte er eine spezielle Silberfärbung, die Golgi selbst entwickelt hatte. Diese Methode ist ziemlich unberechenbar und markiert weitgehend zufällig einzelne Neurone – weniger als 1 Prozent der Gesamtzahl. Doch jedes Neuron wird in seiner Gänze gekennzeichnet, was dem Beobachter ermöglicht, den Zellkörper mit allen Fortsätzen zu erkennen. Im Neugeborenengehirn hob sich die zufällig markierte Zelle im nicht gekennzeichneten Wald wie ein hell erleuchteter Weihnachtsbaum ab. Dazu Cajal:

> Warum wenden wir uns nicht, da sich der gänzlich ausgewachsene Wald als undurchdringlich und undefinierbar erweist, dem Studium des jungen Waldes zu, gewissermaßen im Baumschulenstadium? … Bei einer geeigneten Wahl des Entwicklungsstadiums … heben sich die noch relativ kleinen Nervenzellen in jedem Abschnitt vollständig ab; die Endverzweigungen … werden mit äußerster Klarheit abgebildet.

Durch diese beiden Strategien wurde deutlich, dass Nervenzellen trotz ihrer komplexen Formen separate, zusammenhängende Gebilde sind (Abbildung 4.4). Die feinen Fortsätze, die sie umgeben, sind nicht unabhängig, sondern wachsen direkt aus dem Zellkörper. Mehr noch, die gesamte

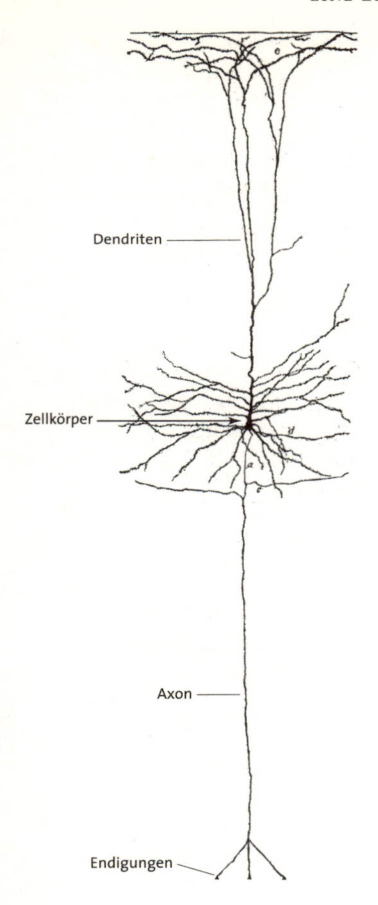

4.4 Ein Neuron im Hipp pus (nach einer Zeichnun Ca-jals). Cajal erkannte, dass sowohl die Dendriten (oben) als auch die Axone (unten) einer Zelle vom Zellkörper ausgehen und dass auch durch beide Informationen fließen.

Nervenzelle, einschließlich der Fortsätze, ist, im Einklang mit der Zelltheorie, vollkommen von einer Zellmembran umschlossen. Im Fortgang seiner Forschung unterschied Cajal zwei Arten von Fortsätzen, Axone und Dendriten. Dieses dreiteilige Modell der Nervenzelle bezeichnete er als Neuron. Mit ganz wenigen Ausnahmen haben alle Nervenzellen im Gehirn einen Zellkörper, der den Zellkern enthält, ein einziges Axon und viele zarte Dendriten.

Das Axon eines typischen Neurons wächst aus einem Ende des Zell-

A Das Neuron
Die Nervenzelle – die elementare Signaleinheit des Nervensystems nannte Cajal »Neuron«.

B Die Synapse
Das Axon eines Neurons kommuniziert mit den Dendriten eines anderen Neurons nur an speziellen Regionen: den Synapsen.

C Verbindungspezifität
Ein gegebenes Neuron wird nur mit spezifischen Zellen kommunizieren, mit anderen nicht.

D Dynamische Polarisation
In einem Neuron bewegen sich Signale nur in eine Richtung. Anhand dieses Prinzips lässt sich bestimmen, wie die Information in neuronalen Schaltkreisen fließt.

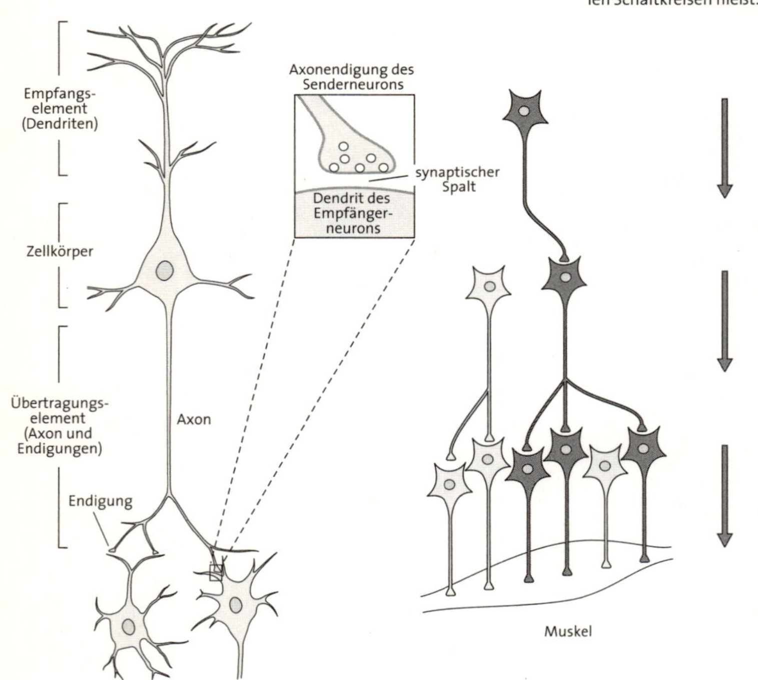

4.5 Cajals vier Prinzipien der neuronalen Organisation

körpers hervor und kann eine Länge von einem Meter und mehr erreichen. Auf seinem Weg teilt sich das Axon häufig in zwei oder mehr Äste auf. Am Ende jeder dieser Verzweigungen befinden sich viele winzige Axonendigungen. Die zahlreichen Dendriten kommen gewöhnlich an der entgegengesetzten Seite des Zellkörpers heraus (Abbildung 4.5A). Sie verzweigen sich vielfach und bilden eine baumartige Struktur, die sich vom Zellkörper aus über einen großen Bereich ausbreitet. Einige Neurone im menschlichen Gehirn haben bis zu vierzig dendritische Verzweigungen.

In den neunziger Jahren des neunzehnten Jahrhunderts setzte Cajal seine Beobachtungen zusammen und formulierte die vier Prinzipien der Neuronenlehre, der Theorie zur neuronalen Organisation, die seither unser Verständnis des Gehirns bestimmt.

Erstens: Das Neuron ist die grundlegende strukturelle und funktionelle Einheit des Gehirns – also sowohl der Grundbaustein als auch die elementare Signaleinheit. Außerdem, folgte Cajal, erfüllen Axone und Dendriten unterschiedliche Aufgaben im Prozess der Signalübertragung. Mit den Dendriten empfängt das Neuron Signale von anderen Nervenzellen, und mit dem Axon sendet es Informationen an andere Zellen.

Zweitens: Die Axonendigungen eines Neurons kommunizieren mit den Dendriten eines anderen Neurons nur an speziellen Stellen, die von Sherrington später Synapsen genannt wurden (von griechisch *sýnapsis* – »Verbindung«). Weiterhin gelangte Cajal zu dem Schluss, dass die Synapse zwischen zwei Neuronen durch eine kleine Lücke gekennzeichnet ist, synaptischer Spalt im heutigen Sprachgebrauch, wo die Axonendigungen einer Nervenzelle – die Cajal als präsynaptische Endigung bezeichnete – ganz nah an die Dendriten einer anderen Nervenzelle heranreichen, ohne sie jedoch zu berühren (Abbildung 4.5B). Wie ein Flüstern ganz nah am Ohr des andern besteht die synaptische Kommunikation zwischen Neuronen aus drei Grundelementen: der präsynaptischen Endigung des Axons, die Signale aussendet (in unserem Vergleich die Lippen); dem synaptischen Spalt (der Raum zwischen Lippen und Ohr) und der postsynaptischen Region auf den Dendriten, die Signale empfängt (das Ohr).

Drittens: Neurone gehen nicht wahllos Verbindungen ein. Vielmehr hat jede Nervenzelle mit bestimmten Nervenzellen Synapsen und Kommunikation, mit anderen nicht (Abbildung 4.5C). Mit Hilfe des Prinzips der Verbindungsspezifität konnte Cajal zeigen, dass Nervenzellen innerhalb bestimmter Bahnen verknüpft sind, die er neuronale Schaltkreise nannte. Signale bewegen sich darin in vorhersagbaren Mustern.

In der Regel stellt ein einzelnes Neuron durch seine vielen präsynaptischen Endigungen Kontakt mit den Dendriten vieler Zielzellen her. Auf diese Weise kann ein einzelnes Neuron die Information, die es empfängt, breit streuen, um auf verschiedene Zielzellen, die manchmal in ganz unterschiedlichen Regionen des Gehirns liegen, Einfluss zu nehmen. Die

Dendriten einer Zielzelle wiederum können von den präsynaptischen Endigungen einer ganzen Reihe verschiedener Neurone Information empfangen. Auf diese Weise können Neurone Informationen von zahlreichen verschiedenen Neuronen integrieren, sogar aus solchen, die in verschiedenen Hirnregionen liegen.

Auf Grund seiner Analyse der Signalübertragung gelangte Cajal zu dem Ergebnis, dass das Gehirn ein Organ sei, das sich aus spezifischen, vorhersagbaren Schaltkreisen aufbaue, womit er der herrschenden Meinung seiner Zeit widersprach, das Gehirn sei ein diffuses Nervennetz, in dem überall jede denkbare Art von Interaktion möglich ist.

Mit erstaunlicher Intuition gelangte Cajal zum vierten Prinzip, der dynamischen Polarisation. Nach diesem Prinzip laufen die Signale in einem neuronalen Schaltkreis nur in eine Richtung (Abbildung 4.5D). Die Informationen fließen von den Dendriten einer gegebenen Zelle zum Zellkörper, am Axon entlang zu den präsynaptischen Endigungen und dann über den synaptischen Spalt zu den Dendriten der nächsten Zelle und so fort. Das Prinzip des nur in eine Richtung fließenden Signalstroms war von außerordentlicher Bedeutung, weil es alle Elemente der Nervenzelle mit einer bestimmten Funktion in Verbindung brachte: der Signalübertragung.

Das Prinzip der Verbindungsspezifität und des nur einer Richtung folgenden Signalstroms führte zu einer Reihe logischer Regeln, die man seither verwendet, um den Informationsfluss zwischen Nervenzellen zu kartieren. Die Bemühungen, neuronale Schaltkreise darzustellen, erhielten weiteren Auftrieb, als Cajal zeigte, dass solche Schaltkreise im Gehirn und im Rückenmark drei Hauptkategorien von Neuronen enthalten, jede mit einer besonderen Funktion. *Sensorische Neurone*, die sich in der Haut und in verschiedenen Sinnesorganen befinden, reagieren auf Reize bestimmter Art aus der Außenwelt – mechanischen Druck (Tasten), Licht (Sehen), Schallwellen (Hören) oder spezifische chemische Stoffe (Riechen und Schmecken) – und senden diese Informationen ans Gehirn. *Motoneurone* schicken ihre Axone aus Gehirnstamm und Rückenmark zu Effektorzellen wie Muskel- und Drüsenzellen und steuern die Aktivität dieser Zellen. *Interneurone*, die umfangreichste Neuronenkategorie im Gehirn, dienen als Umschaltstationen zwischen sensorischen und motorischen Neuronen. Auf diese Weise konnte Cajal den Informationsfluss von den sensorischen Neuronen in der Haut zum Rückenmark und von dort zu den Interneuronen und Motoneuronen, die den Muskelzellen Bewegung

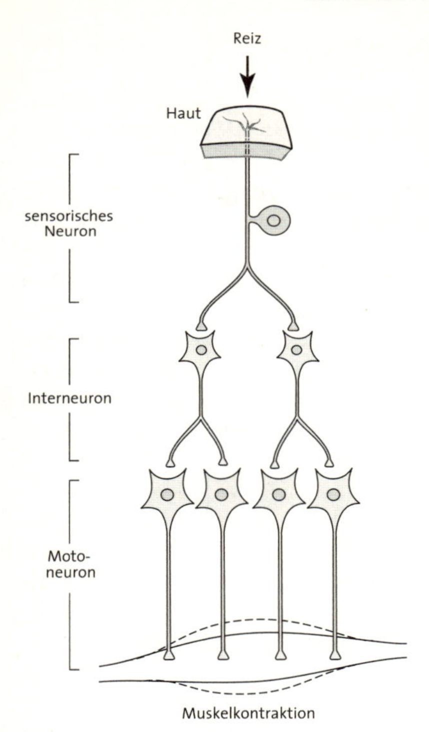

4.6 Drei Hauptkategorien von Neuronen (nach Cajal): Jede Neuronenkategorie im Gehirn und Rückenmark hat eine spezielle Funktion. Sensorische Neurone reagieren auf Reize aus der Außenwelt. Motoneurone steuern die Tätigkeit von Muskel- oder Drüsenzellen. Interneurone dienen als Umschaltstationen zwischen sensorischen und motorischen Neuronen.

signalisieren, verfolgen (Abbildung 4.6). Gewonnen hatte Cajal diese Kenntnisse aus Arbeiten an Ratten, Affen und Menschen.

Im Laufe der Zeit stellte sich heraus, dass sich jeder Zelltyp durch biochemische Besonderheiten auszeichnet und für bestimmte Krankheiten anfällig ist. Sensorische Neurone aus Haut und Gelenken beispielsweise werden in einem Spätstadium der Syphilis beeinträchtigt. Die Parkinson-Krankheit greift eine bestimmte Kategorie von Interneuronen an, und Motoneurone werden durch Amyotrophe Lateralsklerose und spinale Kinderlähmung zerstört. Einige Krankheiten sind sogar so selektiv, dass sie nur bestimmte Teile des Neurons befallen: Multiple Sklerose zieht eine bestimmte Art von Axonen in Mitleidenschaft, die Gaucher-Krankheit den Zellkörper, das Fragile-X-Syndrom die Dendriten, Botulismus die Synapsen.

Für seine revolutionären Erkenntnisse erhielt Cajal 1906 den Nobelpreis für Physiologie oder Medizin – zusammen mit Golgi, dessen Silberfärbung Cajals Entdeckungen erst ermöglicht hatte.

Es gehört zu den seltsamen Wendungen der Wissenschaftsgeschichte, dass Golgi, dessen technische Erfindungen Cajal den Weg bereiteten, Cajals Interpretationen entschieden widersprach und kein gutes Haar an der Neuronenlehre ließ. Golgi nahm sogar seine Nobelpreisrede zum Anlass, um seinen Angriff auf die Neuronenlehre zu erneuern. Zunächst versicherte er ein weiteres Mal, dass er die Neuronenlehre schon immer abgelehnt habe und dass »diese Lehre nach allgemeiner Ansicht an Beliebtheit« verliere. Weiter sagte er: »Nach meiner Meinung können wir so oder so keinen Schluss aus all dem ziehen, was ... für oder gegen die Neuronenlehre vorgebracht wurde.« Auch das Prinzip der dynamischen Polarisation sei falsch, und es sei irrig anzunehmen, dass die Elemente eines neuronalen Schaltkreises in bestimmter Weise verschaltet seien oder dass verschiedene neuronale Schaltkreise auch unterschiedliche Verhaltensfunktionen erfüllten.

Bis zu seinem Tod im Jahr 1926 hielt Golgi daran fest, dass Nervenzellen keine selbstständigen Einheiten seien. Cajal seinerseits meinte später zu dem gemeinsamen Nobelpreis: »Was für eine grausame Ironie des Schicksals, dass hier zwei wissenschaftliche Gegner von so gegensätzlichem Charakter wie an den Schultern zusammengewachsene siamesische Zwillinge zusammengespannt wurden.«

Bei dieser Meinungsverschiedenheit wurden einige interessante wissenschaftssoziologische Aspekte deutlich, die ich im Laufe meiner Berufstätigkeit des Öfteren beobachtet habe. Erstens gibt es Wissenschaftler wie Golgi, die zwar fachlich sehr beschlagen sind, aber hinsichtlich der biologischen Fragen, mit denen sie sich befassen, nicht unbedingt zu tiefen Einsichten fähig. Zweitens können selbst die besten Wissenschaftler uneins sein, besonders in den Anfangsstadien einer Entdeckung.

Gelegentlich nehmen Auseinandersetzungen, die als Meinungsverschiedenheit über wissenschaftliche Fragen begonnen haben, einen persönlichen, fast rachsüchtigen Charakter an, wie es bei Golgi der Fall war. Solche Streitigkeiten zeigen, dass Eigenschaften, die typisch für Konkurrenzdenken sind – Ehrgeiz, Stolz und Rachsucht –, bei Wissenschaftlern genauso häufig auftreten wie Großzügigkeit und Selbstlosigkeit. Die Gründe liegen auf der Hand. Wissenschaft setzt sich das Ziel, neue Wahrheiten über die Welt zu entdecken, und Entdecken heißt, der Erste sein zu wollen. Alan Hodgkin, der Vater der Ionenhypothese, schrieb in einem autobiographischen Essay: »Wäre für die Adepten der reinen Wissenschaft die Neugier der einzige Beweggrund, müssten sie glücklich sein, wenn jemand anders das Problem löst, an dem sie arbeiten – doch das ist nur selten der Fall.« Anerkennung und Hochachtung der Kollegen kann nur ernten, wer einen eigenen Beitrag zum gemeinsamen Wissensbestand geleistet hat. Daher schrieb Darwin: »In der Liebe zur Naturwissenschaft ... wurde ich erheblich durch den Wunsch bestärkt, Anerkennung bei meinen wissenschaftlichen Kollegen zu finden.«

Und schließlich entstehen heftige Kontroversen häufig dadurch, dass die verfügbaren Methoden nicht ausreichen, um eine entscheidende Frage eindeutig zu beantworten. Erst 1955 wurden Cajals intuitive Annahmen endgültig bestätigt. Sanford Palay und George Palade vom Rockefeller-Institut bewiesen mit Hilfe eines Elektronenmikroskops, dass in der weit überwiegenden Zahl der Fälle ein kleiner Zwischenraum – der synaptische Spalt – die präsynaptische Endigung einer Zelle vom Dendriten einer anderen trennt. Diese neuen Bilder brachten auch ans Licht, dass die Synapse asymmetrisch ist und dass sich die Maschinerie zur Ausschüttung chemischer Transmitter, die erst viel später entdeckt wurde, nur in der präsynaptischen Zelle befindet. Dadurch erklärt sich, warum Informationen in einem neuronalen Schaltkreis nur in eine Richtung fließen.

PHYSIOLOGEN ERKANNTEN DIE BEDEUTUNG VON CAJALS BEITRÄGEN sehr schnell. Charles Sherrington (Abbildung 4.7) wurde einer von Cajals größten Fürsprechern und lud ihn 1894 ein, in London vor der Royal Society den Croonian-Vortrag zu halten, eine der größten Ehrungen, die Großbritannien einem Biologen zuteil werden lassen kann.

In seinem Nachruf auf Cajal schrieb Sherrington 1949:

> Ist die Behauptung zu hoch gegriffen, dass er der bedeutendste Anatom ist, den man im Bereich des Nervensystems je gesehen hat? Schon seit langem hatten sich einige der vorzüglichsten Forscher dafür interessiert, und Entdeckungen dazu gab es bereits vor Cajal – Entdeckungen, welche die Ärzte oft noch ratloser als zuvor zurückließen, weil sie neue Rätsel ohne neue Erleuchtungen brachten. Cajal dagegen ermöglichte es selbst einem Neuling auf dem Gebiet, mit einem Blick zu erkennen, welche Richtung ein Nervenstrom in der lebenden Zelle und in einer ganzen Kette von Nervenzellen nimmt.
>
> Mit einem Streich löste er die große Frage, welche Richtung die

4.7 Charles Sherrington (1857–1952) untersuchte die neuronale Grundlage des Reflexverhaltens. Er entdeckte, dass Neurone sowohl gehemmt als auch erregt werden können und dass die Integration dieser Signale die Tätigkeit des Nervensystems bestimmt.

Nervenströme auf ihrem Weg durch Gehirn und Rückenmark einschlagen. So zeigte er beispielsweise, dass jede Nervenbahn stets eine Einbahnstraße ist und dass die Richtung dieses Nachrichtenflusses auf immer unumkehrbar ist.

In seinem eigenen einflussreichen Buch *The Integrative Action of the Nervous System* führte Sherrington Cajals Ergebnisse über die Struktur von Nervenzellen weiter und verknüpfte sie erfolgreich mit der Physiologie und dem Verhalten.

Dazu untersuchte er das Rückenmark von Katzen. Das Rückenmark erhält und verarbeitet Sinnesinformationen von Haut, Gelenken und Muskeln der Gliedmaßen und des Rumpfes. Es enthält selbst einen Großteil der grundlegenden neuronalen Maschinerie, die für die Bewegungssteuerung von Gliedmaßen und Rumpf erforderlich ist. Darunter fallen auch die Bewegungen, die am Gehen und Laufen beteiligt sind. In dem Bestreben, einfache neuronale Schaltkreise zu verstehen, untersuchte Sherrington zwei Reflexe – den Reflex, der bei Katzen dem Kniereflex des Menschen entspricht, und den Rückziehreflex der Katzenpfote, wenn sie einem Reiz ausgesetzt ist, der ein unangenehmes Gefühl hervorruft. Für solche angeborenen Reflexe ist kein Lernen erforderlich. Ferner sind sie ganz auf das Rückenmark beschränkt und nicht darauf angewiesen, dass Nachrichten ans Gehirn geschickt werden. Sie werden vielmehr augenblicklich durch einen entsprechenden Reiz hervorgerufen, etwa dadurch, dass das Knie einen Schlag erhält oder dass die Pfote einem elektrischen Schlag oder einer heißen Fläche ausgesetzt wird.

Im Laufe seiner Reflexforschung entdeckte Sherrington etwas, was Cajal aus seinen anatomischen Studien allein nicht hatte vorhersehen können: dass nämlich nicht alle Nerventätigkeit erregend (exzitatorisch) ist, dass also nicht alle Nervenzellen ihre präsynaptischen Endigungen dazu benutzen, die nächste Empfängerzelle in der Reihe zu stimulieren, damit sie die Information weiterleitet. Einige Zellen sind hemmend (inhibitorisch). Sie verwenden ihre Endigungen dazu, die Empfängerzelle an der Weiterleitung der Information zu hindern. Auf diese Entdeckung stieß Sherrington bei der Untersuchung, wie verschiedene Reflexe so koordiniert werden, dass sie eine zusammenhängende Verhaltensreaktion hervorbringen. Wenn eine bestimmte Stelle so stimuliert wird, dass eine bestimmte Reflexantwort ausgelöst wird, dann wird dieser Reflex hervorgerufen, und andere, entgegengesetzte Reflexe werden gehemmt. Ein leichter Schlag auf die Sehne der Kniescheibe beispielsweise ruft eine Reflexhandlung hervor: eine Streckung des Beins, einen Tritt. Gleichzeitig aber hemmt dieser Schlag die entgegengesetzte Reflexhandlung: die Beugung, die Rückziehung des Beins.

Dann erkundete Sherrington, was während dieser koordinierten Reflexantwort mit den Motoneuronen geschieht. Schlug er auf die Sehne der Kniescheibe, wurden die Motoneurone, welche die Gliedmaßen strecken (die Strecker), aktiv erregt, während die Motoneurone, welche die Gliedmaßen beugen (die Beuger), aktiv gehemmt wurden. Die Zellen, welche die Beuger hemmen, nannte Sherrington *inhibitorische Neurone*. Später stellte sich heraus, dass fast alle inhibitorischen Neurone Interneurone sind.

Sherrington erkannte augenblicklich, dass die Hemmung nicht nur für die Koordination der Reflexantworten wichtig ist, sondern auch die

Stabilität einer Reaktion erhöht. Tieren werden häufig Reize dargeboten, die widersprüchliche Reflexe hervorrufen können. Inhibitorische Neurone lösen eine stabile, vorhersagbare und koordinierte Reaktion auf einen bestimmten Reiz aus, indem sie alle konkurrierenden Reflexe bis auf einen hemmen, ein Mechanismus, der als reziproke Hemmung bezeichnet wird. Bei der Streckung des Beines etwa wird unvermeidlich die Beugung gehemmt, bei der Beugung des Beines unvermeidlich die Streckung. Durch reziproke Hemmung treffen die inhibitorischen Neurone eine Auswahl unter konkurrierenden Reflexen und sorgen dafür, dass nur eine von zwei oder sogar mehreren möglichen Antworten im Verhalten zum Ausdruck kommt.

Reflexintegration und die Entscheidungsfähigkeit von Rückenmark und Gehirn gehen auf die integrativen Merkmale einzelner Motoneuronen zurück. Ein Motoneuron addiert alle erregenden und hemmenden Signale, die es von anderen Neuronen empfängt, und führt dann auf der Grundlage dieser Berechnung eine entsprechende Handlung aus. Nur wenn die Summe der Erregung die der Hemmung um einen kritischen Mindestwert übersteigt, weist das Motoneuron den Zielmuskel an, sich zusammenzuziehen.

Sherrington betrachtete die reziproke Hemmung als ein allgemeines Mittel zur Koordinierung von Prioritäten, als eine Methode, die Eindeutigkeit und Zielstrebigkeit herzustellen, die für das Verhalten erforderlich ist. Seine Arbeit über das Rückenmark förderte Prinzipien der neuronalen Integration zu Tage, die vermutlich auch einigen der höheren kognitiven Entscheidungsprozesse des Gehirns zugrunde liegen. Jede Wahrnehmung und jeder Gedanke, den wir haben, jede Bewegung, die wir machen, ist das Ergebnis einer ungeheuren Zahl von letztlich ähnlichen neuronalen Berechnungen.

Mitte der achtziger Jahre des neunzehnten Jahrhunderts, als Freud seine empirischen Studien an Nervenzellen und ihren Verbindungen aufgab, standen noch einige Details der Neuronenlehre und ihrer Bedeutung für die Physiologie aus. Trotzdem hielt er sich über die neueren Entwicklungen der Neurobiologie auf dem Laufenden und versuchte einige von Cajals Ideen über Neurone in ein unveröffentlichtes Manuskript einfließen zu lassen: die *Psychologie für den Neurologen*, die er Ende 1895 geschrieben hatte, als er mit der psychoanalytischen Behandlung von Patienten begonnen und die unbewusste Bedeutung von Träumen entdeckt hatte. Obwohl Freud von der Psychoanalyse vollkommen in Anspruch genommen wurde, wirkte sich seine frühe experimentelle Arbeit dauerhaft auf sein Denken und damit auch auf die Entwicklung des psychoanalytischen Denkens aus. Robert Holt, ein an der Psychoanalyse interessierter Psychologe, formulierte es so:

> In vieler Hinsicht scheint Freud eine weitreichende Neuorientierung durchgemacht zu haben, als er sich vom neuroanatomischen Forscher zum klinischen Neurologen wandelte, der mit Psychotherapie experimentierte, um schließlich zum ersten Psychoanalytiker zu werden. Wir wären armselige Psychologen, gingen wir nicht davon aus, dass es in dieser Entwicklung wenigstens ebenso viel Kontinuität wie Wandel gab. Zwanzig Jahre leidenschaftliche Hingabe an das Studium des Nervensystems ließen sich nicht einfach leichthin durch Freuds Entscheidung beiseite schieben, statt dessen Psychologe zu werden und mit einem rein abstrakten, hypothetischen Modell zu arbeiten.

Freud nannte die Zeit, die er damit verbracht hatte, Nervenzellen in einfachen Organismen wie Flusskrebsen, Aalen und anderen primitiven Fischen zu untersuchen, »die glücklichsten Stunden meines Forscherlebens«. Diese Grundlagenforschung gab er auf, nachdem er sich in Martha Bernays verliebt und sie geheiratet hatte. Im neunzehnten Jahrhundert musste man finanziell unabhängig sein, um in die Forschung gehen zu können. Freud entschloss sich angesichts seiner ungesicherten finanziellen Situation, lieber eine ärztliche Praxis zu eröffnen, um Frau und Kinder ernähren zu können. Hätte man mit einer wissenschaftlichen Laufbahn – wie heute – seinen Lebensunterhalt bestreiten können, wäre Freud vielleicht ein bekannter Neuroanatom geworden und uns heute als Mitbegründer der Neuronenlehre und nicht als Vater der Psychoanalyse ein Begriff.

KAPITEL 5

Die Nervenzelle spricht

Wäre ich praktizierender Psychoanalytiker geworden, hätte ich einen Großteil meiner Zeit damit zugebracht, Patienten zuzuhören, die über sich selbst sprechen – über ihre Träume und Wacherinnerungen, ihre Konflikte und Wünsche. Das ist die introspektive Methode der »Gesprächstherapie«, die Freud entwickelte, um tiefere Ebenen des Selbstverständnisses zu erreichen. Indem Psychoanalytiker ihre Patienten zur freien Assoziation von Gedanken und Erinnerungen auffordern, helfen sie ihnen, die unbewussten Erinnerungen, Träume und Motive aufzudecken, die ihren bewussten Gedanken und Verhaltensweisen zugrunde liegen.

In Grundfests Labor begriff ich rasch, dass ich, um die Arbeitsweise des Gehirns zu verstehen, lernen musste, den Neuronen zuzuhören, das heißt, die elektrischen Signale zu interpretieren, die allem geistigen Leben zugrunde liegen. Die elektrische Signalübertragung steht für die Sprache des Geistes, sie ist das Mittel, mit dessen Hilfe sich Nervenzellen, die Bausteine des Gehirns, miteinander über große Entfernungen verständigen. Diesen Unterhaltungen zu lauschen und die neuronale Aktivität aufzuzeichnen, war gewissermaßen objektive Selbstbeobachtung.

GRUNDFEST WAR FÜHREND IN DER BIOLOGIE DER SIGNALÜBERTRAGUNG. Von ihm erfuhr ich, wie sich die Vorstellungen über die Signalfunktion der Nervenzellen in vier unterschiedlichen Phasen entwickelt hatten. Vom achtzehnten Jahrhundert bis zu einer eindeutigen und zufriedenstellenden Lösung durch Alan Hodgkin und Andrew Huxley Mitte des zwanzigsten Jahrhunderts hatten sich einige der besten naturwissenschaftlichen Köpfe an der Frage versucht, wie Nervenzellen kommunizieren.

Die erste Phase begann 1791, als Luigi Galvani, ein Biologe aus dem italienischen Bologna, an Tieren elektrische Aktivität entdeckte. Galvani hängte ein Froschbein auf seinem Eisenbalkon an einen Kupferhaken und stellte fest, dass die Wechselwirkung zweier unterschiedlicher Metalle, des Kupfers und des Eisens, das Bein gelegentlich zucken ließ, als sei es noch lebendig. Galvani konnte ein Froschbein auch zum Zucken bringen, indem er es mit einem elektrischen Impuls stimulierte. Nach weiteren Untersuchungen schlug er die Hypothese vor, dass Nerven- und Muskelzellen selbst in der Lage seien, elektrischen Strom zu erzeugen, und dass das Zucken der Muskeln durch die von Muskelzellen selbst erzeugte Elektrizität bewirkt werde – und nicht von Geistern oder »Lebenskräften«, wie man damals allgemein glaubte.

An Galvanis Erkenntnisse knüpfte im neunzehnten Jahrhundert Hermann von Helmholtz an, einer der ersten Wissenschaftler, der die strengen Methoden der Physik auf eine Reihe von Problemen der Hirnforschung anwandte. Helmholtz fand heraus, dass die Axone der Nervenzellen Elektrizität nicht als Nebenprodukt ihrer Aktivität erzeugen, sondern als Mittel, um Nachrichten über ihre ganze Länge auszusenden. Mit Hilfe dieser Nachrichten werden dann Sinnesinformationen über die Außenwelt auf Rückenmark und Gehirn übertragen und Bewegungsbefehle von Gehirn und Rückenmark an die Muskeln geschickt.

Im Zuge dieser Arbeit führte Helmholtz eine außergewöhnliche experimentelle Messung durch, die alle Vorstellungen über die elektrische Aktivität in Tieren über den Haufen warf. 1859 gelang es ihm, die Geschwindigkeit zu ermitteln, mit der die elektrischen Botschaften weitergeleitet werden. Zu seiner Überraschung stellte er dabei fest, dass die Elektrizität, die sich in einem lebenden Axon fortpflanzt, mit dem Elektrizitätsfluss in einem Kupferdraht überhaupt nicht zu vergleichen ist. In einem Metalldraht breitet sich ein elektrisches Signal fast mit Lichtgeschwindigkeit (300 000 Kilometer pro Sekunde) aus. Trotz der Geschwindigkeit kann sich die Stärke des Signals allerdings über große Entfernungen stark abschwächen, weil es sich passiv ausbreitet. Würde sich ein Axon mit einer passiven Übertragung begnügen, wäre das Signal einer Nervenendigung in der Haut Ihres großen Zehs verlöscht, bevor es Ihr Gehirn erreicht hätte. Axone von Nervenzellen, so Helmholtz' Entdeckungen, leiten Elektrizität weit langsamer als Metalldrähte, allerdings auf aktive, wellenartige Weise und mit unterschiedlichen Geschwindigkeiten bis zu rund 27 Metern pro Sekunde! Spätere Experimente ergaben, dass die elektrischen Signale in Nerven, anders als in Drähten, bei der Ausbreitung

5.1 Edgar Douglas Lord Adrian (1889–1977) entwickelte Methoden zur Aufzeichnung von Aktionspotenzialen, den elektrischen Signalen, die Nervenzellen zur Kommunikation verwenden.

nicht an Stärke verlieren. Folglich opfern Nerven Leitungsgeschwindigkeit, um sicherzustellen, dass ein Signal, das in Ihrem großen Zeh entsteht, mit unverminderter Stärke in Ihrem Rückenmark eintrifft.

Helmholtz' Ergebnis warf eine Reihe von Fragen auf, welche die Physiologen die nächsten hundert Jahre beschäftigen sollten. Wie sehen diese weitergeleiteten Signale – die man später Aktionspotenziale nannte – aus, und wie kodieren sie Information? Wie kann biologisches Gewebe elektrische Signale erzeugen? Und was leitet den Strom für diese Signale?

DIE BESCHÄFTIGUNG MIT DER FORM DES SIGNALS UND SEINER ROLLE bei der Kodierung der Information fiel in die zweite Phase, die Edgar Douglas Adrian in den zwanziger Jahren mit seinen Arbeiten auslöste. Adrian (Abbildung 5.1) entwickelte Methoden zur Aufzeichnung und

Verstärkung der Aktionspotenziale, die sich entlang der Axone einzelner sensorischer Neurone in der Haut fortpflanzen; damit machte er die elementaren Äußerungen von Nervenzellen zum ersten Mal sicht- und hörbar. Im Zuge seiner Forschungen sollten ihm mehrere bemerkenswerte Entdeckungen über das Aktionspotenzial und die Art und Weise gelingen, wie es zu dem führt, was wir als Sinnesempfindung wahrnehmen.

Zur Aufzeichnung der Aktionspotenziale verwendete Adrian ein dünnes Stück Metalldraht. Ein Ende des Drahtes platzierte er an der Außenseite des Axons eines sensorischen Neurons in der Haut und führte den Draht dann sowohl zu einem Tintenschreiber (damit er Form und Muster der Aktionspotenziale betrachten konnte) als auch zu einem Lautsprecher (damit er sie hören konnte). Jedes Mal, wenn Adrian die Haut berührte, wurden ein oder mehrere Aktionspotenziale erzeugt. Jedes Mal, wenn ein Aktionspotenzial erzeugt wurde, hörte er eine Reihe kurzer explosionsartiger Laute über die Lautsprecher und sah einen kurzen elektrischen Impuls auf dem Tintenschreiber. Das Aktionspotenzial im sensorischen Neuron dauerte nur etwa 1/1000 Sekunde und umfasste zwei Phasen: einen raschen Aufstrich zu einem Gipfel, gefolgt von einem fast ebenso raschen Abstrich, der es wieder zu seinem Ausgangspunkt brachte (Abbildung 5.2).

Tintenschreiber und Lautsprecher erzählten Adrian die gleiche bemerkenswerte Geschichte: Alle Aktionspotenziale, die von einer einzelnen Nervenzelle erzeugt werden, sind weitgehend gleich. Unabhängig von der Stärke, Dauer oder Lokalisation des Reizes, der sie hervorruft, haben sie alle ungefähr die gleiche Form und Amplitude. Das Aktionspotenzial ist also ein konstantes Alles-oder-Nichts-Signal: Sobald die Schwelle für die Erzeugung des Signals erreicht ist, ist es fast immer gleich, niemals stärker oder schwächer. Der vom Aktionspotenzial erzeugte Strom reicht aus, um die angrenzenden Regionen des Axons zu erregen und auf diese Weise dafür zu sorgen, dass das Aktionspotenzial mit unverminderter Stärke über die ganze Länge des Axons mit Geschwindigkeiten bis zu 30 Metern pro Sekunde weitergeleitet wird – mehr oder weniger das, was Helmholtz einst herausgefunden hatte!

Die Entdeckung der Alles-oder-Nichts-Natur des Aktionspotenzials warf für Adrian weitere Fragen auf: Wie übermittelt ein sensorisches Neuron die Intensität eines Reizes – ob die Berührung leicht oder stark ist, ein Licht hell oder dunkel? Wie signalisiert es die Dauer des Reizes? Allgemeiner ausgedrückt: Wie unterscheiden Neurone eine Art sensorischer Information von einer anderen, etwa Berührung von Schmerz, Licht, Ge-

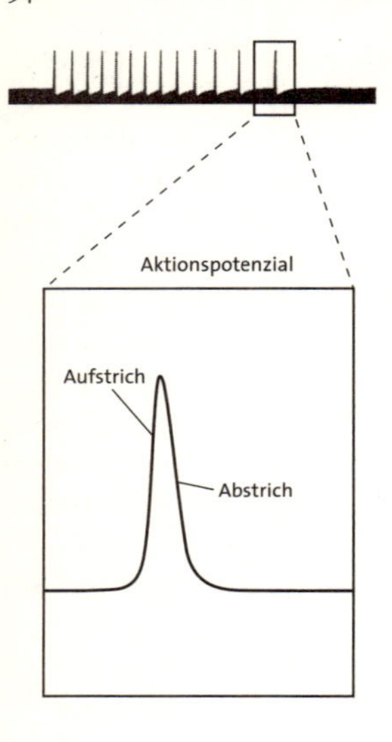

5.2 Die Charakteristika des Aktionspotenzials (nach Adrian). Adrians Aufzeichnungen in einzelnen Nervenzellen zeigten, dass Aktionspotenziale dem Alles-oder-Nichts-Gesetz gehorchen: Sobald die Schwelle für die Erzeugung eines Aktionspotenzials erreicht wird, ist das Signal stets gleich – in der Amplitude wie in der Form.

ruch oder Schall? Wie unterscheiden sie zwischen Sinnesinformationen für die Wahrnehmung und motorischen Informationen für das Handeln?

Zunächst beschäftigte sich Adrian mit der Frage der Stärke. In einer wegweisenden Studie gelangte er zu dem Ergebnis, dass Intensität oder Stärke sich aus der Häufigkeit ergibt, mit der Aktionspotenziale ausgeschüttet werden. Ein leichter Reiz, etwa eine sanfte Berührung des Armes, ruft nur zwei oder drei Aktionspotenziale pro Sekunde hervor, während ein starker Reiz, ein Kneifen oder ein heftiger Stoß am Ellenbogen, zum Feuern von hundert Aktionspotenzialen pro Sekunde führen könnte. Entsprechend wird die Dauer einer Sinneswahrnehmung von der Zeitdauer bestimmt, während der die Aktionspotenziale erzeugt werden.

Anschließend untersuchte er, wie Informationen übermittelt werden. Verwenden Neurone verschiedene elektrische Codes, um dem Gehirn mitzuteilen, dass sie Informationen über verschiedene Reize – Schmerz, Licht, Schall oder andere – weiterleiten? Wie Adrian herausfand, ist das nicht der Fall. Es gab nur sehr geringe Unterschiede zwischen den Aktionspotenzialen, die von Neuronen in den verschiedenen Sinnessystemen hervorgerufen wurden. Die Natur und Eigenschaft einer Sinneswahrnehmung – ob beispielsweise visuell oder taktil – hängt nicht von Unterschieden des Aktionspotenzials ab.

Wie wird den Unterschieden der von den Neuronen übertragenen Informationen dann Rechnung getragen? Kurz und knapp: durch die Anatomie. Cajals Prinzip der Verbindungsspezifität eindeutig bestätigend, fand Adrian heraus, dass die Natur der übermittelten Informationen davon abhängt, welche Nervenfasern aktiviert werden. Jede Kategorie von Sinneswahrnehmungen wird entlang bestimmter Nervenbahnen übertragen. Welche Art von Information ein Neuron weiterleitet, wird durch die Bahn bestimmt, zu der es gehört. In einer Sinnesbahn wird die Information von dem ersten sensorischen Neuron – einem Rezeptor, der auf einen Umweltreiz wie Berührung, Schmerz oder Licht reagiert – an spezifische und spezialisierte Neurone im Rückenmark oder im Gehirn übermittelt. Visuelle Informationen unterscheiden sich also von akustischen Informationen, weil sie verschiedene Bahnen aktivieren.

1928 fasste Adrian seine Arbeit in seinem typisch anschaulichen Stil zusammen:

> Alle Impulse sind sich weitgehend ähnlich, ob die Nachricht nun dazu bestimmt ist, die Wahrnehmung von Licht, von Berührung oder von Schmerz wachzurufen. Werden sie zusammengedrängt, ist die Sinneswahrnehmung heftig, sind sie durch Intervalle getrennt, ist die Sinneswahrnehmung entsprechend schwach.

Schließlich entdeckte Adrian noch, dass die Signale, die von Motoneuronen im Gehirn an die Muskeln gesandt werden, praktisch identisch sind mit den Signalen, welche die sensorischen Neurone der Haut an das Gehirn schicken: »Die motorischen Fasern übertragen Entladungen, die fast genau den Impulsen entsprechen, die sich in den sensorischen Fasern fortpflanzen. Die Impulse … gehorchen dem gleichen Alles-oder-Nichts-Prinzip.« Eine rasche Sequenz von Aktionspotenzialen, die eine bestimmte Nervenbahn entlangläuft, verursacht folglich deshalb eine Bewegung unserer Hände und keine Wahrnehmung bunten Lichts, weil die Bahn mit unseren Fingerspitzen und nicht mit unserer Netzhaut verbunden ist.

Wie Sherrington dehnte auch Adrian die Neuronenlehre von Cajal, die auf anatomischen Beobachtungen beruhte, auf den funktionellen Bereich aus. Doch im Gegensatz zu Golgi und Cajal, die in erbitterter Rivalität befangen waren, kamen Sherrington und Adrian gut miteinander aus und gewährten sich als Freunde gegenseitig Unterstützung. Für ihre Entdeckungen über die Funktionsweise des Neurons erhielten sie 1932 gemeinsam den Nobelpreis für Physiologie oder Medizin. Als Adrian, der eine Generation jünger als Sherrington war, davon erfuhr, schrieb er ihm:

> Ich werde nicht noch einmal wiederholen, was Sie wahrscheinlich kaum noch hören mögen – wie sehr wir Ihre Arbeit und Sie selbst schätzen –, doch ich muss Ihnen einfach sagen, wie unbändig es mich freut, Ihnen in dieser Weise an die Seite gestellt zu werden. Ich hätte es mir nicht träumen lassen und, vernünftig betrachtet, hätte ich es mir auch nicht gewünscht, denn Ihnen hätte die Ehrung ungeteilt gebührt, doch wie die Dinge nun einmal liegen, kann ich nicht umhin, mich über mein Glück zu freuen.

Adrian hatte dem Knack! Knack! Knack! der neuronalen Signalübertragung gelauscht und entdeckt, dass die Frequenz dieser elektrischen Impulse die Stärke eines Sinnenreizes darstellt; trotzdem blieb eine Reihe von Fragen. Was verbirgt sich hinter der bemerkenswerten Fähigkeit des Nervensystems, Elektrizität auf diese Alles-oder-Nichts-Weise zu leiten? Wie werden elektrische Signale an- und abgeschaltet? Und welcher Mechanismus ist für ihre rasche Ausbreitung entlang einem Axon verantwortlich?

MIT EBEN DIESEN PROBLEMEN BEFASSTE MAN SICH IN DER DRITTEN Phase in der Geschichte der neuronalen Signalübertragung. Hier markiert die Membrantheorie den Startschuss, die 1902 zuerst von Julius Bernstein vorgeschlagen wurde. Bernstein war ein Helmholtz-Schüler und einer der kreativsten und beschlagensten Elektrophysiologen des neunzehnten Jahrhunderts. Die Fragen, die Bernstein sich stellte, lauteten: Welche Mechanismen bringen diese Alles-oder-Nichts-Impulse hervor? Wer oder was ist Träger des Aktionspotenzials?

Bernstein erkannte, dass das Axon von der äußeren Zellmembran umgeben ist und dass selbst im Ruhezustand, in Abwesenheit jedweder neuronalen Aktivität, ein stetiges Potenzial, eine Spannungsdifferenz, zwischen Innen- und Außenseite dieser Membran vorliegt. Ferner wusste er, dass die Differenz – heute nennen wir sie Ruhemembranpotenzial – von großer Bedeutung für die Nervenzelle ist, weil sich jede Signalübertragung auf Veränderungen dieses Ruhepotenzials gründet. Er bestimmte die Differenz durch die Membran auf rund 70 Millivolt, wobei die Innenseite der Zelle eine größere negative Ladung als die Außenseite aufweist.

Was ist für diesen Spannungsunterschied verantwortlich? Bernstein vermutete, dass irgendetwas elektrische Ladungen durch die Zellmembran transportieren müsse. Nun wusste er, dass jede Zelle in unserem Körper in die extrazelluläre Flüssigkeit getaucht ist. Diese Flüssigkeit enthält keine freien Elektronen, die wie in Metallleitern den Strom tragen; stattdessen ist sie reich an Ionen – elektrisch geladenen Atomen wie Natrium, Kalium und Chlorid. Das Zytoplasma im Zellinneren enthält ebenfalls eine hohe Ionenkonzentration. Diese Ionen könnten den Strom leiten, dachte sich Bernstein. Weiter überlegte er sich, dass ein Ungleichgewicht der Ionenkonzentration inner- und außerhalb der Zelle einen die Membran durchquerenden Strom hervorrufen könnte. Aus früheren Studien war ihm bekannt, dass die extrazelluläre Flüssigkeit salzig ist: Sie enthält eine hohe Konzentration an Natriumionen, die positiv geladen sind und durch eine ebenso hohe Konzentration an negativ geladenen Chloridionen ausgeglichen werden. Im Gegensatz dazu enthält das Zytoplasma der Zelle eine hohe Konzentration an negativ geladenen Proteinen, die durch positiv geladene Kaliumionen ausgeglichen werden. Die positiven und negativen Ladungen der Ionen zu beiden Seiten der Zellmembran befinden sich also im Gleichgewicht, doch sind daran unterschiedliche Ionen beteiligt.

Damit elektrische Ladungen durch die Membran der Nervenzelle fließen können, muss die Membran für einige Ionen in der extrazellulären Flüssigkeit oder im Zytoplasma durchlässig sein. Doch für welche? Nachdem er mit verschiedenen Möglichkeiten experimentiert hatte, gelangte Bernstein zu der kühnen Schlussfolgerung, dass die Zellmembran im Ruhezustand für alle Ionen bis auf eines, das Kaliumion, eine Barriere darstellt. Die Zellmembran müsse demnach spezielle Öffnungen enthalten – heute als Ionenkanäle bekannt –, die es den Kaliumionen, und nur den Kaliumionen, erlauben, gemäß dem Konzentrationsgefälle von der Innenseite der Zelle, wo sie in hohen Konzentrationen vorhanden sind, zur Außenseite zu diffundieren, wo ihre Konzentration gering ist. Da Kalium ein positiv geladenes Ion ist, führt diese Bewegung aus der Zelle hinaus dazu, dass die Innenfläche der Membran – wegen der Proteine in der Zelle – einen leichten Überschuss an negativer Ladung aufweist.

Doch noch während das Kaliumion die Zelle verlässt, wird es durch die negative Ladung angezogen, die es im Zellinneren zurücklässt. Infolgedessen sammeln sich an der Außenfläche der Zellmembran die positiven

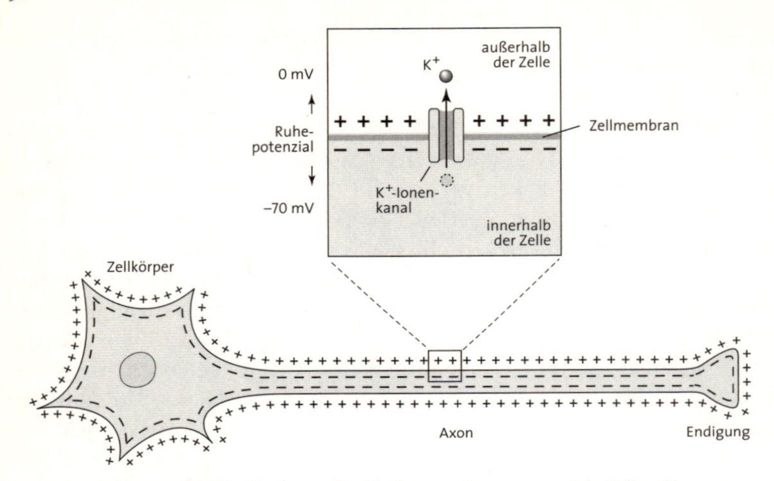

5.3 Bernsteins Entdeckung des Ruhemembranpotenzials: Julius Bernstein gelangte zu dem Schluss, dass es selbst im Ruhezustand eine Spannungsdifferenz zwischen dem Inneren und dem Äußeren einer Nervenzelle gibt. Sein Vorschlag lautete, dass die Nervenzellmembran über einen speziellen Kanal verfügen müsse, durch den positiv geladene Kaliumionen (K^+) aus der Zelle sickern können, und dass dieser auf der Innenfläche der Zellmembran zu verzeichnende Verlust positiver Ladungen das Ruhemembranpotenzial erzeuge.

Ladungen der Kaliumionen, die aus der Zelle diffundiert sind, während die Innenseite der Membran mit den negativen Ladungen der Proteine bedeckt ist, die versuchen, die Kaliumionen wieder in die Zelle zurückzuziehen. Diese Ionenbalance hält das Membranpotenzial von minus 70 Millivolt (Abbildung 5.3) stabil.

Nachdem Bernstein mit diesen grundlegenden Entdeckungen geklärt hatte, wie Nervenzellen ihr Ruhemembranpotenzial aufrechterhalten, fragte er: Was geschieht, wenn ein Neuron hinreichend stimuliert wird, um ein Aktionspotenzial zu erzeugen? Mittels eines batteriebetriebenen Stimulators legte er einen elektrischen Strom an das Axon einer Nervenzelle, um ein Aktionspotenzial zu erzeugen, und gelangte zu dem Schluss, dass die selektive Durchlässigkeit der Zellmembran während des Aktionspotenzials kurzzeitig aufgehoben wird, so dass alle Ionen ungehindert ein- und ausströmen können und das Ruhemembranpotenzial dadurch auf

Null absenken. Nach diesen Überlegungen müsste das Aktionspotenzial eine Amplitude von 70 Millivolt haben, da ja das Ruhepotenzial der Zellmembran von minus 70 auf 0 Millivolt gebracht wird.

Bernsteins Membrantheorie sollte sich als sehr einflussreich erweisen, teils, weil sie sich auf bewährte Grundsätze über Ionenbewegungen in Lösungen stützte, teils, weil sie so elegant war. Ruhe- und Aktionspotenzial waren nicht auf komplizierte biochemische Reaktionen angewiesen, sondern nutzten einfach die Energie, die in den Konzentrationsgefällen der Ionen gespeichert ist. In einem allgemeineren Sinne entsprach Bernsteins Formulierung denen von Galvani und Helmholtz, denn sie belegte in überzeugender Weise, dass die Gesetze der Physik und Chemie sogar einige Aspekte geistiger Funktionen erklären können – die Signalübertragung des Nervensystems und damit die Verhaltenssteuerung. Da war weder Bedarf noch Raum für »Lebenskräfte« oder andere Phänomene, die sich nicht physikalisch oder chemisch erklären ließen.

DIE VIERTE PHASE WAR GEPRÄGT DURCH DIE IONENTHEORIE UND DIE Entdeckungen von Alan Hodgkin, Adrians begabtestem Schüler, sowie Andrew Huxley, Hodgkins eigenem begabten Schüler und Kollegen (Abbildung 5.4). Die Arbeitsbeziehung zwischen Hodgkin und Huxley war kollegial und synergistisch. Hodgkin verfügte über ein gründliches biologisches und historisches Wissen über die Funktionen von Nervenzellen. Als ausgezeichneter Experimentalwissenschaftler und überragender Theoretiker suchte er bei jedem konkreten Ergebnis stets nach seiner allgemeineren Bedeutung. Huxley war technisch und mathematisch ungewöhnlich begabt. Er entwickelte neue Methoden, um die Aktivität einzelner Zellen aufzuzeichnen und sichtbar zu machen, und fand mathematische Modelle, mit denen sich die Daten beschreiben ließen, die Hodgkin ermittelte. Sie waren ein ideales Team: mehr als die Summe ihrer Teile.

Hodgkins außergewöhnliche Fähigkeiten zeigten sich schon zu einem frühen Zeitpunkt seiner Berufstätigkeit, und als er 1939 seine Zusammenarbeit mit Huxley begann, hatte er bereits einen wichtigen Beitrag zur neuronalen Signalübertragung geleistet. 1936 hatte er an der Universität Cambridge über die »Natur der Nervenleitung« promoviert. In einem eleganten Forschungsprojekt hatte er dort quantitativ und detailliert nachgewiesen, dass der von einem Aktionspotenzial erzeugte Strom stark genug ist, um ein anästhesiertes Segment des Axons zu überspringen und den nicht anästhesierten Teil dahinter zu veranlassen, ein Aktionspotenzial

5.4 Alan Hodgkin (1914–1998) und Andrew Huxley (1917–) führten eine Reihe klassischer Studien an Riesenaxonen von Nervenzellen des Tintenfisches durch. Dabei bestätigten sie nicht nur Bernsteins These, dass das Ruhemembranpotenzial durch den Ausstrom von Kaliumionen aus der Zelle verursacht wird, sondern entdeckten auch, dass das Aktionspotenzial durch den Einstrom von Natriumionen verursacht wird.

zu erzeugen. Diese Experimente zeigten endgültig, wie sich einmal ausgelöste Aktionspotenziale mit unverminderter Stärke fortpflanzen können: Der vom Aktionspotenzial erzeugte Strom ist wesentlich größer als der Strom, der erforderlich ist, um eine Nachbarregion zu erregen.

Die in Hodgkins Dissertation beschriebene Forschungsarbeit war so wichtig und so elegant ausgeführt, dass sie ihn mit 22 Jahren sofort ins Blickfeld der internationalen wissenschaftlichen Gemeinschaft rückte. A.V. Hill, Nobelpreisträger und einer der führenden Physiologen Englands, gehörte zu Hodgkins Promotionsausschuss und war so beeindruckt, dass er die Dissertation Herbert Gasser, dem Präsidenten des Rockefeller-Instituts, schickte. Im Begleitbrief bezeichnete er Hodgkin als »sehr bemerkenswert … Es ist fast ausgeschlossen, als Experimentalwissenschaftler am Trinity College in Cambridge im vierten Jahr ein Stipendium zu bekommen, aber dieser junge Bursche hat es geschafft.«

Auch Gasser hielt die Dissertation des jungen Hodgkin für eine

»schöne experimentalwissenschaftliche Arbeit« und lud ihn ein, das Jahr 1937 als Gastwissenschaftler am Rockefeller-Institut zu verbringen. In diesem Jahr freundete sich Hodgkin mit Grundfest an, der im Labor nebenan arbeitete, besuchte auch zahlreiche andere Laboratorien in den Vereinigten Staaten, wo er auf das Riesenaxon des Tintenfisches aufmerksam wurde, das er schon bald mit so großem Gewinn nutzen sollte, und lernte außerdem seine spätere Frau kennen, die Tochter eines Professors am Rockefeller-Institut. Nicht schlecht für ein Jahr!

Ihre erste wichtige Entdeckung machten Hodgkin und Huxley im Jahr 1939, als sie dem Institut für Meeresbiologie in Plymouth einen Besuch abstatteten, um herauszufinden, wie das Aktionspotenzial im Riesenaxon des Tintenfischs erzeugt wird. Der britische Neuroanatom J. Z. Young hatte unlängst herausgefunden, dass der Tintenfisch, einer der schnellsten Schwimmer unter den Meeresbewohnern, ein Riesenaxon besitzt, das einen ganzen Millimeter Durchmesser hat und damit tausend Mal so dick ist wie die meisten Axone im menschlichen Körper. Es ist so breit wie dünne Spaghetti und mit bloßem Auge zu erkennen. Young, ein Spezialist für vergleichende Biologie, wusste, dass Tiere durch die Evolution mit speziellen Merkmalen ausgestattet werden, die ihnen das erfolgreiche Überleben in ihrer jeweiligen Umwelt ermöglichen, und erkannte, dass sich das Spezialaxon des Tintenfischs, das die Voraussetzung für die rasche Flucht vor Räubern schafft, unter Umständen als Gottesgeschenk für Biologen erweisen würde.

Hodgkin und Huxley ahnten augenblicklich, dass das Riesenaxon des Tintenfisches geeignet war, den Traum jedes Neurowissenschaftlers zu erfüllen: das Aktionspotenzial sowohl innerhalb als auch außerhalb der Zelle aufzuzeichnen und dadurch herauszufinden, wie es erzeugt wird. Da dieses Axon so groß ist, konnten die beiden Forscher eine Elektrode in das Zytoplasma der Zelle einführen, während sie eine andere draußen installierten. Ihre Aufzeichnungen bestätigten Bernsteins Schlussfolgerung, dass das Ruhemembranpotenzial ungefähr minus 70 Millivolt beträgt und dass es von der Bewegung der Kaliumionen durch die Ionenkanäle abhängt. Doch als sie das Axon elektrisch stimulierten, um ein Aktionspotenzial hervorzurufen, wie es Bernstein getan hatte, entdeckten sie zu ihrem Erstaunen, dass es eine Amplitude von 110 Millivolt aufwies, nicht von 70 Millivolt, wie Bernstein vorhergesagt hatte. Das Aktionspotenzial hatte das elektrische Potenzial an der Zellmembran von minus 70 Millivolt auf maximal plus 40 Millivolt erhöht. Diese erstaunliche Diskrepanz hatte weitreichende Bedeutung: Bernsteins Hypothese, dass das Aktionspotenzial eine allgemeine Aufhebung der Selektivität bedeute, sodass die Zellmembran für alle Ionen durchlässig wird, musste falsch sein. Vielmehr musste die Membran auch während des Aktionspotenzials noch selektiv wirken, also einige Ionen durchlassen, andere jedoch nicht.

Das war eine ganz außerordentliche Erkenntnis. Da Aktionspotenziale die Schlüsselsignale zur Übermittlung von Sinneswahrnehmungen, Gedanken, Emotionen und Erinnerungen von einer Region zur anderen sind, wurde die Frage, wie das Aktionspotenzial erzeugt wird, 1939 zum zentralen Anliegen der Hirnforschung. Hodgkin und Huxley suchten nach einer Lösung, doch bevor sie eine ihrer Ideen experimentell überprüfen konnten, brach der Zweite Weltkrieg aus, und beide wurden zum Militärdienst einberufen.

Erst 1945 konnten die beiden Männer wieder zu ihren Forschungen zurückkehren. Hodgkin arbeitete kurzzeitig mit Bernard Katz vom University College in London zusammen (während Huxley seine Hochzeit vorbereitete), als er herausfand, dass der Aufstrich – der Anstieg und die maximale Höhe des Aktionspotenzials – von der Natriummenge in der extrazellulären Flüssigkeit abhängt. Der Abstrich – die Abnahme des Aktionspotenzials – wird durch die Kaliumkonzentration beeinflusst. Dieses Ergebnis legte den Schluss nahe, dass einige Ionenkanäle in der Zelle für Natrium selektiv durchlässig und nur während der Aufstrichphase des Aktionspotenzials offen sind, während andere Ionenkanäle nur während des Abstrichs offen sind.

Um diese Idee noch genauer zu testen, legten Hodgkin, Huxley und Katz an das Riesenaxon des Tintenfisches eine Spannungsklemme an. Das war eine neu entwickelte Technik zur Messung von Ionenströmen durch die Zellmembranen. Abermals bestätigten sie Bernsteins Ergebnis, dass das Ruhepotenzial durch die ungleiche Verteilung von Kaliumionen zu beiden Seiten der Zellmembran hervorgerufen wird. Auch ihr früherer Befund bewahrheitete sich: Wird die Zellmembran hinreichend stimuliert, strömen während eines Intervalls von rund 1/100 Sekunde Natriumionen in die Zelle ein, verändern die innere Spannung von minus 70 Millivolt auf plus 40 Millivolt und erzeugen so die Entstehung des Aktionspotenzials. Auf den verstärkten Natriumeinstrom folgt augenblicklich ein drastisch erhöhter Kaliumausstrom, der den Rückgang des Aktionspotenzials bewirkt und die Spannung im Zellinneren auf den Ausgangswert fallen lässt.

Wie reguliert die Zellmembran die Durchlässigkeit für Natrium- und Kaliumionen? Hodgkin und Huxley postulierten die Existenz einer bislang nicht vermuteten Kategorie von Ionenkanälen, Kanälen mit »Türen« oder »Toren«, die sich öffnen und schließen. Wenn sich ein Aktionspotenzial an einem Axon entlang fortpflanzt, öffnen und schließen sich zunächst, so ihre Hypothese, die Tore der Natrium- und dann die der Kaliumkanäle in rascher Folge. Ferner erkannten Hodgkin und Huxley, dass die Öffnung und Schließung der Tore, da sie blitzschnell erfolgt, von der Spannungsdifferenz zwischen Innen- und Außenseite der Membran gesteuert werden muss. Daher bezeichneten sie diese Natrium- und Kaliumkanäle als *spannungsgesteuerte Kanäle.* Im Gegensatz dazu nannten sie die Kaliumkanäle, die Bernstein entdeckt hatte und die für das Ruhemembranpotenzial verantwortlich sind, *nichtgesteuerte Kaliumkanäle*, weil sie keine Tore besitzen und von der Spannung durch die Zellmembran nicht beeinflusst werden.

Befindet sich das Neuron im Ruhezustand, sind die spannungsgesteuerten Kanäle geschlossen. In dem Augenblick, da ein Reiz das Ruhemembranpotenzial der Zelle hinreichend verringert, sagen wir, von minus 70 Millivolt auf minus 55 Millivolt, öffnen sich die spannungsgesteuerten Natriumkanäle, die Natriumionen strömen in die Zelle ein und bewirken einen kurzen, aber massiven Anstieg der positiven Ladung, der das Membranpotenzial von minus 70 Millivolt auf plus 40 Millivolt anhebt. In Reaktion auf diese Veränderung des Membranpotenzials schließen sich die Natriumkanäle einen Sekundenbruchteil später, und die spannungsgesteuerten Kaliumkanäle öffnen sich kurzzeitig, wodurch mehr positive Kaliumionen ausströmen und die Zelle rasch in ihren Ruhezustand von minus 70 Millivolt zurückkehrt (Abbildung 5.5).

Letztlich sorgt jedes Aktionspotenzial dafür, dass die Zelle innen mehr Natrium und außen mehr Kalium aufweist, als optimal ist. Dieses Ungleichgewicht wird, wie Hodgkin herausfand, durch ein Protein behoben, das überschüssige Natriumionen aus der Zelle hinaus- und Kaliumionen in die Zelle hineinbefördert. Am Ende sind die ursprünglichen Konzentrationsgefälle von Natrium und Kalium wiederhergestellt.

Sobald in einer Region des Axons ein Aktionspotenzial hervorgerufen wird, regt der dadurch erzeugte Strom die Nachbarregion zur Auslösung eines Aktionspotenzials an. Die daraus folgende Kettenreaktion sorgt dafür, dass sich das Aktionspotenzial über die ganze Länge des Axons ausbreitet, von dem Ort, an dem es in Gang gesetzt wurde, bis zu den Endigungen in der Nachbarschaft eines anderen Neurons (oder einer Muskel-

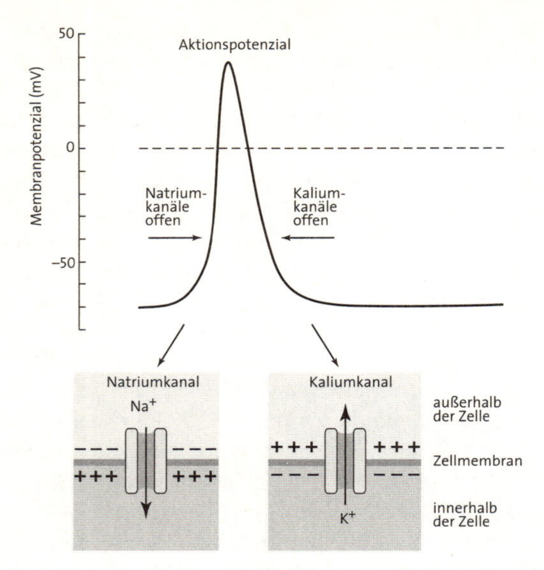

5.5 Das Hodgkin-Huxley-Modell des intrazellulär aufgezeichneten Aktionspotenzials. Der Einstrom positiv geladener Natriumionen (Na^+) verändert die Spannung im Inneren der Zelle und ruft den Aufstrich des Aktionspotenzials hervor. Fast augenblicklich öffnen sich die Kaliumkanäle, und Kaliumionen (K^+) strömen aus der Zelle, bewirken den Abstrich und stellen den ursprünglichen Spannungszustand der Zelle wieder her.

zelle). Auf diese Weise wird ein Signal für ein visuelles Erlebnis, eine Bewegung, einen Gedanken oder eine Erinnerung von einem Ende des Neurons zum anderen gesandt.

Für ihre Arbeit, heute als Ionentheorie bezeichnet, erhielten Hodgkin und Huxley 1963 gemeinsam den Nobelpreis für Physiologie oder Medizin. Hodgkin sagte später, eigentlich hätte ihn der Tintenfisch bekommen müssen, dessen Riesenaxon ihre Experimente überhaupt erst ermöglicht hatte. Doch damit unterschlägt er bescheiden die ungewöhnlichen Erkenntnisse, welche die beiden Männer lieferten – Erkenntnisse, die der wissenschaftlichen Gemeinschaft, einschließlich Neubekehrten wie mir, die Zuversicht gaben, sie könnten die Signalübertragung im Gehirn auf einer tieferen Ebene verstehen.

ALS MAN DIE MOLEKULARBIOLOGIE AUF DIE HIRNFORSCHUNG ANWENdete, erwies sich, dass es sich bei den spannungsgesteuerten Natrium- und Kaliumkanälen eigentlich um Proteine handelt. Diese Proteine durchdringen die ganze Dicke der Zellmembran und enthalten einen flüssigkeitsgefüllten Durchlass, die Ionenpore; durch diese fließen die Ionen. Ionenkanäle sind in jeder Zelle des Körpers vorhanden, nicht nur in Neuronen, und sie bedienen sich alle im Prinzip jenes Mechanismus, den Bernstein vorgeschlagen hat, um die Erzeugung des Ruhemembranpotenzials zu erklären.

Ähnlich wie die Neuronenlehre zuvor verstärkte auch die Ionentheorie die Bezüge zwischen der Zellbiologie des Gehirns und anderen Bereichen der Zellbiologie. Sie lieferte den endgültigen Beweis dafür, dass sich Nervenzellen anhand physikalischer Prinzipien verstehen lassen, die für alle Zellen gelten. Vor allem aber bereitete die Ionentheorie die Erforschung der Mechanismen neuronaler Signalübertragung auf molekularer Ebene vor. Dank ihres allgemeinen Charakters und ihres Vorhersagevermögens vereinheitlichte die Ionentheorie die zellulären Untersuchungen des Nervensystems: Sie leistete für die Zellbiologie der Neurone, was die Struktur der DNA für den Rest der Biologie leistete.

2003, 51 Jahre nach Formulierung der Ionentheorie, erhielt Roderick MacKinnon von der Rockefeller University den Nobelpreis für Chemie, weil er das erste dreidimensionale Bild der Atome lieferte, die das Protein zweier Ionenkanäle bilden – eines nichtgesteuerten Kaliumkanals und eines spannungsgesteuerten Kaliumkanals. Etliche Merkmale, die MacKinnons äußerst scharfsinnige Strukturanalyse dieser beiden Proteine zu Tage förderte, waren von Hodgkin und Huxley mit erstaunlicher Hellsichtigkeit vorausgesagt worden.

DA DIE IONENBEWEGUNG DURCH KANÄLE IN DER ZELLMEMBRAN VON entscheidender Bedeutung für die Neuronenfunktionen ist und die Neuronenfunktionen wiederum für die geistigen Funktionen von entscheidender Bedeutung sind, kann es nicht überraschen, dass Mutationen in den Genen, die Ionenkanalproteine kodieren, Krankheiten hervorrufen können. 1990 wurde es möglich, die molekularen Defekte, die für menschliche Erbkrankheiten verantwortlich sind, relativ mühelos zu identifizieren. Kurz darauf wurde in rascher Folge eine Reihe von Ionenkanaldefekten entdeckt, die bestimmten neurologischen Störungen der Muskel- und Hirnfunktionen zugrunde liegen.

Heute bezeichnet man diese Erkrankungen als Kanalopathien oder Störungen der Ionenkanalfunktion. Die familiäre idiopathische Epilepsie beispielsweise, eine erbliche Epilepsie, an der Neugeborene leiden, geht mit Mutationen in Genen einher, die einen Kaliumkanal kodieren. Die jüngsten Fortschritte bei der Erforschung von Kanalopathien und der Entwicklung geeigneter Behandlungsmethoden lassen sich direkt auf den großen Bestand an wissenschaftlichen Erkenntnissen zurückführen, die wir Hodgkin und Huxley verdanken.

KAPITEL 6

Unterhaltung zwischen Nervenzellen

Ich kam inmitten der Nachwehen einer heftigen Kontroverse über die Frage, wie Neurone miteinander kommunizieren, 1955 in Harry Grundfests Labor. Hodgkin und Huxley hatten mit ihrer bahnbrechenden Arbeit das alte Rätsel gelöst, wie elektrische Signale in Neuronen erzeugt werden. Es blieb aber die Frage, wie die Signalübertragung *zwischen* Neuronen stattfindet. Ein Neuron konnte mit dem nächsten Neuron in der Reihe nur dann »sprechen«, wenn es ein Signal über die Synapse schickte, über den Spalt zwischen den Zellen. Was für ein Signal konnte das sein?

Bis sie Anfang der fünfziger Jahre eines Besseren belehrt wurden, waren Grundfest und andere führende Neurophysiologen der festen Überzeugung gewesen, dass dieses kleine Signal, das die Lücke zwischen zwei Zellen überquerte, *elektrisch* sei. Nach ihrer Ansicht wurde es dadurch hervorgerufen, dass der elektrische Strom, der durch ein Aktionspotenzial im präsynaptischen Neuron erzeugt wurde, in das postsynaptische Neuron hinüberfloss. Doch seit den zwanziger Jahren häuften sich die Hinweise, dass das Signal zwischen bestimmten Nervenzellen *chemischer* Natur sein könnte. Diese Belege stammten aus Untersuchungen des autonomen, oder unwillkürlichen, Nervensystem. Das autonome Nervensystem gilt als Teil des peripheren Nervensystems, weil sich die Körper seiner Nervenzellen unmittelbar außerhalb des Rückenmarks und Hirnstamms zu so genannten peripheren autonomen Ganglien häufen. Das autonome Nervensystem kontrolliert unwillkürliche Tätigkeiten wie Atmung, Herzfrequenz, Blutdruck und Verdauung.

Die neuen Hinweise führten zur Entstehung der chemischen Theorie der synaptischen Übertragung und zu einer Kontroverse, die man scherzhaft als *soup versus spark* – Suppe contra Funke – bezeichnete, wobei »Sparker« wie Grundfest der Ansicht waren, die synaptische Kommunikation sei elektrisch, und die »Soupers« behaupteten, sie sei chemisch.

DIE GRUNDLAGE FÜR DIE THEORIE DER CHEMISCHEN SYNAPTISCHEN Übertragung bildeten Studien von Henry Dale und Otto Loewi. In den zwanziger und frühen dreißiger Jahren untersuchten sie die Signale, die vom autonomen Nervensystem ans Herz und bestimmte Drüsen gesandt werden. Unabhängig voneinander entdeckten sie, dass ein Aktionspotenzial, wenn es in einem Neuron des autonomen Nervensystems die Axonendigungen erreicht, dort die Ausschüttung eines chemischen Stoffes in den synaptischen Spalt bewirkt. Dieser chemische Stoff, den wir heute als Neurotransmitter bezeichnen, bewegt sich über den synaptischen Spalt zur Zielzelle, wo er erkannt und von speziellen Rezeptoren an der Oberfläche der Zellmembran eingefangen wird.

Loewi, ein deutschstämmiger Physiologe, der in Österreich lebte, untersuchte die beiden Nerven – die Axonbündel –, welche die Herzfrequenz kontrollieren: den Nervus vagus, der sie verlangsamt, und den Nervus accelerans, der sie beschleunigt. In einem entscheidenden Experiment an einem Frosch stimulierte er den Nervus vagus und veranlasste ihn zur Feuerung von Aktionspotenzialen, die zu einer Verlangsamung der Herzfrequenz führen. Die Flüssigkeit in der Umgebung des Froschherzens während und kurz nach der Stimulation des Nervus vagus fing er auf und injizierte sie in das Herz eines zweiten Frosches. Bemerkenswerterweise verlangsamte sich auch die Herzfrequenz des zweiten Frosches! Kein Aktionspotenzial war gefeuert worden, um die Herzfrequenz des zweiten Frosches zu verlangsamen. Vielmehr hatte irgendeine Substanz, die vom Nervus vagus des ersten Frosches freigesetzt worden war, das Signal zur Verlangsamung der Herzfrequenz übertragen.

Loewi und der britische Pharmakologe Dale zeigten weiter, dass die Substanz, die vom Nervus vagus ausgeschüttet wird, der einfache chemische Stoff Acetylcholin ist. Acetylcholin wirkt als Neurotransmitter, der die Herzfrequenz verlangsamt, indem er an einem speziellen Rezeptor andockt. Die Substanz, die von dem Nervus accelerans ausgeschüttet wird, um die Herzfrequenz zu beschleunigen, ist mit dem Adrenalin verwandt, einem anderen chemischen Stoff von einfacher Zusammensetzung. Weil Loewi und Dale die ersten Belege dafür lieferten, dass die Signale, die im autonomen Nervensystem über Synapsen von einem Neuron zum anderen gelangen, von spezifischen chemischen Transmittern übermittelt werden, erhielten sie 1936 gemeinsam den Nobelpreis für Physiologie oder Medizin.

Zwei Jahre später musste Loewi am eigenen Leib die Verachtung der österreichischen Nationalsozialisten für Wissenschaft und Gelehrsamkeit erfahren. Am Tag nach Hitlers Einzug in Österreich unter den Jubelrufen von Millionen meiner Landsleute wurde Loewi ins Gefängnis geworfen, weil er Jude war. Der Wissenschaftler, der seit 29 Jahren Professor für Pharmakologie an der Universität Graz war, wurde zwei Monate später unter der Bedingung freigelassen, dass er seinen Anteil am Nobelpreis, der sich noch immer auf einer Bank in Schweden befand, an eine NS-Bank in Österreich überwies und das Land augenblicklich verließ. Er tat es und ging an die Medizinische Hochschule der New York University, wo ich Jahre später das Privileg hatte, seine Vorlesungen über die Entdeckung der chemischen Signalübertragung im Herzen zu hören.

Loewis und Dales bahnbrechende Arbeit über das autonome Nervensystem hielten viele Neurowissenschaftler mit pharmakologischen Interessen für überzeugend; dass die Zellen im Zentralnervensystem die Kommunikation über den synaptischen Spalt hinweg wahrscheinlich auch mit Hilfe von Neurotransmittern bewerkstelligen, leuchtete ihnen ein. Einige Elektrophysiologen wie John Eccles und Harry Grundfest blieben jedoch skeptisch. Zwar erkannten sie die Bedeutung der chemischen Übertragung im autonomen Nervensystem an, glaubten aber, dass die Signalübertragung zwischen Zellen in Gehirn und Rückenmark einfach zu rasch erfolge, um chemischer Natur sein zu können. Daher favorisierten sie weiterhin die Theorie der elektrischen Übertragung im Zentralnervensystem. Eccles vermutete, dass der Strom, der durch ein Aktionspotenzial im präsynaptischen Neuron hervorgerufen wird, den synaptischen Spalt überquert und in die postsynaptische Zelle eintritt, wo er verstärkt wird und so das Feuern von Aktionspotenzialen auslöst.

ALS MAN WEITERE FORTSCHRITTE BEI DEN METHODEN ZUR AUFZEICHnung elektrischer Signale machte, stieß man auf ein kleines elektrisches Signal an der Synapse zwischen Motoneuronen und Skelettmuskel, was bewies, dass das Aktionspotenzial im präsynaptischen Neuron das Aktionspotenzial in der Muskelzelle nicht direkt auslöst, sondern dass es ein sehr viel kleineres, separates Signal in der Muskelzelle hervorruft, das so genannte Synapsenpotenzial. Wie sich zeigte, unterscheiden sich Synapsenpotenziale von Aktionspotenzialen in zweierlei Hinsicht: Sie sind sehr viel langsamer, und ihre Amplitude kann schwanken. In einem Lautsprecher wie dem, den Adrian benutzt hatte, wäre ein Synapsenpotenzial als ein leises Zischen zu vernehmen, langsam und langgezogen, während ein Aktionspotenzial als explosionsartige Lautfolge ertönt. Außerdem würde die Lautstärke des Synapsenpotenzials variieren. Die Entdeckung des Synapsenpotenzials belegte, dass Nervenzellen zwei verschiedene Arten elektrischer Signale nutzen. Sie verwenden das Aktionspotenzial, um Signale über große Entfernungen zu übertragen, um Informationen von einer Region der Nervenzelle in eine andere weiterzuleiten, das Synapsenpotenzial dagegen dient ihnen zur lokalen Signalübertragung, zur Weitergabe von Informationen über die Synapse hinweg.

Eccles erkannte sofort, dass Synapsenpotenziale auch für Sherringtons »integrative Tätigkeit des Nervensystems« verantwortlich sind. In jedem gegebenen Augenblick wird eine Zelle in einer beliebigen Nervenbahn mit vielen Synapsensignalen – erregenden wie hemmenden – bombardiert. Sie hat aber nur zwei Optionen: ein Aktionspotenzial zu feuern oder nicht. Tatsächlich besteht die Hauptaufgabe einer Nervenzelle in der Integration; sie addiert alle erregenden und hemmenden Synapsenpotenziale, die es von präsynaptischen Neuronen erhält, auf und erzeugt nur dann ein Aktionspotenzial, wenn die Summe der erregenden Signale die Summe der hemmenden Signale um einen bestimmten kritischen Mindestwert übertrifft. Eben diese Fähigkeit der Nervenzelle, alle erregenden und hemmenden Synapsenpotenziale der mit ihr in Kontakt stehenden Nervenzellen zu integrieren, sorgte laut Eccles für die von Sherrington beschriebene Zielstrebigkeit des Verhaltens.

Mitte der vierziger Jahre hatten beide Seiten Einigkeit darüber erzielt, dass in allen postsynaptischen Zellen ein Synapsenpotenzial auftritt und dass es das entscheidende Bindeglied zwischen dem Aktionspotenzial im präsynaptischen Neuron und dem in der postsynaptischen Zelle ist. Doch diese Entdeckung hob das Problem nur noch deutlicher hervor: Wird das Synapsenpotenzial im Zentralnervensystem elektrisch oder chemisch ausgelöst?

Dale und sein Kollege William Feldberg, ebenfalls ein Emigrant aus Deutschland, kamen der Lösung einen entscheidenden Schritt näher, als sie herausfanden, dass Acetylcholin, das im autonomen Nervensystem eine Verlangsamung der Herzfrequenz bewirkt, auch von Motoneuronen im Rückenmark ausgeschüttet wird, um die Skelettmuskeln zu erregen. Dieses Resultat veranlasste Bernard Katz, sich der Frage zuzuwenden, ob Acetylcholin vielleicht für das Synapsenpotenzial im Skelettmuskel verantwortlich sei.

Katz hatte schon als Medizinstudent an der Universität Leipzig Preise gewonnen. 1935 musste er aus Hitlerdeutschland fliehen, weil er Jude war. Im Februar traf er im englischen Hafen Harwich ohne Pass ein. »Eine schreckliche Erfahrung«, wie er sich erinnerte. Er ging nach London und trat in A. V. Hills Institut am University College in London ein. Drei Monate nach seiner Ankunft besuchte Katz eine Konferenz in Cambridge, wo er aus unmittelbarer Nähe eine Soup-contra-Spark-Auseinandersetzung miterlebte. »Zu meinem maßlosen Erstaunen«, schrieb er später, »wurde ich Zeuge eines Vorgangs, der fast in eine wilde Schlägerei zwischen J. C. Eccles und H. H. Dale ausartete, wobei der Vorsitzende [Lord] E. D. Adrian widerstrebend in die undankbare Rolle des Ringrichters gedrängt wurde.« John Eccles, der Wortführer der Sparkers, hatte ein Referat gehalten, in dem er eine zentrale Behauptung von Henry Dale, dem Wortführer der Soupers, entschieden bestritten hatte: dass nämlich Acetylcholin als Transmitter, als Überträgersubstanz, für Signale an Synapsen im Nervensystem fungiere. Katz: »Ich hatte einige Schwierigkeiten, dem Streit zu folgen, da mir die Terminologie nicht ganz geläufig war. Das Wort *Transmitter* verband ich mit der Funktechnik, und das ergab keinen rechten Sinn. Daher war die Angelegenheit ein bisschen verwirrend für mich.«

Katz' Verwirrung einmal beiseite gelassen, bestand ein Problem der chemischen Übertragung tatsächlich darin, dass niemand wusste, wie ein elektrisches Signal in der präsynaptischen Endigung die Freisetzung eines chemischen Transmitters bewirken und wie dieses chemische Signal im postsynaptischen Neuron dann wieder in ein elektrisches Signal rückverwandelt werden kann. Während der nächsten zwanzig Jahre beteiligte sich Katz an den Bemühungen, diese beiden Fragen zu beantworten. Es ging darum, Dales und Loewis Arbeit vom autonomen Nervensystem auf das Zentralnervensystem zu übertragen.

Doch wie im Falle von Hodgkin und Huxley griff der drohende Krieg auch in Katz' Arbeit ein. Im August 1939, einen Monat vor Ausbruch des Zweiten Weltkrieges, nahm Katz, der sich als deutscher Ausländer unbehaglich in London fühlte, eine Einladung von John Eccles ins australische Sydney an.

Der Zufall wollte es, dass Stephen Kuffler, ein weiterer Forscher, den die Nationalsozialisten zur Flucht aus Europa gezwungen hatten und der mein Denken nachhaltig beeinflussen sollte, gleichfalls in Sydney landete und eine Stellung in Eccles' Institut annahm (Abbildung 6.1). Der in Ungarn geborene Kuffler hatte in Wien studiert und war von der Medizin zur Physiologie gewechselt. Er verließ Wien im Jahr 1938, weil er nicht nur einen jüdischen Großvater hatte, sondern auch Sozialist war. Kuffler hatte es in Österreich zum Jugendmeister im Tennis gebracht und scherzte später, in Wahrheit habe Eccles ihm nur deshalb einen Posten in seinem Institut angeboten, weil er einen guten Tennispartner brauchte. Obwohl Eccles und Katz weit erfahrenere Forscher waren, verblüffte Kuffler sie mit seinen chirurgischen Fähigkeiten. Er konnte eine einzelne Muskelfaser so sezieren, dass es möglich wurde, den synaptischen Input von einem motorischen Axon an eine Muskelfaser zu untersuchen – eine wahre Meisterleistung.

KATZ, KUFFLER UND ECCLES VERBRACHTEN DIE KRIEGSJAHRE ZUSAMMEN und disputierten über die Frage, ob es zwischen Nervenzellen und Muskel zu einer chemischen oder einer elektrischen Übertragung komme. Eccles versuchte, die Belege für die chemische Übertragung, bei der es sich seiner Meinung nach um einen langsamen Prozess handeln musste, mit der Geschwindigkeit der Signalübertragung zwischen Nerven und Muskeln in Einklang zu bringen. Er äußerte die Hypothese, dass das Synapsenpotenzial aus zwei Phasen bestehe: einer anfänglichen, raschen Phase, die durch ein elektrisches Signal, und einer langgezogenen Restphase, die durch einen chemischen Transmitter wie Acetylcholin vermittelt werde. Katz und Kuffler wurden zu neu bekehrten Soupers, als sie Anhaltspunkte dafür entdeckten, dass die chemische Substanz Acetylcholin sogar für die Anfangskomponente des Synapsenpotenzials im Muskel verantwortlich ist. 1944, als der Zweite Weltkrieg sich seinem Ende zuneigte, kehrte Katz nach England zurück, während Kuffler in die Vereinigten Staaten einwanderte. Eccles akzeptierte 1945 einen bedeutenden Lehrstuhl an der University of Dunedin in Neuseeland, wo er ein neues Labor gründete.

Als die Experimente immer größere Zweifel an der Theorie der elektrischen synaptischen Übertragung weckten, verlor Eccles, ein kräftiger, sportlicher Mensch und normalerweise voller Tatkraft und Begeisterung, allmählich den Mut. Nachdem wir Ende der sechziger Jahre Freunde geworden waren, berichtete er mir, wie er in seiner verzagten Gemütsverfassung eine tief greifende geistige Wandlung durchlebte, die ihn seither mit

6.1 Drei Pioniere der synaptischen Übertragung arbeiteten während des Zweiten Weltkrieges in Australien zusammen und trugen später jeder für sich entscheidende Erkenntnisse zur Nervenleitung bei: Stephen Kuffler (links, 1918–1980) beschrieb die Eigenschaften der Dendriten des Flusskrebses, John Eccles (Mitte, 1903–1997) erforschte die synaptische Hemmung im Rückenmark, und Bernard Katz (rechts, 1911–2002) entdeckte die Mechanismen der synaptischen Erregung und der chemischen Übertragung.

großer Dankbarkeit erfüllte. Diese Wandlung vollzog sich im *Faculty Club*, einem Club der Universitätslehrer, den Eccles nach der Arbeit regelmäßig aufsuchte. Dort lernte er 1946 Karl Popper kennen, den Wiener Wissenschaftsphilosophen, der 1937, den »Anschluss« Österreichs voraussehend, nach Neuseeland emigriert war. Eccles erzählte dem Philosophen von der Kontroverse über die Frage, ob die Übertragung chemisch oder elektrisch sei, und deutete an, dass er sich in dieser langen und für ihn entscheidenden Debatte offenbar auf der Verliererseite befinde.

Popper war fasziniert. Er versicherte Eccles, dass es keinen Grund zur Verzweiflung gebe. Ganz im Gegenteil, er solle sich freuen. Niemand stelle Eccles Forschungsergebnisse in Frage – der Zweifel gelte vielmehr seiner Theorie, seiner Interpretation der Daten. Eccles betreibe hervorragende

Wissenschaft. Nur wenn die Fakten eindeutig seien und die konkurrierenden Interpretationen der vorliegenden Daten in aller Schärfe formuliert würden, könne es zur Konfrontation gegensätzlicher Hypothesen kommen. Und nur wenn klar formulierte Ideen aufeinander träfen, könne sich eine von ihnen als falsch herausstellen. Es spiele überhaupt keine Rolle, wenn man sich für die falsche Interpretation entschieden habe. Der größte Vorteil der wissenschaftlichen Methode sei ihre Fähigkeit, eine Hypothese zu widerlegen. Wissenschaft erziele ihre Fortschritte durch einen endlosen und sich ständig verfeinernden Zyklus von Verifikation und Falsifikation. Ein Wissenschaftler schlägt eine neue Hypothese vor, und ein anderer macht Beobachtungen, die sie stützen oder entkräften.

Eccles habe also allen Grund zur Freude, meinte Popper. Er forderte Eccles auf, in sein Labor zurückzukehren, seine Ideen zu verbessern und die experimentelle Überprüfung der Hypothese von der elektrischen Übertragung fortzusetzen, um dieser Idee, wenn erforderlich, selbst den Garaus zu machen. Über diese Begegnung schrieb Eccles später:

> Von Popper lernte ich, was für mich heute das Wesen wissenschaftlicher Forschung ausmacht – dass man bei der Entwicklung von Hypothesen spekulativ und phantasievoll vorgehen kann, um sie anschließend mit größtmöglicher Strenge zu überprüfen, indem man alle vorhandenen Kenntnisse zu Rate zieht und beim experimentellen Test möglichst gründlich verfährt. Er lehrte mich sogar, mich über die Widerlegung einer liebgewonnenen Hypothese zu freuen, weil auch das ein wissenschaftlicher Fortschritt sei und weil sich aus der Widerlegung viel lernen lasse.
>
> Poppers Einfluss empfand ich als sehr befreiend, löste ich mich doch von den starren Konventionen, welche die wissenschaftliche Forschung in der Regel einengen ... Wenn man sich von diesen restriktiven Dogmen befreit, wird die wissenschaftliche Forschung zu einem aufregenden Abenteuer, das einem ganz neue Perspektiven eröffnet; und diese Einstellung, glaube ich, drückt sich seither in meiner eigenen wissenschaftlichen Tätigkeit aus.

ECCLES BRAUCHTE AUF DIE FALSIFIKATION SEINER HYPOTHESE NICHT lange zu warten. Als Katz ans University College in London zurückkehrte, lieferte er direkte Belege dafür, dass das vom Motoneuron ausgeschüttete Acetylcholin alle Phasen des Synapsenpotenzials hervorbringt und voll-

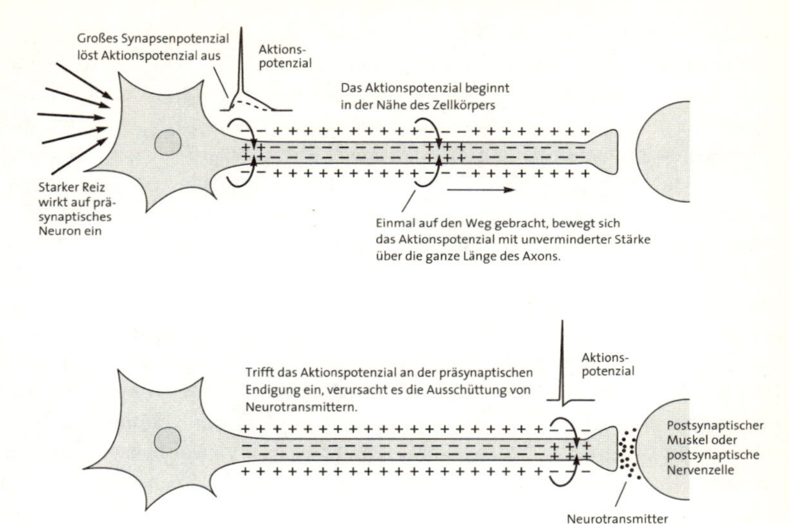

6.2 Der Mechanismus des Aktionspotenzials

ständig erklärt, und zwar indem es sich rasch über den synaptischen Spalt verteilt und an die Rezeptoren der Muskelzelle bindet. Wie später gezeigt wurde, ist der Acetylcholinrezeptor ein Protein, das sich aus zwei Bestandteilen zusammensetzt: einem Acetylcholin-bindenden Teil und einem Ionenkanal. Wenn Acetylcholin von dem Rezeptor erkannt und gebunden wird, öffnet sich der Ionenkanal.

Weiter zeigte Katz, dass sich die neuen, von einem chemischen Transmitter gesteuerten Ionenkanäle in zweierlei Hinsicht von den spannungsgesteuerten Natrium- und Kaliumkanälen unterscheiden: Sie reagieren erstens nur auf spezifische chemische Transmitter, und sie erlauben zweitens *sowohl* Natrium- *als auch* Kaliumionen den Durchfluss. Diese gleichzeitige Bewegung von Natrium- und Kaliumionen verändert das Ruhemembranpotenzial der Muskelzelle von minus 70 Millivolt auf beinahe null. Mehr noch, obwohl das Synapsenpotenzial von einem chemischen Stoff hervorgerufen wird, kommt es, wie von Dale vorhergesagt, schnell zustande. Wenn es groß genug ist, erzeugt es ein Aktionspotenzial, das die Muskelfaser zur Kontraktion veranlasst (Abbildung 6.2).

Zusammengenommen zeigten die Arbeiten von Hodgkin, Huxley und Katz, dass es zwei vollkommen verschiedene Arten von Ionenkanälen gibt. Spannungsgesteuerte Kanäle erzeugen Aktionspotenziale, die Informationen *innerhalb* von Neuronen weiterleiten, während Kanäle, die von chemischen Transmittern gesteuert werden, Informationen *zwischen* Neuronen (oder zwischen Neuronen und Muskelzellen) übermitteln, indem sie in postsynaptischen Zellen Synapsenpotenziale erzeugen. Katz entdeckte also, dass transmittergesteuerte Ionenkanäle dadurch, dass sie das Synapsenpotenzial hervorbringen, letztlich chemische Signale von Motoneuronen in elektrische Signale in Muskelzellen übersetzen.

So wie es krankhafte Veränderungen an spannungsgesteuerten Ionenkanälen gibt, werden auch transmittergesteuerte Kanäle von Erkrankungen befallen. Bei der Muskelschwäche Myasthenia gravis beispielsweise, einer schweren Autoimmunkrankheit, die vor allem bei Männern auftritt, werden Antikörper produziert, welche die Acetylcholinrezeptoren in Muskelzellen zerstören und damit die Muskeltätigkeit schwächen. Dies kann so weit gehen, dass die Patienten nicht einmal mehr die Augen offen halten können.

DIE SYNAPTISCHE ÜBERTRAGUNG IN RÜCKENMARK UND GEHIRN IST zweifellos komplexer als die Signalübertragung zwischen Motoneuronen und Muskeln. Eccles hatte von 1925 bis 1935 unmittelbar mit Sherrington bei der Erforschung des Rückenmarks zusammengearbeitet. 1945 kehrte er zu diesen Studien zurück, und 1951 gelangen ihm erstmals intrazelluläre Aufzeichnungen von Motoneuronen. Eccles bestätigte Sherringtons Ergebnisse, dass Motoneurone erregende wie hemmende Signale empfangen und dass diese Signale von bestimmten Neurotransmittern hervorgerufen werden, die wiederum auf bestimmte Rezeptoren einwirken. Erregende Neurotransmitter, die von präsynaptischen Neuronen ausgeschüttet werden, verringern im Motoneuron das Ruhemembranpotenzial der postsynaptischen Zelle von minus 70 auf minus 55 Minivolt – was der Schwelle für das Feuern eines Aktionspotenzials entspricht –, während hemmende Neurotransmitter das Membranpotenzial von minus 70 Millivolt auf minus 75 Minivolt erhöhen und es dadurch der Zelle erschweren, ein Aktionspotenzial zu erzeugen.

Heute wissen wir, dass der wichtigste erregende Neurotransmitter im Gehirn die Aminosäure Glutamat ist, der wichtigste hemmende Transmitter die Aminosäure GABA (Gamma-Amino-Butter-Säure). Eine Vielzahl von Tranquilizern – Benzodiazepin, Barbiturate, Alkohol und allgemeine Anästhetika – binden an die GABA-Rezeptoren und wirken beruhigend auf das Verhalten, indem sie die hemmende Funktion der Rezeptoren verstärken.

Eccles bestätigte damit Katz' Ergebnis, dem zufolge die synaptische Übertragung chemisch vermittelt wird, und zeigte, dass die hemmende synaptische Übertragung ebenfalls chemisch vermittelt wird. Jahre später meinte Eccles dazu:

> Ich war von Karl Popper ermutigt worden, meine Hypothese so exakt wie möglich zu formulieren, damit sie zu experimenteller Überprüfung und Falsifikation herausforderte. Wie sich herausstellte, gelang dann mir selbst diese Falsifikation.

Eccles feierte seine Entdeckungen, indem er die Hypothese der elektrischen Nervenleitung, für die er sich so vehement eingesetzt hatte, aufgab und sich nun bedingungslos zur Theorie der chemischen Übermittlung bekannte, deren Allgemeingültigkeit er nun mit der gleichen Begeisterung und Vehemenz vertrat.

Das war der Stand der Dinge, als Paul Fatt, einer von Katz' begabtesten Mitarbeitern, im Oktober 1954 eine glänzende Zusammenfassung der synaptischen Übertragung schrieb. Dabei wählte Fatt einen distanzierten Standpunkt und wies darauf hin, dass der Schluss, alle synaptische Übertragung sei chemisch, voreilig sei. Fatt:

> Obwohl alles darauf hinweist, dass an diesen Verbindungen, ... die dem Physiologen mittlerweile höchst vertraut sind, eine chemische Übertragung stattfindet, *spricht die Wahrscheinlichkeit dafür, dass es an bestimmten anderen Verbindungen zu elektrischen Übertragungen kommt* [Hervorhebung von mir].

Drei Jahre später wurde Fatts Vorhersage schlüssig bewiesen: Edwin Furshpan und David Potter, zwei Postdoktoranden in Katz' Labor, entdeckten einen Fall von elektrischer Übertragung bei zwei Zellen im Nervensystem des Flusskrebses. Hier trat also ein, was bei wissenschaftlichen Kontroversen manchmal der Fall ist: Beide Seiten hatten Recht. Wir wissen heute, dass die meisten Synapsen, auch die, die während der Kontroverse untersucht wurden, chemischer Natur sind. Doch einige Neurone bilden elektrische Synapsen mit anderen Nervenzellen. An solchen Synapsen gibt es kleine Brücken zwischen den beiden Zellen, die es dem elektrischen Strom ermöglichen, von einer Zelle zur anderen zu gelangen, ähnlich, wie es Golgi vorhergesagt hatte.

Die Existenz zweier Formen von synaptischer Übertragung warf für mich Fragen auf, die mich Jahre später wieder beschäftigen sollten. Warum spielen chemische Synapsen eine vorherrschende Rolle im Gehirn? Haben die chemische und die elektrische Übertragung unterschiedliche Funktionen für das Verhalten?

IN DER LETZTEN PHASE SEINER AUSSERORDENTLICH ERFOLGREICHEN Karriere wandte Katz seine Aufmerksamkeit vom Synapsenpotenzial der Zielzelle der Ausschüttung von Neurotransmittern durch die Signal gebende Zelle zu. Er wollte wissen, wie ein elektrisches Ereignis an der präsynaptischen Endigung – das Aktionspotenzial – zur Freisetzung eines chemischen Transmitters führen kann. Dabei machte er zwei bemerkenswerte Entdeckungen. Erstens: Während sich ein Aktionspotenzial am Axon entlang bis zur präsynaptischen Endigung fortpflanzt, bewirkt es die Öffnung von spannungsgesteuerten Kanälen, die Calciumionen einlassen. Dieser Einstrom von Calciumionen in die präsynaptische Endigung löst eine Reihe molekularer Schritte aus, die zur Ausschüttung des Neurotransmitters führen. Mithin setzen in der präsynaptischen Zelle spannungsgesteuerte Calciumkanäle den Prozess in Gang, in dessen Verlauf ein elektrisches Signal – das Aktionspotenzial – in ein chemisches umgewandelt wird, während in der Empfängerzelle transmittergesteuerte Kanäle chemische in elektrische Signale zurückübersetzen.

Zweitens entdeckte Katz, dass Transmitter wie Acetylcholin von der Axonendigung nicht in Form von einzelnen Molekülen ausgeschüttet werden, sondern zusammengefasst zu kleinen, separaten Päckchen von je rund 5000 Molekülen. Katz nannte die Päckchen *Quanten* und postulierte, dass jedes von einem membrangebundenen Bläschen, das er synaptisches Vesikel nannte, umhüllt sei. 1955 bestätigten Sanford Palay und George Palade durch Aufnahmen mit einem Elektronenmikroskop Katz' Vorhersage. Sie konnten zeigen, dass die präsynaptische Endigung mit Vesikeln gespickt ist, die, wie später bewiesen wurde, tatsächlich Neurotransmitter enthalten (Abbildung 6.3).

Zur weiteren Überprüfung dieser Hypothese traf Katz eine brillante strategische Entscheidung. Er tauschte sein Untersuchungsobjekt aus: An-

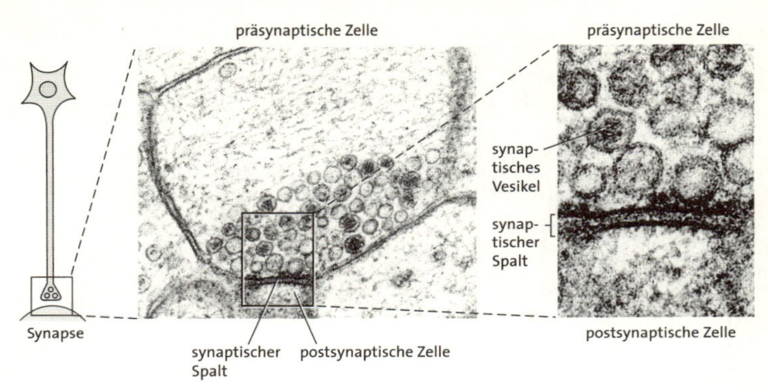

6.3 Wie Signale von Zelle zu Zelle gelangen: Die ersten Bilder einer Synapse zeigten, dass die präsynaptische Endigung synaptische Vesikel aufweist, die, wie sich später herausstellte, jeweils rund 5000 Neurotransmittermoleküle enthalten. Diese Vesikel häufen sich an der Membran der präsynaptischen Endigung, wo sie darauf warten, den Transmitter in den Raum zwischen den beiden Zellen, den synaptischen Spalt, auszuschütten. Nach Überquerung des synaptischen Spalts binden die Neurotransmitter an Rezeptoren der postsynaptischen Zelle.

stelle der Synapse zwischen Nerven- und Muskelzelle des Frosches wählte er nun die Riesensynapse des Tintenfisches. Anhand dieses vorteilhafteren Systems vermochte er zu erkennen, was Calciumionen bewirken, wenn sie in die präsynaptische Endigung strömen: Sie veranlassen die synaptischen Vesikel, mit der Oberflächenmembran der präsynaptischen Endigung zu verschmelzen, und öffnen eine Pore in der Membran, durch welche die Vesikel ihre Transmitter in den synaptischen Spalt ausschütten (Abbildung 6.4).

Die Erkenntnis, dass die Hirnfunktionen – nicht nur die Fähigkeit, wahrzunehmen, sondern auch zu denken, zu lernen und Informationen zu speichern – möglicherweise chemischen und elektrischen Signalen zu verdanken sind, sorgte dafür, dass sich fortan neben den Anatomen und Elektrophysiologen auch Biochemiker für die Hirnforschung interessierten. Da die Biochemie die Universalsprache der Biologie ist, weckte die synaptische Übertragung die Neugier der gesamten biologischen Gemeinschaft, von den Forschern, die sich – wie ich – für Verhalten und Denken interessierten, gar nicht zu reden.

Was für ein Glück für die Hirnforschung in der ganzen Welt, dass

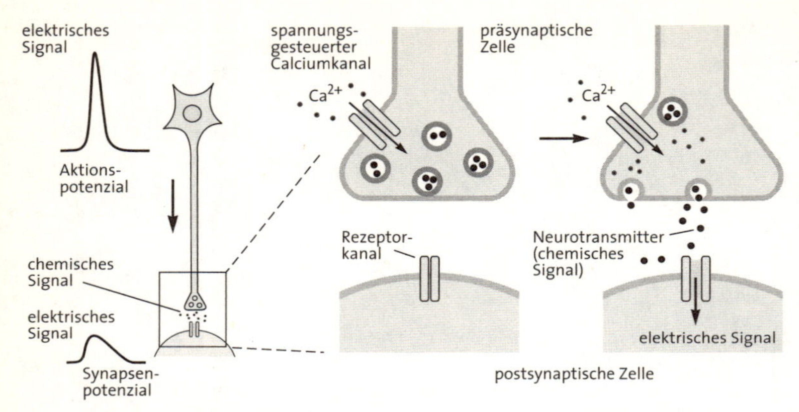

6.4 Von elektrischen zu chemischen Signalen und wieder zurück: Wenn ein Aktionspotenzial eine präsynaptische Endigung erreicht, bewirkt es, wie Bernard Katz herausfand, die Öffnung von Calciumkanälen, damit Calciumionen in die Zelle einströmen können. Das wiederum führt zur Ausschüttung von Neurotransmittern in den synaptischen Spalt. Die Moleküle des Neurotransmitters docken an Rezeptoren auf der Oberfläche der postsynaptischen Zelle an, und die chemischen Signale werden wieder in elektrische Signale zurückverwandelt.

England, Australien, Neuseeland und die Vereinigten Staaten all diese bemerkenswerten Synapsenforscher, die aus Österreich und Deutschland vertrieben wurden – unter anderem Loewi, Feldberg, Kuffler und Katz –, mit offenen Armen aufgenommen haben. Das erinnert mich an eine Geschichte, die von Sigmund Freud erzählt wird: Als er in England eintraf, zeigte man ihm das schöne Haus in einem Vorort von London, in dem er fortan wohnen sollte. Als er die Ruhe und Behaglichkeit sah, in die ihn seine erzwungene Emigration geführt hatte, flüsterte er mit typisch wienerischer Ironie: »Heil Hitler!«

KAPITEL 7

Einfache und komplexe neuronale Systeme

Kurz nach meiner Ankunft an der Columbia University 1955 schlug Grundfest mir vor, mit Dominick Purpura zusammenzuarbeiten, einem jungen Arzt, den er bewogen hatte, von der Neurochirurgie zur Hirnforschung zu wechseln (Abbildung 7.1). Als ich Dom kennen lernte, hatte er sich gerade entschieden, sich auf die Großhirnrinde, die höchstentwickelte Hirnregion, zu konzentrieren. Dom interessierte sich für bewusstseinsverändernde Drogen, und das erste Experiment, bei dem ich half, betraf die Rolle des psychedelischen Wirkstoffes LSD (Lysergsäurediethylamid) bei der Erzeugung visueller Halluzinationen.

LSD wurde in den vierziger Jahren entdeckt. Mitte der Fünfziger war es sehr bekannt, weil es vielfach zur Entspannung und Unterhaltung genommen wurde. Aldous Huxley hatte in *Die Pforten der Wahrnehmung* beschrieben, wie LSD seine visuelle Empfänglichkeit verstärkt hatte, indem es lebhafte, farbige Bilder und ein Gefühl großer Klarheit hervorrief. Die Fähigkeit des LSD und verwandter psychedelischer Drogen, Wahrnehmung, Denken und Fühlen in einer Weise zu verändern, die normalerweise nur in Träumen und exaltierten religiösen Zuständen erlebt wird, unterscheidet sie deutlich von Drogen anderer Art. Menschen, die LSD nehmen, haben häufig das Gefühl, ihr Bewusstsein hätte sich erweitert und gespalten: Ein Teil ist organisiert und erlebt die verstärkten Wahrnehmungseffekte, der andere Teil ist passiv und beobachtet die Ereignisse als unbeteiligter Beobachter. In der Regel wendet sich die Aufmerksamkeit nach innen, die klare Unterscheidung zwischen Selbst und Nicht-Selbst geht verloren und vermittelt dem LSD-Konsumenten das mystische Gefühl, Teil des Kosmos zu sein. Bei vielen Menschen nehmen die Wahrnehmungsverzerrungen die Form visueller Halluzinationen an. Bei einigen kann LSD sogar eine an Schizophrenie erinnernde psychotische Reaktion

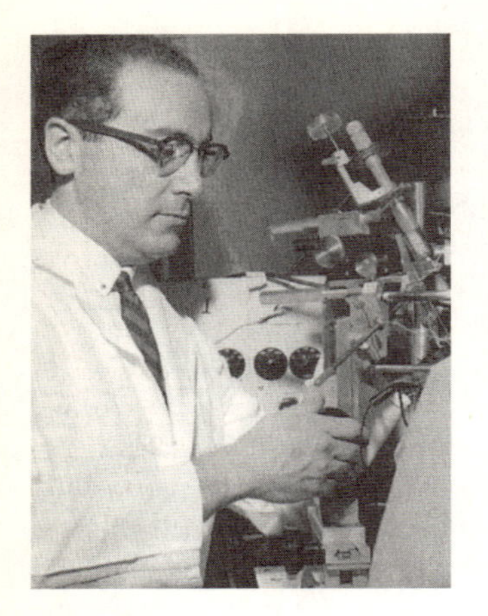

7.1 Dominick Purpura (geb. 1927), ein gelernter Neurochirurg, verschrieb sich ganz der Forschung und hat maßgebliche Beiträge zur Physiologie des Cortex beigesteuert. Ich arbeitete bei meinem ersten Aufenthalt in Grundfests Labor 1955/56 mit ihm zusammen. Purpura wurde später ein bedeutender Universitätslehrer, zunächst an der Medizinischen Hochschule der Stanford University, dann an der Albert Einstein School of Medicine.

auslösen. Wegen dieser bemerkenswerten Eigenschaften des LSD wollte Dom der Funktionsweise des Wirkstoffs auf den Grund gehen.

Ein Jahr zuvor hatten D. W. Woolley und E. N. Shaw, zwei Pharmakologen vom Rockefeller-Institut, herausgefunden, dass LSD an den gleichen Rezeptor bindet wie Serotonin, eine Substanz, die man kurz zuvor im Gehirn entdeckt hatte und für einen Neurotransmitter hielt. Für ihre Studien verwendeten die beiden ein Präparat, das sich großer Beliebtheit bei Experimentalpharmakologen erfreute, den glatten Muskel der Rattengebärmutter, der sich, wie sie feststellten, in Reaktion auf Serotonin spontan zusammenzog. LSD wirkte diesem Serotonineffekt entgegen – und zwar dadurch, dass es das Serotonin von seinem Rezeptor verdrängte. Dieser Befund veranlasste Woolley und Shaw zu der Hypothese, LSD arbeite womöglich auch dem Serotonin im Gehirn entgegen. Außerdem vermuteten sie, LSD rufe deshalb psychotische Reaktionen hervor, weil es die normale Serotoninwirkung im Gehirn unterbindet. Wenn dem so wäre, meinten sie, könnte das Serotonin eine wichtige Rolle für unsere geistige Gesundheit – unsere normalen geistigen Funktionen – spielen.

Zwar fand Dom die Vorstellung, glatte Gebärmuttermuskeln zu verwenden, um Hypothesen über die Wirkung von chemischen Stoffen im Gehirn zu überprüfen, durchaus in Ordnung, vertrat aber die Ansicht, die Gehirnfunktionen in Gesundheit und Krankheit ließen sich schlüssiger durch direkte Beobachtung des Gehirns testen. Um herauszubekommen, wie psychedelische Mittel wirken, wollte er vor allem wissen, ob LSD die

Synapsentätigkeit im visuellen Cortex beeinflusst, in der Region der Großhirnrinde, die mit der visuellen Wahrnehmung befasst ist und in der die extremen visuellen Verzerrungen und Halluzinationen vermutlich stattfinden. Er bat mich um Hilfe bei der Erforschung, wie das Serotonin bei Katzen in einer Nervenbahn wirkt, die im visuellen Cortex endet.

Wir betäubten die Tiere, öffneten den Schädel, um das Gehirn freizulegen, und brachten Elektroden an der Oberfläche des visuellen Cortex an. Wie wir feststellten, heben sich im visuellen Cortex die Wirkung von Serotonin und LSD nicht gegenseitig auf wie im glatten Muskel der Gebärmutter. Im Gegenteil: Beide entfalten nicht nur die gleiche Wirkung, indem sie die synaptische Übertragung hemmen, sondern verstärken gegenseitig noch ihre inhibitorische Aktivität. Damit schienen unsere Untersuchung und nachfolgende Studien anderer Institute Woolleys und Shaws Hypothese zu widerlegen, dass die Wahrnehmungsverzerrungen des LSD auf die Blockade der Serotoninaktivität im Sehsystem zurückzuführen seien. (Heute wissen wir, dass Serotonin auf achtzehn verschiedene Rezeptorarten im gesamten Gehirn einwirkt und dass das LSD seine halluzinatorische Wirkung offenbar dadurch entfaltet, dass es eine dieser Rezeptorarten stimuliert, die im Frontallappen des Gehirns liegt.)

Das war ein sehr hübsches Ergebnis. Im Laufe dieser Studien lernte ich von Dom, wie man Experimente an Katzen durchführt und wie man die Geräte zur elektrischen Aufzeichnung und Stimulation verwendet. Zu meiner Überraschung fand ich meine ersten Laborexperimente höchst fesselnd, ganz anders als den ziemlich trockenen naturwissenschaftlichen Stoff, den man mir am College und an der Medizinischen Hochschule eingetrichtert hatte. Im Labor nutzt man das naturwissenschaftliche Wissen dazu, interessante Fragen über die Beschaffenheit der Natur zu formulieren, zu erörtern, ob diese Fragen wichtig und richtig formuliert sind, und dann eine Reihe von Experimenten zu planen, um mögliche Antworten auf eine bestimmte Frage zu erhalten.

Die Fragen, die Grundfest und Purpura stellten, hatten nicht unbedingt mit Ich, Es und Über-Ich zu tun; trotzdem wurde deutlich, dass die Neurowissenschaft sich anschickte, Vorstellungen über Aspekte bedeutender psychischer Krankheiten, etwa die Wahrnehmungsverzerrungen und Halluzinationen bei Schizophrenie, zu überprüfen.

Vor allem aber faszinierten mich die Diskussionen mit Grundfest und Purpura, die zwischen Scharfsinnigem und gelegentlich herrlichem Klatsch über die Arbeit, die Karrieren und das Liebesleben anderer Wissenschaftler schwankten. Dom war ungewöhnlich klug, beschlagen und äußerst unterhaltsam (der Woody Allen der Neurobiologie, wie ich ihn später nannte). Mir wurde klar, dass der Reiz naturwissenschaftlicher Forschung, besonders in einem amerikanischen Labor, weniger in den Experimenten selbst als vielmehr in dem sozialen Kontext liegt, dem kollegialen Verhältnis zwischen Studenten und Dozenten und dem ständigen, offenen und rücksichtslos ehrlichen Austausch von Ideen und Kritik. Grundfest und Purpura bewunderten einander und hatten das Experiment gemeinsam entworfen, aber Grundfest kritisierte Doms Daten, als wäre er ein Konkurrent aus einem anderen Labor. Grundfest stellte an die Experimente, die sie beide durchführten, mindestens so hohe Anforderungen wie an die anderer Forscher.

Dabei bekam ich nicht nur mit, welch wichtige neue Ideen sich aus den biologischen Studien des Gehirns ergaben, sondern auch, welche Methoden und Strategien Grundfest, Purpura und später Stanley Crain, ein junger Kollege von Grundfest, anwandten. Aufs große Ganze betrachtet, waren diese frühen und positiven Forschungserfahrungen und Ideen, von denen ich damals als 25-Jähriger profitieren durfte, für mein Leben ähnlich bedeutsam wie die schmerzlichen Erinnerungen an meine Jugend im Wien des Jahres 1938. Während diese mich in späteren Jahren immer wieder heimsuchen sollten, prägten jene mein Denken und mein Lebenswerk.

Seine Ergebnisse über Serotonin und LSD ermutigten Dom bei seinen Untersuchungen am Cortex der Säugetiere, bis an die Grenze des damals Möglichen zu gehen. Wir hatten den visuellen Cortex mit Lichtblitzen aktiviert. Diese Reize erregten eine Bahn, die an den Dendriten von Neuronen im visuellen Cortex endete. Man wusste damals sehr wenig über Dendriten. Insbesondere war nicht bekannt, ob sie Aktionspotenziale wie die, die im Axon vorkommen, erzeugen können. Von ihren Studien ausgehend, stellten Purpura und Grundfest die Hypothese auf, dass Dendriten begrenzte elektrische Eigenschaften hätten: Sie könnten Synapsenpotenziale erzeugen, aber keine Aktionspotenziale.

Diese Schlussfolgerung formulierten Grundfest und Purpura allerdings mit großer Vorsicht, weil sie sich nicht sicher waren, ob sie mit den richtigen Methoden an die Sache herangegangen waren. Um LSD-bedingte Veränderungen der synaptischen Übertragung in Dendriten zu entdecken, hätten Grundfest und Purpura eigentlich intrazelluläre Aufzeichnungen aus Dendriten von Neuronen aus dem visuellen Cortex gebraucht – und zwar von einem Dendriten zur Zeit. Dazu hätten sie kleine Glaselektroden verwenden müssen, wie Katz es bei einzelnen Muskelfasern und Eccles bei einzelnen Motoneuronen getan hatten. Nach einigem Hin und Her hatten Grundfest und Purpura jedoch entschieden, dass intrazelluläre Aufzeichnungen wahrscheinlich nicht gelingen würden, weil die Neurone im visuellen Cortex viel kleiner sind als die Zellen, die Katz und Eccles untersucht hatten. In den schmalen Dendriten, nur ein zwanzigstel so groß wie der Zellkörper, schienen Aufzeichnungen unmöglich durchführbar zu sein.

IM ZUGE DIESER DISKUSSIONEN STIESS ICH NOCH EINMAL AUF DEN Namen Stephen Kuffler. Grundfest warf mir eines Abends eine Ausgabe der Zeitschrift *Journal of General Physiology* in den Schoß, die drei Artikel von Kuffler über seine Arbeit an einzelnen Nervenzellen und Dendriten des Flusskrebses enthielt. Ich fand die Vorstellung, dass ein zeitgenössischer Neurophysiologe am Flusskrebs arbeitete, bemerkenswert: Einer von Freuds ersten naturwissenschaftlichen Aufsätzen, den er 1882, im Alter von 26 Jahren veröffentlicht hatte, befasste sich mit den Nervenzellen des Flusskrebses! Bei dieser Untersuchung hätte Freud – unabhängig von Cajal – fast entdeckt, dass der Zellkörper der Nervenzelle und alle seine Fortsätze eine Einheit bilden, die Signaleinheit des Gehirns.

Ich las Kufflers Artikel, so gut ich konnte. Obwohl ich sie nicht ganz verstand, wurde mir eines sogleich klar: Kuffler tat, was Purpura und Grundfest gerne geleistet hätten, aber im Säugerhirn nicht erreichen konnten. Er untersuchte die Dendriten einer einzigen, isolierten Nervenzelle. Hier konnte Kuffler, ohne durch andere Nervenzellen in der Umgebung irritiert zu werden, tatsächlich die einzelnen Verzweigungen der Dendriten sehen und elektrische Veränderungen in ihnen aufzeichnen.

Kufflers Artikel ließen keinen Zweifel daran, dass die Wahl eines anatomisch einfachen Systems entscheidend für den Erfolg eines Experiments ist und dass die Wirbellosen ein großes Angebot an einfachen Systemen darstellen. Außerdem führten mir diese Aufsätze vor Augen, dass die Wahl eines Experimentalsystems eine der wichtigsten Entscheidungen ist, die ein Biologe überhaupt treffen kann, eine Lehre, die ich schon aus Hodgkins und Huxleys Arbeit über das Riesenaxon des Tintenfisches und Katz' Experimenten mit der Riesensynapse des Tintenfisches gezogen hatte.

Ich brannte darauf, die neuen Forschungsstrategien selbst auszuprobieren. Zwar hatte ich noch keine bestimmte Idee im Kopf, begann aber

7.2 Wade Marshall (1907–1972) hat als Erster die sensorische Repräsentation von Tasten und Sehen in der Großhirnrinde detailliert kartiert. 1947 ging er an die NIH und wurde 1950 Direktor des Laboratoriums für Neurophysiologie am NIMH, wo ich von 1957 bis 1960 für ihn arbeitete.

allmählich, wie ein Biologe zu denken. Ich erkannte, dass alle Tiere irgendeine Form von geistigem Leben haben, in der sich der Aufbau ihres Nervensystems widerspiegelt, und ich wollte die Funktionen des Nervensystems unbedingt auf zellulärer Ebene untersuchen. Zu diesem Zeitpunkt wusste ich allerdings nur, dass ich eines Tages eine Hypothese an einem wirbellosen Tier überprüfen wollte.

NACHDEM ICH 1956 MEIN MEDIZINISCHES EXAMEN ABGELEGT HATTE, verbrachte ich ein Jahr als Assistenzarzt am Montefiore Hospital in New York City. Im Frühjahr 1957 kehrte ich im Rahmen der Assistenzzeit kurzfristig in Grundfests Labor zurück und verbrachte sechs Wochen bei Stanley Crain, einem Meister der einfachen Systeme. Für Crain hatte ich mich entschieden, weil er ein Zellbiologe war, der nach geeigneten Experimentalsystemen für die Lösung wichtiger Probleme suchte. Als einer der Ersten untersuchte er die Eigenschaften einzelner, isolierter Nervenzellen, die er aus dem Gehirn entfernt und getrennt von anderen Zellen in Gewebekulturen gezüchtet hatte. Viel einfacher geht es nicht!

Da Grundfest von meiner wachsenden Neugier hinsichtlich wirbelloser Tiere, insbesondere des Flusskrebses, wusste, schlug er mir vor, mit Crains Hilfe ein elektrophysikalisches Aufzeichnungssystem zu entwickeln. Damit könnte ich Hodgkins und Huxleys Experiment wiederholen und die Tätigkeit des großen Flusskrebsaxons verzeichnen, das für den Schwanz des Tieres und damit für seine Flucht vor Räubern verantwortlich ist. Das Flusskrebsaxon ist zwar kleiner als das des Tintenfisches, aber immer noch sehr groß.

Crain zeigte mir, wie man Mikroelektroden aus Glas herstellt, die sich in einzelne Axone einführen lassen, und wie man mit ihrer Hilfe elektrische Aufzeichnungen gewinnt und interpretiert. Im Laufe dieser Studien – die fast noch Laborübungen waren, da ich weder wissenschaftlich noch konzeptionell Neuland betrat – spürte ich zum ersten Mal, wie aufregend selbstständiges experimentelles Arbeiten ist. Wie Adrian dreißig Jahre zuvor schloss ich den Verstärker, den ich zur Aufzeichnung des elektrischen Signals verwendete, an einen Lautsprecher an und konnte nun jedes Mal, wenn ich in eine Zelle eindrang, das Knattern eines Aktionspotenzials hören. Die Schüsse von Feuerwaffen sind mir nicht sehr sympathisch, aber das Knack! Knack! Knack! des Aktionspotenzials riss mich zu Begeisterungsstürmen hin. Die Vorstellung, dass es mir gelungen war, ein Axon aufzuspießen, und nun dem Gehirn des Flusskrebses dabei zuhörte, wie es Nachrichten übermittelte, hatte einen berückend intimen Charakter. Ich wurde zum wahren Psychoanalytiker: Ich lauschte den tiefen, verborgenen Gedanken meines Flusskrebses!

Die wunderbar eindeutigen Ergebnisse, die ich aus meinen frühen Experimenten mit dem einfachen Nervensystems des Flusskrebses gewann – Messungen des Ruhemembranpotenzials und des Aktionspotenzials, die Bestätigung, dass das Aktionspotenzial dem Alles-oder-Nichts-Prinzip gehorcht und dass es nicht nur das Ruhemembranpotenzial aufhebt, sondern über diesen Punkt hinausgeht –, machten tiefen Eindruck auf mich und bestätigten mir, wie wichtig die Auswahl des richtigen Versuchstiers ist. Meine Ergebnisse führten zu keiner einzigen neuen Erkenntnis, aber ich fand sie ganz wundervoll.

Nach den beiden kurzen Gastspielen in seinem Labor bot Grundfest an, mich für eine Forschungsposition am National Institute of Mental Health (NIMH) zu nominieren, der psychiatrischen Abteilung der NIH – eine Tätigkeit, die als Alternative zum Wehrdienst gewertet wurde. In den Jahren nach dem Koreakrieg wurden Ärzte für die Behandlung von Armeeangehörigen und ihren Familien eingezogen. Der Öffentliche Gesundheitsdienst, damals zur Küstenwache gehörig, konnte als Alternative zum aktiven Wehrdienst gewählt werden, und die NIH waren Teil des Öffentlichen Gesundheitsdienstes. Dank Grundfests Empfehlung wurde ich von Wade Marshall, dem Chef des Laboratoriums für Neurophysiologie am NIMH, angenommen und hatte mich dort im Juli 1957 einzufinden.

ENDE DER DREISSIGER JAHRE WAR WADE MARSHALL DER WAHRSCHEINlich verheißungsvollste und kenntnisreichste junge Forscher, der sich in den Vereinigten Staaten mit dem Gehirn beschäftigte (Abbildung 7.2). In

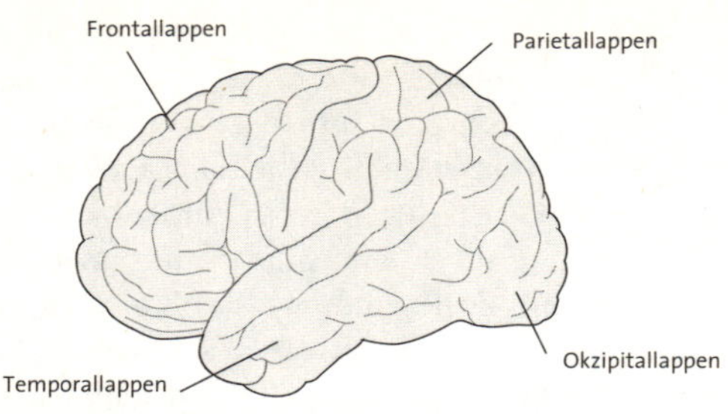

7.3 Die vier Lappen der Großhirnrinde: Der Frontallappen ist der Teil der neuronalen Schaltkreise, der für soziale Urteile, für Planung und Handlungsorganisation, bestimmte Aspekte der Sprache, Bewegungssteuerung und das Arbeitsgedächtnis – eine bestimmte Form des Kurzzeitgedächtnisses – zuständig ist. Der Parietallappen empfängt sensorische Informationen über Tast-, Druck- und Raumempfindungen in der unmittelbaren Umgebung des Körpers und hilft, diese Informationen in zusammenhängende Wahrnehmungen zu integrieren. Der Okzipitallappen ist für das Sehen verantwortlich, während der Temporallappen mit der auditorischen Verarbeitung und einigen Aspekten von Sprache und Gedächtnis befasst ist.

einer Reihe mittlerweile klassischer Studien beschäftigte er sich mit der Frage: Wie sind die Tastrezeptoren der Körperoberfläche – an Händen, Gesicht, Brust, Rücken – im Gehirn von Katzen und Affen repräsentiert? Als Marshall und seine Kollegen diese innere Repräsentation des Tastsinns im Gehirn erforschten, entdeckten sie, dass die Repräsentation räumlich organisiert ist: Nachbarbeziehungen auf dem Körper bleiben im Gehirn erhalten.

Zu Beginn von Marshalls Forschungsarbeiten wusste man bereits einiges über die Anatomie der Großhirnrinde. Der Cortex ist ein vielfach gewundenes Gebilde, das zwei symmetrische Hemisphären des Vorderhirns bedeckt und in vier Teile oder Lappen gegliedert ist (Frontal-, Parietal-, Temporal- und Okzipitallappen). Entfaltet hat die menschliche Großhirnrinde etwa die Größe einer großen Serviette, nur dass sie etwas dicker ist. Sie enthält rund hundert Milliarden Neurone, jedes mit rund tausend Synapsen, was auf eine Gesamtzahl von etwa einer Billiarde Synapsenverbindungen hinausläuft (Abbildung 7.3).

Marshall machte seine ersten Untersuchungen zum Tastempfinden 1936 als Doktorand an der University of Chicago. Bewegte er die Haare am Bein einer Katze oder berührte ihre Haut, kam es zu einer elektrischen Reaktion in spezifischen Neuronengruppen der Region im Parietallappen, die als somatosensorischer Cortex bezeichnet wird und für den Tastsinn zuständig ist. Marshall erkannte augenblicklich, dass diese Untersuchungen nicht nur die Repräsentation des Tastsinns im Gehirn belegten, sondern auch die Möglichkeit zu einer viel weiter gehenden Analyse boten. Er wollte wissen, ob benachbarte Hautbereiche in benachbarten Bereichen des somatosensorischen Cortex oder zufällig über ihn verstreut repräsentiert sind.

Um bei dem Versuch, diese Frage zu beantworten, eine gewisse Anleitung zu erhalten, bewarb er sich um einen Postdoktorandenposten bei Philip Bard, einem führenden amerikanischen Biologen und Leiter des physiologischen Fachbereichs an der Johns Hopkins Medical School. Marshall beteiligte sich an Bards Affenstudien, und gemeinsam fanden sie heraus, dass die gesamte Körperoberfläche, im somatosensorischen Cortex Punkt für Punkt auf einer neuronalen Karte repräsentiert ist. Teile der Körperoberfläche, die direkt nebeneinander liegen, wie etwa die Finger, werden auch im Cortex des Parietallappens nebeneinander repräsentiert. Einige Jahre später dehnte der außerordentlich begabte kanadische Neurochirurg Wilder Penfield die Untersuchungen von Affen auf Menschen aus und zeigte, dass die Teile der Körperoberfläche, die am empfindlichsten auf Berührung reagieren, durch die größten Areale des Parietallappens repräsentiert sind (Abbildung 7.4).

Anschließend stellte Marshall fest, dass die Lichtrezeptoren in der Netzhaut ebenfalls geordnet im primären visuellen Cortex oder der primären Sehrinde repräsentiert werden, einer Region der Okzipitallappen. Schließlich wies Marshall noch nach, dass der Temporallappen eine Karte für Schallfrequenzen besitzt, die verschiedene Tonhöhen systematisch im Gehirn repräsentiert.

Diese Studien revolutionierten unsere Vorstellungen darüber, wie sensorische Informationen im Gehirn organisiert und repräsentiert werden. Obwohl die verschiedenen sensorischen Systeme verschiedene Arten von Information befördern und in verschiedenen Cortexregionen enden, folgt ihre Organisation, wie Marshall zeigte, einer gemeinsamen Logik: Jede sensorische Information ist im Gehirn in Form spezifischer, räumlich organisierter Karten jener Körperbereiche angeordnet, die mit Rezeptoren versehen sind – beispielsweise der Netzhaut des Auges, der Basilarmembran des Ohres oder der Haut der Körperoberfläche.

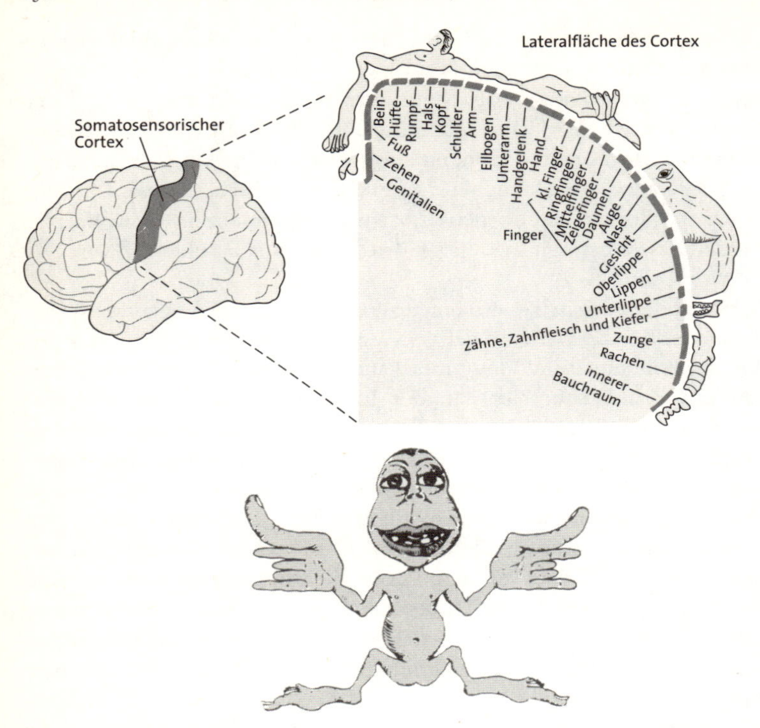

7.4 Eine sensorische Karte des Körpers, wie sie im Gehirn repräsentiert wird: Der somatosensorische Cortex – ein Streifen im Parietallappen der Großhirnrinde – empfängt Tastwahrnehmungen. Jeder Teil des Körpers ist separat repräsentiert. Finger, Mund und andere besonders empfindliche Bereiche nehmen den größten Raum ein. Wilder Penfield nannte diese Querschnittskarte einen sensorischen Homunkulus. Die auf dieser Karte fußende zusammengesetzte Darstellung des sensorischen Homunkulus in Form einer figürlichen Zeichnung (unten) zeigt einen Menschen mit großen Händen, Fingern und Mund.

Die räumlichen Karten lassen sich am besten anhand der Repräsentation der Tastwahrnehmungen im somatosensorischen Cortex verstehen. Die Tastwahrnehmung beginnt an den Rezeptoren in der Haut, welche die Energie eines Reizes – etwa die Energie, die durch ein Kneifen übermittelt wird – in elektrische Signale eines sensorischen Neurons übersetzen. Nun gelangen die Signale über bestimmte Bahnen ins Gehirn, durchlaufen verschiedene Verarbeitungs- oder Umschaltprozesse, Etappen in Hirnstamm und Thalamus, bevor sie im somatosensorischen Cortex enden. Auf jeder Etappe werden die Signale, die von benachbarten Hautpunkten stammen, durch nebeneinander verlaufende Nervenfasern befördert. Auf diese Weise aktiviert beispielsweise die Stimulation zweier benachbarter Finger aneinander grenzende Neuronenpopulationen im Gehirn.

Die Kenntnis der sensorischen Hirnkarten kann außerordentlich hilfreich für die Behandlung von Patienten sein. Da diese Karten unglaublich exakt sind, ist die klinische Neurologie seit langem eine zuverlässige diagnostische Disziplin, obwohl sie bis zur Entwicklung der modernen Neuroimaging-Techniken auf denkbar einfache, primitive Methoden angewiesen war: einen Wattebausch für den Tastsinn, eine Sicherheitsnadel für das Schmerzempfinden, eine Stimmgabel für das Gehör und einen Gummihammer für die Reflexe. Störungen des sensorischen und motorischen Systems lassen sich mit bemerkenswerter Genauigkeit lokalisieren, weil es zwischen Körper- und Hirnregionen eine Eins-zu-Eins-Beziehung gibt.

Ein extremes Beispiel für diese Beziehung ist der Jackson-Marsch, ein bestimmter epileptischer Anfall, der erstmals 1878 von dem britischen Neurologen John Hughlings Jackson beschrieben wurde. Ein solcher Anfall beginnt mit einem Taubheitsgefühl, Brennen oder Kribbeln an einer Stelle und breitet sich von dort über den ganzen Körper aus. Die Taubheit tritt beispielsweise zunächst in den Fingerspitzen auf, breitet sich in der nächsten Minute über Hand, Arm, Schulter in den Rücken und von dort bis in das Bein auf derselben Körperseite aus. Diese Empfindungssequenz erklärt sich durch die Anordnung der Körperinputs im somatosensorischen Cortex: Die Krämpfe, eine Welle abnormer elektrischer Aktivität im Gehirn, nehmen in der Lateralregion des somatosensorischen Cortex, wo die Hand repräsentiert ist, ihren Anfang und pflanzen sich bis zur Mittellinie des Cortex aus, wo das Bein repräsentiert wird.

Marshall musste für seine eindrucksvollen wissenschaftlichen Leistungen einen hohen Preis zahlen. Seine Experimente waren sehr anstrengend, da sie oft mehr als 24 Stunden am Stück dauerten. Der häufige Schlafentzug erschöpfte ihn, hinzu kamen Spannungen mit Bard. Schließlich erlitt Marshall 1942 eine akute psychotisch-paranoide Episode, nachdem er Bard körperlich bedroht hatte. Er musste für achtzehn Monate in eine Klinik.

Ende der vierziger Jahre wandte Marshall sich wieder der Neurowissenschaft zu, beschäftigte sich nun jedoch mit Problemen ganz neuer Art: der Depolarisationswelle im Cortex (*spreading cortical depression*), einer experimentell hervorgerufenen, reversiblen Unterdrückung der elektrischen Aktivität in der Großhirnrinde. Als ich an die NIH kam, hatte er den Höhepunkt seiner außergewöhnlichen Karriere bereits überschritten. Zwar fand er immer noch Freude an gelegentlichen Experimenten, hatte aber seinen wissenschaftlichen Antrieb und die Klarheit seiner Zielsetzungen verloren. Stattdessen widmete er seine Energien und Interessen weitgehend der erfolgreichen Bewältigung von Verwaltungsaufgaben.

Obwohl Marshall gelegentlich zu exzentrischem, launischem und unerklärlich misstrauischem Verhalten neigte, war er ein großzügiger Laborchef, der sich gegenüber den jungen Leuten, für die er verantwortlich war, als außerordentlich hilfsbereit erwies. Von ihm lernte ich eine Menge über die Bescheidenheit und Strenge, die in einem wissenschaftlichen Labor herrschen muss. Er stellte hohe Anforderungen an die wissenschaftliche Arbeit und verfügte über eine gesunde Portion Selbstironie, die er in wunderbare Aphorismen kleidete. Einen seiner Lieblingssprüche brachte er immer dann, wenn seine Ergebnisse bezweifelt wurden: »Sie waren verwirrt, und wir waren verwirrt, aber wir waren daran gewöhnt.« Bei anderen Gelegenheiten murmelt er: »Eine Zeit lang bleiben die Dinge, wie sie sind, und dann werden sie schlimmer!«

Abgesehen von der Bescheidenheit lernte ich von Marshall, dass man sich mit großer Disziplin und viel Geduld (wirksame Medikamente gab es noch nicht) auch von einer schweren psychischen Krankheit weitgehend erholen kann. Ich erlebte ferner, wie viel ein Mensch, der von einer so verheerenden Störung genesen ist, noch zu leisten vermag. Viele junge Leute verdankten ihre späteren Erfolge in der Forschung dem persönlichen und beruflichen Beispiel von Wade Marshall; auch ich zähle mich zu ihnen. Trotz meiner offenkundigen Unerfahrenheit verlangte er nicht von mir, dass ich an Problemen arbeitete, die ihn interessierten, sondern überließ mir die Wahl des Untersuchungsgegenstandes – und ich wollte wissen, wie Lernen und Gedächtnis in den Zellen des Gehirns bewerkstelligt werden. Die naturwissenschaftliche Forschung gibt uns Gelegenheit, Ideen auszuprobieren, und zwar neue, wichtige und kühne, sofern man keine Angst hat, dabei auf die Nase zu fallen. Dank Marshall durfte ich versuchen, kreativ zu denken.

Grundfest, Purpura, Crain, Marshall und später Kuffler beeinflussten mich nachhaltig. Sie veränderten mein Leben. Von ihnen – und Mr. Campagna, der mir den Weg ans Harvard College ebnete – habe ich gelernt, wie wichtig die Lehrer-Schüler-Beziehung und zufällige Einflüsse für die geistige Entwicklung eines jungen Menschen sind. Wir alle sind in unserer Jugend auf Toleranz und Großzügigkeit angewiesen, um unsere Kräfte zu entfalten. Junge Menschen ihrerseits müssen offen sein und sich nach Orten umschauen, an denen sie mit erstklassigen Geistesgrößen in Kontakt kommen.

KAPITEL 8

Unterschiedliche Erinnerungen, unterschiedliche Gehirnregionen

Als ich in Wade Marshalls Labor kam, hatte ich die naive Vorstellung, Ich, Es und Über-Ich finden zu wollen, immerhin durch die etwas weniger verschwommene Idee ersetzt, dass die Suche nach dem biologischen Substrat des Gedächtnisses ein realistischerer Weg zum Verständnis höherer geistiger Prozesse sein könnte. Für mich war klar, dass Lernen und Gedächtnis von zentraler Bedeutung für Psychoanalyse und Psychotherapie sind. Schließlich werden Aspekte vieler psychologischer Probleme erlernt, und die Psychoanalyse beruht auf dem Prinzip, dass das, was erlernt wird, auch wieder verlernt werden kann. In diesem allgemeinen Sinne sind Lernen und Gedächtnis von zentraler Bedeutung für unsere Identität. Sie machen uns zu dem, was wir sind.

Doch damals lag die biologische Erforschung des Lernens und Gedächtnisses sehr im Argen. Sie wurde von den Ansichten Karl Lashleys beherrscht, eines Psychologieprofessors an der Harvard University, der viele Wissenschaftler davon überzeugt hatte, dass es in der Großhirnrinde keine spezialisierten Gedächtnisregionen gebe.

Kurz nach meiner Ankunft am NIMH sollten zwei Forscher diese Situation von Grund auf ändern. Brenda Milner, eine Psychologin vom Montreal Neurological Institute der McGill University, und William Scoville, ein Neurochirurg von der Hartford University in Connecticut, berichteten in einem Artikel, sie hätten das Gedächtnis auf bestimmte Hirnregionen eingegrenzt. Diese Nachricht machte nicht nur auf mich einen tiefen Eindruck, konnte sie doch bedeuten, dass eine sehr alte Kontroverse über den menschlichen Geist nun endlich entschieden war.

BIS ZUR MITTE DES ZWANZIGSTEN JAHRHUNDERTS WAR DIE SUCHE nach dem Sitz des Gedächtnisses im Gehirn von zwei konkurrierenden Auffassungen über die Arbeitsweise des Gehirns – und vor allem der Großhirnrinde – geprägt. Nach der einen besteht der Cortex aus abgegrenzten Arealen mit bestimmten Funktionen: Eines repräsentiert die Sprache, ein anderes das Sehen und so fort. Nach der anderen sind die geistigen Fähigkeiten das Ergebnis kombinierter Aktivitäten der gesamten Großhirnrinde.

Die Idee, dass bestimmte geistige Fähigkeiten in bestimmten Cortexregionen angesiedelt seien, wurde von Franz Joseph Gall vertreten, einem deutschen Arzt und Neuroanatom, der von 1781 bis 1802 an der Universität Wien lehrte. Wir Wissenschaftler des Geistes verdanken Gall zwei noch heute gültige Erkenntnisse: dass, erstens, *alle* geistigen Prozesse biologischer Natur sind, also vom Gehirn hervorgebracht werden, und dass, zweitens, der Cortex viele voneinander abgegrenzte Regionen aufweist, die jeweils für bestimmte geistige Funktionen zuständig sind.

Galls Theorie über die biologische Natur aller geistigen Prozesse brachte ihn in Konflikt mit dem Dualismus, der vorherrschenden Theorie der Zeit. 1632 von René Descartes, dem Mathematiker und Begründer der modernen Philosophie, vorgeschlagen, ging diese Sichtweise davon aus, dass der Mensch aus Leib und Seele bestehe. Der Leib sei materiell, die Seele wohne außerhalb des Körpers und sei immateriell und unzerstörbar. Diese duale Natur ist Ausdruck zweier Substanzen:. Die *Res extensa* – die materielle Substanz, die den Körper, einschließlich des Gehirns, ausfüllt – läuft durch die Nerven und spendet den Muskeln Vitalität. Die *Res cogitans* – die immaterielle Substanz des Denkens – ist nur dem Menschen eigen. Sie bringt rationales Denken und Bewusstsein hervor und spiegelt in ihrem immateriellen Charakter das spirituelle Wesen der Seele wider. Reflexhandlungen und viele andere physische Verhaltensweisen werden vom Gehirn hervorgerufen, während geistige Prozesse von der Seele ausgeführt werden. Descartes glaubte, diese beiden Instanzen würden über die Zirbeldrüse interagieren, ein kleines Organ tief in der Mitte des Gehirns.

Die römisch-katholische Kirche, die ihre Autorität durch neue anatomische Entdeckungen in Frage gestellt sah, übernahm den Dualismus, weil er Wissenschaft und Religion voneinander trennte. Galls radikales Argument für eine materialistische Auffassung des Geistes fand zwar Anklang in der wissenschaftlichen Gemeinschaft, weil sie sich von dem Begriff der nichtbiologischen Seele löste, wurde aber von den mächtigen konservativen Kräften der Gesellschaft als Bedrohung empfunden. Folgerichtig untersagte Kaiser Franz I. Gall alle öffentlichen Vorträge und wies ihn aus Österreich aus.

Gall stellte auch Vermutungen darüber an, welche Areale des Cortex welche Funktionen wahrnähmen. Die akademische Psychologie seiner Zeit hatte 27 geistige Fähigkeiten ausgemacht. Gall ordnete diesen Fähigkeiten 27 verschiedene Cortexregionen zu und nannte sie »mentale Organe«. (Gall und andere fügten später weitere Regionen hinzu.) Die geistigen Fähigkeiten – beispielsweise Faktengedächtnis, Vorsicht, Verschwiegenheit, Glaube an Gott, Erhabenheit, Elternliebe, geschlechtliche Liebe – waren sowohl abstrakt als auch komplex, aber Gall war davon überzeugt, dass jede von einer einzigen, eindeutig zu bestimmenden Hirnregion kontrolliert werde. Diese Theorie der Funktionslokalisation löste eine Debatte aus, die sich noch durch das ganze nächste Jahrhundert ziehen sollte.

Obwohl Galls Theorie im Prinzip richtig war, wies sie im Detail viele Mängel auf. Erstens waren die meisten der »Fähigkeiten«, die zu Galls Zeiten als eigenständige geistige Funktionen angesehen wurden, viel zu komplex, um aus einer einzigen Region der Großhirnrinde hervorgehen zu können. Zweitens ging Gall bei seiner Methode, spezifischen Hirnregionen Funktionen zuzuweisen, von falschen Voraussetzungen aus.

Da Gall Verhaltensstudien an Menschen, die Teile ihres Gehirns verloren hatten, misstraute, ließ er alle klinischen Befunde außer Acht. Stattdessen entwickelte er einen Ansatz, der sich auf Schädeluntersuchungen gründete. Er glaubte, jedes Areal der Großhirnrinde werde durch Gebrauch gekräftigt, und das Wachstum der betreffenden Teile rufe entsprechende Vorsprünge im darüber liegenden Schädel hervor (Abbildung 8.1).

Gall entwickelte seine Theorie Schritt für Schritt. Schon in der Schule hatte er den Eindruck gewonnen, seine intelligentesten Klassenkameraden hätten hervortretende Stirnen und Augen. Im Gegensatz dazu hatte eine sehr romantische und bezaubernde Witwe, die er kennen lernte, einen ausgeprägten Hinterkopf. Folglich gelangte Gall zu der Überzeugung, dass große Intelligenz die Masse im vorderen Teil des Gehirns, der Hang zu Romantik und Leidenschaft hingegen die Masse im hinteren Teil des Gehirns steigere. In beiden Fällen nahm er an, dass der Schädel an den betreffenden Stellen durch das Wachstum des Gehirns ebenfalls erweitert werde.

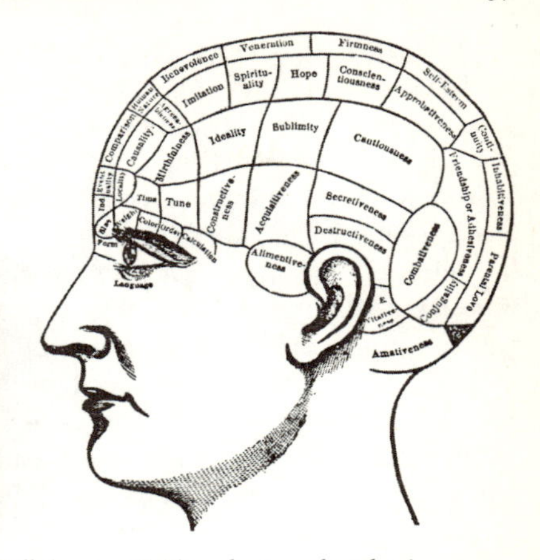

8.1 Phrenologie: Franz Joseph Gall (1757–1828) ordnete anhand seiner Beobachtungen verschiedene geistige Funktionen bestimmten Hirnregionen zu. Später entwickelte er die Phrenologie, ein System, das einen Zusammenhang zwischen Persönlichkeit und Schädelhöckern herstellte.

Durch Untersuchung der Schädelhöcker und -grate von Menschen mit bestimmten ausgeprägten Fähigkeiten glaubte Gall, die Zentren für diese Fähigkeiten im Gehirn ermitteln zu können.

Als er als junger Arzt die Leitung einer Wiener Nervenheilanstalt übernehmen konnte, bot ihm das Gelegenheit, seine Theorie weiter zu systematisieren. Gall befasste sich dort mit Schädeln von Kriminellen und stieß dabei auf einen Höcker über dem Ohr, der eine bemerkenswerte Ähnlichkeit mit einem Schädelhöcker fleischfressender Tiere aufwies. Galls Ansicht nach ging diese Ausbuchtung auf einen Teil des Gehirns zurück, den er für sadistisches und zerstörerisches Verhalten verantwortlich hielt. Dieser Ansatz zur Lokalisierung der geistigen Fähigkeiten mündete schließlich in die Phrenologie, eine Disziplin, die Persönlichkeit und Charakter mit der Schädelform in Zusammenhang brachte.

Ende der zwanziger Jahre des neunzehnten Jahrhunderts hatten es Galls Ideen und die Phrenologie auch in der breiten Öffentlichkeit zu außerordentlicher Beliebtheit gebracht. Daraufhin beschloss der französische Neurologe Pierre Flourens, sie an verschiedenen Tieren zu testen. Seinen Versuchstieren entfernte er nacheinander die Cortexareale, denen

Gall spezifische geistige Funktionen zugeordnet hatte, entdeckte aber nicht ein einziges der von Gall vorhergesagten Verhaltensdefizite. Tatsächlich sah sich Flourens außerstande, irgendwelche Verhaltensdefizite mit spezifischen Cortexregionen in Verbindung zu bringen. Entscheidend war nur die Größe des entfernten Areals, nicht der Ort oder die Komplexität des betroffenen Verhaltens.

Flourens gelangte daher zu dem Schluss, dass alle Regionen der Großhirnhälften gleich wichtig seien. Der Cortex sei äquipotenzial, mit anderen Worten: Jede Region sei in der Lage, jede Hirnfunktion wahrzunehmen. Eine Verletzung einer bestimmten Region der Großhirnrinde würde demnach nicht eine Fähigkeit stärker in Mitleidenschaft ziehen als eine andere. »Alle Wahrnehmungen, alle Willensäußerungen nehmen den gleichen Ort in diesen [zerebralen] Organen ein; die Fähigkeit wahrzunehmen, zu denken, zu wollen läuft daher im Wesentlichen nur auf eine einzige Fähigkeit hinaus«, schrieb Flourens.

Diese Ansicht setzte sich rasch durch – zum Teil sicherlich deshalb, weil Flourens' experimentelles Vorgehen glaubwürdig war, zum Teil aber auch als religiöse und politische Reaktion gegen Galls materialistische Auffassung des Gehirns. Denn wenn die materialistische Sichtweise zutraf, war es nicht mehr erforderlich, die Notwendigkeit einer Seele als Mittler der kognitiven Fähigkeiten des Menschen zu postulieren.

DIE AUSEINANDERSETZUNG ZWISCHEN GALLS UND FLOURENS' ANHÄNGERN sollte in den nächsten Jahrzehnten die Ansichten über das Gehirn prägen. Erst in der zweiten Hälfte des neunzehnten Jahrhunderts wurde die Kontroverse durch zwei Neurologen entschieden: Pierre-Paul Broca in Paris und Carl Wernicke in Breslau. Im Laufe ihrer Untersuchungen an Patienten mit spezifischen Sprachdefiziten, so genannten Aphasien, machten Broca und Wernicke einige wichtige Entdeckungen. Zusammengenommen machen diese Entdeckungen eines der spannendsten Kapitel in der Untersuchung menschlichen Verhaltens aus, denn sie gewährten erstmals Einblick in die biologische Basis einer komplexen kognitiven Fähigkeit: der Sprache.

Statt das normale Gehirn zu untersuchen, um Galls Ideen zu überprüfen, wie Flourens es versuchte, studierten Broca und Wernicke Krankheitszustände – für Ärzte damals gleichbedeutend mit Experimenten der Natur. Es gelang den beiden, bestimmte Sprachstörungen mit bestimmten Arealen der Großhirnrinde in Verbindung zu bringen und auf diese Weise schlüssig zu beweisen, dass zumindest einige höhere geistige Funktionen dort ihren Ursprung haben.

Der Cortex weist zwei wichtige Merkmale auf. Erstens unterscheiden sich seine beiden Hälften, obwohl sie einander spiegelbildlich zu entsprechen scheinen, sowohl in Hinblick auf die Struktur als auch auf die Funktion. Zweitens ist jede Hemisphäre in erster Linie dafür zuständig, die gegenüberliegende Körperseite zu empfinden und zu bewegen. Die sensorische Information, die von der linken Körperseite – sagen wir, der linken Hand – zum Rückenmark gelangt, kreuzt auf dem Weg zum Cortex zur rechten Seite des Nervensystems. Entsprechend steuern motorische Areale in der rechten Gehirnhälfte Bewegungen der linken Körperhälfte.

Der Chirurg und Anthropologe Broca (Abbildung 8.2) begründete die Disziplin, die wir heute Neuropsychologie nennen, eine Wissenschaft, welche die durch Hirnschädigungen hervorgerufenen Veränderungen geistiger Prozesse untersucht. 1861 beschrieb er einen 51-jährigen Pariser Schuhmacher namens Leborgne, der 21 Jahre zuvor einen Schlaganfall erlitten hatte. Infolgedessen hatte Leborgne die Fähigkeit eingebüßt, fließend zu sprechen, obwohl er durch Mimik und Gestik zum Ausdruck brachte, dass er gesprochene Sprache sehr gut verstand. Leborgne hatte keines der üblichen motorischen Defizite, die das Sprechen beeinträchtigen. Ohne Schwierigkeiten konnte er Zunge, Mund und Stimmbänder bewegen. Er war in der Lage, isolierte Wörter zu äußern, zu pfeifen und eine Melodie zu singen. Aber er konnte keine grammatisch einwandfreien, zusammenhängenden Sätze bilden. Mehr noch: Seine Probleme beschränkten sich nicht auf mündliche Äußerungen. Schriftlich konnte er seine Ideen ebenso wenig ausdrücken.

Leborgne starb eine Woche, nachdem Broca ihn zum ersten Mal untersucht hatte. Bei der Autopsie entdeckte Broca ein geschädigtes Areal – eine Läsion – in einer Region des Frontallappens, die heute als Broca-Areal bezeichnet wird (Abbildung 8.2). Er nahm Autopsien an acht weiteren Patienten vor, die zu Lebzeiten die Fähigkeit zur Spracherzeugung eingebüßt hatten. Mit seinen Ergebnissen lieferte Broca die ersten empirischen Beweise dafür, dass sich exakt definierte geistige Fähigkeiten bestimmten Cortexregionen zuweisen lassen. Da alle Läsionen der Patienten in der linken Hemisphäre lagen, konnte Broca außerdem zeigen, dass die beiden Hirnhälften, obwohl scheinbar symmetrisch, verschiedene Aufgaben wahrnehmen. Diese Entdeckung veranlasste ihn, 1864 eines der berühm-

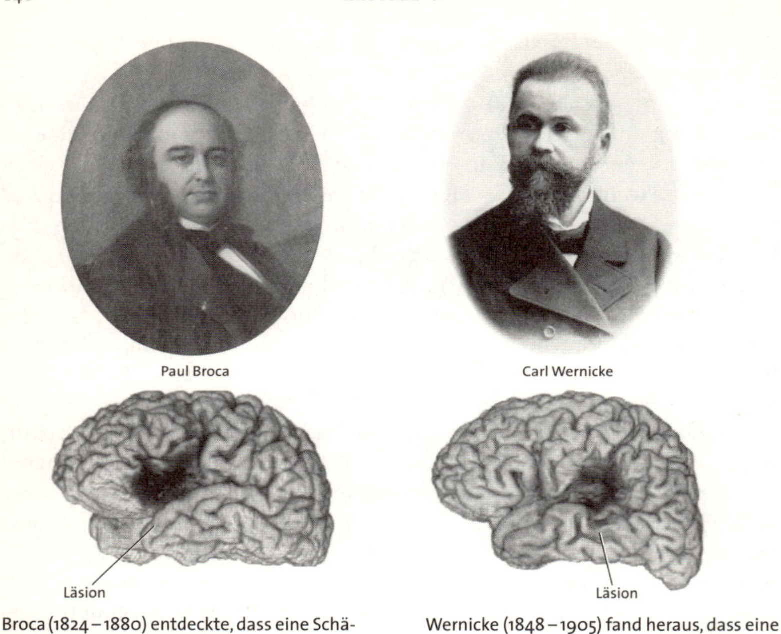

Broca (1824–1880) entdeckte, dass eine Schädigung des linken frontalen Cortex dem Betroffenen die Fähigkeit zu sprechen raubt.

Wernicke (1848–1905) fand heraus, dass eine Schädigung im linken Parietallappen dem Patienten die Möglichkeit nimmt, Sprachäußerungen zu verstehen.

8.2 Zwei Pioniere bei der Erforschung der Sprachfunktion im Gehirn

testen Prinzipien der Hirnforschung zu formulieren: »*Nous parlons avec l'hémisphère gauche*!« (Wir sprechen mit der linken Hemisphäre!)

Brocas Entdeckung beflügelte die Suche nach dem Sitz anderer Verhaltensfunktionen im Cortex. Neun Jahre später begeisterten die beiden deutschen Physiologen Gustav Theodor Fritsch und Eduard Hitzig die wissenschaftliche Gemeinschaft, als sie zeigten, dass Hunde ihre Beine in vorhersagbarer Weise bewegen, wenn eine bestimmte Cortexregion elektrisch gereizt wird. Außerdem identifizierten Fritsch und Hitzig die kleinen, für die Bewegungen verantwortlichen Cortexareale, die einzelne Muskelgruppen steuern.

1879 beschrieb dann Carl Wernicke (Abbildung 8.2) einen zweiten

Aphasietyp. Diese Störung beeinträchtigt nicht die Spracherzeugung wie bei Brocas Patienten, sondern die Fähigkeit, gesprochene oder geschriebene Sprache zu verstehen. Menschen mit Wernickes Aphasietyp können außerdem zwar sprechen, doch das, was sie sagen, ist für andere völlig zusammenhanglos. Wie die Broca-Aphasie wird auch diese Aphasie durch eine Läsion in der linken Gehirnhälfte verursacht, aber im hinteren Bereich, in einer Region, die heute den Namen Wernicke-Areal trägt (Abbildung 8.2).

Ausgehend von seiner und Brocas Arbeit, entwickelte Wernicke eine Theorie darüber, wie die Sprachfunktion im Cortex verdrahtet ist. Diese Theorie ist zwar einfacher als unsere heutige Sprachtheorie, aber durchaus im Einklang mit unserer heutigen Auffassung vom Gehirn. Zunächst einmal schlug Wernicke vor, dass jedes komplexe Verhalten nicht das Produkt einer einzigen Region, sondern mehrerer spezialisierter und untereinander verbundener Hirnareale sei. Bei der Sprache seien dies das Wernicke-Areal, zuständig für das Sprachverständnis, und das Broca-Areal, zuständig für die Spracherzeugung. Die beiden Areale sind, wie Wernicke wusste, durch eine Nervenbahn verbunden (Abbildung 8.3). Er erkannte außerdem, dass der Mensch dank großer, untereinander verbundener Netzwerke spezialisierter Regionen wie etwa dem, das die Sprache steuert, geistige Tätigkeiten als nahtlos erleben kann.

Die Vorstellung, dass verschiedene Regionen des Gehirns auf unterschiedliche Aufgaben spezialisiert sind, steht im Zentrum der modernen Hirnforschung, und Wernickes Modell eines Netzwerks aus untereinander verbundenen, spezialisierten Regionen ist ein Hauptthema der Forschung. Dass diese Schlussfolgerung den Forschern so lange entging, liegt unter anderem an einem weiteren Organisationsprinzip des Nervensystems: Die Schaltkreise des Gehirns sind von Natur aus redundant. Für viele sensorische, motorische und kognitive Funktionen ist mehr als eine Nervenbahn zuständig – eine Information wird gleichzeitig und parallel von verschiedenen Hirnregionen verarbeitet. Wird eine Region oder eine Bahn beschädigt, können andere den Verlust unter Umständen ausgleichen. Wenn eine solche Kompensation stattfindet und keine Verhaltensdefizite erkennbar sind, ist es für die Forscher schwer, eine verletzte Stelle im Gehirn mit einem Verhalten in Verbindung zu bringen.

Sobald jedoch bekannt war, dass Sprache in bestimmten Regionen des Gehirns erzeugt und verstanden wird, fand man auch Regionen, die für die verschiedenen Sinnesmodalitäten verantwortlich sind – die Basis für

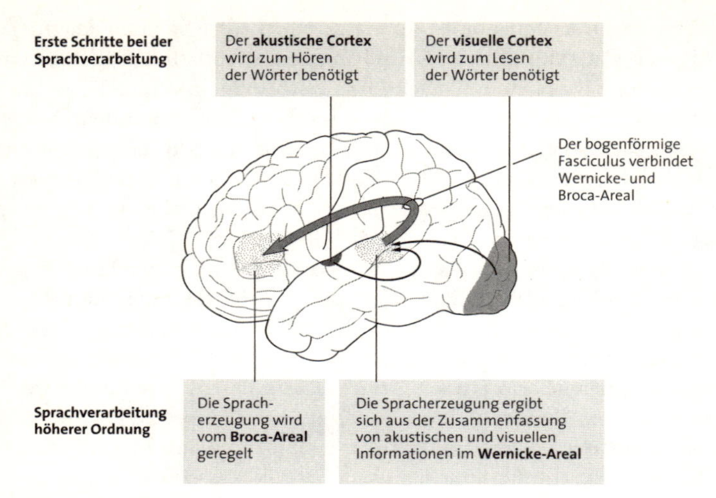

8.3 Komplexes Verhalten, wie etwa Sprache, bezieht mehrere untereinander verbundene Hirnareale ein

Wade Marshalls spätere Entdeckung der sensorischen Karten für Tast-, Seh- und Gehörsinn. Es war nur eine Frage der Zeit, bis sich diese Suche auch dem Gedächtnis zuwandte. Noch war die grundlegende Frage offen, ob es sich beim Gedächtnis um einen einzigartigen Prozess handelt oder ob es auch mit motorischen und sensorischen Prozessen verknüpft ist.

ANFÄNGLICHE VERSUCHE, EINE FÜR DAS GEDÄCHTNIS VERANTWORTliche Hirnregion zu bestimmen oder das Gedächtnis auch nur als einen bestimmten geistigen Prozess zu definieren, schlugen fehl. In den zwanziger Jahren brachte Karl Lashley Ratten in einer Reihe berühmter Experimente bei, durch ein einfaches Labyrinth zu laufen. Dann entfernte er verschiedene Bereiche der Großhirnrinde und unterzog die Ratten zwanzig Tage später dem gleichen Test, um zu sehen, wie viel sie von der Dressur behalten hatten. Anhand dieser Experimente formulierte Lashley das Prinzip der Massenwirkung, dem zufolge das Ausmaß einer Gedächtnisbeeinträchtigung mit dem Umfang des entfernten Cortexareals zusammenhängt und nicht mit seiner Lokalisation. Ähnlich wie Flourens hundert Jahre zuvor schrieb Lashley: »Es steht fest, dass das Labyrinthverhalten, hat es sich einmal herausgebildet, nicht in einem einzelnen Hirnbereich [der Großhirnrinde] lokalisiert ist und dass seine Ausführung in gewisser Weise von der Menge des intakten Gewebes abhängt.«

Viele Jahre später wurden Lashleys Ergebnisse von Wilder Penfield und Brenda Milner am Montreal Neurological Institute einer neuen Interpretation unterzogen. Je mehr Wissenschaftler mit Ratten experimentierten, desto deutlicher wurde, dass Labyrinthe zur Erforschung der Lokalisation von Gedächtnisfunktionen gar nicht geeignet waren. Labyrinthlernen bezieht viele verschiedene sensorische und motorische Fähigkeiten ein. Fällt bei einem Tier eine Sinnesmodalität aus (etwa der Tastsinn), kann es einen bestimmten Ort noch immer mit Hilfe anderer Sinne (etwa des Seh- oder des Geruchssinns) erkennen. Außerdem hatte Lashley seine Studien auf die Großhirnrinde, die äußere Schicht des Gehirns, beschränkt und die tiefer liegenden Strukturen außen vor gelassen. Viele Gedächtnisformen sind jedoch, wie spätere Forschungsarbeiten gezeigt haben, auf eine oder mehrere dieser tiefer liegenden Hirnregionen angewiesen.

Erste Hinweise darauf, dass einige Aspekte des menschlichen Gedächtnisses möglicherweise in bestimmten Hirnregionen gespeichert werden, ergaben sich 1948 aus Penfields neurochirurgischer Arbeit (Abbildung 8.4). Als Rhodes-Stipendiat hatte Penfield bei Charles Sherrington eine Ausbildung in Physiologie erhalten. Nun begann er die fokale Epilepsie chirurgisch zu behandeln, eine Störung, die in begrenzten Cortexregionen Krämpfe hervorruft. Die Technik, die er im Zuge dieser Operationen entwickelte, findet heute noch Verwendung: Bei der Entfernung des epileptischen Gewebes vermied oder minimierte er Schädigungen von Arealen, die an geistigen Funktionen des Patienten beteiligt sind.

Da das Gehirn keine Schmerzrezeptoren enthält, lassen sich Operationen unter örtlicher Betäubung durchführen. Penfields Patienten waren während der Eingriffe bei vollem Bewusstsein und konnten über ihre Erfahrungen berichten. (Als Penfield Sherrington, der nur mit Katzen und Affen experimentierte, davon erzählte, konnte er es sich nicht verkneifen, hinzuzufügen: »Stellen Sie sich vor, Sie haben ein Versuchspräparat, das Ihnen antworten kann.«) Mit schwachen elektrischen Reizen stimulierte Penfield verschiedene Cortexareale seiner Patienten und beobachtete die Auswirkungen auf ihre Fähigkeit, Sprache zu äußern und zu verstehen. Durch die Antworten konnte er das Broca- und das Wernicke-Areal genau lokalisieren und ihre Schädigung vermeiden, während er das epileptische Gewebe entfernte.

8.4 Wilder Penfield (1891–1976) legte bei Epilepsieoperationen die Oberfläche des Gehirns frei. Die Patienten waren währenddessen bei vollem Bewusstsein. Dann stimulierte er verschiedene Cortexteile und entnahm den Antworten seiner Patienten, dass der Temporallappen möglicherweise ein Ort der Gedächtnisspeicherung ist.

Im Laufe der Jahre untersuchte Penfield große Teile der Cortexoberfläche bei mehr als tausend Patienten. Gelegentlich beschrieb ein Patient in Reaktion auf elektrische Stimulation komplexe Wahrnehmungen oder Erfahrungen: »Es hört sich an, als sage eine Stimme Wörter, aber es ist so schwach, dass ich es nicht verstehen kann.« Oder: »Ich sehe das Bild eines Hundes und einer Katze … der Hund jagt die Katze.« Solche Reaktionen waren selten (sie machten nur acht Prozent der Fälle aus) und erfolgten lediglich bei Reizung der Temporallappen, nie bei der Stimulation anderer Regionen. Penfield schloss daraus, dass die Erlebnisse, die durch die elektrische Reizung der Temporallappen ausgelöst wurden, Erinnerungsschnipsel waren, Ausschnitte aus dem Erfahrungsstrom, den seine Patienten im Laufe ihres Lebens aufgenommen hatten.

Lawrence Kubie, der Psychoanalytiker, den ich durch Ernst Kris kennen gelernt hatte, reiste nach Montreal und zeichnete die Äußerungen von Penfields Patienten mit einem Tonbandgerät auf. Dabei gewann er die Überzeugung, dass der Temporallappen eine bestimmte Art von unbewusster Information speichere, das so genannte Vorbewusste. Noch während des Medizinstudiums las ich einen wichtigen Aufsatz von Kubie, und als ich bei Grundfest im Labor arbeitete, hörte ich mehrfach Vorlesungen von ihm. Seine Begeisterung für den Temporallappen hat mich nachhaltig beeinflusst.

Penfields Auffassung, dass der Temporallappen Erinnerungen speichere, wurde im Laufe der Zeit in Zweifel gezogen. Erstens hatten all seine Patienten, da sie unter Epilepsie litten, abnorme Gehirne. Außerdem waren in fast der Hälfte der Fälle die geistigen Erlebnisse, die durch die Stimulation hervorgerufen wurden, identisch mit den halluzinatorischen Erfahrungen, die häufig mit Epilepsieanfällen einhergehen. Diese Einwände brachten die meisten Hirnforscher zu der Überzeugung, Penfield habe mit seiner elektrischen Stimulation anfallartige Phänomene ausgelöst – vor allem die Auren (halluzinatorischen Erfahrungen), die typischerweise zu Beginn eines epileptischen Anfalls auftreten. Zweitens enthielten die Berichte über geistige Erfahrungen auch phantastische Elemente sowie unwahrscheinliche oder unmögliche Situationen. Sie hatten mehr Ähnlichkeit mit Träumen als mit Erinnerungen. Drittens und letztens löschte Penfield, wenn er das Gehirngewebe unter der stimulierenden Elektrode entfernte, nicht das Gedächtnis des Patienten.

Trotzdem ließen sich zahlreiche Neurochirurgen von Penfields Arbeit anregen, unter ihnen William Scoville, der auf direkte Beweise dafür stieß, dass die Temporallappen tatsächlich von entscheidender Bedeutung für das menschliche Gedächtnis sind. In einem Artikel, den ich nach meiner Ankunft an den NIH las, erzählten Scoville und Brenda Milner die außergewöhnliche Geschichte eines Patienten, der unter den Initialen H.M. in die Geschichte der Hirnforschung eingegangen ist.

MIT NEUN JAHREN WURDE H.M. VON EINEM RADFAHRER UMGEFAHREN. Er trug eine Kopfverletzung davon, die schließlich zu einer epileptischen Erkrankung führte. Im Laufe der Zeit verschlimmerten sich seine Anfälle so, dass er bis zu zehn Bewusstseinsstörungen und einen schweren Anfall pro Woche erlitt. Mit 27 Jahren war er schwerbehindert.

Da man glaubte, H.M.s Epilepsie gehe vom Temporallappen (genauer, dem medialen Temporallappen) aus, entschloss sich Scoville, als letzten Ausweg in beiden Hirnhälften die Innenfläche des Temporallappens einschließlich des Hippocampus zu entfernen, der tief im Temporallappen verborgen liegt. Die Operation war insofern erfolgreich, als sie H.M. von seinen Anfällen befreite; sie verursachte jedoch einen verheerenden Gedächtnisverlust, von dem sich der Patient nie wieder erholte. Nach seiner Operation im Jahr 1953 blieb H.M. derselbe intelligente, freundliche und amüsante Mensch, der er immer gewesen war, aber er war unfähig, irgendwelche neuen Erinnerungen dauerhaft im Gedächtnis zu speichern.

In einer Reihe von Studien dokumentierte Milner (Abbildung 8.5) bis ins letzte Detail, welche Gedächtnisfähigkeiten H.M. verloren hatte, welche er behielt und welche Hirnareale dafür jeweils verantwortlich waren. Sie fand heraus, dass H.M. ganz bestimmte Dinge behielt. Erstens hatte er ein ausgezeichnetes Kurzzeitgedächtnis, das sich über einen Zeitraum von einigen Minuten erstreckte. Mühelos konnte er kurze Zeit nach der Lernphase eine mehrstellige Zahl oder ein Vorstellungsbild abrufen. Ebenso vermochte er ein normales Gespräch zu führen, vorausgesetzt, es dauerte nicht zu lange und berührte nicht zu viele Themen. Diese Form des Kurzzeitgedächtnisses erhielt später die Bezeichnung Arbeitsgedächtnis und ist, wie man nachweisen konnte, im präfrontalen Cortex angesiedelt, der bei H.M. nicht entfernt worden war. Zweitens hatte H.M. ein ausgezeichnetes Langzeitgedächtnis für Ereignisse, die vor seiner Operation geschehen waren. Er konnte sich an die englische Sprache erinnern, hatte einen hohen IQ und vermochte sich viele Ereignisse aus seiner Kindheit lebhaft zu vergegenwärtigen.

Was H.M. fehlte, und zwar vollständig, war die Fähigkeit, neue Inhalte des Kurzzeitgedächtnisses in Inhalte des Langzeitgedächtnisses umzuwandeln. Daher vergaß er Ereignisse, kurz nachdem sie geschehen waren. Er konnte neue Informationen behalten, solange seine Aufmerksamkeit nicht davon abgelenkt wurde, doch ein oder zwei Minuten nachdem sich seine Aufmerksamkeit auf etwas anderes gerichtet hatte, konnte er sich weder an das vorangegangene Thema noch an einen Gedanken erinnern, den er sich dazu gemacht hatte. Weniger als eine Stunde, nachdem er gegessen hatte, wusste er weder, was er gegessen hatte, noch dass er überhaupt gegessen hatte. Fast dreißig Jahre lang untersuchte Brenda Milner den Patienten H.M. einmal im Monat, und jedes Mal, wenn sie das Zimmer betrat und ihn begrüßte, erkannte er sie nicht wieder. Auch sich selbst erkannte er auf jüngeren Fotografien oder im Spiegel nicht, weil er sich an sich selbst nur so erinnerte, wie er vor der Operation ausgesehen hatte. Er hatte keine Erinnerung an sein verändertes Aussehen: Seine Identität war seit dem Zeitpunkt seiner Operation regelrecht eingefroren worden. Milner über H.M.: »Er konnte sich nicht die geringste neue Kenntnis aneignen. Sein Heute ist an die Vergangenheit gekettet, er lebt in einer kindartigen Welt. Man kann sagen, seine persönliche Geschichte kam mit der Operation zum Stillstand.«

8.5 Brenda Milner (geb. 1918) schuf die Voraussetzung für die moderne Gedächtnisforschung, indem sie das Gedächtnis in einer bestimmten Hirnregion verortete. Milner fand heraus, welche Rolle Hippocampus und medialer Temporallappen für das explizite Gedächtnis spielen, und brachte erste Belege für die implizite Gedächtnisspeicherung bei.

Aus ihren systematischen Untersuchungen von H.M. leitete Milner drei wichtige Grundsätze über die biologische Basis komplexer Erinnerung ab. Erstens: Das Gedächtnis ist eine eindeutig bestimmte Funktion des Geistes, klar unterschieden von anderen perzeptiven, motorischen und kognitiven Fähigkeiten. Zweitens: Inhalte des Kurzzeit- und des Langzeitgedächtnisses können separat gespeichert werden. Der Verlust von Strukturen des medialen Temporallappens, insbesondere der Verlust des Hippocampus, zerstört die Fähigkeit, neue Inhalte des Kurzzeitgedächtnisses in das Langzeitgedächtnis zu überführen. Drittens: Zumindest eine Gedächtnisart ist an bestimmte Hirngebiete gebunden. Der Verlust von Gehirnsubstanz im medialen Temporallappen und im Hippocampus führt zu massiven Beeinträchtigungen der Fähigkeit, neue Langzeiterinnerungen anzulegen, während sich Verluste anderer Hirnregionen nicht auf das Gedächtnis auswirken.

Auf diese Weise widerlegte Milner Lashleys Theorie der Massenwirkung. Nur im Hippocampus laufen die verschiedenen Stränge sensorischer Information zusammen, die erforderlich sind, um Erinnerungen in das Langzeitgedächtnis einzuspeichern. Lashley ging bei seinen Experimenten nie unter die Cortexoberfläche. Außerdem zeigten Milners Ergebnisse, dass H.M. ein gutes Langzeitgedächtnis für Ereignisse hatte, die vor seiner Operation lagen, und bewiesen damit eindeutig, dass der mediale Temporallappen und der Hippocampus nicht die Dauerspeicher für Erinnerungen sind, die sich schon einige Zeit im Langzeitgedächtnis befinden.

Wir haben heute Grund zu der Annahme, dass das Langzeitgedächtnis

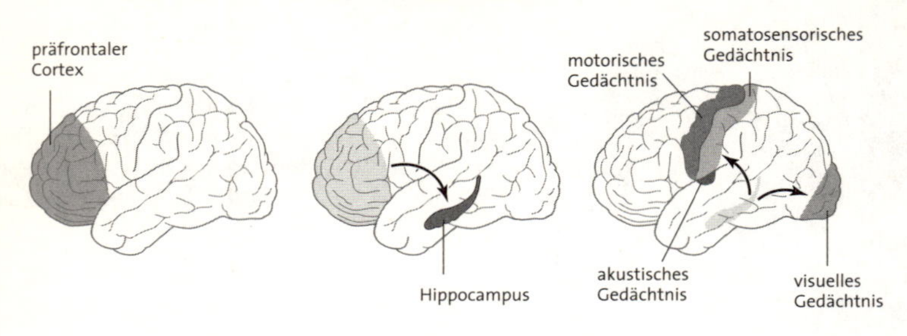

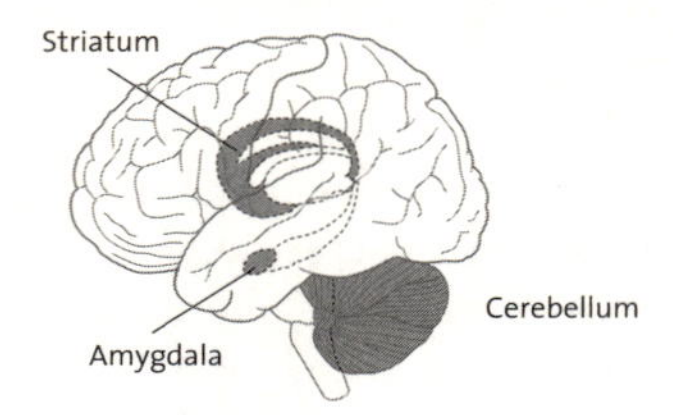

8.6 Explizite und implizite Erinnerungen werden in verschiedenen Gehirnregionen verarbeitet und gespeichert: Explizite Erinnerungen an Menschen, Objekte, Orte, Fakten und Ereignisse werden kurzzeitig im präfrontalen Cortex gespeichert. Die Umwandlung in Inhalte des Langzeitgedächtnisses findet im Hippocampus statt; gespeichert werden die Erinnerungen dann in den Teilen des Cortex, die für die beteiligten Sinnesmodalitäten zuständig sind – das heißt, in denselben Arealen, die ursprünglich die Informationen verarbeitet haben. Implizite Erinnerungen an Fertigkeiten, Gewohnheiten und Konditionierungen werden in Kleinhirn, Striatum und Amygdala gespeichert.

seine Erinnerungen in der Großhirnrinde speichert. Es wird sogar in derselben Region gespeichert, in der die Informationen ursprünglich verarbeitet wurden – das heißt, Erinnerungen an visuelle Ereignisse werden in verschiedenen Arealen des visuellen Cortex gespeichert und Erinnerungen an taktile Ereignisse im somatosensorischen Cortex (Abbildung 8.6). Das erklärt, warum Lashley, der komplexe, mehrere Sinnesmodalitäten einbeziehende Aufgaben verwendete, die Erinnerungen seiner Ratten nicht vollständig auslöschen konnte, indem er ausgewählte Bereiche verschiedener Cortexteile entfernte.

Jahrelang glaubte Milner, H.M.s Gedächtnisdefekt sei vollständig, das heißt, der Patient sei unfähig, jedwede Inhalte des Kurzzeitgedächtnisses in das Langzeitgedächtnis zu überführen. Doch 1962 gelang es ihr, ein weiteres Prinzip über die biologische Grundlage des Gedächtnisses aufzuzeigen: die Existenz von mehr als einer Gedächtnisart. Vor allem fand Milner heraus, dass es neben dem bewussten Gedächtnis, das auf den Hippocampus angewiesen ist, ein unbewusstes Gedächtnis gibt, das seinen Sitz außerhalb des Hippocampus und des medialen Temporallappen hat. (Diese Unterscheidung hatte bereits in den fünfziger Jahren Jerome Bruner von der Harvard University, einer der Begründer der kognitiven Psychologie, auf Grund von Verhaltensbeobachtungen vorgeschlagen.)

Milner demonstrierte diese Unterscheidung, indem sie zeigte, dass für die beiden Gedächtnisarten verschiedene anatomische Systeme zuständig sind (Abbildung 8.6). H.M. war durchaus in der Lage, sich an bestimmte Dinge, die er lernte, auch langfristig zu erinnern – das heißt, er verfügte über eine Form des Langzeitgedächtnisses, das nicht vom medialen Temporallappen und Hippocampus abhing. Er lernte, die Umrisse eines Sterns zu zeichnen, den er in einem Spiegel sah, und verbesserte diese Fähigkeit von Tag zu Tag wie jemand ohne Hirnschädigung (Abbildung 8.7). Doch obwohl sich H.M.s Leistung mit jedem Tag steigerte, konnte er sich nie daran erinnern, dass er die Aufgabe an einem anderen Tag schon einmal ausgeführt hatte.

Die Fähigkeit, eine zeichnerische Fertigkeit zu lernen, stellte sich nur als eine von zahlreichen Fähigkeiten heraus, die bei H.M. intakt geblieben waren. Im Übrigen waren diese und andere von Milner beschriebene Lernfähigkeiten bemerkenswert allgemein: Sie ließen sich auch bei anderen Menschen mit Schädigung des Hippocampus und des medialen Temporallappens nachweisen. Milners Arbeit förderte also zu Tage, dass wir Informationen über die Welt auf zwei grundsätzlich verschiedene Weisen verarbeiten und speichern (Abbildung 8.6). Sie machte außerdem wieder einmal, wie schon bei Broca und Wernicke, deutlich, wie viel sich aus dem sorgfältigen Studium klinischer Fälle lernen lässt.

Larry Squire, ein Neuropsychologe an der University of California, San Diego, griff Milners Ergebnisse auf und nahm Experimente über Gedächtnisspeicherung parallel an Menschen und an Tieren vor. Diese Studien und die Untersuchungen von Daniel Schacter, der heute an der Harvard University forscht, beschrieben die Biologie zweier wichtiger Gedächtnistypen.

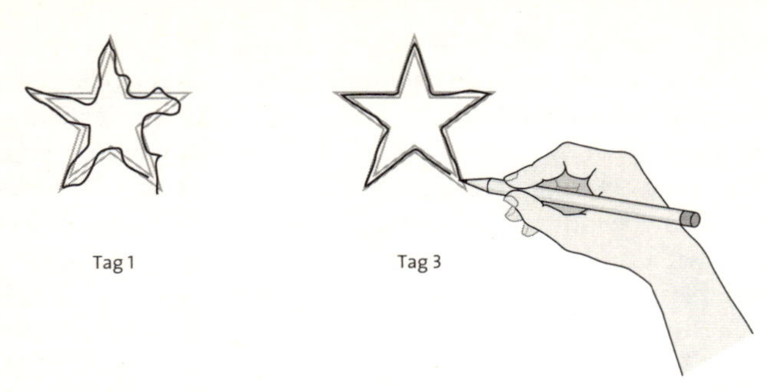

8.7 Trotz seines offenkundigen Gedächtnisverlustes konnte H.M. neue Fertigkeiten lernen und behalten: Bei seinem ersten Versuch an Tag 1, einen Stern nachzuzeichnen, den er nur in einem Spiegel sehen konnte, machte H.M. viele Fehler. Bei seinem ersten Versuch an Tag 3 bewies H.M., dass er behalten hatte, was er durch Üben erlernt hatte – obwohl er keine Erinnerung an die Aufgabe hatte.

Was wir gewöhnlich als bewusste Erinnerungen erleben, bezeichnen wir heute in Anlehnung an Squire und Schacter als explizites oder deklaratives Gedächtnis. Es ist der bewusste Gedächtnisabruf von Menschen, Orten, Objekten, Fakten und Ereignissen – die Gedächtnisform, die H.M. fehlte. Unbewusste Erinnerungen nennen wir implizites (oder prozedurales) Gedächtnis. Es liegt Habituation, Sensitivierung und klassischer Konditionierung ebenso zugrunde wie den Wahrnehmungs- und Bewegungsfertigkeiten, die uns beispielsweise befähigen, Fahrrad zu fahren oder einen Aufschlag beim Tennis auszuführen. Das ist das Gedächtnis, das bei H.M. erhalten geblieben war. Das implizite Gedächtnis ist nicht ein einzelnes Gedächtnissystem, sondern eine Ansammlung von Prozessen, an denen verschiedene Gehirnsysteme beteiligt sind, die tief in der Großhirnrinde verborgen liegen (Abbildung 8.6). Für die Assoziation von Gefühlen (wie Furcht und Glück) mit Ereignissen bezieht es beispielsweise eine Struktur namens Amygdala mit ein. Die Ausbildung neuer motorischer (und vielleicht auch kognitiver) Gewohnheiten ist auf das Striatum angewiesen, das Erlernen neuer motorischer Fertigkeiten und koordinierter Tätigkeiten auf das Kleinhirn. Bei den einfachsten Tieren, unter anderen den Wirbellosen, können implizite Erinnerungen an Habituation, Sensitivierung und klassische Konditionierung innerhalb der Reflexbahnen selbst gespeichert werden.

Folglich läuft das implizite Gedächtnis häufig automatisch ab. Seine Inhalte werden direkt durch die Ausführung abgerufen, ohne bewusstes Bemühen und ohne dass wir uns diesen Rückgriff auf das Gedächtnis überhaupt vergegenwärtigen. Zwar verändert Erfahrung unsere perzeptiven und motorischen Fähigkeiten, doch sind diese Erfahrungen für unsere bewusste Erinnerung im Grunde unzugänglich. Wenn Sie beispielsweise gelernt haben, Fahrrad zu fahren, tun Sie es einfach. Sie weisen Ihren Körper nicht bewusst an: »Jetzt tritt mit dem linken Fuß, jetzt mit dem rechten ...« Würden wir jeder Bewegung so viel Aufmerksamkeit schenken, fielen wir vermutlich vom Rad. Wenn wir sprechen, überlegen wir nicht, an welche Stelle im Satz das Nomen und das Verb zu stellen ist. Wir tun es automatisch, unbewusst. Mit dieser Form des Reflexlernens haben sich Behavioristen wie Pawlow, Thorndike und Skinner befasst.

Viele Lernerfahrungen nehmen sowohl das explizite wie das implizite Gedächtnis in Anspruch. Tatsächlich kann ständige Wiederholung explizite Erinnerungen in implizite Erinnerungen verwandeln. Fahrradfahrenlernen ist ein Prozess, in dessen Verlauf Körper und Fahrrad anfangs bewusste Aufmerksamkeit geschenkt werden muss. Schließlich aber wird der Vorgang zu einer automatischen, unbewussten Tätigkeit.

Philosophen und Psychologen hatten die Unterscheidung zwischen explizitem und implizitem Gedächtnis längst vorausgeahnt. Hermann von Helmholtz, der als erster die Leitungsgeschwindigkeit des Aktionspotenzials maß, untersuchte auch die visuelle Wahrnehmung und erklärte bereits 1885, dass ein Großteil der geistigen Prozesse, die mit visueller Wahrnehmung und mit Handeln zusammenhängen, auf unbewusster Ebene stattfinden. 1890 erweiterte William James in seinem Klassiker *The Principles of Psychology* diese Idee, indem er Gewohnheit (unbewusstes, mechanisches und reflexhaftes Handeln) und Gedächtnis (bewusste Kenntnisnahme der Vergangenheit) gesondert abhandelte. 1949 unterschied der britische Philosoph Gilbert Ryle zwischen Wissen *wie* (der Kenntnis von Fertigkeiten) und Wissen *was* (der Kenntnis von Fakten und Ereignissen). Eine zentrale Prämisse in Freuds psychoanalytischer Theorie, die er 1900 in der *Traumdeutung* darlegte, greift Helmholtz' Idee ebenfalls auf: Erfahrungen werden nicht nur als bewusste Erinnerungen aufgezeichnet und ins Gedächtnis gerufen, sondern auch als unbewusste Erinnerungen. Unbewusste Erinnerungen sind dem Bewusstsein für gewöhnlich nicht zugänglich, wirken sich aber nachhaltig auf das Verhalten aus.

So interessant und einflussreich Freuds Ideen waren – viele Naturwissenschaftler waren nicht bereit, sie zu übernehmen, solange nicht empirisch erforscht war, wie das Gehirn Informationen tatsächlich speichert. Milner hatte mit ihrem Experiment, H.M. einen Stern zeichnen zu lassen, erstmals die biologische Grundlage einer psychoanalytischen Hypothese aufgedeckt: Indem sie zeigte, dass ein Mensch ohne Hippocampus (und damit ohne die Fähigkeit, bewusste Erinnerungen zu speichern), sich trotzdem an eine Handlung erinnern kann, bestätigte sie Freuds Theorie, dass die meisten unserer Handlungen unbewusst ablaufen.

JEDES MAL, WENN ICH MIR BRENDA MILNERS AUFSÄTZE ÜBER H.M. WIEder vornehme, bin ich stets aufs Neue beeindruckt, wie sehr diese Studien zur Klärung unserer Vorstellung über das Gedächtnis beigetragen haben. Von Pierre Flourens im neunzehnten bis zu Karl Lashley weit im zwanzigsten Jahrhundert galt die Großhirnrinde als eine Schüssel Eintopf, in der alle Regionen auf die gleiche Art und Weise funktionierten. Nach ihrer Ansicht war das Gedächtnis kein gesonderter geistiger Prozess, der isoliert untersucht werden konnte. Doch als andere Forscher sich daranmachten, nicht nur kognitive Prozesse, sondern auch verschiedene Gedächtnisprozesse mit bestimmten Gehirnregionen zu verknüpfen, war die Theorie der Massenwirkung ein für alle Mal erledigt.

Nachdem ich also 1957 Milners ersten Aufsatz gelesen und eine gewisse Vorstellung davon gewonnen hatte, wo Erinnerungen im Gehirn gespeichert werden, warf in meinen Augen die Frage, wie Erinnerungen gespeichert werden, das nächste interessante wissenschaftliche Problem auf. Als ich in Wade Marshalls Labor anfing, begann ich darüber nachzudenken, ob dies nicht ein ideales Forschungsprojekt für mich wäre. Die Antwort glaubte ich außerdem am ehesten zu finden, wenn ich mich mit den Zellen beschäftigte, die an der Speicherung bestimmter expliziter Erinnerungen beteiligt sind. Damit bezog ich auf halbem Weg zwischen meinen Interessen an der klinischen Psychoanalyse und der Biologie der Nervenzellen Stellung und schickte mich an, das Gebiet des expliziten Gedächtnisses nach Maßgabe des Prinzips »eine Zelle zur Zeit« zu untersuchen.

KAPITEL 9

Die Suche nach einem idealen System zur Erforschung des Gedächtnisses

Vor Brenda Milners Entdeckungen waren viele Behavioristen und Psychologen dem Beispiel Freuds und Skinners gefolgt und hatten die Biologie als nützliche Richtschnur zur Erforschung von Lernen und Gedächtnis aufgegeben. Nicht weil sie Dualisten wie Descartes waren, sondern weil sie es für unwahrscheinlich hielten, dass die Biologie in naher Zukunft eine wichtige Rolle in der Lernforschung spielen konnte. Tatsächlich hatte Lashleys einflussreiches Werk den Eindruck hervorgerufen, die Biologie sei im Wesentlichen unverständlich. 1950, gegen Ende seiner Berufslaufbahn, schrieb er: »Wenn ich mir die Daten über die Lokalisation der Gedächtnisspur noch einmal anschaue, habe ich gelegentlich das Gefühl, *dass Lernen einfach nicht möglich ist* [Hervorhebung von mir].«

Das alles änderte sich durch Milners Arbeit. Ihre Entdeckung, dass bestimmte Regionen des Gehirns für bestimmte Gedächtnisformen erforderlich sind, lieferte erste Hinweise darauf, *wo* Erinnerungen unterschiedlicher Art verarbeitet und gespeichert werden. Doch die Frage, *wie* Erinnerungen gespeichert werden, blieb unbeantwortet und faszinierte mich. Obwohl ich nur höchst rudimentäre Voraussetzungen für die Untersuchung der Gedächtnisspeicherung im Nervensystem besaß, brannte ich darauf, einen Versuch zu wagen – und die Atmosphäre an den NIH förderte solchen Unternehmungsgeist. Um mich herum wurde in Anlehnung an Sherrington auf zellulärer Ebene über verschiedene Probleme des Rückenmarks geforscht. Letztlich mussten zelluläre Gedächtnisstudien eine Reihe entscheidender Fragen beantworten: Welche Veränderungen ereignen sich im Gehirn, wenn wir lernen? Bedeuten verschiedene Lernarten auch unterschiedliche Veränderungen? Welche biochemischen Mechanismen liegen der Gedächtnisspeicherung zugrunde? Diese und ähnliche Fragen wirbelten mir im Kopf herum, ließen sich aber nicht so ohne weiteres in realistische Experimente umsetzen.

Ich wollte dort anfangen, wo Milner aufgehört hatte, das heißt den komplexesten und interessantesten Aspekt des Gedächtnisses angehen: die Bildung von Langzeiterinnerungen an Menschen, Orte und Dinge, also die Funktion, über die H.M., wie Milner festgestellt hatte, nicht mehr verfügte. Daher beschloss ich, mich auf den Hippocampus zu konzentrieren, der laut Milners Ergebnissen für die Bildung neuer Langzeiterinnerungen unabdingbar ist. Doch meine Vorstellungen, wie man der Biologie des Gedächtnisses im Hippocampus zu Leibe rücken könnte, waren nicht nur verschwommen, sondern auch naiv.

Zunächst stellte ich eine einfache Frage: Zeichnen sich Nervenzellen, die an der Gedächtnisspeicherung beteiligt sind, durch leicht auszumachende Merkmale aus? Unterscheiden sich die Nervenzellen des Hippocampus – die für die Gedächtnisspeicherung vermutlich von entscheidender Bedeutung sind – physiologisch von den Motoneuronen im Rückenmark, die als einzige andere Neurone im Zentralnervensystem der Säugetiere näher erforscht worden waren? Vielleicht verrieten uns die Eigenschaften von Hippocampusneuronen ja etwas darüber, wie Erinnerungen aufgezeichnet werden.

Zu dieser technisch anspruchsvollen Studie fühlte ich mich ermutigt, da Karl Frank, der in unserem Labor gleich nebenan arbeitete, und John Eccles in Australien mit Mikroelektroden einzelne Motoneurone im Rückenmark von Katzen untersuchten. Ihre Elektroden waren identisch mit denjenigen, die ich verwendet hatte, um den Aktionspotenzialen der Flusskrebszellen zu lauschen. Frank selbst hielt die Beschäftigung mit dem Hippocampus zwar für ein gewaltiges und riskantes Unterfangen, entmutigte mich aber nicht.

Marshall hatte nur ein Labor und zwei Postdoktoranden, Jack Brinley und mich. Jack hatte an der University of Michigan Medizin studiert und sein Promotionsstudium in Biophysik an der Johns Hopkins gerade begonnen, als er an die NIH kam. Eigentlich wollte er seine Dissertation über die Bewegung von Kaliumionen durch die Membran von Neuronen im autonomen Nervensystem schreiben. Doch da Wade eine Vorliebe für die Großhirnrinde hatte, veränderte Jack seinen Ansatz ein wenig und untersuchte stattdessen den Kaliumfluss durch den Cortex in Reaktion auf Depolarisationswellen, einen anfallsartigen Prozess, für den sich Marshall seit einigen Jahren interessierte. Das war ein ausgezeichnetes Forschungsproblem, aber keines, das mich interessierte. Jack ging es genauso mit dem Hippocampus. Daher schlossen wir einen Kompromiss: Wir teilten uns das Labor. Die Hälfte der Zeit benutzte er es, und ich half ihm; dann war ich dran, und er half mir.

Dieses Arrangement klappte gut, bis uns Marshall plötzlich einen dritten Postdoktoranden aufs Auge drückte: Alden Spencer, der an der University of Oregon seinen Abschluss in Medizin gemacht hatte. Die Aussicht, dass das Labor nun für drei unabhängige Projekte zur Verfügung stehen sollte und jedem von uns noch weniger Zeit für die eigenen Forschungen blieb, beunruhigte Jack und mich. Also bestürmten wir beide unseren neuen Kollegen und versuchten ihn jeweils für das eigene Projekt zu gewinnen.

Zu meinem großen Entzücken musste ich Alden zum Hippocampus gar nicht lange überreden. Wie mir erst später klar wurde, ging mein Erfolg zum Teil auf den Umstand zurück, dass Jack mit einer radioaktiven Spielart des Kaliums arbeitete. Alden hatte eine hypochondrische Ader und Angst, sich eine tödliche Strahlendosis einzufangen.

MIT ALDENS ANKUNFT NAHM MEIN FORSCHUNGSPROJEKT EINE ÄUSSERST günstige Entwicklung. Als gebürtiger Portlander war er liberal im besten Sinne Oregons, wonach unabhängiges Denken sich eher an moralischen Grundsätzen als an engen politischen Erwägungen orientiert (Abbildung 9.1). Aldens Vater, eine Art ewiger Student, war eine Mischung aus Freidenker und frommem Mann. Im Ersten Weltkrieg hatte er den Kriegsdienst aus Gewissensgründen verweigert und in der nichtkämpfenden Truppe gedient. Nach dem Kriege hatte er in British Columbia Theologie studiert und eine Zeit lang in einer kleinen Gemeinde als Pastor verbracht. Dann war er an die Universität zurückgekehrt, hatte Mathematik und Statistik an der Stanford University studiert und später als Statistiker für den Staat Oregon gearbeitet.

Alden veränderte meine etwas begrenzten Vorstellungen über das Leben außerhalb der Ostküste von Grund auf. Er war ein höchst unabhängiger, origineller Kopf, zeigte großes Interesse an Musik und Malerei und strahlte eine Lebensfreude aus, der man sich nicht zu entziehen vermochte. Den meisten Dingen, die ihm begegneten – einem Vortrag, einem Konzert, einem Tennismatch –, vermochte er neue Seiten abzugewinnen. Seine Kreativität war unerschöpflich und strömte ihm mühelos zu, so dass er sich ständig mit etwas Neuem, mit neuen Problemen beschäftigte. Zu-

9.1 Alden Spencer (1931–1977), mit dem ich von 1958 bis 1960 am National Institute of Mental Health zusammenarbeiten durfte. Später wurde er mein Kollege an der Medizinischen Hochschule der New York University und an der Columbia University. Alden trug wesentlich zum Verständnis des Hippocampus, zur Modifikation einfacher Reflexantworten durch Lernen und zur Erklärung der Tastwahrnehmung bei.

dem verfügte Alden über eine beachtliche musikalische Begabung; früher hatte er im Portland Symphony Orchestra Klarinette gespielt. Seine Frau Diane war eine ausgezeichnete Pianistin. Dennoch trat Alden ungewöhnlich bescheiden auf und brachte seine vielen kreativen Interessen gänzlich unprätentiös zum Ausdruck. Denise und ich freundeten uns rasch mit ihm und Diane an und besuchten mit ihnen regelmäßig die wöchentlichen Kammerkonzerte des bekannten Budapester Streichquartetts in der Library of Congress.

Zu Aldens vielen Talenten gehörten auch chirurgische Fertigkeiten und ein Gespür für die wissenschaftlich wichtigen Fragen. Hinzu kamen gute Kenntnisse der anatomischen Organisation des Gehirns. Zwar noch ohne Erfahrung mit intrazellulären Aufzeichnungen, hatte er doch schon einige ausgezeichnete elektrophysiologische Hirnstudien durchgeführt, um herauszubekommen, wie die Bahnen zwischen Thalamus und Cortex zu den verschiedenen Hirnrhythmen beitragen, die beim EEG (Elektroenzephalogramm) zu Tage traten. Alden war ein wunderbarer Kollege. Ununterbrochen sprachen wir über unsere Arbeit und ermunterten uns gegenseitig zu immer neuen Kühnheiten. Wenn wir etwas für wichtig hielten, zögerten wir nicht, es anzugehen, und mochte es noch so schwierig sein – etwa den Versuch, Aufzeichnungen an einzelnen Cortexneuronen in einem intakten Gehirn vorzunehmen.

Bald nach Beginn unserer Zusammenarbeit gelang uns unser erstes erfolgreiches Experiment. Ich werde es nie vergessen. Den ganzen Morgen und einen Teil des Nachmittags war ich damit beschäftigt, den Hippocampus einer Katze chirurgisch freizulegen. Am Spätnachmittag übernahm Alden und führte die Elektrode in den Hippocampus ein. Ich saß vor dem Oszilloskop, dem Gerät, das die elektrischen Signale anzeigte, und bediente auch die Stimulatoren, welche die Bahnen in den Hippocampus hinein und aus ihm heraus aktivieren konnten. Wie schon in Stanley Crains Labor schloss ich auch hier die Aufzeichnungselektrode an einen Lautsprecher an, damit wir die elektrischen Signale nicht nur sehen, sondern auch hören konnten. Wir versuchten Aufzeichnungen von den Pyramidenzellen zu erhalten, der wichtigsten Neuronenkategorie im Hippocampus. Diese Zellen empfangen und verarbeiten die Informationen, die in den Hippocampus gelangen und senden sie zum nächsten Umschaltpunkt. Außerdem hatten wir eine Kamera aufgestellt, die den Sichtschirm des Oszilloskops aufnahm.

Plötzlich hörten wir das laute Knack! Knack! Knack! des Aktionspotenzials, eine Lautfolge, die ich dank meiner Experimente mit dem Flusskrebs sofort wiedererkannte. Alden war in eine Zelle eingedrungen! Rasch erkannten wir, dass es sich um eine Pyramidenzelle handelte, weil die Axone dieser Neurone zu einer Nervenbahn gebündelt sind (der so genannten Fornix), die aus dem Hippocampus hinausführt. In dieser Bahn hatte ich Elektroden angebracht. Jeder Reiz, den ich auslöste, erzeugte ein schönes, deutliches Aktionspotenzial. Die Stimulation eines aus dem Hippocampus führenden Axons und die Auslösung von Aktionspotenzialen in Pyramidenzellen erwies sich als eine äußerst erfolgreiche Methode zur Identifikation dieser Zellen. Außerdem gelang es uns, Pyramidenzellen zu erregen, indem wir die Bahn stimulierten, die Information *in* den Hippocampus übermittelt. Auf diese Weise sammelten wir in den etwa zehn Minuten, während deren wir Signale aus den Pyramidenzellen aufzeichneten, eine bemerkenswerte Datenmenge. Wir ließen die Kamera die ganze Zeit über laufen, um jeden Augenblick der Aufzeichnung, jedes Synapsenpotenzial und jedes Aktionspotenzial in den Pyramidenzellen, auf den Film zu bannen.

Alden und ich waren euphorisch – wir hatten die ersten intrazellulären Signale aufgefangen, die jemals in dieser für die Gedächtnisspeicherung so wichtigen Hirnregion aufgezeichnet worden waren! Viel fehlte nicht, und wir wären durchs Labor getanzt. Allein die Tatsache, dass es uns gelungen war, die Signale aus diesen Zellen mehrere Minuten lang erfolgreich aufzuzeichnen, übertraf unsere optimistischsten Erwartungen. Außerdem sahen unsere Daten faszinierend aus und unterschieden sich leicht von denjenigen, die Eccles und Frank in den Motoneuronen des Rückenmarks entdeckt hatten.

Diese und die folgenden Experimente waren ausgesprochen anstrengend, denn sie dauerten teilweise 24 Stunden. Zum Glück hatten wir beide unser erstes praktisches Jahr als Ärzte hinter uns, so dass es nichts Neues für uns war, 24 Stunden am Stück zu arbeiten. Wir führten drei Experimente pro Woche durch und nutzten die verbleibenden zwei Tage – oft nur teilweise, weil Jack das Labor zur Datenanalyse brauchte –, um die Resultate zu erörtern oder einfach miteinander zu reden. Viele Experimente verliefen erfolglos, doch wir entwickelten schließlich einfache technische Verbesserungen, mit deren Hilfe wir ein oder zwei Mal pro Woche hervorragende Aufzeichnungen erzielten.

Durch Anwendung der leistungsfähigen zellbiologischen Methoden auf den Hippocampus feierten Alden und ich einige wohlfeile Forschungserfolge. Zunächst einmal fanden wir heraus, dass eine bestimmte Kategorie von Hippocampusneuronen spontan feuert, auch wenn sie keine Anweisungen von sensorischen oder anderen Neuronen erhält. Interessanter war die Erkenntnis, dass Aktionspotenziale in den Pyramidenzellen an mehr als einer Stelle entstehen. In Motoneuronen werden Aktionspotenziale nur an der Basis des Axons erzeugt, dort, wo dieses aus dem Zellkörper hervorwächst. Wir aber hatten überzeugende Belege dafür, dass im Hippocampus Aktionspotenziale in Pyramidenzellen auch in den Dendriten entstehen und dass sie ausgelöst werden können, wenn der Tractus perforans stimuliert wird, ein wichtiger direkter synaptischer Input der Pyramidenzellen aus einer Cortexregion, die als entorhinaler Cortex bezeichnet wird.

Das stellte sich als wichtige Entdeckung heraus. Bis dahin waren die meisten Neurowissenschaftler, unter ihnen auch Dominick Purpura und Harry Grundfest, davon ausgegangen, dass Dendriten nicht erregt werden und daher auch keine Aktionspotenziale erzeugen könnten. Willifred Rall, ein Theoretiker an den NIH, dem wir wichtige Modelle verdankten, hatte ein mathematisches Modell entwickelt, das zeigte, wie die Dendriten von Motoneuronen arbeiten. Dieses Modell beruhte auf der Grundannahme, dass die Zellmembran von Dendriten passiv ist: Danach enthält sie keine spannungsgesteuerten Natriumkanäle und kann folglich kein Aktionspotenzial hervorbringen. Die intrazellulären Signale, die wir aufzeichneten, waren der erste Hinweis auf das Gegenteil. Unser Befund sollte sich als allgemeines Prinzip der Neuronenfunktion erweisen.

Unsere technischen Erfolge und die verblüffenden Ergebnisse trugen uns begeisterten Zuspruch und vorbehaltloses Lob von den älteren Kollegen an den NIH ein. John Eccles, der allmählich zur Leitfigur auf dem Gebiet der Zellphysiologie des Säugerhirns wurde, schaute während eines Besuchs des Instituts bei uns vorbei und geizte nicht mit freundlicher Anerkennung. Er lud Alden und mich ein, nach Australien zu kommen und unsere Arbeit über den Hippocampus bei ihm fortzusetzen, ein Angebot, das wir nach reiflicher Überlegung ablehnten. Wade Marshall bat mich, in einem Vortrag am NIMH Aldens und meine Arbeit zusammenzufassen. Mein in einem zum Platzen gefüllten Konferenzraum gehaltenes Referat wurde freundlich aufgenommen. Doch bei allem Überschwang vergaßen wir nicht, dass wir eine typische NIH-Geschichte erlebt hatten. Dort bekamen junge, unerfahrene Leute wie wir die Chance, vollkommen selbstständig zu arbeiten, aber in dem Wissen, dass sie, ganz gleich, womit sie sich beschäftigen, jederzeit die Hilfe von erfahrenen Leuten in Anspruch nehmen konnten.

Doch es war nicht alles eitel Sonnenschein. Bald nach meiner Ankunft nahm Felix Strumwasser die Arbeit in einem Nachbarlabor auf. Im Unterschied zu den anderen jungen Postdoktoranden, die Mediziner waren, hatte Felix an der University of California in Los Angeles in Neurophysiologie promoviert. Während die meisten von uns relativ wenig über Hirnforschung wussten, verfügte Felix über sehr gründliche Kenntnisse. Wir freundeten uns an und luden uns gegenseitig zum Abendessen ein. Ich lernte viel von ihm. Durch die Gespräche mit Felix gewann ich sehr viel klarere Vorstellungen über die neurobiologische Lernforschung. Felix lenkte meine Aufmerksamkeit außerdem auf den Hypothalamus, eine Hirnregion, die für emotionalen Ausdruck und Hormonausschüttung verantwortlich ist und damals im Hinblick auf die Behandlung von Stress und Depressionen an Bedeutung gewann.

Daher war ich bestürzt – und verletzt –, als Felix einen Tag, nachdem ich das Referat über unsere Arbeit gehalten hatte, aufhörte, mit mir zu sprechen. Es dauerte einige Zeit, bis ich begriff, dass wissenschaftliche Forschung nicht nur von dem Verlangen nach Erkenntnis bestimmt wird, sondern auch von den Ambitionen und Karrierewünschen der Beteiligten. Viele Jahre später erneuerte Felix unsere Freundschaft und bekannte tatsächlich, es habe ihn verärgert, dass zwei relativ unerfahrene – in seinen Augen unfähige – Forscher so interessante und wichtige Forschungsergebnisse erzielt hatten.

Als der Glanz unseres Anfängerglücks verblasste, wurde Alden und mir klar, dass uns unsere Ergebnisse, so faszinierend sie waren, in eine Richtung führten, die nichts mit dem Gedächtnis zu tun hatte. Die Eigenschaften der Hippocampusneurone unterschieden sich nicht hinreichend von denen der Motoneurone im Rückenmark, um als Erklärung dafür herzuhalten, dass der Hippocampus Erinnerungen speichert. Wir brauchten ein Jahr, um zu erkennen, was uns eigentlich von Anfang an hätte klar sein müssen: Die Zellmechanismen von Lernen und Gedächtnis sind nicht in bestimmten Eigenschaften des Neurons selbst zu suchen, sondern in den Verbindungen, die es von anderen Zellen seines neuronalen Schaltkreises empfängt und mit ihnen knüpft. Je tiefer wir durch Lektüre und unsere Diskussionen miteinander in die biologischen Mechanismen von Lernen und Gedächtnis eindrangen, desto deutlicher wurde uns, dass man, um die Funktion des Hippocampus für das Gedächtnis zu ergründen, andere Aspekte berücksichtigen musste – vielleicht die Art der Informationen, die er empfängt, die Verbindungen, die seine Zellen untereinander eingehen, sowie den Einfluss des Lernens auf diesen Schaltkreis und auf die Informationen, die er befördert.

Die veränderte Denkweise zog einen veränderten Versuchsansatz nach sich. Wollten wir verstehen, wie sich der neuronale Schaltkreis des Hippocampus auf die Gedächtnisspeicherung auswirkt, galt es zunächst einmal in Erfahrung zu bringen, wie Sinneswahrnehmungen den Hippocampus erreichen, was dort mit ihnen geschieht und wohin sie gelangen, nachdem sie den Hippocampus verlassen haben. Das war eine gewaltige Herausforderung. Damals wusste man so gut wie nichts darüber, wie Sinnesreize in den Hippocampus gelangen oder wie er Informationen an andere Hirnregionen übermittelt.

Also bemühten wir uns, in einer Reihe von Experimenten herauszufinden, wie sich verschiedene Sinnesreize – taktiler, akustischer und visueller Art – auf die Aktivitätsmuster der Pyramidenzellen des Hippocampus auswirken. Wir beobachteten nur gelegentliche, schwerfällige Reaktionen – nichts im Vergleich zu den raschen Reaktionen in den Nervenbahnen des somatosensorischen, akustischen und visuellen Cortex, von denen andere Forscher berichteten. In einem letzten Versuch zu verstehen, wie der Hippocampus an der Gedächtnisspeicherung beteiligt sein mochte, untersuchten wir die Eigenschaften derjenigen Synapsen, die aus dem Tractus perforans ankommende Axone mit den Nervenzellen des Hippocampus verbinden. Wir stimulierten diese Axone wiederholt mit einer Frequenz von zehn Impulsen pro Sekunde und beobachteten einen Anstieg der synaptischen Stärke, der etwa zehn bis fünfzehn Sekunden anhielt. Dann stimulierten wir sie mit einer Frequenz von 60 bis 100 Impulsen pro Sekunde und riefen einen epileptischen Anfall hervor. Das waren zwar lauter interessante Befunde, aber sie waren nicht das, wonach wir suchten!

Als wir allmählich vertrauter mit dem Hippocampus wurden, begriffen wir, wie schwierig es war herauszufinden, wie die neuronalen Netze des Hippocampus erlernte Informationen verarbeiten und wie Lernen und Gedächtnisspeicherung diese Netze verändern. Diese Aufgabe würde uns lange in Anspruch nehmen.

Ursprünglich war ich wegen meines Interesses an der Psychoanalyse auf den Hippocampus verfallen. Deswegen war ich versucht gewesen, die Biologie des Gedächtnisses in ihrer komplexesten und faszinierendsten Form anzugehen. Doch jetzt wurde mir klar, dass die reduktionistische Strategie, die Hodgkin, Katz und Kuffler bei der Untersuchung des Aktionspotenzials und der synaptischen Übertragung angewandt hatten, auch in der Lernforschung nützlich war. Um überhaupt Fortschritte in unserem Verständnis der Gedächtnisspeicherung zu erzielen, empfahl es sich, zumindest anfangs den einfachsten Fall der Gedächtnisspeicherung zu untersuchen und ein Tier mit einem denkbar simplen Nervensystem auszuwählen, um den Informationsfluss vom sensorischen Input bis zum motorischen Output verfolgen zu können. Daher hielt ich nach einem Versuchstier Ausschau – womöglich einem Wirbellosen wie einem Wurm, einer Fliege oder einer Schnecke –, bei dem schlichte, aber veränderbare Verhaltensweisen durch einfache, aus wenigen Nervenzellen bestehende neuronale Schaltkreise kontrolliert wurden.

Doch was für ein Tier? Hier trennten sich – wissenschaftlich – Aldens und meine Wege. Er hatte sich der Neurophysiologie der Säugetiere verschrieben und wollte sich auch weiterhin mit dem Säugerhirn beschäftigen. Zwar sprach er den Studien an Wirbellosen ihre Berechtigung nicht ab, hielt aber die Hirnorganisation dieser Tiere für so verschieden von der der Wirbeltiere, dass er nicht mit Wirbellosen arbeiten wollte. Außerdem waren bei den Wirbeltieren die einzelnen Gehirnstrukturen schon sehr genau beschrieben. Alden nahm biologische Forschungsergebnisse, die den Rest des Tierreichs betrafen, mit Interesse und Bewunderung zur Kenntnis, war aber nicht bereit, sich an solchen Arbeiten zu beteiligen, wenn sie sich nicht auch auf das Gehirn der Wirbeltiere, das Gehirn des Menschen übertragen ließen. Aus diesem Grunde wandte Alden sich einem der einfacheren Teilsysteme im Rückenmark der Katze zu und untersuchte Spinalreflexe, die durch Lernen verändert werden. Im Laufe der nächsten fünf Jahre gelangen ihm in Zusammenarbeit mit dem Psychologen Richard Thompson wichtige Beiträge auf diesem Forschungsfeld. Doch selbst die relativ einfachen Reflexschaltungen des Rückenmarks erwiesen sich als zu schwierig für eine detaillierte zelluläre Lernanalyse; 1965 wandte sich Alden daher vom Rückenmark und der Lernforschung ab und anderen Forschungsgegenständen zu.

OBWOHL MIR KLAR WAR, DASS ICH GEGEN DEN STROM DER HERRSCHENden Lehrmeinung schwamm, bemühte ich mich um einen radikaleren, reduktionistischeren Ansatz in der Biologie des Lernens und der Gedächtnisspeicherung. Ich war überzeugt davon, dass die biologische Grundlage des Lernens zunächst auf der Ebene einzelner Zellen untersucht werden müsse und, mehr noch, dass ein Vorgehen, das sich auf denkbar einfache Verhaltensweisen eines denkbar einfachen Tieres beschränkte, am ehesten Erfolg versprach. Sydney Brenner, ein Pionier der Molekulargenetik, der den Wurm *Caenorhabditis elegans* in die Forschung einführte, sollte viele Jahre später schreiben:

> Man muss das System finden, das sich am *besten* eignet, um das Problem experimentell zu lösen, und solange es [das Problem] allgemein genug ist, wird sich dort die Lösung finden lassen.
>
> Die Wahl eines Versuchsobjektes gehört nach wie vor zu den wichtigsten Dingen in der Biologie und ist, wie ich denke, einer der aussichtsreichsten Wege zu innovativer Forschungsarbeit … Die Mannigfaltigkeit der lebendigen Welt ist ungeheuer groß, und da alles irgendwie mit allem zusammenhängt, gilt es einfach, das *Beste* zu finden.

Doch in den fünfziger und sechziger Jahren teilten die meisten Biologen Aldens Widerstreben, eine strikt reduktionistische Strategie auf die Verhaltensforschung anzuwenden, weil sie glaubten, solche Ergebnisse seien für das menschliche Verhalten ohne Bedeutung. Der Mensch besitzt geistige Fähigkeiten, die man bei einfacheren Tieren nicht findet, daher glaubten diese Biologen, die funktionale Organisation des menschlichen Gehirns müsse ganz anders aussehen als die einfacherer Tiere. Obwohl das in gewisser Hinsicht zutrifft, wurde dabei meiner Meinung nach ein wichtiger Punkt, den Verhaltensforscher wie Konrad Lorenz, Niko Tinbergen und Karl von Frisch in ihrer Feldarbeit zur Genüge belegt hatten, übersehen: Bestimmte elementare Lernformen sind allen Tieren gemeinsam. Ich hielt es für wahrscheinlich, dass der Mensch im Zuge der Evolution etliche Zellmechanismen des Lernens und der Gedächtnisspeicherung beibehalten hat, über die auch einfachere Tiere verfügen.

Wie nicht anders zu erwarten, rieten mir zahlreiche erfahrene Neurobiologen, unter ihnen auch Eccles, von dieser Forschungsstrategie ab. In seiner Besorgnis spiegelte sich bis zu einem gewissen Grade die damals geltende Hierarchie akzeptabler Forschungsfragen wider. Zwar untersuchten einige Neurobiologen das Verhalten von wirbellosen Tieren, doch hielten die meisten Forscher, die über das Säugerhirn arbeiteten, diese Projekte nicht für wichtig, ja ignorierten sie weitgehend. Als noch bedenklicher empfand ich die Skepsis, mit der kenntnisreiche Psychologen und Psychoanalytiker allen Versuchen begegneten, Erkenntnisse über geistige Prozesse höherer Ordnung wie Lernen und Gedächtnis anhand einzelner Nervenzellen zu gewinnen – zumal der Nervenzellen eines wirbellosen Tieres. Doch mein Entschluss war gefasst. Blieb nur die Frage, welches Tier aus dem Reich der Wirbellosen sich am besten für Zellstudien des Lernens und Gedächtnisses eignete.

Die NIH waren nicht nur ein idealer Ort zum Forschen, sondern auch um sich über neue Entwicklungen in der Biologie zu informieren. Im Laufe eines Jahres sind dort die meisten wichtigen Hirnforscher einmal zu Gast auf dem Campus. Infolgedessen hatte ich Gelegenheit, mit vielen Leuten zu sprechen und Vorträge zu besuchen, in denen ich von den Vorteilen der verschiedenen wirbellosen Tiere hörte – Flusskrebs, Hummer, Biene, Fliege, Landschnecke und Fadenwurm *Ascaris*.

Mir war noch lebhaft im Gedächtnis, wie Kuffler das sensorische Neuron des Flusskrebses als Forschungsobjekt über die Eigenschaften von Dendriten gepriesen hatte. Trotzdem schloss ich den Flusskrebs aus: Er besitzt zwar einige sehr große Axone, doch die Zellkörper der Neurone sind nicht besonders umfangreich. Ich brauchte ein Tier mit einem einfachen Reflex, der sich durch Lernen modifizieren ließ und durch eine kleine

Zahl von Nervenzellen gesteuert wurde – großen Nervenzellen, deren Bahn sich vom Input bis zum Output genau bestimmen ließ. Auf diese Weise würde ich Veränderungen im Reflex zu Veränderungen in den Zellen in Beziehung setzen können.

Nach ungefähr sechs Monaten sorgfältiger Suche entschied ich mich für die Meeresschnecke *Aplysia* als Versuchstier für meine Experimente. Zwei Vorträge, die ich über die Schnecke gehört hatte, hatten mich tief beeindruckt. Den einen hielt Angélique Arvanitaki-Chalazonitis, eine erfahrene, sehr beschlagene Wissenschaftlerin, die entdeckt hatte, wie gut sich die *Aplysia* eignet, um die Signalübertragung von Nervenzellen zu untersuchen, den anderen Ladislav Tauc, ein junger Mann, der eine ganz neue biophysikalische Perspektive entwickelte, um die Funktionen von Nervenzellen zu untersuchen.

Die *Aplysia* wird erstmals im ersten Jahrhundert n. Chr. von Plinius dem Älteren in der Enzyklopädie *Historia Naturalis* erwähnt. Im zweiten nachchristlichen Jahrhundert berichtet Galen über sie. Bei diesen antiken Gelehrten heißt sie *Lepus marinus* oder Seehase, weil sie, wenn sie still sitzt und zusammengezogen ist, einem Kaninchen ähnelt. Als ich selbst anfing, die *Aplysia* zu untersuchen, stellte ich wie andere vor mir fest, dass sie große Mengen purpurfarbener Tinte ausschüttet, wenn sie gestört wird. Fälschlicherweise glaubte man, diese Tinte sei der Königspurpur, mit dem die Streifen auf den Togen der römischen Kaiser gefärbt wurden. (Tatsächlich ist der Königspurpur ein Sekret der Muschel *Murex*.) Da die *Aplysia* ihre Tinte so reichlich absondert, hielten einige Naturforscher früherer Zeiten sie für heilig.

Die amerikanische *Aplysia*-Art, die vor der kalifornischen Küste lebt *(A. californica)* und mit deren Untersuchung ich den größten Teil meines Berufslebens zugebracht habe, ist mehr als dreißig Zentimeter lang und wiegt mehrere Pfund (Abbildung 9.2). Ihre rötlich-braune Färbung hat sie von den Algen, die ihr als Nahrung dienen. Sie ist groß, stolz, attraktiv und offenbar sehr intelligent – mit einem Wort, genau die Art Tier, die man sich für Lernstudien wünscht!

Aufmerksam wurde ich auf die *Aplysia* nicht durch ihre Naturgeschichte oder Schönheit, sondern durch einige andere Merkmale, die Arvanitaki-Chalazonitis und Tauc in ihren Vorträgen über die europäische Art *(A. depilans)* beschrieben hatten. Beide wiesen sie daraufhin, dass das Gehirn der *Aplysia* im Vergleich zum Säugerhirn nur eine kleine Anzahl von Zellen aufweist: rund 20 000 gegenüber rund 100 Milliarden. Die

9.2 *Aplysia californica:* die riesige Meeresschnecke.

meisten dieser Zellen sind zu neun Anhäufungen oder Ganglien (Abbildung 9.3) angeordnet. Da man annahm, dass einzelne Ganglien mehrere einfache Reflexantworten steuern, glaubte ich, dass auch die Zahl der Zellen, die für ein einzelnes einfaches Verhalten zuständig sind, klein sein müsse. Ferner zählen einige Zellen der *Aplysia* zu den größten im Tierreich, so dass man relativ leicht Mikroelektroden einführen kann, um die elektrische Aktivität dieser Zellen aufzuzeichnen. Die Pyramidenzellen des Katzenhippocampus, deren Aktivität Alden und ich aufgezeichnet hatten, gehören zwar zu den größten Nervenzellen des Säugerhirns, haben jedoch auch nur einen Durchmesser von 20 Mikrometern (20 tausendstel Millimetern) und sind nur unter einem hochauflösenden Mikroskop zu sehen. Einige Zellen im Nervensystem der *Aplysia* sind fünfzig Mal so groß und mit bloßem Auge zu erkennen.

Arvanitaki-Chalazonitis hatte herausgefunden, dass einige Nervenzellen der *Aplysia* besonders leicht auszumachen sind – sie sind bei jeder Schnecke mühelos unter dem Mikroskop zu erkennen. Im Laufe der Zeit erkannte ich, dass das auch für die meisten anderen Zellen im Nervensystem des Tieres gilt, was die Aussicht, den gesamten neuronalen Schaltkreis, der eine Verhaltensweise kontrolliert, kartieren zu können, noch verbesserte. Der Schaltkreis, der für die einfachsten Reflexe der *Aplysia* verantwortlich war, stellte sich als ziemlich simpel heraus. Darüber hinaus entdeckte ich, dass die Stimulation eines einzelnen Neurons oft ein großes

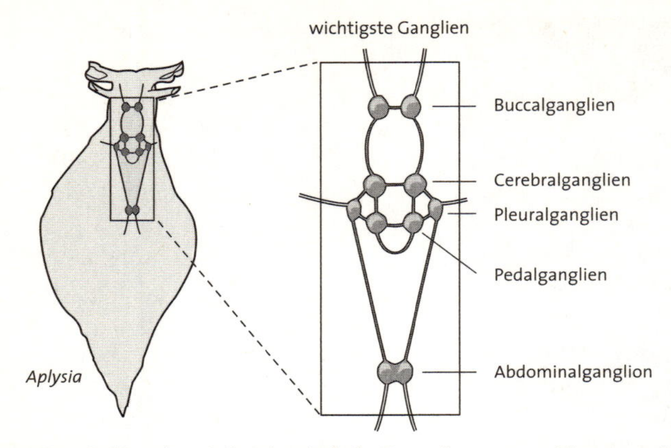

9.3 Das Gehirn der *Aplysia* ist einfach: Es umfasst 20 000 Neurone, die zu neun Anhäufungen oder Ganglien angeordnet sind. Da jedes Ganglion nur eine kleine Anzahl von Zellen besitzt, lassen sich einfache Verhaltensweisen, die von diesen Zellen kontrolliert werden, genau bestimmen. So kann man feststellen, welche Veränderungen in bestimmten Zellen stattfindet, wenn eine Verhaltensweise durch Lernen modifiziert wird.

Synapsenpotenzial in den Zielzellen hervorrief, ein deutliches Anzeichen und Maß für die Stärke der synaptischen Verbindung zwischen den beiden Zellen. Diese großen Synapsenpotenziale eröffneten mir die Möglichkeit, die neuronalen Verbindungen Zelle für Zelle zu kartieren, so dass es mir schließlich tatsächlich gelang, zum ersten Mal den exakten Schaltplan eines Verhaltens auszuarbeiten.

Viele Jahre später schrieb Chip Quinn, der als einer der Ersten genetische Lernstudien an der Fruchtfliege vornahm, ein idealer Versuchsorganismus für biologische Lernstudien sollte »nicht mehr als drei Gene besitzen, Cello spielen oder zumindest klassische griechische Texte rezitieren können und diese Aufgaben mit einem Nervensystem bewältigen, das nur zehn große, unterschiedlich gefärbte und daher leicht erkennbare Neurone enthält«. Ich fand oft, dass die *Aplysia* diese Kriterien in überraschendem Maße erfüllt.

Als ich mich entschloss, mit der *Aplysia* zu arbeiten, hatte ich die Schnecke noch nie seziert oder die elektrische Aktivität ihrer Neurone aufgezeichnet. Hinzu kam, dass damals niemand in den Vereinigten Staaten mit der *Aplysia* forschte. 1959 gab es auf der ganzen Erde zwei Menschen, die Untersuchungen an diesem Organismus vornahmen: Tauc und Arvanitaki-Chalazonitis. Beide arbeiteten in Frankreich, Tauc in Paris und Arvanitaki-Chalazonitis in Marseilles. Denise, noch immer voll Pariser Chauvinismus, hielt Paris für die bessere Wahl. In Marseilles zu leben, das wäre wie in Albany zu wohnen statt in New York City. So fiel die Entscheidung für Tauc. Bevor ich die NIH im Mai 1960 verließ, sprach ich mit Tauc, und wir kamen überein, dass ich ihn im September 1962 aufsuchen sollte, sobald ich meine psychiatrische Facharztausbildung an der Medizinischen Hochschule der Harvard University abgeschlossen hatte.

ICH VERLIESS DIE NIH SCHWEREN HERZENS, ÄHNLICH TRAURIG WIE nach dem Abschluss der Erasmus Hall High School. Ich war als blutiger Anfänger gekommen und ging als Forscher mit zwar begrenzten, aber doch ausreichenden Fähigkeiten. An den NIH hatte ich zum ersten Mal selbstständig gearbeitet. Ich hatte festgestellt, dass mir die Arbeit gefiel und dass ich dabei sogar recht erfolgreich war – auch wenn mich das verblüffte. Lange Zeit glaubte ich, dass allein der Zufall, das Glück, meine so erfreuliche und produktive Zusammenarbeit mit Alden, die großzügige psychologische Unterstützung durch Wade Marshall und die jugendorientierte Kultur der NIH dafür verantwortlich seien. Zwar hatte ich eine Reihe von Ideen gehabt, die sich als nützlich erwiesen hatten, fürchtete aber, nach diesem Anfängerglück würden sie mir bald ausgehen, so dass ich mich in der wissenschaftlichen Forschung nicht würde halten können.

Diese Zweifel wurden nicht eben geringer angesichts der Tatsache, dass John Eccles und verschiedene andere gestandene Forscher, die ich achtete und bewunderte, es nach meinen vielversprechenden Anfängen auf dem Feld des Säugerhippocampus für einen großen Fehler hielten, nun einen Neuanfang mit einem wirbellosen Tier zu wagen, das noch kaum untersucht worden war. Doch aus drei Gründen hielt ich an meinem Plan fest: Erstens war da das Kuffler-Grundfest-Prinzip der biologischen Forschung – für jedes biologische Problem gibt es einen geeigneten Versuchsorganismus. Zweitens war ich jetzt Zellbiologe. Ich wollte wissen, wie Zellen während des Lernens arbeiten, und meine Zeit mit Lektüre, Nachdenken und Diskussionen darüber verbringen. Ich wollte nicht Stunden dafür opfern, ein Experiment immer aufs Neue zu wiederholen, wie Alden und ich es mit dem Hippocampus getan hatten, nur um ganz gelegentlich einmal eine Zelle zu finden, die sich untersuchen ließ. Ich hatte Gefallen an der Idee mit den großen Zellen gefunden und war trotz der Risiken überzeugt, dass die *Aplysia* das richtige System sei und dass ich über das nötige Handwerkszeug verfügte, um das Verhalten dieser Schnecke erfolgreich zu untersuchen.

Schließlich hatte ich durch die Heirat mit Denise etwas gelernt. Auch vor diesem Schritt hatte ich gezögert und mich gefürchtet, obwohl ich Denise mehr liebte als irgendeine Frau, bei der ich ans Heiraten gedacht hatte. Doch Denise war voller Zuversicht, dass unsere Ehe klappen würde, also hatte auch ich mir ein Herz gefasst. Ich zog daraus die Lehre, dass es viele Situationen gibt, in denen man nicht einfach auf der Grundlage gesicherter Fakten entscheiden kann – denn Fakten sind häufig unzureichend. Letztlich muss man seinem Unbewussten trauen, seinen Instinkten, seinem kreativen Impuls. Mit dem Entschluss für die *Aplysia* ging ich denselben Weg.

KAPITEL 10

Neuronale Analoga des Lernens

Nach einem kurzen Besuch bei Ladislav Tauc in Paris fuhren Denise und ich im Mai 1960 nach Wien. Ich wollte ihr meine Geburtsstadt zeigen, die ich seit unserer Flucht im April 1939 nicht mehr gesehen hatte. Wir schlenderten die Ringstraße entlang, vorbei an der Staatsoper, der Universität und dem Parlament, besuchten das Kunsthistorische Museum und bewunderten den prächtigen Barockbau mit seiner schönen Marmortreppe und der herrlichen Gemäldesammlung, die noch von den Habsburgern begonnen wurde. Ein Höhepunkt dieses großartigen Museums ist der Raum, in dem die Jahreszeiten-Bilder von Pieter Bruegel dem Älteren ausgestellt sind. Wir besuchten das Obere Belvedere und begeisterten uns an der weltbesten Sammlung österreichischer Expressionisten – Klimt, Kokoschka und Schiele, die drei modernen Maler, deren Bilder in der Erinnerung der meisten Kunstliebhaber meiner Generation unauslöschliche Eindrücke hinterlassen haben.

Vor allem aber suchten wir die Wohnung in der Severingasse 8 auf, wo wir gewohnt hatten. Jetzt lebte dort eine junge Frau mit ihrem Mann. Sie erlaubte uns, einzutreten und uns umzusehen. Obwohl die Wohnung streng genommen noch meiner Familie gehörte, da wir sie nie verkauft hatten, war es mir unangenehm, mich der freundlichen Frau so aufzudrängen. Zwar blieben wir nur kurz, doch nahm ich mit Erstaunen wahr, wie winzig die Wohnung war. Dabei hatte ich die Räume ohnehin nicht sehr groß in Erinnerung – das Wohnzimmer und das Esszimmer, durch die ich mein glänzendes blaues Auto an meinem neunten Geburtstag hatte fahren lassen –, trotzdem war ich verblüfft, wie klein sie tatsächlich waren. Ein Streich, den uns das Gedächtnis häufig spielt. Dann gingen wir in die Schulgasse, zu meiner alten Grundschule, mussten aber feststellen, dass sie durch eine Behörde ersetzt worden war. Für den Weg, der mir als Kind als lange Wanderung erschienen war, brauchten wir fünf Minuten. Ähnlich kurz war die Strecke bis zur Kutschkergasse, wo mein Vater seinen Laden gehabt hatte.

Denise und ich standen auf der anderen Straßenseite und schauten zum Laden hinüber, als ein alter Mann zu uns trat, den ich nicht kannte, und sagte: »Sie müssen Hermann Kandels Sohn sein!«

Ich war sprachlos und fragte ihn, wie er das erraten habe, da doch mein Vater nie nach Wien zurückgekehrt war und ich die Stadt schon als Kind verlassen hatte. Er erklärte, er wohne drei Häuser weiter, und meinte dann einfach: »Sie haben große Ähnlichkeit mit ihm.« Weder er noch ich hatte den Mut, über die dazwischen liegenden Jahre zu sprechen – im Rückblick bedaure ich das.

Der Besuch hatte mich sehr bewegt. Denise war zwar interessiert, meinte aber später, ohne meine tiefe und bleibende Faszination für diese Stadt hätte sie sie im Vergleich zu Paris langweilig gefunden. Ihr Kommentar erinnerte mich an einen Abend am Anfang unserer Beziehung. Denise hatte mich zum ersten Mal zum Abendessen bei ihrer Mutter eingeladen. Anwesend war auch Denises imposante Tante Sonia, eine große, geistreiche und etwas arrogante Frau, die für die Vereinten Nationen arbeitete und vor dem Zweiten Weltkrieg Sekretärin der Sozialistischen Partei Frankreichs gewesen war.

Als wir uns vor dem Dinner zu einem Aperitif zusammensetzten, sah sie mich streng an und fragte mit starkem französischen Akzent: »Woher kommen Sie?«

»Wien«, antwortete ich.

Ohne ihre herablassende Miene zu ändern, gestattete sie sich ein kleines Lächeln und sagte: »Wie nett. Wir nannten es früher Klein-Paris.«

Viele Jahre später bereitete sich mein Freund Richard Axel, der mich mit der Molekularbiologie vertraut machte, auf seine erste Wienreise vor. Bevor ich ihm alle Vorzüge meiner Heimatstadt ans Herz legen konnte, hatte ihm schon einer seiner anderen Freunde sein Urteil über Wien unterbreitet: »Es ist das Philadelphia Europas!«

Ich bin mir sicher, dass keiner von ihnen Wien wirklich verstanden hat – seine verlorene Größe, seine fortdauernde Schönheit, seine heutige Selbstgefälligkeit und den latenten Antisemitismus.

NACH DER RÜCKKEHR AUS WIEN BEGANN ICH MEINE FACHARZTAUSbildung an der psychiatrischen Klinik der Harvard Medical School. Eigentlich hatte ich mich verpflichtet, schon ein Jahr früher anzufangen. Da aber die Arbeit am Hippocampus so gut lief, hatte ich Jack Ewalt, seines Zeichens Klinikdirektor und Psychiatrieprofessor an der Harvard Medical School, in einem Brief gebeten, mir ein Jahr Aufschub zu gewähren. Er antwortete umgehend, ich solle bleiben, solange es notwendig sei. Und dieses dritte Jahr an den NIH hatte sich als entscheidend erwiesen, nicht nur für meine Zusammenarbeit mit Alden, sondern auch für meinen Entwicklungsprozess als Wissenschaftler.

Angesichts dieses Anfangs und eines daran anschließenden freundlichen Briefwechsels, fragte ich Ewalt bei meiner Ankunft, ob die Möglichkeit bestehe, mir einen kleinen Raum und bescheidene Mittel zur Einrichtung eines Labors zur Verfügung zu stellen. Abrupt veränderte sich die Atmosphäre. Es war, als spräche ich plötzlich mit einem vollkommen anderen Menschen. Er sah mich an, deutete dann auf einen Stapel mit den Lebensläufen der anderen Fachärzte, die mit mir zusammen ihre Ausbildung beginnen wollten, und fuhr mich an: »Was bilden Sie sich ein? Glauben Sie, Sie sind was Besseres als all die hier?«

Ich war entsetzt über den Inhalt und noch mehr über den Ton seiner Äußerung. In all den Jahren als College- und Medizinstudent hatte keiner meiner Professoren jemals so zu mir gesprochen. Ich versicherte ihm, dass ich mich im Hinblick auf meine klinischen Fähigkeiten im Vergleich zu meinen Kollegen keinerlei Illusionen hingäbe, dass ich aber immerhin drei Jahre Erfahrung in der Forschung besäße und nicht vorhätte, diese Fähigkeiten ungenutzt zu lassen. Ewalt erwiderte, ich solle gefälligst auf die Stationen gehen und mich um die Patienten kümmern.

Verwirrt und niedergeschlagen verließ ich sein Büro und überlegte, ob ich nicht lieber an das Boston Veterans Administration Hospital gehen sollte. Jerry Lettvin, ein Neurobiologe und Freund, dem ich meine Unterhaltung mit Ewalt schilderte, riet mir dringend, ans Veterans Administration zu gehen: »Die Arbeit am Massachusetts Mental Health Center ist, als ob du in einem Whirlpool schwimmst. Da kannst du weder etwas verändern noch Fortschritte machen.« Doch weil das Ausbildungsprogramm dort einen ausgezeichneten Ruf hatte, beschloss ich, meinen Stolz zu vergessen und zu bleiben.

Es stellte sich als eine kluge Entscheidung heraus. Einige Tage später überquerte ich die Straße, betrat die Medizinische Hochschule und erörterte meine Situation mit Elwood Henneman, einen Physiologieprofessor. Er bot mir einen Platz in seinem Labor an. Einige Wochen später wandte Ewalt sich an mich und sagte, er habe von seinen Kollegen an der Medizinischen Hochschule gehört – er meinte Henneman und Stephen Kuffler –, dass es sich lohne, mir ein bisschen unter die Arme zu greifen. »Was brauchen Sie?«, fragte er. »Wie kann ich Ihnen helfen?« Dann stellte er mir alle Mittel zur Verfügung, die ich brauchte, um meine Forschung während der zweijährigen Assistenzzeit in Hennemans Labor fortzusetzen.

Die Facharztausbildung erwies sich als anregend und ein wenig enttäuschend zugleich. Meine Kollegen waren sehr begabte Ärzte, mit denen mich später langjährige Freundschaften verbanden. Viele von ihnen machten sich später in der psychiatrischen Forschung und Lehre einen Namen. Zu der Gruppe zählten Judy Livant Rappaport, eine Forschungskapazität im Bereich der Kinderpsychiatrie; Paul Wender, der bahnbrechende Studien über die genetischen Grundlagen der Schizophrenie vorlegte; Joseph Schildkraut, der das erste biologische Modell zur Depression entwickelte; George Valliant, ein Pionier, der zusammen mit anderen Forschern einige der Faktoren umriss, die Menschen zu körperlichen und geistigen Erkrankungen prädisponieren; Alan Hobson und Ernst Hartmann, die wichtige Beiträge zur Schlafforschung leisteten, sowie Tony Kris (Annas Bruder), ein bedeutender Psychoanalytiker, der ein einflussreiches Buch über das Wesen der Übertragung schrieb.

Die klinische Supervision war hervorragend, wenn auch in der Ausrichtung vielleicht etwas begrenzt. Im ersten Jahr befassten wir uns mit Patienten, die so krank waren, dass sie stationär behandelt werden mussten. Viele von ihnen litten unter Schizophrenie. Wir kümmerten uns nur um eine begrenzte Zahl von Patienten und bekamen die seltene Chance zu intensiver psychotherapeutischer Arbeit – pro Woche zwei oder sogar drei einstündige Sitzungen. Obwohl wir den seelischen Zustand dieser schwerkranken Patienten nicht wirklich verbesserten, lernten wir viel über Schizophrenie und depressive Erkrankungen, indem wir ihnen einfach zuhörten. Elvin Semrad, der Leiter der klinischen Einrichtungen, und die meisten unserer Supervisoren orientierten sich stark an der psychoanalytischen Theorie und Praxis. Nur wenige von ihnen dachten in biologischen Begriffen oder kannten sich in der Psychopharmakologie aus. Die meisten rieten uns von der Lektüre der psychiatrischen oder sogar psychoanalytischen Fachliteratur ab, weil sie der Meinung waren, wir sollten von unseren Patienten und nicht aus unseren Büchern lernen. »Hören Sie auf die

Patienten und nicht auf die Literatur«, war das vorherrschende pädagogische Motto.

Bis zu einem gewissen Grade hatten sie Recht. Unsere Patienten lehrten uns eine Menge über die klinischen und dynamischen Aspekte schwerer psychischer Erkrankungen. Vor allem lernten wir, aufmerksam auf das zu hören, was uns die Patienten über sich und ihr Leben berichteten. Ganz besonders wichtig: Wir lernten, die Patienten als Individuen mit besonderen Vorzügen und besonderen Problemen zu respektieren.

Allerdings brachte man uns so gut wie nichts über die Grundlagen der Diagnose oder die biologische Basis psychiatrischer Störungen bei. Rudimentär war auch die Einführung, die wir in die medikamentöse Behandlung von psychischen Erkrankungen erhielten. Tatsächlich riet man uns häufig davon ab, Medikamente einzusetzen, weil Semrad und unsere Supervisoren befürchteten, die Arzneimittel könnten die Psychotherapie beeinträchtigen.

In Reaktion auf diese Schwäche des Programms organisierten wir Fachärzte in der Ausbildung eine Diskussionsgruppe zum Thema deskriptive Psychiatrie, die sich einmal im Monat in dem Haus traf, das Kris und Hartmann gemeinsam bewohnten. Abwechselnd hielten wir Referate. Ich beschäftigte mich in meinem Vortrag mit einer Gruppe akuter psychischer Störungen, die unter der Bezeichnung Amentiae zusammengefasst werden und im Gefolge von Schädelhirntraumen und chemischen Vergiftungen auftreten. In einigen dieser Fälle, etwa der akuten Alkoholhalluzinose, leiden die Patienten unter einer Psychose, die der Schizophrenie ähnelt, aber vollständig abklingen kann, sobald die Alkoholwirkung nachlässt. Mein Fazit lautete, dass eine psychotische Reaktion nicht auf die Schizophrenie beschränkt ist, sondern das Ergebnis verschiedener Störungen sein kann.

Vor unserer Ankunft hatte das Mental Health Center so gut wie nie Redner von außerhalb für die Facharztausbildung eingeladen. Darin spiegelte sich der selbstgefällige Hochmut Harvards und Bostons, der sehr hübsch in dem Scherz zum Ausdruck kommt, dem zufolge eine Dame der Bostoner Gesellschaft, nach ihren Reisen befragt, erwidert: »Warum sollte ich reisen? Ich bin doch schon hier.«

Kris, Schildkraut und ich veranstalteten interdisziplinäre Konferenzen, in denen wir all die Forscher und Ärzte des Krankenhauses mit wichtigen Leuten aus anderen Institutionen zusammenbrachten. An den NIH hatte mich ein Vortrag von Seymour Key fasziniert, dem ehemaligen Direktor des Institute of Mental Health, der seinerzeit Wade Marshall geholt hatte. Er hatte über genetische Aspekte der Schizophrenie gesprochen. Ich hielt es für eine gute Idee, unsere Vortragsreihe mit diesem Thema zu beginnen. Doch 1961 konnte ich in ganz Boston nicht einen einzigen Psychiater auftreiben, der irgendetwas über den Zusammenhang von Genetik und psychischen Erkrankungen wusste. Dann hörte ich, dass Ernst Mayr, der namhafte Evolutionsbiologe an der Harvard University, mit dem verstorbenen Franz Kallman befreundet gewesen war, einem Wegbereiter der Genforschung zur Schizophrenie. Großzügig sagte Mayr sein Kommen zu und hielt zwei glänzende Vorträge über die genetischen Grundlagen psychischer Erkrankungen.

Ich hatte mein Medizinstudium in der Überzeugung begonnen, dass die Psychoanalyse eine vielversprechende Zukunft habe. Nach meinen Erfahrungen an den NIH begann ich nun jedoch, meine Entscheidung, Psychoanalytiker zu werden, in Frage zu stellen. Auch die Arbeit im Labor vermisste ich. Ich sehnte mich nach neuen Daten und danach, mit anderen Forschern zu diskutieren. Vor allem aber bezweifelte ich die Nützlichkeit der Psychoanalyse bei der Behandlung von Schizophrenie; sogar Freud war in dieser Hinsicht nicht optimistisch gewesen.

Damals arbeiteten die Fachärzte in der Ausbildung noch nicht so viel wie heute: von halb neun morgens bis fünf Uhr nachmittags und nur ganz selten einmal eine Schicht am Abend oder am Wochenende. Infolgedessen konnte ich eine Idee in die Tat umsetzen, die mir von Felix Strumwasser vorgeschlagen worden war: neuroendokrine Zellen des Hypothalamus zu untersuchen. Es handelt sich um ungewöhnliche und ziemlich seltene Zellen des Gehirns. Sie sehen wie Neurone aus, doch statt Signale auf direktem Wege, das heißt über Synapsenverbindungen, an andere Zellen zu übertragen, schütten sie Hormone in die Blutbahn aus. Die neuroendokrinen Zellen interessierten mich vor allem deshalb, weil einige Forschungsergebnisse darauf schließen ließen, dass die Funktionsweise der neuroendokrinen Zellen des Hypothalamus bei schweren depressiven Erkrankungen gestört ist. Ich hatte in Erfahrung gebracht, dass die neuroendokrinen Zellen beim Goldfisch sehr groß sind, und so führte ich in meiner Freizeit eine Reihe einigermaßen neuartiger Experimente durch, die zeigten, dass diese Zellen genau wie normale Neurone Aktionspotenziale erzeugen und synaptische Signale von anderen Nervenzellen empfangen. Denise half mir, das Aquarium einzurichten, und bastelte aus einem Spültuch und einem Drahtkleiderbügel einen praktischen Käscher.

Meine Studien lieferten eindeutige Beweise dafür, dass neuroendokrine Zellen sowohl vollständig funktionsfähige endokrine Zellen als auch vollständig funktionsfähige Nervenzellen sind. Sie verfügen über all die komplexen Fähigkeiten zur Signalübertragung, die Nervenzellen eigen sind. Die Untersuchungen wurden wohlwollend aufgenommen, weil sie etwas Neues zu Tage förderten. Für mich noch wichtiger war aber der Umstand, dass ich sie ganz allein durchgeführt hatte, in einem Hinterzimmer von Hennemans Labor und zu Zeiten, wo sich dort meist niemand mehr aufhielt. Nach Abschluss dieser Studien hatte ich schon etwas mehr Zutrauen zu meinen eigenen Fähigkeiten. Doch mit dem Wechsel vom Hippocampus zu einem Projekt über neuroendokrine Zellen betrat ich in meinen Augen nicht wirklich Neuland. Ich wandte weitgehend die gleichen Grundsätze wie an den NIH an. Wie lange würde dieser begrenzte Vorrat an Kreativität reichen?, fragte ich mich in ständiger Sorge, mir könnten bald die Ideen ausgehen.

Doch das war die geringste meiner Sorgen. Kurz nachdem unser Sohn Paul im März 1961 geboren wurde, hatten Denise und ich eine schwere Krise, bei weitem die schlimmste unseres gemeinsamen Lebens. Ich fand unsere Beziehung ungewöhnlich harmonisch. Sie hatte mich rückhaltlos unterstützt, während ich versuchte, in meinem Beruf Fuß zu fassen, und gleichzeitig als Postdoktorandin am Massachusetts Mental Health Center an einem Programm mitgearbeitet, das in der Forschung tätige Soziologen mit Fragen psychischer Störungen vertraut machen sollte. Wir sahen uns nur noch im Vorübergehen.

Da tauchte sie plötzlich eines Sonntagnachmittags bei mir im Labor auf, Paul im Arm und völlig außer sich. »So geht es nicht weiter!«, schrie sie mich an. »Du denkst nur noch an dich und deine Arbeit! Wir beide existieren gar nicht mehr für dich!«

Ich war betroffen und tief verletzt. Meine Forschungsarbeiten nahmen mich, in Freude und Furcht (wenn Experimente wie so häufig nicht klappten), so in Anspruch, dass ich nie auf den Gedanken gekommen wäre, ich könnte Denise und Paul in irgendeiner Weise vernachlässigen oder lieblos behandeln. Ich war verstört und ärgerlich darüber, dass sie mich so schroff und unvermittelt zur Rede gestellt hatte. Ich grollte und schmollte und brauchte tagelang, um mich zu fangen. Nur ganz allmählich wurde mir klar, wie mein Verhalten auf Denise gewirkt haben musste. Daher beschloss ich, in Zukunft mehr Zeit zu Hause mit ihr und Paul zu verbringen.

Bei dieser und vielen späteren Gelegenheiten lenkte Denise meine Aufmerksamkeit erfolgreich von der Wissenschaft, die leicht meine ganze Zeit hätte in Anspruch nehmen können – und gelegentlich auch nahm –, auf unsere Kinder. Beiden, Paul und unserer Tochter Minouche, die 1965 geboren wurde, bin ich ein interessierter und engagierter, aber sicherlich kein idealer Vater gewesen. Ich habe mindestens die Hälfte von Pauls Baseballspielen in der Little League, dem Verband für Kinder und Jugendliche, versäumt – auch dasjenige, in dem er mit einem spektakulären Befreiungsschlag seine Mitspieler aus einer üblen Lage befreite. Diese Heldentat war tagelang der einzige Gesprächsstoff bei uns in der Familie, und ich bin bis auf den heutigen Tag untröstlich, dass ich sie versäumt habe.

Als 2004 mein 75. Geburtstag näherrückte, feierten wir ihn drei Monate früher, damit wir alle in unserem Sommerhaus auf Cape Cod zusammen sein konnten – wir, unsere Tochter Minouche und ihr Mann Rick Sheinfield, deren Kinder Izzy, fünf, und Maya, drei, sowie unser Sohn Paul, seine Frau Emily und ihre beiden Töchter Allison, zwölf, und Libby, acht. Minouche, die an der Yale University und der Harvard Law School studierte, ist heute Anwältin für öffentliches Recht mit Schwerpunkt Frauenfragen und Frauenrechte in San Francisco. Ihr Mann Rick ist Rechtsberater der Stadt und beschäftigt sich mit Problemen des Gesundheitswesens. Paul studierte Wirtschaftswissenschaft am Haverford College und ging dann an die Columbia Business School. Heute leitet er einige Dreyfus-Fonds. Emily absolvierte das Bryn Mawr College und die Parsons School of Design und leitet ein eigenes Innenarchitekturbüro.

Auf meiner Geburtstagsfeier brachte ich einen Toast auf unsere Kinder, ihre Ehepartner und meine vier Enkel aus: Wie stolz ich sei, dass aus unseren Kindern so vernünftige und interessante Menschen geworden und dass sie ihren eigenen Kindern so gute Eltern seien, wo ich als Vater doch bestenfalls eine »Zwei minus« verdient hätte. Woraufhin Minouche, die mich gerne auf die Schippe nimmt, ausrief: »Noteninflation!«

»Toll war es, Paps«, meinte sie bei einer anderen Gelegenheit, »dass du mir das Gefühl vermittelt hast, ich könnte mir geistig alles zutrauen. Als ich klein war, hast du mir oft vorgelesen, du hast dich immer dafür interessiert, was ich gedacht habe und was ich in der Schule, am College, an der Uni und auch heute noch tue. Aber du hast mich, wenn ich an meine Kindheit zurückdenke, nicht ein einziges Mal zu einem Arztbesuch begleitet!«

Begreiflicherweise fiel und fällt es meinen Kindern schwer, zu verstehen – oder gar zu entschuldigen –, dass die wissenschaftliche Forschung ein Gegenstand grenzenloser und endloser Faszination für mich ist. Ich habe – mit Hilfe von Denise und meiner Psychoanalyse – hart an mir arbeiten müssen, um durch eine realistischere Einstellung und eine vernünftigere Organisation meiner Zeit Raum auch für die Pflichten und Freuden meines Lebens mit Minouche, Paul und ihren Kindern schaffen zu können.

ALS ICH MEHR ZEIT ZU HAUSE BEI DENISE UND PAUL VERBRACHTE, hatte ich auch mehr Zeit, um über den Ansatz für eine Lernstudie an der *Aplysia* nachzudenken. Alden Spencer und ich hatten festgestellt, dass sich an der Gedächtnisspeicherung beteiligte Neurone in einigen grundlegenden Eigenschaften von anderen unterscheiden. Diese Ergebnisse sprachen für die Auffassung, dass das Gedächtnis nicht von den Eigenschaften der Nervenzelle an sich abhängt, sondern von der Art und Weise, wie die Verknüpfungen zwischen Neuronen beschaffen sind und wie die Nervenzellen die empfangenen Sinnesdaten verarbeiten. Das brachte mich zu der Vermutung, dass in einem für Verhalten zuständigen Schaltkreis das Gedächtnis dadurch zustande kommen könnte, dass sich die Stärke der synaptischen Verbindungen in diesem Schaltkreis infolge bestimmter sensorischer Stimulationsmuster verändert.

Schon Cajal hatte 1894 vermutet, dass irgendeine Synapsenveränderung für das Lernen wichtig sein könne:

> Geistige Übung erleichtert eine stärkere Entwicklung des protoplasmatischen Apparats und der Kollateralfasern im betreffenden Hirngebiet. Auf diese Weise werden möglicherweise bereits bestehende Verknüpfungen zwischen Zellgruppen durch Vervielfältigung der Endverzweigungen verstärkt … Doch die bereits vorhandenen Verbindungen könnten auch durch die Bildung neuer Kollateralfasern und … Fortsätze verstärkt werden.

Eine moderne Form dieser Hypothese hat 1948 der polnische Neuropsychologe Jerzy Kornorski, ein Pawlow-Schüler, vorgeschlagen. Danach ruft ein sensorischer Reiz zwei verschiedene Veränderungen im Nervensystem hervor. Die erste – er nannte sie Erregbarkeit – folgt auf die Erzeugung von einem oder mehreren Aktionspotenzialen in einer Nervenbahn, die einen sensorischen Reiz empfangen hat. Das Feuern von Aktionspotenzialen hebt kurzzeitig die Schwelle für die Erzeugung weiterer Aktionspotenziale in diesen Neuronen, eine bekannte Erscheinung, die als Refraktärzeit bezeichnet wird. Die zweite, interessantere Veränderung, die Kornorski Plastizität oder plastische Veränderung nannte, führe zu, wie er schrieb, »einem dauerhaften Funktionswandel ... in bestimmten Neuronensystemen durch Einwirkung entsprechender Reize oder Reizkombinationen«.

Die Vorstellung, dass bestimmte neuronale Systeme sehr anpassungsfähig und plastisch und daher dauerhaft verformbar seien – möglicherweise infolge einer Veränderung in der Stärke ihrer Synapsen –, fand ich sehr reizvoll. Das führte mich zu der Frage: Wie entstehen diese Veränderungen? John Eccles hatte der Gedanke fasziniert, dass übermäßige Verwendung dafür verantwortlich sein könnte. Doch als er die Idee überprüfte, stellte er fest, dass sich die Synapsen nur für kurze Zeit veränderten. Eccles: »Leider war es nicht möglich, experimentell nachzuweisen, dass übermäßige Aktivierung zu länger anhaltenden Veränderungen in der synaptischen Effizienz führte.« Für das Lernen relevant konnten meiner Ansicht nach nur Veränderungen an den Synapsen sein, die über einen längeren Zeitraum, im Extremfall über die gesamte Lebenszeit eines Tieres, wirksam sind. Ich hatte jetzt den vagen Verdacht, dass es Pawlow möglicherweise deshalb gelungen war, so deutlich erkennbare Lernerfolge zu erzielen, weil die von ihm verwendeten einfachen sensorischen Reizmuster bestimmte natürliche Aktivierungsmuster auslösten, die sich besonders gut eigneten, langfristige Veränderungen der synaptischen Übertragung hervorzurufen. Diese Idee ließ mich nicht mehr los. Wie ließ sie sich testen? Wie konnte ich ein optimales Aktivitätsmuster erzeugen?

Nach weiteren Überlegungen beschloss ich, in den Nervenzellen der *Aplysia* die sensorischen Reizmuster zu simulieren, die Pawlow für seine Lernexperimente benutzt hatte. Selbst wenn diese Aktivitätsmuster künstlich hervorgerufen wurden, würden sie möglicherweise einige der langfristigen plastischen Veränderungen ans Licht bringen, zu denen Synapsen fähig sind.

JE ERNSTHAFTER ICH ÜBER DIESE FRAGEN NACHDACHTE, DESTO KLARER wurde mir, dass ich Cajals Theorie, der zufolge Lernen die Stärke der Synapsenverbindungen zwischen Neuronen verändert, neu formulieren musste. Cajal stellte sich unter Lernen einen einzigen Prozess vor. Vertraut mit Pawlows behavioristischen und den späteren, kognitiven Untersuchungen von Brenda Milner, wusste ich jedoch, dass es sehr viele verschiedene Formen des Lernens gibt, die durch verschiedene Reizmuster und -kombinationen hervorgerufen werden, und dass diese Lernformen zwei verschiedene Arten der Gedächtnisspeicherung nach sich ziehen.

Daher erweiterte ich Cajals Idee in folgender Weise: Ich ging von der Annahme aus, dass verschiedene Lernformen verschiedene Muster neuronaler Aktivität hervorrufen und dass jedes dieser Aktivitätsmuster die Stärke der synaptischen Verbindungen in ganz bestimmter Weise verändert. Wenn solche Veränderungen überdauern, ist das Ergebnis Gedächtnisspeicherung.

Indem ich Cajals Theorie in dieser Weise umformulierte, konnte ich mir überlegen, wie sich Pawlows behavioristische Versuchsprotokolle in biologische Versuchsprotokolle umwandeln ließen. Schließlich waren Habituation, Sensitivierung und klassische Konditionierung – die drei von Pawlow beschriebenen Lernprotokolle – im Prinzip eine Reihe von Anweisungen, wie ein sensorischer Reiz allein oder in Verbindung mit anderen sensorischen Reizen dargeboten werden sollte, um Lernen hervorzurufen. Mit meinen biologischen Studien wollte ich bestimmen, ob verschiedene Reizmuster nach dem Vorbild von Pawlows Lernarten auch verschiedene Formen synaptischer Plastizität hervorriefen.

Bei der Habituation lernt ein Tier beispielsweise, dem wiederholt ein schwacher oder neutraler sensorischer Reiz dargeboten wird, den Reiz als unwichtig zu erkennen und ihn zu ignorieren. Ist ein Reiz dagegen stark, wie bei der Sensitivierung, erkennt das Tier den Reiz als gefährlich und lernt, seine Abwehrreflexe zu verstärken, um Rückzug und Flucht vorzubereiten. Ein harmloser Reiz, der kurz danach dargeboten wird, löst dann ebenfalls eine Abwehrreaktion aus. Wird ein neutraler Reiz mit einem potenziell gefährlichen Reiz gekoppelt – wie bei der klassischen Konditionierung –, lernt das Tier, auf den neutralen Reiz zu reagieren, als wäre er ein Gefahrensignal.

Nun fand ich, es müsse doch möglich sein, in den Nervenbahnen der *Aplysia* ähnliche Aktivitätsmuster hervorzurufen, wie man dies bei Tieren tut, die man in diesen drei Lernaufgaben trainiert. Dann ließe sich bestimmen, wie Synapsenverbindungen durch Reizmuster, die verschiedene Lernarten simulieren, verändert werden. Neuronale Analoga des Lernens nannte ich diesen Ansatz.

Auf die Idee brachten mich Berichte über ein Experiment just zu dem Zeitpunkt, als ich überlegte, womit ich meine Experimente an der *Aplysia* beginnen sollte. 1961 hatte Robert Doty von der University of

Michigan in Ann Arbor eine bemerkenswerte Entdeckung über die klassische Konditionierung gemacht. Er brachte in dem Teil des Hundehirns, das für das Sehen zuständig ist, einen schwachen elektrischen Reiz an und stellte fest, dass er damit zwar elektrische Aktivität in Neuronen des visuellen Cortex hervorrief, aber keine Bewegung. Ein anderer elektrischer Reiz im motorischen Cortex veranlasste den Hund, die Pfote zu bewegen. Nach einer Reihe von Versuchen, in denen die Reize gepaart wurden, reichte der schwache Reiz allein aus, um die Pfotenbewegung auszulösen. Doty hatte schlüssig nachgewiesen, dass die klassische Konditionierung im Gehirn nicht auf Motivation angewiesen ist: Es genügt, einfach zwei Reize zu koppeln.

Das war ein großer Schritt hin zu einer reduktionistischen Analyse des Lernens, doch die neuronalen Analoga des Lernens, die ich entwickeln wollte, erforderten noch zwei weitere Schritte. Erstens wollte ich, statt Experimente am ganzen Tier vorzunehmen, das Nervensystem entfernen und an einem einzigen Ganglion, an einer einzelnen Anhäufung von rund zweitausend Nervenzellen, arbeiten. Zweitens hatte ich vor, in diesem Ganglion eine einzige Nervenzelle – eine Zielzelle – auszuwählen, die mir als Modell für jedwede synaptische Veränderung dienen sollte, die als Ergebnis des Lernens auftreten mochte. Dann würde ich einzelne, den verschiedenen Lernformen nachgebildete Muster von elektrischen Impulsen in ein bestimmtes Axonbündel einspeisen, das von den sensorischen Neuronen an *Aplysias* Körperoberfläche bis zur Zielzelle reicht.

Zur Simulierung der Habituation wollte ich wiederholte, schwache elektrische Impulse in diese neuronale Bahn eingeben, zur Simulation der Sensitivierung eine zweite Nervenbahn ein oder mehrere Male sehr stark reizen, um die Auswirkungen zu beobachten, die das auf die Reaktion der Zielzelle auf die schwache Stimulation der ersten Bahn hat. Um schließlich die klassische Konditionierung zu simulieren, wollte ich den starken Reiz in der zweiten Bahn mit dem schwachen Reiz in der ersten Bahn so paaren, dass der starke Reiz stets auf den schwachen folgte und mit ihm verknüpft war. Auf diese Weise würde ich entscheiden können, ob die drei Reizmuster die synaptischen Verbindungen mit der Zielzelle veränderten und wenn ja, in welcher Weise. Verschiedene Veränderungen der synaptischen Stärke in Reaktion auf die drei verschiedenen Muster elektrischer Stimulation würden Analoga – biologische Modelle – der synaptischen Veränderungen im Nervensystem der *Aplysia* darstellen, hervorgerufen durch Training für die drei verschiedenen Lernformen.

Mit Hilfe dieser drei neuronalen Analoga wollte ich eine entscheidende Frage beantworten: Wie werden Synapsen durch verschiedene Muster sorgfältig kontrollierter elektrischer Reize verändert, welche die sensorischen Reize der drei Hauptkategorien von Lernexperimenten nachahmen? Wie werden beispielsweise Synapsen modifiziert, wenn, wie in der klassischen Konditionierung, ein schwacher Reiz in einer Bahn einem starken in einer anderen Bahn unmittelbar vorangeht und ihn infolgedessen vorhersagt?

Um diese Frage zu beantworten, bewarb ich mich im Januar 1962 an den NIH um ein Postdoktorandenstipendium, das mir die Möglichkeit verschaffen sollte, in Taucs Labor zu arbeiten. Insbesondere hatte ich das Ziel,

> die Zellmechanismen der elektrophysiologischen Konditionierung und der Synapsenaktivierung in einem einfachen Nervennetz zu untersuchen ... In dieser exploratorischen Studie soll versucht werden, Methoden zu entwickeln, um ein einfaches Präparat zu konditionieren und einige der an diesem Prozess beteiligten neuronalen Elemente zu analysieren ... Das langfristige Ziel besteht darin, eine konditionierte Reaktion in der kleinstmöglichen Neuronenpopulation »einzufangen«, um die Aktivität der beteiligten Zellen mit Hilfe einer multiplen Mikroelektrodenuntersuchung zu erfassen.

Ich schloss meine Bewerbung mit den folgenden Worten:

> Dieser Forschungsarbeit liegt die explizite Hypothese zugrunde, dass die Möglichkeit elementarer Formen konditionierter, plastischer Veränderung zu den inhärenten und grundlegenden Eigenschaften jedes zentralnervösen Neuronenensembles zählt, egal ob einfach oder komplex.

Ich wollte empirisch überprüfen, ob die Zellmechanismen, die Lernen und Gedächtnis zugrunde liegen, womöglich während der Evolution konserviert wurden und daher auch in einfachen Tieren und selbst bei künstlichen Stimulationsweisen zu finden sind.

Der deutsche Komponist Richard Strauß bemerkte einmal, seine schönsten Stücke habe er häufig nach einem Streit mit seiner Frau geschrieben. Das kann ich von mir nicht generell behaupten. Doch der Streit, in dem Denise erreichte, dass ich mehr Zeit für sie und Paul erübrigte, gab mir Gelegenheit, innezuhalten und nachzudenken. So gewann ich aus diesem Streit die eigentlich sehr nahe liegende Erkenntnis, dass konzentriertes Nachdenken, vor allem wenn es zu mindestens einem nützlichen Einfall führt, weit wertvoller ist, als ein Experiment ans andere zu reihen. Später sollte mich ein Kommentar von Max Perutz, dem in Wien geborenen britischen Strukturbiologen, über Jim Watson noch einmal daran erinnern: Dessen Stärke liege darin, dass »er nie harte Arbeit mit gründlichem Nachdenken verwechselte«.

Mit einem großartigen NIH-Stipendium über 10 000 Dollar im Jahr im Rücken, brachen Denise, Paul und ich im September 1962 zu einem vierzehnmonatigen Parisaufenthalt auf.

Dritter Teil

Das zu Ende gehende Jahrhundert hat sich eingehend mit Nukleinsäuren und Proteinen beschäftigt. Das kommende wird sich auf die Erinnerungen und Begierden konzentrieren. Wird es solche Fragen zu lösen vermögen?

François Jacob, *Die Maus, die Fliege und der Mensch*

KAPITEL 11

Verstärkung von synaptischen Verbindungen

In Paris zu sein, war wunderbar, und ich gewöhnte mich daran, die Stadt jedes Wochenende mit Denise und Paul zu durchstreifen. Das machte den Aufenthalt in Frankreich für uns alle drei zu einem unvergesslichen Erlebnis. Außerdem war ich hocherfreut, mich wieder ganz der Forschung widmen zu können. Ladislav Tauc und ich ergänzten uns, was unsere Interessen und Fachgebiete anging – eine ideale Voraussetzung für unsere Zusammenarbeit. Abgesehen davon, dass er die *Aplysia* wie seine Westentasche kannte, verstand er etwas von Physik und Biophysik, Gebiete, die für die Zellphysiologie von grundlegender Bedeutung sind. Mir fehlte es in beiden Bereichen an soliden Kenntnissen, daher konnte ich dort eine Menge von ihm lernen.

Tauc war gebürtiger Tschechoslowake (Abbildung 11.1) und hatte über die elektrischen Eigenschaften von großen Pflanzenzellen promoviert, die ein ähnliches Ruhe- und Aktionspotenzial wie Nervenzellen haben. Diesem Interesse blieb er auch bei seinen Experimenten an der *Aplysia* treu, als er die größte Zelle im Abdominalganglion untersuchte – eine Zelle, die ich später R2 nannte – und die Stelle in diesem Neuron beschrieb, an der das Aktionspotenzial erzeugt wird. Da der Schwerpunkt seines Interesses auf den biophysikalischen Eigenschaften von Nervenzellen lag, hatte er sich mit neuronalen Schaltkreisen oder Tierverhalten nicht beschäftigt und auch Lernen und Gedächtnis wenig Aufmerksamkeit geschenkt, also den Fragen, die meine Überlegungen zum Säugerhirn bestimmten.

Wie viele andere Postdoktoranden machte ich die schöne Erfahrung, dass ich nicht nur von dem profunden Wissen und der Erfahrung eines gestandenen Forschers profitieren durfte, sondern auch meinen eigenen Beitrag an Erfahrung und Wissen in die gemeinsame Arbeit einbringen

11.1 Ladislav Tauc (1925-1999) war einer der Ersten, die sich mit der *Aplysia* beschäftigten. Ich habe 1962/63 vierzehn Monate bei ihm in Paris gearbeitet.

konnte. Tauc stand dem Vorhaben, Lernen auf der zellulären Ebene der *Aplysia* zu untersuchen, zunächst etwas skeptisch gegenüber. Doch im Laufe der Zeit begeisterte er sich für meinen Plan, Analoga des Lernens in einer einzigen Zelle des Abdominalganglions zu erforschen.

Wie ich es mir bei der Planung des Projekts vorgenommen hatte, präparierte ich das Abdominalganglion mit seinen zweitausend Nervenzellen heraus und gab es in eine kleine Kammer, die mit belüftetem Meerwasser gefüllt war. In eine Zelle, meist Zelle R2, führte ich Mikroelektroden ein und registrierte dann die Reaktionen der Zelle auf verschiedene Reizsequenzen in den Nervenbahnen, die in dieser Zelle zusammenliefen. Ich verwendete drei Stimulationsmuster, um in Anlehnung an Pawlows Experimente mit Hunden drei Lernanaloga zu entwickeln: Habituation, Sensitivierung und klassische Konditionierung. Bei klassischer Konditionierung lernt ein Tier, auf einen neutralen Reiz genauso zu reagieren, wie es das bei einer ernsthaften Bedrohung oder einem negativen Reiz tun würde. Das heißt, es verknüpft den neutralen mit dem negativen Reiz. Bei Habituation und Sensitivierung lernt ein Tier, auf eine Reizart zu reagieren, ohne sie mit einer anderen zu verknüpfen. Die Experimente waren noch ergiebiger, als ich mir erhofft hatte.

Durch Habituation, die einfachste Form des Lernens, lernt ein Tier, einen Reiz zu erkennen, der harmlos ist. Wenn es ein plötzliches Geräusch wahrnimmt, reagiert es anfangs mit mehreren der Abwehr und dem Schutz dienenden Veränderungen in seinem autonomen Nervensystem, unter anderem einer Erweiterung der Pupillen und einer erhöhten Herz- und Atemfrequenz (Abbildung 11.2). Wird das Geräusch mehrfach wie-

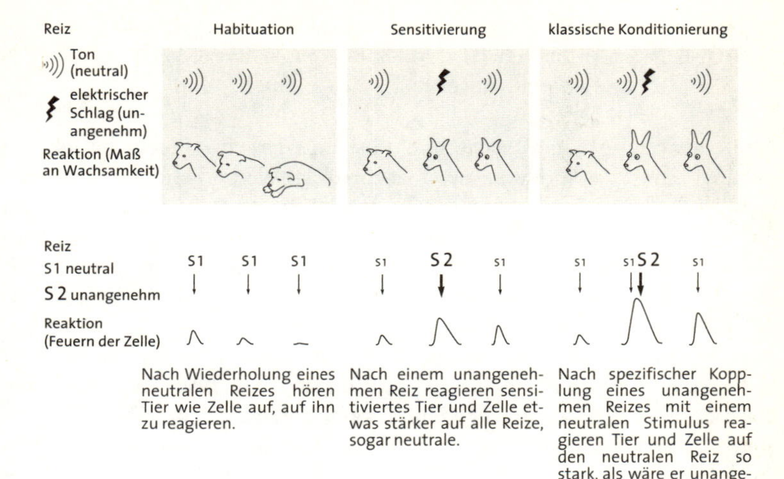

11.2 Drei Arten impliziten Lernens bei Tieren: Habituation, Sensitivierung und klassische Konditionierung kann man sowohl an Tieren (oben) als auch an einzelnen Nervenzellen (unten) untersuchen.

derholt, lernt das Tier, dass es den Reiz gefahrlos missachten kann. Seine Pupillen erweitern sich nicht mehr, und die Herzfrequenz bleibt unverändert, wenn der Reiz dargeboten wird. Wird der Reiz eine Zeit lang ausgesetzt und dann wieder dargeboten, reagiert das Tier erneut auf ihn.

Habituation ermöglicht es Menschen, auch in einer lärmenden Umgebung effektiv zu arbeiten. Wir gewöhnen uns an das Schlagen der Uhr in unserem Arbeitszimmer wie an unseren Herzschlag, unsere Magenbewegungen und andere Körperempfindungen. Diese Wahrnehmungen treten uns nur selten und unter besonderen Umständen ins Bewusstsein. Insofern heißt Habituation, wiederkehrende Reize zu erkennen, die ohne Gefahr ignoriert werden können.

Habituation eliminiert auch unangemessene oder übertriebene Abwehrreaktionen. Das belegt die folgende Fabel (Äsop möge mir verzeihen):

> Ein Fuchs, der noch nie eine Schildkröte gesehen hatte, war, als er zum ersten Mal einem solchen Tier im Wald begegnete, so erschreckt, dass ihn fast der Schlag getroffen hätte. Als er der Schildkröte ein zweites Mal be-

> gegnete, war er noch immer höchst beunruhigt, aber nicht mehr ganz so wie beim ersten Male. Bei der dritten Begegnung war er so kühn, dass er zu ihr trat und ein unbefangenes Gespräch mit ihr begann.

Die Beseitigung von Reaktionen, die keinem vernünftigen Zweck dienen, reduziert das Verhalten des Tieres auf das Wesentliche. Jungtiere neigen häufig auch bei einer Vielzahl von nicht bedrohlichen Reizen zu Fluchtreaktionen. Sobald sie sich an diese Reize gewöhnt haben, könnten sie sich auf diejenigen konzentrieren, die neuartig oder mit Lust beziehungsweise Gefahr verbunden sind. Habituation ist also wichtig für die Organisation der Wahrnehmung.

Dabei ist Habituation nicht auf Fluchtreaktionen beschränkt: Auch die Häufigkeit sexueller Reaktionen kann durch Habituation vermindert werden. Bei freiem Zugang zu einem befruchtungsbereiten Weibchen kopuliert eine männliche Ratte in der Regel über einen Zeitraum von zwei Stunden sechs bis sieben Mal. Danach scheint es sexuell erschöpft zu sein und stellt seine Aktivität für dreißig Minuten oder länger ein. Es handelt sich jedoch um sexuelle Habituation, nicht um Erschöpfung. Ein scheinbar erschöpftes Männchen beginnt sich augenblicklich wieder zu paaren, sobald ein neues Weibchen verfügbar wird.

Da sie sich dank ihrer Einfachheit als Test für das Wiedererkennen vertrauter Gegenstände geradezu anbietet, ist die Habituation eines der brauchbarsten Mittel, um die Entwicklung der visuellen Wahrnehmung und des visuellen Gedächtnisses bei Säuglingen zu prüfen. In der Regel reagieren Säuglinge auf ein neuartiges Bild mit erweiterten Pupillen und erhöhter Herz- und Atemfrequenz. Zeigt man ihnen das Bild jedoch wiederholt, reagieren sie irgendwann nicht mehr. Ein Säugling, dem man immer wieder einen Kreis gezeigt hat, reagiert nicht mehr darauf. Hält man ihm nun aber ein Quadrat hin, erweitern sich seine Pupillen wieder, und Herzschlag und Atmung werden schneller, woraus wir schließen können, dass er zwischen den beiden Bildern unterscheiden kann.

Die Habituation simulierte ich, indem ich ein Axonbündel, das zur Zelle R2 führte, schwach elektrisch reizte und diesen Vorgang zehn Mal wiederholte. Wie ich feststellen konnte, nahm das Synapsenpotenzial, mit dem die Zelle auf den Reiz reagierte, mit den Wiederholungen immer mehr ab. Beim zehnten Reiz war die Reaktion nur noch rund ein zwanzigstel so stark wie beim ersten Reiz, so wie auch die Verhaltensreaktion eines Tieres nachlässt, wenn ein neutraler Reiz wiederholt dargeboten wird (Abbildung 11.2). Diesen Prozess nannte ich homosynaptische Depression: Depression, weil die synaptische Reaktion abgeschwächt wurde, und homosynaptisch, weil die Depression in der Nervenbahn auftrat, die stimuliert wurde (*homo* heißt auf Griechisch »gleich«). Nachdem ich den Reiz zehn oder fünfzehn Minuten ausgesetzt hatte, wiederholte ich ihn: Die Zelle reagierte fast so stark wie ursprünglich. Diesen Prozess nannte ich Erholung von der homosynaptischen Depression.

Sensitivierung ist das Spiegelbild der Habituation. Statt einem Tier beizubringen, einen Reiz zu ignorieren, ist die Sensitivierung eine Art erlernter Furcht: Sie lehrt das Tier, stärker auf fast jeden Reiz zu achten und zu reagieren, nachdem ihm ein bedrohlicher Reiz dargeboten wurde. Unmittelbar nachdem der Pfote des Tiers ein elektrischer Schlag versetzt wurde, zeigt es beispielsweise verstärkte Rückzugs- und Fluchtreaktionen beim Klang einer Glocke, einem anderen Geräusch oder einer leichten Berührung.

Wie die Habituation können wir auch die Sensitivierung beim Menschen beobachten. Hat jemand gerade einen Kanonenschuss gehört, wird er sehr heftig reagieren und zusammenfahren, wenn er einen Laut vernimmt oder eine Berührung an der Schulter verspürt. Konrad Lorenz erläuterte den Überlebenswert dieser erlernten Form der Erregung auch für einfache Tiere: »Nachdem ein Regenwurm einer Amsel, die ihn fressen wollte, knapp entkommen ist ... ist er in der Tat gut beraten, mit einer erheblich niedrigeren Schwelle auf ähnliche Reize zu reagieren, da fast mit Sicherheit davon auszugehen ist, dass sich der Vogel in den folgenden Sekunden noch in unmittelbarer Nähe befindet.«

Zwecks Simulation der Sensitivierung applizierte ich einen schwachen Reiz an dieselbe, zur Zelle R2 führende Nervenbahn, die ich in meinen Habituationsexperimenten verwendet hatte. Ich stimulierte sie ein oder zwei Mal, um ein Synapsenpotenzial auszulösen, das mir als Richtwert für die Reaktionsfähigkeit der Zelle diente. Dann applizierte ich eine Sequenz von fünf stärkeren Reizen (um unangenehme oder schädliche Reize zu simulieren) an eine andere Bahn, die zur Zelle R2 führte. Nach Darbietung der stärkeren Reize erhöhte sich die synaptische Reaktion der Zelle auf Stimulation der ersten Bahn erheblich, was darauf hindeutete, dass die synaptischen Verbindungen in dieser Bahn verstärkt worden waren. Die erhöhte Reaktion dauerte bis zu dreißig Minuten an. Diesen Prozess nannte ich heterosynaptische Bahnung: Bahnung, weil die synaptische Stärke erhöht wurde, und heterosynaptisch, weil die verstärkte Reaktion auf Stimulation von Axonen in der ersten Bahn durch eine starke Reizung einer anderen Bahn bewirkt wurde (Abbildung 11.2) – *hetero* heißt auf Griechisch »anders«. Die erhöhte Reaktion auf die erste Bahn hing allein von der höheren Reizstärke in einer anderen Bahn ab und nicht von irgendeiner Paarung schwacher und starker Reize. Damit ähnelte der Vorgang der Verhaltenssensitivierung, einer nicht assoziativen Form des Lernens.

Schließlich versuchte ich noch die aversive klassische Konditionierung zu simulieren. Bei dieser Form der klassischen Konditionierung bringt man einem Tier bei, einen unangenehmen Reiz, etwa einen elektrischen Schlag, mit einem Reiz zu verknüpfen, der normalerweise keine Reaktion hervorruft. Dabei muss der neutrale Reiz immer dem bestrafenden Reiz vorausgehen, mit dem Erfolg, dass jener diesen am Ende vorhersagt. Pawlow versetzte beispielsweise einem Hund als aversiven Reiz einen elektrischen Schlag an der Pfote. Der Schlag veranlasste das Tier, aufzuspringen und das Bein zurückzuziehen, eine Angstreaktion. Wenn Pawlow den elektrischen Schlag mehrfach mit dem Klang einer Glocke paarte – zuerst die Glocke ertönen ließ und dann den elektrischen Schlag verabreichte –, zog der Hund das Bein jedes Mal zurück, wenn die Glocke erklang, selbst wenn kein elektrischer Schlag folgte. Die aversive klassische Konditionierung ist daher eine assoziative Form erlernter Furcht (Abbildung 11.2).

Aversive klassische Konditionierung hat insofern Ähnlichkeit mit Sensitivierung, als die Aktivität in einer Sinnesbahn die Aktivität in einer anderen verstärkt. Sie unterscheidet sich allerdings in zwei Punkten: Erstens wird bei der klassischen Konditionierung eine Verknüpfung zwischen gepaarten Reizen gebildet, die in rascher Folge dargeboten werden. Zweitens verstärkt die klassische Konditionierung die Abwehrreaktionen eines Tieres nur auf den neutralen Reiz, nicht auf Umweltreize im Allgemeinen, wie es bei der Sensitivierung der Fall ist.

Daher paarte ich in meinen Experimenten zur aversiven klassischen Konditionierung bei der *Aplysia* wiederholt einen schwachen Reiz in der einen Nervenbahn mit einem starken Reiz in einer anderen. Der schwache Reiz erfolgte zuerst und diente als Warnung vor dem starken Stimulus. Die Paarung der beiden Reize verstärkte die Reaktion der Zelle auf den schwachen Reiz erheblich und überdies weit heftiger als im Falle der verstärkten Zellreaktion auf den schwachen Reiz in den Sensitivierungsexperimenten (Abbildung 11.2). Dieses Mehr an Reaktionsstärke war entscheidend vom Timing des schwachen Reizes abhängig, der dem starken Reiz unbedingt vorausgehen und ihn vorhersagen musste.

Diese Experimente bestätigten, was ich vermutet hatte: dass ein Stimulationsmuster zur Nachahmung von Mustern, mit denen in behavioristischen Studien Lernen bewirkt wird, die Kommunikation eines Neurons mit anderen Nervenzellen im Hinblick auf ihre Effizienz verändern kann. Die Experimente zeigten deutlich, dass die synaptische Stärke nicht festgelegt ist – sie kann auf unterschiedliche Weise durch verschiedene Aktivitätsmuster verändert werden. Genauer: Die neuronalen Analoga der Sensitivierung und der aversiven klassischen Konditionierung stärkten eine synaptische Verbindung, während das Analogon der Habituation die Verbindung schwächte.

Damit hatten Tauc und ich zwei wichtige Prinzipien entdeckt. Erstens lässt sich die Stärke der synaptischen Kommunikation zwischen Nervenzellen viele Minuten lang durch Anwendung verschiedener Stimulationsmuster verändern, die man aus spezifischen Trainingsprotokollen für erlerntes Verhalten in Tieren ableitet. Zweitens, und noch bemerkenswerter, lässt sich ein und dieselbe Synapse durch verschiedene Stimulationsmuster verstärken und abschwächen. Diese Ergebnisse veranlassten Tauc und mich in unserem Artikel für das *Journal of Physiology* zu folgendem Schluss:

> Der Umstand, dass die Verbindungen zwischen Nervenzellen über eine halbe Stunde durch eine Versuchsanleitung verstärkt werden können, die darauf ausgelegt ist, ein behavioristisches Konditionierungsparadigma zu simulieren, lässt auch darauf schließen, dass die begleitenden Veränderungen in der synaptischen Stärke möglicherweise einfachen Formen der Informationsspeicherung im intakten Tier zugrunde liegen.

Am meisten beeindruckte uns, wie rasch die Synapsenstärke durch die einzelnen Reizmuster verändert werden konnte. Offenbar gehört die synaptische Plastizität wesentlich zur Beschaffenheit der chemischen Synapsen, ist ihre molekulare Architektur eingebaut. Im weitesten Sinne folgt daraus, dass der Informationsfluss in den verschiedenen neuronalen Schaltkreisen des Gehirns durch Lernen modifiziert werden kann. Wir wussten nicht, ob die synaptische Plastizität ein Element des eigentlichen Lernprozesses beim intakten, sich verhaltenden Tier ist; unsere Ergebnisse legten jedoch nahe, dass es sich lohnte, dieser Möglichkeit nachzugehen.

Die *Aplysia* stellte sich nicht nur als Experimentalsystem mit hohem Informationswert heraus, sondern auch als eines, mit dem zu arbeiten sehr viel Freude machte. Was als vage Idee begonnen und sich auf die Hoffnung gegründet hatte, ein geeignetes Tier zu finden, wurde zur bedingungslosen Hingabe. Angesichts ihrer großen Zellen (besonders Zelle R2 ist riesig – einen Millimeter im Durchmesser und mit bloßem Auge zu erkennen) waren außerdem die technischen Anforderungen des Experiments geringer als bei Versuchen am Hippocampus.

Die Experimente waren auch weniger aufreibend. Da praktisch keine Beschädigungen entstehen, wenn eine winzige Elektrode in eine so riesige Zelle eingeführt wird, kann man die Aktivität der Zelle R2 mühelos fünf bis zehn Stunden aufzeichnen. Ich konnte zum Mittagessen gehen und fand die Zelle bei meiner Rückkehr noch vollkommen intakt vor, so dass ich das Experiment dort wieder aufnehmen konnte, wo ich es vor der Mittagspause unterbrochen hatte. Was für ein angenehmer Gegensatz zu den vielen Nächten, die Alden und ich hatten arbeiten müssen, um hin und wieder zehn bis dreißig Minuten Aktivität der Pyramidenzellen im Hippocampus einzufangen! Ein Experiment an der *Aplysia* dauerte in der Regel sechs bis acht Stunden: Infolgedessen machten die Experimente großen Spaß.

In dieser aufgeräumten Stimmung erinnerte ich mich an eine Anekdote, die mir Bernard Katz über den namhaften Physiologen A. V. Hill erzählt hatte, seinen Mentor am University College in London. Kurz nachdem Hill im Alter von 36 Jahren für seine Arbeit über den Mechanismus der Muskelkontraktion den Nobelpreis gewonnen hatte, hielt er 1924 bei seinem ersten Besuch in den Vereinigten Staaten auf einer wissenschaftlichen Tagung einen Vortrag über dieses Thema. Als er geendet hatte, erhob sich ein älterer Herr und fragte ihn nach dem praktischen Nutzen seiner Forschungsarbeit.

Hill überlegte einen Augenblick, ob er die vielen Fälle aufzählen sollte, in denen der Menschheit großer Nutzen aus Experimenten erwachsen ist, die nur durchgeführt wurden, um die intellektuelle Neugier zu befriedigen. Doch statt diesen Weg zu wählen, wandte er sich einfach dem Frager zu und lächelte: »Um die Wahrheit zu sagen, mein Herr, wir machen es nicht, weil es nützlich ist, sondern weil es Spaß macht.«

Für mich persönlich waren diese Studien von entscheidender Bedeutung für mein Selbstvertrauen als selbstständiger Forscher. Als ich zuerst ankam und von Lernen und Lernanaloga redete, verdrehten die anderen Postdoktoranden genervt die Augen. Wer 1962 Neurobiologen etwas über Lernen erzählen wollte, hätte genauso gut mit der Wand sprechen können. Doch zum Zeitpunkt meines Weggangs hatte sich der Tenor der Diskussionen im Labor verändert.

Ich hatte auch den Eindruck, dass ich meinen eigenen Forschungsstil entwickelte. Obwohl ich mich auf einigen Gebieten noch immer unzureichend ausgebildet fühlte, ging ich meine Forschungsprobleme jetzt mit ziemlichem Mut an. Ich führte Experimente durch, die ich für interessant und wichtig hielt. Ohne es recht zu bemerken, hatte ich meine eigene Stimme gefunden, ganz so, wie sich ein Schriftsteller fühlen muss, der eine Reihe zufriedenstellender Geschichten geschrieben hat. Mit diesem Empfinden kam das Selbstvertrauen, die Überzeugung, dass ich in der Forschung tatsächlich etwas zu bewegen vermochte. Nach meinem Stipendium bei Tauc fürchtete ich nie wieder, mir könnten die Ideen ausgehen. Zwar gab es noch viele Momente der Enttäuschung, Mutlosigkeit und Erschöpfung; doch wenn ich dann in mein Labor ging, mir die Daten anschaute, die Tag für Tag anfielen, und sie mit meinen Studenten und Postdoktoranden erörterte, bekam ich stets eine Vorstellung davon, was als Nächstes zu tun sei. Und wenn ich das nächste Problem anging, vertiefte ich mich zunächst in die Literatur, die es darüber gab.

Wie bei der Auswahl der *Aplysia* als Versuchstier lernte ich, auf meine Instinkte zu hören, meiner Nase zu vertrauen. Die Entwicklung und Reifung eines Wissenschaftlers umfasst zwar viele Komponenten, doch in meinen Augen ist die Ausbildung des Geschmacks von entscheidender Bedeutung. Das gilt nicht nur für den Genuss von Malerei, Musik, Essen und Wein. Man muss lernen, welche Probleme wichtig sind. Ich merkte, wie ich diesen Geschmack entwickelte, das heißt die Fähigkeit, das Interessante vom Uninteressanten zu scheiden – und, im weiteren Verlauf, aus dem Interessanten das Machbare herauszufiltern.

ABGESEHEN VON DEM ERFREULICHEN FORTGANG MEINER FORSCHUNGSarbeiten, war der vierzehnmonatige Aufenthalt in Frankreich auch für Denise und mich eine prägende Erfahrung. Da uns das Leben in Paris sehr gefiel und die *Aplysia* meine Arbeit außerordentlich erleichterte, arbeitete ich zum ersten Mal seit Jahren nicht an den Wochenenden und war jeden Abend um sieben zum Essen zu Hause. In unserer Freizeit erkundeten wir Paris und Umgebung. Wir begannen, regelmäßig Kunstgalerien und Museen zu besuchen, und kauften unsere ersten Kunstwerke, obwohl sie unsere finanziellen Mittel eigentlich überstiegen. Eines war ein wunderbares Selbstporträt in Öl von Claude Wiesbusch, einem elsässischen Maler, der kurz zuvor einen Preis als junger Maler des Jahres gewonnen hatte und, ähnlich wie Kokoschka, mit raschen, nervösen Pinselstrichen arbeitete.

Außerdem erwarben wir ein liebliches Mutter-Kind-Bild von Akira Tanaka. Unsere größte Investition aber war eine schöne Picasso-Radierung vom Maler und seinen Modellen, Nummer 82 der Vollard-Folge, 1934 veröffentlicht. In dieser wundervollen Radierung ist jede der vier Frauen in einem anderen Stil gezeichnet. Denise glaubte in drei der Frauen wichtige Figuren aus verschiedenen Abschnitten in Picassos Leben zu erkennen: Olga Koklova, Sarah Murphy und Marie-Therese Walter. Noch heute bereiten uns diese drei schönen Arbeiten großes Vergnügen.

Die französische *Aplysia*-Art, mit der Ladislav Tauc arbeitete, lebt im Atlantik, und wegen lückenhafter Versorgung mit Schnecken war es in Paris manchmal schwierig, welche zu bekommen. Infolgedessen verbrachten wir 1962 und 1963 fast den ganzen Herbst in Arcachon, einem hübschen kleinen Seebad bei Bordeaux, wo ich die meisten meiner Experimente an der *Aplysia* durchführte. Die Daten analysierte ich dann in Paris, wo ich auch einige Experimente mit der Landschnecke machte.

Als ob mehrere Monate Arcachon nicht Urlaub genug wären, betrachteten Tauc und seine Mitarbeiter im Labor die Ferien im August wie ganz Frankreich als sakrosankt. Wir machten uns diese Überzeugung zu Eigen und mieteten ein Haus am Mittelmeer, in der italienischen Ortschaft Marina di Pietra santa, rund anderthalb Stunden von Florenz entfernt. Drei oder vier Mal die Woche fuhren wir in die Stadt. An Feiertagen unternahmen wir Ausflüge in die nähere und weitere Umgebung. Wir besuchten Versailles, aber auch Cahors in Südfrankreich, um das Kloster zu sehen, in dem sich Denise während des Krieges versteckt hatte.

In Cahors sprachen wir mit einer Nonne, die sich noch an Denise erinnerte und uns Bilder ihres Schlafraums zeigte, zehn ordentlich ausgerichtete Betten auf jeder Seite, und ein Foto, das Denise mit den anderen Mädchen aus ihrer Klasse zeigte. Die Nonne wies auf ein anderes Mädchen und erzählte, sie sei ebenfalls Jüdin gewesen, aber weder Denise noch dieses Mädchen hätten von der Identität der anderen gewusst. Aus Sicherheitsgründen wurde keiner der anderen Schüler darüber informiert, dass Juden unter ihnen waren. Die beiden jüdischen Mädchen hatte die Mutter Oberin jeweils beiseite genommen und ihnen einen Fluchtweg gezeigt, einen Tunnel, dem sie folgen sollten, falls die Gestapo kam, um nach jüdischen Schülerinnen zu fahnden.

Ungefähr dreißig Kilometer von Cahors entfernt, in einem winzigen 200-Seelen-Dorf, besuchten wir den Bäcker Alfred Aymard und seine Frau Louise, die Denises Bruder Unterschlupf gewährt hatten. Das war ohne Zweifel einer der bemerkenswertesten Tage während unseres Frankreichaufenthalts. Aymard war Kommunist und hatte Denises Bruder nicht aufgenommen, weil er die Juden mochte, sondern weil er die Nationalsozialisten noch mehr hasste. Innerhalb weniger Monate hatte er Jean-Claude jedoch ins Herz geschlossen und sich bei Kriegsende nur schwer von ihm trennen können. Die Bystryns hatten Verständnis dafür und verbrachten in den Jahren nach dem Krieg immer einen Teil ihrer Sommerferien bei Aymard und seiner Frau.

Nun, bei unserem Besuch, bestand Aymard darauf, dass wir bei ihm übernachteten. Obwohl er erst kurz zuvor einen Schlaganfall erlitten hatte, der seine Sprachfähigkeit beeinträchtigte und in seiner linken Körperseite zu einer teilweisen Lähmung geführt hatte, war er heiter und außerordentlich gastfreundlich. Er räumte das eheliche Schlafzimmer und legte sogar eine Verlängerungsschnur hinein, damit wir besseres Licht hätten. Vergebens versuchte ich die beiden dazu zu bewegen, in ihrem Schlafzimmer zu bleiben. Wir, die Gäste, sollten das beste Zimmer haben, während sie selbst in der Küche schliefen. Während des Abendessens versuchten wir uns für ihre Freundlichkeit zu revanchieren, indem wir eine Geschichte nach der anderen über Jean-Claude erzählten, den Aymard noch nach siebzehn Jahren schmerzlich vermisste.

Auf einer anderen Reise, die Denise und ich nicht so leicht vergessen werden, verbrachten wir die Nacht in Carcassonne, einer südfranzösischen Stadt mit einer mittelalterlichen Stadtmauer. Wir trafen spätabends ein und hatten Schwierigkeiten, ein Hotelzimmer zu finden. Schließlich ergatterten wir eines in einem ziemlich kleinen Hotel. Das Zimmer hatte nur ein einziges, ziemlich großes Bett. Wir legten Paul in die Mitte, zogen uns unser Nachtzeug an und legten uns rechts und links von ihm ins Bett. Daran gewöhnt, allein zu schlafen, fing Paul augenblicklich an zu protestieren. Er schrie aus Leibeskräften. Wir versuchten mehrfach, ihn zu beruhigen; als das nicht klappte, kletterten wir aus dem Bett und legten uns zu beiden Seiten auf den Fußboden und überließen ihm das Feld. Im ersten Moment genossen Denise und ich den Frieden und die Stille, die eingekehrt war, seit wir auf dem Boden lagen. Doch nach zehn Minuten Unbequemlichkeit merkten wir, dass wir in dieser Lage kaum würden einschlafen können. Also durchlebten wir in kürzester Zeit die Verwandlung von progressiven zu entschlossen autoritären Eltern, stiegen wieder ins Bett und weigerten uns hartnäckig, es zu räumen. Nach wenigen Minuten war alles ruhig, und wir schliefen alle drei die ganze Nacht hindurch.

Der Frankreichaufenthalt ermöglichte mir auch, meinen Bruder regelmäßig zu sehen. Als Lewis 1939, aus Wien kommend, in New York eintraf, war er vierzehn und immer ein glänzender Schüler gewesen. Trotz seines schulischen Ehrgeizes glaubte er jedoch, zum Unterhalt der Familie beitragen zu müssen; mein Vater verdiente wenig, die Wirtschaftskrise war noch nicht überwunden. Statt eine allgemeinbildende Schule zu besuchen, meldete er sich also an der New York High School for Speciality Trades an und erlernte dort das Druckerhandwerk, einen Beruf, für den er sich wegen seiner Liebe zu Büchern entschied. Während seiner Highschoolzeit und der ersten beiden Jahre am Brooklyn College hatte Lewis eine Teilzeitstellung als Drucker. Mit dem Verdienst steuerte er etwas zum Haushaltsgeld unserer Familie bei und finanzierte seine Leidenschaft für Wagneropern, eine Sucht, die er durch den Kauf von Stehplatzkarten befriedigte. Mit neunzehn Jahren wurde er eingezogen und nach Europa geschickt, wo er in der Ardennenoffensive – Deutschlands letztem Versuch, den vorrückenden amerikanischen Streitkräften Einhalt zu gebieten – eingesetzt und verwundet wurde.

Nach seiner ehrenhaften Entlassung trat Lewis in die Reservearmee ein und brachte es dort zum Leutnant. Alle Militärangehörigen hatten auf Grund des so genannten GI-Gesetzes das Recht, ein College ihrer Wahl ohne Studiengebühren zu besuchen. Lewis ging ans Brooklyn College zurück und setzte sein Studium in den Fächern Maschinenbau und deutsche Literatur fort. Kurz nach dem Collegeabschluss heiratete er Elise Wilker, eine Wiener Emigrantin, die er am College kennen gelernt hatte, und schrieb sich zum Germanistikstudium an der Brown University ein. 1952 begann er eine Dissertation über einen sprachwissenschaftlichen Aspekt des Mittelhochdeutschen. Mitten in der Arbeit, auf dem Höhepunkt des Koreakrieges, bot man Lewis eine Stellung an der amerikanischen Botschaft in Paris an. Er ergriff die Gelegenheit beim Schopfe. Bevor sie sich einschifften, fuhren Elise und er 1953 nach New York, um die Familie zu besuchen. Eines Nachts, als sie auswärts aßen, brach jemand ihr Auto auf und stahl alles, was sich darin befand, auch Lewis' Forschungsnotizen und die ersten Fassungen seiner Dissertation. Anfangs versuchte er noch, das Verlorene zu rekonstruieren, doch er sollte diesen Rückschlag in seiner akademischen Karriere nie wieder aufholen.

Nach seinem Dienst an der Botschaft nahm Lewis eine weitere Stellung in Frankreich an, und zwar als ziviler Rechnungsprüfer eines US-Luftstützpunktes in Bar-le-Duc. Schließlich gewöhnte er sich so sehr an das Leben in Frankreich und seine wachsende Familie, die bereits fünf Kinder zählte, dass er seinen Plan, in die akademische Welt zurückzukehren, endgültig aufgab. Der Liebhaber erlesener Weine und Käsesorten beschloss, in Frankreich zu bleiben.

Ihr jüngstes Kind Billy bekamen Lewis und Elise 1961. Einige Wochen nach der Geburt zog sich Billy eine Infektionskrankheit zu und hatte hohes Fieber. Elise hatte schreckliche Angst. Seit einiger Zeit hatten sie und Lewis sich mit dem Baptistengeistlichen des Stützpunktes angefreundet. In ihren Gesprächen über das Christentum fühlte sie sich in ihrem Verlangen nach einer tieferen Form der Religiosität bestätigt. Sollte Billy genesen, gelobte sie sich, dann werde sie zum Christentum übertreten. Billy überlebte, und Elise wurde Christin.

Als Lewis anrief und von Elises Entschluss zur Konversion berichtete, begriff meine Mutter nicht, dass Elise aus rein religiösen Gründen gehandelt hatte, und wurde sehr zornig. Dabei wehrte sie sich nicht dagegen, eine christliche Schwiegertochter in unsere Familie aufzunehmen. Sowohl Lewis als auch ich hatten Beziehungen zu nichtjüdischen Frauen gehabt, und meine Mutter hätte durchaus hingenommen, dass einer von uns eine Nichtjüdin heiratete. Doch Elises Konversion stand für meine Mutter auf einem ganz anderen Blatt. Elise war Jüdin. Sie war in Wien geboren, hatte den Antisemitismus erlitten, hatte überlebt und gab nun das Judentum auf. Warum hatten die Juden um ihr Überleben gekämpft, so meine Mutter, wenn sie jetzt ihr kulturelles Erbe preisgaben? Für sie lag das Wesen des Judentums weniger im Gottesbegriff als in den sozialen und geistigen Wertvorstellungen der jüdischen Tradition. Meine Mutter konnte nicht umhin, Elises Verhalten mit dem von Denises Mutter zu vergleichen, die ihren Seelenfrieden und sogar die Sicherheit ihrer Tochter aufs Spiel gesetzt hatte, um für Denise die kulturelle und historische Kontinuität als Jüdin zu bewahren.

Elise und ich verstanden uns gut, aber über ihre Konversion und ihr Verlangen nach größerer spiritueller Intensität hatten wir nie gesprochen. Ich begriff nicht, was geschehen war, und fragte mich, ob der ganze Vorgang nicht Ausdruck einer seelischen Krise in Reaktion auf Billys Geburt gewesen sei, möglicherweise einer Kindbettdepression. Meine Mutter flog sogar für zwei Wochen nach Bar-le-Duc, vermochte aber Elises Überzeugung nicht zu ändern.

Während unseres Frankreichaufenthalts waren Denise, Paul und ich mehrmals in Bar-le-Duc, und umgekehrt kamen Elise, Lewis und ihre

Kinder uns in Paris besuchen. Diese Begegnungen gaben uns Gelegenheit, Elises neuen Glauben gelassener zu erörtern, und mir wurde nach und nach klar, dass Elise wirklich von dem Verlangen nach religiöser Erfüllung getrieben war. Zum großen Entsetzen meiner Mutter und zu meinem Erstaunen veranlasste Elise im Laufe der Zeit auch ihre fünf Kinder, zu dem neuen Glauben überzutreten. Lewis, der nicht konvertiert war, ließ es geschehen.

1965 entschlossen Lewis und Elise sich, in die USA zurückzukehren; ihre Kinder sollten in den Vereinigten Staaten aufwachsen. Lewis ließ sich an einen Luftstützpunkt in Tobyhanna, Pennsylvania, versetzen. Zwei Jahre später nahm er einen Verwaltungsposten in der Health and Hospitals Administration von New York City an. Die Woche über wohnte er bei meinen Eltern in New York, das Wochenende verbrachte er in Tobyhanna. In der Zwischenzeit war Elise von den Baptisten zu den Methodisten übergetreten. Im Laufe der nächsten zehn Jahre wurde sie Presbyterianerin und schließlich, wie ich ihr es einst im Scherz prophezeit hatte, Katholikin.

Aus größerem Abstand betrachtet, scheint sich in dieser Entwicklung der Wunsch nach einer stärkeren Struktur, nach größer Sicherheit auszudrücken; als Suche eines Menschen, den auf einer ganz tiefen Ebene seiner Persönlichkeit die Angst umtreibt und der nach dem Christentum greift, um seine Furcht einzudämmen. Falls Elise ängstlich war, so war es mir jedoch nie aufgefallen. Ich war von ihrem Verhalten erstaunt und noch betroffener von dem Übertritt der Kinder. Aber immerhin hatte ich eine Talmudschule besucht und eine vage Vorstellung davon, was eine tiefe religiöse Überzeugung für einen Menschen bedeuten konnte.

Außerdem war mir nur allzu klar, dass wir alle von der eigenen Geschichte, unseren besonderen Problemen, unseren persönlichen Dämonen heimgesucht werden und dass diese Erfahrungen und Ängste unser Verhalten zutiefst beeinflussen können. Während der Zeit, die wir in Frankreich verbrachten – meinem ersten längeren Aufenthalt in Europa, seit wir Wien 1939 verlassen hatten –, wurde ich mir auch der eigenen Dämonen wieder stärker bewusst. Obwohl ich diese produktive Forschungsperiode und die kulturellen Offenbarungen genoss, fühlte ich mich manchmal sehr isoliert und allein. Die französische Gesellschaft und der französische Wissenschaftsbetrieb sind hierarchisch organisiert, und ich war ein relativ unbekannter Wissenschaftler ganz unten auf der Leiter.

In dem Jahr, bevor ich nach Paris ging, hatte ich veranlasst, dass man Tauc für eine Reihe von Vorträgen nach Boston einlud. Er wohnte bei uns, und wir gaben eine Willkommensparty für ihn. Doch sobald wir in Frankreich waren, hatte uns die Hierarchie fest im Griff. Weder Tauc noch einer der anderen etablierten Wissenschaftler am Institut lud uns oder einen der anderen Postdoktoranden zu sich nach Hause ein oder pflegte sonst irgendeine Form gesellschaftlichen Umgangs mit uns. Ferner stieß ich auf einen gewissen Antisemitismus, vor allem bei den Angestellten – den Laboranten und Sekretärinnen –, etwas, was ich seit meiner Flucht aus Wien nicht mehr erlebt hatte. Dieses unbehagliche Gefühl begann, als ich gegenüber Claude Ray, Taucs Laboranten, erwähnte, ich sei Jude. Er blickte mich ungläubig an und behauptete, ich sähe nicht wie ein Jude aus. Nachdem ich ihm versichert hatte, dass ich wirklich einer sei, fragte er mich, ob ich an der internationalen Verschwörung des Judentums zur Weltherrschaft beteiligt sei. Als ich Tauc von diesem verblüffenden Gespräch berichtete, erklärte er mir, dass ein Großteil der französischen Arbeiterklasse solche Auffassungen hege. Nach diesem Erlebnis fragte ich mich, ob Elise während der vielen Jahre, die sie fern der Vereinigten Staaten verbracht hatte, es möglicherweise mit ähnlichen Ausdrucksformen des Antisemitismus zu tun bekommen hatte und ob nicht dieser Dämon auch zu ihrer Konversion beigetragen hatte.

1969 entdeckte man bei Lewis Nierenkrebs. Der Tumor wurde erfolgreich entfernt, scheinbar ohne eine Spur zu hinterlassen. Doch zwölf Jahre später trat die Krankheit ohne Vorwarnung wieder auf und nahm Lewis viel zu früh, mit 57 Jahren, das Leben. Nach dem Tod meines Bruders wurden die Kontakte zu Elise und den Kindern, wie vielleicht vorauszusehen, erheblich seltener. Zwar besuchen wir uns noch immer gegenseitig, aber jetzt in Abständen von Jahren und nicht von Wochen oder Monaten.

Mein Bruder beeinflusst mich bis heute. Mein Interesse an Bach, Mozart, Beethoven und der klassischen Musik im Allgemeinen, die Liebe zu Wagner und der Oper und meine Freude daran, neue Dinge zu lernen, wurden entscheidend von ihm geprägt. In einer späteren Phase meines Lebens, als ich mehr Sinn für die Gaumenfreuden entwickelte, erkannte ich, dass selbst auf diesem Gebiet Lewis' Bemühungen, mich an gutes Essen und erlesene Weine heranzuführen, nicht vollkommen verschwendet waren.

IM OKTOBER 1963, KURZ BEVOR ICH PARIS VERLIESS, HÖRTEN TAUC und ich im Radio, dass Hodgkin, Huxley und Eccles für ihre Arbeit über die Signalübertragung im Nervensystem den Nobelpreis für Physiologie oder Medizin bekommen hatten. Wir waren begeistert, weil wir den Eindruck hatten, dass unser Forschungsfeld damit eine wichtige Anerkennung erfahren hatte und dass wirklich seine besten Vertreter ausgezeichnet worden waren. Ich konnte mir Tauc gegenüber die Bemerkung nicht verkneifen, dass das Problem des Lernens meiner Meinung nach so wichtig und noch so wenig erforscht sei, dass demjenigen, dem es gelänge, es zu lösen, möglicherweise auch der Nobelpreis winke.

KAPITEL 12

Ein Zentrum für Neurobiologie und Verhalten

Nach sehr produktiven vierzehn Monaten in Taucs Labor kehrte ich im November 1963 an das Massachusetts Mental Health Center als Dozent zurück, die niedrigste Stufe der Fakultätsmitglieder. Ich betreute die auszubildenden Fachärzte in der psychotherapeutischen Ausbildung, eine Tätigkeit, die ich die Führung der Blinden durch den Blinden nannte. Ein Assistenzarzt erörterte die verschiedenen Therapiesitzungen, die er mit einem bestimmten Patienten gehabt hatte, und ich versuchte, nützliche Ratschläge zu erteilen.

Drei Jahre zuvor, als ich an das psychiatrische Krankenhaus gekommen war, um meine Facharztausbildung zu beginnen, war ein unerwarteter Glücksfall eingetreten. Stephen Kuffler, dessen Denken mein eigenes so nachhaltig beeinflusst hatte, war von der Johns Hopkins University gekommen, um am pharmakologischen Fachbereich der Harvard Medical School ein neurophysiologisches Institut aufzubauen. Kuffler brachte eine Reihe junger, außerordentlich begabter Forscher mit, die als Postdoktoranden in seinem Labor gearbeitet hatten: David Hubel, Torsten Wiesel, Edwin Furshpan und David Potter. Mit einem Schlag war es Kuffler damit gelungen, die erste neurowissenschaftliche Forschungsgruppe des Landes zu gründen. Von Haus aus ein hervorragender Experimentalwissenschaftler, stieg er zur viel bewunderten und einflussreichen Leitfigur der amerikanischen Neurowissenschaftler auf.

Nach meiner Rückkehr aus Paris hatte ich häufiger mit Kuffler zu tun. Ihm gefiel die Arbeit an der *Aplysia*, und er war sehr hilfsbereit. Bis zu seinem Tod im Jahr 1980 erwies er sich als großzügiger Freund und überaus nützlicher Ratgeber. Er brachte Menschen, ihren beruflichen Plänen und ihren Familien großes Interesse entgegen. Noch Jahre, nachdem ich Harvard verlassen hatte, rief er an Wochenenden gelegentlich an, um einen

Artikel von mir zu erörtern, den er interessant fand, oder auch einfach, um sich nach meiner Familie zu erkundigen. Als er mir ein Exemplar des Buches schickte, das er 1976 zusammen mit John Nicholls verfasst hatte – *Vom Neuron zum Gehirn* –, schrieb er als Widmung hinein: »Das ist für Paul und Minouche bestimmt« (die damals fünfzehn und elf waren).

WÄHREND DER ZWEI JAHRE, DIE ICH AN DER HARVARD MEDICAL School lehrte, hatte ich drei Optionen, die sich nachhaltig auf meine Laufbahn auswirken mussten. Die erste bot sich, als ich mit 36 Jahren die Leitung der psychiatrischen Abteilung am Beth Israel Hospital in Boston angeboten bekam. Die Psychiaterin, die diese Position innegehabt hatte und nun in den Ruhestand ging, Grete Bibring, war eine namhafte Psychoanalytikerin und ehemalige Kollegin von Marianne und Ernst Kris in Wien. Einige Jahre zuvor hätte eine solche Berufung meinem glühendsten Wunsch entsprochen. Doch 1965 hatte sich mein Denken in eine ganz andere Richtung entwickelt, weshalb ich, in dieser Entscheidung von Denise nachdrücklich unterstützt, ablehnte. Sie hatte es auf einen einfachen Nenner gebracht: »Setz deine wissenschaftliche Karriere nicht aufs Spiel, indem du versuchst, die Forschung mit klinischer Praxis und Verwaltungsaufgaben zu vereinbaren!«

Zweitens traf ich die noch grundsätzlichere und schwierigere Entscheidung, kein Psychoanalytiker zu werden, sondern mich ganz der biologischen Forschung zu widmen. Mir wurde klar, dass ich die Grundlagenforschung nur schlecht mit der klinischen Praxis in der Psychoanalyse vereinbaren konnte, wie ich ursprünglich gehofft hatte. Ein Problem, dem ich in der Psychiatrie immer wieder begegnet bin, liegt darin, dass junge Ärzte viel mehr Verantwortung aufgehalst bekommen, als sie eigentlich tragen können – eine Situation, die sich im Laufe der Zeit noch verschlimmert hat. Das war etwas, was ich auf keinen Fall wollte.

Drittens beschloss ich, die Harvard University zu verlassen und ein Angebot meiner Alma Mater, der Medizinischen Hochschule der New York University, anzunehmen. Dort wurde mir die Möglichkeit eröffnet, Grundlagenforschung zu betreiben. Ich sollte am Fachbereich für Physiologie eine kleine Forschungsgruppe gründen, die sich mit der Neurobiologie des Verhaltens beschäftigte.

Harvard – wo ich meine College-Jahre und meine zweijährige Ausbildung zum Facharzt verbracht hatte, um schließlich als Dozent zu arbeiten – war wunderbar. Boston ist eine angenehme Stadt, in der es sich gut leben lässt und in der man seine Kinder gern aufwachsen sieht. Außerdem ist das akademische Niveau der meisten Fachbereiche hervorragend. Es fiel mir nicht leicht, dieses geistig außerordentlich anregende Umfeld zu verlassen. Trotzdem rang ich mich dazu durch. Denise und ich zogen im Dezember 1965 nach New York, einige Monate nachdem unsere Tochter Minouche geboren worden war und unsere Familie vervollständigt hatte.

In dem Zeitraum, in dem ich mit diesen Entscheidungen rang, beendete ich außerdem eine Psychoanalyse, der ich mich in Boston unterzogen hatte. Die Analyse erwies sich in dieser schwierigen und belastenden Zeit als besonders hilfreich. Dank ihrer konnte ich alle nebensächlichen Überlegungen beiseite lassen und mich auf die für meine Entscheidung wichtigen Fragen konzentrieren. Mein Analytiker, der mich sehr unterstützte, schlug vor, ich solle eine kleine, spezialisierte Praxis eröffnen, die sich auf Patienten mit einer bestimmten Störung beschränkte und ihnen nur eine Sitzung pro Woche anbot. Doch er sah rasch ein, dass ich zu ausschließlich war, um zwei Berufe nebeneinander ausüben zu können.

Ich werde oft gefragt, ob mir meine Analyse etwas genützt habe. Daran habe ich wenig Zweifel. Sie verschaffte mir neue Erkenntnisse über mein Verhalten und das Verhalten anderer und machte mich infolgedessen zu einem besseren Vater und einem einfühlsameren und feinfühligeren Menschen. Ich begann Aspekte meiner unbewussten Motive und Querverbindungen zwischen einigen meiner Handlungen zu verstehen, die mir vorher nicht klar gewesen waren.

Und wie stand es mit dem Verzicht auf eine klinische Tätigkeit? Wäre ich in Boston geblieben, wäre ich am Ende vielleicht dem Rat meines Analytikers gefolgt und hätte eine kleine Praxis eröffnet. 1965 wäre mir das in Boston noch ziemlich leicht gefallen. Doch in New York, wo nur wenige Ärzte genug über meine klinische Erfahrung wussten, um Patienten an mich zu überweisen, wäre es sehr viel schwieriger gewesen. Außerdem muss man sich kennen. Ich kann meine Fähigkeiten am besten entfalten, wenn ich mich auf eine Sache zur Zeit konzentriere. Daher wusste ich, dass ich mich zu diesem frühen Zeitpunkt meiner beruflichen Laufbahn auf die Arbeit mit der *Aplysia* beschränken sollte.

DIE POSITION AN DER NYU HATTE, DA SIE IN NEW YORK CITY WAR, drei Vorzüge, die sich auf lange Sicht als entscheidend erwiesen. Erstens waren Denise und ich dadurch näher an meinen Eltern und Denises Mutter, die alle in die Jahre kamen, gesundheitliche Probleme hatten und daher unsere Hilfe gut brauchen konnten. Außerdem freuten wir uns, dass unsere Kinder ihre Großeltern nun öfter sehen konnten. Zweitens hatten Denise und ich in Paris viele Wochenenden in Kunstgalerien und Museen verbracht und in Boston damit begonnen, Arbeiten auf Papier von deutschen und österreichischen Expressionisten zu sammeln, ein Interesse, das im Laufe der Zeit immer mehr zunehmen sollte. In Boston gab es Mitte der sechziger Jahre jedoch nur einige wenige Galerien, New York hingegen war der Mittelpunkt der Kunstwelt. Außerdem hatte ich mich während des Medizinstudiums unter Lewis' Anleitung für die Metropolitan Opera begeistert. Die Rückkehr nach New York erlaubte Denise und mir, diesem Interesse zu frönen.

Ferner verschaffte mir die Position an der NYU die wunderbare Gelegenheit, wieder mit Alden Spencer zusammenzuarbeiten. Nach seinem Aufenthalt an den NIH hatte Alden eine Stellung als Dozent an der Medizinischen Hochschule der Oregon University angenommen. Der Job frustrierte ihn, weil die Lehre so aufwendig war, dass ihm kaum Zeit für die Forschung blieb. Ich hatte ihm eine Stellung an der Harvard University verschafft. Das Angebot aus NYU sah vor, dass ich einen weiteren erfahrenen Neurophysiologen einstellte, und Alden erklärte sich bereit, nach New York zu kommen.

Er liebte die Stadt. Hier konnten Diane und er ihre Liebe zur Musik ausleben. Bald nach ihrer Ankunft begann Diane, Cello zu spielen, und nahm bei Igor Kipnis Stunden, einem namhaften Cellisten, der zufällig auch meinem Jahrgang am Harvard-College angehört hatte. Obwohl wir nicht an konkreten Experimenten zusammenarbeiteten (Alden arbeitete mit Katzen, ich mit der *Aplysia*), diskutierten wir täglich über die Neurobiologie des Verhaltens und eine Unzahl anderer Themen, bis er elf Jahre später viel zu früh verstarb. Niemand hat mein Denken in wissenschaftlichen Fragen so nachhaltig beeinflusst wie er.

Nach einem Jahr stieß ein dritter Forscher zu Alden und mir dazu: James H. Schwartz (Abbildung 12.1), ein Biochemiker, den die medizinische Fakultät unabhängig von uns eingestellt hatte. Jimmy und ich waren während der Harvard Summer School des Jahres 1951 Zimmergenossen gewesen und hatten uns angefreundet. Während des Medizinstudiums an der NYU war er zwei Jahrgänge unter mir gewesen, dort hatten wir unsere Freundschaft erneuert. Doch seit 1956 hatten wir keinen Kontakt mehr gehabt.

Nach Beendigung seines Medizinstudiums hatte Jimmy an der Rocke-

12.1 James Schwartz (geb. 1932), den ich im Sommer 1951 kennen lernte, promovierte in Medizin an der New York University und in Biochemie an der Rockefeller University. Er nahm wegweisende Forschungen zur Biochemie der *Aplysia* vor und leistete wichtige Beiträge zu den molekularen Grundlagen des Lernens und des Gedächtnisses.

feller University über die Enzymmechanismen und Chemie von Bakterien promoviert. Als wir uns im Frühjahr 1966 wieder trafen, hatte er sich bereits einen hervorragenden Ruf als Nachwuchswissenschaftler erworben. Bei der Erörterung unserer Projekte erwähnte Jimmy, er denke darüber nach, seinen Forschungsschwerpunkt von den Bakterien auf das Gehirn zu verlagern. Da die Nervenzellen der *Aplysia* so groß und ungewöhnlich leicht zu erkennen sind, schienen sie geeignete Kandidaten für die Analyse der biochemischen Identität zu sein, der Frage also, wie sich eine Zelle von der anderen auf molekularer Ebene unterscheidet. Als ersten Schritt analysierte Jimmy die spezifischen chemischen Transmitter, die von verschiedenen Nervenzellen der *Aplysia* zur Signalübertragung verwendet werden. Er, Alden und ich bildeten den Kern des neuen Fachbereichs für Neurobiologie und Verhalten, den ich an der NYU gegründet hatte.

Unsere Gruppe wurde stark von Stephen Kufflers Gruppe an der Harvard University beeinflusst – nicht nur dadurch, was sie getan hatte, sondern auch dadurch, was sie nicht tat. Kuffler hatte den ersten einheitlichen Fachbereich für Neurobiologie ins Leben gerufen, der die elektrophysiologische Untersuchung des Nervensystems mit der Biochemie und der Zellbiologie vereinigte – eine außerordentlich produktive und interessante Entwicklung mit nachhaltiger Wirkung, ein Modell für die moderne Neurowissenschaft. Der Schwerpunkt lag auf der einzelnen Zelle und der einzelnen Synapse. Wie viele andere bedeutende Neurowissenschaftler war Kuffler der Ansicht, das noch weitgehend unerschlossene Forschungsgebiet zwischen der Zellbiologie der Neurone und dem Verhalten sei viel zu groß, um in einem absehbaren Zeitraum (etwa während unserer Lebenszeit) kartiert und überbrückt zu werden. Infolgedessen warb die Harvard-Gruppe in ihrer Anfangszeit niemanden an, der sich auf die Untersuchung von Verhalten oder Lernen spezialisiert hatte.

Gelegentlich, wenn Steve ein oder zwei Glas Wein intus hatte, sprach er schon über die höheren Funktionen des Gehirns, über Lernen und Gedächtnis, doch normalerweise erklärte er sie für so komplex, dass sie sich bis auf weiteres jeder Untersuchung auf zellulärer Ebene entzögen. Außerdem glaubte er – zu Unrecht, wie ich fand –, er wisse nicht genug über das Verhalten, um es erforschen zu können.

Alden, Jimmy und ich waren in diesem Punkt anderer Meinung. Wir ließen uns davon, was wir nicht wussten, weniger abschrecken und fanden gerade die Tatsache verlockend, dass wir Neuland betraten und mit so gewichtigen Problemen zu tun bekamen. Daher schlugen wir vor, dass sich der neue Fachbereich der NYU mit der Frage beschäftigen sollte, wie das Nervensystem Verhalten hervorruft und wie Verhalten durch Lernen modifiziert wird. Wir wollten die zelluläre Neurobiologie mit der Untersuchung einfachen Verhaltens verbinden.

1967 erläuterten Alden und ich diesen Ansatz in einem größeren Forschungsüberblick mit dem Titel »Cellular Neurophysiological Approaches in the Study of Learning«. Darin vertraten wir die Ansicht, dass das, was sich tatsächlich auf synaptischer Ebene ereigne, wenn Verhalten durch Lernen verändert werde, unbedingt der Klärung bedürfe. Der nächste entscheidende Schritt bestehe darin, über die Analoga des Lernens hinauszugelangen und die synaptischen Veränderungen der Neurone und ihre Verbindungen untereinander mit tatsächlichen Fällen von Lernen und Gedächtnis zu verknüpfen. Zu diesem Zweck skizzierten wir einen systematischen zellbiologischen Ansatz und erörterten die Vorzüge und Nachteile verschiedener einfacher Systeme, die für einen solchen Ansatz in Frage kamen: Schnecken, Würmer und Insekten, Fische und andere einfache Wirbeltiere. Jedes dieser Tiere verfügte über Verhaltensweisen, die sich im Prinzip durch Lernen verändern lassen mussten, obwohl es zum damaligen Zeitpunkt nur an der *Aplysia* nachgewiesen worden war. Wenn man die neuronalen Schaltkreise dieser Verhaltensweisen nachzeichne, so fuhren wir fort, lasse sich vielleicht klären, wie lerninduzierte Veränderungen stattfinden. Dann wären wir in der Lage, mit den leistungsfähigen Methoden der zellulären Neurophysiologie die Natur dieser Veränderungen zu analysieren.

Während Alden und ich diesen Übersichtsartikel schrieben, befand ich mich in einer doppelten Übergangsphase – nicht nur von der Harvard University an die NYU, sondern auch von der zellulären Neurobiologie der synaptischen Plastizität zur zellulären Neurobiologie des Verhaltens und Lernens.

Die Wirkung dieses Überblicks – womöglich der einflussreichste, den ich je geschrieben habe – hält bis auf den heutigen Tag an. Er regte zahlreiche Forscher dazu an, sich bei der Erforschung von Lernen und Gedächtnis für einen reduktionistischen Ansatz zu entscheiden. Überall entdeckte man einfache Experimentalsysteme für Lernstudien: in Blutegeln, der Schnecke *Limax*, den Meeresschnecken *Tritonia* und *Hermissenda*, der Biene, der Kakerlake, dem Flusskrebs und dem Hummer. Diese Studien schienen eine Idee zu bestätigen, die zunächst von Ethologen – Wissenschaftlern, die sich mit dem Verhalten von Tieren in ihrer natürlichen Umgebung beschäftigten – vorgebracht worden war: Lernen bleibt im Laufe der Evolution erhalten, weil es überlebenswichtig ist. Ein Tier muss lernen, zwischen Beute und Räuber, zwischen zuträglicher und giftiger Nahrung, zwischen einem Ort, der bequem und sicher ist, und einem Ort, der überfüllt und gefährlich ist, zu unterscheiden.

Unsere Ideen wirkten sich sogar auf die Neurobiologie der Wirbeltiere aus. Per Andersen, in dessen Labor 1973 eine maßgebliche Untersuchung zur synaptischen Plastizität des Säugerhirns durchgeführt wurde, schrieb: »Haben diese Ideen auch Wissenschaftler beeinflusst, die schon vor 1973 auf dem Gebiet gearbeitet haben? Für mich ist die Antwort eindeutig.«

Auch David Cohen, ein freundlicher Konkurrent, der später ein Kollege und Vizepräsident für Arts and Sciences an der Columbia University wurde, ließ sich durch unseren Artikel vom Wert einfacher Systeme überzeugen. Da Cohen stets mit Wirbeltieren arbeitete, wandte er sich der Taube zu, Skinners bevorzugtem Versuchstier. Doch während Skinner das Hirn ignorierte, konzentrierte sich Cohen auf die zentral gesteuerten Veränderungen der Herzfrequenz, die durch Sensitivierung und klassische Konditionierung hervorgerufen werden.

Joseph LeDoux wiederum modifizierte, ebenfalls unter dem Einfluss unseres Überblicks, Cohens Versuchsanordnung für klassische Konditionierung, wandte es auf die Ratte an und entwickelte so das beste Experimentalsystem zur Untersuchung der Zellmechanismen für erlernte Furcht bei Säugetieren. LeDoux konzentrierte sich auf die Amygdala, eine Hirnstruktur, die tief unter der Großhirnrinde verborgen liegt und auf die Wahrnehmung von Furcht spezialisiert ist. Jahre später, als es möglich geworden war, genetisch veränderte Mäuse zu erzeugen, wandte ich mich ebenfalls der Amygdala zu und übertrug, unter dem Eindruck von LeDoux' Arbeit, die Molekularbiologie der erlernten Furcht bei der *Aplysia* auf die erlernte Furcht bei der Maus.

KAPITEL 13

Sogar einfaches Verhalten lässt sich durch Lernen verändern

Als ich im Dezember 1965 an die NYU kam, hielt ich die Zeit für gekommen, einen großen Schritt nach vorn zu wagen. In Taucs Labor hatte ich herausgefunden, dass verschiedene Stimulationsmuster, die am Modell Pawlowschen Lernens entwickelt wurden, in einer Synapse ohne weiteres dauerhafte Veränderungen hervorrufen und dass diese Veränderungen die Kommunikation zwischen zwei Nervenzellen in einem isolierten Ganglion beeinflussen können. Doch das war eine künstliche Situation. Ich hatte keinen direkten Beweis dafür, dass beim intakten Tier Lernprozesse die Wirksamkeit von Synapsen verändern. Ich musste, wie gesagt, einen Schritt weiter gehen: vom modellhaften Lernen in einzelnen Zellen eines isolierten Ganglions hin zur Untersuchung von Lernen und Gedächtnis im neuronalen Verhaltensschaltkreis des intakten Tieres.

Daher setzte ich mir für die nächsten Jahre zwei Ziele. Erstens wollte ich einen detaillierten Katalog des Verhaltensrepertoires von *Aplysia* aufstellen und bestimmen, welche Verhaltensweisen durch Lernen modifiziert werden konnten. Zweitens wollte ich für meine Experimente eine Verhaltensweise auswählen, die durch Lernen verändert werden kann, und mit ihrer Hilfe untersuchen, wie Lernen stattfindet und wie Erinnerungen im neuronalen Schaltkreis dieses Verhaltens gespeichert werden. Dieses Programm schwebte mir schon vor, als ich noch in Harvard war und nach einem Postdoktoranden mit einem besonderen Interesse für Lernprozesse bei wirbellosen Tieren suchte, um auf diesem Gebiet mit ihm zusammenzuarbeiten.

Ich hatte das Glück, Irving Kupfermann zu finden, einen begabten und eigenwilligen Behavioristen, der an der University of Chicago studiert hatte. Einige Monate, bevor ich die Harvard University verließ, begann er die Zusammenarbeit mit mir in Boston und kam dann mit an die

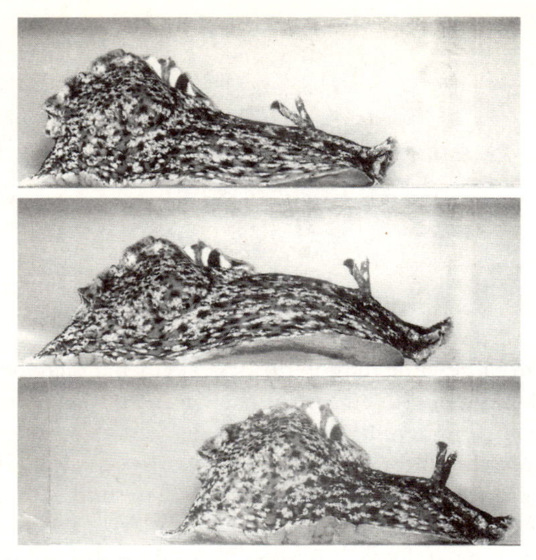

13.1 Ein ganzer Schritt: Die *Aplysia* bewegt sich, indem sie den Kopf aufrichtet und die Saugwirkung aufhebt, um den Vorderteil des Fußes zu heben, der dann über eine Entfernung ausgestreckt wird, die der halben Körperlänge entspricht. Dann setzt das Tier den Vorderteil des Fußes wieder auf, heftet ihn am Boden fest und zieht sich zusammen, um den Rest nachzuziehen.

NYU. Irving war ein typischer Intellektueller der University of Chicago. Groß und sehr dünn, außerordentlich belesen und etwas exzentrisch, trug er eine Brille mit dicken Gläsern und war trotz seiner Jugend fast kahl. Einer seiner Studenten beschrieb ihn später als »großes Gehirn am Ende eines langen, dünnen Stockes«. Irving war allergisch gegen Nagetiere und Katzen, daher hatte er in seiner Dissertation über die Rollassel, ein kleines Insekt, gearbeitet. Er erwies sich als außerordentlich beschlagener und kreativer Verhaltensforscher, der sehr scharfsinnige Versuchsanordnungen entwickelte.

Zusammen schickten wir uns an, die *Aplysia* zu beobachten, um ein Verhalten zu finden, mit dessen Hilfe wir Lernprozesse untersuchen konnten. Wir machten uns mit fast jedem Verhaltensmerkmal des Tieres vertraut – Nahrungsaufnahme, den täglichen Mustern der Fortbewegung, Tintenabscheidung und Eiablage (Abbildung 13.1). Faszinierend war das

Sexualverhalten (Abbildung 13.2), das offenkundigste und eindruckvollste Sozialverhalten der *Aplysia*. Diese Schnecken sind Hermaphroditen; bei verschiedenen Partnern können sie zu unterschiedlichen Zeiten oder sogar gleichzeitig Männchen und Weibchen sein. Indem sie einander entsprechend erkennen, sind sie in der Lage, eindrucksvolle Paarungsketten zu bilden, in denen jedes Mitglied dem Partner vor ihm in der Kette als Männchen und dem Partner hinter ihm als Weibchen dient.

Als wir diese Verhaltensweisen analysierten und bedachten, wurde uns klar, dass sie alle zu komplex waren. An einigen war mehr als ein Ganglion im Nervensystem der Schnecke beteiligt. Wir mussten ein sehr einfaches Verhalten finden, eines, das nur von den Zellen eines Ganglions kontrolliert wurde. Daher beschränkten wir unsere Suche auf mehrere Verhaltensweisen, die vom Abdominalganglion gesteuert wurden, dem Ganglion, mit dem ich mich in Paris beschäftigt hatte und mit dem ich am vertrautesten war. Das Abdominalganglion, das nur zweitausend Nervenzellen enthält, kontrolliert Herzfrequenz, Atmung, Eiablage, Tintenabscheidung, Schleimausscheidung, Rückziehung von Kiemen und Sipho. 1968 entschieden wir uns für das einfachste Verhalten, den Kiemenrückziehreflex.

Die Kieme ist ein äußeres Organ, mit dem die *Aplysia* atmet. Sie liegt in einer Höhle der Außenhaut, der so genannten Mantelhöhle, und ist mit einer Hautschicht bedeckt, dem Mantelrand. Der Mantelrand endet im Sipho, einer fleischigen Ausstülpung, die Meerwasser und Abfallstoffe aus der Mantelhöhle hinausbefördert (Abbildung 13.3A). Eine leichte Berührung des Siphos ruft eine rasche Schutzreaktion hervor, das Zurückziehen des Siphos wie der Kieme in die Mantelhöhle (Abbildung 13.3B). Der Zweck des Rückziehreflexes ist natürlich der Schutz der Kieme, eines lebenswichtigen und empfindlichen Organs, vor einer möglichen Schädigung.

Irving und ich stellten fest, dass selbst dieser sehr einfache Reflex durch zwei Formen des Lernens modifiziert werden kann – Habituation und Sensitivierung – und dass in beiden Fällen eine Kurzzeiterinnerung hervorgerufen wird, die einige Minuten lang anhält. Anfangs löst eine leichte Berührung des Siphos ein rasches Zurückziehen der Kieme aus. Wiederholte leichte Berührungen verursachen Habituation: Der Reflex schwächt sich progressiv ab, während das Tier erkennen lernt, dass der Reiz harmlos ist. Sensitivierung riefen wir hervor, indem wir entweder der Kopf- oder der Schwanzregion einen starken Elektroschock versetzten. Das Tier empfand den starken Reiz als schädlich oder unangenehm

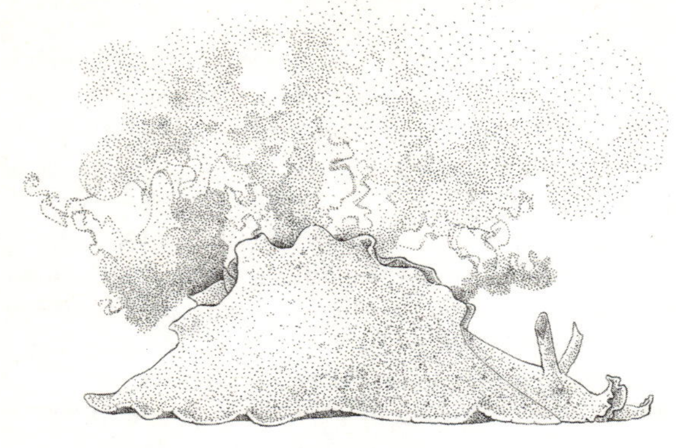

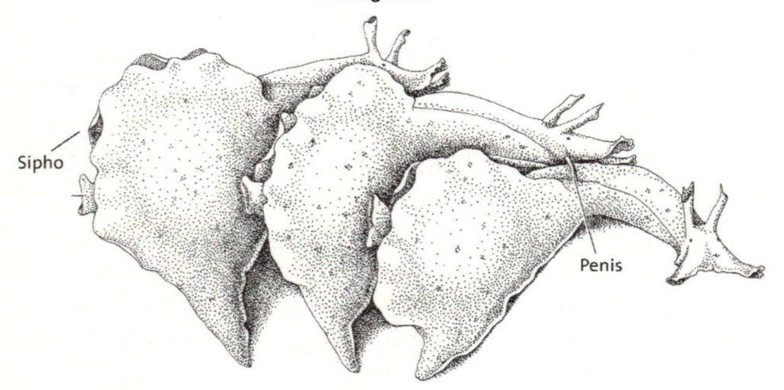

13.2 Einfache und komplexe Verhaltensweisen bei der *Aplysia:* Die Ausschüttung von Tinte (oben) ist ein relativ einfaches Verhalten, das von Zellen in einem einzigen Ganglion (dem Abdominalganglion) im Nervensystem der Schnecke gesteuert wird. An dem weit komplexeren Sexualverhalten sind Nervenzellen mehrerer Ganglien beteiligt. Die *Aplysia* ist ein Hermaphrodit, ein Organismus, der sowohl männlich wie weiblich sein kann und häufig Paarungsketten wie die unten gezeigte bildet.

und löste in der Folge einen übermäßigen Kiemenrückziehreflex in Reaktion auf eine leichte Berührung am Sipho aus. (Abbildung 13.3C).

1971 stieß Tom Carew zu unserem Team, ein begabter, tatkräftiger und sehr umgänglicher physiologischer Psychologe von der University of California in Riverside, der unsere Untersuchung des Langzeitgedächtnisses

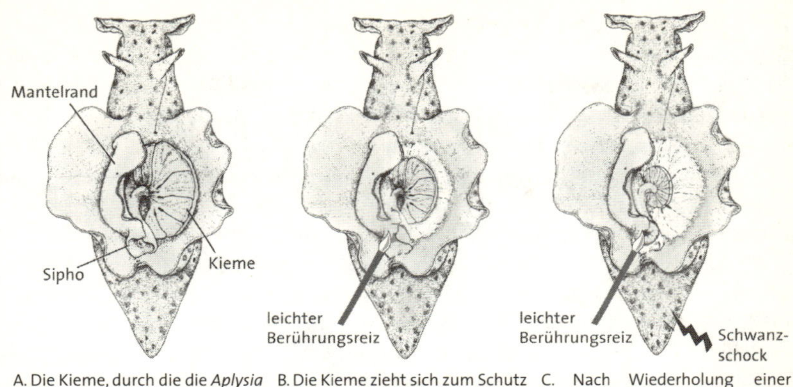

A. Die Kieme, durch die die *Aplysia* atmet, ist normalerweise exponiert.

B. Die Kieme zieht sich zum Schutz in die Mantelhöhle zurück, wenn die Schnecke durch eine Berührung ihres Siphos erschreckt wird. Sogar diese einfache Reaktion kann durch Habituation und Sensitivierung modifiziert werden.

C. Nach Wiederholung einer schwachen Berührung am Sipho gewöhnt sich die Schnecke an den Reiz, so dass sich ihr Rückziehreflex abschwächt. Wird die schwache Berührung jedoch mit einem Elektroschock der Schwanzregion gepaart, wird die *Aplysia* sensitiviert und reagiert selbst bei schwacher Berührung allein mit einem heftigen Kiemenrückziehreflex.

13.3 *Aplysias* einfachstes Verhalten, der Kiemenrückziehreflex

einleitete. Carew fand es einfach wunderbar in unserer Forschungsgruppe. Rasch freundete er sich mit Jimmy Schwartz, Alden Spencer und mir an. Wie ein durstiger Schwamm nahm Carew das in unserer Gruppe herrschende Klima auf, in wissenschaftlicher Hinsicht ebenso wie im Hinblick auf unser gemeinsames Interesse an Kunst, Musik und wissenschaftlichem Klatsch. Carew und ich sagten immer: »Wenn andere es tun, ist es Klatsch, wenn wir es tun, ist es Geistesgeschichte.«

Wie Carew und ich feststellten, ist das Langzeitgedächtnis bei der *Aplysia* wie beim Menschen auf wiederholte Übung angewiesen, die von Ruhephasen unterbrochen wird. Als wir vierzig Reize hintereinander darboten, kam es zu einer Habituation der Kiemenrückziehung, die nur einen Tag lang anhielt, doch zehn Reize täglich vier Tage lang riefen eine Habituation von vierwöchiger Dauer hervor. Legten wir zwischen die Übung Ruhepausen, steigerten wir die Fähigkeit der *Aplysia*, Langzeiterinnerungen einzuspeichern.

Kupfermann, Carew und ich hatten nachgewiesen, dass ein einfacher

Reflex zwei einfachen Lernformen unterworfen werden kann, beide mit Kurzzeit- und Langzeiterinnerungen. 1983 gelang es uns, eine zuverlässige Methode zur klassischen Konditionierung des Kiemenrückziehreflexes zu entwickeln – ein wichtiger Fortschritt, zeigte er doch, dass der Reflex auch durch assoziatives Lernen verändert werden kann.

1985, nach mehr als fünfzehn Jahren harter Arbeit, hatten wir demonstriert, dass ein einfaches Verhalten bei der *Aplysia* durch verschiedene Lernformen modifiziert werden kann. Das bestärkte mich in meiner Hoffnung, dass einige Lernformen sich durch die Evolution bewahrt hatten und sich sogar in neuronalen Schaltkreisen sehr einfachen Verhaltens entdecken ließen. Mehr noch: Ich konnte nun die Möglichkeit ins Auge fassen, über die Frage, wie Lernen stattfindet und wie Erinnerungen im Zentralnervensystem gespeichert werden, hinauszugehen und mich mit dem Problem zu befassen, in welcher Beziehung verschiedene Formen von Lernen und Gedächtnis auf zellulärer Ebene zueinander stehen. Insbesondere interessierte mich, wie eine Kurzzeiterinnerung im Gehirn in eine Langzeiterinnerung verwandelt wird.

VERHALTENSSTUDIEN DES KIEMENRÜCKZIEHREFLEXES WAREN DAMALS nicht der einzige Schwerpunkt unserer Arbeit. Eigentlich bildeten sie nur die Grundlage unseres zweiten und hauptsächlichen Interesses: Experimente zu entwickeln, die uns offenbarten, was im Gehirn eines Tiers geschieht, wenn es lernt. Nachdem wir also einmal entschieden hatten, uns in unserer Lernstudie auf den Kiemenrückziehreflex der *Aplysia* zu konzentrieren, brauchten wir eine Karte des für den Reflex zuständigen neuronalen Schaltkreises, um herauszufinden, wie das Abdominalganglion ihn erzeugt.

Die Herausarbeitung des neuronalen Schaltkreises hatte ihre eigenen Tücken. Wie exakt und spezifisch sind die Verbindungen zwischen den Zellen eines neuronalen Schaltkreises? Anfang der sechziger Jahre vertraten einige Anhänger von Karl Lashley die Ansicht, die Eigenschaften der verschiedenen Neurone in der Großhirnrinde seien so ähnlich, dass man sie praktisch als identisch bezeichnen könne und dass ihre Verbindungen zufällig und mehr oder minder gleichwertig seien.

Andere Wissenschaftler, vor allem die, die sich mit dem Nervensystem von wirbellosen Tieren beschäftigten, favorisierten die Vorstellung, dass viele, vielleicht alle Neurone einzigartig seien. Diese Idee hatte erstmals der deutsche Biologe Richard Goldschmidt im Jahr 1908 vorgeschlagen.

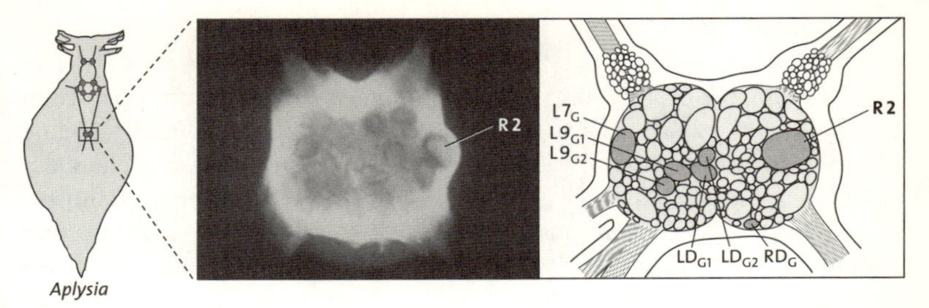

13.4 Identifikation bestimmter Neurone im Abdominalganglion der *Aplysia:* Zelle R2 ist auf dieser Mikrofotografie (links) von *Aplysias* Abdominalganglion deutlich zu erkennen. Sie misst einen Millimeter im Durchmesser. Die Zeichnung rechts zeigt die Anordnung der Zelle R2 und der sechs Motoneurone, welche die Bewegung der Kieme steuern. Sobald einzelne Neurone identifiziert waren, ließen sich ihre Verbindungen kartieren.

Goldschmidt hatte ein Ganglion des Spulwurms *Ascaris*, eines primitiven Darmparasiten, untersucht und dabei festgestellt, dass jedes Tier dieser Art exakt die gleiche Anzahl von Zellen und die gleiche Anordnung in diesem Ganglion aufwies. In einem heute berühmten Vortrag vor der Deutschen Zoologischen Gesellschaft aus dem gleichen Jahr sprach er von der »fast verblüffenden Konstanz der Elemente des Nervensystems: Es gibt 162 Ganglionzellen im Zentrum, niemals mehr oder weniger.«

Angélique Arvanitaki-Chalazonitis kannte Goldschmidts Analyse und machte sich in den fünfziger Jahren auf die Suche nach identifizierbaren Zellen im Abdominalganglion der *Aplysia.* Dabei fand sie heraus, dass mehrere Zellen einzigartig und in jedem Individuum auf Grund ihrer Lokalisation, Färbung und Größe identifizierbar sind.

Eine solche Zelle war R2, die Zelle, auf die ich mich in meinen Lernstudien bei Ladislav Tauc konzentriert hatte. Diesen Ansatz verfolgte ich weiter, zunächst an der Harvard University und später an der NYU, und stellte 1967, wie schon vor mir Goldschmidt und Arvanitaki-Chalazonitis, fest, dass ich die meisten auffälligen Zellen in dem Ganglion leicht identifizieren konnte (Abbildung 13.4).

Die Erkenntnis, dass Neurone einzigartig sind und dass ein und dieselbe Zelle bei jedem Individuum der Art an der gleichen Stelle auftritt, warf neue Fragen auf: Sind die synaptischen Verbindungen zwischen diesen spezifischen Neuronen ebenfalls unveränderlich, invariant? Schickt eine gegebene Zelle ihre Signale immer genau an die gleiche Zielzelle und nicht an andere?

Zu meiner Überraschung stellte sich heraus, dass ich die synaptischen Verbindungen zwischen Zellen leicht kartieren konnte. Wenn ich eine Mikroelektrode in eine Zielzelle einführte und in anderen Zellen des Ganglions Aktionspotenziale auslöste, und zwar jeweils in einer Zelle zur Zeit, konnte ich viele der präsynaptischen Zellen bestimmen, die mit der Zielzelle kommunizierten. So war es zum ersten Mal möglich, in einem Tier die bestehenden Verbindungen zwischen einzelnen Zellen zu kartieren. Dank dieser Methode konnte ich den neuronalen Schaltkreis herausarbeiten, der ein Verhalten steuert.

Ich entdeckte zwischen einzelnen Neuronen die gleiche Verbindungsspezifität, die Ramón y Cajal zwischen Neuronenpopulationen gefunden hatte. Damit noch nicht genug: So wie Neurone und ihre synaptischen Verbindungen genau und invariant sind, so erweisen sich auch die Funktionen dieser Verbindungen als invariant. Diese außerordentliche Invarianz würde es mir wahrscheinlich erleichtern, mein langfristiges Ziel zu verwirklichen und in einem einfachen System von neuronalen Verbindungen herauszufinden, wie Lernen auf zellulärer Ebene Erinnerung hervorbringt.

Bis 1969 war es Kupfermann und mir gelungen, die meisten Nervenzellen zu bestimmen, die für den Kiemenrückziehreflex verantwortlich sind. Dazu betäubten wir das Tier kurzzeitig, damit wir ihm einen kleinen Einschnitt im Hals beibringen konnten, und holten dann das Abdominalganglion und die ihm zugehörigen Nerven vorsichtig durch die Öffnung heraus und legten sie auf einen erleuchteten Objektträger. In verschiedene Neurone führten wir die Doppelelektroden ein, die wir für die Aufzeichnung und Stimulation einer Zelle verwendeten. Wenn wir das lebende Tier dergestalt öffneten, blieben sein Nervensystem und dessen normale Verbindungen intakt, so dass wir alle Organe beobachten konnten, die gleichzeitig vom Abdominalganglion gesteuert wurden. Zunächst suchten wir nach den Motoneuronen, die den Kiemenrückziehreflex kontrollieren, also nach den Motoneuronen, deren Axone aus dem Zentralnervensystem hinaus und zu der Kieme führen.

Eines Nachmittags im Herbst 1968, als ich allein im Labor arbeitete, stimulierte ich eine Zelle und beobachtete verblüfft, dass dieser Reiz eine heftige Kontraktion der Kieme hervorrief (Abbildung 13.5). Damit hatte ich zum ersten Mal ein Motoneuron der *Aplysia* identifiziert, das ein bestimmtes Verhalten steuerte! Ich konnte es kaum abwarten, es Irving zu

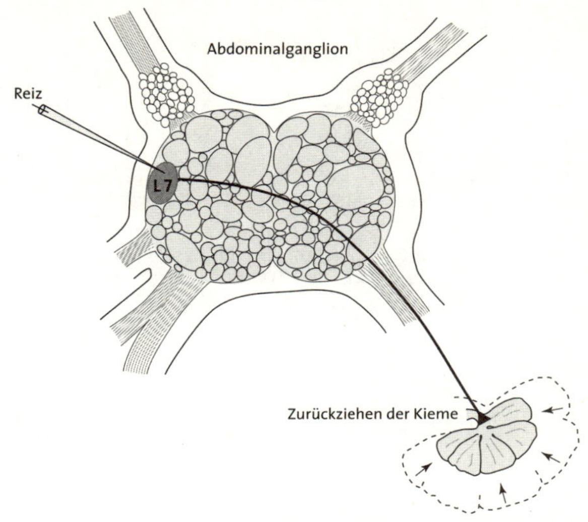

13.5 Entdeckung eines Motoneurons, das ein spezifisches Verhalten bei der *Aplysia* hervorruft: Sobald einzelne Nervenzellen im Abdominalganglion der *Aplysia* identifiziert waren, wurde es möglich, ihre Verbindungen zu kartieren. Die Stimulation von Zelle L7 (einem Motoneuron) ruft beispielsweise eine jähe Kontraktion der Kieme hervor.

zeigen. Beide verfolgten wir erstaunt, welche nachhaltigen Konsequenzen die Stimulation einer einzigen Zelle für das Verhalten hatte, und wussten, dass damit die Chancen auf die Identifizierung anderer Motoneurone erheblich gestiegen waren. Tatsächlich entdeckten Irving und ich im Laufe weniger Monate fünf andere Motoneurone. Wir nahmen an, dass diese sechs Zellen allein für die motorischen Elemente des Kiemenrückziehreflexes verantwortlich waren, weil keine Reflexantwort stattfand, wenn wir die Zellen am Feuern hinderten.

Ab 1969 arbeitete ich mit zwei weiteren Kollegen zusammen: Vincent Castellucci, einem liebenswürdigen und sehr gebildeten kanadischen Forscher, der über umfassende biologische Kenntnisse verfügte und mich regelmäßig im Tennis demütigte, und Jack Byrne, einem technisch begabten Doktoranden, der Elektrotechnik studiert hatte und die Strenge dieser Disziplin in unsere gemeinsame Arbeit einbrachte. Zu dritt bestimmten wir die sensorischen Neurone des Kiemenrückziehreflexes. Neben den

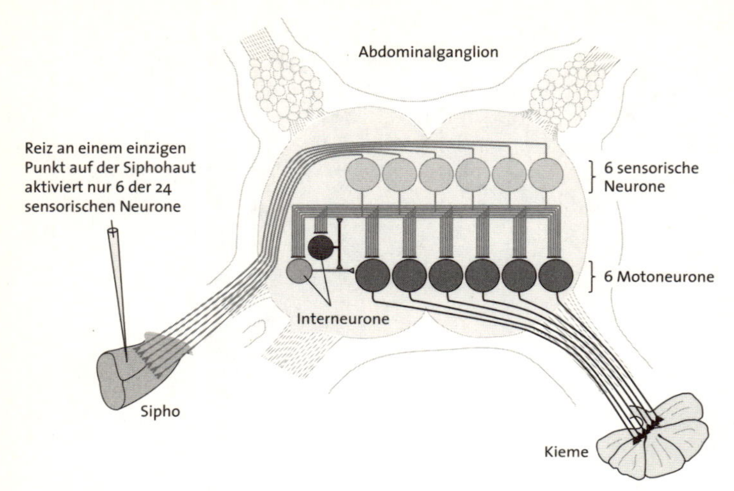

13.6 Die neuronale Architektur des Kiemenrückziehreflexes der *Aplysia:* Das Sipho-System hat 24 sensorische Neurone, doch ein Reiz, der an einem beliebigen Punkt der Haut dargeboten wird, aktiviert nur 6 von ihnen. In jeder Schnecke leiten die gleichen 6 sensorischen Neurone die Tastwahrnehmung an die gleichen 6 Motoneurone weiter und rufen so den Kiemenrückziehreflex hervor.

direkten Verbindungen entdeckten wir, dass die sensorischen Neurone über Interneurone, eine Art Zwischenneurone, auch indirekte synaptische Verbindungen mit den Motoneuronen herstellten. Die beiden Verbindungssysteme – das direkte und das indirekte – übertragen Informationen über Tastwahrnehmungen an die Motoneurone, die dann mittels ihrer Verknüpfungen mit dem Kiemengewebe den tatsächlichen Rückziehreflex hervorrufen. Die betreffenden Neurone waren übrigens bei jeder Schnecke, die wir untersuchten, am Kiemenrückziehreflex beteiligt, und die gleichen Zellen gingen überall die gleichen Verbindungen ein. Damit hatte sich zumindest bei einer Verhaltensweise der *Aplysia* die neuronale Architektur als bemerkenswert präzise erwiesen (Abbildung 13.6). Im Laufe der Zeit entdeckten wir die gleiche Spezifität und Invarianz in den neuronalen Schaltkreisen anderer Verhaltensweisen.

Und so schlossen Kupfermann und ich unseren Artikel »Neuronal Controls of a Behavioral Response Mediated by the Abdominal Ganglion of *Aplysia*« 1969 mit einem optimistischen Ausblick:

Angesichts der Vorteile, die dieses Präparat für neurophysiologische Zellstudien bietet, könnte es sich auch für die Analyse der neuronalen Lernmechanismen als nützlich erweisen. Erste Experimente lassen darauf schließen, dass die Reflexantwort so modifiziert werden kann, dass sie einfache Lernvorgänge wie Sensitivierung und Habituation widerspiegelt ... Vielleicht wird es auch möglich sein, mit Hilfe des klassischen oder operanten Konditionierungsparadigmas komplexe Verhaltensänderungen zu untersuchen.

KAPITEL 14

Synapsen verändern sich durch Erfahrung

Sobald wir herausgefunden hatten, dass die neuronale Architektur eines Verhaltens invariant ist, stellte sich uns eine entscheidende Frage: Wie hat sich ein Verhalten, das von einem exakt verdrahteten neuronalen Schaltkreis gesteuert wird, durch Erfahrung verändert? Eine Lösung hatte Ramón y Cajal vorgeschlagen, als er meinte, Lernen könne die synaptische Stärke zwischen Neuronen verändern und dadurch die Kommunikation zwischen ihnen verbessern. Interessanterweise entwarf Freud in seiner »Psychologie für den Neurologen« ein neuronales Modell des Geistes, das einen ähnlichen Lernmechanismus einschließt. Freud äußerte die Hypothese, es gebe getrennte Neuronensysteme für Wahrnehmung und Gedächtnis. Die neuronalen Schaltkreise, die mit der Wahrnehmung befasst seien, würden festgelegte synaptische Verbindungen bilden und so für die Genauigkeit unserer Wahrnehmungswelt sorgen. Die neuronalen Schaltkreise, die für das Gedächtnis zuständig seien, hätten synaptische Verbindungen, die ihre Stärke mit dem Lernen veränderten. Dieser Mechanismus bilde die Grundlage des Gedächtnisses und der höheren kognitiven Funktionen.

Die Arbeiten von Pawlow und den Behavioristen sowie von Brenda Milner und den kognitiven Psychologen hatten mich zu der Erkenntnis geführt, dass verschiedene Formen des Lernens verschiedene Formen des Gedächtnisses hervorbringen. Daher hatte ich Cajals These umformuliert und diese neue Einsicht zur Grundlage meiner Lernanaloga bei der *Aplysia* gemacht. Die Ergebnisse dieser Arbeit hatten gezeigt, dass unterschiedliche Stimulationsmuster die Stärke synaptischer Verbindungen auf unterschiedliche Weise verändern. Doch Tauc und ich hatten nicht untersucht, wie ein tatsächliches Verhalten modifiziert wird, und konnten infolgedessen keine Daten vorweisen, die belegten, dass Lernen wirklich auf Veränderungen der synaptischen Stärke beruht.

Tatsächlich herrschte keineswegs Einigkeit darüber, dass Synapsen durch Lernen verstärkt werden und auf diese Weise einen Beitrag zur Gedächtnisspeicherung leisten. Zwanzig Jahre, nachdem Cajal seine Hypothese vorgetragen hatte, äußerte der namhafte Harvard-Physiologe Alexander Forbes die Ansicht, das Gedächtnis beruhe auf dynamischen, fortlaufenden Veränderungen in einer geschlossenen Schleife, in der es zur Selbsterregung der beteiligten Neurone komme. Als Beleg verwies Forbes auf eine Zeichnung des Cajal-Schülers Rafael Lorente de Nó, auf der Neurone in geschlossenen Bahnen miteinander verbunden sind. Die Idee wurde 1949 von dem Psychologen D. O. Hebb in seinem einflussreichen Buch *The Organization of Behavior: A Neuropsychological Theory* aufgegriffen und fortgeführt. Hebb vertrat die Auffassung, dass eine kreisende Aktivität in bestimmten Schaltkreisen für das Kurzzeitgedächtnis verantwortlich sei.

Ganz ähnlich stellte der Biologe B. Delisle Burns, ein gründlicher Kenner der Großhirnrinde, die Idee in Frage, dass physische Veränderungen in Synapsen als Methode zur Gedächtnisspeicherung dienen könnten:

> Die Mechanismen synaptischer Bahnung, die man als Kandidaten zur Erklärung des Gedächtnisses vorgeschlagen hat ... haben sich als enttäuschend erwiesen. Um zu akzeptieren, dass es sich bei einem dieser Mechanismen um die zellulären Veränderungen handelt, welche mit der Bildung konditionierter Reflexe einhergehen, müssten wir die Zeitspanne, in der ihre Funktionen beobachtet wurden, erheblich verlängern. Angesichts der Tatsache, dass es immer wieder misslingt, das Gedächtnis mit synaptischer Bahnung zu erklären, müssen wir uns fragen, ob die Neurophysiologen nicht nach den falschen Mechanismen suchen.

Einige Forscher bezweifelten, dass Lernen in fest verdrahteten neuronalen Schaltkreisen überhaupt stattfinden kann. Sie glaubten, Lernen müsse sich teilweise oder sogar gänzlich unabhängig von vorher festgelegten neuronalen Bahnen vollziehen. Diese Ansicht wurde von Lashley und einigen Mitgliedern einer einflussreichen Gruppe von frühen kognitiven Psychologen, den Gestaltpsychologen, vertreten. Eine Spielart dieser Idee brachte 1965 der Neuropsychologe Ross Adey vor. Er begann seine Überlegungen mit der Feststellung: »Bei keinem Neuron in der Natur oder in künstlicher Isolation konnte nachgewiesen werden, dass es in der Lage ist, Information in einer dem üblichen Gedächtnisbegriff entsprechenden Weise zu speichern.« Der Elektrizitätsfluss durch den Raum zwischen Neuronen, führte er weiter aus, übermittle möglicherweise Informationen, die »für die Signalübertragung mindestens so wichtig sind wie das Feuern der Neurone und für Einspeicherung und Abruf noch wichtiger.« Wie Lashley hielt auch Adey Lernen für einen absolut geheimnisvollen Vorgang.

Nachdem meine Kollegen und ich den neuronalen Schaltkreis des Kiemenrückziehreflexes herausgearbeitet hatten und zu dem Schluss gekommen waren, dass er sich durch Lernen verändern lasse, konnten wir uns mit der Frage befassen, ob eine dieser Ideen zuträfe. In dem ersten von drei aufeinander folgenden Artikeln, die wir 1970 in der Zeitschrift *Science* veröffentlichten, skizzierten wir die Forschungsstrategien, die wir verwendet hatten und die unser Denken während der nächsten dreißig Jahre bestimmen sollten:

> Die Untersuchung der neuronalen Lernmechanismen und ähnlicher Verhaltensmodifikationen setzt ein Tier voraus, dessen Verhalten veränderbar und dessen Nervensystem einer Zellanalyse zugänglich ist. In dieser und den beiden folgenden Studien wählten wir einen kombinierten behavioristischen und zellulären Ansatz zur neurophysiologischen Untersuchung der Meeresmolluske *Aplysia*, um ein Reflexverhalten zu analysieren, das einer Habituation und Dishabituation (Sensitivierung) unterzogen wird. Wir vereinfachten den neuronalen Schaltkreis dieses Verhaltens schrittweise, damit die Aktivität einzelner Neurone auf den Gesamtreflex bezogen werden konnte. Infolgedessen ist es jetzt möglich, den Ort und die Mechanismen dieser Verhaltensmodifikationen zu analysieren.

In nachfolgenden Aufsätzen zeigten wir, dass Gedächtnis nicht auf der Selbsterregung von Neuronenschleifen beruht. Bei den drei einfachen Lernformen, die wir bei der *Aplysia* untersuchten, fanden wir heraus, dass Lernen die Stärke der Verbindungen – und daher die Wirksamkeit der Kommunikation – zwischen bestimmten Zellen des für das Verhalten verantwortlichen neuronalen Schaltkreises verändert.

Unsere Daten sprachen eine unmissverständliche Sprache. Wir hatten die anatomischen und funktionellen Prozesse des Kiemenrückziehreflexes skizziert, indem wir die Aktivität einzelner sensorischer und motorischer Neurone aufgezeichnet hatten. Wie wir feststellten, aktiviert eine Berührung der Haut mehrere sensorische Neurone, die zusammen ein lautes

Signal produzieren – ein starkes Synapsenpotenzial in jedem der Motoneurone, das sie zur Feuerung mehrerer Aktionspotenziale veranlasst. Diese Aktionspotenziale in den Motoneuronen rufen eine Verhaltensweise hervor: das Zurückziehen der Kieme. Wir konnten sehen, dass die sensorischen Neurone unter normalen Bedingungen effektiv mit den Motoneuronen kommunizieren und ihnen angemessene Signale übermitteln, um den Kiemenrückziehreflex zu produzieren.

Jetzt wandten wir unsere Aufmerksamkeit den Synapsen zwischen den sensorischen und den Motoneuronen zu. Wenn wir durch wiederholte Berührungen der Haut Habituation bewirkten, nahm, wie wir beobachteten, die Amplitude des Kiemenrückziehreflexes allmählich ab. Parallel zu dieser erlernten Veränderung des Verhaltens schwächte sich die synaptische Verbindung schrittweise ab. Wenn wir umgekehrt durch einen Elektroschock in der Schwanz- oder Kopfregion des Tieres eine Sensitivierung hervorriefen, ging die Intensivierung des Kiemenrückziehreflexes mit einer Stärkung der Verbindungen einher. Daraus schlossen wir, dass im Verlauf der Habituation ein Aktionspotenzial im sensorischen Neuron ein schwächeres Synapsenpotenzial im Motoneuron hervorruft, was die Kommunikation beeinträchtigt, während es bei der Sensitivierung ein stärkeres Synapsenpotenzial in dem Motoneuron erzeugt, was die Kommunikation verbessert.

1980 gingen wir in unserem reduktionistischen Ansatz noch einen Schritt weiter und untersuchten, was während der klassischen Konditionierung an Synapsen geschieht. Carew und ich wurden dabei von Robert Hawkins unterstützt, einem klugen jungen Psychologen von der Stanford University. Der Spross einer akademischen Familie war nicht auf New York angewiesen, um seinen Horizont zu erweitern: Er war bereits ein leidenschaftlicher Liebhaber der klassischen Musik und Oper. Außerdem war er ein hervorragender Sportler, der in der Fußballauswahl der Stanford University gespielt hatte und jetzt seinen sportlichen Betätigungsdrang im Segeln auslebte.

Wie wir beobachteten, müssen bei der klassischen Konditionierung die neuronalen Signale vom harmlosen (konditionierten) und vom unangenehmen (unkonditionierten) Reiz eine exakte Reihenfolge einhalten. Das heißt, wenn der Sipho kurz vor dem Schwanz berührt – und auf diese Weise der Elektroschock in der Schwanzregion vorhergesagt – wird, feuern die sensorischen Neurone, unmittelbar bevor sie Signale aus der Schwanzregion erhalten. Wenn man die Aktivität in den sensorischen

Neuronen und das nachfolgende Eintreffen der Signale vom Schwanzschock zeitlich exakt festlegt, stärkt man die Synapse zwischen dem sensorischen und dem motorischen Neuron weit mehr, als wenn die Signale vom Sipho oder dem Schwanz separat erfolgen, wie bei der Sensitivierung.

Die Ergebnisse unserer Studien zu Habituation, Sensitivierung und klassischer Konditionierung führten uns zwangsläufig zu der Frage, wie Vererbungs- und Entwicklungsprozesse mit der Erfahrung zusammenwirken, um die Struktur mentaler Prozesse hervorzubringen. Vererbungs- und Entwicklungsprozesse legen die Verbindungen zwischen Neuronen fest – das heißt, sie bestimmen, welche Neurone wann Verbindungen mit anderen Neuronen eingehen. Die Stärke – die langfristige Effektivität – der synaptischen Verbindungen wird von der Erfahrung reguliert. Nach dieser Auffassung werden die *Möglichkeiten* für viele Verhaltensweisen eines Organismus im Gehirn von Vererbungs- und Entwicklungsprozessen vorgegeben. Doch Umwelt und Lernen verändern die Wirksamkeit vorgegebener Bahnen und führen dadurch zum Ausdruck neuer Verhaltensmuster. Die Ergebnisse unserer Studien an der *Aplysia* sprachen für diese Auffassung: In seinen einfachsten Formen trifft Lernen eine Auswahl aus einem großen Repertoire von präexistierenden Verbindungen und verändert die Stärke einer Teilmenge dieser Verbindungen.

Bei dem Resümee unserer Ergebnisse musste ich an die beiden entgegengesetzten philosophischen Geistbegriffe denken, die das westliche Denken seit dem siebzehnten Jahrhundert beherrschten: Empirismus und Rationalismus. Der britische Empirist John Locke vertrat die Ansicht, dass der Geist kein angeborenes Wissen besitze, sondern ein unbeschriebenes Blatt sei, das nach und nach von der Erfahrung beschrieben werde. Alles, was wir über die Welt wissen, haben wir gelernt, daher gilt: Je häufiger wir einer Idee begegnen und je stärker wir sie mit anderen Ideen verknüpfen, desto dauerhafter wirkt sie auf unseren Verstand ein. Immanuel Kant, ein überzeugter Rationalist, vertrat die gegenteilige Auffassung, der zufolge wir mit bestimmten Schablonen oder Kategorien der Erfahrung geboren werden. Diese Kategorien, Kant sprach von *apriorischer* Erkenntnis, bestimmen, wie wir unsere Sinneserfahrung aufnehmen und deuten.

Als ich bei meiner Berufswahl vor der Entscheidung zwischen Psychoanalyse und Biologie stand, wählte ich die Biologie, weil die Psychoanalyse das Gehirn wie ihre Vorgängerin, die Philosophie, als eine Blackbox, eine Unbekannte, behandelte. Keine dieser Disziplinen konnte den

Konflikt zwischen der empiristischen und der rationalistischen Auffassung des Geistes lösen, weil dazu eine direkte Untersuchung des Gehirns erforderlich war. Mit einer solchen Untersuchung hatten wir gerade begonnen. Am Kiemenrückziehreflex dieser denkbar einfachen Organismen konnten wir beobachten, dass beide Ansichten ihre Berechtigung hatten – ja einander ergänzten. Die Anatomie des neuronalen Schaltkreises ist ein simples Beispiel für die *apriorische* Erkenntnis Kants, während die Veränderungen der Stärke bestimmter Verbindungen im neuronalen Schaltkreis den Einfluss der Erfahrung widerspiegeln. Frei nach der Volksweisheit, dass Übung den Meister macht, legt der Fortbestand solcher Veränderungen das Fundament des Gedächtnisses.

Während die Untersuchung komplexer Lernprozesse Lashley und anderen Forschern vollkommen undurchführbar erschien, ermöglichte die elegante Einfachheit des Kiemenrückziehreflexes bei einer Schnecke es meinen Kollegen und mir, eine Reihe jener philosophischen und psychoanalytischen Fragen experimentell zu untersuchen, die mich ursprünglich zur Biologie gebracht hatten. Das fand ich so verblüffend wie komisch.

Unseren dritten Bericht in *Science* schlossen wir 1970 mit folgenden Worten:

> Die Daten lassen darauf schließen, dass Habituation und Dishabituation (Sensitivierung) beide auf einer Veränderung der funktionellen Wirksamkeit vorgegebener exzitatorischer Verbindungen beruhen. Zumindest in einfachen Fällen ... scheint die Fähigkeit zur Verhaltensmodifikation direkt in die neuronale Architektur des Reflexverhaltens eingebaut zu sein.
>
> Diese Studien sprechen für die Annahme, ... dass die Analyse der dem Verhalten zugrunde liegenden Schaltpläne eine Voraussetzung für die Untersuchung von Verhaltensmodifikationen ist. Tatsächlich haben wir die Erfahrung gemacht, dass es erheblich leichter ist, die Veränderung eines Verhaltens zu analysieren, sobald man seinen Schaltplan kennt. Obwohl die vorliegende Untersuchung nur einfache und kurzfristige Verhaltensmodifikationen umfasst, ließe sich ein ähnlicher Ansatz auch auf komplexere und länger wirkende Lernprozesse anwenden.

Indem ich an einem radikal reduktionistischen Ansatz festhielt – ein sehr einfaches Reflexverhalten und einfache Lernformen untersuchte, den neuronalen Schaltkreis des Reflexes Zelle für Zelle bestimmte und mich dann darauf konzentrierte, wo in diesem Schaltkreis Veränderungen stattfanden –, hatte ich das langfristige Ziel erreicht, das ich 1961 in meiner Bewerbung für das NIH-Stipendium umrissen hatte: »eine konditionierte Reaktion in der kleinstmöglichen Neuronenpopulation ›einzufangen‹, in den Verbindungen, die zwischen zwei Zellen bestehen«.

DANK DES REDUKTIONISTISCHEN ANSATZES KONNTEN WIR MEHRERE Prinzipien der Zellbiologie des Lernens und des Gedächtnisses aufdecken. Erstens stellten wir fest, dass die Veränderungen der synaptischen Stärke, die dem Lernen eines Verhaltens zugrunde liegen, mitunter so gravierend sind, dass sie zum Umbau eines neuronalen Netzes und seiner Fähigkeit zur Informationsverarbeitung führen. Beispielsweise kommuniziert eine bestimmte sensorische Zelle der *Aplysia* mit acht verschiedenen Motoneuronen – fünf, die für Bewegungen der Kieme, und drei, die für Kontraktionen der Tintendrüse und damit für die Tintenabscheidung verantwortlich sind. Vor dem Training führte die Aktivierung dieser sensorischen Zelle zu einer moderaten Erregung der fünf die Kiemen innervierenden Motoneurone, das heißt, diese wurden veranlasst, Aktionspotenziale zu feuern und dadurch eine Kontraktion der Kieme auszulösen. Die Aktivierung desselben sensorischen Neurons erregte auch – allerdings nur schwach – die drei Motoneurone, welche die Tintendrüse innervieren. Vor dem Lernprozess wurde also in Reaktion auf die Stimulation des Siphos die Kieme zurückgezogen, aber keine Tinte ausgeschieden. Doch nach der Sensitivierung verstärkte sich die Kommunikation zwischen der sensorischen Zelle und allen acht Motoneuronen, was die drei für die Innervation der Tintendrüse zuständigen Motoneurone veranlasste, ebenfalls Aktionspotenziale zu feuern. Das Lernen sorgte also dafür, dass bei Stimulation des Siphos nicht nur die Kieme zurückgezogen, sondern auch Tinte ausgeschüttet wurde.

Zweitens fanden wir, in Übereinstimmung mit meiner Umformulierung von Cajals Theorie und meiner früheren Arbeit mit Analoga, heraus, dass sich ein gegebenes System von synaptischen Verbindungen zwischen zwei Neuronen durch verschiedene Lernformen in entgegengesetzter Weise verändern – stärken oder schwächen – lässt. Habituation schwächt die Synapse, während Sensitivierung oder klassische Konditionierung sie stärkt. Diese dauerhaften Veränderungen in der Ausprägung synaptischer Verbindungen sind die zellulären Mechanismen, die dem Lernen und dem Kurzzeitgedächtnis zugrunde liegen. Da im Übrigen die Veränderungen an verschiedenen Orten im neuronalen Schaltkreis des Kiemenrückziehreflexes stattfinden, wird die Erinnerung im ganzen Schaltkreis verteilt und gespeichert – und nicht nur in einem speziellen Zentrum.

Drittens entdeckten wir, dass bei allen drei Lernformen die Dauer der Speicherung im Kurzzeitgedächtnis davon abhängt, wie lange eine Synapse geschwächt oder verstärkt ist.

Viertens begannen wir zu verstehen, dass die Stärke einer gegebenen chemischen Synapse auf zwei Weisen modifiziert werden kann, je nachdem, welche von zwei neuronalen Schaltkreisarten durch Lernen aktiviert wird – ein vermittelnder oder ein modulatorischer Schaltkreis. Bei der *Aplysia* besteht der vermittelnde Schaltkreis aus den sensorischen Neuronen, die den Sipho mit Nerven versorgen, den Interneuronen sowie den Motoneuronen, welche den Kiemenrückziehreflex steuern. Der modulatorische Schaltkreis besteht aus sensorischen Neuronen, die den Schwanz in einem vollkommen anderen Teil des Körpers innervieren. Wenn die Neurone in einem vermittelnden Schaltkreis aktiviert werden, finden homosynaptische Veränderungen der Stärke statt. Dies ist bei der Habituation der Fall: Die sensorischen und motorischen Neurone, die den Kiemenrückziehreflex steuern, feuern wiederholt und in einem bestimmten Muster in direkter Reaktion auf den wiederholten sensorischen Reiz. Zu heterosynaptischen Veränderungen der synaptischen Stärke kommt es, wenn die Neurone in einem modulatorischen und nicht in einem vermittelnden Schaltkreis aktiviert werden. Das ist bei der Sensitivierung der Fall: Der starke Reiz am Schwanz aktiviert einen modulatorischen Schaltkreis, der die Stärke der synaptischen Übertragung in den vermittelnden Neuronen steuert.

Später fanden wir heraus, dass die klassische Konditionierung sowohl auf homosynaptische als auch auf heterosynaptische Veränderungen zurückgreift. Tatsächlich lassen unsere Studien über die Beziehung zwischen Sensitivierung und klassischer Konditionierung darauf schließen, dass Lernen darin besteht, verschiedene elementare Formen synaptischer Plastizität zu neuen und komplexen Formen zu kombinieren, etwa so, wie wir mit Hilfe eines Alphabets Wörter bilden.

Mir wurde klar, dass in der Überzahl der chemischen gegenüber den elektrischen Synapsen im Gehirn möglicherweise ein grundlegender Vorteil der chemischen gegenüber der elektrischen Übertragung zum Ausdruck kommt: die Fähigkeit, vielfältige Formen des Lernens und der Gedächtnisspeicherung zu vermitteln. Wenn man es so betrachtete, wurde deutlich, dass sich die Synapsen zwischen sensorischen und motorischen

The Aplisa
by Minouche

An aplisa is like
a squishy snail.
In rain in snow in sleet,
in hail.
When it is angry, it shoots
out ink.
The ink is purple, its not
pink.
An aplisa cannot live on
land.
It doesnt have feet so
it can't stand.
It has a very funny
mouth.
And in winter it goes to the south

Neuronen des Kiemenrückzieh-Schaltkreises – Neurone, die im Zuge der Evolution die Fähigkeit zur Mitwirkung an verschiedenen Lernformen erworben haben – sehr viel leichter verändern lassen als Synapsen, die beim Lernen keine Rolle spielen. Unsere Studien zeigten unmissverständlich, dass in Schaltkreisen, die vom Lernen verändert werden, Synapsen bereits nach relativ kurzem Training erhebliche und dauerhafte Veränderungen ihrer Stärke durchmachen können.

Zu den grundlegenden Eigenschaften des Gedächtnisses gehört, dass es sich in Stadien bildet. Das Kurzzeitgedächtnis hält Minuten, das Langzeitgedächtnis viele Tage oder noch länger an. Verhaltensexperimente lassen darauf schließen, dass Inhalte des Kurzzeitgedächtnisses stufenweise ins Langzeitgedächtnis überführt werden. Übung macht also wirklich den Meister.

Wie geht das in der Praxis vor sich? Wie verwandelt Training eine Kurzzeiterinnerung in eine dauerhafte, sich selbst konservierende Langzeiterinnerung? Findet der Prozess an derselben Stelle statt – der Verbindung zwischen dem sensorischen und dem motorischen Neuron –, oder ist dazu eine neue Stelle erforderlich? Jetzt sahen wir uns in der Lage, diese Fragen zu beantworten.

In dieser Zeit beanspruchte die Forschung wieder meine ganze Aufmerksamkeit, so dass für anderes kaum Zeit blieb. In meiner Tochter Minouche hatte ich jedoch eine unerwartete Verbündete in meiner obsessiven Leidenschaft für *Aplysia* gefunden. 1970, mit fünf Jahren, begann Minouche zu lesen und stieß in *The Larousse Encyclopedia of Anmimal Life*, einem wunderbaren Bildband über die Tierwelt, der bei uns im Wohnzimmer lag, auf ein Bild der *Aplysia*. Sie liebte dieses Bild und schrie immer wieder *»Aplysia, Aplysia!«*, während sie darauf zeigte.

Zwei Jahre später, mit sieben, schrieb sie zu meinem 43. Geburtstag das folgende Gedicht:

The Aplisia
by Minouche
An aplisia is like
a squishy snail.
In rain in snow, in sleet,
in hail.
When it is angry, it shoots
out ink.
The ink ist purple, it's not
pink.
An aplisia cannot live on
land.
It doesn't have feet so
it can't stand.
It has a very funny
mouth
And in winter it goes to the south.*

Minouche hat das alles viel besser gesagt, als ich es könnte!

* Die Aplisia / *Von Minouche* / Eine Aplisia ist wie eine glitschige Schnecke. / Bei Regen, Schnee, Graupel und Hagel. / Wenn sie böse ist, spritzt sie Tinte raus. / Die Tinte ist purpurn, nicht pink. / Eine Aplisia kann nicht an Land leben. / Sie hat keine Füße, daher kann sie nicht stehen. / Sie hat einen sehr komischen Mund / Und im Winter zieht sie nach Süden.

KAPITEL 15

Die biologische Grundlage der Individualität

Meine Studien an der *Aplysia* hatten mir gezeigt, dass Verhaltensänderungen mit Veränderungen in der synaptischen Stärke zwischen den für dieses Verhalten verantwortlichen Neuronen einhergehen. Leider lieferten meine Ergebnisse keine Hinweise darauf, wie Kurzzeiterinnerungen in Langzeiterinnerungen umgewandelt werden. Eigentlich wusste man gar nichts über die zellulären Mechanismen des Langzeitgedächtnisses.

Meine frühen Forschungsarbeiten über Lernen und Gedächtnis hatte ich auf den Lernparadigmen der Behavioristen aufgebaut, die sich in erster Linie damit befassten, wie Wissen erworben und im Kurzzeitgedächtnis gespeichert wird. Das Langzeitgedächtnis interessierte sie nicht besonders. Das fand eher in den Gedächtnisstudien Beachtung, die von den Vorläufern der kognitiven Psychologen durchgeführt wurden.

1885, ZEHN JAHRE BEVOR EDWARD THORNDIKE AN DER COLUMBIA UNIversity seine Lernstudien an Versuchstieren in Angriff nahm, hatte der deutsche Philosoph Hermann Ebbinghaus die Untersuchung des menschlichen Gedächtnisses von einer introspektiven Disziplin in eine Laborwissenschaft verwandelt. Beeinflusst hatten ihn dabei drei Wissenschaftler – der Physiologe Ernst Weber, der Physiker Gustav Fechner und Hermann von Helmholtz –, die jeder strenge Methoden in die Beschäftigung mit der Wahrnehmung einführten. Helmholtz maß beispielsweise die Geschwindigkeit, mit der eine Berührung der Haut ins Gehirn gelangt. Damals meinte man allgemein, die Geschwindigkeit der Nervenleitung sei unmessbar hoch, in der Größenordnung der Lichtgeschwindigkeit. Doch Helmholtz stellte fest, dass sie langsam ist – rund 27 Meter pro Sekunde. Die Zeit, die ein Subjekt braucht, um auf den Reiz zu reagieren – die

Reaktionszeit –, ist sogar noch kürzer! Das veranlasste Helmholtz zu der These, dass das Gehirn einen Großteil der Wahrnehmungsinformationen unbewusst verarbeite. Diesen Vorgang nannte er »unbewussten Schluss«; er beruhe vermutlich darauf, dass das Nervensignal ohne Beteiligung des Bewusstseins beurteilt und umgewandelt werde. Zu diesem Zweck müssten die Signale bei Wahrnehmung und Willkürbewegungen an verschiedene Regionen weitergeleitet und dort verarbeitet werden.

Wie Helmholtz vertrat Ebbinghaus die These, dass geistige Prozesse ihrer Natur nach biologisch seien und sich nur verstehen ließen, wenn man ebenso strenge wissenschaftliche Kriterien anlege wie in der Physik und der Chemie. Wahrnehmung zum Beispiel lasse sich empirisch untersuchen, wenn die sensorischen Reize, mit denen man Reaktionen hervorruft, objektiv und quantifizierbar seien. Ebbinghaus kam auf den Gedanken, einen ähnlichen experimentellen Ansatz auf die Beschäftigung mit dem Gedächtnis anzuwenden. Die von ihm entwickelten Techniken zur Messung des Gedächtnisses sind noch heute in Gebrauch.

Um empirisch zu erfassen, wie neue Informationen ins Gedächtnis eingespeichert werden, musste Ebbinghaus sichergehen, dass seine Versuchspersonen neue Assoziationen bildeten und sich nicht auf früher gelernte verließen. Daher verfiel er auf den Gedanken, seine Versuchspersonen Unsinnswörter lernen zu lassen, die aus zwei Konsonanten und einem Mittelvokal bestanden (RAX, PAF, WUX, CAZ und so fort). Da jedes Wort bedeutungslos war, passte es nicht in das vorhandene Assoziationsnetz des Lernenden. Ebbinghaus bildete rund zweitausend solcher Wörter, schrieb jedes auf eine eigene Karte, mischte sie durch und zog zufällig Karten heraus. Auf diese Weise stellte er Listen zusammen, die zwischen 7 und 36 Unsinnswörter umfassten. Angesichts der mühsamen Aufgabe, sich die Listen einzuprägen, fuhr er nach Paris und mietete sich ein Mansardenzimmer mit Blick auf die Dächer dieser schönen Stadt. Dort prägte er sich eine Liste nach der anderen ein, indem er sie mit einer Frequenz von fünfzig Wörtern pro Minute laut las. Denise würde sagen: »Wenn überhaupt, dann kann man ein so langweiliges Experiment nur in Paris durchführen!«

Aus diesen selbst auferlegten Experimenten leitete Ebbinghaus zwei Prinzipien ab. Erstens: Das Gedächtnis ist gestuft – mit anderen Worten, Übung vervollkommnet es. Es gab eine direkte Beziehung zwischen der Zahl der Wiederholungen am ersten Tag und der Menge der behaltenen Wörter am nächsten Tag. Folglich schien das Langzeitgedächtnis eine bloße Erweiterung des Kurzzeitgedächtnisses zu sein. Zweitens: Trotz der scheinbaren Ähnlichkeit zwischen den Mechanismen des Kurzzeit- und des Langzeitgedächtnisse, bemerkte Ebbinghaus, dass eine Liste von sechs bis sieben Wörtern bei nur einer Darbietung gelernt und behalten werden konnte, während eine längere Liste wiederholte Darbietungen erforderlich machte.

Anschließend zeichnete er eine Vergessenskurve. Er testete sich selbst zu verschiedenen Zeitpunkten nach dem Lernen, indem er für jeden zeitlichen Abstand verschiedene Listen verwendete und ermittelte, wie viel Zeit es kostete, jede Liste erneut zu lernen, um sie genauso akkurat zu beherrschen wie nach dem ersten Lernen. Dabei stellte er fest, dass es zu Zeitersparnissen kam: Um eine alte Liste erneut zu lernen, benötigte er weniger Zeit und weniger Versuche als beim ersten Lernprozess. Noch interessanter war der Umstand, dass sich das Vergessen in mindestens zwei Phasen vollzog: am Anfang ein rascher Rückgang, vor allem in der ersten Stunde nach dem Lernen, und dann ein sehr viel gemächlicherer Rückgang, der sich ungefähr einen Monat lang hinzog.

Ausgehend von Ebbinghaus' zwei Phasen des Vergessens und von seiner eigenen bemerkenswerten Intuition gelangte William James 1890 zu dem Schluss, dass das Gedächtnis auf mindestens zwei verschiedenen Prozessen beruhen müsse: einem Kurzzeitprozess, den er »primäres Gedächtnis« nannte, und einem Langzeitprozess, den er als »sekundäres Gedächtnis« bezeichnete. »Sekundär« deshalb, weil es den Abruf einige Zeit nach einem primären Lernereignis ermöglicht.

ALLMÄHLICH ERKANNTEN DIE PSYCHOLOGEN IN DER NACHFOLGE VON Ebbinghaus und James, dass der nächste Schritt bei der Erforschung des Langzeitgedächtnisses darin bestehen musste herauszubekommen, wie es fest verankert wird, ein Prozess, den man heute als Konsolidierung bezeichnet. Eine Erinnerung kann nur von Dauer sein, wenn die eintreffende Information gründlich und tief verarbeitet wird. Dazu müssen wir auf die Information achten und sie sinnvoll und systematisch mit Inhalten verknüpfen, die bereits im Gedächtnis verankert sind.

Der erste Hinweis darauf, dass neu eingelagerte Informationen für die langfristige Speicherung fester eingebunden werden, stammte von den beiden deutschen Psychologen Georg Müller und Alfons Pilzecker. Unter Rückgriff auf Ebbinghaus' Techniken forderten sie eine Gruppe von Versuchpersonen auf, sich eine Liste von Unsinnswörtern so gut einzuprägen, dass sie sich noch 24 Stunden später daran erinnern konnten, was der

Gruppe ohne Schwierigkeiten gelang. Dann forderten die Forscher eine zweite Gruppe auf, die gleiche Liste mit der gleichen Anzahl von Wiederholungen zu lernen, gaben dieser Gruppe jedoch eine zusätzliche Wortliste und den Auftrag, sie sich *unmittelbar nach* dem Erlernen der ersten Liste einzuprägen. Die zweite Gruppe konnte sich 24 Stunden später nicht an die erste Liste erinnern. Dagegen hatte eine dritte Gruppe von Versuchspersonen, der die zweite Liste *zwei Stunden nach* dem Erlernen der ersten Liste ausgehändigt wurde, wenig Mühe, sich die erste Liste 24 Stunden später ins Gedächtnis zu rufen. Dieses Ergebnis ließ darauf schließen, dass die Erinnerung in der Stunde nach der Lernphase, als die erste Liste ins Kurzzeitgedächtnis und vielleicht sogar in die frühen Stadien des Langzeitgedächtnisses eingespeichert wurde, noch störanfällig war. Vermutlich brauchte das Langzeitgedächtnis für die dauerhafte Einspeicherung, die Konsolidierung, eine gewisse Zeit. Nach ein oder zwei Stunden – nach der Konsolidierung – war die Erinnerung stabil und weniger anfällig für Störungen.

Für die Idee der Gedächtniskonsolidierung sprechen zwei Arten von klinischen Beobachtungen. Erstens weiß man seit Ende des neunzehnten Jahrhunderts, dass Kopfverletzungen und Gehirnerschütterungen zu einem Gedächtnisverlust führen können, der als retrograde Amnesie bezeichnet wird. Wenn ein Boxer in der fünften Runde am Kopf getroffen wird und eine Gehirnerschütterung erleidet, erinnert er sich in der Regel daran, wie er in den Ring kletterte und danach an nichts mehr. Zweifellos gelangten zahlreiche Ereignisse unmittelbar vor diesem Schlag in sein Kurzzeitgedächtnis – die Aufregung, die er verspürte, als er in die Ringmitte trat, die Bewegungen seines Gegners in den ersten vier Runden, vielleicht sogar der Ansatz zum entscheidenden Haken und sein Versuch, ihm auszuweichen –, doch der Schlag, der sein Gehirn erschütterte, traf ihn, bevor sich diese Gedächtnisspuren konsolidieren konnten. Die zweite klinische Beobachtung besagt, dass eine ähnliche retrograde Amnesie häufig im Anschluss an einen epileptischen Anfall auftritt. Epilepsiepatienten können sich nicht an die Ereignisse unmittelbar vor dem Anfall erinnern, obwohl dieser keine Auswirkung auf ihre Erinnerung an frühere Ereignisse hat. Das lässt vermuten, dass die Gedächtnisspeicherung in ihren Frühphasen dynamisch und störanfällig ist.

Dem ersten strengen Test wurde das Konzept der Gedächtniskonsolidierung 1949 unterzogen, als der amerikanische Psychologe C. P. Duncan das Gehirn von Tieren während der Lernphase oder unmittelbar danach mit elektrischen Reizen stimulierte und so Krampfanfälle auslöste, die den Gedächtnisprozess unterbrachen und retrograde Amnesie verursachten. Die Auslösung von Krampfanfällen mehrere Stunden nach der Übungsphase wirkte sich kaum oder gar nicht auf den Gedächtnisabruf aus. Fast zwanzig Jahre später machte Louis Flexner an der University of Pennsylvania die bemerkenswerte Entdeckung, dass Wirkstoffe, welche die Proteinsynthese im Gehirn hemmen, das Langzeitgedächtnis unterbrechen, wenn sie während und kurz nach der Lernphase eingenommen werden; das Kurzzeitgedächtnis hingegen wird dadurch nicht beeinträchtigt. Diese Ergebnisse legen den Schluss nahe, dass die Speicherung im Langzeitgedächtnis die Synthese neuer Proteine voraussetzt. Zusammengenommen schienen die beiden Untersuchungsreihen die These zu bestätigen, dass sich die Gedächtnisspeicherung in mindestens zwei Stufen vollzieht: Ein Kurzzeitgedächtnis, das Minuten anhält, wird – durch einen Konsolidierungsprozess, der auf der Synthese neuer Proteine beruht – in ein Langzeitgedächtnis von Tagen, Wochen oder noch längerer Dauer umgewandelt.

Für dieses zweistufige Gedächtnismodell wurden schon bald verschiedene Spielarten vorgeschlagen. So gab es die Auffassung, Kurzzeit- und Langzeitgedächtnis seien in unterschiedlichen anatomischen Regionen lokalisiert. Umgekehrt vertraten einige Psychologen die Ansicht, das Gedächtnis befinde sich nur an einem Ort und werde mit der Zeit einfach stärker. Die Frage, ob Kurzzeit- und Langzeitgedächtnis zwei verschiedene Hirnregionen benötigen oder sich mit einer begnügen, ist für die Analyse des Lernens von zentraler Bedeutung, vor allem für die Gedächtnisanalyse auf zellulärer Ebene. Dank unserer Studien an der *Aplysia* konnten wir nun die Frage angehen, ob Kurz- und Langzeitgedächtnis identische oder separate neuronale Prozesse sind, die in derselben oder in verschiedenen Regionen stattfinden.

CAREW UND ICH HATTEN 1971 HERAUSGEFUNDEN, DASS HABITUATION und Sensitivierung – die einfachsten Lernformen – durch wiederholte Lernphasen über längere Zeit bewahrt werden können. Infolgedessen boten sie sich als nützliche Tests zur Ermittlung von Unterschieden zwischen Langzeit- und Kurzzeitgedächtnis geradezu an. Schließlich entdeckten wir, dass die zellulären Veränderungen, mit der die Langzeitsensitivierung bei der *Aplysia* einhergehen, den Veränderungen ähneln, die dem Langzeitgedächtnis im Säugerhirn zugrunde liegen: Das Langzeitgedächtnis ist auf die Synthese neuer Proteine angewiesen.

Wir wollten wissen, ob einfache Formen des Langzeitgedächtnisses die gleichen Speicherorte verwenden – die gleichen Neuronengruppen und die gleichen Synapsensysteme – wie das Kurzzeitgedächtnis. Aus Brenda Milners Studien an dem Patienten H. M. war mir bekannt, dass beim Menschen das komplexe, explizite Langzeitgedächtnis – ein Gedächtnis, das Tage oder gar Jahre Bestand hat – nicht nur auf den Cortex, sondern auch auf den Hippocampus angewiesen ist. Doch wie stand es mit dem impliziten Gedächtnis? Wie Carew, Castellucci und ich feststellten, werden die gleichen synaptischen Verbindungen zwischen sensorischen und motorischen Neuronen, die bei der kurzzeitigen Habituation und Sensitivierung modifiziert werden, auch bei der langfristigen Habituation und Sensitivierung verändert. Darüber hinaus entsprechen die synaptischen Veränderungen jeweils den von uns beobachteten Verhaltensänderungen: Bei der Langzeithabituation wird die Aktivität der Synapse wochenlang unterdrückt, bei der Langzeitsensitivierung wochenlang verstärkt. In den einfachsten Fällen kann also offenbar ein und dieselbe Region sowohl Kurz- als auch Langzeiterinnerungen speichern – und zwar für verschiedene Lernformen.

Blieb die Frage nach dem Mechanismus. Beruhen Kurz- und Langzeitgedächtnis auf denselben Mechanismen? Wenn ja, welcher Prozess sorgt dann für die Konsolidierung des Langzeitgedächtnisses? Ist die Proteinsynthese für die langfristigen synaptischen Veränderungen erforderlich, die mit den Speicherprozessen des Langzeitgedächtnisses verbunden sind?

Seit einiger Zeit war ich der Meinung, das Langzeitgedächtnis werde durch eine anatomische Veränderung konsolidiert. Eine solche Veränderung mochte einer der Gründe für die Notwendigkeit neuer Proteine sein. Mein Gespür sagte mir, dass wir uns schon bald mit der anatomischen Struktur der Gedächtnisspeicherung würden befassen müssen. 1973 gelang es mir, Craig Bailey für unser Team zu gewinnen, einen begabten und kreativen jungen Zellbiologen, der die Aufgabe hatte, die Strukturveränderungen während des Übergangs vom Kurz- zum Langzeitgedächtnis zu erforschen.

Bailey und seine Kollegin Mary Chen sowie Carew und ich fanden heraus, dass das Langzeitgedächtnis nicht nur eine Erweiterung des Kurzzeitgedächtnisses ist: Die Veränderungen der synaptischen Stärke dauern nicht nur länger, sondern erstaunlicherweise verändert sich auch die Zahl der Synapsen im Schaltkreis. Besonders bei der Langzeithabituation nimmt die Zahl der präsynaptischen Verbindungen zwischen sensorischen und motorischen Neuronen ab, während die sensorischen Neurone bei der Langzeitsensitivierung neue Verbindungen ausbilden, die bestehen bleiben, solange die Erinnerung behalten wird (Abbildung 15.1). In beiden Fällen vollziehen sich im Motoneuron entsprechende Veränderungen.

Diese anatomische Veränderung drückt sich auf verschiedene Weisen aus. Bailey und Chen stellten fest, dass ein einzelnes sensorisches Neuron ungefähr 1300 präsynaptische Endigungen besitzt, mit deren Hilfe es den Kontakt zu rund 25 verschiedenen Zielzellen herstellt – Motoneuronen, erregenden und hemmenden Interneuronen. Von diesen 1300 präsynaptischen Endigungen besitzen lediglich rund 40 Prozent aktive Synapsen, und nur diese verfügen über die Mechanismen zur Ausschüttung eines Neurotransmitters. Die übrigen Endigungen werden nicht beansprucht. Bei der Langzeitsensitivierung nimmt die Zahl der synaptischen Endigungen um mehr als das Doppelte zu (von 1300 auf 2700), und der Anteil der aktiven Synapsen erhöht sich von 40 auf 60 Prozent. Außerdem bildet das Motoneuron einen Auswuchs aus, um einige der neuen Verbindungen zu erreichen. Im Laufe der Zeit verblasst die Erinnerung: Die verstärkte Reaktion sinkt wieder auf das normale Niveau ab, und die Zahl der präsynaptischen Endigungen geht von 2700 auf 1500 zurück, das heißt, sie bleibt etwas über der ursprünglichen Zahl. Dieser Restbestand ist vermutlich für den erstmals von Ebbinghaus entdeckten Umstand verantwortlich, dass ein Organismus eine Aufgabe beim zweiten Mal leichter lernen kann. Bei der Langzeithabituation dagegen fällt die Zahl der präsynaptischen Endigungen von 1300 auf rund 850, und die Zahl der aktiven Endigungen verringert sich von 500 auf etwa 100 – das kommt einem fast vollkommenen Zusammenbruch der synaptischen Übertragung gleich (Abbildung 15.1).

Folglich konnten wir bei der *Aplysia* zum ersten Mal sehen, dass die Zahl der Synapsen im Gehirn nicht ein für allemal festgelegt ist, sondern sich beim Lernen verändert! Mehr noch: Die Langzeiterinnerung bleibt so lange erhalten, wie die anatomischen Veränderungen Bestand haben.

Diese Studien erlaubten eine erste Beurteilung der beiden konkurrierenden Theorien zur Gedächtnisspeicherung. Beide hatten sie Recht, aber auf unterschiedliche Weise. Gemäß der Ein-Prozess-Theorie kann bei Habituation und Sensitivierung eine bestimmte Region sowohl für das Kurzzeit- als auch für das Langzeitgedächtnis verantwortlich sein. Außerdem kommt es in jedem Fall zu einer Veränderung der synaptischen Stärke. Der

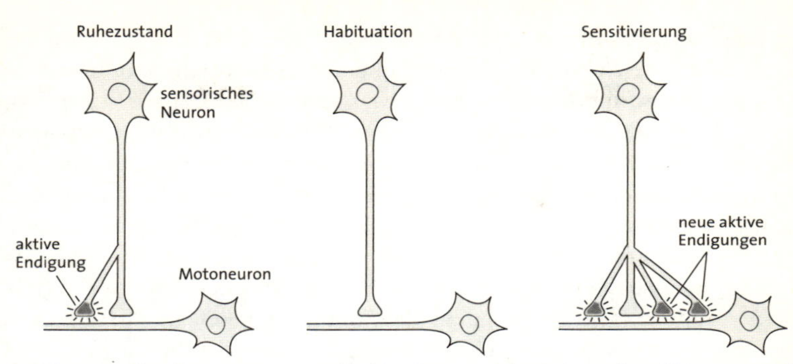

Im Ruhezustand hat dieses sensorische Neuron zwei Kontaktstellen mit einem Motoneuron.

Langzeithabituation veranlasst das sensorische Neuron, seine aktive Endigung abzubauen, was zu einer fast vollständigen Einstellung der synaptischen Übertragung führt.

Langzeitsensitivierung veranlasst das sensorische Neuron, neue Endigungen auszubilden und mehr aktive Kontaktstellen mit dem Motoneuron herzustellen. Das verstärkt die synaptische Übertragung.

15.1 Anatomische Veränderungen als Begleiterscheinung des Langzeitgedächtnisses

Zwei-Prozess-Theorie jedoch entspricht die Tatsache, dass sich die Mechanismen von Kurz- und Langzeitveränderungen grundlegend unterscheiden. Das Kurzzeitgedächtnis ruft durch Stärkung oder Schwächung bestehender Verbindungen eine Veränderung in der Funktion der Synapse hervor; das Langzeitgedächtnis erfordert anatomische Veränderungen. Wiederholtes Sensitivierungs-Training (Übung) veranlasst Neurone, neue Endigungen auszubilden und so die Voraussetzung für das Langzeitgedächtnis zu schaffen, während Habituation die Neurone dazu bringt, vorhandene Endigungen wieder abzubauen. Durch die Erzeugung weit reichender Strukturveränderungen kann Lernen also inaktive Synapsen aktivieren und aktive Synapsen inaktivieren.

NÜTZLICH IST EINE ERINNERUNG NUR, WENN SIE AUS DEM GEDÄCHTnis abgerufen werden kann. Der Gedächtnisabruf hängt von geeigneten Hinweisreizen ab, die der Organismus mit seinen Lernerfahrungen in Verbindung bringen kann. Diese Hinweise können extern sein, etwa ein sensorischer Reiz bei der Habituation, Sensitivierung und klassischen Konditionierung, oder intern, ausgelöst durch eine Idee oder einen Impuls. Beim Kiemenrückziehreflex der *Aplysia* ist der Hinweisreiz für den

Gedächtnisabruf extern: die Berührung des Siphos, die den Reflex auslöst. Die Neurone, welche die Erinnerung an den Reiz abrufen, sind dieselben sensorischen und motorischen Neurone, die auch ursprünglich aktiviert wurden. Doch da die Stärke und Anzahl der synaptischen Verbindungen zwischen diesen Neuronen durch Lernen verändert wurden, »liest« das vom sensorischen Reiz erzeugte Aktionspotenzial den neuen Zustand der Synapse »ab«, sobald es an die präsynaptischen Endigungen gelangt, und dieser Gedächtnisabruf löst eine heftigere Reaktion aus.

Beim Langzeitgedächtnis kann wie beim Kurzzeitgedächtnis die Anzahl der veränderten synaptischen Verbindungen groß genug sein, um einen neuronalen Schaltkreis neu zu konfigurieren, jetzt aber anatomisch. Vor dem Training ist ein Reiz an einem sensorischen Neuron der *Aplysia* zum Beispiel womöglich stark genug, um Motoneurone, die für die Kieme verantwortlich sind, zum Feuern zu veranlassen, nicht aber ausreichend, um auch Motoneurone, die für die Tintendrüsen verantwortlich sind, zum Feuern zu bringen. Training verstärkt nicht nur die Synapsen zwischen dem sensorischen Neuron und den für die Kieme verantwortlichen Motoneuronen, sondern auch die Synapsen zwischen dem sensorischen Neuron und den für die Tintendrüse zuständigen Motoneuronen. Wird das sensorische Neuron nach dem Training stimuliert, ruft es die Erinnerung an die verstärkte Reaktion ab. Nun feuern sowohl die für die Kiemen als auch die für die Tintendrüse verantwortlichen Neurone und bewirken, dass sowohl die Kieme zurückgezogen als auch Tinte ausgeschieden wird. Das Verhalten der *Aplysia* hat sich verändert. Die Berührung des Siphos löst nicht nur eine Veränderung in der Größenordnung des Verhaltens – der Amplitude des Kiemenrückziehreflexes – aus, sondern auch eine Änderung im Verhaltensrepertoire des Organismus.

Da unsere Studien zeigten, dass das Gehirn der *Aplysia* durch Erfahrung physisch verändert wird, fragten wir uns: Verändert Erfahrung auch das Primatengehirn? Verändert es das menschliche Gehirn?

WÄHREND MEINES MEDIZINSTUDIUMS IN DEN FÜNFZIGER JAHREN hatte man uns beigebracht, dass die von Wade Marshall entdeckte Karte des somatosensorischen Cortex ein Leben lang starr und unveränderlich sei. Heute wissen wir, dass das nicht stimmt. Die Karte wird unter dem Einfluss unserer Erfahrung unablässig modifiziert. Zwei Studien in den neunziger Jahren waren in dieser Hinsicht besonders informativ.

Erstens entdeckte Michael Merzenich von der University of Califor-

Die Zeichnung zeigt, wie viel relatives Areal der somatosensorische Cortex für die verschiedenen Körperteile verwendet. Finger und andere besonders empfindliche Bereiche nehmen den meisten Platz in Anspruch.

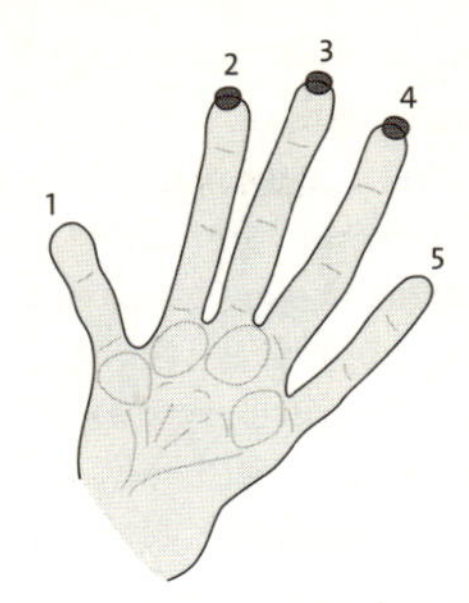

Ein Affe wurde in einer Aufgabe unterwiesen, bei der er die Spitzen seiner Mittelfinger häufig benutzen musste. Nach mehreren Monaten Training wurden diese Bereiche sensibler.

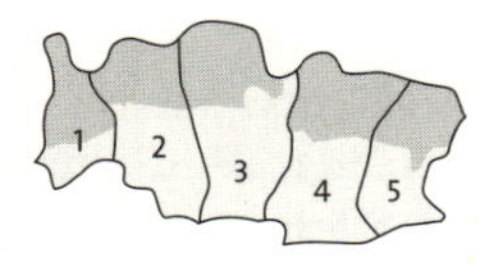

Das Areal im somatosensorischen Cortex des Affen, das den Fingerspitzen des Affen vor dem Training enspricht (dunkle Felder).

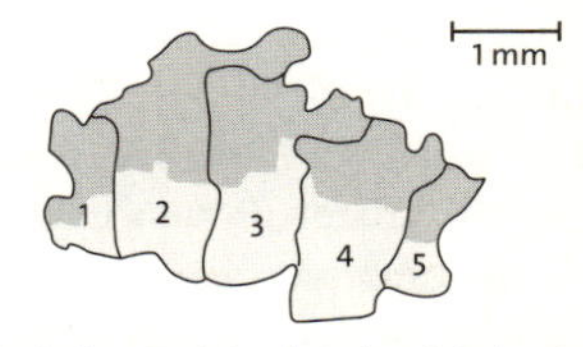

Nach dem Training hat das sich das Areal vergrößert, das den Spitzen der Mittelfinger des Affen entspricht.

15.2 Karten des Affencortex verändern sich durch Erfahrung

nia in San Francisco, dass die cortikalen Karten einzelner Affen im Detail erhebliche Unterschiede aufweisen. Beispielsweise ist bei einigen Affen die Hand sehr viel umfangreicher repräsentiert als bei anderen. Da Merzenich anfänglich nicht zwischen den Auswirkungen der Erfahrung und denen der Erbanlage unterschied, konnte er nicht sagen, ob die Unterschiede in der Repräsentation genetisch bestimmt waren.

Anschließend führte Merzenich weitere Experimente durch, um die relativen Beiträge von Genen und Erfahrung zu ermitteln. Er brachte Affen bei, sich Futterkügelchen dadurch zu verschaffen, dass sie eine rotierende Scheibe mit ihren drei Mittelfingern berührten. Nach einigen Monaten hatte sich das Cortexareal, das für die mittleren Finger verantwortlich ist – besondern für die Spitzen der Finger, mit denen sie die Scheibe berührten –, erheblich vergrößert (Abbildung 15.2). Gleichzeitig hatte die taktile Sensibilität der Mittelfinger zugenommen. Aus anderen Studien geht hervor, dass ein Training zur visuellen Unterscheidung von Farben oder Formen ebenfalls zu Veränderungen der Hirnanatomie führt und die Wahrnehmungsfähigkeit verbessert.

Zweitens verglichen Thomas Elbert und seine Kollegen von der Universität Konstanz Hirnbilder von Geigern und Cellisten mit Hirnbildern von Nichtmusikern. Wer ein Streichinstrument spielt, moduliert mit vier Fingern seiner linken Hand den Ton der Saiten. Die Finger der rechten Hand, die den Bogen führt, brauchen keine derart hochdifferenzierten Bewegungen auszuführen. Ebert stellte fest, dass das Cortexareal, das für die Finger der rechten Hand verantwortlich ist, bei Streichern und Nichtmusikern keine Unterschiede aufwies, während die Finger der linken Hand im Gehirn von Streichern sehr viel umfangreicher – gelegentlich fünf Mal so groß – repräsentiert waren. Bei Musikern, die ihr Instrument vor dem dreizehnten Lebensjahr zu spielen begonnen hatten, waren die Finger der linken Hand außerdem stärker repräsentiert als bei Musikern, die später anfingen.

Diese auffälligen Veränderungen der cortikalen Karten durch Lernen ergänzten die anatomischen Erkenntnisse, die wir durch unsere Studien an der *Aplysia* gewonnen hatten: Wie umfangreich ein Körperteil im Cortex repräsentiert wird, hängt davon ab, wie intensiv und wie vielfältig dieser Körperteil verwendet wird. Wie Eberts Studie zeigte, werden solche anatomischen Veränderungen im Gehirn in jungen Jahren leichter erworben. Folglich war ein Wolfgang Amadeus Mozart nicht nur deshalb ein genialer Musiker, weil er die richtigen Gene besaß (die sicherlich eine große Hilfe waren), sondern weil er die Fähigkeiten, für die er später berühmt wurde, schon zu einer Zeit übte, als sein Gehirn noch leicht zu beeinflussen war.

Unsere Experimente an der *Aplysia* zeigten ferner, dass die Plastizität des Nervensystems – die Fähigkeit der Nervenzellen, die Stärke und sogar die Anzahl der Synapsen zu verändern – der Mechanismus ist, der Lernen und Langzeitgedächtnis zugrunde liegt. Da nun jeder Mensch in einer anderen Umgebung aufwächst und unterschiedliche Erfahrungen macht, besitzt das Gehirn jedes Menschen eine einzigartige Architektur. Sogar eineiige Zwillinge mit identischen Genen haben auf Grund unterschiedlicher Lebenserfahrungen verschiedene Gehirne. Damit erwies sich ein Prinzip der Zellbiologie, das erstmals bei der Untersuchung einer einfachen Schnecke zu Tage trat, als ein wichtiger Hinweis auf die biologische Grundlage der menschlichen Individualität.

Unser Ergebnis – dass das Kurzzeitgedächtnis aus funktionellen Veränderungen und das Langzeitgedächtnis aus anatomischen Veränderungen erwächst – warf weitere Fragen auf: Worauf beruht die Gedächtniskonsolidierung? Warum verlangt sie die Synthese neuer Proteine? Um das herauszufinden, mussten wir tiefer in die Zelle eindringen und ihre molekulare Beschaffenheit untersuchen. Das war der nächste Schritt, zu dem sich meine Kollegen und ich entschlossen.

GENAU ZU DIESEM ZEITPUNKT ÜBERRASCHTEN UNS NEUIGKEITEN schlimmster Art. Im Herbst 1973 begann sich Alden Spencer, mein bester Freund und Mitbegründer des Fachbereichs für Neurobiologie und Verhalten an der NYU, über eine Schwäche in seinen Händen zu beklagen, die ihn beim Tennisspiel beeinträchtigte. Nach wenigen Monaten diagnostizierte man bei ihm Amyotrophe Lateralsklerose (ALS), eine Krankheit, die stets tödlich verläuft. Als Alden diese Diagnose von einem der führenden Neurologen des Landes vernahm, verfiel er in Depressionen, setzte sein Testament auf und dachte, der Tod würde ihn binnen einer Woche ereilen. Doch Alden hatte auch Arthritis im Ellbogen, ein Leiden, das in der Regel nicht mit ALS verknüpft ist. Daher schlug ich ihm vor, einen Rheumatologen zu konsultieren.

Alden suchte einen hervorragenden Arzt auf, der ihm versicherte, er habe nicht ALS, sondern eine Bindegewebsstörung (eine Kollagenerkrankung), die mit Lupus erythematosus verwandt ist. Als Alden diese weit hoffnungsfroher stimmende Diagnose vernahm, hellte sich seine Stimmung auf. Einige Monate darauf war er wieder bei seinem Neurologen, der ihm versicherte, er habe unabhängig von der Arthritis eindeutig ALS. Augenblicklich verfinsterte sich Aldens Stimmung erneut.

Daraufhin sprach ich mit dem Neurologen und erzählte ihm von Aldens offensichtlich großen Schwierigkeiten, mit der Diagnose umzugehen. Ob er Alden nicht helfen könne, indem er ihm etwas mehr Hoffnung machte? Der Neurologe, ein sehr anständiger und mitfühlender Mann, erklärte, er könne Alden unmöglich über seine Zukunftsaussichten täuschen, das wäre nicht fair ihm gegenüber. »Aber«, sagte er, »ich kann Alden nicht mehr helfen. Er braucht nicht mehr zu kommen und sollte es auch nicht tun. Lassen Sie ihn doch weiter zum Rheumatologen gehen.«

Diese Vorgehensweise besprach ich mit Alden und unabhängig davon mit seiner Frau Diane. Beide hielten es für eine gute Idee. Diane war überzeugt, dass Alden sich nicht mit der Diagnose abfinden mochte, die sie und ich für die richtige hielten: dass er ALS hatte.

Während der nächsten zweieinhalb Jahre ging es mit Aldens Gesundheit langsam und unaufhaltsam bergab. Zunächst war er auf einen Stock, dann auf einen Rollstuhl angewiesen. Doch bis zuletzt suchte er das Labor auf und setzte seine Forschungsarbeiten fort. Obwohl ihm die Vorlesungen schwerer fielen, fuhr er auch mit seiner Lehrtätigkeit fort, allerdings schränkte er die Zahl der Kurse ein. Abgesehen von mir kannte niemand die wahre Diagnose, und niemand glaubte, er könne etwas anderes haben als eine besondere Form der Arthritis. Regelmäßig machte er Gymnastik und schwamm in einer Spezialbadeanstalt für behinderte Menschen in der Nähe seines Hauses. Am Tag bevor er im November 1977 starb, nahm er in seinem Labor an einer Diskussion über sensorische Verarbeitung teil.

Aldens Tod war für uns alle ein schrecklicher persönlicher Verlust und für unsere eng zusammengeschweißte Gruppe ein schwerer Schlag. Seit fast zwanzig Jahren hatten wir fast täglich miteinander gesprochen, daher war der gesamte Rhythmus meines Arbeitslebens auf lange Zeit unterbrochen. Noch heute denke ich oft an Alden.

Ich stand damit nicht allein. Alle hatten Alden gemocht, seine Selbstironie, seine bescheidene, grenzenlose Großzügigkeit und seine unbändige Kreativität. Zu seinen Ehren richteten wir 1978 ein Alden Spencer Lectureship and Award ein, eine Auszeichnung, die jährlich an einen bedeutenden Forscher unter fünfzig verliehen wird, der seine besten Jahre noch vor sich hat. Der Preisträger wird vom gesamten Center of Neurobiology and Behavior der Columbia University ausgesucht – Dozenten, Studenten, Postdoktoranden und Professoren.

Die Jahre nach Aldens Tod waren produktiv und erschienen daher, von außen betrachtet, durchaus harmonisch, doch für mich persönlich waren sie sehr schmerzlich. Auf Aldens Tod im Jahr 1977 folgte der Tod meines Vaters im selben Jahr und der Tod meines Bruders im Jahr 1981. Jedes Mal war ich intensiv an ihrer Pflege beteiligt, so dass ihr Tod mich nicht nur traurig und verzweifelt zurückließ, sondern auch körperlich erschöpft. Ich bin immer dankbar dafür gewesen, dass mir die Konzentration auf meine Arbeit stets einen gewissen Seelenfrieden schenkte. Damals bedeuteten die Anforderungen meiner Forschung und die überraschenden Erkenntnisse, die sie mir bescherte, eine besonders willkommene Ablenkung von den unersetzlichen Verlusten, die zur schmerzlichen Realität eines jeden Menschenlebens gehören.

Noch schmerzlicher wurde diese schwierige Periode meines Lebens dadurch, dass mein Sohn Paul 1979 aufs College ging. Als Paul sieben war, bewog ich ihn, Schach und Tennis zu lernen, mit dem Erfolg, dass er später beides recht gut spielte. Da ich selber Schach spiele, war es natürlich nicht schwer, ihn für Türme, Springer und Mattstellungen zu interessieren. Tennis indessen konnte ich nicht. Daher nahm ich mit 39 Jahren noch einmal Tennisstunden und betrieb es nach einiger Zeit mittelmäßig, aber mit großer Begeisterung. Noch heute spiele ich regelmäßig. Seit Paul mit dem Tennis anfing, gehörte er zu meinen häufigsten Partnern. Während seines letzten Highschooljahrs hatte er sich zu einem hervorragenden Spieler entwickelt und war zu meinem einzigen Partner geworden. Seit seinem Fortgang fehlte mir daher nicht nur mein Sohn, sondern auch mein Tennis- und Schachpartner. Ich begann, mich wie Hiob zu fühlen.

KAPITEL 16

Moleküle und Kurzzeitgedächtnis

Im Jahr 1975, zwanzig Jahre, nachdem Harry Grundfest mir gesagt hatte, dass man das Gehirn Zelle für Zelle erforschen müsse, begannen meine Kollegen und ich, die zellulären Grundlagen des Gedächtnisses zu untersuchen – wie man sich ein Leben lang an die Begegnung mit einem Menschen, einen Anblick in der Natur, einen Vortrag oder eine medizinische Diagnose erinnern kann. Wir hatten herausgefunden, dass das Gedächtnis aus Veränderungen der Synapsen in einem neuronalen Schaltkreis entsteht: das Kurzzeitgedächtnis aus funktionellen Veränderungen und das Langzeitgedächtnis aus strukturellen Veränderungen. Jetzt wollten wir tiefer in das Geheimnis des Gedächtnisses eindringen und die Molekularbiologie eines geistigen Prozesses offen legen, genau in Erfahrung bringen, welche Moleküle für das Kurzzeitgedächtnis verantwortlich sind. Mit dieser Frage betraten wir komplettes Neuland.

Dass wir meiner Ansicht nach mit der *Aplysia* ein einfaches System gefunden hatten, in dem wir die molekulare Basis des Gedächtnisses erforschen konnten, nahm dem Abenteuer ein wenig von seinem Schrecken. Wir waren in das Labyrinth der synaptischen Verbindungen im Nervensystem der *Aplysia* eingedrungen, hatten die Nervenbahn ihres Kiemenrückziehreflexes kartiert und gezeigt, dass die Synapsenbildung durch Lernen verstärkt werden konnte. Damit hatten wir uns buchstäblich durch die äußeren Ringe eines wissenschaftlichen Labyrinths bewegt. Jetzt wollten wir genau bestimmen, wo sich die synaptischen Veränderungen, die mit dem Kurzzeitgedächtnis verknüpft sind, auf dieser neuronalen Bahn befinden.

WIR RICHTETEN UNSERE AUFMERKSAMKEIT AUF DIE ENTSCHEIDENDE Synapse zwischen dem sensorischen Neuron, das die Information über die Berührung des Siphos übermittelt, und dem Motoneuron, dessen Aktionspotenziale zum Zurückziehen der Kieme führen. Wie tragen die beiden Neurone, die die Synapse bilden, zur erlernten Veränderung in der synaptischen Stärke bei? Verändert sich das sensorische Neuron in Reaktion auf den Reiz, und veranlasst es seine Axonendigungen, mehr oder weniger Transmitter auszuschütten? Oder tritt die Veränderung im Motoneuron auf, das heißt, werden mehr Rezeptoren für den Neurotransmitter ausgebildet, oder erhöht sich die Empfänglichkeit der Rezeptoren für den Transmitter? Wie sich herausstellte, ist die Veränderung ziemlich einseitig: Während der Kurzzeithabituation, die nur einige Minuten anhält, schütten die sensorischen Neurone weniger Neurotransmitter aus, und während der Kurzzeitsensitivierung werden mehr Neurotransmitter freigesetzt.

Dieser Neurotransmitter – Glutamat, wie wir später herausfanden – ist auch im Säugerhirn der wichtigste erregende Transmitter. Die Sensitivierung erhöht die Glutamatmenge, die eine sensorische Zelle an ein Motoneuron schickt, und verstärkt dadurch das Synapsenpotenzial, das im Motoneuron hervorgerufen wird. Dadurch kann dieses Neuron leichter ein Aktionspotenzial erzeugen und so für das Zurückziehen der Kieme sorgen.

Das Synapsenpotenzial zwischen dem sensorischen und dem motorischen Neuron dauert nur wenige Millisekunden; wir hatten jedoch beobachtet, dass ein Elektroschock am Schwanz der *Aplysia* die Glutamatausschüttung und die synaptische Übertragung viele Minuten lang verstärkt. Wie kommt das? Als wir uns näher mit dieser Frage beschäftigten, stießen wir auf einen seltsamen Zusammenhang. Die Stärkung der synaptischen Verbindung zwischen dem sensorischen und dem motorischen Neuron geht mit einem sehr langsamen Synapsenpotenzial in der sensorischen Zelle einher, das eine Dauer von Minuten hat anstelle der Millisekunden, die für die Synapsenpotenziale im Motoneuron typisch sind. Bald stellten wir fest, dass der Elektroschock am Schwanz der *Aplysia* eine zweite Kategorie von sensorischen Neuronen aktiviert – eine, die Informationen vom Schwanz empfängt. Diese für den Schwanz zuständigen sensorischen Neurone aktivieren eine Gruppe von Interneuronen, die auf die sensorischen Neurone des Siphos einwirken. Und eben diese Interneurone rufen das bemerkenswert langsame Synapsenpotenzial hervor. Daraufhin fragten wir uns: Welchen Neurotransmitter setzen die Interneurone frei? Und wie führt dieser zweite Neurotransmitter zur Ausschüttung von zusätzlichem Glutamat aus den Endigungen des sensorischen Neurons und damit zum Speicherprozess im Kurzzeitgedächtnis?

Wir fanden heraus, dass die durch einen Elektroschock am Schwanz der *Aplysia* aktivierten Interneurone den Neurotransmitter Serotonin ausschütten. Außerdem bilden die Interneurone nicht nur Synapsen am Zellkörper der sensorischen Neurone, sondern auch an deren präsynaptischen Endigungen, und sie erzeugen nicht nur ein langsames Synapsenpotenzial, sondern verstärken auch an den Kontaktstellen mit dem Motoneuron die Freisetzung von Glutamat durch das sensorische Neuron. So konnten wir das langsame Synapsenpotenzial, die Intensivierung der synaptischen Stärke und die Zunahme des Kiemenrückziehreflexes einfach dadurch simulieren, dass wir Serotonin an den Kontaktstellen zwischen dem sensorischen und motorischen Neuron applizierten.

Diese Serotonin ausschüttenden Interneurone nannten wir modulatorische Interneurone, weil sie das Verhalten nicht direkt vermitteln, sondern die Ausprägung des Kiemenrückziehreflexes modifizieren, indem sie die Verbindungen zwischen sensorischen und motorischen Neuronen verstärken.

Diese Befunde brachten uns zu der Erkenntnis, dass es zwei Arten von neuronalen Schaltkreisen gibt, die wichtig für Verhalten und Lernen sind: vermittelnde Schaltkreise, die wir schon früher beschrieben hatten, und modulierende Schaltkreise, die im Einzelnen zu charakterisieren wir uns gerade anschickten (Abbildung 16.1). Vermittelnde Schaltkreise rufen Verhalten direkt hervor und sind daher ihrem Wesen nach kantisch – durch Vererbungs- und Entwicklungsprozesse festgelegte neuronale Komponenten des Verhaltens, die neuronale Architektur. Der vermittelnde Schaltkreis besteht aus den sensorischen Neuronen, die den Sipho versorgen, den Interneuronen und den Motoneuronen, die den Kiemenrückziehreflex steuern. Der vermittelnde Schaltkreis wird während des Lernprozesses zum Schüler und erwirbt neues Wissen. Der modulierende Schaltkreis ist von Lockescher Natur – er übernimmt die Rolle des Lehrers. Er ist nicht direkt an der Hervorbringung eines Verhaltens beteiligt, sondern besorgt unter dem Einfluss des Lernens die Feinabstimmung des Verhaltens, indem er – heterosynaptisch – die Stärke der synaptischen Verbindungen zwischen dem sensorischen und dem motorischen Neuron moduliert. Durch einen Schock am Schwanz, einem ganz anderen Körperteil als der Sipho, aktiviert, lehrt der modulierende Schaltkreis die *Aplysia*, auf einen Reiz am Sipho zu achten, der für die Sicherheit des Organismus von Bedeutung ist. Folglich ist der Schaltkreis im Wesentlichen verantwortlich für Erregung oder Salienz bei der *Aplysia*,

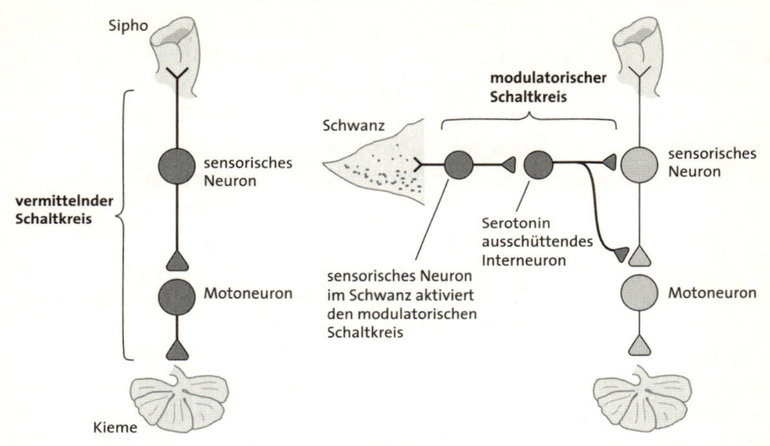

16.1 Die beiden Schaltkreisarten im Gehirn: Vermittelnde Schaltkreise rufen bestimmte Verhaltensweisen hervor. Modulatorische Schaltkreise wirken auf vermittelnde Schaltkreise ein, indem sie die Stärke ihrer synaptischen Verbindungen regulieren.

so wie entsprechende modulatorische Schaltkreise bei komplexeren Tieren wesentliche Gedächtniskomponenten sind, wie wir später sehen werden.

Dass Serotonin ein Modulator für die Sensitivierung war, verblüffte mich! Einige meiner ersten Experimente mit Dom Purpura im Jahr 1956 hatten sich mit der Wirkung von Serotonin beschäftigt. Tatsächlich hatte ich am Studententag der Medizinischen Hochschule der NYU im Frühjahr 1956 ein kurzes Referat mit dem Titel »Elektrophysiological Patterns of Serotonin and LSD Interaction on Afferent Cortical Pathways« gehalten. Jimmy Schwartz war so liebenswürdig gewesen, sich eine Probefassung des Referats anzuhören, und mir geholfen, es zu verbessern. Allmählich begann ich zu begreifen, dass das Leben ein Kreislauf ist. Seit fast zwanzig Jahren hatte ich nicht mehr über Serotonin gearbeitet, und nun kehrte ich mit neuer Perspektive und neuer Begeisterung zu ihm zurück.

Sobald wir wussten, dass Serotonin als modulatorischer Transmitter wirkt, um die Glutamatausschüttung an den präsynaptischen Endigungen des sensorischen Neurons zu erhöhen, waren die Voraussetzungen für die biochemische Analyse der Gedächtnisspeicherung geschaffen. Zum Glück hatte ich in Jimmy Schwartz einen ausgezeichneten Führer und hervorragenden Begleiter auf dieser Entdeckungsfahrt.

Bevor Jimmy an die NYU zurückgekehrt war, hatte er an der Rockefeller University am Bakterium *Escherichia coli* gearbeitet, jenem einzelligen Organismus, an dem viele grundlegenden Prinzipien der modernen Biochemie und Molekularbiologie zum ersten Mal entdeckt wurden. 1966 hatte sich sein Interesse auf die *Aplysia* verlagert. Er begann seine Forschungen an diesem Organismus mit der Untersuchung, welche chemischen Transmitter von einem Neuron im Abdominalganglion verwendet werden. 1971 machten wir uns mit vereinten Kräften daran, die molekularen Aktivitäten zu analysieren, die mit dem Lernen einhergehen.

Jimmy war in dieser zweiten Phase meiner biologischen Ausbildung von unschätzbarer Hilfe. Louis Flexner, dessen Arbeit uns beeinflusste, hatte einige Jahre zuvor nachgewiesen, dass die Langzeiterinnerung bei Mäusen und Ratten auf die Synthese neuer Proteine angewiesen ist, das Kurzzeitgedächtnis hingegen nicht. Proteine sind die Arbeitspferde der Zelle: Sie bilden die Enzyme, Ionenkanäle, Rezeptoren und Transportvorrichtungen. Da das Langzeitgedächtnis, wie wir entdeckt hatten, den Aufbau neuer Kontaktstellen voraussetzte, war es nicht überraschend, dass dieses Wachstum die Synthese neuer Proteinkonstituenten erfordert.

Jimmy und ich schickten uns an, diese These an der *Aplysia* zu überprüfen, und zwar auf der Ebene der sensorischen Sipho-Zelle und ihrer Synapsen mit den für die Kieme verantwortlichen Motoneuronen. Wenn synaptische Veränderungen mit Änderungen im Gedächtnis einhergingen, dann sollten die kurzfristigen synaptischen Veränderungen, die wir skizziert hatten, nicht auf die Synthese neuer Proteine angewiesen sein. Und genau das zeigten unsere Experimente. Was also vermittelte diese kurzfristige Veränderung?

Santiago Ramón y Cajal hatte nachgewiesen, dass das Gehirn ein Organ aus Neuronen ist, die miteinander in bestimmten Bahnen verdrahtet sind. In den einfachen neuronalen Schaltkreisen, die das Reflexverhalten der *Aplysia* vermitteln, hatte ich diese bemerkenswerte Verbindungsspezifität beobachten können. Jimmy wies jedoch darauf hin, dass sich diese Spezifität auch auf Moleküle erstreckt – auf die Atomkombinationen, die als elementare Einheiten der Zellfunktion dienen. Biochemiker hatten herausgefunden, dass Moleküle in einer Zelle miteinander wechselwirken können und dass diese chemischen Reaktionen zu spezifischen Sequenzen angeordnet sind, die man als biochemische Signalwege bezeichnet. Die entsprechenden Wege übermitteln Informationen in Form von Molekülen von der Zelloberfläche ans Innere, ganz so wie eine Nervenzelle Informationen an eine andere überträgt. Ferner sind diese Wege »drahtlos«. Moleküle, die in der Zelle umherschwimmen, erkennen spezifische Partnermoleküle, binden an ihnen und regulieren deren Aktivität.

Meine Kollegen und ich hatten nicht nur meinen vor vielen Jahren gefassten Vorsatz in die Tat umgesetzt und eine erlernte Reaktion in der kleinstmöglichen Neuronenpopulation eingefangen, wir hatten auch die Komponente einer einfachen Gedächtnisform in einer einzelnen sensorischen Zelle eingefangen. Doch selbst ein einzelnes *Aplysia*-Neuron enthält Tausende verschiedener Proteine oder anderer Moleküle. Welche dieser Moleküle sind für das Kurzzeitgedächtnis verantwortlich? Als Jimmy und ich anfingen, die Möglichkeiten zu erörtern, erschien es uns am wahrscheinlichsten, dass das Serotonin, das nach einem Schock am Schwanz freigesetzt wird, die Glutamatausschüttung durch das sensorische Neuron erhöht, indem es eine spezifische Sequenz biochemischer Reaktionen in der sensorischen Zelle auslöst.

Die Sequenz biochemischer Reaktionen, nach der Jimmy und ich Ausschau hielten, musste zwei grundlegende Zwecke erfüllen: Erstens musste die kurze Serotoninwirkung auf Moleküle übertragen werden, deren Signale im sensorischen Neuron minutenlang anhalten; zweitens mussten diese Moleküle Signale von der Zellmembran weiterleiten, wo das Serotonin auf das Innere der sensorischen Zelle einwirkt, besonders auf jene spezialisierten Regionen der Axonendigung, die an der Glutamatausschüttung beteiligt sind. Diese Überlegungen legten wir 1971 etwas ausführlicher in einem Artikel für das *Journal of Neurophysiology* dar und spekulierten über die Möglichkeit, dass ein bestimmtes Molekül, das zyklische AMP (cAMP), daran beteiligt sein könnte.

WAS IST CAMP? WIE KAMEN WIR DARAUF, DASS ES EIN WAHRSCHEINlicher Kandidat sein könnte? cAMP kam mir in den Sinn, weil bekannt war, dass dieses kleine Molekül eine entscheidende Regulatorfunktion für die Signalübertragung in Muskel- und Fettzellen hat. Jimmy und ich wussten, dass die Natur konservativ ist – daher sprach die Wahrscheinlichkeit dafür, dass ein Mechanismus, der in den Zellen eines Gewebes verwandt wird, beibehalten wird und auch in den Zellen eines anderen Gewebes Verwendung findet. Earl Sutherland von der Case Western Reserve

University in Cleveland hatte nachgewiesen, dass das Hormon Epinephrin (Adrenalin) eine kurzfristige biochemische Veränderung an der Membranoberfläche von Fett- und Muskelzellen hervorruft – eine Veränderung, die eine dauerhaftere Modifikation im Inneren der Zellen auslöst. Diese länger andauernde Veränderung wird durch eine Zunahme von cAMP in den Zellen bewirkt.

Sutherlands revolutionäre Ergebnisse bezeichnete man als die Signaltheorie der sekundären Botenstoffe. Der Schlüssel zu dieser biochemischen Theorie der Signalübertragung war Sutherlands Entdeckung einer neuen Klasse von Rezeptoren an der Zelloberfläche von Fett- und Muskelzellen, die auf Hormone reagieren. Zuvor schon war Bernard Katz auf die neurotransmittergesteuerten Rezeptoren gestoßen, bekannt als ionotrope Rezeptoren. Wenn ein Neurotransmitter an diese Rezeptoren bindet, öffnen oder schließen sie das Tor eines in dem Rezeptor enthaltenen Kanals und übersetzen auf diese Weise ein chemisches in ein elektrisches Signal. Doch die neue Klasse von Rezeptoren, die so genannten metabotropen Rezeptoren, enthält keinen Ionenkanal, der sich öffnen oder schließen ließe. Stattdessen ragt eine Region dieser Rezeptoren von der Zellmembran nach außen und erkennt Signale von anderen Zellen, während eine andere Region von der Zellmembran ins Zellinnere ragt und auf ein Enzym einwirkt. Wenn diese Rezeptoren an der Außenseite der Zellmembran einen chemischen Botenstoff erkennen und binden, aktivieren sie ein Enzym im Zellinneren, die Adenylzyclase, die das cAMP herstellt.

Dieser Prozess hat den Vorteil, dass er die Reaktion enorm verstärkt. Bindet ein Molekül des chemischen Botenstoffs an einen metabotropen Rezeptor, veranlasst dieser die Adenylzyclase, tausend Moleküle cAMP herzustellen. Dieses bindet dann an Schlüsselmoleküle, die überall in der Zelle eine ganze Familie von molekularen Reaktionen auslösen. Die Adenylzyclase setzt die Herstellung von cAMP minutenlang fort. Mithin ist die Wirkung der metabotropen Rezeptoren in der Regel intensiver, weitreichender und dauerhafter als die ionotroper Rezeptoren. Während ionotrope Wirkungen in der Regel nur Millisekunden anhalten, können sich metabotrope Wirkungen über einen Zeitraum von Sekunden bis Minuten erstrecken – also tausend bis zehntausend Mal länger.

Um zwischen den beiden räumlich verschiedenen Funktionen metabotroper Rezeptoren zu unterscheiden, bezeichnete Sutherland den chemischen Botenstoff, der an der Außenseite der Zelle an den metabotropen

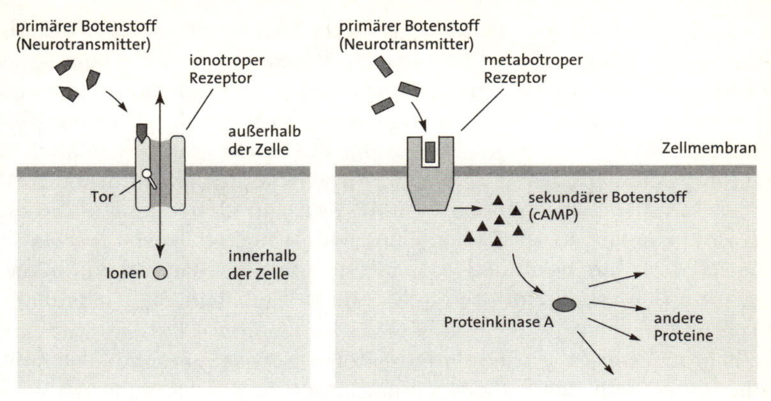

16.2 Sutherlands zwei Rezeptorenklassen: Ionotrope Rezeptoren rufen Veränderungen von Millisekunden hervor. Metabotrope Rezeptoren (zum Beispiel Serotoninrezeptoren) wirken über sekundäre Botenstoffe. Sie bewirken sekunden- oder minutenlange Veränderungen, die sich über die gesamte Zelle verteilen.

Rezeptor bindet, als primären Botenstoff, und die cAMP, die in der Zelle aktiviert wird, um das Signal zu verbreiten, als sekundären Botenstoff. Nach Sutherlands Auffassung überträgt der sekundäre Botenstoff das Signal, das der primäre Botenstoff an der Zelloberfläche übermittelt, in das Zellinnere und setzt überall in der Zelle die Reaktion in Gang (Abbildung 16.2). Das Prinzip der Signalübertragung durch sekundäre Botenstoffe ließ uns vermuten, dass metabotrope Rezeptoren und cAMP die schwer fassbaren Faktoren sein könnten, die das langsame Synapsenpotenzial in sensorischen Neuronen mit der erhöhten Glutamatausschüttung und folglich der Bildung des Kurzzeitgedächtnisses verbinden.

1968 lieferte Ed Krebs von der University of Washington erste Erkenntnisse darüber, wie cAMP seine weit reichenden Wirkungen erzielt. cAMP bindet an ein Enzym – und aktiviert es –, das Krebs cAMP-abhängige Proteinkinase oder Proteinkinase A nannte (weil es die erste Proteinkinase war, die entdeckt wurde). Kinasen modifizieren Proteine, indem sie ein Phosphatmolekül an sie anlagern, ein Prozess, den man als Phosphorylierung bezeichnet. Phosphorylierung aktiviert einige Proteine und inaktiviert andere. Wie Krebs beobachtete, lässt sich Phosphorylierung leicht rückgängig machen und kann daher als einfacher Molekülschalter dienen, der die biochemische Aktivität eines Proteins ein- und ausschaltet.

In einem nächsten Schritt untersuchte Krebs, wie dieser Molekülschalter arbeitet. Er fand heraus, dass die Proteinkinase A ein komplexes Molekül ist, das aus vier Untereinheiten besteht: zwei regulatorischen und zwei katalytischen. Die katalytischen Einheiten sollen die Phosphorylierung ausführen, doch die regulatorischen Einheiten »sitzen« gewöhnlich auf ihnen und hemmen sie. Die regulatorischen Einheiten enthalten Stellen, die cAMP binden. Nimmt die AMP-Konzentration in einer Zelle zu, binden die regulatorischen Untereinheiten die überschüssigen Moleküle. Das verändert ihre Form und veranlasst sie, von den katalytischen Einheiten abzufallen, wodurch diese die Möglichkeit erhalten, die Zielproteine zu phosphorylieren.

Diese Überlegungen führten uns zu einer entscheidenden Frage: War der Mechanismus, den Sutherland und Krebs entdeckt hatten, auf die Wirkung von Hormonen auf Fett- und Muskelzellen beschränkt, oder traf er möglicherweise auch auf andere Transmitter zu, unter anderem auf diejenigen, die im Gehirn vorhanden sind? In diesem Fall hätten wir es nämlich mit einem bis dahin unbekannten Mechanismus synaptischer Übertragung zu tun.

An diesem Punkt half uns die Arbeit von Paul Greengard weiter, einem hochbegabten Biochemiker, der auch Physiologie studiert hatte und kurz zuvor seine Stellung als Leiter der biochemischen Abteilung an den Geigy Pharmaceutical Research Laboratories aufgegeben hatte, um an die Yale University zu gehen. Auf dem Weg nach Yale legte er einen einjährigen Zwischenstopp an Sutherlands Institut ein. Da Greengard die Bedeutung eines potenziell neuen Mechanismus für die Signalübertragung im Gehirn erkannte, begann er 1970, metabotrope Rezeptoren in Rattengehirnen zu isolieren. Von nun an sorgte eine wunderbare Verkettung von Zufallsereignissen dafür, dass Arvid Carlsson, Paul Greengard und ich in einem wissenschaftlichen Abenteuer vereint wurden, das uns im Jahr 2000 in Stockholm gemeinsam den Nobelpreis für Physiologie oder Medizin für Entdeckungen zur Signalübertragung (Transduktion) im Nervensystem bescheren sollte.

Der namhafte schwedische Pharmakologe Arvid Carlsson hatte 1958 herausgefunden, dass Dopamin ein Neurotransmitter ist. Weiter zeigte er, dass ein Kaninchen, bei dem die Dopaminkonzentration gesenkt wird, Symptome zeigt, die der Parkinson-Krankheit ähneln. Als Greengard begann, metabotrope Rezeptoren im Gehirn zu erforschen, wählte er zunächst einen Dopaminrezeptor und beobachtete, dass dieser ein Enzym

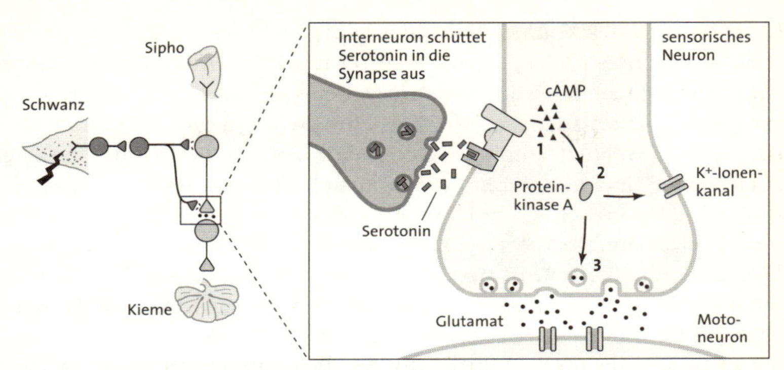

16.3 Biochemische Schritte beim Kurzzeitgedächtnis: Ein Elektroschock am Schwanz der *Aplysia* aktiviert ein Interneuron, das den chemischen Botenstoff Serotonin in die Synapse freisetzt. Nach Durchquerung des synaptischen Spalts bindet das Serotonin an einen Rezeptor des sensorischen Neurons und löst damit die Herstellung von cAMP aus (1). cAMP befreit die katalytische Einheit der Proteinkinase A (2). Die katalytische Einheit der Proteinkinase A erhöht die Ausschüttung des Neurotransmitters Glutamat (3).

stimuliert, das zu mehr cAMP im Gehirn führt und Proteinkinase A aktiviert!

Diesen Hinweisen folgend, entdeckten Jimmy Schwartz und ich, dass die Signalübertragung durch den sekundären Botenstoff cAMP auch während der Sensitivierung durch Serotonin eingeschaltet wird. Wie gesehen, aktiviert ein Schock am Schwanz der *Aplysia* modulatorische Interneurone, die Serotonin ausschütten. Das Serotonin seinerseits steigert einige Minuten lang in den präsynaptischen Endigungen der sensorischen Neurone die Produktion von cAMP (Abbildung 16.3). So fügte sich alles ineinander: Die Zunahme von cAMP währt ungefähr so lange, wie das langsame Synapsenpotenzial, der Anstieg der synaptischen Stärke zwischen dem sensorischen und dem motorischen Neuron und die gesteigerte Verhaltensreaktion des Tieres auf den Schwanzschock anhalten.

Die erste direkte Bestätigung, dass cAMP an der Entstehung des Kurzzeitgedächtnisses beteiligt ist, erhielten wir 1976, als sich Marcello Brunelli, ein italienischer Postdoktorand, unserer Forschungsgruppe anschloss. Brunelli überprüfte die Hypothese, dass die sensorischen Neurone die Glutamatausschüttung an ihren Endigungen steigern, wenn Serotonin die

Zellen veranlasst, die cAMP-Konzentration zu erhöhen. Wir injizierten cAMP direkt in ein sensorisches Neuron der *Aplysia* und beobachteten einen spektakulären Anstieg der Glutamatausschüttung und damit auch der synaptischen Stärke zwischen der sensorischen Zelle und den Motoneuronen. Tatsächlich simulierte die cAMP-Injektion perfekt die erhöhte synaptische Stärke, die durch Serotoninapplikation an sensorische Neurone oder einen Schock am Schwanz des Organismus hervorgerufen wird. Dieses bemerkenswerte Experiment stellte nicht nur einen Zusammenhang zwischen cAMP und Kurzzeitgedächtnis her, sondern lieferte uns auch erste Erkenntnisse über die molekularen Mechanismen des Lernens. Nachdem es uns gelungen war, einige grundlegende molekulare Komponenten des Kurzzeitgedächtnisses zu bestimmen, konnten wir sie dazu verwenden, die Gedächtnisbildung zu simulieren.

1978 begannen Jimmy und ich mit Greengard zusammenzuarbeiten. Wir wollten wissen, ob cAMP seine Wirkung auf das Kurzzeitgedächtnis über die Proteinkinase A entfaltet. Dazu zerlegten wir das Protein und injizierten nur die katalytische Einheit – die Einheit der Proteinkinase A, die normalerweise die Phosphorylierung ausführt – direkt in ein sensorisches Neuron. Wir fanden heraus, dass diese Einheit genau das bewirkt, was cAMP bewerkstelligt – sie stärkt die synaptische Verbindung, indem sie die Glutamatausschüttung erhöht. Nur um sicherzugehen, dass wir tatsächlich auf dem richtigen Weg waren, injizierten wir einen Hemmer der Proteinkinase A in ein sensorisches Neuron und stellten fest, dass es tatsächlich die Fähigkeit des Serotonins, die Glutamatausschüttung zu erhöhen, blockierte. Durch die Entdeckung, dass cAMP und Proteinkinase A beide notwendig und hinreichend sind, um die Verbindungen zwischen sensorischen und motorischen Neuronen zu stärken, konnten wir die ersten Glieder in der Kette der biochemischen Ereignisse identifizieren, die zur Kurzzeitspeicherung führen (Abbildung 16.4).

Wie Serotonin und cAMP das langsame Synapsenpotenzial erzeugen oder in welcher Beziehung dieses Synapsenpotenzial zur erhöhten Glutamatausschüttung steht, war damit jedoch nicht geklärt. 1980 traf ich Steven Siegelbaum in Paris, wo ich eine Reihe von Vorträgen am Collège de France hielt. Steve war ein technisch beschlagener junger Biophysiker, der sich darauf spezialisiert hatte, die Eigenschaften einzelner Ionenkanäle zu untersuchen. Wir verstanden uns auf Anhieb, und das Schicksal wollte, dass er kurz zuvor eine Stellung am pharmakologischen Fachbereich der Columbia University angenommen hatte. Daher beschlossen wir, nach seiner

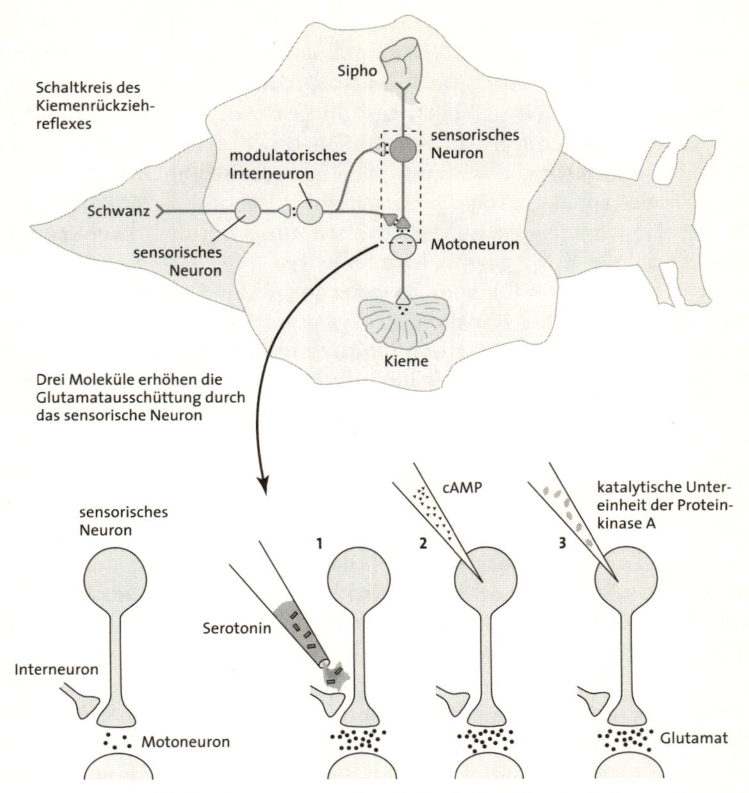

16.4 Moleküle, die am Kurzzeitgedächtnis beteiligt sind: Serotoninapplikation an der Endigung eines sensorischen Neurons (1), die Injektion von cAMP (2) oder des katalytischen Teils der Proteinkinase A (3) führen jeweils zu einer verstärkten Ausschüttung des Neurotransmitters. Das lässt darauf schließen, dass diese drei Substanzen alle am Signalweg für das Kurzzeitgedächtnis beteiligt sind.

Ankunft in New York mit gemeinsamen Kräften die biophysikalische Beschaffenheit des langsamen Synapsenpotenzials zu erforschen.

Steve fand eines der Ziele des cAMP und der Proteinkinase A: einen Kaliumionenkanal in sensorischen Neuronen, der auf Serotonin reagiert. Wir bezeichneten ihn als S-Kanal, weil er auf Serotonin reagiert und weil er von Steve Siegelbaum entdeckt worden war. Der Kanal ist offen, wenn das Neuron in Ruhe ist, und trägt zum Ruhemembranpotenzial bei. Steve fand heraus, dass der Kanal an den präsynaptischen Endigungen vorhanden ist und dass er sich schließen lässt, indem man entweder Serotonin (den primären Botenstoff) an der Außenseite der Zellmembran oder cAMP (den sekundären Botenstoff) beziehungsweise Proteinkinase A an der Innenseite appliziert. Die Schließung des Kaliumionenkanals verursacht das langsame Synapsenpotenzial, das unsere Aufmerksamkeit ursprünglich auf das cAMP gelenkt hatte.

Die Schließung des Kanals unterstützt außerdem die verstärkte Glutamatausschüttung. Ist der Kanal offen, trägt er mit anderen Kaliumkanälen zum Ruhemembranpotenzial und zum Ausstrom des Kaliums während des Abstrichs des Aktionspotenzials bei. Wird der Kanal jedoch durch Serotonin geschlossen, bewegen sich die Ionen langsamer aus der Zelle heraus und verlängern durch die Verlangsamung des Abstrichs die Dauer des Aktionspotenzials leicht. Wie Steve zeigte, kann durch diese Verlangsamung mehr Calcium in die präsynaptischen Endigungen strömen – es steht mehr Zeit zur Verfügung –, und Calcium ist, wie Katz an der Riesensynapse des Tintenfischs nachgewiesen hatte, von entscheidender Bedeutung für die Glutamatausschüttung. Ferner wirken cAMP und Proteinkinase A direkt auf die Maschinerie ein, welche die synaptischen Vesikel freisetzt und damit einen zusätzlichen Beitrag zur Glutamatausschüttung leistet.

Diese hochinteressanten Daten über cAMP wurden schon bald durch wichtige genetische Lernstudien an Fruchtfliegen ergänzt, seit mehr als fünfzig Jahren ein Lieblingsorganismus der Forschung. 1907 begann Thomas Hunt Morgan an der Columbia University die Fruchtfliege *Drosophila* wegen ihrer geringen Größe und ihres kurzen Reproduktionszyklus (zwölf Tage) als Modellorganismus für genetische Studien zu verwenden. Das erwies sich als glückliche Wahl, weil die *Drosophila* nur vier Chromosomenpaare (gegenüber 23 beim Menschen) besitzt und damit als Organismus genetisch relativ leicht zu untersuchen ist. Seit langem war klar, dass viele physische Merkmale von Tieren – Körperform, Augenfarbe, Geschwindigkeit und viele andere – vererbt werden. Wenn äußere physische Merkmale erblich sind, können dann auch vom Gehirn hervorgebrachte geistige Merkmale vererbt werden? Spielen Gene in einem geistigen Prozess wie dem Gedächtnis eine Rolle?

Der Erste, der dieses Problem mit modernen Techniken anging, war

Seymour Benzer vom California Institute of Technology. 1967 begann er mit einer Reihe hervorragender Experimente, in denen er die Fliegen mit chemischen Substanzen behandelte, die dazu bestimmt waren, Zufallsmutationen – Zufallsveränderungen – in einzelnen Genen hervorzurufen. Anschließend untersuchte er die Auswirkungen dieser Mutationen auf Lernen und Gedächtnis. Zur Erforschung des Gedächtnisses bei der Fluchtfliege verwendeten Benzers Studenten Chip Quinn und Yadin Dudai ein klassisches Konditionierungsverfahren. Sie brachten die Fliegen in einer kleiner Kammer unter und boten ihnen nacheinander zwei Gerüche dar. In Verbindung mit Geruch 1 verabreichten sie den Fliegen einen Elektroschock, der sie lehrte, diesen Geruch zu meiden. Später kamen die Fliegen in eine andere Kammer, die an entgegengesetzten Enden zwei verschiedene Geruchsquellen aufwies. Die konditionierten Fliegen mieden das Ende mit Geruch 1 und versammelten sich an dem Ende mit Geruch 2.

Dank dieses Lernverfahrens konnten Quinn und Dudai die Fliegen ausmachen, die sich nicht erinnern konnten, dass Geruch 1 mit einem Elektroschock einherging. 1974, mittlerweile hatten sie Tausende von Fliegen überprüft, gelang es ihnen, den ersten Mutanten mit einem Defekt des Kurzzeitgedächtnisses zu isolieren. Benzer nannte den Mutanten *dunce* (Dummkopf). 1981 begann Benzers Student Duncan Byers in Anlehnungen an die *Aplysia*-Studien den cAMP-Signalweg bei *dunce* zu untersuchen und fand eine Mutation des Gens, das für den Abbau von cAMP verantwortlich ist. Infolgedessen akkumuliert die Fliege zu große Mengen der Substanz. Dadurch werden ihre Synapsen vermutlich gesättigt, was sie für weitere Veränderungen unempfänglich macht und sie an einer optimalen Arbeitsweise hindert. Anschließend entdeckte man weitere Mutationen in Gedächtnisgenen. Auch sie betrafen den cAMP-Signalweg.

DIE EINANDER BESTÄTIGENDEN ERGEBNISSE AUS DEN *APLYSIA*- UND *Drosophila*-Experimenten – zwei sehr unterschiedlichen Versuchstieren, die mit verschiedenen Methoden in Hinblick auf verschiedene Lernarten untersucht wurden – waren äußerst beruhigend. Gemeinsam belegten sie, dass die zellulären Mechanismen, die einfachen Formen des impliziten Gedächtnisses zugrunde liegen, wahrscheinlich bei vielen Tierarten, Menschen eingeschlossen, und vielen verschiedenen Lernformen identisch sind, weil diese Mechanismen im Zuge der Evolution konserviert wurden. Die Biochemie und später die Molekularbiologie sollten sich als leistungsfähige Werkzeuge erweisen, um gemeinsame Merkmale der biologischen Maschinerie verschiedener Organismen zu identifizieren.

Die an der *Aplysia* und der *Drosophila* gewonnenen Erkenntnisse unterstrichen außerdem ein wichtiges biologisches Prinzip: Die Evolution braucht keine neuen, spezialisierten Moleküle, um einen neuen Anpassungsmechanismus zu entwickeln. Der cAMP-Signalweg dient nicht nur der Gedächtnisspeicherung. Wie Sutherland gezeigt hat, beschränkt er sich nicht einmal auf Neurone: Der Darm, die Niere und die Leber, sie alle machen sich den cAMP-Signalweg zunutze, um dauerhafte Stoffwechselveränderungen hervorzubringen. Tatsächlich ist von allen bekannten sekundären Botenstoffen das cAMP-System vermutlich das primitivste. Zugleich ist cAMP der wichtigste und in einigen Fällen der einzige sekundäre Botenstoff, den man in einzelligen Organismen wie dem Bakterium *E. coli* antrifft, wo er Hunger signalisiert. Die biochemischen Prozesse, die dem Gedächtnis zugrunde liegen, haben sich also nicht eigens für das Gedächtnis entwickelt. Vielmehr haben die Neurone einfach auf ein gut funktionierendes Signalsystem zurückgegriffen, das in anderen Zellen für andere Zwecke genutzt wurde, und mit seiner Hilfe die Veränderungen der synaptischen Stärke hervorgerufen, die für die Gedächtnisspeicherung erforderlich waren.

Wie der Molekulargenetiker François Jacob dargelegt hat, ist die Evolution keine kreative Erfinderin, die neue Probleme mit vollkommen neuen Lösungsansätzen angeht. Die Evolution ist eine Bastlerin. Sie verwendet denselben Baukasten von Genen immer und immer wieder auf leicht abgewandelte Weise. Ihr Vorgehen beruht darauf, dass sie die vorhandenen Bedingungen verändert, dass sie Zufallsmutationen der Genstruktur durchprobiert, Mutationen, die modifizierte Spielarten eines Proteins erzeugen oder die Verwendung dieses Proteins in den Zellen verändern. Die meisten Mutationen sind neutral oder abträglich und bewähren sich nicht im Test der Zeit. Nur die seltenen Mutationen, die dem Überleben und der Reproduktionsfähigkeit eines Organismus zuträglich sind, werden in der Regel beibehalten. Jacob:

> Oft wird die Wirkungsweise der natürlichen Selektion mit der eines Ingenieurs verglichen. Dieser Vergleich erscheint jedoch nicht angebracht. Erstens … geht der Ingenieur nach einem vorgefassten Plan vor. Zweitens orientiert sich ein Ingenieur, der einen neuen Apparat entwirft, nicht unbedingt an älteren. Die elektrische Glühbirne wurde nicht aus

> der Kerze entwickelt, und das Düsentriebwerk stammt nicht vom Verbrennungsmotor ab … Die Objekte, die ganz neu entwickelt werden, sind nur deshalb vollkommen, weil die Ingenieure, zumindest die guten Ingenieure, den neuesten Stand der Technik nutzen.
> Im Gegensatz zum Ingenieur schafft die Evolution nichts, was komplett neu wäre. Sie bedient sich des bereits Vorhandenen, indem sie ein System entweder so umwandelt, dass es eine neue Funktion erhält, oder mehrere Systeme so kombiniert, dass ein komplexeres System entsteht. Wenn wir einen Vergleich ziehen wollen, haben wir es hier nicht mit Ingenieursarbeit, sondern mit einer Bastelei oder mit Flickwerk zu tun, *bricolage* sagen wir in Frankreich. Während der Ingenieur mit Rohstoffen und Werkzeugen arbeitet, die genau zu seinem Projekt passen, arbeitet der Bastler mit allem möglichen Krimskrams … Er nimmt, was er vorfindet, alte Pappstücke, Schnurenden, Holz- und Metallabfälle, um irgendein Objekt zusammenzustoppeln, das die Aufgabe erfüllt. Der Bastler sucht sich ein Objekt, das sich zufällig in seinem Besitz befindet, und verleiht ihm eine überraschende Funktion. Aus einer alten Autofelge baut er einen Ventilator und aus einem kaputten Tisch einen Sonnenschirm.

Lebende Organismen stattet die Evolution mit neuen Fähigkeiten aus, indem sie vorhandene Moleküle leicht verändert und ihre Interaktion mit anderen vorhandenen Molekülen entsprechend anpasst. Da die geistigen Prozesse von Menschen lange Zeit als einzigartig und unvergleichlich galten, erwarteten einige Hirnforscher anfangs, viele neue Proteinarten in unserer grauen Substanz zu finden. Stattdessen wurden überraschend wenige Proteine entdeckt, die wirklich eine Besonderheit des menschlichen Gehirns darstellen, und kein einziges Signalsystem ist nur unserem Gehirn eigen. Fast alle Proteine im Gehirn haben Verwandte, die in anderen Körperzellen ähnlichen Zwecken dienen. Das gilt sogar für Proteine in Prozessen, die nur im Gehirn stattfinden, etwa für die Proteine, die als Rezeptoren für Neurotransmitter fungieren. Alles Leben, sogar das Substrat unserer Gedanken und Erinnerungen, besteht aus den gleichen Bausteinen.

DIE ERSTEN ZUSAMMENHÄNGENDEN ERKENNTNISSE ÜBER DIE ZELLbiologie des Kurzzeitgedächtnisses fasste ich in einem Buch mit dem Titel *Cellular Basis of Behavior* zusammen, das 1976 erschien. Dort brachte ich meine Überzeugung – fast in Form eines Manifestes – zum Ausdruck, dass man, um Verhalten zu verstehen, dem gleichen radikal reduktionistischen

Ansatz folgen müsse, der sich auf anderen Gebieten der Biologie als so erfolgreich erwiesen hat. Etwa zur gleichen Zeit veröffentlichten Steve Kuffler und John Nicholls *Vom Neuron zum Gehirn*, ein Buch, das die Leistungsfähigkeit des zellulären Ansatzes preist. Mit Hilfe der Zellbiologie erklärten sie, wie Nervenzellen arbeiten und wie sie sich zu Schaltkreisen im Gehirn zusammenschließen, während mir die Zellbiologie dazu diente, den Zusammenhang zwischen Gehirn und Verhalten zu belegen. Auch Steve sah diesen Zusammenhang und vertrat die Auffassung, dass die Neurobiologie vor einem weiteren wichtigen Schritt nach vorn stehe.

Daher war ich außerordentlich erfreut, als sich Steve und mir im August 1980 die Gelegenheit zu einer gemeinsamen Reise bot. Wir waren beide nach Wien eingeladen worden, um zu Ehrenmitgliedern der Österreichischen Physiologischen Gesellschaft ernannt zu werden. Steve war 1938 aus Wien geflohen. Wir wurden der medizinischen Fakultät der Universität Wien von Wilhelm Auerwald vorgestellt, einem blasierten Universitätslehrer, der wissenschaftlich wenig zustande gebracht hatte und nun so tat, als wären diese beiden Söhne Wiens ohne besonderen Grund ins Ausland geflohen. Unbekümmert berichtete der Professor, dass Kuffler in Wien Medizin studiert habe und dass ich in der Severingasse gelebt hätte, in unmittelbarer Nachbarschaft der Universität. Sein Schweigen hinsichtlich dessen, was wir in Wien erlebt hatten, sprach Bände. Weder Steve noch ich antworteten auf seine einführenden Worte.

Zwei Tage später fuhren wir mit einem Donaudampfer von Wien nach Budapest, wo wir einen internationalen Physiologenkongress besuchten. Es sollte Steves letzte große Tagung werden. Er hielt einen phantastischen Vortrag. Kurz darauf, im Oktober 1980, starb er nach ausgiebigem Schwimmen an einem Herzinfarkt in seinem Ferienhaus in Woods Hole, Massachusetts.

Wie die meisten Mitglieder der neurowissenschaftlichen Gemeinschaft war ich wie erschlagen, als ich die Nachricht hörte. Alle waren wir ihm verpflichtet und in der einen oder anderen Weise abhängig von ihm. Jack McMahan, einer von Steves treuesten Studenten, brachte die Reaktion vieler von uns auf den Punkt: »Wie konnte er uns das antun?«

In diesem Jahr war ich der Präsident der Society for Neuroscience und damit Vorsitzender des Programmausschusses, der das Jahrestreffen im November vorbereitete. Das Treffen fand einige Wochen nach Steves Tod in Los Angeles statt und wurde von rund zehntausend Neurowissenschaftlern besucht. David Hubel hielt einen bemerkenswerten Nachruf. Anhand von Dias illustrierte er, wie hellsichtig, scharfsinnig und großzügig Steve gewesen war und wie viel er uns allen bedeutet hatte. Ich glaube, seither ist kein amerikanischer Neurowissenschaftler wieder so einflussreich und beliebt gewesen wie Steve Kuffler. Jack McMahan gab eine umfangreiche postume Festschrift heraus, in der ich in meinem Beitrag schrieb: »Während ich diese Zeilen schreibe, spüre ich, wie gegenwärtig er noch ist. Von Alden Spencer abgesehen, gibt es für mich keinen Kollegen, dessen Tod eine solche Lücke hinterlassen hat und den ich schmerzlicher vermisse.«

Der Tod von Steve Kuffler markierte das Ende einer Epoche, einer Epoche, in der die neurowissenschaftliche Gemeinschaft noch ziemlich klein war und sich auf die Zelle als Einheit der Hirnorganisation beschränkte. Steves Tod fiel zeitlich mit der Vereinigung von Molekularbiologie und Neurowissenschaft zusammen, ein Ereignis, das sowohl den Horizont des Ansatzes wie die Zahl der Wissenschaftler enorm erweiterte. Diese Veränderung spiegelte auch meine eigene Arbeit wider: Im Wesentlichen endeten meine zellulären und biochemischen Studien zum Lernen und Gedächtnis im Jahr 1980. Zu diesem Zeitpunkt zeichnete sich deutlich ab, dass die Zunahme an cAMP und die vermehrte Transmitterausschüttung, die durch Serotonin in Reaktion auf eine einzelne Lernphase bewirkt werden, nur einige Minuten dauern. Die Langzeitbahnung erstreckte sich über Tage und Wochen und musste daher weitere Faktoren einbeziehen, vielleicht neben anatomischen Veränderungen auch solche der Genexpression. Folglich begann ich, mich den Genen zuzuwenden.

Ich war bereit zu diesem Schritt. Das Langzeitgedächtnis hatte Besitz von meinem Denken ergriffen. Wie ist es möglich, dass wir uns unser ganzes Leben lang an Ereignisse aus der Kindheit erinnern? Sara Bystryn, Denises Mutter, die Denise und ihren Bruder Jean-Claude sowie deren Ehepartner und Kinder mit ihrer Vorliebe für Jugendstilmöbel, -vasen und -lampen nachhaltig prägte, sprach mit mir selten über meine wissenschaftliche Arbeit. Doch irgendwie muss sie geahnt haben, dass ich mich anschickte, das Problem der Gene und des Langzeitgedächtnisses anzugehen.

Am 7. November 1979, dem Tag meines fünfzigsten Geburtstags, schenkte sie mir eine wunderschöne Wiener Vase von Teplist (Abbildung 16.5) und schrieb dazu:

16.5 Die Teplist-Vase.

Lieber Eric,
Diese Vase von Teplist
Der Blick auf den Wienerwald
Das Heimweh, das aufsteigt aus
Den Bäumen
Den Blumen
Dem Licht
Dem Sonnenuntergang
Wird dich erinnern
An andere Zeiten
An Bilder aus deiner Kindheit.
Und während du
An den Bäumen
Des Riverdale Forest vorbei joggst,
Wird dich die Reminiszenz
An den Wienerwald umfangen
Und dich einen flüchtigen Augenblick lang
Die Ereignisse
Deines täglichen Lebens vergessen lassen.

In Liebe
Sara

Das Langzeitgedächtnis in den Worten Sara Bystryns.

KAPITEL 17

Langzeitgedächtnis

In seiner »Autobiographie eines Genbiologen« unterschied François Jacob zwischen zwei Forschungskategorien: Tageswissenschaft und Nachtwissenschaft. Tageswissenschaft ist rational, logisch und pragmatisch, ihre Fortschritte beruhen auf exakt entworfenen Experimenten. »Tageswissenschaft verwendet eine Form schlussfolgernden Denkens, dessen Argumente ineinander greifen wie die Teile eines Räderwerks, und erzielt ihre Ergebnisse mit dem Gewicht der Gewissheit.« Nachtwissenschaft dagegen »ist eine Art Werkstatt des Möglichen, wo entworfen wird, was eines Tages das Baumaterial der Wissenschaft wird. Wo sich Hypothesen in Gestalt von Ahnungen und verschwommenen Gefühlen bilden«.

Mitte der achtziger Jahre hatte ich den Eindruck, dass sich unsere Studien zum Kurzzeitgedächtnis der *Aplysia* der Schwelle zur Tageswissenschaft näherten. Es war uns gelungen, bei der *Aplysia* eine einfache erlernte Reaktion bis zu den Neuronen und Synapsen zurückzuverfolgen, die sie vermitteln, und wir hatten festgestellt, dass Lernen Kurzzeiterinnerungen erzeugt, indem es zu vorübergehenden Veränderungen in der Stärke vorhandener synaptischer Verbindungen zwischen sensorischen und motorischen Neuronen führt. Diese Kurzzeitveränderungen werden durch Proteine und andere Moleküle bewirkt, die bereits in der Synapse vorhanden sind. Wir hatten entdeckt, dass cAMP und Proteinkinase A die Glutamatausschüttung aus den Endigungen der sensorischen Neurone verstärken und dass diese verstärkte Freisetzung für die Bildung des Kurzzeitgedächtnisses von entscheidender Bedeutung ist. Kurzum, wir hatten mit der *Aplysia* ein experimentelles System, mit dessen molekularen Bestandteilen wir in unseren Experimenten logisch umgehen konnten.

Ein wesentliches Rätsel in der Molekularbiologie der Gedächtnisspeicherung war indes noch ungelöst: Wie werden Kurzzeiterinnerungen in dauerhafte, langfristige Erinnerungen umgewandelt? Dieses Rätsel wurde für mich zu einem Gegenstand der Nachtwissenschaft: ein Gegenstand verschwommener Ahnungen, unzusammenhängender Ideen und monatelanger Überlegungen, wie sich die Lösung durch tageswissenschaftliche Experimente erzielen ließe.

Jimmy Schwartz und ich hatten herausgefunden, dass die Bildung des Langzeitgedächtnisses von der Synthese neuer Proteine abhängt. Ich hatte so ein Gefühl, dass das Langzeitgedächtnis, das dauerhafte Veränderungen der synaptischen Stärke einschloss, auf Veränderungen in der genetischen Maschinerie der sensorischen Neurone zurückzuführen sein könnte. Dieser vagen Idee nachzugehen bedeutete, dass wir mit der Analyse der Gedächtnisbildung noch tiefer in das molekulare Labyrinth des Neurons eindringen mussten – bis zum Zellkern, wo sich die Gene befinden und wo ihre Aktivität gesteuert wird.

In meinen nächtlichen Fantasien träumte ich vom nächsten Schritt: dem Dialog zwischen den Genen der sensorischen Neurone und ihren Synapsen zu lauschen. Für diesen Schritt hätte es keinen geeigneteren Zeitpunkt geben können. 1980 war die Molekularbiologie zur beherrschenden und einigenden Kraft in der Biologie geworden. Bald schon sollte sie ihren Einfluss auf die Neurowissenschaft ausdehnen und zur Entstehung einer neuen Wissenschaft des Geistes beitragen.

WARUM WAR DIE MOLEKULARBIOLOGIE, INSBESONDERE DIE MOLEKULARGENETIK, so wichtig? Die Entstehung der Molekularbiologie geht auf die fünfziger Jahre des neunzehnten Jahrhunderts zurück, als Gregor Mendel erstmals bemerkte, dass Erbinformationen von den Eltern an die Nachkommen durch separate biologische Einheiten weitergegeben werden, die wir heute als Gene bezeichnen. Um 1915 entdeckte Thomas Hunt Morgan an Fruchtfliegen, dass sich jedes Gen an einer bestimmten Stelle – einem Locus oder Genort – auf den Chromosomen befindet. Bei Fliegen und höheren Organismen sind die Chromosomen gepaart: Das eine kommt von der Mutter, das andere vom Vater. Auf diese Weise erhalten die Nachkommen von beiden Eltern eine Kopie jedes Gens. 1942 hielt Erwin Schrödinger, ein theoretischer Physiker österreichischer Abstammung, eine Reihe von Vorträgen in Dublin, die später in einem kleinen Bändchen unter dem Titel *Was ist Leben?* veröffentlicht wurden. Darin erläutert er, dass sich eine Tierart von der anderen und die Menschen von anderen Tieren durch Abweichungen in den Genen unterscheiden. Die

Gene statten Organismen mit ihren besonderen Merkmalen aus. Sie codieren die biologischen Informationen in einer stabilen Form, die sich kopieren und verlässlich von einer Generation an die nächste weitergeben lässt. Wenn sich also ein Chromosomenpaar trennt, wie es während der Zellteilung der Fall ist, müssen die Gene auf jedem Chromosom exakt in Gene auf dem neuen Chromosom kopiert werden. Die Schlüsselprozesse des Lebens – die Speicherung biologischer Informationen und ihre Übertragung von einer Generation auf die nächste – werden, so Schrödinger, durch die Replikation von Chromosomen und die Expression von Genen bewerkstelligt.

Schrödingers Idee faszinierte die Physiker und führte eine ganze Reihe von ihnen an die Biologie heran. Außerdem trugen seine Ideen zur Umgestaltung der Biochemie, eines Kernbereichs der Biologie, bei: Aus einer Disziplin, die sich mit Enzymen und Energieumwandlung beschäftigte (das heißt mit der Frage, wie Energie in der Zelle erzeugt und genutzt wird), wurde ein Forschungsfeld, das sich der Frage widmete, wie Information umgewandelt (wie Information in der Zelle kopiert, übermittelt und modifiziert) wird. So betrachtet, liegt die Bedeutung von Chromosomen und Genen darin, dass sie Träger biologischer Information sind. 1949 war bereits klar, dass genetische Faktoren bei verschiedenen neurologischen Erkrankungen wie Huntington- und Parkinson-Krankheit sowie zahlreichen psychischen Krankheiten, unter anderem Schizophrenie und Depression, eine Rolle spielen. Die Beschaffenheit des Gens wurde daher zur zentralen Frage der gesamten Biologie, auch der Biologie des Gehirns.

Wie ist das Gen beschaffen? Woraus besteht es? 1944 gelang Oswald Avery, Maclyn McCarty und Colin MacLeod vom Rockefeller-Institut die entscheidende Entdeckung, dass Gene keine Proteine sind, wie viele Biologen gedacht hatten, sondern aus Desoxyribonukleinsäure (DNA) bestehen.

Neun Jahre später beschrieben James Watson und Francis Crick in der Zeitschrift *Nature* – Ausgabe vom 25. April 1953 – ihr eigenes epochemachendes Modell der DNA-Struktur. Mit Hilfe von Röntgenaufnahmen der Strukturbiologen Rosalind Franklin und Maurice Wilkins gelangten Watson und Crick zu dem Schluss, dass die DNA aus zwei langen, nicht parallelen Strängen besteht, die einander in Gestalt einer Spirale oder Helix umwinden. Da sie wussten, dass jeder Strang in dieser Doppelhelix aus vier kleinen repetitiven Einheiten besteht, den so genannten Nukleinsäurebasen – Adenin, Thymin, Guanin und Cytosin –, nahmen Watson und Crick an, dass diese vier Nukleotide die informationstragenden Elemente des Gens seien. Das führte sie zu der verblüffenden Entdeckung, dass die beiden DNA-Stränge komplementär sind und dass die Nukleinsäurebasen auf einem DNA-Strang Paare mit bestimmten Nukleinsäurebasen auf dem anderen Strang bilden: Adenin (A) auf dem einen Strang paart und bindet sich nur mit Thymin (T) auf dem anderen, Guanin (G) auf dem einen Strang paart und bindet sich nur mit dem Cytosin (C) auf dem anderen. Diese paarweise Bindung der Nukleinsäurebasen an vielfältigen Punkten der beiden Stränge sorgt für deren Zusammenhalt.

Die Entdeckung von Watson und Crick stellte Schrödingers Ideen in einen molekularen Zusammenhang, was der Molekularbiologie einen enormen Schub verschaffte. Wie Schrödinger dargelegt hatte, ist die entscheidende Operation der Gene die Replikation. Watson und Crick beendeten ihren klassischen Artikel mit dem inzwischen berühmten Satz: »Es ist uns nicht entgangen, dass die spezifische Paarung, die wir postuliert haben, einen möglichen Kopiermechanismus für das genetische Material unmittelbar nahe legt.«

Das Doppelhelix-Modell veranschaulicht, wie die Genreplikation vor sich geht. Wenn sich die beiden DNA-Stränge während der Replikation entwinden, dient jeder Elternstrang als Matrize für die Bildung eines anderen, komplementären Tochterstrangs. Da die Sequenz der informationstragenden Nukleotide auf dem Elternstrang gegeben ist, folgt daraus, dass die Sequenz auf dem Tochterstrang ebenfalls gegeben ist: A verbindet sich mit T, und G mit C. Der Tochterstrang kann dann wiederum als Matrize für den Aufbau eines weiteren Strangs dienen. Auf diese Weise lassen sich im Zuge der Zellteilung viele DNA-Kopien exakt herstellen und auf die Tochterzellen verteilen. Dieses Schema gilt für alle Zellen des Organismus, einschließlich Samen- und Eizellen, die es dem Organismus als Ganzem ermöglichen, sich von Generation zu Generation zu replizieren.

Von der Genreplikation ausgehend, schlugen Watson und Crick außerdem einen Mechanismus für die Proteinsynthese vor. Da jedes Gen für die Produktion eines bestimmten Proteins verantwortlich ist, gelangten sie zu dem Schluss, dass die Sequenz der Nukleinsäurebasen in jedem Gen den Code für die Proteinherstellung enthalte. Wie bei der Genreplikation werde der genetische Code für Proteine »abgelesen«, indem eine komplementäre Kopie der Nukleinsäurebasen in einem DNA-Strang angefertigt wird. Spätere Arbeiten zeigten jedoch, dass dieser Code bei der Proteinsynthese von einem molekularen Zwischenträger, der Messenger-RNA (Ribonukleinsäure), übermittelt wird. Wie die DNA ist die Messenger-RNA eine Nukleinsäure, die aus vier Nukleotiden besteht. Drei von ihnen – Adenin, Guanin und Cytosin – kennen wir bereits von der DNA, doch das vierte, Uracil, ist eine Eigenheit der RNA und ersetzt das Thymin. Wenn sich die beiden DNA-Stränge in einem Gen trennen, wird einer der Stränge als Messenger-RNA kopiert. Die Nukleotidsequenz der Messenger-RNA wird später in ein Protein übersetzt. Entsprechend lautet das zentrale Dogma der Molekularbiologie: DNA macht RNA, und RNA macht Protein.

Der nächste Schritt bestand darin, den genetischen Code zu knacken, das heißt, die Regeln, nach denen die Nukleotide der Messenger-RNA in die Aminosäuren des Proteins übersetzt werden – unter anderem in die Proteine, die für die Gedächtnisspeicherung von Bedeutung sind. Die ersten ernsthaften Versuche dazu wurden 1956 unternommen, als sich Crick und Sydney Brenner mit der Frage beschäftigten, wie die vier Nukleotide in der DNA die zwanzig Aminosäuren codieren könnten, aus denen die Proteine bestehen. Ein Eins-zu-eins-System, in dem jedes Nukleotid nur eine einzige Aminosäure codiert, würde lediglich vier Aminosäuren hervorbringen. Ein Code, der sich verschiedener Nukleotidpaare bediente, brächte nur sechzehn Aminosäuren zustande. Um zwanzig unterschiedliche Aminosäuren zu erzeugen, müsste das System, so Brenner, auf Tripletts beruhen, das heißt auf Kombinationen von drei Nukleotiden. Doch Nukleotidtripletts ergeben nicht 20, sondern 64 Kombinationen. Daher äußerte Brenner die Hypothese, dass es sich um einen »degenerierten«, das heißt redundanten Triplettcode handeln müsse – mehrere Nukleotidtripletts codieren eine Aminosäure.

1961 bewiesen Brenner und Crick, dass der genetische Code aus einer Reihe von Nukleotidtripletts besteht, von denen jedes die Anweisungen zur Herstellung einer einzigen Aminosäure enthält. Allerdings zeigten sie nicht, welche Tripletts welche Aminosäuren codieren. Das gelang einige Monate später Marshall Nirenberg von den NIH und Gohind Khorana von der University of Wisconsin. Sie überprüften Brenners und Cricks Idee biochemisch und knackten den genetischen Code, indem sie die spezifischen Nukleotidkombinationen beschrieben, die jede Aminosäure codieren.

Ende der siebziger Jahre entwickelten Walter Gilbert von der Harvard University und Frederick Sanger von der Cambridge University in England eine neue biochemische Technik, die es ermöglichte, die DNA rasch zu sequenzieren, das heißt, die einzelnen Segmente der Nukleotidsequenzen in der DNA relativ leicht zu lesen und auf diese Weise zu bestimmen, welches Protein von einem gegebenen Gen codiert wird. Das erwies sich als bemerkenswerter Fortschritt. Denn nun stellten die Forscher fest, dass gleiche DNA-Abschnitte in verschiedenen Genen auftreten und identische oder ähnlich Regionen in einer Vielzahl von Proteinen codieren. Diese erkennbaren Regionen, die so genannten Domänen, vermitteln die gleiche biologische Funktion, unabhängig von dem Protein, in dem sie auftreten. Die Forscher brauchten also nur noch einige der Nukleotidsequenzen zu betrachten, aus denen ein Gen besteht, um wichtige Aspekte des von diesem Gen codierten Proteins zu bestimmen – etwa, ob das Protein eine Rinase, ein Ionenkanal oder ein Rezeptor ist. Außerdem konnten sie durch Vergleich der Aminosäurensequenz in verschiedenen Proteinen Ähnlichkeiten zwischen Proteinen erkennen, die in sehr verschiedenen Kontexten auftreten, etwa in verschiedenen Zellen des Körpers oder sogar vollkommen unterschiedlichen Organismen.

Aus diesen Sequenzen und den beschriebenen Vergleichen ließ sich ein Schema ableiten, das zeigte, wie Zellen arbeiten und wie sich die Signalübertragung zwischen ihnen vollzieht. So bildete sich ein theoretischer Rahmen für das Verständnis vieler Lebensprozesse heraus. Insbesondere offenbarten diese Studien ein weiteres Mal, dass verschiedene Zellen – ja verschiedene Organismen – aus demselben Material bestehen. Alle mehrzelligen Organismen besitzen das Enzym, das cAMP herstellt, alle verfügen über Kinasen, Ionenkanäle und so fort. Tatsächlich ist die Hälfte der Gene, die im menschlichen Genom exprimiert werden, auch in viel einfacheren wirbellosen Tieren zu finden, etwa in dem Wurm *C. elegans*, der Fliege *Drosophila* und der Schnecke *Aplysia*. Die Maus hat mehr als 90 Prozent, die höheren Affen haben 98 Prozent der codierenden Sequenzen des menschlichen Genoms.

EIN ENTSCHEIDENDER FORTSCHRITT, DER IN DER MOLEKULARBIOLOGIE auf die DNA-Sequenzierung folgte – und mich veranlasste, mich diesem Forschungsfeld zuzuwenden –, war die Entdeckung der rekombinanten DNA und des Klonens von Genen, Techniken, die es ermöglichen, Gene zu identifizieren, auch diejenigen, die im Gehirn exprimiert werden, und ihre Funktion zu bestimmen. Der erste Schritt besteht darin, bei einem Menschen, einer Maus oder einer Schnecke das Gen zu isolieren, das man untersuchen möchte, also den DNA-Abschnitt, der ein bestimmtes Protein codiert. Dazu lokalisiert man das Gen auf dem Chromosom und schneidet es dann mit molekularen Scheren – Enzymen, welche die DNA an den entsprechenden Stellen durchtrennen – aus.

Im nächsten Schritt werden viele Kopien des Gens gefertigt, ein Prozess, der als Klonen bekannt ist. Beim Klonen werden die Enden des ausgeschnittenen Gens an DNA-Abschnitte anderer Organismen, etwa eines Bakteriums, angehängt, so dass das entsteht, was wir als rekombinante DNA bezeichnen – rekombinant, weil ein Gen, das aus dem Genom des einen Organismus ausgeschnitten wurde, mit dem Genom eines anderen Organismus neu kombiniert wird. Das Genom eines Bakteriums teilt sich ungefähr alle zwanzig Minuten und produziert auf diese Weise eine große Anzahl identischer Kopien des Originalgens. Im letzten Schritt wird das Protein, welches das Gen codiert, entschlüsselt, indem man die Sequenz der Nukleotide – der molekularen Bausteine – im Gen liest.

1972 gelang es Paul Berg von der Stanford University, das erste rekombinante DNA-Molekül herzustellen, und 1973 führten Herbert Boyer von der University of California in San Francisco und Stanley Cohen von der Stanford University Bergs Technik noch einen Schritt weiter und entwickelten das Klonen von Genen. 1980 war es Boyer gelungen, das menschliche Gen in ein Bakterium einzuschleusen, ein Kunststück, das zu einem unbegrenzten Vorrat an menschlichem Insulin und zur Entstehung der biotechnologischen Industrie führte. Laut Jim Watson, dem Mitentdecker der DNA-Struktur, konnte die Forschung damit Gott spielen:

> Wir wollten das tun, was heute Textverarbeitungsprogramme bewerkstelligen: DNA ausschneiden, einfügen und kopieren ... nachdem wir den genetischen Code geknackt hatten ... Doch Ende der sechziger und in den siebziger Jahren kamen durch einen glücklichen Zufall eine Reihe von Entdeckungen zusammen und bescherten uns 1973 die Technik, die man heute als »rekombinante DNA« bezeichnet – die Fähigkeit, DNA zu bearbeiten. Das war kein gewöhnlicher labortechnischer Fortschritt. Wissenschaftler waren plötzlich in der Lage, DNA-Moleküle nach Belieben zurechtzustutzen und Moleküle zu schaffen, die es in der Natur noch nie gegeben hatte. Wir konnten mit der molekularen Basis allen Lebens »Gott spielen«.

Binnen kurzem wurden die bemerkenswerten Werkzeuge und molekularbiologischen Erkenntnisse, mit deren Hilfe man Gene und Proteinfunktionen in Bakterien, Hefeorganismen und nichtneuronalen Zellen analysiert hatte, begierig von Neurowissenschaftlern – allen voran von mir – aufgegriffen und zur Erforschung des Gehirns eingesetzt. Ich hatte keinerlei Erfahrung mit irgendeiner dieser Methoden – es war reine Nachtwissenschaft für mich. Doch selbst bei Nacht begriff ich, welche Möglichkeiten in der Molekularbiologie steckten.

KAPITEL 18

Gedächtnisgene

Drei Ereignisse trugen dazu bei, dass mein Projekt, die Molekularbiologie auf die Gedächtnisforschung anzuwenden, sich von Nacht- in Tageswissenschaft verwandelte. Das erste war 1974 mein Wechsel an das College of Physicians and Surgeons der Columbia University, um meinen Mentor Harry Grundfest zu ersetzen, der emeritiert wurde. Die Columbia war schon allein durch die Tatsache attraktiv, dass sie eine großartige Universität mit einer eindrucksvollen Tradition in der medizinischen Forschung war, vor allem in der Neurologie und Psychiatrie. 1754 als King's College gegründet, war sie das fünftälteste College in den Vereinigten Staaten und das erste, das einen medizinischen Grad verlieh. Entscheidend war jedoch, dass Denise ebenfalls am College of Physicians and Surgeons lehrte und dass wir ein Haus in Riverdale gekauft hatten, weil es verkehrsgünstig zum Campus lag. Durch den Wechsel von der NYU zur Columbia University verkürzte sich meine Pendlerstrecke erheblich, und außerdem konnten wir nun unabhängig voneinander unsere jeweiligen wissenschaftlichen Karrieren verfolgen und doch derselben Fakultät angehören.

Der Wechsel zur Columbia führte zum zweiten Ereignis, meiner Zusammenarbeit mit Richard Axel (Abbildung 18.1). Grundfest, mein Mentor während der ersten Etappe meiner biologischen Laufbahn, hatte mich veranlasst, die Hirnfunktionen auf zellulärer Ebene zu untersuchen; Jimmy Schwartz war während der zweiten Etappe zu meinem Wegweiser geworden, und jetzt führte Richard Axel mich in die dritte Etappe ein, in der es vor allem um den Dialog zwischen den Genen eines Neurons und seinen Synapsen im Kontext der Entstehung von Langzeiterinnerung ging.

Richard und ich lernten uns 1977 auf einer Sitzung des Berufungsaus-

18.1 Richard Axel (geb. 1946) und ich freundeten uns in unseren ersten Jahren an der Columbia University an. Im Zuge unserer gemeinsamen Forschungsprojekte machte ich Bekanntschaft mit der Molekularbiologie und Richard mit dem Nervensystem. 2004 erhielten Richard und Linda Buck (geb. 1947), die als Postdoktorandin bei ihm gewesen war, den Nobelpreis für Physiologie oder Medizin für ihre inzwischen klassische Arbeit über den Geruchssinn.

schusses kennen. Am Ende der Sitzung trat er zu mir und sagte: »Ich habe keine Lust mehr zu dieser ständigen Genklonierung. Ich möchte über das Nervensystem arbeiten. Wir sollten miteinander reden. Vielleicht können wir etwas über die Molekularbiologie des Gehens machen.« Dieser Vorschlag aus heiterem Himmel war fast ebenso naiv und vollmundig wie einst meine Absichtsbekundung gegenüber Harry Grundfest, die biologische Basis von Ich, Es und Über-Ich zu erforschen. So musste ich Richard mitteilen, dass das Gehen zum gegebenen Zeitpunkt wohl kaum in Reichweite der Molekularbiologie läge. Vielleicht lasse sich ein einfacheres Verhalten der *Aplysia*, etwa Kiemenrückziehreflex, Tintenausschüttung oder Eiablage, leichter untersuchen.

Als ich Richard näher kennen lernte, bemerkte ich rasch, wie interessant, intelligent und großzügig er ist. Robert Weinberg hat in seinem Buch über die Entstehung von Krebs Richards Neugier und Scharfsinn treffend beschrieben:

> Axel war hochaufgeschossen, schlaksig und von etwas gebeugter Haltung. Sein hageres Gesicht trug immer einen gespannten, aufmerksamen Ausdruck, der durch die unvermeidliche Nickelbrille noch unterstrichen wurde. Axel … war der Namensgeber des »Axel-Syndroms«, das ich durch aufmerksames Beobachten entdeckte und später gelegentlich den Mitgliedern meines Labors erläuterte. Aufgefallen war es mir bei verschiedenen wissenschaftlichen Konferenzen, an denen Axel teilgenommen hatte.

> Axel saß bei einem Vortrag stets in der ersten Reihe und lauschte aufmerksam jedem Wort, das auf dem Podium fiel. Hinterher stellte er scharfsinnige, bohrende Fragen, die er langsam und gemessen vorbrachte, dabei jede Silbe klar und deutlich betonend. Seine Fragen trafen jedes Mal den Kern des Vortrags und legten den schwachen Punkt in den Daten oder Argumenten des Redners bloß. Die Aussicht, sich Axels eindringlichen Fragen stellen zu müssen, war für jeden Redner, der sich seiner eigenen Ergebnisse nicht ganz sicher war, äußerst beunruhigend.

Die Wissenschaft verdankt Richard jedoch nicht nur das »Axel-Syndrom«, sondern vor allem wichtige Beiträge zur Technik der rekombinanten DNA. Er hatte eine allgemeine Methode entwickelt, um ein beliebiges Gen in eine beliebige Zelle einer Gewebekultur einzuschleusen. Diese Methode, die so genannte Kotransfektion, wird in der wissenschaftlichen Forschung und in den Entwicklungslabors der Pharmaindustrie vielfältig genutzt.

Auch Richard war opernsüchtig. Kaum hatten wir uns angefreundet, gingen wir häufig gemeinsam in die Oper, immer ohne Karten. Beim ersten Mal war es eine Aufführung von Wagners »Walküre«. Richard bestand darauf, das Opernhaus durch den unteren Eingang zu betreten, den man von der Tiefgarage erreicht. Der Platzanweiser, der die Eintrittskarten an diesem Eingang kontrollierte, erkannte Richard augenblicklich und ließ uns durch. Wir gingen ins Parkett und blieben im Hintergrund stehen, bis die Lampen ausgingen. Ein anderer Platzanweiser, der Richard bei unserem Eintritt ebenfalls erkannt hatte, trat zu uns und führte uns zu freien Plätzen. Richard steckte ihm Geld zu, wie viel, verriet er mir nicht. Die Aufführung war wunderbar, doch von Zeit zu Zeit brach mir der Angstschweiß aus, wenn ich mir die Schlagzeile in der *New York Times* ausmalte: »Zwei Columbia-Professoren erwischt, wie sie sich in die Metropolitan Opera einschlichen«.

Kurz nachdem wir unsere Zusammenarbeit begonnen hatten, fragte Richard die Leute in seinem Labor: »Irgendjemand, der sich für Neurobiologie interessiert?« Nur Richard Scheller trat vor und wurde prompt unser gemeinsamer Postdoktorand. Scheller erwies sich als ein Glücksgriff – ein kreativer und mutiger junger Wissenschaftler, wie schon seine Bereitschaft, das Gehirn zu erforschen, erkennen ließ. Außerdem kannte sich Scheller hervorragend in der Gentechnik aus; schon als Student hatte er wichtige technische Neuerungen entwickelt, und jetzt half er mir großzügig, mich mit der Molekularbiologie vertraut zu machen.

Als Irving Kupfermann und ich die Verhaltensfunktionen verschiedener Zellen und Zellhaufen der *Aplysia* untersuchten, waren wir auf zwei symmetrische Neuronenensembles gestoßen, die beide ungefähr zweihundert identische Zellen umfassten. Wir nannten sie *Bag Cells*. Irving stellte fest, dass die *Bag Cells* ein Hormon ausschütten, das die Eiablage in die Wege leitet, ein komplexes Verhaltensmuster, das instinktgesteuert und festgelegt ist. Die Eier der *Aplysia* sind zu langen, gallertartigen Strängen angeordnet, mindestens eine Million Eier pro Strang. Unter dem Einfluss des Eiablagehormons presst das Tier einen Eistrang aus einer Öffnung seines Reproduktionssystems, die sich in der Nähe des Kopfes befindet. Dabei steigert sich die Herz- und Atemfrequenz der Schnecke. Schließlich ergreift sie den austretenden Eistrang mit dem Mund und schwingt ihn hin und her, um den Strang aus dem Reproduktionskanal zu ziehen, ballt den Eistrang zu einer Kugel zusammen und legt ihn auf einem Stein oder einer Alge ab.

Scheller gelang es, das Gen zu isolieren, das die Eiablage steuert; er wies nach, dass es ein Peptidhormon, eine kurze Kette von Aminosäuren, codiert, das in den *Bag Cells* synthetisiert wird. Er stellte das Peptidhormon künstlich her, injizierte es der *Aplysia* und beobachtete, wie daraufhin das ganze Eiablage-Ritual des Tieres ablief. Das war seinerzeit eine große Leistung, weil er dadurch zeigte, dass eine einzige kurze Kette von Aminosäuren eine komplexe Verhaltenssequenz auslösen konnte. Axel und Scheller wurden durch unsere Arbeit über die Molekularbiologie eines komplexen Verhaltens – der Eiablage – endgültig für die Neurobiologie gewonnen, während ich meinerseits nun noch tiefer in das Labyrinth der Molekularbiologie eindringen wollte.

Die Experimente zum Lernen und Gedächtnis, die Anfang der siebziger Jahre durchgeführt worden waren, hatten einen Zusammenhang zwischen der zellulären Neurobiologie und dem Erlernen eines einfachen Verhaltens hergestellt. Die Studien, die ich mit Scheller und Axel Ende der siebziger Jahre begann, überzeugten Axel und mich davon, dass es möglich sei, Molekularbiologie, Neurobiologie und Psychologie zu einer neuen molekularen Verhaltenswissenschaft zu verschmelzen. Diesen Gedanken brachten wir in der Einleitung zu unserem ersten Artikel über die Molekularbiologie der Eiablage zum Ausdruck: »Wir beschreiben mit der *Aplysia* ein Experimentalsystem, das sich gut eignet, um den Aufbau, die Expression und die Modulation von Genen zu untersuchen, die ein Peptidhormon von bekannter Verhaltensfunktion codieren.«

Dieses gemeinsame Projekt brachte mich erstmals mit der Technik der rekombinanten DNA in Berührung, die für meine spätere Arbeit über das Langzeitgedächtnis entscheidende Bedeutung gewinnen sollte. Außerdem erwuchs aus meiner Zusammenarbeit mit Axel eine wichtige wissenschaftliche und persönliche Freundschaft. Daher war ich hocherfreut und keineswegs überrascht, als ich am 10. Oktober 2004, vier Jahre nachdem ich vom Nobelpreiskomitee ausgewählt worden war, erfuhr, dass Richard und seine frühere Postdoktorandin Linda Buck den Nobelpreis für Physiologie oder Medizin für ihre außergewöhnlichen Leistungen auf dem Gebiet der molekularen Neurobiologie erhielten. Zusammen machten Richard und Linda die erstaunliche Entdeckung, dass es rund tausend verschiedene Geruchsrezeptoren in der Nase einer Maus gibt. Dieses gewaltige – und völlig unvermutete – Aufgebot an Rezeptoren erklärt, warum wir Tausende von spezifischen Geruchsnuancen ausmachen können, und lässt darauf schließen, dass die Geruchsanalyse des Gehirns in wesentlichen Teilen von den Rezeptoren in der Nase geleistet wird. Richard und Linda verwendeten diese Rezeptoren in unabhängigen Studien, um zu zeigen, wie exakt die Verbindungen zwischen Neuronen im olfaktorischen System sind.

Das dritte und letzte Ereignis, das mich meinem Ziel näher brachte, mich mit der Molekularbiologie vertraut zu machen und mit ihrer Hilfe das Gedächtnis zu erforschen, trat 1983 ein, als Donald Fredrickson, der frisch ernannte Präsident des Howard Hughes Medical Institute, Schwartz, Axel und mich bat, den Kern einer Forschungsgruppe zu bilden, die sich der neuen Wissenschaft des Geistes – der »molekularen Kognitionswissenschaft« – widmen sollte. Jede Forschungsgruppe, die dieses medizinische Institut an Universitäten und anderen Forschungseinrichtungen im ganzen Land unterstützt, wird nach ihrem Ort benannt. Wir wurden also das Howard Hughes Medical Institute an der Columbia University.

Howard Hughes war ein kreativer und exzentrischer Industrieller, der Filme produzierte und Flugzeuge entwarf, die er auch selber flog. Von seinem Vater erbte er einen großen Aktienanteil der Hughes Tool Company, mit dessen Hilfe er ein regelrechtes Wirtschaftsimperium aufbaute. Im Rahmen des Werkzeugunternehmens richtete er eine Flugzeugabteilung ein, die Hughes Aircraft Company, die sich zu einem wichtigen Heereslieferanten des US-Verteidigungsministeriums entwickelte. 1953 überschrieb er das Flugzeugunternehmen in Gänze dem Howard Hughes Institute, einer medizinischen Forschungsorganisation, die er gerade gegründet hatte. 1984, acht Jahre nach Hughes Tod, war das Institut der größte private Förderer der biomedizinischen Forschung in den Vereinigten Staaten. Rund hundert der darin versammelten Wissenschafter gehörten der National Academy of Sciences an, und zehn von ihnen hatten Nobelpreise erhalten.

Das Motto des Howard Hughes Medical Institute lautet: »Menschen, nicht Projekte«. Darin kommt die Überzeugung zum Ausdruck, dass die Wissenschaft Fortschritte erzielt, wenn man hervorragenden Wissenschaftlern einerseits die Mittel zur Verfügung stellt und andererseits die Freiheit lässt, die sie brauchen, um kühne, innovative Projekte durchzuführen. 1983 brachte die Stiftung drei Projekte auf den Weg: in den Neurowissenschaften, der Genetik und auf dem Gebiet der Stoffwechselregulation. Mich ernannte man zum Leiter des neurowissenschaftlichen Forschungsprojekts, eine Chance, die außerordentliche Bedeutung für meine – und für Axels – Laufbahn haben sollte.

Dank des neu gegründeten Instituts konnten wir Tom Jessell und Gary Struhl von der Harvard University für unsere Gruppe gewinnen und Steven Siegelbaum, der die Columbia University verlassen wollte, zum Bleiben überreden. Jeder von ihnen bedeutete sowohl für die Hughes-Gruppe an der Columbia University als auch für das Center of Neurobiology and Behavior eine enorme Bereicherung. Jessell wurde rasch zum Spezialisten für die Entwicklung des Nervensystems von Wirbeltieren. In einer Reihe ausgezeichneter Studien bestimmte er die Gene, welche die Identität verschiedener Nervenzellen im Rückenmark festlegen – der Zellen, die schon Sherrington und Eccles untersucht hatten. Weiterhin zeigte er, dass diese Gene auch das Wachstum der Axone und die Synapsenbildung steuern. Siegelbaum nutzte seine bemerkenswerten Kenntnisse auf dem Gebiet der Ionenkanäle, um herauszufinden, wie die Kanäle die Erregbarkeit von Nervenzellen und die Stärke von synaptischen Verbindungen regeln und wie diese durch Aktivität und verschiedene modulatorische Neurotransmitter moduliert werden. Struhl entwickelte einen einfallsreichen genetischen Ansatz, um festzustellen, wie die Fruchtfliege *Drosophila* ihre Körpergestalt ausbildet.

MIT DEN NEUEN WERKZEUGEN DER MOLEKULARBIOLOGIE UND DER Unterstützung des Howard Hughes Medical Institute konnten wir nun der Frage nach dem Zusammenhang zwischen Genen und Gedächtnis nachgehen. Seit 1961 bestand meine Forschungsstrategie darin, eine einfache Gedächtnisform in der kleinstmöglichen Neuronenpopulation aufzuspüren und die Aktivität der beteiligten Zellen mit mehreren Mikroelektroden zu belauschen. Mehrere Stunden lang konnten wir Signale von einzelnen sensorischen und motorischen Zellen des intakten Tieres aufzeichnen, was für die Untersuchung des Kurzzeitgedächtnisses mehr als ausreichend war. Doch für das Studium des Langzeitgedächtnisses brauchten wir Aufzeichnungslängen von einem oder mehreren Tagen. Dazu war ein neuer Ansatz erforderlich, und so wandte ich mich Gewebekulturen sensorischer und motorischer Zellen zu.

Man kann sensorische und motorische Zellen nicht einfach aus ausgewachsenen Tieren entfernen und sie in Kulturen züchten, weil adulte Zellen – Zellen des ausgewachsenen Tieres – in Kulturen kaum überleben. Stattdessen muss man die Zellen dem Nervensystem sehr junger Tiere entnehmen und ihnen eine Umgebung bieten, in der sie sich zu adulten Zellen entwickeln können. Der entscheidende Schritt auf dem Weg dahin gelang dem Doktoranden Arnold Kriegstein. Kurz bevor unsere Gruppe an die Columbia University wechselte, war es Kriegstein gelungen, *Aplysia* in den verschiedensten Stadien vom frühesten Embryonalstadium bis zur ausgewachsenen Form im Labor zu züchten, ein Kunststück, an dem sich die Biologen fast hundert Jahre vergeblich versucht hatten.

Während des Wachstums wandelt sich die *Aplysia* von einer durchsichtigen, frei schwimmenden Larve, die sich von einzelligen Algen ernährt, in eine kriechende, tangfressende Jungschnecke, eine verkleinerte Version des ausgewachsenen Tieres. Um diese radikale Veränderung der Körpergestalt zu erreichen, muss sich die Larve auf einer bestimmten Art von Tang befinden und der Wirkung einer spezifischen chemischen Substanz ausgesetzt sein. Noch nie hatte jemand die Metamorphose in der Natur beobachtet, daher wusste auch niemand, was zu diesem Prozess alles dazugehörte. Kriegstein beobachtete unreife Schnecken in ihrer natürlichen Umgebung und bemerkte, dass sie häufig auf einer bestimmten Art von Tang saßen. Als Kriegstein die Wirkung des Tangs überprüfte, indem er ihn mit Larven zusammenbrachte, stellte er fest, dass sich die Larven in Jungschnecken verwandelten (Abbildung 18.2). Die meisten Kollegen, die, wie ich, im Dezember 1973 Kriegsteins bemerkenswertes Referat hörten, werden nicht so leicht vergessen, wie er diesen Vorgang schilderte: Die Larven suchen sich einen roten Seetang namens *Laurencia pacifica*, setzen sich auf ihm fest und entziehen ihm die chemischen Stoffe, die sie brauchen, um die Metamorphose auszulösen. Als Kriegstein erstmals Bilder der winzigen Jungschnecke zeigte, entfuhren mir die Worte: »Babys sind immer so schön!«

Nach Kriegsteins Entdeckung begannen wir Seetang anzubauen und hatten schon bald die Jungtiere, die wir benötigten, um Zellen des Nervensystems zu züchten. Der nächsten großen Aufgabe – wie züchtet man einzelne Nervenzellen in Kulturen und veranlasst sie, Synapsen auszubilden? – widmete sich der Zellbiologe Samuel Schacher, ein ehemaliger Student von mir. Unterstützt von zwei Postdoktoranden, gelang es ihm schon bald, einzelne sensorische Neurone, Motoneurone und Interneurone zu züchten, die am Kiemenrückziehreflex beteiligt sind (Abbildung 18.3).

Damit verfügten wir über die Elemente eines Lernschaltkreises in einer Gewebekultur. Dank dieses Schaltkreises konnten wir nun eine Komponente der Gedächtnisspeicherung untersuchen, indem wir uns auf ein einzelnes sensorisches und ein einzelnes motorisches Neuron konzentrierten. Unsere Experimente ergaben, dass diese isolierten sensorischen und motorischen Neurone in der Kultur die gleichen synaptischen Verbindungen bilden und das gleiche physiologische Verhalten zeigen wie das intakte Tier. In der Natur aktiviert ein Schock am Schwanz modulatorische Interneurone, die Serotonin freisetzen und dadurch die Verbindungen zwischen sensorischen und motorischen Neuronen verstärken. Da wir bereits wussten, dass diese modulatorischen Interneurone Serotonin freisetzen – »serotonerg« sind –, stellten wir nach wenigen Experimenten fest, dass wir sie noch nicht einmal zu züchten brauchten. Es genügte, Serotonin einfach in der Nähe der Synapsen zwischen dem sensorischen Neuron und den Motoneuronen zu injizieren – das heißt an der Stelle, wo beim intakten Tier die modulatorischen Interneurone mit den sensorischen Neuronen Kontakt haben und Serotonin ausschütten. Einer der erfreulichen Vorteile langfristiger Arbeit mit einem biologischer System liegt darin, dass man miterlebt, wie aus den Entdeckungen von heute die Experimentalwerkzeuge von morgen werden. Unser jahrelanges Studium dieses neuronalen Schaltkreises und die Fähigkeit, die entscheidenden chemischen Signale zu isolieren, die zwischen und innerhalb seiner Zellen übertragen

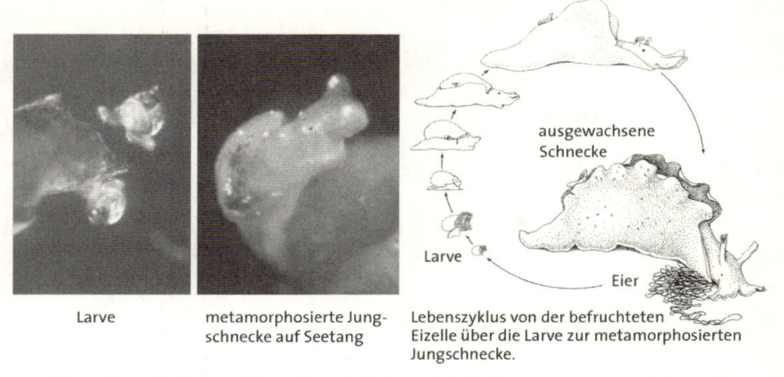

18.2 Der Lebenszyklus der *Aplysia*: *Aplysia*-Larven setzen sich auf einem bestimmten roten Seetang *(Laurencia pacifica)* ab und entziehen diesem die chemischen Substanzen, die sie brauchen, um die Metamorphose zur Jungschnecke auslösen zu können.

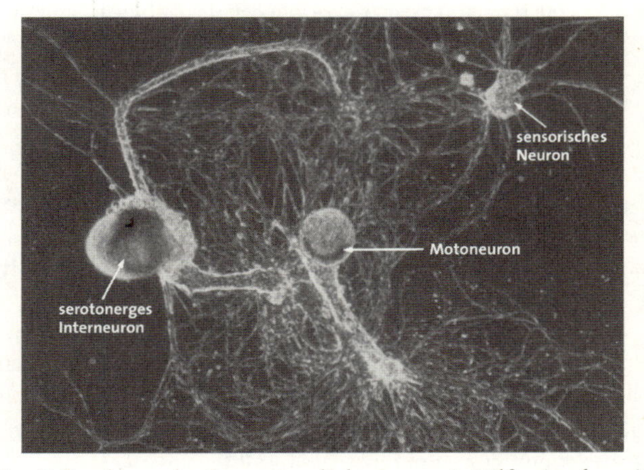

18.3 Erforschung des Langzeitgedächtnisses mit Hilfe einzelner, im Labor gezüchteter Nervenzellen: Einzelne sensorische Neurone, Motoneurone und Serotonin ausschüttende, modulatorische Interneurone, die in einer Kultur gezüchtet wurden, bilden Synapsen, welche die einfachste Form des Schaltkreises reproduzieren, die den Kiemenrückziehreflex vermitteln und modulieren. Dieser einfache Lernschaltkreis – der erste, der in einer Gewebekultur verfügbar war – ermöglichte es uns, die Molekularbiologie des Langzeitgedächtnisses zu untersuchen.

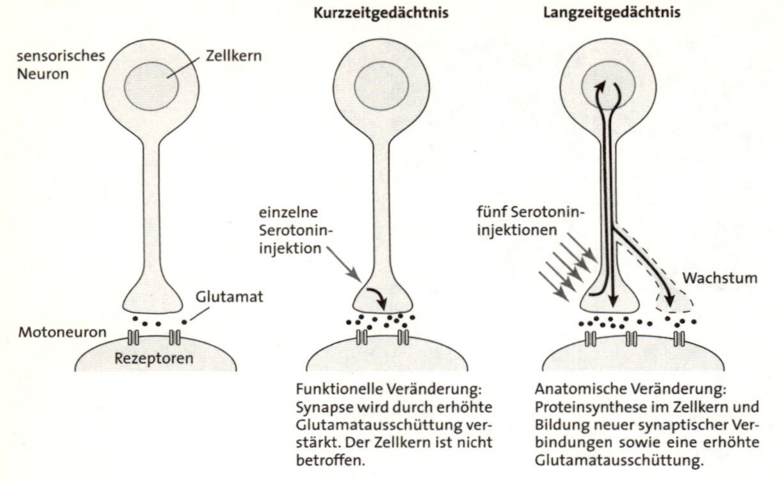

18.4 Veränderungen, die dem Kurz- und dem Langzeitgedächtnis in je einem sensorischen und einem motorischen Neuron zugrunde liegen.

werden, versetzten uns in die Lage, mit Hilfe eben dieser Signale das System zu manipulieren und es noch gründlicher zu erforschen.

Wir fanden heraus, dass eine kurze Serotonininjektion die synaptische Verbindung zwischen dem sensorischen und motorischen Neuron einige Minuten lang verstärkte, indem sie die Glutamatausschüttung durch die sensorische Zelle erhöhte. Wie beim intakten Tier ist diese Kurzzeitverstärkung der synaptischen Stärke eine funktionelle Veränderung: Sie beruht nicht auf der Synthese neuer Proteine. Im Gegensatz dazu stärkten fünf einzelne Serotonininjektionen, die fünf Schwanzschocks simulieren sollten, die synaptische Verbindung tagelang und führten zur Ausbildung neuer synaptischer Verbindungen – einer anatomischen Veränderung, die auf der Synthese neuer Proteine beruhte (Abbildung 18.4).

Nun überschnitt sich meine neurobiologische Forschungstätigkeit mit einem der großen intellektuellen Abenteuer in der modernen Biologie: der Erklärung der molekularen Maschinerie für die Genregulation, der codierten Erbinformation, die das Wesen jeder Lebensform auf der Erde ausmacht.

DIESES ABENTEUER HATTE 1961 MIT FRANÇOIS JACOBS UND JACQUES Monods Artikel »Genetic Regulatory Mechanisms in the Synthesis of Protein« begonnen. An einer Bakterie, die den beiden Forschern vom Institut Pasteur in Paris als Modellsystem diente, machten sie die bemerkenswerte Entdeckung, dass Gene reguliert – das heißt wie ein Wasserhahn an- und abgestellt – werden können.

Jacob und Monod leiten daraus ab, dass selbst in einem komplexen Organismus wie dem Menschen fast jedes Gen des Genoms in jeder Zelle des Körpers vorhanden ist. Heute wissen wir, dass das stimmt. Jede Zelle enthält in ihrem Kern alle Chromosomen des Organismus und daher alle Gene, die erforderlich sind, um den gesamten Organismus zu bilden. Diese Schlussfolgerung stellte die Biologie vor eine bedeutsame Frage: Warum arbeiten nicht alle Gene in jeder Körperzelle auf die gleiche Weise? Monod und Jacob schlugen eine Hypothese vor, die sich am Ende ebenfalls als richtig erwies – dass nämlich eine Leberzelle eine Leberzelle und eine Gehirnzelle eine Gehirnzelle ist, weil in jeder Zellart nur einige Gene angeschaltet oder exprimiert, alle anderen Gene hingegen abgeschaltet oder reprimiert werden. Folglich enthält jeder Zelltyp eine jeweils besondere Proteinmischung – eine Subpopulation all derjenigen Proteine, die der Zelle prinzipiell zur Verfügung stehen. Dieser Proteinmix erlaubt es der Zelle, ihre spezifischen biologischen Aufgaben wahrzunehmen.

Gene werden so an- und ausgeschaltet, wie es für eine optimale Funktion der Zelle erforderlich ist. Einige Gene bleiben fast während der ganzen Lebenszeit eines Organismus reprimiert; andere Gene, etwa diejenigen, die an der Energieproduktion beteiligt sind, werden stets exprimiert, weil die Proteine, die sie codieren, von entscheidender Bedeutung für das Überleben sind. Doch in jedem Zelltyp werden einige Gene nur zu bestimmten Zeiten exprimiert, während andere unter dem Einfluss von Signalen aus dem Körper oder aus der Umwelt ein- und ausgeschaltet werden. Während ich über diese Dinge nachdachte, ging mir eines Abends ein Licht auf: Was ist Lernen anderes als eine Reihe sensorischer Signale aus der Umwelt, wobei sich die verschiedenen Lernformen aus verschiedenen Mustern sensorischer Signale ergeben?

Welche Signale steuern die Genaktivität? Und wie werden Gene an- und abgeschaltet? Jacob und Monod hatten an Bakterien beobachtet, dass Gene durch andere Gene an- und abgeschaltet werden. Daher unterschieden die beiden Forscher zwischen Effektorgenen und Regulatorgenen. Effektorgene codieren Effektorproteine wie Enzyme und Ionenkanäle, die spezifische Zellfunktionen vermitteln. Regulatorgene codieren Proteine, die als genregulatorische Proteine bezeichnet werden und Effektorgene an- oder ausschalten. Nun fragten Jacob und Monod: Wie wirken die Proteine der Regulatorgene auf die Effektorgene ein? Die beiden äußerten die Vermutung, dass jedes Effektorgen in seiner DNA nicht nur eine codierende Region für ein bestimmtes Protein habe, sondern auch eine Kontrollregion, einen bestimmten Ort, den man heute als Promoter bezeichnet. Regulatorproteine binden an den Promoter der Effektorgene und bestimmen dadurch, ob die Effektorgene an- oder abgeschaltet werden.

Bevor ein Effektorgen angeschaltet werden kann, müssen Regulatorgene sich an seinem Promoter sammeln und helfen, die beiden DNA-Stränge zu trennen. Einer der beiden freiliegenden Stränge wird dann in Messenger-RNA kopiert – ein Prozess, den man als Transkription bezeichnet. Die Messenger-RNA befördert die Anweisungen des Gens zur Proteinsynthese aus dem Zellkern zum Zytoplasma, wo bestimmte Strukturen, die Ribosomen, die Messenger-DNA in ein Protein übersetzen (Translation). Sobald die Gene exprimiert worden sind, verbinden sich die beiden DNA-Stränge wieder wie ein Reißverschluss, und das Gen wird abgeschaltet, bis Regulatorgene die nächste Transkription in die Wege leiten.

Jacob und Monod entwarfen nicht nur eine Theorie der Genregulation, sie entdeckten auch die ersten Regulatoren der Gentranskription. Diese Regulatoren wiesen zwei Formen auf: erstens Repressoren, welche die Regulatorproteine codieren, die für das Abschalten von Genen verantwortlich sind, und zweitens, wie spätere Arbeiten zeigten, Aktivatoren. Sie codieren die Regulatorproteine, die für das Anschalten von Genen verantwortlich sind. Durch scharfsinnige Schlussfolgerungen und kluge genetische Experimente gelangten Jacob und Monod zu der Erkenntnis, dass die gemeine Darmbakterie *E. coli*, wenn sie über einen reichlichen Vorrat an dem Nahrungsmittel Laktose (Milchzucker) verfügt, ein Gen für ein Enzym anschaltet, das die Laktose zum Konsum zerlegt. Gibt es keine Laktose mehr, wird das Gen für das Verdauungsenzym augenblicklich abgeschaltet. Wie kommt das?

Die beiden Wissenschaftler fanden heraus, dass das Repressorgen ein Protein codiert, das an den Promoter des Gens für das Verdauungsenzym bindet und dadurch die DNA des Gens daran hindert, transkribiert zu werden. Als sie wieder Laktose in das Medium gaben, in dem sie die Bakterien züchteten, wanderte die Laktose in die Zelle und band an die Repressorproteine, was diese veranlasste, sich von dem Promoter zu lösen. Daraufhin konnte der Promoter an Proteine binden, die von einem Aktivatorgen codiert wurden. Die Aktivatorproteine schalteten das Effektorgen an, was zur Herstellung des Enzyms führte, das Laktose umwandelt.

Diese Studien zeigten, dass *E. coli* unter dem Einfluss von Umweltreizen die Transkriptionsrate den Gegebenheiten anpasst. In späteren Untersuchungen wurde deutlich, dass eine Bakterie auf eine geringe Glukosekonzentration in ihrer Umgebung mit der Herstellung von cAMP reagiert. Dieses setzt wiederum einen Prozess in Gang, der die Zelle in die Lage versetzt, alternativ einen anderen Zucker zu konsumieren.

Die Erkenntnis, dass die Genfunktion gemäß den Umweltbedürfnissen durch Signalmoleküle außerhalb der Zelle (etwa verschiedene Zucker) und innerhalb der Zelle (Signale sekundärer Botenstoffe wie cAMP) herauf- und herunterreguliert werden kann, war eine sensationelle Neuigkeit für mich. Sie veranlasste mich, die Frage, wie das Kurzzeitgedächtnis ins Langzeitgedächtnis überführt wird, in molekularen Begriffen neu zu formulieren. Jetzt lautete sie: Wie sind Regulatorgene beschaffen, die auf eine bestimmte Form des Lernens reagieren, das heißt, auf Hinweisreize aus der Umwelt? Und wie machen diese Regulatorgene aus einer kurzfristigen synaptischen Veränderung, die für eine bestimmte Kurzzeiterinnerung entscheidend ist, eine langfristige synaptische Veränderung, die für eine bestimmte Langzeiterinnerung vonnöten ist?

Unsere Untersuchungen an wirbellosen Tieren sowie einige Studien an Wirbeltieren hatten zu Tage gefördert, dass die Mechanismen der Gedächtnisspeicherung bei allen Tieren wahrscheinlich ganz ähnlich sind. Ferner hatte Craig Bailey die bemerkenswerte Entdeckung gemacht, dass das Langzeitgedächtnis der *Aplysia* überdauert, weil sensorische Neurone neue Axonendigungen ausbilden, die ihre synaptischen Verbindungen mit Motoneuronen verstärken. Doch was genau erforderlich ist, um den Schalter für irgendeine Form des Langzeitgedächtnisses zu betätigen, blieb ein Rätsel. Aktiviert das Lernmuster, das Langzeitsensitivierung hervorruft, bestimmte Regulatorgene und veranlassen die Proteine, die von diesen Genen codiert werden, Effektorgene, die Bildung neuer Axonendigungen einzuleiten?

Durch Experimente mit lebenden sensorischen und motorischen Zellen in Kultur hatten wir unser Verhaltenssystem hinreichend reduziert, um diese Fragen angehen zu können. Wir hatten eine entscheidende

Komponente des Langzeitgedächtnisses in der synaptischen Verbindung zwischen lediglich zwei Zellen lokalisiert. Nun konnten wir die Techniken der rekombinanten DNA nutzen, um zu fragen: Schalten Regulatorgene die Langzeitverstärkung dieser Verbindung an und konservieren sie?

ETWA ZU DIESER ZEIT WURDE MIR ERSTE OFFIZIELLE ANERKENNUNG für meine Arbeit zuteil. 1983 erhielt ich zusammen mit Vernon Mountcastle den Lasker Award für medizinische Forschung, die höchste Wissenschaftsauszeichnung, die in den Vereinigten Staaten vergeben wird. Ferner wurde mir mein erster Ehrendoktor verliehen, und zwar vom Jewish Theological Seminary in New York. Ich war erstaunt, dass man dort überhaupt von meiner Arbeit wusste. Vermutlich war Mortimer Ostow dafür verantwortlich, einer der Psychoanalytiker, die mein Interesse an der Psychoanalyse und dem Gehirn ursprünglich geweckt hatten.

Mein Vater war inzwischen gestorben, doch meine Mutter kam zu der feierlichen Verleihung. In seinen einleitenden Worten erwähnte Gerson D. Cohen, der Kanzler des Seminars, dass ich eine gründliche hebräische Ausbildung an der Jeschiwa von Flatbush erhalten hatte, ein Hinweis, der das jüdische Herz meiner Mutter mit Stolz erfüllte. Ich glaube, die Anerkennung, die ihrem Vater, meinem Großvater, postum dafür zuteil wurde, dass er mich so gut im Hebräischen gefördert hatte, bedeutete ihr mehr als mein Lasker Award einige Monate später.

KAPITEL 19

Ein Dialog zwischen Genen und Synapsen

Im Jahr 1985 begann ich endlich die Einsichten, die mir die Nachtwissenschaft vermittelt hatte – in Monaten des Kopfzerbrechens über die Proteine, welche die Genexpression regulieren –, auf die Tagesverhältnisse eines Forschungsprojekts über Genexpression und Langzeitgedächtnis anzuwenden. Mit der Ankunft Philip Goelets an der Columbia University, eines Postdoktoranden, der bei Sydney Brenner am Medical Research Council Laboratory im englischen Cambridge studiert hatte, hatten diese Überlegungen eine klarere Form angenommen. Goelet und ich gingen von folgender Überlegung aus: Das Langzeitgedächtnis erfordert die Einspeicherung neuer Informationen und ihre Konsolidierung, das heißt die Überführung in einen dauerhafteren Speicher. Die Erkenntnis, dass das Langzeitgedächtnis die Ausbildung neuer synaptischer Verbindungen verlangt, ließ uns ahnen, welche Form diese dauerhafte Speicherung annehmen mochte. Über die molekulargenetischen Zwischenschritte – die Beschaffenheit der Gedächtniskonsolidierung – wussten wir allerdings noch nichts. Wie wird eine flüchtige Kurzzeiterinnerung in eine stabile Langzeiterinnerung verwandelt?

Nach dem Modell von Jacob und Monod aktivieren Signale aus der Zellumgebung Genregulatorproteine, die wiederum die Gene anschalten, die bestimmte Proteine codieren. Goelet und ich fragten uns daher, ob der entscheidende Schritt beim Einschalten des Langzeitgedächtnisses im Zuge der Sensitivierung ähnliche Signale und ähnliche Genregulatorproteine einbeziehen könnte. Resultiert die Bedeutung der wiederholten Lernphasen, die für die Sensitivierung erforderlich sind, daraus, dass sie Signale an den Zellkern schicken, die ihn zur Aktivierung von Regulatorgenen veranlassen, die Regulatorproteine codieren, die ihrerseits die für die Ausbildung neuer synaptischer Verbindungen erforderlichen Effektorgene anschalten? In diesem Fall könnte sich das Intervall als Konsolidierungsphase des Gedächtnisses erweisen, in dem die Regulatorproteine die Effektorgene anschalten. Unsere Überlegungen versprachen, eine genetische Erklärung für den empirischen Befund zu liefern, dass die Blockierung der Synthese neuer Proteine in einer kritischen Phase – während und kurz nach dem Lernen – sowohl das Wachstum neuer synaptischer Verbindungen als auch die Umwandlung von Kurzzeiterinnerungen in Langzeiterinnerungen unterbindet. Durch die Blockierung der Proteinsynthese verhinderten wir vielleicht die Expression der Gene, die für Synapsenbildung und Speicherung im Langzeitgedächtnis von entscheidender Bedeutung sind.

Unsere Überlegungen fassten wir in einem theoretischen Überblick zusammen, der 1986 unter dem Titel »The Long and Short of Long-Term Memory« in der Zeitschrift *Nature* erschien. Darin äußerten wir folgende Hypothese: Wenn zur Umwandlung einer Kurzzeiterinnerung an einer Synapse in eine Langzeiterinnerung eine Genexpression erforderlich ist, muss die Synapse, die durch Lernen stimuliert wird, irgendwie ein Signal an den Zellkern senden, das ihn veranlasst, bestimmte Regulatorgene anzuschalten. Beim Kurzzeitgedächtnis verwenden Synapsen cAMP und Proteinkinase A im Innern der Zelle, um eine erhöhte Neurotransmitterausschüttung abzurufen. Beim Langzeitgedächtnis wandere diese Kinase von der Synapse zum Zellkern und aktiviere dort irgendwie Proteine, welche die Genregulation steuern.

Um unsere Hypothese zu testen, mussten wir das Signal bestimmen, das von der Synapse an den Zellkern gesandt wird, die Regulatorgene finden, die durch das Signal aktiviert werden, und dann die Effektorgene identifizieren, die von dem Regulator angeschaltet werden – das heißt die Gene, die für die Ausbildung neuer synaptischer Verbindungen verantwortlich sind, also für den Prozess, welcher der Langzeitgedächtnisspeicherung zugrunde liegt.

DANK DES VEREINFACHTEN NEURONALEN SCHALTKREISES, DEN WIR IN unserer Gewebekultur gezüchtet hatten – ein einzelnes sensorisches Neuron, das mit einem einzelnen Motoneuron verbunden ist –, hatten wir ein vollständiges biologisches System zur Verfügung, in dem wir diese Ideen testen konnten. In unserer Kulturschale wirkte Serotonin als ein Erregungssignal, das durch Sensitivierung ausgelöst wird. Eine Injektion – das Äquivalent eines Schocks, einer Trainingseinheit – wies die Zelle auf einen Reiz von flüchtigem, kurzfristigem Interesse hin, während fünf Injektionen – das Äquivalent von fünf Trainingseinheiten – einen Reiz von dauerhaftem, langfristigem Interesse signalisierten. Wir beobachteten, dass die Injektion einer hohen Konzentration von cAMP in ein sensorisches Neuron nicht nur eine kurzfristige, sondern auch eine langfristige Zunahme der synaptischen Stärke bewirkte. Jetzt arbeiteten wir mit Roger Tsien von der University of California in San Diego zusammen und verwendeten eine von ihm entwickelte Methode, mit der wir das cAMP und die Proteinkinase A im Neuron lokalisieren konnten. So fanden wir heraus, dass eine einzelne Serotonininjektion die Konzentration von cAMP und Proteinkinase A vor allem an der Synapse erhöht, wiederholte Serotonininjektionen hingegen eine noch höhere cAMP-Konzentration erzeugen, welche die Proteinkinase A veranlasst, in den Zellkern zu wandern, wo sie Gene aktiviert. In späteren Studien zeigte sich, dass Proteinkinase A auf eine weitere Kinase zurückgreift, die so genannte MAP-Kinase, die mit der Synapsenbildung verknüpft ist und ebenfalls zum Kern wandert. Damit bestätigten wir unsere Hypothese, der zufolge eine Funktion des wiederholten Sensitivierungstrainings – Übung macht den Meister – darin besteht, die erforderlichen Signale in Gestalt von Kinasen in den Kern wandern zu lassen.

Was bewirken die Kinasen im Kern? Aus jüngst veröffentlichten Studien über nicht neuronale Zellen wussten wir, dass Proteinkinase A ein Genregulator namens CREB (cAMP Response Element-binding Protein) aktivieren kann, das an einen Promoter (das cAMP Response Element) bindet. Daraus schlossen wir, dass CREB eine Schlüsselkomponente des Schalters sein könnte, der die Kurzzeitbahnung synaptischer Verbindungen in eine Langzeitbahnung mit Ausbildung neuer Verbindungen umwandelt.

1990 entdeckten wir unter Mitwirkung der Postdoktoranden Pramod Dash und Benjamin Hochner CREB in den sensorischen Neuronen der *Aplysia* und fanden heraus, dass es tatsächlich eine entscheidende Bedeutung für die Langzeitverstärkung synaptischer Verbindungen hat, die der Sensitivierung zugrunde liegt. Als wir die Wirkung von CREB im Kern eines sensorischen Neurons in Kultur unterbanden, verhinderten wir die Langzeit-, aber nicht die Kurzzeitverstärkung dieser synaptischen Verbindungen. Das war erstaunlich: Die Blockierung dieses einen Genregulators blockierte den gesamten Prozess langfristiger synaptischer Veränderung! Dusan Bartsch, ein kreativer und technisch brillanter Postdoktorand, stellte später fest, dass es genügte, CREB, das durch Proteinkinase A phosphoryliert worden war, in den Kern sensorischer Neurone zu injizieren, um die Gene anzuschalten, welche die Langzeitbahnung dieser Verbindungen hervorrufen.

Obwohl man mir lange Zeit eingeimpft hatte, dass die Gene des Gehirns über unser Verhalten bestimmen und die absoluten Herren unseres Schicksals sind, zeigte unsere Arbeit, dass die Gene im Gehirn, wie in der Bakterie, auch als Diener der Umwelt fungieren. Sie werden von Ereignissen in der Außenwelt angeleitet. Ein Umweltreiz – ein Schock am Schwanz eines Tieres – aktiviert modulatorische Interneurone, die Serotonin freisetzen. Das Serotonin veranlasst das sensorische Neuron, die cAMP-Konzentration zu erhöhen, daraufhin wandern Proteinkinase A und MAP-Kinase zum Kern und aktivieren CREB. Die Aktivierung von CREB führt ihrerseits zur Expression von Genen, welche die Funktion und Struktur der Zelle verändern.

1995 fand Bartsch heraus, dass es in Wahrheit zwei Formen des CREB-Proteins gibt, ganz ähnlich, wie es das Modell von Jacob und Monod vorhergesagt hatte: eines, das die Genexpression aktiviert (CREB-1), und eines, das die Genexpression unterdrückt (CREB-2). Wiederholte Stimulation veranlasst die Proteinkinase A und die MAP-Kinase, zum Kern zu wandern, wo die Proteinkinase A CREB-1 aktiviert und die MAP-Kinase CREB-2 inaktiviert. Die Langzeitbahnung synaptischer Verbindungen beruht also nicht nur darauf, dass einige Gene angeschaltet, sondern auch darauf, dass andere abgeschaltet werden (Abbildung 19.1).

Als sich diese aufregenden Ergebnisse im Labor andeuteten, war ich verblüfft. Erstens sahen wir das Modell der Genregulation von Jacob und Monod im Prozess der Gedächtnisspeicherung am Werk. Zweitens beobachteten wir, wie sich die von Sherrington entdeckte Integrationswirkung des Neurons auf die Ebene des Zellkerns verlagerte. Ich war über die Parallelen erstaunt: Auf der Zellebene wirken erregende und hemmende synaptische Signale auf eine Nervenzelle ein, während auf der molekularen Ebene ein regulatorisches CREB-Protein die Genexpression bahnt und ein anderes sie hemmt. Zusammen integrieren die beiden CREB-Regulatoren gegensätzliche Wirkungen.

Tatsächlich bedeuten die gegensätzlichen Wirkungsweisen von CREB eine Schwelle für die Gedächtnisspeicherung, vermutlich um dafür zu sorgen, dass nur wichtige, lebensdienliche Erfahrungen gelernt werden. Wiederholte Schocks am Schwanz sind eine prägende Lernerfahrung für

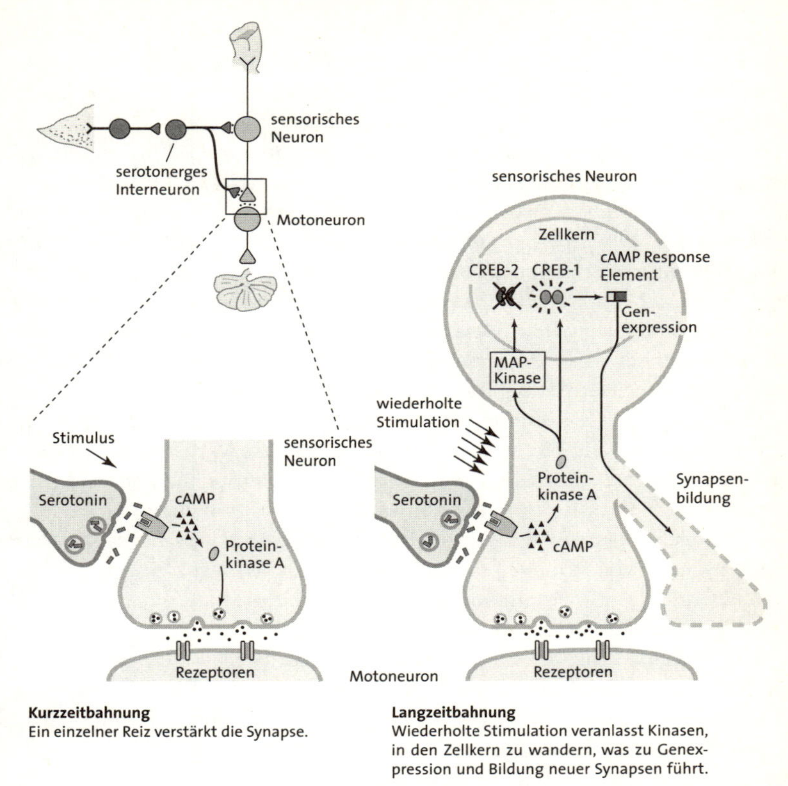

19.1 Die molekularen Mechanismen der Kurz- und Langzeitbahnung

eine *Aplysia*, so wie es für uns, sagen wir, Klavierübungen oder die Konjugation französischer Verben sind: Übung macht den Meister, Wiederholung ist notwendig für das Langzeitgedächtnis. Doch auch ein hochemotionaler Zustand – etwa nach einem Autounfall – kann im Prinzip die normalen Schranken des Langzeitgedächtnisses überwinden. In einer solchen Situation werden so viele MAP-Kinasemoleküle so rasch in den Zellkern geschickt, dass sie alle CREB-2-Moleküle inaktivieren, dadurch die Aktivierung von CREB-1 durch Proteinkinase A erleichtern und das Erlebnis direkt ins Langzeitgedächtnis einspeichern. Darin mag die Erklärung für so genannte Flashbacks liegen, Erinnerungen an emotional besetzte Ereignisse, die so lebhaft bis in die Einzelheiten vergegenwärtigt werden – wie mein Erlebnis mit Mitzi –, als wäre ein vollständiges Bild augenblicklich und nachhaltig ins Gehirn eingeätzt worden.

Entsprechend könnte das außergewöhnlich gute Gedächtnis mancher Menschen an genetischen Unterschieden hinsichtlich CREB-2 liegen, welche die Wirkung dieses Repressorproteins im Verhältnis zu CREB-1 einschränken. Obwohl Langzeiterinnerungen in der Regel wiederholte Trainingseinheiten mit Ruhephasen dazwischen erfordern, werden sie gelegentlich auch nach einer einzigen, nicht unbedingt emotional besetzten Darbietung angelegt. Besonders ausgeprägt zeigte sich dies bei dem berühmten russischen Gedächtniskünstler S. W. Schereschewski, der schon nach einmaliger Darbietung nichts zu vergessen schien, noch nicht einmal zehn Jahre später. Gewöhnlich sind die Fähigkeiten von Gedächtniskünstlern begrenzter: Oft können sie sich an bestimmte Wissensarten außergewöhnlich gut erinnern, an andere nicht. Einige Menschen haben ein erstaunliches Gedächtnis für visuelle Eindrücke, für Noten, für Schachspiele, für Gedichte oder für Gesichter. Einige polnische Gedächtniskünstler können dank ihres visuellen Gedächtnisses jedes Wort auf jeder Seite der zwölf Bände des Babylonischen Talmuds abrufen, als hätten sie diese eine Seite (von mehreren tausend) direkt vor Augen.

Umgekehrt zählt die Unfähigkeit, Langzeiterinnerungen zu konsolidieren, zu den Merkmalen des altersbedingten Gedächtnisverlustes (gutartige Altersvergesslichkeit). Dieser Altersdefekt könnte nicht nur daran liegen, dass die Fähigkeit zur Aktivierung von CREB-1 geschwächt wird, sondern auch daran, dass die Signale, welche die Hemmwirkung von CREB-2 auf die Gedächtniskonsolidierung aufheben sollen, nicht stark genug sind.

Es zeigte sich, dass der CREB-Schalter für das Langzeitgedächtnis und die Zellmechanismen des Kurzzeitgedächtnisses in mehreren Tierarten gleich sind, was darauf schließen lässt, dass sie während der Evolution konserviert wurden. Tim Tully, ein Verhaltensgenetiker vom Cold Spring Harbor Laboratory in Long Island, New York, entwickelte einen eleganten Versuchsaufbau zur Untersuchung des Langzeitgedächtnisses für erlernte Furcht bei Fliegen. 1995 begann Tully mit dem Molekulargenetiker Jerry Yin zusammenzuarbeiten, und zusammen entdeckten sie die entscheidende Bedeutung von CREB-Proteinen für das Langzeitgedächtnis der *Drosophila*. Wie bei der *Aplysia* spielen CREB-Aktivatoren und -Repressoren eine wesentliche Rolle. Der CREB-Repressor blockiert die Umwandlung von Kurz- in Langzeiterinnerungen. Noch faszinierender: Mutante Fliegen, die mehr Kopien des CREB-Aktivators anfertigten, hatten so etwas Ähnliches wie Flashbacks. Einige wenige Trainingseinheiten, bei denen ein spezifischer Geruch mit einem Schock gepaart wurde, legte bei normalen Fliegen nur eine Kurzzeiterinnerung an Furcht an, während die gleiche Anzahl von Einheiten bei den mutanten Fliegen zu einer Langzeiterinnerung an Furcht führte. Im Laufe der Zeit stellte sich heraus, dass der gleiche CREB-Schalter auch bei einer Vielzahl anderer Arten – von Bienen über Mäuse bis zu Menschen – für viele Formen des impliziten Gedächtnisses verantwortlich ist.

Durch Verbindung der Verhaltensanalyse zunächst mit der zellulären Neurobiologie und dann mit der Molekularbiologie waren wir also in der Lage, alle zusammen zu den Grundlagen einer Molekularbiologie der elementaren geistigen Prozesse beizutragen.

DER UMSTAND, DASS DER SCHALTER ZUR UMWANDLUNG VON KURZ- in Langzeiterinnerungen bei einer Vielzahl einfacher Tiere, die simple Aufgaben lernten, gleich war, ermutigte uns, bestärkte er uns doch in unserer Überzeugung, dass die entscheidenden Mechanismen für die Gedächtnisspeicherung bei verschiedenen Tierarten während der Evolution konserviert wurden. Allerdings warf diese Tatsache auch ein beträchtliches Problem für die Zellbiologie der Neurone auf. Ein einzelnes Neuron hat 1200 synaptische Endigungen und über sie Kontakt zu rund 25 Zielzellen: Motoneuronen der Kieme, des Siphos, der Tintendrüse sowie erregenden und hemmenden Interneuronen. Wir hatten festgestellt, dass Kurzzeitveränderungen nur in einigen dieser Synapsen auftreten, in anderen jedoch nicht. Das leuchtete durchaus ein, da ein vereinzelter Schock am Schwanz oder eine vereinzelte Serotonininjektion die cAMP-Konzentration lokal, an einer bestimmten Synapsengruppe, erhöht. Lang andauernde synaptische Veränderung dagegen beruht auf Gentranskription, die im Zellkern stattfindet und die Herstellung neuer Proteine bewirkt. Daher wäre zu erwarten, dass die frisch produzierten Proteine zu allen synaptischen Endigungen des Neurons geschafft werden. Solange also kein spezieller Mechanismus in der Zelle die Veränderungen auf bestimmte Synapsen einschränkt, müssten alle synaptischen Endigungen des Neurons von der Langzeitbahnung beeinflusst werden. In diesem Fall würde jede Langzeitveränderung in allen Synapsen eines Neurons gespeichert. Daraus ergibt sich ein Paradoxon: Wie werden langfristige Lern- und Gedächtnisprozesse auf spezifische Synapsen verteilt?

Goelet und ich dachten viel über diese Frage nach und skizzierten 1986 in unserem Überblick für *Nature* ein Schema, das später als »synaptische Markierung« bezeichnet wurde. Dabei gingen wir von der Hypothese aus, dass die vorübergehende, durch eine Kurzzeiterinnerung hervorgerufene Modifikation einer gegebenen Synapse diese in irgendeiner Weise markieren müsse. Die Markierung sorgte unserer Meinung nach dafür, dass die betreffenden Proteine von dieser Synapse erkannt und stabilisiert wurden.

Die Frage, wie die Zelle Proteine zu bestimmten Synapsen lenkt, war ideal für Kelsey Martin, eine außerordentlich begabte Zellbiologin, die an der Yale University promoviert hatte. Nach dem Abschluss am Harvard College waren sie und ihr Mann ins Friedenskorps eingetreten und hatten in Afrika gearbeitet. Als sie an die Columbia University kamen, hatten sie bereits ihren Sohn Ben. Während sie in unserem Labor arbeitete, bekamen sie noch eine Tochter: Maya. Kelsey erwies sich als ganz besonderer Gewinn für unser Labor, nicht nur, weil sie eine hervorragende Forscherin war, sondern auch, weil sie die allgemeine Stimmung entscheidend dadurch hob, dass sie unser kleines Besprechungs- und Frühstückszimmer von 16 bis 18 Uhr in einen fröhlichen Kindergarten für ihren begabten Nachwuchs verwandelte.

Als wir die Proteinkinase A bis zum Zellkern verfolgt und dort die CREB-Regulatoren entdeckt hatten, hatten wir uns mit dem molekularen Weg von der Synapse zum Zellkern beschäftigt. Nun mussten wir die umgekehrte Richtung einschlagen. Kelsey und ich mussten an einer einzigen sensorischen Zelle untersuchen, wie sich eine stimulierte Synapse, die eine langfristige Strukturveränderung durchmacht, von einer nicht stimulierten Synapse unterscheidet. Dazu entwickelten wir ein elegantes neues Zellkultursystem.

Wir züchteten ein einzelnes sensorisches Neuron mit einem verzweigten Axon, das synaptische Verbindungen zu zwei separaten Motoneuronen unterhielt. Wie zuvor simulierten wir das Verhaltenstraining durch Serotonininjektionen, doch jetzt konnten wir sie selektiv nur der einen oder anderen Gruppe von synaptischen Verbindungen applizieren. Eine einzelne Serotonininjektion an nur einer Synapsengruppe löste, wie erwartet, eine Kurzzeitbahnung nur in dieser Gruppe aus. Fünf Serotonininjektionenan an einer Synapsengruppe riefen nur in der stimulierten

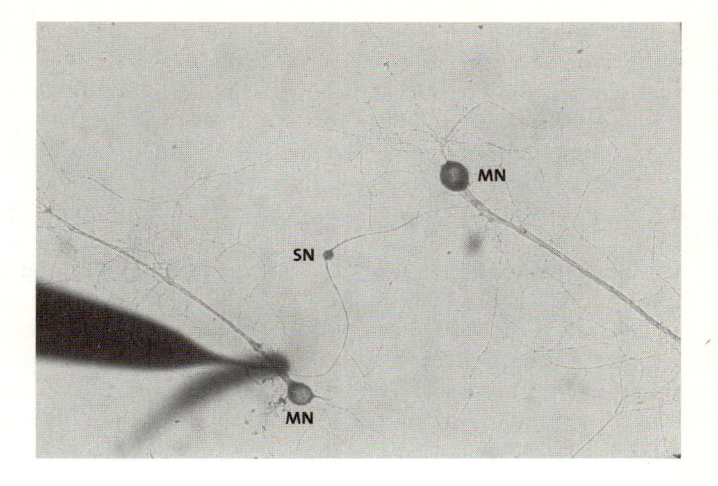

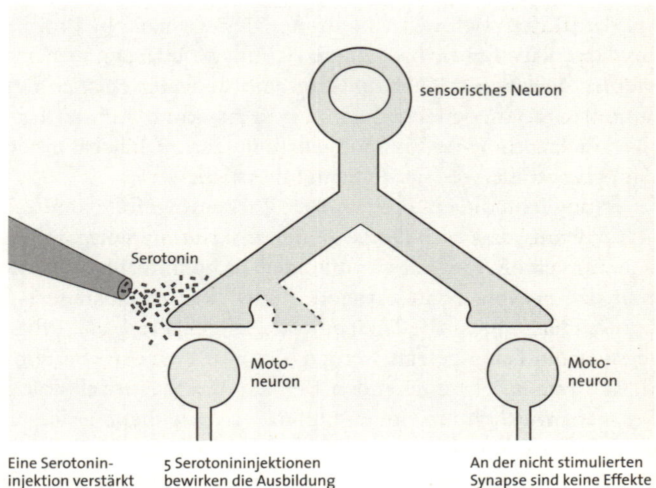

19.2 Versuchsanordnung, um die Rolle des Serotonins bei synaptischer Veränderung zu untersuchen: Ein sensorisches Neuron (SN im Foto) mit einem verzweigten Axon bildet Synapsen mit zwei Motoneuronen (MN). Serotonin wird nur an einer der Synapsen aufgetragen. Nur diese Synapse durchläuft kurz- und langfristige Veränderungen.

Synapse langfristige Bahnung und die Ausbildung neuer synaptischer Endigungen hervor. Das Ergebnis war überraschend, weil langfristige Bahnung und Synapsenbildung Genaktivierung durch CREB voraussetzen, also einen Prozess, der im Zellkern stattfindet und sich daher theoretisch auf alle Synapsen der Zelle auswirken müsste. Als Kelsey die Wirkung von CREB im Zellkern blockierte, unterdrückte sie damit sowohl die Bahnung als auch die Axonbildung an der stimulierten Synapse (Abbildung 19.2).

Diese Ergebnisse lieferten uns sehr wichtige Erkenntnisse über die Verarbeitungsfähigkeit des Gehirns. Wie sie zeigten, kann ein Neuron zwar tausend oder mehr Verbindungen zu verschiedenen Zielzellen eingehen, doch die einzelnen Neurone lassen sich trotzdem bei Kurz- wie Langzeiterinnerungen unabhängig voneinander modifizieren. Die Unabhängigkeit der Synapsen von Langzeitprozessen verleiht dem Neuron eine außerordentliche Flexibilität.

Wie kommt diese ungewöhnliche Selektivität zustande? Wir erwogen zwei Möglichkeiten: Befördern Neurone Messenger-RNA und Proteine nur zu Synapsen, die für die Langzeitgedächtnisspeicherung markiert sind? Oder werden Messenger-RNA und Proteine zu allen Synapsen des Neurons transportiert, von denen jedoch nur die markierten in der Lage sind, sie für das Wachstum neuer Endigungen zu nutzen? Zunächst testeten wir die zweite Hypothese, weil sie leicht zu untersuchen war.

Was ermöglicht diesen Prozess der Markierung für das Wachstum? Kelsey fand heraus, dass zwei Dinge an den markierten Synapsen eintreten müssen. Zum einen die Aktivierung der Proteinkinase A: Wird diese Kinase an der Synapse nicht aktiviert, findet überhaupt keine Bahnung statt. Zum anderen muss die Maschinerie, welche die *lokale* Proteinsynthese reguliert, in Gang gesetzt werden. Das war ein sehr überraschender Befund, weil er einen faszinierenden Bereich der Nervenzellbiologie, der bis dahin nicht wirklich verstanden und daher weitgehend ignoriert worden war, in ein neues Licht setzte. Anfang der achtziger Jahre hatte Oswald Steward, inzwischen an der University of California in Irvine, entdeckt, dass sich ein Teil der Proteinsynthese, auch wenn sie zum weitaus größten Teil im Zellkörper des Neurons stattfindet, lokal ereignet, an den Synapsen selbst.

Unsere Ergebnisse ließen jetzt darauf schließen, dass eine Funktion der lokalen Proteinsynthese darin besteht, die Langzeitverstärkung der synaptischen Verbindung zu konservieren. Als wir die lokale Proteinsynthese

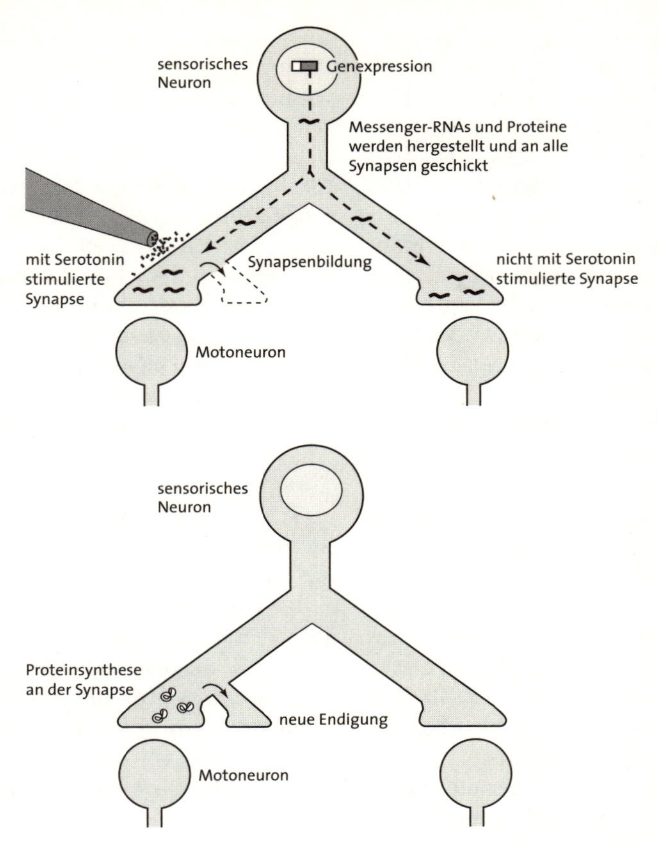

19.3 Zwei Mechanismen der Langzeitveränderung: Neue Proteine werden an alle Synapsen geschickt (oben), aber nur Synapsen, die mit Serotonin stimuliert werden, nutzen sie, um neue Axonendigungen auszubilden. Um die durch die Genexpression in die Wege geleitete Synapsenbildung zu konservieren, werden lokal gebildete Proteine benötigt (unten).

an einer Synapse hemmten, setzte der Prozess der Langzeitbahnung ein, und neue Endigungen bildeten sich aus, wobei sie die Proteine verwendeten, die vom Zellkörper an die Synapse geschickt wurden. Dieses neue Wachstum konnte jedoch nicht aufrechterhalten werden, und nach einem Tag ging es zurück. Daraus folgt, dass die Proteine, die im Zellkörper hergestellt und zu den Endigungen geschafft wurden, zwar ausreichten, um den Ausbau von Synapsen auszulösen, aber zur Konservierung dieses Prozesses bedurfte es der lokalen Proteinsynthese (Abbildung 19.3).

Diese Befunde rückten einen neuen Aspekt des Langzeitgedächtnisses in den Blick. Sie legten den Schluss nahe, das zwei unabhängige Mechanismen am Werk sind. Der eine Prozess leitet die synaptische Langzeitbahnung ein, indem er Proteinkinase A an den Zellkern schickt, um CREB zu aktivieren und dadurch die Effektorgene anzuschalten, welche die für die Ausbildung neuer synaptischer Verbindungen erforderlichen Proteine codieren. Der andere Prozess konserviert die Gedächtnisspeicherung, indem er für den Fortbestand der neu ausgebildeten synaptischen Endigungen sorgt, ein Mechanismus, der die lokale Proteinsynthese verlangt. So wurde uns klar, dass es für die Einleitung und für die Beibehaltung des Langzeitgedächtnisses separate Prozesse gibt. Wie aber arbeitet der zweite Mechanismus?

ZU DIESEM ZEITPUNKT, 1999, KAM KAUSIK SI, EIN BEMERKENSWERT kreativer und produktiver Forscher, an unser Labor. Kausik stammte aus einer Kleinstadt in Indien, wo sein Vater an der örtlichen Highschool unterrichtete. Als Kausiks Vater bemerkte, dass sein Sohn sich für Biologie interessierte, bat er seinen Biologiekollegen, den Jungen unter seine Fittiche zu nehmen. Der Biologielehrer brachte Kausik viel bei, weckte sein Interesse an den genetischen Mechanismen und ermunterte ihn, Biologie zu studieren, was ihn schließlich zur Postdoktorandenausbildung bei mir an die Columbia University führte.

Kausik hatte über die Proteinsynthese bei Hefe promoviert und begann nach seiner Ankunft an der Columbia über das Problem der lokalen Proteinsynthese bei der *Aplysia* nachzudenken. Wir wussten, das Messenger-RNA-Moleküle im Kern produziert und an bestimmten Synapsen in Proteine übersetzt werden. Daher lautete die Frage: Wird die Messenger-RNA in aktivem Zustand zu den Endigungen geschickt? Oder wird sie in ruhendem Zustand wie Dornröschen zu den markierten Synapsen geschickt, wo es darauf wartet, von einem molekularen Märchenprinzen wachgeküsst zu werden?

Kausik favorisierte die Dornröschenhypothese. Er vertrat die Ansicht, die ruhenden Messenger-RNA-Moleküle würden nur aktiviert, wenn sie eine angemessen markierte Synapse erreichen und dort auf ein bestimmtes Signal treffen. In diesem Zusammenhang verwies er auf ein interessantes Beispiel für diese Art der Regulation in der Entwicklung des Frosches. Während die Froscheier befruchtet werden und reifen, werden ruhende Messenger-RNA-Moleküle durch ein neues Protein aktiviert, das die lokale Proteinsynthese reguliert. Dieses Protein bezeichnet man als CPEB (Cytoplasmic Polyadenylation Element-binding Protein).

Als wir tiefer in das Labyrinth der dem Gedächtnis zugrunde liegenden molekularen Prozesse eindrangen, entdeckte Kausik, dass eine neue Form von CPEB bei der *Aplysia* tatsächlich der Märchenprinz war, nach dem wir gesucht hatten. Das Molekül ist nur im Nervensystem vorhanden, ist in allen Synapsen eines Neurons lokalisiert, wird durch Serotonin aktiviert und wird an den aktivierten Synapsen benötigt, um die Proteinsynthese und die Bildung neuer synaptischer Endigungen aufrechtzuerhalten. Doch Kausiks Ergebnis brachte uns nur einen Schritt weiter. Die meisten Proteine werden in einem Zeitraum von Stunden abgebaut und zerstört. Was konserviert die Synapsenbildung über einen längeren Zeitraum? Was ist dafür verantwortlich, dass meine Erinnerung an Mitzi mich mein ganzes Leben lang nicht verlässt?

Bei genauerer Betrachtung der Aminosäuresequenz des neuen CPEB bemerkte Kausik etwas sehr Sonderbares. Ein Ende des Proteins wies alle Eigenschaften eines Prions auf.

Prionen sind wahrscheinlich die unheimlichsten Proteine der modernen Biologie. Entdeckt hat sie Stanley Prusiner von der University of California in San Francisco – ursprünglich als Erreger verschiedener rätselhafter neurogenerativer Erkrankungen, etwa des Rinderwahnsinns (BSE oder bovine spongiforme Enzephalopathie) und der Creutzfeldt-Jakob-Krankheit beim Menschen (an der Irving Kupfermann 2002 auf dem Höhepunkt seiner wissenschaftlichen Karriere tragisch verstarb). Prionen unterscheiden sich von anderen Proteinen dadurch, dass sie zwei funktionell unterschiedliche Strukturformen oder Konformationen annehmen können, die eine dominant, die andere rezessiv. Die Gene, die Prionen codieren, bringen die rezessive Form hervor. Doch die rezessive Form kann in die dominante Form umgewandelt werden – entweder durch reinen Zufall, wie es möglicherweise bei Irving der Fall war, oder durch den Verzehr von Nahrungsmitteln, welche eine aktive Form des Proteins enthalten. In der dominanten Form können Prionen für andere Zellen tödlich sein. Der zweite Aspekt, in dem sich Prionen von anderen Proteinen unterscheiden, liegt darin, dass die dominante Form sich selbst erhält; sie veranlasst die rezessive Konformation, ihre Gestalt zu verändern und dadurch ebenfalls dominant und selbstperpetuierend zu werden (Abbildung 19.4).

Ich erinnere mich noch deutlich an den schönen New Yorker Frühlingsnachmittag – das Sonnenlicht flimmerte gleißend auf dem Hudson River vor meinem Bürofenster –, als Kausik mein Büro betrat und fragte: »Was würden Sie sagen, wenn ich behaupten würde, dass CPEB prionartige Eigenschaften hat?«

Eine abenteuerliche Idee! Doch wenn sie stimmte, konnte sie erklären, warum Langzeiterinnerungen in Synapsen trotz ständiger Abbau- und Erneuerungsprozesse auf unbestimmte Dauer konserviert werden können. Ein sich selbst erhaltendes Molekül könnte beliebig lange in einer Synapse bleiben und die lokale Proteinsynthese regulieren, die erforderlich ist, um die neu gebildeten Endigungen aufrechtzuerhalten.

In meinen nächtlichen Überlegungen zum Langzeitgedächtnis war mir einmal flüchtig der Gedanke durch den Kopf gegangen, dass Prionen in irgendeiner Form an der Langzeitgedächtnisspeicherung beteiligt sein könnten. Außerdem kannte ich Prusiners bahnbrechende Arbeit über Prionen und Prionenkrankheiten, eine Arbeit, für die er 1997 den Nobelpreis für Medizin oder Physiologie erhalten sollte. Obwohl ich nie damit gerechnet hatte, dass die neue Form von CPEB ein Prion sein könnte, war ich augenblicklich Feuer und Flamme für Kausiks Idee.

Prionen waren ein wichtiges Forschungsfeld auf dem Gebiet der Hefe, doch hatte noch nie jemand eine normale Funktion dieser Proteine entdeckt, bis Kausik auf die neuartige Form von CPEB in Neuronen stieß. Damit eröffnete seine Entdeckung nicht nur grundlegende neue Erkenntnisse über Lernen und Gedächtnis, sie erschloss auch Neuland in der Biologie. Wir fanden bald heraus, dass in den sensorischen Neuronen des Kiemenrückziehreflexes die Umwandlung von CPEB aus der inaktiven, nichtreproduktiven in die aktive, reproduktive Form durch Serotonin gesteuert wird, den Transmitter, der für die Umwandlung des Kurz- in das Langzeitgedächtnis erforderlich ist (Abbildung 19.4). In seiner sich selbst erhaltenden Form sorgt CPEB für den Fortbestand der Proteinsynthese. Mehr noch: Der sich selbst erhaltende Zustand lässt sich nur schwer rückgängig machen.

Diese beiden Merkmale prädestinierten die neue Prionenvariante geradezu für die Gedächtnisspeicherung. Die Selbstperpetuierung eines Proteins, das für die lokale Proteinsynthese entscheidend ist, ermöglicht die selektive und dauerhafte Informationsspeicherung an einer Synapse

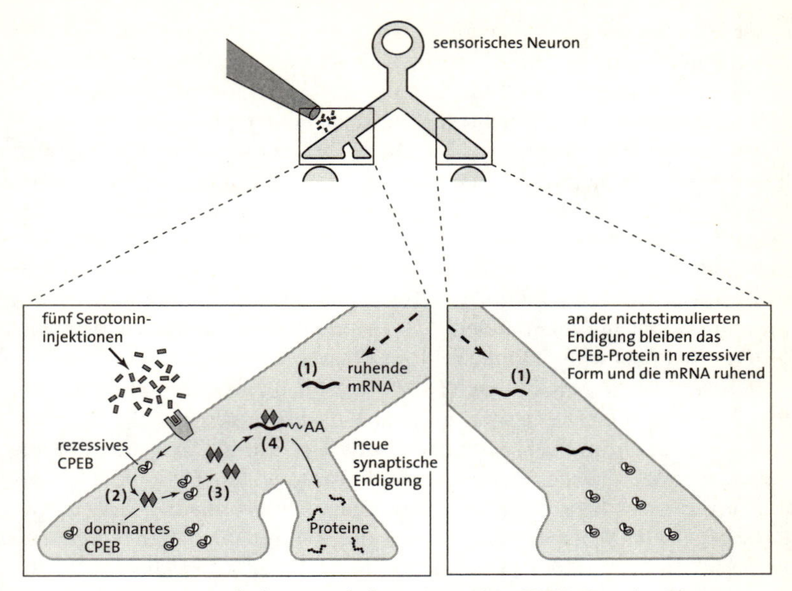

19.4 Langzeitgedächtnis und das prionartige CPEB-Protein: Unter dem Einfluss eines früheren Reizes hat der Kern des sensorischen Neurons ruhende Messenger-RNA (mRNA) an alle Axonendigungen geschickt (1). Fünf Serotonininjektionen an einer Endigung wandeln ein prionartiges Protein (CPEB), das an allen Synapsen vorhanden ist, in seine dominante, selbstperpetuierende Form um (2). Dominantes CPEB kann rezessive CPEBs in die dominante Form umwandeln (3). Dominantes CPEB aktiviert ruhende Messenger-RNA (4). Die aktivierte Messenger-RNA reguliert die Proteinsynthese an der neuen synaptischen Endigung, stabilisiert die Synapse und verleiht dem Gedächtnis Dauer.

und nicht, wie Kausik auch bald in Erfahrung brachte, an den vielen anderen Synapsen, die ein Neuron mit seinen Zielzellen unterhält.

Mit der Entdeckung, dass das neue Prion eine wichtige Rolle für die Dauer des Gedächtnisses oder gar für die Funktionsweise des Gehirns spielt, hatten Kausik und ich auch zwei neue biologische Eigenschaften von Prionen aufgespürt. Erstens: Ein normales physiologischen Signal – Serotonin – ist von entscheidender Bedeutung für die Umwandlung von CPEB aus einer Form in eine andere. Zweitens: CPEB ist die erste sich selbst reproduzierende Form eines Prions, die nachgewiesenermaßen eine physiologische Funktion erfüllt – in diesem Falle die Konservierung der synaptischen Bahnung und Gedächtnisspeicherung. In allen anderen bis dato erforschten Fällen verursacht die sich selbst reproduzierende Form entweder Krankheit und Tod durch die Vernichtung von Nervenzellen oder ist, seltener, inaktiv.

Wir sind inzwischen zu der Überzeugung gelangt, dass Kausiks Entdeckung möglicherweise nur der Spitze eines neuen Eisbergs in der Biologie gleichkommt. Im Prinzip könnte dieser Mechanismus – die Aktivierung einer nicht erblichen, sich selbst erhaltenden Veränderung in einem Protein – auch in vielen anderen Zusammenhängen am Werk sein, beispielsweise in der Entwicklung und der Gentranskription.

Dieser höchst bemerkenswerte Befund in meinem Labor zeigt, dass die Grundlagenforschung wie ein guter Kriminalroman mit überraschenden Wendungen und Verwicklungen aufwarten kann: Ein neuer, überraschender Prozess versteckt sich in einem unentdeckten Winkel des Lebens und erweist sich später als ein Phänomen von allgemeiner Bedeutung. Dieses spezielle Ergebnis war insofern ungewöhnlich, als der molekulare Prozess, der einer Reihe von merkwürdigen Gehirnerkrankungen zugrunde liegt, nun auch als Basis des Langzeitgedächtnisses, eines wesentlichen Aspekts der gesunden Gehirnfunktion, erkannt wurde. Gewöhnlich trägt die biologische Grundlagenforschung zu unserem Verständnis von Krankheitszuständen bei und nicht umgekehrt.

RÜCKBLICKEND BETRACHTET, HABEN UNSERE FORSCHUNGSARBEITEN über die Langzeitsensitivierung und die Entdeckung des prionartigen Mechanismus drei neue Prinzipien in den Blick gerückt, die nicht nur für die *Aplysia* gültig sind, sondern auch für die Gedächtnisspeicherung in allen Tieren, auch dem Menschen. Erstens verlangt die Aktivierung des Langzeitgedächtnisses die Ein- und Abschaltung von Genen. Zweitens gibt es biologische Beschränkungen hinsichtlich der Erfahrungen, die im Gedächtnis gespeichert werden. Um die Gene für das Langzeitgedächtnis einzuschalten, müssen die CREB-1-Proteine aktiviert und die CREB-2-Proteine, welche die gedächtnisfördernden Gene unterdrücken, inaktiviert werden. Da Menschen sich nicht an alles erinnern, was sie gelernt haben – was sich wohl auch niemand wünschen würde –, ist es klar, dass die Gene, welche die Suppressorproteine codieren, eine hohe Schwelle für die Umwandlung von Kurz- in Langzeiterinnerungen errichten. Aus diesem Grund erinnern wir uns auf lange Sicht nur an bestimmte Ereignisse und Erfahrungen. Die meisten Dinge vergessen wir einfach. Die Aufhebung dieser biologischen Einschränkung betätigt den Schalter für das Langzeitgedächtnis. Die von CREB-1 aktivierten Gene sind für die Ausbildung neuer Synapsen erforderlich. Der Umstand, dass ein Gen angeschaltet werden muss, um eine Langzeiterinnerung anzulegen, zeigt deutlich, dass Gene nicht einfach Verhaltensdeterminanten sind, sondern auch auf Umweltreize wie Lernen reagieren.

Schließlich sorgt die Ausbildung und Bewahrung neuer synaptischer Endigungen für die Dauer des Gedächtnisses. Wenn Sie sich also an irgendetwas aus diesem Buch erinnern sollten, so wird es daran liegen, dass Ihr Gehirn sich nach Beendigung der Lektüre ein wenig verändert hat. Diese Fähigkeit, unter dem Einfluss von Erfahrung neue synaptische Verbindungen auszubilden, scheint während der Evolution konserviert worden zu sein. Ein Beispiel dafür ist der Umstand, dass beim Menschen wie bei einfacheren Tieren die cortikalen Karten der Körperoberfläche ständigen Modifikationen durch den wechselnden Input sensorischer Bahnen unterworfen sind.

Vierter Teil

Diese Erinnerungen … Wie könnten sie Jahr um Jahr unbeschadet überstehen, wären sie nicht aus etwas relativ Beständigem gemacht?

Virginia Woolf, »Sketch of the Past« (1953)

KAPITEL 20

Rückkehr zum komplexen Gedächtnis

Als ich anfing, die biologische Grundlage des Gedächtnisses zu untersuchen, hatte ich mich auf die Gedächtnisspeicherung konzentriert, die sich aus den drei einfachsten Lernformen ergibt: Habituation, Sensitivierung und klassische Konditionierung. Wenn ein einfaches motorisches Verhalten durch Lernen modifiziert wird, wirken diese Veränderungen direkt auf den neuronalen Schaltkreis ein, der für das Verhalten verantwortlich ist, indem sie die Stärke der bereits bestehenden Verbindungen abwandeln. Einmal im neuronalen Schaltkreis gespeichert, kann die Erinnerung augenblicklich abgerufen werden.

Dieses Ergebnis vermittelte uns erste Erkenntnisse über die Biologie des impliziten Gedächtnisses, einer Gedächtnisform, bei welcher der Abruf nicht bewusst erfolgt. Das implizite Gedächtnis ist nicht nur für einfache Wahrnehmungs- und Bewegungsfertigkeiten verantwortlich, sondern im Prinzip auch für die Pirouetten von Margot Fonteyn, das Trompetenspiel von Wynton Marsalis, die exakten Grundschläge von Andre Agassi und die Beinbewegungen eines Jugendlichen, der Fahrrad fährt. Das implizite Gedächtnis steuert uns durch längst verinnerlichte Routinehandlungen, die nicht mehr bewusst kontrolliert werden.

Die Inhalte des komplexeren Gedächtnisses, das mich ursprünglich faszinierte – des expliziten Gedächtnisses für Menschen, Objekte und Orte –, werden dagegen bewusst abgerufen und lassen sich in der Regel durch Bilder oder Worte ausdrücken. Das explizite Gedächtnis ist weit komplizierter als der einfache Reflex, den ich an der *Aplysia* studiert hatte. Es hängt von den komplexen neuronalen Schaltkreisen im Hippocampus und im medialen Temporallappen ab und besitzt viele mögliche Speicherorte.

Das explizite Gedächtnis ist außerordentlich individuell. Einige Menschen leben ständig mit solchen Erinnerungen. Virginia Woolf gehörte zu ihnen. Ihre Kindheitserinnerungen bewegten sich immer am Rande ihres Bewusstseins, jederzeit zum Abruf parat und ein fester Bestandteil ihrer Alltagsbefindlichkeit. So waren Woolfs Erinnerungen an die Mutter noch Jahre nach deren Tod vollkommen lebendig:

> Da war sie, inmitten des weiten Raumes jener Kathedrale, welche die Kindheit war. Dort war sie von Beginn an. Meine erste Erinnerung ist ihr Schoß … Dann sehe ich sie in ihrem weißen Morgenrock auf dem Balkon … Es ist vollkommen richtig, dass ich bis zu meinem vierundvierzigsten Lebensjahr von ihr besessen war, obwohl sie starb, als ich dreizehn war.
>
> … diese Erinnerungen … Wie könnten sie Jahr um Jahr unbeschadet überstehen, wären sie nicht aus etwas relativ Beständigem gemacht?

Andere Menschen rufen die Erinnerungen an frühere Lebensereignisse nur gelegentlich ab. Hin und wieder denke ich an die beiden Polizisten, die in der Reichspogromnacht zu uns kamen und uns befahlen, die Wohnung zu räumen. Wenn diese Erinnerung in mein Bewusstsein tritt, kann ich die Gegenwart der Männer erneut sehen und fühlen. Ich habe den besorgten Ausdruck auf dem Gesicht meiner Mutter vor Augen, spüre die Angst in meinem Bauch und die Zuversicht in das Handeln meines Bruders, während der seine Münz- und Briefmarkensammlung an sich nimmt. Sobald ich diese Erinnerungen in den Kontext der räumlichen Anordnung unserer Wohnung einfüge, fallen mir die restlichen Einzelheiten mit erstaunlicher Deutlichkeit ein.

Sich solcher Details eines Ereignisses zu erinnern, ist, als ob man sich einen Traum vergegenwärtigt oder einen Film anschaut, in dem man selbst mitspielt. Wir können sogar frühere emotionale Zustände abrufen, wenn auch oft nur in vereinfachter Form. Bis auf den heutigen Tag erinnere ich mich an den emotionalen Kontext meiner romantischen Begegnung mit unserem Hausmädchen Mitzi.

In seinem Theaterstück *Der Milchzug hält hier nicht mehr* beschrieb Tennessee Williams das, was wir heute explizites Gedächtnis nennen: »Weißt du, … das ganze Leben ist nichts als Erinnerung, bis auf den jeweils letzten Augenblick, der so schnell an dir vorbeigeht, dass du ihn kaum mitkriegst. Wirklich, alles ist Erinnerung, … bis auf den jeweils letzten Augenblick.«

Uns allen ermöglicht das explizite Gedächtnis, Raum und Zeit zu überspringen und Ereignisse und Gefühlszustände heraufzubeschwören, die zwar in der Vergangenheit verschwunden sind, aber in unserem Geist irgendwie fortleben. Doch wenn man eine Erinnerung episodisch abruft – egal, wie wichtig sie sein mag –, schlägt man nicht einfach ein Fotoalbum auf. Vergessen Sie nicht, dass das Gedächtnis ein kreativer Prozess ist. Was das Gehirn speichert, ist nach allgemeiner Ansicht nur eine Kernerinnerung. Beim Abruf aus dem Gedächtnis wird diese Kernerinnerung dann ausgearbeitet und rekonstruiert – nicht ohne Abzüge, Hinfügungen, Ausschmückungen und Verzerrungen. Welche biologischen Prozesse versetzen mich in die Lage, meine eigene Geschichte mit solcher emotionalen Eindringlichkeit wieder aufleben zu lassen?

ALS ICH SECHZIG WURDE, FAND ICH ENDLICH DEN MUT, ZUM STUDIUM des Hippocampus und des expliziten Gedächtnisses zurückzukehren. Schon lange beschäftigte mich die Frage, ob einige der grundlegenden molekularen Prinzipien, die wir am einfachen Reflexschaltkreis der *Aplysia* beobachtet hatten, auch für die komplexen neuronalen Schaltkreise des Säugerhirns gelten. 1989 hatten drei wichtige Fortschritte die Voraussetzungen geschaffen, die wir brauchten, um dieses Problem im Labor zu untersuchen.

Der erste war die Erkenntnis, dass die Pyramidenzellen des Hippocampus eine entscheidende Rolle dabei spielen, wie ein Tier seine räumliche Umgebung wahrnimmt. Der zweite war die Entdeckung eines bemerkenswerten synaptischen Verstärkungsmechanismus im Hippocampus, der die Bezeichnung Langzeitpotenzierung erhielt. Viele Forscher glaubten, dieser Prozess könne dem expliziten Gedächtnis zugrunde liegen. Der dritte Fortschritt – und der unmittelbar bedeutsamste für meinen molekularen Ansatz – war die Erfindung einer leistungsfähigen neuen Methode zur gentechnischen Veränderung von Mäusen. Meine Kollegen und ich wollten diese Methoden auf das Gehirn anwenden und so versuchen, das explizite Gedächtnis im Hippocampus molekular ebenso detailliert zu untersuchen, wie wir es bei der Erforschung des impliziten Gedächtnisses der *Aplysia* getan hatten.

Die neue Epoche der Hippocampusforschung wurde 1971 eingeläutet, als John O'Keefe vom University College in London analysierte, wie der Hippocampus sensorische Informationen verarbeitet, und eine erstaunliche Entdeckung machte: Die Neurone im Hippocampus der Ratte nehmen Informationen nicht über eine einzelne Sinnesmodalität auf – Sehen, Hören, Tasten oder Schmerzempfinden –, sondern über den Raum, der das Tier umgibt, eine Modalität, die von den Informationen mehrerer Sinne abhängt. Anschließend zeigte O'Keefe, dass der Hippocampus von Ratten eine Repräsentation – eine Karte – des externen Raums enthält und dass die Einheiten dieser Karte die Ortsinformationen verarbeitenden Pyramidenzellen des Hippocampus sind. Das Muster der Aktionspotenziale in diesen Neuronen steht in einem so eindeutigen Zusammenhang mit einem bestimmten Bereich des Raums, dass O'Keefe sie als »Ortszellen« bezeichnete. Bald darauf wurde in Experimenten mit Nagetieren deutlich, dass eine Schädigung des Hippocampus die Fähigkeit des Tieres, eine Aufgabe zu lernen, die auf räumlichen Informationen fußt, entschieden beeinträchtigt. Dieses Ergebnis ließ darauf schließen, dass die räumliche Karte von zentraler Bedeutung für Raumerkennung, für das Bewusstsein von unserer Umgebung, ist.

Da Raumerkennung auf Informationen verschiedener Sinnesmodalitäten angewiesen ist, stellten sich verschiedene Fragen: Wie werden diese Modalitäten zusammengeführt? Wie wird die räumliche Karte hergestellt? Und wie wird sie, einmal erstellt, beibehalten?

Ein erster Hinweis auf die Antworten ergab sich 1973, als Terje Lømo und Tim Bliss, Postdoktoranden in Per Andersens Labor in Oslo, herausfanden, dass die Nervenbahnen zum Hippocampus von Kaninchen durch einen kurzen Ausbruch neuronaler Aktivität verstärkt werden können. Lømo und Bliss kannten O'Keefes Arbeit nicht und hatten nicht die Absicht, die Funktion des Hippocampus im Kontext des Gedächtnisses oder eines bestimmten Verhaltens zu untersuchen, wie wir es mit dem Kiemenrückziehreflex der *Aplysia* getan hatten. Vielmehr hatten sich die beiden norwegischen Forscher zu einem ähnlichen Verfahren entschlossen, wie Ladislav Tauc und ich 1962: Sie entwickelten ein neuronales Analogon des Lernens. Statt ihr neuronales Analogon an konventionellen Verhaltensparadigmen wie Habituation, Sensitivierung oder klassischer Konditionierung auszurichten, nahmen sie die neuronale Aktivität an sich als Grundlage. Sie applizierten eine sehr rasche Folge von elektrischen Reizen (100 Impulse pro Sekunde) an einer Nervenbahn zum Hippocampus und stellten fest, dass die synaptischen Verbindungen über einen Zeitraum von mehreren Stunden bis zu einem oder zwei Tagen verstärkt wurden. Lømo und Bliss nannten diese Form synaptischer Bahnung Langzeitpotenzierung.

Wie sich rasch herausstellte, findet die Langzeitpotenzierung in allen drei Bahnen des Hippocampus statt und ist kein einheitlicher Prozess. Vielmehr beschreibt die Langzeitpotenzierung eine Familie leicht unterschiedlicher Mechanismen, die unter dem Einfluss verschiedener Stimulationsraten und –muster die synaptische Stärke erhöhten. Damit entspricht die Langzeitpotenzierung der Langzeitbahnung von Verbindungen zwischen sensorischen und motorischen Neuronen bei der *Aplysia*. Während die Langzeitbahnung bei der *Aplysia* jedoch die Synapsen mittels eines modulatorischen Transmitters, der auf die homosynaptische Bahn einwirkt, heterosynaptisch verstärkt, lassen sich viele Formen der Langzeitpotenzierung einfach durch homosynaptische Aktivität einleiten. Wie wir und andere Forscher allerdings später herausfanden, wird bei der Umwandlung der homosynaptischen Kurzzeitplastizität in heterosynaptische Langzeitplastizität in der Regel auf Neuromodulatoren zurückgegriffen.

Anfang der achtziger Jahre vereinfachte Andersen Lømos und Bliss' Methode erheblich, indem er den Hippocampus aus einem Rattengehirn entnahm, ihn in Scheiben schnitt und die Schnitte in eine Petrischale legte. Auf diese Weise war er in der Lage, die Nervenbahnen in einem bestimmten Segment des Hippocampus zu beobachten. Überraschenderweise können solche Schnitte ihre Funktion stundenlang aufrechterhalten, wenn sie richtig präpariert werden. Dank dieser Verbesserung ließ sich nun die Biochemie der Langzeitpotenzierung analysieren, das heißt, man konnte beobachten, wie es sich auswirkt, wenn man verschiedene Signalkomponenten chemisch unterdrückt.

Durch solche Studien brachte man in Erfahrung, welche Moleküle entscheidend an der Langzeitpotenzierung beteiligt sind. In den sechziger Jahren hatte David Curtis in Zusammenarbeit mit Geoffrey Watkins entdeckt, dass Glutamat, eine häufig vorkommende Aminosäure, der wichtigste erregende Neurotransmitter im Gehirn der Säugetiere (und, wie wir später herausfanden, auch der wirbellosen Tiere) ist. Watkins und Graham Collingridge entdeckten dann, dass Glutamat auf zwei verschiedene Arten von ionotropen Rezeptoren im Hippocampus einwirkt, den AMPA-Rezeptor und den NMDA-Rezeptor. Der AMPA-Rezeptor vermittelt die normale synaptische Übertragung und reagiert auf ein individuelles Aktionspotenzial im präsynaptischen Neuron. Der NMDA-Rezeptor reagiert dagegen nur auf außerordentlich schnelle Reizsequenzen und ist für die Langzeitpotenzierung unabdingbar.

Wenn ein postsynaptisches Neuron wiederholt stimuliert wird, wie in den Experimenten von Lømo und Bliss, erzeugt der AMPA-Rezeptor ein starkes Synapsenpotenzial, das die Zellmembran um bis zu 20 oder 30 Millivolt depolarisiert. Diese Depolarisation veranlasst den Ionenkanal im NMDA-Rezeptor, sich zu öffnen, woraufhin das Calcium in die Zelle einströmen kann. Roger Nicoll von der University of California in San Francisco und Gary Lynch von der University of California in Irvine entdeckten unabhängig voneinander, dass der Einstrom von Calciumionen in die postsynaptische Zelle wie ein sekundärer Botenstoff (ganz ähnlich dem cAMP) wirkt und die Langzeitpotenzierung auslöst. So kann der NMDA-Rezeptor die elektrischen Signale des Synapsenpotenzial in ein biochemisches Signal übersetzen.

Diese biochemischen Reaktionen sind wichtig, weil sie molekulare Signale auslösen, die in der ganzen Zelle verteilt werden können und auf diese Weise zu lang andauernden synaptischen Modifikationen beitragen. Genauer: Calcium aktiviert eine Kinase (die Calcium/Calmodulin-abhängige Proteinkinase), welche die synaptische Stärke ungefähr eine Stunde lang erhöht. Im Fortgang seiner Arbeit zeigte Nicoll, dass der Calciumeinstrom und die Aktivierung dieser Kinase die synaptischen Verbindungen verstärken, indem sie dafür sorgen, dass zusätzliche AMPA-Rezeptoren gebildet und in die Membran der postsynaptischen Zelle eingesetzt werden.

Als klar wurde, wie der NMDA-Rezeptor arbeitet, gab es einige Unruhe unter den Neurowissenschaftlern, weil sich herausstellte, dass der Rezeptor als Koinzidenzdetektor wirkt. Er gestattet Calciumionen nur dann, durch den Kanal zu fließen, wenn er das gleichzeitige Auftreten, die »Konzidenz«, zweier neuronaler Ereignisse entdeckt – das eine präsynaptisch und das andere postsynaptisch. Das präsynaptische Neuron muss aktiv sein und Glutamat ausschütten, und der AMPA-Rezeptor in der postsynaptischen Zelle muss gleichzeitig Glutamat binden und die Zelle depolarisieren. Nur dann werden die NMDA-Rezeptoren aktiv und lassen Calcium in die Zelle einströmen und so die Langzeitpotenzierung auslösen. Interessanterweise hatte der Psychologe D. O. Hebb bereits 1949 vorausgesagt, dass beim Lernen eine Art neuronaler Koinzidenzdetektor im Gehirn im Spiel sein müsse: »Wenn ein Axon von Zelle A ...Zelle B erregt und wiederholt oder dauerhaft an deren Aktivität teilnimmt, findet eine Art Wachstumsprozess oder Stoffwechselveränderung in einer oder in beiden Zellen statt, wodurch sich As Effizienz erhöht.«

Aristoteles hatte – wie nach ihm die britischen Empiristen und viele andere Denker – die Ansicht vertreten, dass Lernen und Gedächtnis in irgendeiner Weise aus dem Assoziationsvermögen des Geistes erwachsen, aus seiner Fähigkeit, dauerhafte geistige Verknüpfungen zwischen zwei Gedanken oder Reizen herzustellen. Mit der Entdeckung des NMDA-Rezeptors und der Langzeitpotenzierung hatten die Neurowissenschaftler einen molekularen und zellulären Prozess entdeckt, der diesen Assoziationsprozess durchaus ausführen konnte.

KAPITEL 21

Synapsen beherbergen auch unsere teuersten Erinnerungen

Die neuen Entdeckungen im Hippocampus – Ortszellen, NMDA-Rezeptor und Langzeitpotenzierung – eröffneten der Neurowissenschaft aufregende Aussichten. Allerdings war keinesfalls klar, in welcher Beziehung die räumliche Karte und die Langzeitpotenzierung zueinander oder zur expliziten Gedächtnisspeicherung standen. Die Langzeitpotenzierung im Hippocampus beispielsweise war zwar ein faszinierendes und weit verbreitetes Phänomen, blieb aber trotzdem eine außerordentlich künstliche Methode, um Veränderungen der synaptischen Stärke hervorzurufen. Angesichts dieser Künstlichkeit fragten sich sogar Lømo und Bliss, »ob das intakte Tier tatsächlich von einer Eigenschaft Gebrauch macht, die durch synchrone, wiederholte Salven ans Licht gekommen ist ...« In der Tat erschien es unwahrscheinlich, dass dieses Aktivitätsmuster auch beim Lernen auftritt. Viele Wissenschaftler bezweifelten, dass die durch Langzeitpotenzierung hervorgerufenen Veränderungen der synaptischen Stärke überhaupt eine Rolle für das räumliche Gedächtnis oder für die Bildung und Beibehaltung der räumlichen Karte spielen.

Allmählich erkannte ich, dass sich diese Beziehungen am ehesten durch die Genetik würden erkunden lassen, ähnlich wie Seymour Benzer mit Hilfe der Genetik das Lernen bei der *Drosophila* untersucht hatte. In den achtziger Jahren begannen die Biologen durch eine Kombination aus Auslesezüchtung und den Werkzeugen der rekombinanten DNA genetisch veränderte Mäuse zu erzeugen. Dank dieser Techniken wurde es möglich, die der Langzeitpotenzierung zugrunde liegenden Gene zu manipulieren und so einige der drängenden Fragen zu beantworten, die mich interessierten. Weist die Langzeitpotenzierung, wie die Langzeitbahnung bei der *Aplysia*, verschiedene Phasen auf? Entsprechen diese Phasen der Kurz- und Langzeitspeicherung räumlicher Erinnerungen? In diesem

Fall konnten wir die eine oder andere Phase der Langzeitpotenzierung stören und dadurch bestimmen, was tatsächlich mit der räumlichen Karte im Hippocampus geschieht, wenn ein Tier eine neue Umgebung lernt und erinnert.

Die Aussicht darauf, zum Hippocampus zurückzukehren, belebte mich – als fände ich eine alte Liebe wieder. Ich hatte mit den Fortschritten in der Forschung Schritt gehalten, daher kam es mir nicht so vor, als wären dreißig Jahre vergangen. Per Andersen war ein guter Freund, Roger Nicoll ebenso. Vor allem aber beflügelte mich die Erinnerung an die Experimente mit Alden Spencer, die wir an den NIH durchgeführt hatten. Erneut hatte ich das Gefühl, an der Schwelle zu etwas Neuem zu stehen – doch jetzt war ich mit molekulargenetischen Techniken ausgerüstet, deren Leistungsvermögen und Spezifität Alden und ich uns nicht hätten träumen lassen.

DIESE FORTSCHRITTE IN DER MOLEKULARGENETIK HATTEN IHRE THEOretischen Wurzeln in der Auslesezüchtung von Mäusen. An der Wende zum zwanzigsten Jahrhundert hatten Experimente gezeigt, dass verschiedene Mäusestämme sich nicht nur durch ihre Erbanlage, sondern auch durch ihr Verhalten unterscheiden. Einige Stämme erwiesen sich als äußerst begabt beim Lernen verschiedener Aufgaben, während andere sich dabei ungewöhnlich dumm anstellten. Diese Beobachtungen machten deutlich, dass die Gene am Lernen beteiligt sind. Tiere unterscheiden sich auch im Grad der Furchtsamkeit, der Geselligkeit und des Elternverhaltens. Durch Inzucht und die Erzeugung von Stämmen, die abnorm furchtsam waren, und anderen, die es nicht waren, überwanden die Verhaltensgenetiker die Zufälligkeit der natürlichen Selektion. Daher war die Auslesezüchtung der erste Schritt zur Isolierung der Gene, die für bestimmte Verhaltensweisen verantwortlich sind. Dank der rekombinanten DNA hatte man jetzt die Möglichkeit, bestimmte Gene, die man brauchte, zu identifizieren und die Rolle zu untersuchen, die diese Gene bei der Veränderung der Synapsen spielen – eines Prozesses, der jedem Verhalten, Gefühlszustand oder Lernvermögen zugrunde liegt.

Bis 1980 beruhte die Molekulargenetik bei Mäusen auf einer klassischen Analyse, die als *forward genetics* bezeichnet wird, einer Technik, deren sich Benzer bei der *Drosophila* bediente. Sie beginnt damit, dass man Mäuse der Wirkung einer chemischen Substanz aussetzt, die gewöhnlich nur eines der 15 000 Gene im Genom des Tieres schädigt. Doch die Schädigung erfolgt zufällig, daher kann man nur vermuten, welches Gen betroffen ist. Man stellt den Tieren eine Vielzahl von Aufgaben, um zu sehen, welche Tiere, wenn überhaupt, durch das zufällig veränderte Gen in Mitleidenschaft gezogen sind. Da Mäuse über mehrere Generationen gezüchtet werden müssen, ist die *forward genetics* sehr aufwendig und zeitraubend, hat aber den großen Vorteil, objektiv zu sein. Bei einem solchen Durchsieben der Gene gibt es keine Hypothese und damit auch keine Tendenz.

Die Revolution durch die rekombinante DNA verschaffte Molekularbiologen die Gelegenheit, eine weniger aufwendige und zeitraubende Strategie zu entwickeln, die *reverse genetics*. Bei dieser Technik wird ein bestimmtes Gen entweder aus dem Mausgenom entfernt oder in dieses eingeschleust, woraufhin man die Auswirkungen auf synaptische Veränderung und Lernen untersuchen kann. *Reverse genetics* ist tendenziös – sie dient dazu, eine bestimmte Hypothese zu überprüfen, etwa ob ein bestimmtes Gen und das von ihm codierte Protein an einem bestimmten Verhalten beteiligt sind.

Zwei Methoden zur Modifizierung individueller Gene machte die *reverse genetics* bei Mäusen möglich: Die erste, die Transgenese, besteht aus dem Transfer eines fremden Gens, eines so genannten Transgens, in die DNA einer Mauseizelle. Sobald die Eizelle befruchtet ist, wird das Transgen ein Teil des Genoms der Babymaus. Durch Züchtung der ausgewachsenen transgenen Mäuse wird dann ein genetisch reiner Stamm von Mäusen entwickelt, die alle das Transgen exprimieren. Die zweite Methode zur Erzeugung genetisch veränderter Mäuse bedient sich der Knockout-Technik: Ein Gen wird aus dem Mausgenom entfernt. Dazu wird ein Segment genetischen Materials in die Maus-DNA eingeschleust, welches das ausgewählte Gen ausschaltet, so dass das von ihm codierte Protein aus dem Körper der Maus verschwindet.

ICH HATTE KEINEN ZWEIFEL DARAN, DASS ANGESICHTS DIESER FORTschritte in der Gentechnik die Maus ein ideales Versuchstier sein müsse, um die Gene und Proteine zu identifizieren, die für die verschiedenen Formen der Langzeitpotenzierung verantwortlich sind. Unter diesen Umständen musste es möglich sein, die betreffenden Gene und Proteine auf die Speicherung des räumlichen Gedächtnisses zu beziehen. Zwar sind Mäuse relativ einfache Säugetiere, aber ihr Gehirn ähnelt anatomisch dem des Menschen. Wie beim Menschen ist der Hippocampus an der Speicherung von Erinnerungen an Orte und Objekte beteiligt. Vor allem aber pflanzen sich Mäuse sehr viel rascher fort als große Säugetiere wie Katzen, Hunde, Affen oder Menschen. Infolgedessen können große Populationen mit identischen Genen, auch identischen Transgenen oder Knockout-Genen, innerhalb von Monaten gezüchtet werden.

Diese revolutionären Experimentaltechniken hatte auch biomedizinisch erhebliche Konsequenzen. Fast jedes Gen im menschlichen Genom kommt in mehreren verschiedenen Spielarten vor, so genannten Allelen, die in verschiedenen Mitgliedern der menschlichen Population auftreten. Genetische Studien zu neurologischen und psychiatrischen Störungen des Menschen ermöglichten es, Allele zu identifizieren, die Verhaltensunterschiede normaler Menschen erklären, und Allele zu bestimmen, die vielen neurologischen Erkrankungen zugrunde liegen – ALS (amyotropher Lateralsklerose), den Anfängen der Alzheimer-Krankheit, der Parkinson-Krankheit, der Huntington-Krankheit und verschiedenen Epilepsieformen. Die Fähigkeit, krankheitsverursachende Allele ins Mausgenom einzuschleusen und dann zu untersuchen, wie sie im Gehirn und im Verhalten Unheil stiften, bewirkte tiefgreifende Umwälzungen in der Neurologie.

Letzter Anstoß, mit gentechnisch veränderten Mäusen zu experimentieren, war die Tatsache, dass wir einige sehr begabte Postdoktoranden in unserem Labor hatten, unter ihnen Seth Grant und Mark Mayford, die sich in der Mausgenetik bestens auskannten und die Richtung unserer Forschung in hohem Maße beeinflussten. Grant war die treibende Kraft, die mich veranlasste, mit genetisch veränderten Mäusen zu arbeiten, während Mayfords kritisches Denken zu einem späteren Zeitpunkt Bedeutung gewann, als wir anfingen, die Methoden zu verbessern, die wir und andere in den ersten Verhaltensstudien an Mäusen angewandt hatten.

Ursprünglich bezogen unsere Versuche, transgene Mäuse zu erzeugen, jede Zelle im Körper der Maus ein. Wir brauchten ein neues Verfahren, um unsere gentechnischen Maßnahmen auf das Gehirn einzuschränken, insbesondere auf die Regionen, welche die neuronalen Schaltkreise des expliziten Gedächtnisses bilden. Mayford entwickelte Techniken, dank derer wir die Expression transferierter Gene auf bestimmte Hirnregionen eingrenzen konnten. Außerdem gelang es ihm, den Zeitpunkt der Genexpression im Gehirn zu steuern, was uns die Möglichkeit verschaffte, das Gen an- und auszuschalten. Diese beiden Errungenschaften leiteten eine neue Phase in unseren Studien ein und wurden von vielen anderen Forschern übernommen. Sie sind noch heute Eckpfeiler der modernen Verhaltensanalyse von genetisch modifizierten Mäusen.

DER ERSTE VERSUCH, LANGZEITPOTENZIERUNG AUF DAS RÄUMLICHE Gedächtnis zu beziehen, wurde Ende der achtziger Jahre unternommen. Richard Morris, ein Physiologe an der University of Edinburgh, hatte gezeigt, dass sich durch pharmakologische Blockierung des NMDA-Rezeptors die Langzeitpotenzierung blockieren und damit die Tätigkeit des räumlichen Gedächtnisses beeinträchtigen lässt. In unabhängigen Studien trieben Grant und ich an der Columbia University sowie Susumu Tonegawa und sein Postdoktorand Alcino Silva am Massachusetts Institute of Technology diese Analyse noch ein wichtiges Stück weiter. In beiden Forschungsgruppen wurden verschiedene Stämme gentechnisch veränderter Mäuse erzeugt, denen ein, wie wir glaubten, entscheidend an der Langzeitpotenzierung beteiligtes Protein fehlte. Dann beobachteten wir, inwieweit Lernen und Gedächtnis bei den genetisch modifizierten Mäusen im Vergleich zu normalen Mäusen beeinträchtigt waren.

Wir testeten die Leistung der Mäuse an mehreren gründlich erforschten räumlichen Aufgaben. Beispielsweise setzten wir eine Maus in den Mittelpunkt einer großen weißen Plattform, die kreisförmig, gut ausgeleuchtet und von 40 Löchern umgeben war. Nur eines der Löcher führte in eine Fluchtkammer. Die Plattform befand sich in einem kleinen Raum, dessen Wände alle mit verschiedenen Mustern versehen waren. Mäuse halten sich nicht gerne in offenen Räumen auf, vor allem nicht, wenn sie hell beleuchtet sind. Dann fühlen sie sich schutzlos und versuchen zu entkommen. Die einzige Möglichkeit, der Plattform zu entrinnen, bestand für eine Maus darin, das Loch zu finden, das in die Fluchtkammer führte. Letztlich fanden die Mäuse das richtige Loch, indem sie sich die räumliche Beziehung zwischen dem Loch und den Markierungen an den Wänden merkten.

Bei ihren Fluchtversuchen wenden Mäuse nacheinander drei Strategien an: die zufällige, die serielle und die räumliche Methode. Alle Strategien ermöglichen den Tieren, den Fluchtweg zu finden, sie unterscheiden sich aber erheblich in ihrer Effizienz. Zunächst suchen die Mäuse jedes Loch zufällig auf und lernen rasch, dass diese Strategie nicht sehr wirkungsvoll ist. Dann beginnen sie mit einem Loch und versuchen anschließend jedes nachfolgende Loch, bis sie das richtige finden. Diese Strategie ist schon besser, aber noch nicht optimal. Beide Strategien sind nicht räumlich – beide verlangen den Mäusen keine im Hirn gespeicherten Karten von der räumlichen Organisation ihrer Umgebung ab, und beide Strategien kommen ohne den Hippocampus aus. Schließlich lernen die

Mäuse eine räumliche Strategie, die auf den Hippocampus angewiesen ist. Sie schauen, welche Wand sich hinter dem Zielloch befindet, und legen dann die Richtung des Loches fest, indem sie sich an der Markierung auf der Wand orientieren. Die meisten Mäuse lassen die beiden ersten Strategien rasch hinter sich und lernen bald die Anwendung der räumlichen Strategie.

Dann konzentrierten wir uns auf die Langzeitpotenzierung in einem Areal des Hippocampus, das man als Schaffer-Kollaterale bezeichnet. Larry Squire von der University of California in San Diego hatte gezeigt, dass eine Schädigung dieser Bahn ein Gedächtnisdefizit wie bei H. M., Brenda Milners Patient, hervorruft. Wir fanden heraus, dass wir durch Entfernung eines bestimmten Gens, das ein für die Langzeitpotenzierung wichtiges Protein codiert, die synaptische Verstärkung in der Schaffer-Kollaterale beeinträchtigen konnten. Dieser genetische Defekt korrelierte überdies mit einem Defekt des räumlichen Gedächtnisses der Maus.

Jedes Jahr findet im Cold Spring Harbor Laboratory auf Long Island, New York, eine Konferenz statt, die ausschließlich einem wichtigen Thema der Biologie gewidmet ist. Das Thema des Jahres 1992 lautete eigentlich »Die Zelloberfläche«, doch die Projekte von Susumu Tonegawa und uns – der Zusammenhang zwischen Genen und Gedächtnis bei Mäusen – wurden für so interessant erachtet, dass wir beide Gelegenheit bekamen, unsere Forschungsvorhaben vorzustellen. Susumu Tonegawa und ich referierten über unsere unabhängigen Experimente, bei denen wir durch Entfernen eines einzelnen Gens sowohl die Langzeitpotenzierung in einer Bahn des Hippocampus als auch das räumliche Gedächtnis hemmten. Das war die direkteste Korrelation, die bis dahin zwischen Langzeitpotenzierung und räumlichem Gedächtnis gefunden worden war. Bald darauf gingen wir beide einen Schritt weiter und untersuchten, in welcher Beziehung die Langzeitpotenzierung zur räumlichen Karte im Hippocampus steht.

Zur Zeit der Konferenz kannten Tonegawa und ich uns bereits. In den siebziger Jahren hatte er die genetischen Grundlagen der Antikörpervielfalt bestimmt, ein ganz außerordentlicher Beitrag zur Immunologie, für den er 1987 den Nobelpreis für Physiologie oder Medizin erhielt. Im Bewusstsein dieser Leistung wandte er sich dem Gehirn zu, um neue wissenschaftliche Welten zu erobern. Er war ein guter Freund von Richard Axel, der ihm vorschlug, sich mit mir zu unterhalten.

Das Problem, das Tonegawa am meisten interessierte, als er mich 1987 aufsuchte, war das Bewusstsein. Ich versuchte, ihn in seiner Begeisterung für die Hirnforschung zu bestärken und ihm gleichzeitig den Plan auszureden, sich mit dem Bewusstsein zu beschäftigen, das zum damaligen Zeitpunkt zu schwierig und zu schlecht definiert für einen molekularen Ansatz war. Susumu hatte damit begonnen, genetisch veränderte Mäuse für seine Studien des Immunsystems zu verwenden, daher lag es nahe und war weit realistischer, dass er sich mit Lernen und Gedächtnis beschäftigte, was er dann auch tat, als Silva in sein Labor kam.

Seit 1992 haben viele andere Forschungsgruppen ähnliche Ergebnisse erzielt wie wir. Obwohl man hin und wieder auf wichtige Ausnahmen von diesem Zusammenhang zwischen unterbrochener Langzeitpotenzierung und beeinträchtigtem räumlichen Gedächtnis stößt, hat er sich doch als guter Ausgangspunkt für die Untersuchung der molekularen Mechanismen der Langzeitpotenzierung und der Rolle dieser Moleküle für die Gedächtnisspeicherung erwiesen.

ICH WUSSTE, DASS DAS RÄUMLICHE GEDÄCHTNIS BEI MÄUSEN GENAUSO wie das implizite Gedächtnis bei der *Aplysia* und der *Drosophila* zwei Komponenten besitzt: ein Kurzzeitgedächtnis, das keiner Proteinsynthese bedarf, und ein Langzeitgedächtnis, das auf sie angewiesen ist. Jetzt wollte ich herausfinden, ob die Speicherung des expliziten Kurz- und Langzeitgedächtnisses auf charakteristischen synaptischen und molekularen Mechanismen beruht. Bei der *Aplysia* fußt das Kurzzeitgedächtnis auf kurzfristigen synaptischen Veränderungen, die ganz allein von der Signalübertragung durch sekundäre Botenstoffe abhängen. Das Langzeitgedächtnis erfordert dauerhaftere synaptische Veränderungen, die auch auf Modifikationen der Genexpression zurückgehen.

Meine Kollegen und ich untersuchten Hippocampusschnitte von genetisch modifizierten Mäusen und stellten fest, dass in jeder der drei wichtigen Bahnen des Hippocampus die Langzeitpotenzierung – ähnlich der Langzeitbahnung bei der *Aplysia* – zwei Phasen aufweist: Eine einzelne Sequenz elektrischer Reize ruft eine kurzzeitige, frühe Phase der Langzeitpotenzierung hervor, die nur ein bis drei Stunden dauert und nicht auf die Synthese eines neuen Proteins angewiesen ist. Die Reaktion der Neurone auf diese Reize verlief genauso, wie Roger Nicoll es beschrieben hatte: NMDA-Rezeptoren in der postsynaptischen Zelle werden aktiviert, was den Einstrom von Calciumionen in die postsynaptische Zelle zur Folge hat. Hier wirkt das Calcium als sekundärer Botenstoff, der die Langzeitpotenzierung auslöst, die Reaktion der vorhandenen AMPA-Rezeptoren auf Glutamat verstärkt und neue AMPA-Rezeptoren in die Membran der postsynaptischen Zelle einfügt. Unter dem Einfluss bestimmter Stimulationsmuster sendet die postsynaptische Zelle auch ein Signal an die präsynaptische Zelle zurück, welches das Verlangen nach mehr Glutamat übermittelt.

Wiederholte Sequenzen elektrischer Reize rufen eine Spätphase der Langzeitpotenzierung hervor, die länger als einen Tag anhält. Nach unseren Befunden sind die Eigenschaften dieser Phase, die bis dahin nicht eingehender untersucht worden war, der Langzeitbahnung der synaptischen Stärke bei der *Aplysia* sehr ähnlich. Bei der *Aplysia* wie bei Mäusen spielen in der Spätphase der Langzeitpotenzierung die heterosynaptischen modulatorischen Neurone eine große Rolle, die bei Mäusen dazu dienen, die homosynaptische Kurzzeitplastizität in heterosynaptische Langzeitplastizität umzuwandeln. Doch bei Mäusen schütten diese Neurone Dopamin aus, einen Neurotransmitter, der im Säugerhirn gewöhnlich der Aufmerksamkeit und Verstärkung dient. Wie das Serotonin bei der *Aplysia* veranlasst das Dopamin einen Rezeptor im Hippocampus, ein Enzym zu aktivieren, das den Bestand an cAMP erhöht. Allerdings tritt im Hippocampus ein erheblicher Teil der cAMP-Zunahme in der postsynaptischen Zelle auf, während bei der *Aplysia* die Zunahme im präsynaptischen sensorischen Neuron zu beobachten ist. In jedem Fall greift das cAMP auf die Proteinkinase A und andere Proteinkinasen zurück, was zur Aktivierung von CREB und dem Anschalten von Effektorgenen führt.

Zu den verblüffenden Befunden unserer Gedächtnisstudien an der *Aplysia* zählt die Existenz des Gedächtnis-Suppressorgens, welches das CREB-2-Protein produziert. Wenn man dieses Gen bei der *Aplysia* blockiert, erhöht sich sowohl die Stärke als auch die Zahl der Synapsen, die mit der Langzeitbahnung verbunden sind. Bei der Maus stellten wir fest, dass die Blockierung dieses und ähnlicher Suppressorgene sowohl der Langzeitpotenzierung im Hippocampus als auch dem räumlichen Gedächtnis zugute kommt.

Im Laufe dieser Studien bot sich erneut die erfreuliche Gelegenheit, mit Steve Siegelbaum zusammenzuarbeiten. Wir interessierten uns für einen bestimmten Ionenkanal, der die synaptische Verstärkung vor allem in bestimmten Dendriten hemmt. 1959 hatten Alden Spencer und ich diese Dendriten untersucht und waren zu dem Schluss gekommen, dass sie unter dem Einfluss von Aktivität im Tractus perforans, der aus einer bestimmten Region des Cortex, dem entorhinalen Cortex, zum Hippocampus führt, Aktionspotenziale erzeugen. Steve und ich züchteten Mäuse, in denen das Gen für diesen bestimmten Ionenkanal fehlte. In diesen Mäusen erwies sich die Langzeitpotenzierung bei Stimulation des Tractus perforans als stark erhöht, zum Teil durch dendritische Aktionspotenziale. Infolgedessen waren diese Mäuse brillant: Sie hatten ein weit besseres räumliches Gedächtnis als normale Mäuse!

Meine Kollegen und ich entdeckten außerdem, dass das explizite Gedächtnis im Säugerhirn, anders als das implizite Gedächtnis bei der *Aplysia* und der *Drosophila*, neben CREB noch andere Genregulatoren benötigt. Obwohl die Belege nicht ganz eindeutig sind, hat es den Anschein, als würde es bei Mäusen durch Genexpression zu anatomischen Veränderungen kommen – insbesondere zu neuen synaptischen Verbindungen.

Trotz der gewichtigen Verhaltensunterschiede zwischen implizitem und explizitem Gedächtnis sind einige Aspekte der impliziten Gedächtnisspeicherung bei wirbellosen Tieren über Jahrmillionen in den Mechanismen evolutionär konserviert worden, mittels deren explizite Erinnerungen bei Wirbeltieren gespeichert werden. Am Anfang meiner Laufbahn hatte mich der namhafte Neurophysiologe John Eccles noch gedrängt, die Arbeit an dem prachtvollen Säugerhirn nicht zugunsten einer schleimigen, hirnlosen Meeresschnecke aufzugeben; heute weiß man, dass mehrere molekulare Schlüsselmechanismen des Gedächtnisses allen Tieren gemeinsam sind.

KAPITEL 22

Das Bild der Außenwelt

Die Studien über das explizite räumliche Gedächtnis bei der Maus führten mich unausweichlich zu der grundsätzlicheren Frage, die mich zu Beginn meiner Laufbahn zur Psychoanalyse hingezogen hatte. Ich begann, über das Wesen von Aufmerksamkeit und Bewusstsein nachzudenken, geistige Zustände also, die nicht mit einfachen Reflexhandlungen, sondern mit komplexen psychologischen Prozessen zusammenhängen. Ich wollte mich auf die Frage konzentrieren, wie Raum im Gehirn repräsentiert und wie diese Repräsentation durch Aufmerksamkeit modifiziert wird. Damit wandte ich mich von einem System in der *Aplysia*, das weitgehend verstanden wurde, Systemen im Säugerhirn zu, über die es nur einige wenige faszinierende Ergebnisse gab (und gibt), dafür aber eine Menge unbeantworteter Fragen.

Bei den Studien über das implizite Gedächtnis der *Aplysia* war ich mit meinen neurobiologischen und molekularen Ansätzen zur Erforschung elementarer geistiger Prozesse von dem Grund ausgegangen, den Pawlow und Behavioristen gelegt hatten. Ihre Methoden waren streng, spiegelten aber einen engen und begrenzten Verhaltensbegriff wider, der auf motorische Akte beschränkt war. Im Gegensatz dazu stellten unsere Studien über das explizite Gedächtnis und den Hippocampus uns vor enorme intellektuelle Herausforderungen, nicht zuletzt weil die Einspeicherung und der Abruf räumlicher Erinnerungen bewusste Aufmerksamkeit verlangen.

Bei den Überlegungen zum komplexen Gedächtnis des Raumes und dessen innerer Repräsentation im Hippocampus gab ich daher den behavioristischen Standpunkt auf und wählte stattdessen eine kognitive Perspektive. Die kognitiven Psychologen sind die wissenschaftlichen Nachfahren der Psychoanalytiker und waren die Ersten, die darüber nachdachten, wie die Außenwelt in unserem Gehirn wiedererschaffen und repräsentiert wird.

DIE KOGNITIVE PSYCHOLOGIE ENTSTAND ANFANG DER SECHZIGER JAHRE als Gegenbewegung zum Behaviorismus mit seinen Einschränkungen. Unter Beibehaltung der experimentellen Strenge des Behaviorismus richteten die kognitiven Psychologen ihre Aufmerksamkeit auf geistige Prozesse, die komplexer und eher der Psychoanalyse verwandt waren. Ähnlich wie die Psychoanalytiker vor ihnen gaben sich die kognitiven Psychologen nicht mit einfachen Beschreibungen motorischer Reaktionen zufrieden, die durch Sinnesreize evoziert werden, sondern wollten die Hirnmechanismen untersuchen, die zwischen Reiz und Reaktion liegen – die Mechanismen, die einen Sinnesreiz in eine Handlung verwandeln. Die kognitiven Psychologen entwarfen Verhaltensexperimente, aus denen sie schließen konnten, wie die sensorischen Informationen von Augen und Ohren im Gehirn in Vorstellungen, Worte oder Handlungen verwandelt werden.

Ihre Theorien beruhten dabei auf zwei Grundannahmen. Die erste war die Kantische Vorstellung, dass das Gehirn von Geburt an über *apriorische* Erkenntnisse verfügt – »Erkenntnisse … unabhängig von aller Erfahrung«, wie es in der Vorrede zur *Kritik der reinen Vernunft* heißt. Dieser Gedanke wurde in der europäischen Richtung der Gestaltpsychologie wieder aufgegriffen, die sich neben der Psychoanalyse als Vorläuferin der modernen kognitiven Psychologie erweisen sollte. Die Gestaltpsychologen vertraten die Auffassung, unsere zusammenhängenden Wahrnehmungen seien letztlich der dem Gehirn innewohnenden Fähigkeit zu verdanken, aus den Eigenschaften der Welt, von denen die peripheren Sinnesorgane nur spärliche Merkmale entdecken können, Bedeutung abzuleiten. Das Gehirn kann Bedeutung aus der begrenzten Analyse eines, sagen wir, visuellen Eindrucks nur deshalb ableiten, weil das Sehsystem unseres Gehirns einen solchen Eindruck nicht einfach passiv aufzeichnet wie eine Kamera, sondern weil die Wahrnehmung kreativ ist: Das Sehsystem verwandelt die zweidimensionalen Lichtmuster auf der Netzhaut des Auges in eine logisch zusammenhängende und stabile Interpretation einer dreidimensionalen Welt. In die Nervenbahnen des Gehirns sind ganz im Sinne Kants komplexe Vermutungsregeln eingebaut: Regeln, die es dem Gehirn ermöglichen, aus relativ spärlichen Mustern eintreffender neuronaler Signale Informationen zu gewinnen und sie in ein bedeutungsvolles Bild zu verwandeln. Insofern ist das Gehirn die Mehrdeutigkeit beseitigende Maschine schlechthin!

Kognitive Psychologen bewiesen diese Fähigkeit mit Studien über

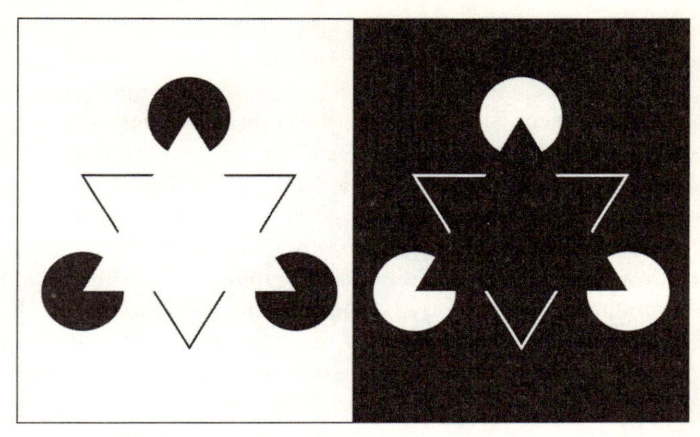

22.1 Wie das Gehirn Sinnesinformationen rekonstruiert: Das Gehirn löst Mehrdeutigkeit, indem es aus unvollständigen Daten Formen ableitet – etwa die fehlenden Linien dieser Dreiecke einsetzt. Wenn Sie Teile der Bilder verdecken, entziehen sie dem Gehirn einige der Hinweise, die es braucht, um zu Schlussfolgerungen zu gelangen, und das Dreieck verschwindet.

optische Täuschungen, das heißt, über Fehlinterpretation visueller Interpretation durch das Gehirn. Beispielsweise wird ein Bild, das nicht den vollständigen Umriss eines Dreiecks enthält, trotzdem als Dreieck gesehen, weil das Gehirn die Gestaltung bestimmter Bilder erwartet (Abbildung 22.1). Die Erwartungen des Gehirns sind in die anatomische und funktionelle Organisation der Sehbahnen eingelassen; zum Teil sind sie der Erfahrung zu verdanken, weitgehend aber den angeborenen neuronalen Verdrahtungen des Sehsystems.

Um diese evolutionär erworbenen Wahrnehmungsfertigkeiten richtig zu würdigen, empfiehlt es sich, die Verarbeitungskapazität des Gehirns mit denen künstlicher Rechen- oder Informationsverarbeitungssysteme zu vergleichen. Wenn Sie in einem Straßencafé sitzen und die Passanten beobachten, können Sie anhand minimaler Hinweisreize Männer von Frauen, Bekannte von Fremden unterscheiden. Objekte und Menschen wahrzunehmen und zu erkennen, scheint überhaupt keine Mühe zu machen. Doch wie die Informatiker bitter erfahren mussten, als sie intelligente Maschinen konstruierten, setzen diese Wahrnehmungsunterscheidungen eine Rechenkapazität voraus, zu der kein Computer auch nur annähernd in der Lage ist. Schon das bloße Erkennen eines Menschen ist eine erstaunliche Verarbeitungsleistung. Alle unsere Wahrnehmungen – Sehen, Hören, Riechen und Tasten – sind analytische Triumphe.

Die zweite Annahme der kognitiven Psychologen besagte: Das Gehirn erzielt diese analytischen Triumphe durch Herstellung einer inneren Repräsentation, einer kognitiven Karte der Außenwelt, und erzeugt mit Hilfe dieser Repräsentation eine bedeutungsvolle Vorstellung von dem, was es dort draußen zu sehen und zu hören gibt. Die kognitive Karte wird mit Informationen über frühere Ereignisse kombiniert und durch Aufmerksamkeit moduliert. Die sensorischen Repräsentationen werden schließlich dazu benutzt, zielgerichtetes Handeln zu organisieren und auszuführen.

Das Konzept der kognitiven Karte erwies sich als wichtiger Fortschritt bei der Erforschung des Verhaltens und brachte die kognitive Psychologie und die Psychoanalyse näher zusammen. Außerdem vermittelte es einen Geistbegriff, der weit umfassender und interessanter war als der der Behavioristen. Doch das Konzept hatte auch seine Tücken, vor allem weil die inneren Repräsentationen, von denen die kognitiven Psychologen ausgingen, komplizierte Vermutungen waren; sie ließen sich nicht direkt untersuchen und waren einer objektiven Analyse kaum zugänglich. Um die inneren Repräsentationen zu sehen – um einen Blick in die Black Box des Geistes zu werfen –, mussten die kognitiven Psychologen gemeinsame Sache mit den Biologen machen.

ZUM GLÜCK ERLEBTE IN DEN SECHZIGER JAHREN, ZU DEM ZEITPUNKT, als die kognitive Psychologie entstand, auch die Biologie der höheren Gehirnfunktionen einen Entwicklungsschub, und in den siebziger und achtziger Jahren nahmen Behavioristen und kognitive Psychologen die Zusammenarbeit mit den Hirnforschern auf. So kam es zu einer Fusion der Neurowissenschaft – der Biologie der Hirnprozesse – mit Behaviorismus und kognitiver Psychologie – den Disziplinen, die sich mit geistigen Prozessen beschäftigen. Die Synthese, die sich aus dieser Kooperation ergab, brachte die Disziplin der kognitiven Neurowissenschaft hervor, die sich mit der Biologie der inneren Repräsentationen befasste und vor allem zwei Forschungsrichtungen verfolgte: die elektrophysiologische Untersuchung der Frage, wie sensorische Informationen in den Gehirnen von Tieren repräsentiert werden, und der bildlichen Darstellung von sensorischen und anderen komplexen Repräsentationen gesunder, mit verschiedenen Aufgaben beschäftigter Menschen.

Zur Erforschung der inneren Repräsentation des Raums ließen sich beide Ansätze verwenden, und sie zeigten, dass der Raum tatsächlich die komplexeste sensorische Repräsentation ist. Um mir einen Überblick zu verschaffen, musste ich mir zunächst ansehen, was die Studien einfacherer Repräsentationen bislang ergeben hatten. Zu meinem Glück stammten die wichtigsten Beiträge auf diesem Forschungsfeld von Wade Marshall, Vernon Mountcastle, David Hubel und Torsten Wiesel, vier Forschern, die ich gut kannte und mit deren Arbeiten ich bis ins Detail vertraut war.

DIE ERSTEN ELEKTROPHYSIOLOGISCHEN STUDIEN DER SENSORISCHEN Repräsentation hatte mein Mentor Wade Marshall durchgeführt, der sich überhaupt als Erster mit den Repräsentationen von Tast-, Gesichts- und Hörsinn in der Großhirnrinde befasst hatte. Begonnen hatte er mit der Repräsentation des Tastsinns. 1936 entdeckte er, dass der somatosensorische Cortex der Katze eine Karte der Körperoberfläche enthält. Dann bestimmte er in Zusammenarbeit mit Philip Bard und Clinton Woolsey die Repräsentation der gesamten Körperoberfläche im Gehirn von Affen. Einige Jahre später kartierte Wilder Penfield den somatosensorischen Cortex des Menschen.

Diese physiologischen Studien förderten zwei Prinzipien innerer Repräsentationen zu Tage: Erstens wird, bei Menschen wie bei Affen, jeder Körperteil systematisch im Cortex repräsentiert. Zweitens bildet das Gehirn in diesen internen Repräsentationen die Topographie der Körperoberfläche nicht eins zu eins, sondern stark verzerrt ab. Jeder Körperteil wird proportional zu seiner Bedeutung für die Sinneswahrnehmung, nicht zu seiner Größe dargestellt. Daher sind Fingerspitzen und Mund, außerordentlich tastempfindliche Regionen, viel größer repräsentiert als die Haut des Rückens, die zwar weit ausgedehnter, aber weniger tastempfindlich ist. Diese Verzerrung gibt die Dichte der Tastrezeptoren in verschiedenen Körperregionen wieder. Woolsey stieß später bei anderen Versuchstieren auf ähnliche Verzerrungen. Bei Kaninchen beispielsweise haben Gesicht und Nase die ausgedehntesten Repräsentationen im Gehirn, weil sie für das Tier die wichtigsten Werkzeuge zur Erkundung seiner Umgebung sind. Wie gesehen, können diese Karten durch Erfahrung modifiziert werden.

Anfang der fünfziger Jahre erweiterte Vernon Mountcastle an der Johns Hopkins University die Analyse der inneren Repräsentation, indem er die Aktivität einzelner Zellen aufzeichnete. Dabei stellte er fest, dass einzelne Neurone im somatosensorischen Cortex nur auf Signale aus begrenzten Hautregionen reagieren, eine Region, die er das Wahrnehmungsfeld des Neurons nannte. Eine Zelle in der Handregion des somatosensorischen Cortex der linken Hemisphäre reagiert beispielsweise nur, wenn die Spitze des Mittelfingers der rechten Hand stimuliert wird.

Mountcastle entdeckte außerdem, dass sich das Tastempfinden aus mehreren unterschiedlichen Submodalitäten zusammensetzt; der Tastsinn umfasst zum Beispiel sowohl die Empfindung, die durch einen starken Druck auf die Haut hervorgerufen wird, als auch diejenige, die durch eine leichte Berührung ausgelöst wird. Jede einzelne Submodalität, so fand er weiter heraus, verfügt im Gehirn über eine eigene Bahn, eine Trennung, die an jeder Umschaltstation im Hirnstamm und Thalamus gewahrt bleibt. Das faszinierendste Beispiel dafür bietet der somatosensorische Cortex, dessen Nervenzellen zu Säulen angeordnet sind, die ihn von oben nach unten durchziehen. Jede Säule ist für eine Submodalität und eine Hautregion zuständig, so dass alle Zellen einer Säule Informationen über oberflächliche Berührungen am Ende des Zeigefingers erhalten können. Die Zellen in einer anderen Säule empfangen möglicherweise Input bei starkem Druck auf den Zeigefinger. Mountcastles Arbeit zeigte, in welchem Ausmaß die sensorische Nachricht über eine Berührung dekonstruiert wird. Jede Submodalität wird getrennt analysiert, rekonstruiert und erst in späteren Stadien der Informationsverarbeitung wieder mit den anderen kombiniert. Mountcastle stellte auch die heute allgemein anerkannte Hypothese auf, dass diese Säulen die elementaren informationsverarbeitenden Module des Cortex bilden.

ANDERE SINNESMODALITÄTEN SIND ÄHNLICH ORGANISIERT. AM EINGEhendsten ist das Sehen erforscht worden. Dort zeigt sich, dass die visuelle Information, die auf der Bahn von der Netzhaut zur Großhirnrinde von einem Punkt zum nächsten weitergeleitet wird, ebenfalls ganz bestimmte Veränderungen durchmacht, wobei sie zunächst dekonstruiert und dann rekonstruiert wird – ohne dass wir uns dessen im Geringsten bewusst sind.

Anfang der fünfziger Jahre zeichnete Stephen Kuffler die Aktivität einzelner Zellen in der Netzhaut auf und machte die überraschende Entdeckung, dass diese Zellen keine absoluten Helligkeitsgrade übertragen, sondern nur den Kontrast zwischen Hell und Dunkel. Der wirksamste Reiz für die Erregung einer Netzhautzelle ist nicht diffuses Licht, wie sich dabei herausstellte, sondern sind kleine Lichtflecken. Ein ähnliches Prinzip beobachteten David Hubel und Torsten Wiesel in der nächsten Umschaltstation im Thalamus. Allerdings stießen Hubel und Wiesel auf die verblüffende Erkenntnis, dass ein Signal, sobald es den Cortex erreicht, umgewandelt wird. Die meisten Zellen im Cortex zeigen keine auffällige Reaktion auf kleine Lichtflecken, sondern reagieren auf lineare Umrisse, die länglichen Ränder zwischen hellen und dunklen Regionen, wie sie für die Grenzen zwischen Objekten in unserer Umgebung charakteristisch sind.

Am erstaunlichsten ist der Umstand, dass jede Zelle im primären visuellen Cortex selektiv auf eine bestimmte Ausrichtung solcher Hell-Dunkel-Umrisse reagiert. Wenn sich also ein Würfel langsam vor Ihren Augen dreht, wobei sich nach und nach der Winkel jeder Kante verändert, feuern in Reaktion auf diese unterschiedlichen Winkel verschiedene Zellen, die selektiv für unterschiedliche Ausrichtungen zuständig sind. Einige Zellen reagieren am stärksten, wenn der lineare Rand senkrecht ausgerichtet ist, andere, wenn der Rand waagerecht verläuft, und wieder andere, wenn die Kante schräg steht. Die Zerlegung visueller Objekte in lineare Segmente unterschiedlicher Ausrichtung scheint der erste Schritt zur Codierung von Objekten in unserer Umgebung zu sein. Anschließend beobachteten Hubel und Wiesel, dass im Sehsystem – wie im somatosensorischen System – Zellen mit ähnlichen Eigenschaften (in diesem Fall Zellen mit ähnlichen Orientierungsachsen) zu Säulen angeordnet sind.

Ich fand diese Arbeit faszinierend. Als wissenschaftlicher Beitrag zur Hirnforschung stellt sie den wichtigsten Fortschritt in unserem Verständnis der Cortexorganisation seit Cajals Untersuchungen um die Wende zum zwanzigsten Jahrhundert dar. Cajal entdeckte, wie exakt die Verbindungen zwischen Populationen einzelner Nervenzellen verlaufen. Mountcastle, Hubel und Wiesel zeigten, welche funktionelle Bedeutung diese Verbindungsmuster haben: Die Verbindungen filtern und verwandeln die Sinnesinformationen auf dem Weg zum und im Cortex, während dieser selbst zu einer Vielzahl funktioneller Elemente oder Module angeordnet ist.

Die Arbeiten von Mountcastle, Hubel und Wiesel haben uns eine Ahnung von den Prinzipien der kognitiven Psychologie auf zellulärer Ebene vermittelt. Sie lieferten die naturwissenschaftliche Bestätigung für die Schlussfolgerungen der Gestaltpsychologen, indem sie nachwiesen, dass die Überzeugung, unsere Wahrnehmungen seien exakt und direkt, eine Täuschung – eine Wahrnehmungstäuschung – ist. Das Gehirn übernimmt nicht einfach die Rohdaten, die es von den Sinnen empfängt, und reproduziert sie getreulich. Vielmehr analysiert zunächst jedes Sinnessystem die eintreffenden Informationen, zerlegt sie und rekonstruiert sie dann gemäß den eigenen naturgegebenen Verbindungen und Regeln – Kant lässt grüßen!

Die Sinnessysteme sind Hypothesenerzeuger. Wir begegnen der Welt weder direkt noch exakt, sondern, wie Mountcastle erläuterte,

> … mittels eines Gehirns, das mit dem »dort draußen« durch einige Millionen zarter sensorischer Nervenfasern verbunden ist – unseren einzigen Informationskanälen, unseren einzigen Verbindungslinien zur Realität. Überdies liefern sie, was für das Leben selbst wesentlich ist: eine afferente Erregung, die den bewussten Zustand, die Wahrnehmung des Selbst aufrechterhält.
>
> Sinneswahrnehmungen entstehen durch die Encodierungsfunktionen der sensorischen Nervenendigungen und durch die neuronalen Integrationsmechanismen des Zentralnervensystems. Afferente Nervenfasern sind keine Hi-Fi-Geräte, denn sie überzeichnen bestimmte Reizmerkmale und vernachlässigen andere. Das zentrale Neuron ist in Hinblick auf die Nervenfasern ein Geschichtenerzähler und nie ganz vertrauenswürdig, lässt es doch Verfälschungen in Hinblick auf Qualität und Ausmaß zu … *Die Sinneswahrnehmung ist eine Abstraktion, keine Kopie der wirklichen Welt.*

NACHFOLGENDE UNTERSUCHUNGEN ÜBER DAS SEHSYSTEM ZEIGTEN, dass Objekte nicht nur in lineare Segmente zerlegt werden, sondern dass auch andere Aspekte der visuellen Darbietung – Bewegung, Tiefe, Form und Farbe – aufgegliedert und auf getrennten Bahnen ins Gehirn geschickt werden, wo sie wieder zu einer einheitlichen Wahrnehmung zusammengeführt und koordiniert werden. Ein wichtiger Teil dieser Zergliederung findet im primären visuellen Areal des Cortex statt, von dem zwei parallele Bahnen ausgehen. Die eine Bahn, die »Was«-Bahn, befördert die Information über die Form eines Objekts: Wie sieht das Objekt aus. Die andere, die »Wo«-Bahn, transportiert Informationen über die Bewegung des Objekts im Raum: Wo befindet sich das Objekt. Beide Nervenbahnen enden in höheren Regionen des Cortex, die mit komplexerer Verarbeitung befasst sind.

Dass verschiedene Aspekte der visuellen Wahrnehmung in separaten

Hirnregionen verarbeitet werden könnten, hatte Freud bereits Ende des neunzehnten Jahrhunderts vorausgesagt, als er die Hypothese äußerte, die Unfähigkeit einiger Patienten, bestimmte Merkmale der visuellen Welt zu erkennen, liege nicht an einem sensorischen Defizit (einer Schädigung der Netzhaut oder des Sehnervs), sondern an einem cortikalen Defekt, der ihre Fähigkeit beeinträchtige, die verschiedenen Aspekte der visuellen Wahrnehmung zu bedeutungsvollen Mustern zusammenzufügen. Diese Defekte, die Freud *Agnosie* (Störung des Erkennens) nannte, können sehr spezifisch sein. Beispielsweise gibt es bestimmte Störungen, die entweder auf Läsionen der »Wo«- oder der »Was«-Bahn zurückgehen. Jemand mit einer Tiefenagnosie infolge einer Beeinträchtigung des »Wo«-Systems ist unfähig, Tiefe wahrzunehmen, ist in seiner Sehfähigkeit aber ansonsten unbeschadet. Einer dieser Patienten war nicht in der Lage, »die Tiefe oder Dicke wahrgenommener Gegenstände einzuschätzen ... Ein noch so korpulenter Mensch erschien als bewegliche Pappfigur; alles war vollkommen flach.« Entsprechend sind Menschen mit Bewegungsagnosie unfähig, Bewegung wahrzunehmen, während alle anderen Wahrnehmungsfähigkeiten normal sind.

Es gibt eindeutige Anhaltspunkte dafür, dass eine bestimmte Region der »Was«-Bahn auf Gesichtererkennung spezialisiert ist. Nach einem Schlaganfall können einige Menschen ein Gesicht als Gesicht erkennen, Teile des Gesichts wahrnehmen und sogar spezifische Emotionen bestimmen, die auf dem Gesicht zum Ausdruck kommen, sind aber unfähig, das Gesicht zu identifizieren, es einem bestimmten Menschen zuzuordnen. Häufig können Menschen mit dieser Unfähigkeit (Prosopagnosie) nahe Verwandte oder selbst das Spiegelbild des eigenen Gesichts nicht erkennen. Wohlgemerkt, sie haben nicht die Fähigkeit verloren, die Identität eines Menschen zu erkennen, sie sind nur nicht mehr in der Lage, die Verbindung zwischen Gesicht und Identität herzustellen. Um einen engen Freund oder Verwandten zu identifizieren, müssen sich diese Patienten an die Stimme der Person oder an andere, nicht visuelle Anhaltspunkte halten. In seinem klassischen Essay »Der Mann, der seine Frau mit einem Hut verwechselte« beschreibt der namhafte Neurologe und Neuropsychologe Oliver Sacks einen Patienten mit Prosopagnosie, der seine neben ihm sitzende Frau nicht erkannte und in der Meinung, sie sei sein Hut, versuchte, sie aufzuheben und sich auf den Kopf zu setzen, als er Sacks' Sprechzimmer verlassen wollte.

Wie werden Informationen über Bewegung, Tiefe, Farbe und Form, die von separaten Nervenbahnen übermittelt werden, zu einer zusammenhängenden Wahrnehmung organisiert? Dieses Problem, das so genannte Bindungsproblem, betrifft die Einheit der bewussten Erfahrung: die Frage also, warum wir einen Jungen auf einem Fahrrad nicht als Bewegung ohne Bild oder als ein ruhendes Bild wahrnehmen, sondern eine zusammenhängende, dreidimensionale Version des Jungen in Bewegung und in Farbe sehen. Man nimmt an, dass unser Gehirn das Bindungsproblem löst, indem es zeitweilig mehrere unabhängige Nervenbahnen mit unterschiedlichen Funktionen zusammenführt. Aber wie und wo findet diese Bindung statt? Semir Zeki, ein führender Forscher auf dem Gebiet der visuellen Wahrnehmung am University College London, brachte die Schwierigkeiten auf den Punkt:

> Auf den ersten Blick mag das Problem der Integration ganz leicht erscheinen. Logisch setzt es lediglich voraus, dass alle Signale aus den spezialisierten visuellen Arealen zusammengeführt werden, um die Ergebnisse ihrer Operationen einem einzigen übergeordneten Cortexareal, dem »Master-Areal«, zu »melden«. Dieses Areal fügt die Informationen aus den verschiedenen Quellen zusammen und liefert uns das endgültige Bild – so jedenfalls könnte man meinen. Doch das Gehirn hat seine eigene Logik … Wenn alle visuellen Areale einem einzigen übergeordneten Cortexareal zuarbeiten, wem erstattet dann dieses Master-Areal Meldung? Oder, visueller ausgedrückt, wer »betrachtet« das visuelle Bild, welches das Master-Areal liefert? Das Problem ist keine Besonderheit des visuellen Bildes oder des visuellen Cortex. Wer lauscht beispielsweise der Musik, die von einem auditorischen Master-Areal geliefert wird, oder nimmt den Geruch wahr, den das olfaktorische Master-Areal bereitstellt? Es ist sinnlos, diesen prächtigen Gedankengang weiterzuverfolgen, weil man auf einen wichtigen anatomischen Tatbestand stößt, der vielleicht weniger prächtig, aber letztlich wohl erhellender ist: *Es gibt kein einzelnes Cortexareal, dem alle anderen Cortexareale untergeordnet sind, weder im visuellen noch in einem anderen System. Kurzum, der Cortex muss eine andere Strategie verwenden, um das visuelle Gesamtbild zu erzeugen.*

WENN EIN KOGNITIVER NEUROWISSENSCHAFTLER AUF DAS GEHIRN eines Versuchstiers blickt, kann er erkennen, welche Zellen feuern, und daran ablesen, was das Gehirn wahrnimmt. Doch welche Strategie wendet das Gehirn an, um sich selbst zu lesen? Diese Frage, für die Einheitlichkeit der bewussten Erfahrung von zentraler Bedeutung, ist bis heute eines der vielen ungelösten Rätsel der neuen Wissenschaft des Geistes.

Ein erster Ansatz wurde von Ed Evarts, Robert Wurtz und Michael Goldberg an den NIH entwickelt. Sie verwendeten neue Methoden zur Aufzeichnung der Aktivität einzelner Nervenzellen von intakten Affen, während diese mit kognitiven Aufgaben beschäftigt waren, die Aufmerksamkeit und Bewegung erforderten. Die neuen Forschungstechniken ermöglichten es Wissenschaftlern wie Anthony Movshon von der NYU und William Newsome von der Stanford University, einen Zusammenhang zwischen den Operationen einzelner Gehirnzellen und komplexem Verhalten herzustellen – das heißt mit Wahrnehmung und Handeln – und zu überprüfen, wie es sich auf Wahrnehmung und Handeln auswirkt, wenn man die Aktivität kleiner Zellgruppen stimuliert oder dämpft.

Diese Studien erlaubten außerdem die Beschäftigung mit der Frage, wie die Aktivität einzelner Nervenzellen, die an der Verarbeitung von Wahrnehmung und Bewegung beteiligt sind, durch Aufmerksamkeit und Entscheidungsfindung verändert wird. Im Unterschied zum Behaviorismus, der sich auf das Verhalten beschränkte, das ein Tier als Reaktion auf einen Reiz zeigte, oder der kognitiven Psychologie, die sich mit dem abstrakten Begriff einer inneren Repräsentation begnügte, kam durch die Fusion der kognitiven Psychologie mit der zellulären Neurobiologie eine konkrete physische Repräsentation – eine informationsverarbeitende Fähigkeit des Gehirns – ans Licht, die zu einem Verhalten führt. Diese Studien bewiesen, dass der unbewusste Schluss, von dem Helmholtz 1860 gesprochen hatte, die unbewusste Informationsverarbeitung, die zwischen Reiz und Reaktion stattfindet, auch auf zellulärer Ebene untersucht werden konnte.

Dank der Einführung des Neuroimaging konnte man die Zellstudien zur inneren Repräsentation der sensorischen und motorischen Welt in der Großhirnrinde in den achtziger Jahren ausweiten. Diese Techniken, etwa die Positronenemissionstomographie (PET) und die funktionelle Kernspintomographie (fMRT) führten einen gewaltigen Schritt über die Ergebnisse von Forschern wie Paul Broca, Carl Wernicke, Sigmund Freud oder den britischen Neurologen John Hughlings Jackson und Oliver Sacks hinaus, indem sie offen legten, wo sich im Gehirn eine Vielzahl von komplexen Verhaltensfunktionen abspielt. Mit diesen beiden neuen Technologien konnten Forscher in das Gehirn hineinschauen und nicht nur einzelne Zellen, sondern die verschiedenen Areale – die neuronalen Schaltkreise – bei ihrer Tätigkeit beobachten.

ICH WAR ZU DER ÜBERZEUGUNG GELANGT, DASS WIR, UM DIE MOLEkularen Mechanismen des räumlichen Gedächtnisses zu verstehen, eine Vorstellung davon gewinnen mussten, wie der Raum im Hippocampus repräsentiert wird. Wie angesichts seiner Bedeutung für das explizite Gedächtnis zu erwarten, wird dem räumlichen Gedächtnis für Umgebung in der inneren Repräsentation im Hippocampus ein bevorzugter Platz eingeräumt. Das kommt sogar anatomisch zum Ausdruck. Vögel, für die das räumliche Gedächtnis besonders wichtig ist – etwa Vögel, die Nahrung an vielen verschiedenen Stellen verstecken –, haben einen größeren Hippocampus als andere Vögel.

Londoner Taxifahrer sind ein anderes Beispiel. Im Unterschied zu Berufskollegen in den meisten anderen Städten müssen die Londoner Taxifahrer eine strenge Prüfung ablegen, um ihre Lizenz zu erhalten. Dabei haben sie zu beweisen, dass sie jeden Straßennamen in London kennen und stets den günstigsten Weg zwischen zwei Punkten finden können. Wie die funktionelle Kernspintomographie zeigte, hatten Londoner Taxifahrer nach zwei Jahren Berufspraxis, in denen sie sich im Straßennetz orientieren müssen, einen größeren Hippocampus als andere Menschen ihres Alters. Im Laufe ihrer weiteren Berufsausübung nimmt die Größe ihres Hippocampus sogar noch zu. Ferner lassen Neuroimaging-Studien erkennen, dass der Hippocampus auch bei vorgestellten Fahrten aktiviert wird – wenn man einen Taxifahrer beispielsweise auffordert, aus dem Gedächtnis abzurufen, wie er an einen bestimmten Ort gelangt. Wie wird also der Raum auf zellulärer Ebene im Hippocampus repräsentiert?

Um diese Fragen anzugehen, nutzte ich die Werkzeuge und Erkenntnisse der Molekularbiologie, die bereits bei der Erforschung der inneren Raumrepräsentation bei Mäusen angewendet worden waren. An genetisch veränderten Mäusen hatten wir die Wirkung bestimmter Gene auf die Langzeitpotenzierung im Hippocampus und auf das explizite Raumgedächtnis bereits untersucht. Nun wollten wir feststellen, wie die Langzeitpotenzierung zur Stabilisierung der inneren Repräsentation des Raums beiträgt und wie die Aufmerksamkeit, ein charakteristisches Merkmal der Gedächtnisspeicherung, die Repräsentation des Raumes moduliert. Dieses kombinierte Verfahren – das uns von den Molekülen zum Geist führen sollte – eröffnete die Möglichkeit zu einer Molekularbiologie der Kognition und Aufmerksamkeit und vervollständigte so den Entwurf einer Synthese, die in eine neue Wissenschaft des Geistes mündete.

KAPITEL 23

Ohne Aufmerksamkeit geht es nicht!

Bei allen Lebewesen, von Schnecken bis Menschen, ist das Erkennen des Raums von zentraler Bedeutung für das Verhalten. Dazu John O'Keefe: »Der Raum spielt eine wichtige Rolle für unser gesamtes Verhalten. Wir leben darin, bewegen uns durch ihn hindurch, erkunden ihn, verteidigen ihn.« Die Raumwahrnehmung ist nicht nur ein entscheidender, sondern auch ein faszinierender Sinn, weil er anders als die anderen Sinne nicht von einem speziellen Sinnesorgan analysiert wird. Wie wird der Raum aber dann im Gehirn repräsentiert?

Kant, einer der Vorväter der kognitiven Psychologie, vertrat die Ansicht, dass unsere Fähigkeit zur Repräsentation des Raumes unserem Verstand von Natur aus mitgegeben sei. Der Mensch werde mit Kategorien für die Ordnung von Raum und Zeit geboren, so dass andere Sinneswahrnehmungen – von Objekten, Melodien oder Tasterlebnissen – automatisch in bestimmter Weise mit Raum und Zeit verknüpft würden. O'Keefe übertrug diese Kantische Logik des Raums auf das explizite Gedächtnis. Wie der deutsche Philosoph argumentierte O'Keefe, viele Formen des expliziten Gedächtnisses (etwa das Gedächtnis für Menschen und Objekte) verwendeten räumliche Koordinaten – das heißt, wir erinnern uns in der Regel in einem räumlichen Kontext an Menschen und Ereignisse. Das ist keine neue Idee. Im Jahr 55 n. Chr. beschrieb Cicero, der berühmte römische Dichter und Redner, die (noch heute von einigen Schauspielern verwendete) Technik, sich Wörter dadurch zu merken, dass man sich nacheinander die Zimmer eines Hauses vorstellt und mit jedem Raum Wörter verknüpft, die man dann abruft, indem man die Zimmer im Geiste in der richtigen Reihenfolge abschreitet.

Da wir kein Sinnesorgan haben, das für den Raum zuständig ist, ist die Repräsentation des Raumes eine im Wesentlichen kognitive Empfindungsfähigkeit: das Bindungsproblem im Großen. Das Gehirn muss den Input verschiedener Sinnesmodalitäten kombinieren und dann eine vollständige innere Repräsentation erzeugen, die sich nicht ausschließlich auf einen bestimmten Input stützt. Informationen über den Raum repräsentiert das Gehirn in der Regel in vielen Regionen und auf mancherlei Arten, wobei die Eigenschaften jeder Repräsentation je nach Zweck variieren. Beispielsweise repräsentiert das Gehirn den Raum in manchen Fällen in *egozentrischen* Koordinaten (auf den Empfänger bezogen, indem es etwa abspeichert, wo sich ein Licht relativ zur Fovea (Sehgrube) befindet oder woher ein Geruch beziehungsweise eine Berührung relativ zum Körper kommt. Menschen oder Affen nutzen die egozentrische Repräsentation auch zur Orientierung auf ein plötzliches Geräusch, wenn sie eine Augenbewegung in Richtung eines bestimmten Ortes ausführen, der *Drosophila* dient sie dazu, einem Geruch mit unangenehmen Assoziationen auszuweichen, der *Aplysia*, den Kiemenrückziehreflex zu erzeugen. Für andere Verhaltensweisen, etwa das Raumgedächtnis bei Mäusen oder Menschen, muss die relative Position des Organismus zur Außenwelt und die Beziehung externer Objekte zueinander eingespeichert werden. Dazu verwendet das Gehirn *allozentrische* (auf die Welt bezogene) Koordinaten.

Studien über die einfacheren sensorischen Karten für Tasten und Sehen im Gehirn, die auf egozentrischen Koordinaten fußen, boten zwar einen Ausgangspunkt für Untersuchungen über die komplexere Repräsentation des allozentrischen Raums. Die räumliche Karte, die O'Keefe 1971 entdeckte, unterscheidet sich jedoch grundsätzlich von den sensorischen Karten für Tast- und Gesichtssinn, die Wade Marshall, Vernon Mountcastle, David Hubel und Torsten Wiesel gefunden hatten, weil die räumliche Karte nicht von irgendeiner sensorischen Modalität abhängt. Als Alden Spencer und ich uns 1959 mit der Frage beschäftigt hatten, wie Sinnesinformationen in den Hippocampus gelangen, hatten wir die Aktivität einzelner Nervenzellen aufgezeichnet, während wir einzelne Sinne stimulierten, jedoch keine deutliche Reaktion erhalten. Uns war nicht klar gewesen, dass der Hippocampus mit der Wahrnehmung der Umwelt befasst ist und daher multisensorische Erfahrungen repräsentiert.

John O'Keefe hat als Erster erkannt, dass der Hippocampus von Ratten eine multisensorische Repräsentation des extrapersonalen Raums enthält: Wenn ein Tier an einer Umzäunung entlang geht, erzeugen einige Ortszellen nur dann Aktionspotenziale, wenn das Tier an eine bestimmte Stelle kommt, während andere feuern, wenn sich das Tier an einen anderen Ort bewegt. Das Gehirn zerlegt seine Umgebung in viele kleine, mosaikartige Felder, die einander überschneiden und alle durch Aktivität in spezifischen Zellen des Hippocampus repräsentiert werden. Diese innere Karte des Raums entwickelt sich innerhalb von Minuten nach Eintreffen der Ratte in einer neuen Umgebung.

ÜBER DIE RÄUMLICHE KARTE BEGANN ICH 1992 NACHZUDENKEN, WOBEI ich mich fragte, wie sie entsteht, wie sie beibehalten wird und wie die Aufmerksamkeit die Bildung und Beibehaltung der Karte steuert. Dabei faszinierte mich vor allem ein Umstand: O'Keefe und andere hatten herausgefunden, dass die räumliche Karte selbst eines einfachen Schauplatzes nicht augenblicklich angelegt wird, sondern erst zehn oder fünfzehn Minuten, nachdem die Ratte in eine neue Umgebung gekommen ist, was darauf schließen lässt, dass die Bildung der Karte ein Lernprozess ist. Übung macht den Meister gilt auch für den Raum. Unter optimalen Bedingungen bleibt diese Karte über Wochen oder sogar Monate stabil, ganz so wie ein Gedächtnisprozess.

Anders als Sehen, Tasten oder Riechen, die vorverdrahtet sind und auf *apriorischer* Erkenntnis im Sinne Kants beruhen, stellt die räumliche Karte einen neuen Repräsentationstyp dar, der auf einer Kombination aus apriorischer Erkenntnis und Lernen beruht. Die *allgemeine* Fähigkeit zur Bildung räumlicher Karten besitzt der Geist von Natur aus, nicht aber die *besondere* Karte. Im Gegensatz zu den Neuronen in einem Sinnessystem werden Ortszellen nicht durch sensorische Stimulation angeschaltet. Ihre kollektive Aktivität repräsentiert vielmehr den Ort, an dem das Tier zu sein *glaubt*.

Mich interessierte nun die Frage, ob die gleichen molekularen Bahnen, die sich in unseren Experimenten über den Hippocampus als für die Veranlassung von Langzeitpotenzierung und räumlichem Gedächtnis erforderlich herausgestellt hatten, auch die räumliche Karte bilden und konservieren. Obwohl O'Keefe die Ortszellen 1971 entdeckt hatte und Bliss und Lømo 1973 auf die Langzeitpotenzierung im Hippocampus gestoßen waren, hatte noch niemand den Versuch unternommen, die beiden Ergebnisse miteinander in Verbindung zu bringen. Als wir 1992 anfingen, räumliche Karten zu untersuchen, war über die molekularen Etappen ihrer Entstehung noch nichts bekannt. Hier wurde erneut deutlich, wie aufschlussreich die Arbeit im Grenzgebiet zwischen Disziplinen – in diesem Fall zwischen der Biologie der Ortszellen und der Molekularbiologie der intrazellulären Signalübertragung – sein kann. Was ein Wissenschaftler in einem Experiment erforscht, wird zu einem guten Teil durch den theoretischen Rahmen bestimmt, in dem er sich bewegt. Und es gibt kaum etwas Erfreulicheres, als einer anderen Disziplin eine neue Denkweise nahe zu bringen. Diese interdisziplinäre Befruchtung hatten Jimmy Schwartz, Alden Spencer und ich im Sinn, als wir 1965 unseren neuen Fachbereich an der NYU »Neurobiologie *und* Verhalten« nannten.

In Zusammenarbeit mit Robert Muller, einem der Pioniere auf dem Gebiet der Ortszellen, fanden wir heraus, dass einige der molekularen Prozesse, die für die Langzeitpotenzierung verantwortlich sind, auch für die Konservierung einer räumlichen Karte über einen längeren Zeitraum erforderlich sind. Wir wussten, dass Proteinkinase A die Gene anschaltet und auf diese Weise die Proteinsynthese einleitet, die für die Spätphase der Langzeitpotenzierung notwendig ist. Entsprechend ergaben unsere Experimente, dass zwar weder Proteinkinase A noch die Proteinsynthese für die ursprüngliche Bildung einer Karte gebraucht werden, dass sie aber beide entscheidend an der »Fixierung« der Karte über einen längeren Zeitraum beteiligt sind, die wiederum erforderlich ist, damit die Maus jedes Mal, wenn sie in dieselbe Umgebung gelangt, die gleiche Karte abrufen kann.

Allerdings warf das Ergebnis, dass die Proteinkinase A und die Proteinsynthese für die Stabilisierung der Karte benötigt werden, eine weitere Frage auf: Ermöglicht die räumliche Karte, die im Hippocampus aufgezeichnet wird, Tieren ein explizites räumliches Gedächtnis – das heißt Handeln, als wären sie mit einer gegebenen Umgebung vertraut? Sind diese Karten die eigentliche innere Repräsentation, die neuronalen Korrelate zum expliziten räumlichen Gedächtnis? In der ursprünglichen Formulierung seiner Hypothese betrachtete O'Keefe die kognitive Karte als eine innere Repräsentation des Raumes, den das Tier für die Navigation nutzt. Daher sah er die Karte eher als Repräsentation für Navigationszwecke an – eher als Kompass denn als Repräsentation des Gedächtnisses selbst. Wir gingen auch dieser Frage nach und fanden in der Tat heraus, dass wir, wenn wir Proteinkinase A blockierten oder die Proteinsynthese hemmten, nicht nur die Langzeitstabilität der räumlichen Karte beeinträchtigten, sondern auch die Fähigkeit, räumliche Langzeiterinnerungen zu bewahren. Damit hatten wir den direkten genetischen Nachweis, dass die Karte mit dem räumlichen Gedächtnis korreliert. Überdies zeigte sich, dass die innere Repräsentation des expliziten Gedächtnisses einer Regel folgt, der wir schon früher bei den Studien zur inneren Repräsentation des einfachen impliziten Gedächtnisses des Kiemenrückziehreflexes begegnet waren. Bei der inneren Repräsentation des Raumes wie beim Zurückziehen der Kieme gibt es einen Unterschied zwischen den Prozessen, die an dem Erwerb der Karte (und ihrer Beibehaltung über einige Stunden) beteiligt sind, und den Prozessen, welche die Karte in stabiler Form langfristig konservieren.

DOCH TROTZ GEWISSER ÄHNLICHKEITEN UNTERSCHEIDEN SICH DAS EXplizite Gedächtnis des Raumes beim Menschen und das implizite Gedächtnis tiefgreifend voneinander. Das betrifft in erster Linie die selektive Aufmerksamkeit: Ohne sie kann das explizite Gedächtnis Inhalte weder einspeichern noch abrufen. Um die Beziehung zwischen neuronaler Aktivität und explizitem Gedächtnis zu klären, mussten wir uns daher mit der Frage der Aufmerksamkeit beschäftigen.

Selektive Aufmerksamkeit gilt allgemein als ein einflussreicher Faktor für Wahrnehmung, Handeln und Gedächtnis – für die Einheit der bewussten Erfahrung. In jedem gegebenen Augenblick werden Tiere mit ungeheuren Mengen von Sinnesreizen überschwemmt, richten ihre Aufmerksamkeit aber nur auf einen oder eine sehr kleine Zahl von ihnen, während sie die anderen missachten oder unterdrücken. Die Fähigkeit des Gehirns, Sinnesinformationen zu verarbeiten, ist begrenzter als die Fähigkeit seiner Rezeptoren, die Umgebung aufzunehmen. Daher wirkt Aufmerksamkeit als Filter, der einige Objekte zur weiteren Verarbeitung heraussucht. Es ist weitgehend der selektiven Aufmerksamkeit zu verdanken, dass die innere Repräsentation nicht jede Einzelheit der Außenwelt kopiert und Sinnesreize allein nicht jedes Verhalten voraussagen. Bei unserer Moment-zu-Moment-Erfahrung konzentrieren wir uns auf spezifische Sinnesinformationen und schließen den Rest (mehr oder weniger) aus. Wenn Sie die Augen von diesem Buch heben und jemanden anblicken, der den Raum betritt, schenken Sie den Worten auf der Seite keine Aufmerksamkeit mehr. Gleichzeitig achten Sie weder auf das Aussehen des Raums noch auf andere Menschen darin. Wenn Sie später aufgefordert werden, Ihre Erfahrungen zu schildern, ist es wahrscheinlicher, dass Sie sich an die Person erinnern, die den Raum betreten hat, als an, sagen wir, einen kleinen Kratzer an der Wand. Diese Fokussierung des Sinnesapparates ist ein wesentliches Merkmal jeglicher Wahrnehmung, wie schon William James 1890 in seinem wegweisenden Buch *The Principles of Psychology* dargelegt hat:

> Millionen von Eindrücken ... präsentieren sich meinen Sinnen, ohne je richtig Teil meiner Erfahrung zu werden. Warum? Weil sie ohne Interesse für mich sind. Meine Erfahrung ist das, worauf zu achten ich bereit bin ... Jeder weiß, was Aufmerksamkeit ist. Sie findet statt, wenn unser Geist klar und lebendig einen von mehreren möglichen Gegenständen oder Gedanken in Besitz nimmt. Fokussierung, Konzentration des Bewusstseins, das ist der wesentliche Aspekt der Aufmerksamkeit. Sie bedeutet, dass wir einige Dinge außer Acht lassen, um uns anderen richtig widmen zu können.

Doch Aufmerksamkeit erlaubt es uns auch, die verschiedenen Komponenten eines räumlichen Bildes zu einem einheitlichen Ganzen zu verbinden. Cliff Kentros, ein Postdoktorand, und ich machten uns daran, die Verknüpfung zwischen Aufmerksamkeit und räumlichem Gedächtnis zu untersuchen, indem wir von der Frage ausgingen, ob Aufmerksamkeit für die räumliche Karte vonnöten ist. Wenn ja, verändert sie dann die Bildung oder die Stabilität der Karte? Um diese Ideen zu überprüfen, boten wir Mäusen vier Versuchsbedingungen dar, die ein wachsendes Maß an Aufmerksamkeit erforderten. In der ersten Phase gingen die Versuchstiere in der Umfriedung umher, ohne ablenkenden Reizen ausgesetzt zu sein, eine Aufgabe, bei der nur die basale oder ambiente Aufmerksamkeit gefordert ist, die selbst in Abwesenheit besonderer Stimulationen vorhanden ist. In der zweiten Phase veranlassten wir die Tiere, nach Futter zu suchen, eine Aufgabe, die etwas mehr Aufmerksamkeit verlangte. In der dritten brachten wir die Tiere dazu, zwei Umgebungen zu unterscheiden; und schließlich mussten die Tiere eine räumliche Aufgabe lernen. Während die Maus in ihrer Umfriedung umherging, sorgten wir dafür, dass ihr regelmäßig Licht und Geräusche dargeboten wurden, Sinnesreize, die das Tier hasst. Die einzige Möglichkeit, sie abzustellen, bestand für die Maus darin, eine kleine, nicht markierte Zielregion aufzusuchen und sich dort einen Augenblick hinzusetzen. Mäuse bewältigen diese Aufgabe sehr gut.

Wie sich zeigte, genügt schon ambiente Aufmerksamkeit, um die Bildung einer räumlichen Karte zu ermöglichen, doch eine solche Karte büßt ihre Stabilität nach drei bis sechs Stunden ein. Langzeitstabilität hängt in hohem Maße und systematisch davon ab, wie viel Aufmerksamkeit ein Tier seiner Umwelt schenken muss. Wenn also eine Maus gezwungen ist, einer neuen Umgebung viel Aufmerksamkeit zu schenken, weil sie eine räumliche Aufgabe lernen muss, während sie die neue Umgebung erforscht, bleibt die räumliche Karte tagelang stabil, und das Tier erinnert sich mühelos an eine Aufgabe, die auf der Kenntnis dieser Umgebung basiert.

Worin besteht dieser Aufmerksamkeitsmechanismus im Gehirn? Wie trägt er zur nachhaltigen Gedächtnisspeicherung einer Information über den Raum und zu ihrem mühelosen Abruf nach längerer Zeit bei? Ich wusste bereits, dass Aufmerksamkeit nicht einfach eine rätselhafte Kraft im Gehirn ist, sondern ein modulatorischer Prozess. Mickey Goldberg und Robert Wurtz von den NIH hatten entdeckt, dass Aufmerksamkeit die Reaktion von Neuronen des Sehsystems auf Reize verstärkt. Ein modulatorischer Signalweg, der nachhaltig in aufmerksamkeitsbezogene Phänomene einbezogen ist, wird durch Dopamin vermittelt. Die Zellen, die Dopamin herstellen, treten gehäuft im Mittelhirn auf, und ihre Axone ziehen zum Hippocampus. Wenn wir die Wirkung des Dopamins im Hippocampus blockierten, unterblieb die Stabilisierung der räumlichen Karten in einem Tier, das aufmerksam war. Umgekehrt stabilisierte die Aktivierung von Dopaminrezeptoren im Hippocampus die räumliche Karte eines Tieres, das *nicht* aufmerksam war. Die Axone der Dopamin ausschüttenden Neurone im Mittelhirn senden Signale an eine ganze Reihe von Hirnregionen, unter anderem an den Hippocampus und den präfrontalen Cortex. Der präfrontale Cortex, der für Willkürhandlungen herangezogen wird, schickt Signale an das Mittelhirn zurück und passt die Aktivitätsrate dieser Neurone an. Unser Befund, dass für Aufmerksamkeitsprozesse die gleichen Hirnregionen in Anspruch genommen werden wie für Willkürhandlungen, sprach für die Idee, dass selektive Aufmerksamkeit von entscheidender Bedeutung für die einheitliche Natur des Bewusstseins ist.

In *Principles of Psychology* hatte William James darauf hingewiesen, dass es mehr als eine Form der Aufmerksamkeit gibt. Es gibt mindestens zwei Arten: die unwillkürliche und die willkürliche. Unwillkürliche Aufmerksamkeit beruht auf automatischen neuronalen Prozessen und tritt besonders deutlich beim impliziten Gedächtnis zu Tage. Bei der klassischen Konditionierung lernen Tiere beispielsweise, zwei Reize nur dann miteinander zu verknüpfen, wenn der konditionierte Reiz auffällig oder überraschend ist. Unwillkürliche Aufmerksamkeit wird durch eine Eigenschaft der Außenwelt – den Reiz – aktiviert und, laut James, durch »große Dinge, helle Dinge, bewegte Dinge oder Blut« gefesselt. Willkürliche Aufmerksamkeit dagegen, etwa diejenige, die man der Straße und dem Verkehr beim Autofahren schenkt, ist ein besonderes Merkmal des expliziten

Gedächtnisses und erwächst aus dem inneren Bedürfnis, Reize zu verarbeiten, die nicht automatisch auffallen.

James vertrat die Auffassung, willkürliche Aufmerksamkeit sei beim Menschen offenkundig ein bewusster Prozess, daher werde er wahrscheinlich in der Großhirnrinde eingeleitet. Aus reduktionistischer Sicht verwenden beide Aufmerksamkeitsformen biologische Auffälligkeitssignale, etwa modulatorische Neurotransmitter, welche die Funktion oder Konfiguration neuronaler Netze regulieren.

Unsere molekularen Studien an der *Aplysia* und an Mäusen bestätigten James' Behauptung, dass es diese beiden Aufmerksamkeitsformen – die willkürliche und die unwillkürliche – gibt. Ein wesentlicher Unterschied zwischen ihnen liegt nicht darin, ob Auffälligkeit (Salienz) vorliegt oder nicht, sondern ob das Auffälligkeitssignal bewusst wahrgenommen wird oder nicht. So muss ich meiner Umgebung bewusste Aufmerksamkeit schenken, wenn ich den Weg von unserem Haus in Riverdale zu dem meines Sohnes Paul in Westchester suche. Aber ich trete automatisch auf die Bremse, wenn plötzlich ein Auto vor mir auftaucht, während ich auf der Straße fahre. Die Studien lassen ferner darauf schließen, dass, genau wie James gemeint hat, der Faktor, der darüber entscheidet, ob das explizite oder das implizite Gedächtnis ins Spiel kommt, die Art und Weise ist, wie von dem aufmerksamkeitsbezogenen Auffälligkeitssignal Gebrauch gemacht wird.

Wie gesehen, ist bei beiden Gedächtnisarten für die Umwandlung von Kurz- in Langzeiterinnerungen die Aktivierung von Genen erforderlich. In jedem Fall scheinen modulatorische Transmitter ein Aufmerksamkeitssignal weiterzugeben, das einen Reiz als wichtig markiert. In Reaktion auf dieses Signal werden Gene angeschaltet und Proteine erzeugt, die an alle Synapsen gesandt werden. Bei der *Aplysia* löst Serotonin beispielsweise die Produktion von Proteinkinase A aus, während bei der Maus diese Aufgabe dem Dopamin zufällt. Doch der Einsatz dieser Auffälligkeitssignale ist beim impliziten Gedächtnis, das der Sensitivierung bei der *Aplysia* zugrunde liegt, ganz anders als beim expliziten Gedächtnis, das für die Bildung der räumlichen Karte bei der Maus erforderlich ist.

Bei der impliziten Gedächtnisspeicherung wird das Aufmerksamkeitssignal unwillkürlich (reflexiv) in Anspruch genommen, von unten nach oben: Das sensorische Neuron des Schwanzes wirkt, vom Schock aktiviert, direkt auf die Zellen ein, die Serotonin ausschütten. Beim räumlichen Gedächtnis scheint Dopamin willkürlich eingesetzt zu werden, von

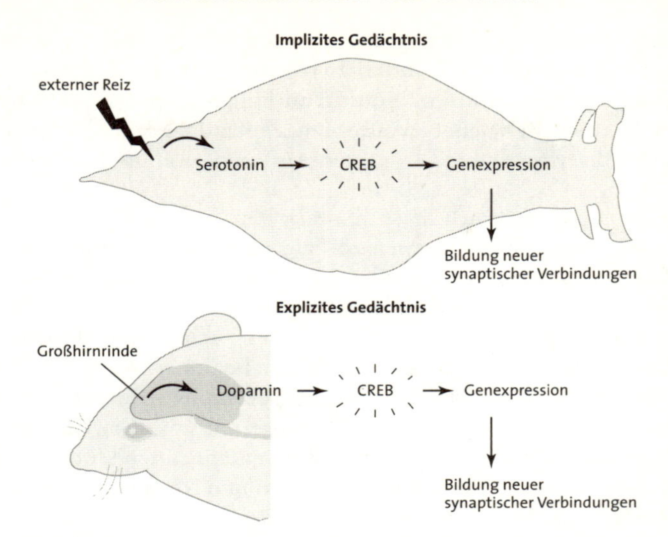

22.1 Das Auffälligkeitssignal für das implizite und explizite Langzeitgedächtnis: Beim impliziten (unbewussten) Gedächtnis löst ein externer Reiz automatisch ein Auffälligkeitssignal (Serotonin) im Tier aus. Das aktiviert Gene, die zur Speicherung im Langzeitgedächtnis führen. Beim expliziten (bewussten) Gedächtnis rekrutiert die Großhirnrinde willkürlich ein Auffälligkeitssignal (Dopamin), welches das Tier zu Aufmerksamkeit veranlasst. Dadurch wird die Aktivität im Hippocampus moduliert, was zur Speicherung im Langzeitgedächtnis führt.

oben nach unten: Die Großhirnrinde aktiviert die Zellen, die Dopamin freisetzen, und das Dopamin moduliert die Aktivität im Hippocampus (Abbildung 23.1).

In Übereinstimmung mit der Vorstellung, dass vergleichbare molekulare Mechanismen für Aufmerksamkeitsprozesse von oben nach unten und von unten nach oben verwendet werden, haben wir einen Mechanismus gefunden, der in beiden Fällen an der Stabilisierung der Erinnerung beteiligt sein könnte. Im Hippocampus der Maus tritt mindestens ein prionartiges Protein auf, das dem ähnelt, das Kausik Si bei der *Aplysia* entdeckte. Martin Theis, ein Postdoktorand aus Deutschland, und ich stellten fest, dass Dopamin in ähnlicher Weise wie Serotonin die Menge und den Zustand des CPEB-Proteins in der *Aplysia* moduliert, die Menge eines prionartigen CPEB-Proteins (CPEB-3) im Hippocampus der Maus moduliert. Das eröffnet die faszinierende Möglichkeit – mehr ist es bislang nicht –, dass räumliche Karten fixiert werden, wenn die Aufmerksamkeit eines Tiers die Dopaminausschüttung im Hippocampus auslöst und dass Dopamin einen sich selbst erhaltenden Zustand einleitet, der ebenfalls durch CPEB vermittelt wird.

DIE BEDEUTUNG DER AUFMERKSAMKEIT FÜR DIE STABILISIERUNG DER räumlichen Karte wirft eine weitere Frage auf: Hat die räumliche Karte, eine Karte, die durch Lernen entsteht, in uns allen eine ähnliche Form? Verwenden insbesondere Männer und Frauen gleiche Strategien, um sich in ihrer Umgebung zu orientieren? Das ist ein faszinierendes Problem, mit der sich Biologen gerade erst zu beschäftigen beginnen.

O'Keefe, der die Ortszellen im Hippocampus entdeckte, hat seine Untersuchungen zur räumlichen Orientierung mittlerweile auf Geschlechterunterschiede ausgedehnt und dabei eindeutige Unterschiede in der Art und Weise gefunden, wie sich Frauen und Männer in ihrer Umgebung orientieren. Frauen verwenden naheliegende Hinweise oder Orientierungspunkte. Nach dem Weg gefragt, sagen Frauen also eher: »Biegen Sie an der Löwenapotheke rechts ab und fahren Sie dann geradeaus, bis Sie links die weiße Villa mit den grünen Fensterläden sehen.« Männer verlassen sich eher auf verinnerlichte geometrische Karten. Sie sagen etwa: »Fahren Sie fünf Kilometer nach Norden, dann biegen Sie rechts ab und fahren noch einmal einen halben Kilometer nach Osten.« Das Neuroimaging zeigt, dass bei Männern und Frauen unterschiedliche Hirnregionen aktiviert werden: der linke Hippocampus bei Männern und der rechte parietale und präfrontale Cortex bei Frauen. Diese Studien lassen darauf schließen, dass Männer und Frauen als Gruppe davon profitieren könnten, beide Strategien zu optimieren.

Geschlechterunterschiede bei der Bildung räumlicher Karten bekommen zusätzliche Bedeutung, wenn man sie in einem größeren Zusammenhang betrachtet: In welchem Maße unterscheiden sich die Hirnstrukturen und kognitiven Stile von Männern und Frauen? Sind diese Unterschiede angeboren, oder kommen sie durch Lernen und Sozialisation zustande? Bei Fragen wie diesen können Biologie und Neurowissenschaft uns sogar Richtlinien für weit reichende soziale Entscheidungen liefern.

Fünfter Teil

Es gibt noch viele Aspekte der menschlichen Natur, die wir verstehen müssen und für die es noch keine brauchbaren Modelle gibt. Vielleicht sollten wir davon ausgehen, dass die Moral nur den Göttern bekannt ist und dass wir, wenn wir Menschen als Modellorganismen für die Götter betrachten, durch das Studium unserer Selbst vielleicht auch dazu kommen, die Götter zu verstehen.

Sydney Brenner, Nobelpreisrede (2002)

KAPITEL 24

Eine kleine rote Pille

Jeder, der über das Gedächtnis arbeitet, wird sich der bitteren Notwendigkeit von Medikamenten, die ein von Krankheit verwüstetes oder durch Alter geschwächtes Gedächtnis retten können, nur allzu bewusst. Doch bevor neue Arzneimittel auf den Markt gebracht werden können, müssen sie an Tiermodellen getestet werden. Angesichts der Tiermodelle für die implizite und explizite Gedächtnisspeicherung, die wir entwickelt hatten, lag der Gedanke an Therapien für Gedächtnisstörungen natürlich nahe. Wieder einmal erwies sich das zeitliche Zusammentreffen als entscheidend. Genau zu dem Zeitpunkt, als Anfang der neunziger Jahre genetisch modifizierte Mäuse erzeugt wurden, um die Natur des Gedächtnisses und seiner Störungen zu erforschen, entstand eine Industrie, die nach neuen Wegen in der Arzneimittelentwicklung suchte.

Bis 1976 ließen sich neue wissenschaftliche Erkenntnisse nicht sofort in bessere Behandlungsmethoden umsetzen, auch waren universitäre Forscher wie ich in den Vereinigten Staaten nicht besonders daran interessiert, mit der Pharmaindustrie an der Entwicklung neuer Medikamente zusammenzuarbeiten. In diesem Jahr veränderte sich die Situation jedoch grundlegend. Robert Swanson, ein 28-jähriger Venture-Kapitalist, der erkannte, welche Möglichkeiten für die Arzneimittelentwicklung in der Gentechnik steckten, überredete Herbert Boyer, einen Professor von der University of California in San Francisco und Pionier auf dem Gebiet der Gentechnik, mit ihm zusammen Genentech (Kurzform für *genetic engineering technologies*) zu gründen – das erste Biotech-Unternehmen, das sich der kommerziellen Nutzung gentechnisch hergestellter Proteine für medizinische Zwecke verschrieb. Swanson und Boyer besiegelten die Sache per Handschlag, steckten jeder 500 Dollar in das Unternehmen, dann besorgte Swanson weitere 100 000 Dollar für den Firmenstart.

Heute hat das Unternehmen einen Kapitalwert von rund 20 Milliarden Dollar.

Die Molekularbiologen hatten kurz zuvor herausgefunden, wie sich DNA rasch sequenzieren lässt und sehr leistungsfähige gentechnische Werkzeuge entwickelt: Sie schnitten bestimmte DNA-Sequenzen aus Chromosomen aus, fügten die Sequenzen aneinander und schleusten die rekombinante DNA in das Genom der Bakterie *E. coli* ein, das daraufhin viele Kopien des Gens herstellte und das von diesem Gen codierte Protein exprimierte. Boyer war einer der ersten Molekularbiologen, die erkannten, dass man mit Hilfe von Bakterien Gene höherer Tiere, sogar des Menschen, exprimieren lassen kann. Tatsächlich war er an der Entwicklung einer der Schlüsseltechniken maßgeblich beteiligt.

Genentech hatte vor, mit Hilfe rekombinanter DNA große Mengen zweier menschlicher Hormone von erheblicher medizinischer Bedeutung herzustellen: Insulin und das Wachstumshormon. Insulin wird zur Regulierung des Zuckers im Körper von der Bauchspeicheldrüse in die Blutbahn abgegeben. Das Wachstumshormon wird zur Steuerung von Entwicklung und Wachstum von der Hypophyse ausgeschüttet. Um zu beweisen, dass es diese beiden ziemlich komplexen Proteine herstellen konnte, konzentrierte sich das Unternehmen zunächst auf ein einfacheres Protein namens Somatostatin, ein Hormon, das von der Bauchspeicheldrüse in die Blutbahn ausgeschüttet wird, um die Insulinsekretion zu unterbinden.

Vor 1976 war der Vorrat an medizinisch nutzbarem Somatostatin, Insulin und Wachstumshormon begrenzt. Insulin und Somatostatin waren knapp, weil sie von Schweinen und Rindern gewonnen wurden und gereinigt werden mussten. Da sich die Aminosäuresequenzen der tierischen Hormone von denen der menschlichen Hormone etwas unterscheiden, rufen sie bei Menschen gelegentlich allergische Reaktionen hervor. Das Wachstumshormon gewann man aus Hirnanhangdrüsen, die man Leichen entnommen hatte. Diese Quelle war nicht nur begrenzt, sondern gelegentlich auch durch Prionen kontaminiert – infektiöse Proteine, welche die Creutzfeldt-Jakob-Krankheit verursachen, die schreckliche Demenz, die Irving Kupfermann befiel. Dank rekombinanter DNA konnte man nun Proteine aus menschlichen Genen kostengünstiger und in großen Mengen produzieren, ohne sich Gedanken um die Sicherheit machen zu müssen. Boyer und Swanson war klar, dass sie durch Klonierung menschlicher Gene diese und andere medizinisch wichtige Proteine herstellen konnten und möglicherweise in der Lage sein würden, Erbkrankheiten zu heilen, indem sie die defekten Gene der Patienten durch klonierte Gene ersetzten.

1977, ein Jahr nach Beginn seiner Zusammenarbeit mit Swanson, entwickelte Boyer Verfahren zur Genklonierung, welche die Synthese von Somatostatin in großem Stil ermöglichten. Damit war der Beweis erbracht, dass sich mit Hilfe rekombinanter DNA medizinisch wichtige und wirtschaftlich einträgliche Arzneimittel herstellen lassen. Drei Jahre später gelang Genentech die Klonierung von Insulin.

Zwei Jahre nach Genentech entstand Biogen, ein weiterer Branchenführer in der Biotechnologie. Doch diese beiden Jahre bedeuteten einen Riesenunterschied. Biogen wurde nicht von einem Jungunternehmer gegründet, der anfangs ganz allein auf sich gestellt handelte, sondern von L. Kevin Landry und Daniel Adams, zwei erfahrenen Investoren, die beide bewährte Venture-Gruppen vertraten. Sie gingen nicht mit 1000 Dollar und einem Händedruck an den Start, sondern mit 570 000 Dollar und einer Reihe von Verträgen, die ihnen ein biotechnologisches Dreamteam sichern sollten. Sie sprachen die besten und begabtesten Forscher der Welt an: Walter Gilbert von der Harvard University, Philip Sharp vom MIT, Charles Weissman von der Universität Zürich, Peter Hans Hofschneider vom Max-Planck-Institut für Biochemie in München und Kenneth Murray von der University of Edinburgh. Nach einigem Hin und Her erklärten sich alle bereit, in das Unternehmen einzutreten, und Gilbert übernahm den Vorsitz im wissenschaftlichen Beirat.

Schon bald entstand ein ganz neuer Industriezweig. Die biotechnische Industrie stellte nicht nur neue Produkte her, sondern veränderte auch die gesamte Pharmaindustrie. 1976 waren die großen Pharma-Unternehmen weder mutig noch flexibel genug, um selbst auf dem Gebiet der rekombinanten DNA zu forschen. Doch durch die Investition in einige Biotech-Unternehmen und den Kauf anderer erwarben sie bald die nötige Kompetenz.

BIOTECH-UNTERNEHMEN HABEN AUCH DIE WISSENSCHAFTLICHE GEmeinschaft verändert, insbesondere ihre Einstellung zur Kommerzialisierung der Wissenschaft. Im Gegensatz zu universitären Forschern in Europa lehnten Wissenschaftler an amerikanischen Hochschulen eine Beteiligung an industrieller Forschung überwiegend ab. Louis Pasteur, Frankreichs bedeutendster Biologe, der im neunzehnten Jahrhundert die

Grundlagen für das Verständnis der Krankheitserreger schuf, die Infektionskrankheiten verursachen, hatte viele Verbindungen zur Industrie unterhalten. Er entdeckte, was biologisch hinter der Fermentierung von Wein und Bier steckte. Seine Methoden zum Nachweis und zur Vernichtung von Bakterien, die Seidenraupen, Wein und Milch befallen, rettete sowohl die Seiden- als auch die Weinindustrie und führte zur Pasteurisierung der Milch, um Kontaminationen zu vermeiden. Er entwickelte den ersten Impfstoff gegen Tollwut, und bis auf den heutigen Tag bezieht das Institut Pasteur in Paris, das noch zu seinen Lebzeiten ihm zu Ehren gegründet wurde, einen erheblichen Teil seiner Mittel aus der Herstellung von Impfstoffen. In England vertauschte Henry Dale, der die chemischen Grundlagen der synaptischen Übertragung mitentdeckt hat, seine Stellung an der Cambridge University unbefangen mit einer Position in den Wellcome Physiological Research Laboratories, einem Pharma-Unternehmen, um anschließend wieder in die akademische Welt zurückzukehren – an das National Institute for Medical Research in London.

In Amerika lagen die Dinge anders. Gilbert bemerkte rasch, dass drei Bedingungen erfüllt sein mussten, damit er und andere an der Universität tätige Biologen sich zu einem Sinneswandel hinsichtlich der Verbindung von Wissenschaft und Kommerz bewegen ließen. Erstens brauchten sie Beweise dafür, dass ein Unternehmen etwas Nützliches tat; zweitens die Gewissheit, dass ihre Tätigkeit für das Unternehmen sie nicht zu sehr von ihrer Grundlagenforschung ablenken würde, und drittens mussten sie sicher sein können, dass sie ihre wissenschaftliche Unabhängigkeit – die Universitätsprofessoren wie ihren Augapfel hüten – nicht aufs Spiel setzten.

Als es Genentech 1980 gelang, menschliches Insulin zu produzieren, war die erste Bedingung – die der Nützlichkeit – erfüllt. Von nun an konnte die Biotech-Industrie einen ständigen Zustrom an Biologen verzeichnen. Sobald diese Biologen ihren Sündenfall hinter sich hatten, stellten sie fest, dass es ihnen gefiel. Ihnen gefiel die Tatsache, dass die Forschung medizinisch nützliche Medikamente hervorbrachte, und ihnen gefiel der Gedanke, dass sie finanziell davon profitieren konnten, etwas fürs Allgemeinwohl zu tun, indem sie dringend erforderliche Arzneimittel herstellten. Die bis dahin übliche Verachtung für Kollegen, die als Berater für Pharma-Unternehmen tätig waren, schwand ab 1980. Zumal die Professoren feststellten, dass sie, wenn sie die nötigen Vorkehrungen trafen, den Zeitaufwand in den Unternehmen begrenzen und ihre Unabhängigkeit wahren konnten. Hinzu kam, dass sie nicht nur ihr eigenes Wissen in die Unternehmen einbrachten, sondern durch die Arbeit in der Industrie oft auch neue Methoden kennen lernten.

Infolgedessen begannen die Universitäten bei ihren Angehörigen, unternehmerische Fähigkeiten zu fördern. Die Columbia University leistete auf diesem Gebiet Pionierarbeit. 1982 entwickelte Richard Axel in Zusammenarbeit mit mehreren Kollegen eine Methode, um durch eine Zelle in Gewebekultur jedes beliebige Gen exprimieren zu lassen. Da Axel eine Stellung an der Columbia University hat, ließ die Universität die Methode patentieren. Sie wurde sofort von mehreren großen Pharma-Unternehmen übernommen, die mit ihrer Hilfe neue, therapeutisch wichtige Medikamente herstellten. Während der nächsten zwanzig Jahre – der Laufzeit des Patents – verdiente die Columbia University allein an diesem einen Patent 500 Millionen Dollar. Dank dieser Mittel konnte die Universität neue Wissenschaftler einstellen und ihre Forschungsanstrengungen verstärken. Axel und die anderen Erfinder wurden an den Einkünften beteiligt.

Etwa zur gleichen Zeit entdeckte Cesare Milstein vom Medical Research Council Laboratory im englischen Cambridge eine Methode zur Erzeugung monoklonaler Antikörper, hochspezifischer Antikörper, die nur an einer Region eines Proteins andocken. Auch seine Methode wurde augenblicklich von der Pharma-Industrie vereinnahmt und für die Herstellung von Arzneimitteln genutzt. Doch das Medical Research Council und die Cambridge University waren noch traditionellen Vorstellungen verhaftet. Sie ließen sich das Verfahren nicht patentieren und damit die Möglichkeit ungenutzt, sich Einnahmen zu verschaffen, die sie sich redlich verdient hatten und mit denen sie viele nützliche Forschungsprojekte hätten finanzieren können. Die meisten anderen Universitäten, die noch keine eigenen Patentabteilungen hatten, machten sich angesichts dieser Ereignisse daran, welche einzurichten.

SCHON BALD SASS JEDER MOLEKULARBIOLOGE, DER ETWAS AUF SICH hielt, im wissenschaftlichen Beirat des einen oder anderen Biotech-Unternehmens. In dieser Anfangsphase konzentrierten sich die Unternehmen vor allem auf Hormone und Virostatika, doch Mitte der achtziger Jahre fragten sich die Investoren, ob sich nicht mit Hilfe der Neurowissenschaft auch neue Arzneimittel gegen neurologische und psychiatrische Erkrankungen entwickeln ließen. 1985 bat mich Richard Axel, vor dem

Vorstand von Biotechnology General, einem israelischen Unternehmen, für das er als Berater tätig war, anlässlich einer Konferenz in New York City einen Vortrag über die Alzheimer-Krankheit zu halten. Ich gab ihnen einen kurzen Überblick und betonte, dass die Krankheit epidemische Ausmaße annehme, weil der Bevölkerungsanteil der über 65-Jährigen so enorm anwachse. Eine wirksame Behandlung hätte daher große Vorteile für das öffentliche Gesundheitswesen.

Die Fakten, über die ich referierte, waren der neurowissenschaftlichen Gemeinschaft natürlich vertraut, nicht aber den Venture-Kapitalisten. Nach dieser Konferenz bat Fred Adler, der Vorstandsvorsitzende von Biotechnology General, Richard und mich, am folgenden Tag mit ihm zu Mittag zu essen. Dort schlug er uns die Gründung eines neuen Biotech-Unternehmens vor, das sich ausschließlich mit dem Gehirn beschäftigte und die Erkenntnisse der Molekularwissenschaft auf Erkrankungen des Nervensystems anwenden sollte.

Zunächst zögerte ich, weil ich die Tätigkeit für uninteressant hielt. Ich teilte die traditionelle Auffassung eines Großteils der Hochschulwissenschaftler, dass Biotech- und Pharma-Unternehmen langweilige Forschung betrieben und die Tätigkeit in einer kommerziellen Firma geistig unbefriedigend sei. Doch Richard redete mir gut zu und machte mir klar, dass eine solche Arbeit durchaus interessant sein konnte. 1987 gründeten wir Neurogenetics, ein Unternehmen, das später in Synaptic Pharmaceuticals umgetauft wurde. Richard und Adler trugen mir an, den Vorsitz des wissenschaftlichen Beirats zu übernehmen.

Ich bat wiederum Walter – Wally – Gilbert, den ich 1984 kennen gelernt hatte, um seine Mitarbeit in diesem Gremium. Er ist ein ganz außergewöhnlicher Mensch, einer der intelligentesten, begabtesten und vielseitigsten Biologen, den die zweite Hälfte des zwanzigsten Jahrhunderts hervorgebracht hat. Gestützt auf die von Monod und Jacob entwickelte Theorie zur Genregulation war es ihm gelungen, den ersten Genregulator zu isolieren, bei dem es sich, wie vorhergesagt, um ein Protein handelte, das an die DNA bindet. Anschließend entwickelte Wally eine Methode zur DNA-Sequenzierung, für die er 1980 den Nobelpreis in Chemie bekam. Als Mitbegründer von Biogen hatte Wally außerdem Erfahrung darin gesammelt, was es heißt, ein Unternehmen zu führen. Die Verbindung von wissenschaftlicher Leistung und wirtschaftlichem Knowhow konnte für uns nur von Vorteil sein.

Wally hatte Biogen 1984 verlassen, war an die Harvard University zurückgekehrt und hatte sich dort der Neurobiologie zugewandt, einem Gebiet, für das er sich seit neuestem interessierte. Daher dachte ich, er würde vielleicht gern zu uns kommen, um ein bisschen mehr darüber zu erfahren. Er war einverstanden und erwies sich als großer Gewinn für das Unternehmen. Denise und ich entwickelten eine Gewohnheit, die bis auf den heutigen Tag Bestand hat: Am Tag vor einer Sitzung des wissenschaftlichen Beirats essen wir, meist in einem ausgezeichneten Restaurant, mit Wally zu Abend.

Außerdem sprachen Richard und ich Tom Jessell, einen Kollegen von der Columbia University und außerordentlich fähigen Entwicklungsneurobiologen, Paul Greengard, einen Pionier auf dem Gebiet der Signaltheorie der sekundären Botenstoffe im Gehirn, der von der Yale an die Rockefeller University gewechselt war, Lewis Roland, den Direktor des neurologischen Fachbereichs der Columbia University, und Paul Marks, den ehemaligen Dekan des College of Physicians and Surgeons der Columbia University, an, der danach Präsident des Memorial Sloan-Kettering Cancer Center geworden war. Das war ein sehr starkes Team für den wissenschaftlichen Beirat. Monatelang berieten wir, welche Richtung das Unternehmen einschlagen sollte.

Zunächst spielten wir mit dem Gedanken, uns auf die Amyotrophe Lateralsklerose zu spezialisieren, an der Alden Spencer gestorben war, dann dachten wir an Multiple Sklerose, Hirntumore oder Schlaganfälle, doch schließlich gelangten wir zu dem Schluss, es sei am besten, mit etwas anzufangen, das mit den Rezeptoren für den Neurotransmitter Serotonin zu tun hat. Viele wichtige Medikamente – beispielsweise fast alle Antidepressiva – wirken durch Serotonin, und Richard hatte gerade den ersten Serotoninrezeptor isoliert und kloniert. Wenn es gelang, die Molekularbiologie dieser Rezeptoren zu entschlüsseln, konnten wir möglicherweise einer ganzen Reihe von Krankheiten auf die Spur kommen. Außerdem war der von Richard klonierte Rezeptor nur einer aus einer großen Klasse von metabotropen Rezeptoren, daher ließ er sich womöglich für den Versuch nutzen, Rezeptoren von ähnlicher Struktur zu klonieren – Rezeptoren, deren Transmitter durch sekundäre Botenstoffe wirken.

Zu diesem Weg wurden wir nachdrücklich von Kathleen Mullinex ermutigt, der stellvertretenden Kanzlerin der Columbia University, die wir als Unternehmenschefin angeworben hatten. Obwohl Mullinex keine Ahnung von Neurobiologie hatte, war sie überzeugt davon, dass Rezeptoren sich bei der Suche nach neuen Arzneimitteln als nützlich erweisen würden. Im Beirat präzisierten wir diese Idee. Wir wollten Rezeptoren für Serotonin und Dopamin klonieren, beobachten, wie sie arbeiten, und dann neue chemische Verbindungen entwickeln, um sie zu steuern. Paul Greengard und ich arbeiteten diese Pläne schriftlich aus; als unser erstes Beispiel zogen wir Axels erfolgreiche Klonierung des ersten Serotoninrezeptors heran.

Das Unternehmen hatte einen guten Start. Wir gewannen einen hervorragenden wissenschaftlichen Stab, der sich beim Klonieren neuer Rezeptoren als sehr geschickt herausstellte, und gingen vorteilhafte Partnerschaften mit Eli Lilly und Merck ein. 1992 ging das Unternehmen an die Börse und löste seinen außergewöhnlichen wissenschaftlichen Beirat auf. Ich war noch eine Zeit lang als wissenschaftlicher Berater für sie tätig, gründete drei Jahre später jedoch ein Unternehmen, das sich auf meinen eigenen Forschungsbereich konzentrierte.

DIE IDEE ZU DIESEM NEUEN UNTERNEHMEN ENTSTAND EINES ABENDS im Jahr 1995, als Denise und ich wieder einmal mit Walter Gilbert dinierten. Wally und ich erörterten Ergebnisse, die ich unlängst erzielt hatte und die den Schluss nahe legten, dass sich der Gedächtnisverlust älterer Mäuse umkehren lasse, als Denise uns vorschlug, ein Unternehmen zu gründen, um eine »kleine rote Pille« gegen den altersbedingten Gedächtnisverlust zu entwickeln. Wally und ich griffen diese Idee auf und taten uns mit Jonathan Fleming, einem Venture-Kapitalisten der Oxford Partners Group, zusammen, der auch schon Synaptic Pharmaceuticals unterstützt hatte. Jonathan half uns, Axel Unterbeck von Bayer Pharmaceuticals anzuwerben. Zu viert gründeten wir 1996 ein neues Unternehmen, Memory Pharmaceuticals.

Ein Unternehmen zu gründen, das sich so unmittelbar auf meine Arbeit über das Gedächtnis stützte, war spannend – allerdings auch äußerst zeitaufwendig, selbst wenn die Firma so unmittelbar mit der eigenen Forschung zu tun hat. Einige Forscher verlassen deshalb die Universität. Doch ich hatte keineswegs die Absicht, der Columbia University oder dem Howard Hughes Medical Institute den Rücken zu kehren. Ich wollte bei der Gründung des Unternehmens mitwirken und mich danach mit einer Teilzeitberatung begnügen. Sowohl die Columbia University wie die Howard-Hughes-Stiftung hatten erfahrene Anwälte, die mir beim Aufsetzen der Beratungsverträge – zunächst mit Synaptic Pharmaceuticals und dann mit Memory Pharmaceuticals – halfen, damit sie nicht nur den institutionellen Richtlinien, sondern auch meinen eigenen Bedürfnissen Rechnung trugen.

Die Mitwirkung an diesen beiden Biotech-Unternehmen erweiterte meinen Horizont. Memory Pharmaceuticals eröffnete mir die Möglichkeit, meine Grundlagenforschung in potenziell nützliche Arzneimittel zur Behandlung von Menschen umzusetzen. Außerdem erfuhr ich, wie ein Unternehmen arbeitet. Im Fachbereich einer Universität sind jüngere Dozenten und Forscher in der Regel unabhängig; am Anfang ihrer Berufstätigkeit werden sie gehalten, nicht mit erfahrenen Kollegen zusammenzuarbeiten, sondern eigene Forschungsprogramme zu entwickeln. In der Geschäftswelt ist das anders: Alle geistigen und finanziellen Ressourcen sollen so eingesetzt werden, dass jedes potenzielle Produkt auf einen möglichst vielversprechenden Weg gebracht wird. Einen ähnlichen Geist zur Zusammenarbeit findet man in universitären Projekten nur ausnahmsweise, etwa beim Humangenomprojekt, wo individuelle Anstrengungen ebenfalls zum allgemeinen Wohl miteinander verschmolzen wurden.

Das neue Unternehmen ging von dem Gedanken aus, dass die Ergebnisse der Gedächtnisforschung eines Tages in die angewandte Wissenschaft Eingang finden und dass das wachsende Verständnis für die Mechanismen der Gedächtnisfunktion zu wirksamen Behandlungsmethoden von Kognitionsstörungen führen würden. Wie ich schon vor dem Vorstand von Biotechnology General dargelegt hatte, werden Gedächtnisstörungen heute häufiger beobachtet als zu Beginn meines Medizinstudiums vor fünfzig Jahren, weil die Menschen heute länger leben. Selbst in einer normalen, gesunden Population von 70-Jährigen haben nur noch rund 40 Prozent ein so gutes Gedächtnis wie mit Mitte dreißig. Die verbleibenden 60 Prozent erleiden einen leichten Rückgang ihrer Gedächtniskapazität. In den Anfangsstadien beeinträchtigt dieser Rückgang die anderen Aspekte der kognitiven Funktion noch nicht – er wirkt sich beispielsweise nicht auf die Sprache oder die meisten Bereiche der Problemlösungsfähigkeit aus. Die Hälfte der 60 Prozent leidet unter einer leichten Gedächtnisbeeinträchtigung, auch als gutartige Altersvergesslichkeit bezeichnet, die mit der Zeit und dem Alterungsprozess nur langsam, wenn überhaupt, voranschreitet. Die verbleibende Hälfte (oder 30 Prozent der über 70-Jährigen) erkrankt an Alzheimer-Demenz, einer progressiven Degeneration des Gehirns.

In den frühen Stadien ist Alzheimer durch eine leichte kognitive Beeinträchtigung gekennzeichnet, die sich von der gutartigen Altersvergesslichkeit nicht unterscheiden lässt. Doch in den späteren Stadien der Krankheit kommt es zu auffälligen und progressiven Defiziten beim Gedächtnis und anderen kognitiven Funktionen. Die meisten Symptome in den Spätstadien der Krankheit werden einem Verlust der synaptischen Verbindungen und dem Tod von Nervenzellen zugeschrieben. Zu einem großen Teil wird die Degeneration des Gewebes durch einen abnormen Stoff verursacht, das Beta-Amyloid, der sich in Form von unauflöslichen Plaques in den Zwischenräumen der Gehirnzellen absetzt.

MIT DER GUTARTIGEN ALTERSVERGESSLICHKEIT BESCHÄFTIGTE ICH mich erstmals im Jahr 1993. Der Begriff ist ein bisschen euphemistisch, da die Störung nicht in der Seneszenz beginnt und nicht vollständig gutartig ist. Bei einigen Menschen zeigt sie sich zuerst zwischen dem 40. und 50. Lebensjahr und prägt sich dann im Laufe der Zeit meist etwas stärker aus. Ich hoffte, unser wachsendes Verständnis für die Mechanismen der Gedächtnisspeicherung bei der *Aplysia* und bei Mäusen werde uns den Defekt finden lassen, der diesem betrüblichen Aspekt des Alterns zugrunde liegt. Dann könnten wir Therapien entwickeln, die diesem Gedächtnisverlust entgegenwirken.

Als ich mich mit der Literatur über gutartige Altersvergesslichkeit beschäftigte, wurde mir klar, dass die Störung ihrer Art, wenn auch nicht ihrer Schwere nach mit dem Gedächtnisdefizit vergleichbar war, das bei einer Schädigung des Hippocampus auftritt: der Unfähigkeit, neue Langzeiterinnerungen anzulegen. Wie H. M. können Menschen mit gutartiger Altersvergesslichkeit eine normale Unterhaltung führen und Gedanken im Kurzzeitgedächtnis behalten, aber nur schwer neue Kurzzeiterinnerungen in Langzeiterinnerungen umwandeln. Ein älterer Mensch beispielsweise, der auf einer Dinnerparty mit jemandem bekannt gemacht wird, kann den neuen Namen möglicherweise eine Zeit lang behalten, wird ihn aber unter Umständen am nächsten Morgen vollkommen vergessen haben. Diese Ähnlichkeit lieferte mir den ersten Hinweis darauf, dass der Hippocampus möglicherweise am altersbedingten Gedächtnisverlust beteiligt ist. Spätere Studien an Menschen und Versuchstieren bestätigten diese Annahme. Einen weiteren Anhaltspunkt lieferte das Forschungsergebnis, dass es mit fortschreitendem Alter zu einem Verlust von Synapsen kommt, die Dopamin im Hippocampus ausschütten. Dass Dopamin für die Beibehaltung der Langzeitbahnung und für die Aufmerksamkeitsmodulation beim räumlichen Gedächtnis wichtig ist, wussten wir bereits.

Um diese Form des Gedächtnisverlustes besser zu verstehen, haben meine Kollegen und ich ein natürlich auftretendes Modell dieses Verlustes bei der Maus entwickelt. Labormäuse werden zwei Jahre alt. Daher sind Mäuse jung, wenn sie drei bis sechs Monate alt sind. Mit zwölf Monaten sind sie im mittleren Alter, und mit achtzehn Monaten beginnt für sie das Alter. Wir verwendeten ein ähnliches Labyrinth, wie wir es schon früher benutzt hatten, um die Rolle der Gene für das räumliche Gedächtnis zu untersuchen. Setzt man eine Maus in die Mitte einer großen kreisförmigen Plattform, die am Rand von 40 Löchern umgeben ist, lernt sie, das eine Loch zu finden, das in eine Fluchtkammer führt, indem sie die räumlichen Beziehungen zwischen dem Loch und den Markierungen an der Wand entdeckt. Wir fanden heraus, dass die meisten jungen Mäuse rasch die zufällige und die serielle Fluchtstrategie durchlaufen und bald lernen, sich der wirksameren räumlichen Strategie zu bedienen. Viele ältere Mäuse haben jedoch Schwierigkeiten, sich die räumliche Strategie überhaupt anzueignen (Abbildung 24.1).

Wir stellten außerdem fest, dass nicht alle älteren Mäuse beeinträchtigt sind: Das Gedächtnis von einigen ist ebenso gut wie das jüngerer Tiere. Darüber hinaus tritt das Gedächtnisdefizit betroffener Mäuse nur beim expliziten Gedächtnis auf. Wie wir bei einer Reihe von Verhaltenstests entdeckten, blieb ihr implizites Gedächtnis für einfache perzeptive und motorische Fertigkeiten intakt. Auch sind die Gedächtnisdefizite nicht unbedingt auf das hohe Alter beschränkt, einige beginnen auch schon im mittleren Alter. Allen diesen Daten entnahmen wir, dass das, was für Menschen gilt, auch auf Mäuse zutrifft.

Wenn eine Maus einen Defekt im räumlichen Gedächtnis hat, so folgt daraus, dass mit ihrem Hippocampus etwas nicht stimmt. Als wir uns die Schaffer-Kollaterale im Hippocampus älterer Mäuse mit altersbedingtem Gedächtnisverlust näher ansahen, stellten wir fest, dass die Spätphase der Langzeitpotenzierung, die, wie unter anderem unsere Studien gezeigt hatten, mit dem expliziten Langzeitgedächtnis korreliert, beeinträchtigt war. Ältere Mäuse mit gutem Erinnerungsvermögen verfügten hingegen über eine ebenso normale Langzeitpotenzierung wie jüngere Mäuse mit einem normalen räumlichen Gedächtnis.

Wir wussten bereits, dass die Spätphase der Langzeitpotenzierung durch cAMP und Proteinkinase A vermittelt und dass dieser Signalweg durch Dopamin aktiviert wird. Wenn Dopamin an seinem Rezeptor in den Pyramidenzellen des Hippocampus bindet, nimmt die cAMP-Kon-

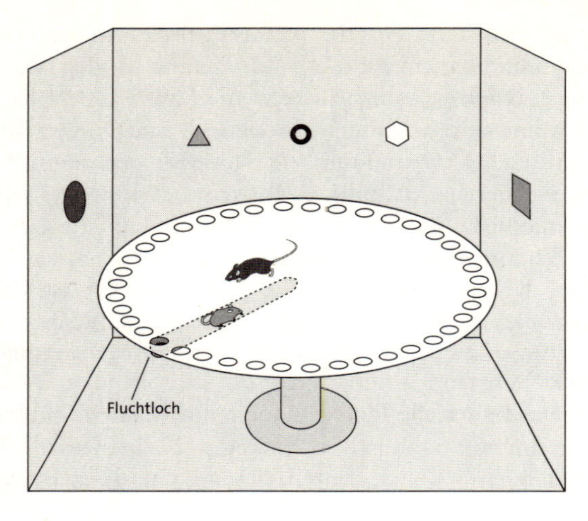

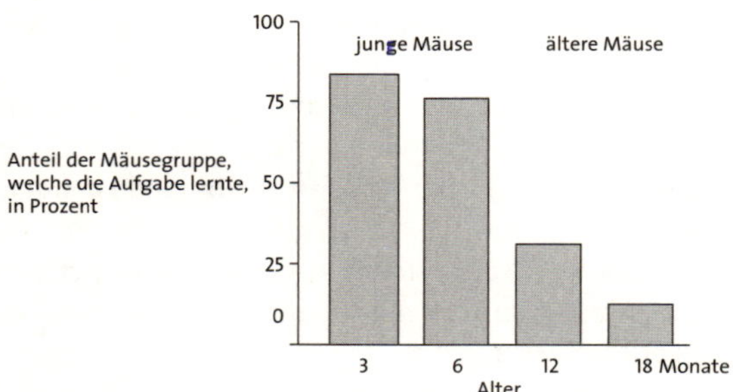

24.1 Mäuse lassen einen altersbedingten Gedächtnisverlust bei einer räumlichen Aufgabe erkennen: Im Barnes-Labyrinth (oben) werden den Mäusen ein Fluchtloch und verschiedene Hinweisreize zur Verfügung gestellt. Ältere Mäuse haben Schwierigkeiten, die räumlichen Beziehungen zwischen dem Fluchtloch und diesen Hinweisen zu lernen. Dies geht mit Funktionsdefiziten des Hippocampus einher.

zentration zu. Nun fanden wir heraus, dass Arzneimittel, die diese Dopaminrezeptoren aktivieren und dadurch die cAMP-Konzentration erhöhen, das Defizit in der Spätphase der Langzeitpotenzierung beheben. Diese Medikamente machen auch das Hippocampus-bedingte Gedächtnisdefizit rückgängig.

Der Postdoktorand Mark Barad und ich fragten uns daraufhin, ob sich das Defizit im Langzeitgedächtnis älterer Mäuse auch durch eine andere Beeinflussung des cAMP-Signalwegs verbessern ließe. cAMP wird normalerweise durch ein Enzym zerlegt, so dass die Signalübertragung nicht endlos fortdauert. Das Medikament Rolipram hemmt dieses Enzym, erhöht die Lebensdauer von cAMP und verstärkt die Signalübertragung. Bei alten Mäusen beobachteten Barad und ich, dass Rolipram Lernvorgänge, an denen der Hippocampus beteiligt ist, erheblich verbessert. Tatsächlich schnitten ältere Mäuse, die Rolipram erhielten, bei Gedächtnistests genauso gut ab wie jüngere Mäuse. Rolipram steigerte sogar bei jungen Tieren die Langzeitpotenzierung und die Hippocampus-abhängige Gedächtnisleistung.

Diese Ergebnisse sprechen für die Annahme, dass das Nachlassen des Hippocampus-abhängigen Lernens bei älteren Tieren zumindest teilweise auf ein altersbedingtes Defizit in der Spätphase der Langzeitpotenzierung zurückgeht. Wichtiger noch vielleicht: Sie legen den Schluss nahe, dass die gutartige Altersvergesslichkeit unter Umständen reversibel ist. In diesem Falle wird man ältere Menschen möglicherweise schon in naher Zukunft mit Arzneimitteln behandeln, die aus solchen Studien an Mäusen hervorgegangen sind.

Die Aussicht auf Behandlungsmöglichkeiten für gutartige Altersvergesslichkeit veranlasste die Unternehmensleitung von Memory Pharmaceutical zu der Überlegung, ob nicht auch andere Gedächtnisschädigungen therapiert werden könnten, wenn man mehr über die molekularen Mechanismen wüsste, die der Gedächtnisbildung zugrunde liegen. Das Unternehmen richtete seine Aufmerksamkeit auf die Frühphase der Alzheimer-Krankheit.

ZU DEN INTERESSANTESTEN MERKMALEN DER ALZHEIMER-KRANKHEIT zählt die leichte Gedächtnisbeeinträchtigung, die der Ablagerung von Beta-Amyloid-Plaques im Hippocampus vorangeht. Da die frühen kognitiven Defizite der Alzheimer-Patienten dem altersbedingten Gedächtnisverlust sehr ähnlich sind, fragte sich Michael Shelanski von der Columbia University, ob nicht in beiden Fällen die gleichen Bahnen gestört seien. Um dieses Problem zu klären, untersuchte er den Hippocampus von Mäusen.

Er setzte den Maushippocampus dem giftigsten Bestandteil der Beta-Amyloid-Plaques aus, dem A-Beta-Peptid, und beobachtete, dass die Langzeitpotenzierung Schaden nahm, lange bevor irgendwelche Neuronen abgestorben waren oder sich Plaques gebildet hatten. Tiermodelle der frühen Alzheimer-Erkrankung ließen ebenfalls Gedächtnisdefizite erkennen, bevor irgendwelche Plaques-Ansammlungen oder Anhaltspunkte für Zelltod auszumachen waren. Bei der Analyse der Genexpression in Hippocampuszellen, die dem Einfluss von A-Beta-Peptid unterworfen waren, entdeckte Shelanski, dass die Peptide die Aktivität von cAMP und Proteinkinase A einschränken. Dieses Ergebnis brachte ihn auf den Gedanken, dass das Peptid möglicherweise das cAMP-Proteinkinase-A-System schädigt. Und tatsächlich fand er heraus, dass eine Erhöhung der cAMP-Konzentration durch Rolipram die A-Beta-Toxizität in Mausneuronen verhindert.

Die gleichen Arzneimittel, die altersbedingten Gedächtnisverlust bei Mäusen verhüten, unterbinden bei diesen Tieren auch die Gedächtnisverluste in den Frühstadien der Alzheimer-Krankheit. Ottavio Arancio von der Columbia University wies nach, dass Rolipram gegen einige durch Alzheimer verursachten Neuronenschäden schützt, was den Schluss nahe legt, dass cAMP nicht nur die Funktion von Signalbahnen verbessert, deren Leistung nachgelassen hat, sondern im Mausmodell der Alzheimer-Krankheit auch gegen Nervenzellschädigung hilft und möglicherweise sogar zur Regeneration verlorener Verbindungen führt.

Memory Pharmaceuticals und andere Unternehmen, die Medikamente für den Kampf gegen den Gedächtnisverlust entwickeln, befassen sich heute mit diesen beiden Störungen. Tatsächlich haben die meisten Unternehmen ihre Basis seit ihrer Gründung erweitert und entwickeln heute Arzneimittel nicht nur gegen altersbedingten Gedächtnisverlust und Alzheimer-Krankheit, sondern auch mit Blick auf eine Vielzahl von Gedächtnisproblemen, die mit anderen neurologischen und psychiatrischen Störungen einhergehen. Eine solche Störung ist die Depression, zu deren Begleiterscheinung in schweren Fällen ein rapider Gedächtnisverlust zählt; an Schizophrenie Erkrankte erleiden Beeinträchtigungen des Arbeitsgedächtnisses und der Exekutivfunktion, etwa beim Planen von Ereignissen, Setzen von Prioritäten und Ähnlichem.

HEUTE HAT MEMORY PHARMACEUTICALS SEINEN SITZ IN MONTVALE, New Jersey. 2004 ging das Unternehmen an die Börse. Es entwickelte vier neue Familien von Medikamenten gegen altersbedingten Gedächtnisverlust, die erheblich besser sind als die üblichen Verbindungen, die meine

Kollegen und ich an der Columbia University für unsere Experimente verwendet hatten. Einige der neuen Wirkstoffe verbessern die Erinnerung einer Ratte an eine neue Aufgabe über Monate!

Das Zeitalter der Biotechnologie lässt darauf hoffen, dass neue, hochwirksame Medikamente für die Behandlung von Menschen mit psychischen Erkrankungen entwickelt werden. In zehn Jahren werden wir vielleicht feststellen, dass unser Verständnis der molekularen Mechanismen, die der Gedächtnisfunktion zugrunde liegen, zu therapeutischen Fortschritten geführt hat, die noch in den neunziger Jahren kaum vorstellbar waren. Die therapeutische Bedeutung dieser Medikamente liegt auf der Hand. Weniger offenkundig sind die Auswirkungen der Biotech-Industrie auf die neue Wissenschaft des Geistes und auf die universitäre Forschung. Fakultätsmitglieder werden nicht nur in Beiräten sitzen, sondern erstklassige Universitätsstellungen zugunsten von Positionen in der Biotech-Industrie aufgeben, die ihnen noch besser zu sein scheinen. Richard Scheller, der ausgezeichnete Molekularbiologe, der als Postdoktorand mit Richard Axel und mir zusammengearbeitet hatte, als wir damit anfingen, die Molekularbiologie auf das Nervensystem anzuwenden, verließ die Stanford University und das Howard Hughes Medical Institute, um Vizepräsident der Forschungsabteilung bei Genentech zu werden. Zu ihm gesellte sich kurz darauf Marc Tessier-Lavigne, ein ungewöhnlich fähiger Entwicklungsneurobiologe von der Stanford University. Corey Goodman, ein namhafter Spezialist für die Entwicklung des Nervensystems der *Drosophila*, verließ die University of California in Berkeley, um ein eigenes Unternehmen namens Renovis zu gründen. Die Liste ließe sich beliebig fortsetzen.

Die Biotech-Industrie ist mittlerweile beruflich eine echte Alternative für junge wie für gestandene Wissenschaftler. Da in den besten Unternehmen das Forschungsniveau sehr hoch ist, werden Wissenschaftler in Zukunft wohl unbedenklich zwischen der universitären und der industriellen Forschung hin- und herwandern können.

Die Entstehung von Firmen wie Memory Pharmaceuticals und anderen Biotech-Unternehmen hat jedoch auch die ethische Frage nach dem »Hirndoping« aufgeworfen, der Verbesserung der kognitiven Leistung durch Medikamente. Ist es sinnvoll und nützlich, das Gedächtnis normaler Menschen zu verbessern? Ist es empfehlenswert, dass junge Menschen sich gedächtnissteigernde Mittel kaufen, bevor sie an Zulassungsprüfungen teilnehmen? Dazu gibt es viele Meinungen, doch ich vertrete die Ansicht, dass *gesunde* junge Menschen durchaus in der Lage sind, aus eigener Kraft zu lernen, ohne die Hilfe chemischer Gedächtnishilfen in Anspruch nehmen zu müssen (bei Schülern und Studenten mit Lernstörungen liegt eine andere Situation vor). Fleißig studieren dürfte zweifellos die beste Kognitionshilfe für all diejenigen sein, die unbeeinträchtigt lernen können. Im Prinzip geht es hier um ähnliche ethische Fragen, wie man sie im Zusammenhang mit der Genklonierung und der Stammzellbiologie erörtert. Biologen arbeiten auf Gebieten, die auch unter seriösen und gut informierten Menschen Uneinigkeit über die Bedeutung der Forschungsprodukte hervorrufen.

Wie können wir wissenschaftliche Fortschritte mit einer angemessenen Diskussion der ethischen Bedeutung verbinden? Hier überschneiden sich zwei Problemfelder. Das erste betrifft die wissenschaftliche Forschung. Die Freiheit der Forschung ist gleichbedeutend mit der Redefreiheit. Als demokratische Gesellschaft müssen wir innerhalb weit gefasster Grenzen die Freiheit des Wissenschaftlers garantieren, damit er seiner Forschung nachgehen kann, egal, wohin sie ihn führt. Wenn wir in den Vereinigten Staaten die Forschung auf einem bestimmten wissenschaftlichen Gebiet verbieten, dürfen wir sicher sein, dass sie irgendwo anders durchgeführt wird, vielleicht in einem Teil der Welt, in dem das menschliche Leben einen geringeren Stellenwert hat oder nicht so viel Beachtung erhält wie bei uns. Das zweite Problem betrifft die Einschätzung, wie eine wissenschaftliche Entdeckung, wenn überhaupt, genutzt werden soll. Dieses Urteil sollte man nicht den Wissenschaftlern allein überlassen, da es die Gesellschaft insgesamt betrifft. Wissenschaftler können zu den Diskussionen darüber, wie Wissenschaft genutzt wird, beitragen, die endgültigen Entscheidungen müssen aber unter Beteiligung von Ethikern, Juristen, Gruppen, die sich für Patientenrechte einsetzen, und Theologen getroffen werden.

Die Ethik als Teilgebiet der Philosophie ist seit jeher mit den moralischen Fragen der Menschheit befasst. Mit der Biotechnologie entstand das Spezialgebiet der Bioethik, die sich mit den sozialen und moralischen Folgen der biologischen und medizinischen Forschung beschäftigt. Um die besonderen Probleme anzugehen, die durch die neue Wissenschaft des Geistes aufgeworfen werden, hat William Safire, ein Kolumnist der *New York Times* und Präsident der DANA-Stiftung – die mit dem Ziel gegründet wurde, die Öffentlichkeit mit den Ergebnissen der Hirnforschung vertraut zu machen –, die Stiftung 2002 aufgefordert, Studien auf dem Gebiet der Neuroethik anzuregen. Safire sponserte ein Symposium mit dem Titel

Neuroethics: Mapping the Field, bei dem Wissenschaftler, Philosophen, Juristen und Theologen gemeinsam erörterten, wie sich die neue Auffassung vom Geist auf eine Fülle ethischer Fragen auswirkt: von der persönlichen Verantwortung und dem freien Willen über die Zurechnungsfähigkeit psychisch Kranker bis hin zur Bedeutung neuer pharmakologischer Behandlungsweisen für die Gesellschaft. Damit war ein Anfang gemacht.

Die Probleme, die von medikamentösen Kognitionshilfen aufgeworfen werden, habe ich 2004 zusammen mit Martha Farah von der University of Pennsylvania, Judy Illes vom Center for Biomedical Ethics der Stanford University, Robin Cook-Deegan vom Center for Genome Ethics, Law and Policy der Duke University und mehreren anderen Wissenschaftlern in der Zeitschrift *Nature Reviews Neuroscience* in einer Erklärung unter dem Titel »Neurocognitive Enhancement: What Can We Do and What Should We Do?« angesprochen.

Die DANA-Stiftung sorgt dafür, dass die offene Diskussion der neuroethischen Fragen nicht abreißt. Steven Hyman, der Kanzler der Harvard University, hat jüngst in einer Veröffentlichung der Stiftung geschrieben: »Viele Fragen … von der Privatsphäre im Zusammenhang mit neurodiagnostischen Methoden bis hin zur Verbesserung von Stimmung und Gedächtnis sollten Gegenstand intensiver Erörterungen sein, wobei sich diese Diskussionen im Idealfall entwickeln, bevor die wissenschaftlichen Fortschritte die Gesellschaft zum Reagieren zwingen.«

KAPITEL 25

Von Mäusen, Menschen und mentalen Störungen

Wie mich meine Studien über das explizite Gedächtnis in den neunziger Jahren zu den Problemen zurückführten, die am College mein Interesse an der Psychoanalyse geweckt hatten, so fand ich mich zu Anfang des Jahrtausends wieder mit den Fragen befasst, die mich während meiner Assistenzzeit an der psychiatrischen Klinik fasziniert hatten. Dieses erneute Interesse an psychischen Störungen war das Ergebnis mehrerer Faktoren.

Erstens war die biologische Gedächtnisforschung, mit der ich mich beschäftigte, bis zu einem Punkt gediehen, an dem ich Probleme angehen konnte, die mit komplexen Gedächtnisformen und der Rolle der selektiven Aufmerksamkeit für das Gedächtnis zu tun hatten. Außerdem sah ich mich durch die Möglichkeit, altersbedingte Gedächtnisstörungen bei Mäusen zu untersuchen, dazu ermutigt, Tiermodelle von anderen psychischen Störungen zu entwickeln. Dieser Versuch war auch deshalb sehr reizvoll, weil man entdeckt hatte, dass einige seelische Erkrankungen wie posttraumatisches Belastungssyndrom, Schizophrenie und Depression mit Gedächtnisbeeinträchtigungen der einen oder anderen Art einhergehen. Als sich mein Verständnis für die Molekularbiologie des Gedächtnisses allmählich vertiefte und ich erkannte, wie aufschlussreich Mausmodelle des altersbedingten Gedächtnisverlustes sind, rückte auch das Nachdenken über die Rolle von Gedächtnisstörungen bei anderen Formen psychischer Krankheiten und sogar über die Biologie des seelischen Wohlbefindens in den Bereich des Möglichen.

Zweitens hat sich die Psychiatrie im Laufe meiner Berufstätigkeit erheblich auf die Biologie zubewegt. Noch in den sechziger Jahren glaubten die meisten Psychiater, die sozialen Determinanten des Verhaltens seien vollkommen unabhängig von den biologischen Determinanten, und jede wirke auf einen anderen Aspekt der Psyche ein. Psychische Erkrankungen wurden je nach ihrem Ursprung in zwei große Kategorien unterteilt: organische und funktionelle Erkrankungen. Die Klassifizierung stammte aus dem neunzehnten Jahrhundert und ging auf die Untersuchung von Gehirnen verstorbener Psychiatriepatienten zurück.

Mit den damaligen Methoden konnte man winzige anatomische Veränderungen im Gehirn jedoch noch nicht entdecken. Infolgedessen wurden nur psychische Erkrankungen, die einen beträchtlichen Verlust an Nervenzellen und Hirngewebe erkennen ließen – etwa Alzheimer-Syndrom, Huntington-Krankheit und chronischer Alkoholismus – als organisch oder biologisch verursacht klassifiziert. Schizophrenie, die verschiedenen Formen der Depression und Angstzustände verursachten keinen Verlust an Nervenzellen und auch sonst keine erkennbaren Veränderungen in der Hirnanatomie und wurden daher als funktionell oder biologisch verursacht eingestuft – und häufig sozial stigmatisiert, weil es hieß, sie würden sich »nur im Geist des Patienten« abspielen. Diese Idee ging mit der Annahme einher, die Erkrankung des Patienten gehe möglicherweise auf Einflüsse seiner Eltern zurück.

Heute sind wir nicht mehr der Auffassung, dass sich nur bestimmte Krankheiten durch biologische Veränderungen im Gehirn auf die Gemütsverfassung auswirken. Vielmehr liegt der neuen Wissenschaft des Geistes die Annahme zugrunde, dass *alle* geistigen Prozesse biologischer Natur sind – sie hängen alle von organischen Molekülen und Zellprozessen ab, die sich buchstäblich »in unserem Kopf« vollziehen.

Drittens wurde ich 2001 aufgefordert, für das *Journal of the American Medical Association* einen Artikel über den Beitrag der Molekularbiologie zur Neurologie und Psychiatrie zu schreiben. Mein Koautor war Max Cowan, ein langjähriger Freund und Vizepräsident sowie wissenschaftlicher Leiter der Howard Hughes Medical Institution. Bei der Arbeit an diesem Artikel fiel mir auf, dass die Molekulargenetik und die Tiermodelle die Neurologie tief greifend verändert, die Psychiatrie hingegen kaum beeinflusst hatten. Das warf natürlich die Frage auf, warum die Molekularbiologie keinen entsprechenden Wandel in der Psychiatrie hervorgerufen hatte.

Entscheidend ist sicherlich, dass die neurologischen und die psychiatrischen Erkrankungen sich in mehreren Aspekten unterscheiden. Lange Zeit stützte sich die Neurologie auf das Wissen, wo bestimmte Krankheiten im Gehirn lokalisiert sind. Die Krankheiten, denen das Hauptinteresse der Neurologie gilt – Schlaganfälle, Tumore und degenerative Erkrankungen des Gehirns –, rufen deutlich erkennbare Strukturveränderungen hervor. Aus Untersuchungen dieser Störungen haben wir gelernt, dass in der Neurologie die Lokalisierung von zentraler Bedeutung ist. Seit fast hundert Jahren wissen wir, dass die Huntington-Krankheit eine Störung des Schweifkerns (Nucleus caudatus) im Gehirn, die Parkinson-Krankheit eine Störung der Schwarzen Substanz und die Amyotrophe Lateralsklerose (ALS) eine Störung der Motoneurone ist. Uns ist bekannt, dass diese Erkrankungen bestimmte Bewegungsstörungen hervorrufen, weil alle diese Leiden andere Teile des Bewegungssystems in Mitleidenschaft ziehen.

Ferner zeigte sich, dass eine Anzahl häufiger neurologischer Erkrankungen, etwa die Huntington-Krankheit, das fragile X-Syndrom, einige Formen von ALS und die früh einsetzende Form von Alzheimer relativ direkt vererbt werden, was den Schluss nahe legt, dass diese Krankheiten durch ein einziges schadhaftes Gen verursacht werden. Die Gene zu bestimmen, die für die Erkrankungen verantwortlich sind, war relativ einfach. Sobald eine Mutation identifiziert ist, wird es möglich, das mutante Gen in Mäusen und Fliegen exprimieren zu lassen und auf diese Weise festzustellen, wie das Gen die Krankheit hervorruft.

Da man die anatomische Lokalisation, die Identität und die Wirkmechanismen spezifischer Gene kennt, stützt sich die Diagnose neurologischer Krankheiten nicht mehr nur auf Verhaltenssymptome. Seit den neunziger Jahren muss der Arzt sich nicht mehr mit der Untersuchung in seiner Praxis begnügen, sondern kann zusätzlich Tests zur Funktionsstörung bestimmter Gene, Proteine und Nervenzellkomponenten durchführen lassen und mit Hilfe von Hirnscans beobachten, wie bestimmte Regionen von einer Störung beeinträchtigt werden.

DIE URSACHEN VON PSYCHISCHEN ERKRANKUNGEN ZU BESTIMMEN, ist sehr viel schwieriger, als organische Schäden im Gehirn zu orten. In hundert Jahren Postmortem-Studien an Gehirnen psychisch Kranker ließen sich die eindeutigen, lokalisierten Schädigungen, die wir bei neurologischen Erkrankungen beobachten, nicht nachweisen. Hinzu kommt, dass psychiatrische Erkrankungen Störungen der höheren geistigen Funktionen sind. Angstzustände und die verschiedenen Formen der Depression sind Emotionsstörungen, während die Schizophrenie eine Denkstörung ist. Emotion und Denken sind vielschichtige geistige Prozesse, die von komplexen neuronalen Schaltkreisen vermittelt werden, und bis in die jüngste Zeit wusste man wenig über die neuronalen Schaltkreise, die an normalen Gedanken und Emotionen beteiligt sind.

Obwohl psychische Krankheiten eine wichtige genetische Komponente haben, fehlen eindeutige Vererbungsmuster, weil sie nicht durch die Mutation eines einzelnen Gens verursacht werden. Es gibt also weder ein Schizophrenie-Gen noch ein einzelnes Gen für Angststörungen, Depression oder die meisten anderen Geisteskrankheiten. Vielmehr erwachsen die genetischen Komponenten dieser Krankheiten aus dem Zusammenspiel mehrerer Gene mit der Umwelt. Jedes einzelne dieser Gene zeigt nur einen relativ geringen Effekt, gemeinsam schaffen sie jedoch eine genetische Disposition – die Möglichkeit – für eine Erkrankung. Die meisten psychiatrischen Störungen werden durch eine Kombination dieser genetischen Disposition und zusätzlicher Umweltfaktoren hervorgerufen. Eineiige Zwillinge zum Beispiel haben identische Gene. Wenn ein Zwilling unter der Huntington-Krankheit leidet, gilt das auch für den anderen. Doch wenn ein Zwilling Schizophrenie hat, beträgt die Wahrscheinlichkeit, dass auch der andere die Krankheit bekommt, nur fünfzig Prozent. Um Schizophrenie auszulösen, sind andere, nichtgenetische Faktoren in frühen Lebensabschnitten erforderlich – etwa intrauterine Infektionen, Unterernährung, Stress oder das Sperma eines älteren Vaters. Da das Vererbungsmuster so vielschichtig ist, haben wir die meisten Gene, die an den wichtigen psychischen Krankheiten beteiligt sind, noch nicht bestimmen können.

Bei meinem Weg vom impliziten Gedächtnis der *Aplysia* zum expliziten Gedächtnis und zur inneren Repräsentation des Raums bei der Maus hatte ich mich von einem relativ einfachen auf ein weit komplexeres Gebiet begeben, das viele Fragen von allgemeiner Bedeutung für das menschliche Verhalten berührte, aber wenig eindeutige Erkenntnisse lieferte. Der Versuch, Tiermodelle von geistigen Störungen zu untersuchen, führte mich noch einen Schritt weiter ins Ungewisse. Hinzu kam, dass ich mit meinen Studien zum impliziten Gedächtnis der *Aplysia* zu den ersten Forschern auf diesem Gebiet gehört hatte und mit meinen Untersuchungen des expliziten Gedächtnisses von Mäusen zu einem interessanten, mittleren Zeitpunkt ein bereits vorhandenes Forschungsfeld betreten hatte; bei der Hinwendung zur Biologie der geistigen Störungen war ich jedoch ein ausgesprochener Nachzügler. Vor mir hatten schon viele Forscher mit Tiermodellen geistiger Störungen gearbeitet.

Mangelnde Kenntnisse über die Anatomie, Genetik und neuronalen

Schaltkreise, die an geistigen Störungen beteiligt sind, erschweren ihre Untersuchung an Tiermodellen. Die eine deutliche Ausnahme, auf die ich mich ursprünglich beschränkte, sind Angstzustände. Es lässt sich schwer beurteilen, ob eine Maus überhaupt unter Schizophrenie leidet – ob es sich um Wahnideen oder Halluzinationen handelt. Gleiches gilt für eine psychotische Depression. Doch jedes Tier, das ein gut entwickeltes Zentralnervensystem besitzt – von Schnecken über Mäuse und Affen bis hin zum Menschen –, kann Furcht oder Angst haben und lässt dies deutlich erkennen. Tiere empfinden also nicht nur Furcht, sondern wir können auch sehen, wann sie ängstlich sind. Wir sind gewissermaßen in der Lage, ihre Gedanken zu lesen. Charles Darwin hat diese Einsicht 1872 als Erster in seiner klassischen Studie *Der Ausdruck der Gemütsbewegungen bei dem Menschen und den Tieren* dargelegt.

Das entscheidende biologische Faktum, das Darwin erkannte und das die Entwicklung von Tiermodellen der Angstzustände erleichtert, besteht darin, dass die Angst – die Furcht selbst – eine universelle, instinktive Reaktion auf eine Gefahr für den eigenen Körper oder den Sozialstatus und damit entscheidend für das Überleben ist. Angst signalisiert eine potenzielle Bedrohung, die eine Anpassungsreaktion verlangt. Wie Freud dargelegt hat, trägt normale Angst zur Meisterung schwieriger Situationen und damit zur persönlichen Entwicklung bei. Normale Angst gibt es vor allem in zwei Formen: als instinktive Angst (instinktive oder angeborene Furcht), die dem Organismus inhärent und daher einer strengen genetischen Kontrolle unterworfen ist, und als erlernte Angst (erlernte Furcht), die in erster Linie durch Erfahrung erworben wird, zu der ein Organismus aber auch genetisch disponiert sein kann. Da jede Fähigkeit, die dem Überleben förderlich ist, in der Evolution nach Möglichkeit konserviert wird, sind sowohl die instinktive wie die erlernte Furcht im gesamten Tierreich beibehalten worden (Abbildung 25.1).

Beide Arten der Furcht können gestört werden. Instinktive Angst ist krankhaft, wenn sie so stark und dauerhaft ist, dass sie das Handeln lähmt. Erlernte Angst ist krankhaft, wenn sie durch Ereignisse hervorgerufen wird, die keine reale Bedrohung darstellen, etwa wenn ein neutraler Reiz im Gehirn mit instinktiver Angst verknüpft wird (was, wie wir gesehen haben, möglich ist). Angstzustände waren von besonderem Interesse für mich, weil sie bei weitem die häufigste geistige Störung sind: Irgendwann in ihrem Leben leiden 10 bis 30 Prozent der Gesamtbevölkerung unter solchen Angststörungen!

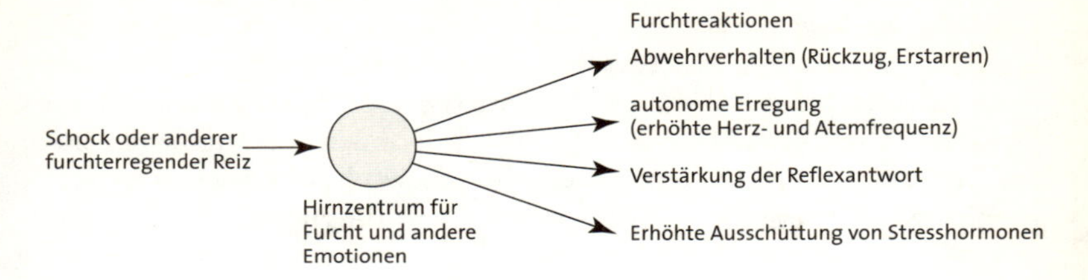

25.1 Abwehrreaktionen bei Furcht, die während der Evolution konserviert wurden

Durch Studien über instinktive und erlernte Furcht bei Menschen und Versuchstieren haben wir viele Erkenntnisse über die verhaltensrelevanten und biologischen Mechanismen dieser Emotion bei Menschen gewonnen. Zu einer unserer ersten verhaltensrelevanten Erkenntnisse gaben die Theorien von Freud und dem amerikanischen Philosophen William James den Anstoß, die beide erkannten, dass Furcht sowohl bewusste als auch unbewusste Komponenten hat. Unklar war, wie die beiden Komponenten interagieren.

Herkömmlicherweise ging man davon aus, dass die Furcht beim Menschen mit der bewussten Wahrnehmung eines wichtigen Ereignisses beginnt, etwa damit, dass man das eigene Haus in Flammen sieht. Das erzeugt in der Großhirnrinde eine emotionale Erfahrung – Furcht –, die Signale für Herz, Blutgefäße, Nebennierendrüsen und Schweißdrüsen auslöst. Nach dieser Auffassung setzt ein bewusstes, emotionales Ereignis die nachfolgenden unbewussten, reflexhaften und autonomen Reaktionen im Körper in Gang.

James lehnte diese Ansicht ab. In einem sehr einflussreichen Artikel mit dem Titel »What is Emotion?« aus dem Jahr 1884 äußerte er die Ansicht, dass die kognitive Erfahrung der Emotion dem physiologischen Ausdruck der Emotion nachgeordnet sei. Wenn wir in eine potenziell gefährliche Situation geraten – etwa auf einen Bär stoßen, der mitten auf dem Weg sitzt –, erzeugt die Frage, für wie wild wir den Bär halten, laut James keinen bewusst erlebten emotionalen Zustand. Furcht erleben wir demzufolge erst, nachdem wir vor dem Bär davongelaufen sind. Zuerst handeln wir instinktiv, und erst dann bemühen wir die bewusste Erkenntnis, um die Veränderungen in unserem Körper zu erklären, die mit diesem Verhalten verknüpft sind.

Auf diese Idee gestützt, entwickelten James und der dänische Psychologe Carl Lange die Theorie, dass die bewusste Erfahrung der Emotion erst stattfindet, *nachdem* der Cortex die Signale über die Veränderungen im physiologischen Zustand empfangen hat. Mit anderen Worten: Den bewussten Gefühlen gehen bestimmte unbewusste physiologische Veränderungen voraus – eine Zu- oder Abnahme von Blutdruck, Herzfrequenz und Muskelspannung. Wenn Sie also ein Feuer sehen, empfinden Sie Angst, weil Ihr Cortex gerade Signale empfangen hat, die ihm mitteilen, dass das Herz rast, die Knie weich und die Handflächen schweißnass sind. James: »Wir empfinden Traurigkeit, weil wir weinen, Wut, weil wir schlagen, Angst, weil wir zittern. Keinesfalls weinen, schlagen oder zittern wir, weil wir traurig, wütend oder ängstlich sind, wie es ja auch sein könnte.« Nach dieser Auffassung sind Emotionen kognitive Reaktionen auf Informationen über Körperzustände, die großenteils vom autonomen Nervensystem vermittelt werden. Unsere Alltagserfahrung bestätigt, dass Informationen über die Verfassung des Körpers zu unserer emotionalen Erfahrung beitragen.

Schon bald bekräftigten Forschungsergebnisse einige Aspekte der James-Lange-Theorie. Beispielsweise korrelieren objektiv unterscheidbare Emotionen mit bestimmten autonomen, endokrinen und willkürlichen Reaktionen. Ferner scheinen Menschen, deren Rückenmark durch einen Unfall durchtrennt ist, so dass sie kein Feedback vom autonomen Nervensystem in den Körperregionen unterhalb der Verletzung erhalten, weniger intensive Emotionen zu erleben.

Im Laufe der Zeit wurde jedoch klar, dass die James-Lange-Theorie nur einen Aspekt des emotionalen Verhaltens erklärt. Wäre das physiologische Feedback der einzige Einflussfaktor, würden die Emotionen die physiologischen Veränderungen nicht überdauern. Doch die Gefühle – die Gedanken und Handlungen in Reaktion auf Emotionen – können noch längere Zeit nach Fortfall der Bedrohung anhalten. Umgekehrt entstehen einige Gefühle sehr viel schneller als Veränderungen im Körper. Also lassen sich die Emotionen wohl doch nicht auf die Interpretation des Feedbacks von physiologischen Veränderungen im Körper reduzieren.

Eine wichtige Abänderung der James-Lange-These hat der Neurologe Antonio Damasio vorgenommen, der die Ansicht vertritt, die Erfahrung von Emotionen sei im Wesentlichen eine Repräsentation höherer Ordnung der Körperreaktionen, und diese Repräsentation könne stabil und anhaltend sein. Dank Damasios Arbeit hat sich ein Konsens hinsichtlich der Entstehung von Emotionen herausgebildet. Als ersten Schritt sieht man die unbewusste, implizite Einschätzung eines Reizes an, dem folgen erst physiologische Reaktionen und schließlich die bewusste Erfahrung, die fortdauern kann, aber nicht muss.

Um unmittelbar zu bestimmen, in welchem Maße die ursprüngliche Emotionserfahrung von bewussten oder unbewussten Prozessen abhängt, mussten die Forscher die innere Repräsentation von Emotionen mit den gleichen zellulären und molekularen Werkzeugen der Biologie analysieren, die man auch zur Erforschung bewusster und unbewusster kognitiver Prozesse verwendet. Dazu verknüpfte man Studien an Tiermodellen mit Untersuchungen an Menschen. Auf diese Weise hat man in den letzten zwanzig Jahren die neuronalen Bahnen der Emotionen mit einiger Genauigkeit ermittelt. An der unbewussten Komponente der Emotion, die in erster Linie mit Hilfe von Tiermodellen identifiziert wurde, sind Prozesse des autonomen Nervensystems und des sie regulierenden Hypothalamus beteiligt. Die bewusste Komponente der Emotion, die an Menschen untersucht wurde, beruht auf den evaluativen Funktionen des Cortex, speziell des zingulären Cortex. Von zentraler Bedeutung für beide ist die Amygdala, eine Gruppe von Kernen, die in dichter Anordnung tief in den Großhirnhälften liegen. Man nimmt an, dass die Amygdala die bewusste Erfahrung des Fühlens und den Körperausdruck der Emotionen, speziell der Furcht, koordiniert.

Bei Untersuchungen an Menschen und Nagetieren hat man festgestellt, dass die neuronalen Systeme, die unbewusste, implizite und emotional besetzte Erinnerungen speichern, andere sind als diejenigen, welche die Erinnerung an bewusste, explizite Gefühlszustände erzeugen. Ist die Amygdala, die so wichtig für das Furchtgedächtnis ist, geschädigt, kann ein emotional besetzter Reiz keine emotionale Reaktion mehr auslösen. Im Gegensatz dazu beeinträchtigt eine Schädigung des Hippocampus, der sich mit dem bewussten Gedächtnis befasst, die Fähigkeit, sich an den Kontext zu erinnern, in dem der Reiz aufgetreten ist. Die bewussten kognitiven Systeme lassen uns also die Möglichkeit, unsere Handlungen zu wählen, doch die unbewussten Bewertungsmechanismen reduzieren diese Optionen auf einige wenige, die der Situation angemessen sind. Attraktiv an dieser Auffassung ist der Umstand, dass sie die Emotionsforschung auf die gleiche Basis stellt wie die Studien zur Gedächtnisspeicherung. Wie die Daten erkennen lassen, setzt der unbewusste Abruf aus dem emotionalen Gedächtnis implizite Gedächtnisspeicherung voraus, während sich gezeigt hat, dass bewusstes Erinnern von Gefühlszuständen auf expliziter Gedächtnisspeicherung beruht und daher auf den Hippocampus angewiesen ist.

ZU DEN AUFFÄLLIGSTEN MERKMALEN DER FURCHT GEHÖRT, DASS SIE durch Lernen leicht mit neutralen Reizen verknüpft werden kann. Sobald das geschieht, können die neutralen Reize beim Menschen zu wirksamen Auslösern von emotionalen Langzeiterinnerungen werden. Diese erlernte Furcht ist eine entscheidende Komponente des posttraumatischen Belastungssyndroms, sozialer Phobien, der Agoraphobie (Platzangst) und des Lampenfiebers. Beim Lampenfieber und anderen Formen antizipatorischer Angst wird ein künftiges Ereignis (beispielsweise auf der Bühne zu stehen) mit der Erwartung verknüpft, dass etwas schief gehen wird (den Text zu vergessen). Zum posttraumatischen Belastungssyndrom kommt es nach einem extrem belastenden Ereignis, etwa einer extremen Gefechtssituation, Folter, Vergewaltigung, Misshandlungen oder Naturkatastrophen. Es manifestiert sich in wiederkehrenden Angstepisoden, die häufig durch die Erinnerung an das ursprüngliche Trauma ausgelöst werden. Ein auffälliges Merkmal dieser Störung – und der erlernten Furcht im Allgemeinen – ist der Umstand, dass die Erinnerung an das traumatische Erlebnis noch über Jahrzehnte wirksam bleibt und durch eine Vielzahl belastender Umstände leicht reaktiviert werden kann. Tatsächlich kann die Darbietung einer einzigen Gefahr bewirken, dass die Amygdala die Erinnerung an diese Bedrohung bewahrt, solange der Organismus lebt. Wie ist das möglich?

In gewisser Weise setzte ich nur meine Studien an der *Aplysia* fort, als ich die erlernte Furcht bei der Maus zu untersuchen begann. Im Falle der *Aplysia* lehrt die klassische Furchtkonditionierung ein Tier, zwei Reize zu verknüpfen: einen neutralen Reiz (eine leichte Berührung des Siphos) und einen, der stark genug ist, um instinktive Furcht hervorzurufen (ein Schock am Schwanz). Wie der Schock am Schwanz der *Aplysia* löst ein elektrischer Schock an den Pfoten einer Maus eine instinktive Angstreaktion aus – Rückzug, Ducken und Erstarren. Der neutrale Reiz, ein einfacher Ton, ruft diese Reaktion natürlich nicht hervor. Wenn jedoch Ton und Schock wiederholt gepaart werden, lernt das Tier, die beiden zu verknüpfen. Es lernt, dass der Ton dem Schock vorausgeht. Infolgedessen löst der Ton schließlich allein die Furchtreaktion aus (Abbildung 25.2).

Obwohl der neuronale Schaltkreis für erlernte Furcht bei der Maus

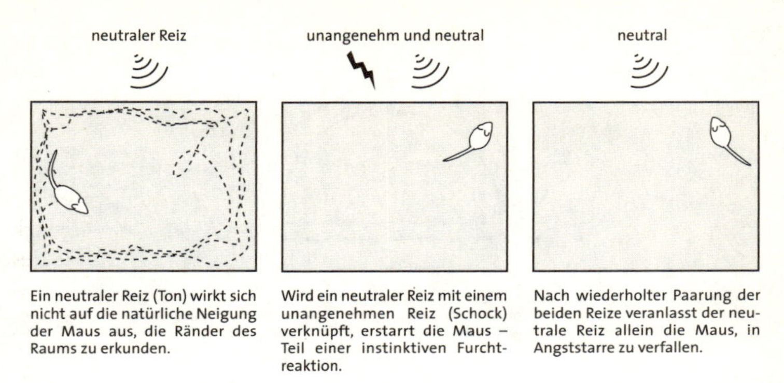

25.2 Erzeugung erlernter Furcht bei Mäusen

viel komplizierter ist als bei der *Aplysia*, ist dank der Studien von Joseph LeDoux von der NYU und Michael Davis, heute an der Emory University, doch eine ganze Menge über ihn bekannt. Wie die beiden Forscher beobachteten, greifen bei Nagetieren – wie beim Menschen – die angeborene und die erlernte Furcht auf einen neuronalen Schaltkreis zurück, in dessen Zentrum sich die Amygdala befindet. Außerdem ermittelten sie, wie Informationen von konditionierten und unkonditionierten Reizen die Amygdala erreichen und wie die Amygdala eine Furchtreaktion einleitet.

Wenn ein Ton mit einem Schock gepaart wird, werden Ton und Schock anfangs über verschiedene Bahnen weitergeleitet. Der Ton, der konditionierte Reiz, aktiviert sensorische Neurone in der Schnecke, dem Organ des Ohres, das den Schall aufnimmt. Diese sensorischen Neurone schicken ihre Axone zu einer Anhäufung von Neuronen im Thalamus, die für das Hören zuständig sind. Die Neurone im Thalamus bilden zwei Bahnen: eine direkte Bahn, die zum lateralen Kern im Thalamus zieht, ohne mit dem Cortex in Berührung zu kommen, und eine indirekte Bahn, die erst zum auditorischen Cortex führt und dann zum lateralen Kern (Abbildung 25.3). Beide Bahnen, die Informationen über den Ton transportieren, enden an und bilden synaptische Verbindungen mit den Pyramidenneuronen, der häufigsten Nervenzellart im lateralen Kern.

Informationen über Schmerzen durch den unkonditionierten Reiz, den Schock an den Pfoten, aktivieren Bahnen, die an einer anderen An-

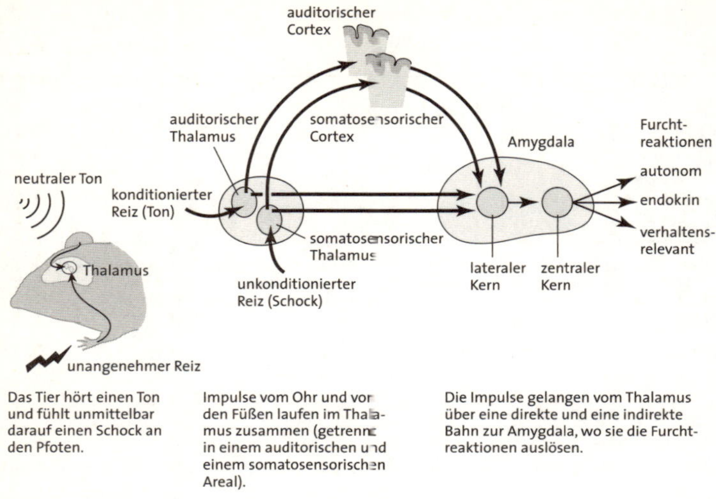

25.3 Die neuronalen Bahnen erlernter Furcht

häufung von Neuronen im Thalamus enden, verantwortlich für die Verarbeitung von Schmerzreizen. Diese Neurone im Thalamus bilden ebenfalls eine direkte und eine indirekte Bahn zu den Pyramidenzellen des lateralen Kerns. In diesem Fall verläuft die indirekte Bahn durch den somatosensorischen Cortex.

Die Existenz dieser separaten Bahnen – einer, die durch den Cortex verläuft, und einer, die ihn vollkommen umgeht – lieferte erste Anhaltspunkte dafür, dass die unbewusste Bewertung eines furchterregenden Reizes der bewussten, cortikalen Beurteilung vorausgeht, wie die James-Lange-Theorie vorhergesagt hatte. Durch Aktivierung der schnellen, direkten Bahn, die den Cortex umgeht, kann ein furchterregender Reiz unser Herz rasen und unsere Handflächen feucht werden lassen, bevor wir über die langsame Bahn bewusst registrieren, dass in unserer unmittelbaren Nähe eine Waffe abgefeuert wurde.

Der laterale Kern der Amygdala dient nicht nur als Konvergenzpunkt für Informationen über den konditionierten Reiz (Ton) und den unkonditionierten Reiz (Schock), sondern mobilisiert durch die Verbindung, die er zum Hypothalamus und dem zingulären Cortex unterhält, auch Anpassungsreaktionen. Der Hypothalamus ist von entscheidender Bedeutung für den körperlichen Ausdruck von Furcht, weil er die Kampf-oder-Flucht-Reaktion auslöst (Erhöhung der Herzfrequenz, Schwitzen, trockener Mund und Muskelanspannung). Der zinguläre Cortex befasst sich mit der bewussten Beurteilung der Furcht.

WIE WIRKT ERLERNTE FURCHT IN DER MAUS? VERÄNDERT SIE WIE BEI der *Aplysia* die synaptische Stärke in den Bahnen, die vom konditionierten Reiz beeinflusst werden? Um diese Frage zu klären, haben zahlreiche Forscher, unter anderem auch meine Kollegen und ich, Schnitte der Mausamygdala untersucht. Wenn die direkte und die indirekte Bahn mit einer ähnlichen Sequenz elektrischer Reize stimuliert werden, wie sie Bliss und Lømo im Hippocampus verwendeten, dann werden diese Bahnen, wie frühere Studien ergeben hatten, durch eine Spielart der Langzeitpotenzierung verstärkt. Diese Spielart untersuchten wir biochemisch und stellten fest, dass sie, obwohl sie sich ein bisschen von ihrem Gegenstück im Hippocampus unterscheidet, fast identisch mit der Langzeitbahnung ist, die zur Sensitivierung und klassischen Konditionierung (zwei Formen erlernter Furcht) bei der *Aplysia* beiträgt. Beide haben einen molekularen Signalweg, an dem cAMP, Proteinkinase A und das Regulatorgen CREB beteiligt sind. Diese Ergebnisse belegen abermals, dass Langzeitbahnung und die verschiedenen Formen der Langzeitpotenzierung zu einer Familie von molekularen Prozessen gehören, die in der Lage sind, synaptische Verbindungen über lange Zeiträume zu verstärken.

2002 kam Michael Rogan, der zuvor mit LeDoux zusammengearbeitet hatte, an mein Labor. Gemeinsam untersuchten wir anstelle von Schnitten des Mausgehirns nun intakte Tiere. Wir zeichneten die Reaktion von Neuronen in der Amygdala auf einen Ton auf und beobachteten – wie Rogan und LeDoux bereits früher an Ratten ermittelt hatten –, dass erlernte Furcht diese Reaktion verstärkt (Abbildung 25.4). Dieses Phänomen ähnelt der Langzeitpotenzierung, die wir in Schnitten der Amygdala festgestellt hatten. Wenn erlernte Furcht Synapsen in der Amygdala einer intakten Maus verstärkt, dürfte die elektrische Stimulation von Amygdalaschnitten dieser Maus – so der Schluss unseres Kollegen Vadim Bolshakov von der Harvard University, mit dem wir zusammenarbeiteten – die Synapsen nicht mehr bedeutend verstärken. Genau das zeigten unsere Experimente. Lernen wirkt sich also an den gleichen Stellen und auf ganz ähnliche Weise in der Amygdala eines lebenden Tieres aus wie elektrische Reize in Schnitten der Amygdala.

Dann bedienten wir uns eines bewährten Verhaltenstests für erlernte Furcht. Wir setzten eine Maus in einen großen, hellerleuchteten Käfig. Die Maus ist ein nachtaktives Tier und fürchtet sich vor hellem Licht, daher läuft sie normalerweise an den Seiten des Käfigs entlang und macht nur gelegentliche Abstecher in die Mitte. Dieses Schutzverhalten ist ein Kompromiss zwischen dem Bedürfnis des Tieres, Räubern aus dem Weg zu gehen, und seinem Bedürfnis, die Umgebung zu erkunden. Ließen wir einen Ton erklingen, setzte die Maus ihren Weg an den Seiten des offenen Käfigs fort, als wäre nichts geschehen. Doch wenn auf den Ton wiederholt ein Elektroschock folgte, lernte das Tier, den Ton mit dem Schock zu verknüpfen. Wenn es nun den Ton hörte, gab es sein Umherlaufen sofort auf und blieb stattdessen, meist in Angststarre, in einer Ecke hocken (Abbildung 25.2).

ANGESICHTS DIESER ERKENNTNISSE ÜBER DIE ANATOMIE UND PHYSIOlogie erlernter Furcht fühlten wir uns ermutigt, nun die molekularen Grundlagen dieser Emotion zu untersuchen. Der Postdoktorand Gleb Shumyatsky und ich machten uns auf die Suche nach Genen, die möglicherweise nur im lateralen Kern der Amygdala exprimiert wurden, der Region, die wir untersucht hatten. Wir stellten fest, dass die Pyramidenzellen ein Gen exprimieren, das einen Peptidtransmitter namens gastrinfreisetzendes Peptid (*gastrin releasing peptid* GRP) codiert. Pyramidenzellen verwenden dieses Peptid als erregenden Transmitter zusätzlich zu – und in Verbindung mit – Glutamat. Sie schütten es von ihren präsynaptischen Endigungen in Zielzellen im lateralen Kern aus. Diese Zielzellen sind, wie wir herausfanden, eine spezielle Population von hemmenden Interneuronen, die GRP-Rezeptoren besitzen. Wie alle hemmenden Interneurone im lateralen Kern verwenden diese Zielzellen GABA als Transmitter. Die Zielzellen gehen wiederum Verbindungen zurück zu den Pyramidenzellen ein und schütten im aktiven Zustand GABA aus, um diese zu hemmen.

Der Schaltkreis, den wir entdeckten, wird als negative Rückkopplungsschleife bezeichnet: In einem Schaltkreis erregt ein Neuron ein hemmendes Interneuron, das dann das Neuron hemmt, von dem es ursprünglich erregt wurde. Könnte eine solche hemmende Rückkopplungsschleife dazu dienen, die Furcht eines Organismus in Schranken zu halten? Um das herauszufinden, untersuchten wir eine genetisch veränderte Maus, deren GRP-Rezeptoren eliminiert worden waren, so dass die hemmende Rückkopplungsschleife unterbrochen war. Wir nahmen an, dass die daraus

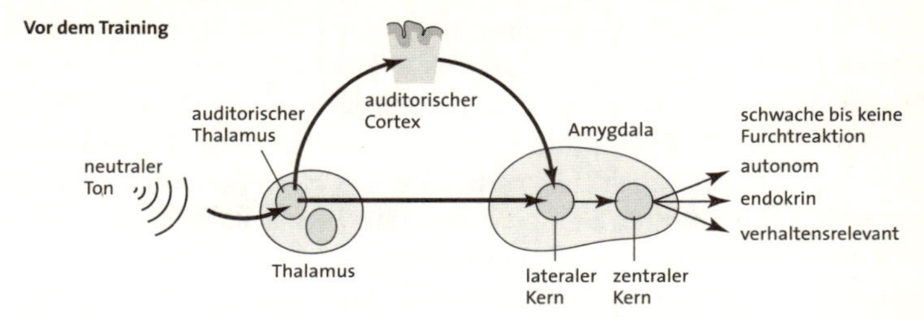

Vor dem Training: Der Input, den die Amygdala vom auditorischen Thalamus erhält, ist normal.

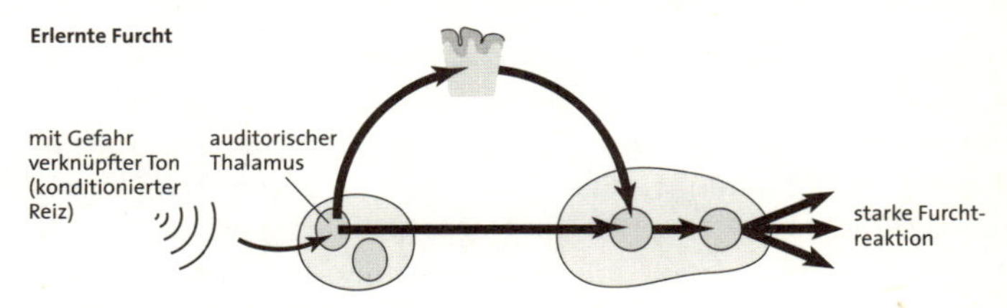

Erlernte Furcht: Input vom auditorischen Thalamus wird verstärkt.

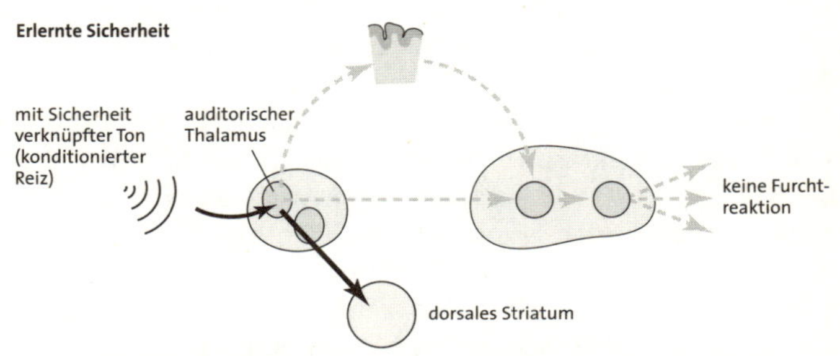

Erlernte Sicherheit: Input vom auditorischen Thalamus wird gedämpft, und das dorsale Striatum, das mit einem Gefühl des Wohlbefindens assoziiert ist, wird aktiviert.

25.4 Modifizierung der Signalwege für Furcht durch Lernen

resultierende Verschiebung zu größerer Erregung, zu gesteigerter, unkontrollierter Furcht führen konnte.

In Übereinstimmung mit unserer Voraussage beobachteten wir eine extrem erhöhte Langzeitpotenzierung im lateralen Kern und ein beträchtlich verstärktes und länger anhaltendes Furchtgedächtnis. Der Effekt erwies sich als bemerkenswert spezifisch für erlernte Furcht, denn die betreffenden mutanten Mäuse schnitten in einer Vielzahl von Tests für angeborene Furcht ganz normal ab. Diese Ergebnisse entsprechen der grundlegenden Unterscheidung zwischen erlernter und angeborener Furcht. So gelang es uns mit dem kombinierten zellulären und genetischen Ansatz, einen neuronalen Schaltkreis zu bestimmen, der eine wichtige Rolle für die Kontrolle erlernter Furcht spielt. Die Entdeckung könnte die Entwicklung von Medikamenten gegen jene erlernte Furcht nach sich ziehen, die mit psychiatrischen Syndromen wie dem posttraumatischen Belastungssyndrom und mit Phobien verknüpft ist.

WIE VERHÄLT ES SICH MIT DEM GEGENTEIL DER FURCHT? WAS IST mit dem Gefühl der Sicherheit, der Zuversicht und des Glücks? In diesem Zusammenhang fällt mir unwillkürlich der erste Satz aus Tolstois *Anna Karenina*, dem Roman über eine gesellschaftlich unmögliche Liebesbeziehung, ein: »Alle glücklichen Familien gleichen einander, jede unglückliche Familie ist unglücklich auf ihre Art.« Mit dieser – eher literarischen als wissenschaftlichen – Aussage meint Tolstoi, dass Angst und Depression die unterschiedlichsten Formen annehmen können, während positive Emotionen – Sorglosigkeit, Sicherheit und Glück – viele gemeinsame Merkmale haben.

Von dieser Überlegung ausgehend, untersuchten Rogan und ich die neurologischen Charakteristika erlernter Sicherheit, die vermutlich eine Form des Glücks ist. Dabei argumentierten wir wie folgt: Wenn ein Ton mit einem Schock gepaart wird, lernt das Tier, dass der Ton den Schock vorhersagt. Werden jedoch ein Ton und ein Schock immer separat dargeboten, lernt das Tier, dass der Ton den Schock nie vorhersagt, sondern dass der Ton Sicherheit voraussagt. Als wir dieses Experiment durchführten, stießen wir auf eben das Ergebnis, das wir vorausgesagt hatten: Wenn eine Maus, die Schocks und Töne separat dargeboten bekam, den Ton in einer neuen Umgebung hörte, stellte sie ihr Abwehrverhalten ein. Sie ging in die Mitte eines offenen Feldes, als wäre es ihr Territorium, und zeigte keine Anzeichen von Furcht (Abbildung 25.5). Als wir uns den lateralen Kern von Mäusen, die dem Sicherheitstraining unterzogen worden waren, näher anschauten, entdeckten wir das Gegenteil der Langzeitpotenzierung, nämlich eine Langzeitdepression in der neuronalen Reaktion auf den Ton, was darauf schließen ließ, dass der Signalweg zur Amygdala erheblich eingeschränkt war (Abbildung 25.4).

Anschließend fragten wir uns, ob das Sicherheitstraining wirklich ein

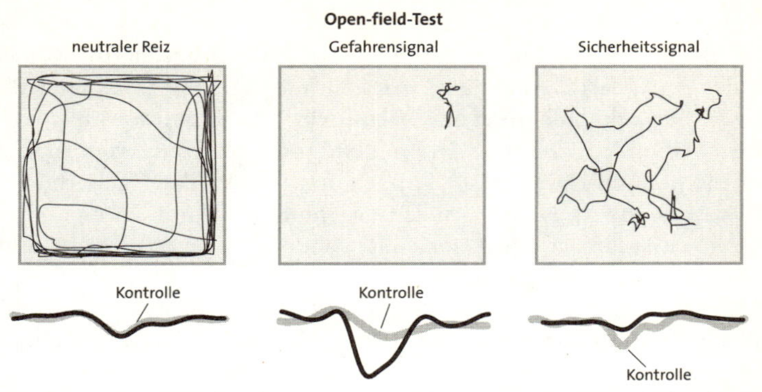

Vor dem Training erkundet eine Maus einen offenen Raum, indem sie an den Rändern entlang läuft und gelegentlich im Eiltempo die Mitte durchquert. Die elektrophysiologische Reaktion auf einen Ton ist schwach und unterscheidet sich nicht von der eines Kontrolltieres.

Nach dem Training für erlernte Furcht erstarrt die Maus in einer Ecke des offenen Feldes. Ihre elektrophysiologische Reaktion auf einen neutralen Ton ist sehr viel stärker als die des Kontrolltieres, dem man die Furcht vor dem Signal nicht antrainiert hat.

Nach dem Sicherheitstraining bewegt sich eine Maus unbedenklicher als zuvor über das offene Feld. Ihre elektrophysiologische Reaktion auf einen neutralen Ton ist schwächer als die des Kontrolltieres.

25.5 Effekte von Signalen für erlernte Furcht und erlernte Sicherheit

Gefühl der Sicherheit hervorruft, echtes Selbstvertrauen, oder ob es nur das Niveau der ständig in uns vorhandenen Angst verringert. Um diese beiden Möglichkeiten zu unterscheiden, zeichneten wir die Aktivität des Striatums auf, einer Hirnregion, die normalerweise an positiver Bekräftigung und Wohlbefinden beteiligt ist. (Diese Region wird durch Kokain und andere Suchtmittel aktiviert, welche die positiv verstärkenden neuronalen Systeme mit Beschlag belegen und den Konsumenten dadurch verführen, die Droge weiter zu nehmen.) Es zeigte sich, dass die neuronale Aktivität im Striatum nach einem Ton nicht verändert wird, wenn das Tier Furcht lernt – das heißt, wenn es lernt, den Ton mit einem Schock zu verknüpfen. Doch wenn es lernt, den Ton mit dem Gefühl von Sicherheit zu assoziieren, wird die Reaktion im Striatum extrem verstärkt, was mit dem positiven Empfinden von Sicherheit in Einklang steht.

Unsere Studien zur erlernten Sicherheit haben sowohl auf positive Gefühle wie Glück und Sicherheit als auch auf negative Gefühle wie Angst und Furcht eine neue Sicht eröffnet. Sie lassen darauf schließen, dass es in den Tiefen des Gehirns ein zweites System gibt, das für positive

Emotionen zuständig ist. Tatsächlich schicken sowohl die Neurone im Thalamus, die auf den Ton reagieren, als auch die Neurone im lateralen Kern der Amygdala Axone zum Striatum, um ihm Informationen über Zufriedenheit und Sicherheit zu übermitteln. Das Striatum ist mit vielen Feldern verbunden, unter anderem dem präfrontalen Cortex, der die Amygdala hemmt. Daher ist es denkbar, dass die erlernte Sicherheit dadurch, dass sie die Aktivität im Striatum erhöht, nicht nur das Gefühl von Sorglosigkeit und Sicherheit verstärkt, sondern auch die Furcht durch Hemmung der Amygdala verringert.

Möglicherweise zeigen diese Studien, dass die Molekularbiologie der Kognition und Emotion in der Lage ist, Medikamente zu entwickeln, mit denen sich beim Menschen das Gefühl für Sicherheit und Selbstwert erhöhen lässt. Könnten manche Angstzustände beispielsweise auf einem Defekt der neuronalen Signale beruhen, die normalerweise ein Gefühl der Sicherheit vermitteln? Seit den sechziger Jahren gibt es Medikamente, die bestimmte Angstzustände lindern, doch diese Mittel helfen nicht bei allen Angststörungen, und einige von ihnen, etwa Librium und Valium, sind suchterzeugend, weshalb ihre Einnahme sehr sorgfältig kontrolliert werden muss. Es ist gut möglich, dass sich dank Therapien, welche die Aktivität des neuronalen Schaltkreises für Sicherheit und Wohlbefinden verstärken, Angststörungen eines Tages wirksamer behandeln lassen.

KAPITEL 26

Ein neuer Ansatz zur Behandlung psychischer Krankheiten

Können Mausmodelle zur Untersuchung von Störungen eingesetzt werden, die komplexer und gravierender sind als Angstzustände? Lässt sich mit ihnen die Schizophrenie erforschen, die hartnäckigste und grausamste psychische Störung des Menschen, und diejenige, gegen die neue Behandlungsmethoden am dringendsten erforderlich sind?

Überraschenderweise tritt Schizophrenie ziemlich häufig auf. Weltweit sind rund ein Prozent der Bevölkerung davon betroffen, Männer offenbar etwas häufiger und schwerer als Frauen. Weitere zwei bis drei Prozent der allgemeinen Bevölkerung leiden unter schizotypischen Persönlichkeitsstörungen, die häufig als eine leichtere Form der Krankheit angesehen werden, weil die Patienten kein psychotisches Verhalten an den Tag legen.

Typisch für Schizophrenie sind drei Arten von Symptomen: positive, negative und kognitive. Die Positivsymptome, die wenigstens ein halbes Jahr lang anhalten, sind seltsame Verhaltensweisen und Störungen der geistigen Funktionen. Am auffälligsten sind sie während der psychotischen Episoden, den Krankheitsphasen, in denen Patienten nicht in der Lage sind, die Wirklichkeit richtig zu interpretieren, also ihre Überzeugungen und Wahrnehmungen realistisch zu prüfen oder sie mit dem zu vergleichen, was tatsächlich in der Welt um sie herum geschieht. Die Kennzeichen dieser Unfähigkeit sind Wahnvorstellungen (abwegige Überzeugungen, die mit den Tatsachen nicht zu vereinbaren sind und die auch durch den Beweis ihrer Unhaltbarkeit nicht zu verändern sind), Halluzinationen (Wahrnehmungen, die ohne äußeren Reiz auftreten, etwa das Hören von Stimmen, welche die Handlungen des Patienten kommentieren) und unlogisches Denken (Verlust normaler Verbindungen oder Assoziationen zwischen Ideen, auch als Denkdissoziation oder logische Entgleisung bezeichnet, die in schwerer Form zu inkohärentem Denken und Sprechen führt).

Die Negativsymptome der Schizophrenie äußern sich durch Abwesenheit bestimmter sozialer und interpersonaler Verhaltensweisen, was mit sozialer Zurückgezogenheit, beeinträchtigter Sprache und der Unfähigkeit, Emotionen zu empfinden und auszudrücken, auch als Affektverarmung bezeichnet, einhergeht. Zu den kognitiven Symptomen gehören eine verminderte Konzentrationsfähigkeit und Defizite einer Form des expliziten Kurzzeitgedächtnisses, die als Arbeitsgedächtnis bekannt und für die Exekutivfunktionen entscheidend ist: den Tag zu organisieren oder eine Folge von Ereignissen zu planen und auszuführen. Die kognitiven Symptome sind chronisch, das heißt, sie bleiben auch in nichtpsychotischen Perioden erhalten und sind die Aspekte der Krankheit, die am schwierigsten zu behandeln sind.

Zwischen psychotischen Episoden lassen die Patienten in erster Linie Negativsymptome und kognitive Symptome erkennen: Sie verhalten sich exzentrisch, sind sozial isoliert, weisen ein hohes Maß an emotionaler Erregtheit auf, ihr sozialer Antrieb ist schwach, ihre Sprache beeinträchtigt, ihre Aufmerksamkeitsspanne kurz und die Motivation äußerst gering.

Den meisten Forschern, die über Schizophrenie gearbeitet haben, war klar, dass sich das ganze Spektrum der Symptome nicht im Mausmodell simulieren lässt. Positivsymptome sind schwierig zu simulieren, weil wir nicht wissen, wie wir Wahnvorstellungen oder Halluzinationen bei Mäusen erkennen sollen. Genauso schwer ist es, die Negativsymptome zu modellieren. Doch in Anlehnung an die bahnbrechenden Arbeiten an Affen, die Patricia Goldman-Rakic an der Yale University durchgeführt hatte, wollten meine Kollegen Eleanor Simpson, Christoph Kellendonk und Jonathan Polan wissen, ob es möglich wäre, mit Hilfe des Mausmodells die molekulare Basis einiger Aspekte der kognitiven Schizophreniesymptome zu untersuchen. Wir glaubten, eine Schlüsselkomponente der kognitiven Symptome simulieren zu können, das defekte Arbeitsgedächtnis. Das Arbeitsgedächtnis ist eingehend beschrieben worden; außerdem wissen wir, dass es entscheidend vom präfrontalen Cortex abhängt, einem Teil des Stirnlappens, der unsere komplexesten geistigen Prozesse vermittelt. Wir waren ferner der Auffassung, dass eine genauere Kenntnis der kognitiven Defizite uns auch helfen würde, die Funktionen des präfrontalen Cortex während normaler geistiger Zustände besser zu verstehen.

STUDIEN AM PRÄFRONTALEN CORTEX GEHEN AUF DAS JAHR 1848 ZUrück, als John Harlow den klassischen Fall des Eisenbahnvorarbeiters Phineas Gage beschrieb. Infolge einer unbeabsichtigten Explosion durchschlug eine Eisenstange Gages präfrontalen Cortex. Er überlebte den Unfall, ohne Schaden an allgemeiner Intelligenz, Wahrnehmung oder am Langzeitgedächtnis zu nehmen; allerdings veränderte sich seine Persönlichkeit. Vor dem Unfall war er gewissenhaft und fleißig; danach fing er an zu trinken, wurde unzuverlässig und wechselte häufig seinen Arbeitsplatz. Spätere Untersuchungen an Menschen mit Verletzungen des präfrontalen Cortex bestätigten, dass die Hirnregion eine entscheidende Rolle für Urteil und Langzeitplanung spielt.

In den dreißiger Jahren begann Carlyle Jacobson, ein Psychologe an der Yale University, die Funktion des präfrontalen Cortex an Affen zu untersuchen, und lieferte die ersten Anhaltspunkte dafür, dass diese Hirnregion am Kurzzeitgedächtnis beteiligt ist. Vierzig Jahre später beschrieb der britische Kognitionswissenschaftler Alan Baddeley eine Form des Kurzzeitgedächtnisses, die er Arbeitsgedächtnis nannte, weil es über einen relativ kurzen Zeitraum die von Augenblick zu Augenblick stattfindenden Wahrnehmungen integriert und sie zu dauerhaft gespeicherten Erinnerungen früherer Erfahrungen in Beziehung setzt, eine wesentliche Voraussetzung für die Planung und Ausführung komplexen Verhaltens. Kurz darauf verknüpften Joaquin Fuster von der University of California in Los Angeles und Goldman-Rakic Jacobsons Arbeit über den präfrontalen Cortex mit Baddeleys Studien über das Arbeitsgedächtnis. Sie fanden heraus, dass die Entfernung des präfrontalen Cortex bei Affen kein allgemeines Defizit des Kurzzeitgedächtnisses bewirkt, sondern die Funktionen beeinträchtigt, die Baddeley als Arbeitsgedächtnis beschrieb.

Die Erkenntnis, dass der präfrontale Cortex an der Planung und Ausführung von komplexen Verhaltensweisen beteiligt ist – Funktionen, die bei schizophrenen Patienten gestört sind –, veranlasste einige Forscher, sich den präfrontalen Cortex von Schizophrenie-Patienten genauer anzusehen. Hirnscans zeigten bei diesen Patienten eine unterdurchschnittliche Stoffwechselaktivität im präfrontalen Cortex, auch wenn sie keiner bestimmten geistigen Aktivität nachgingen. Wenn eine normale Versuchsperson mit einer Aufgabe beschäftigt ist, die auf das Arbeitsgedächtnis angewiesen ist, nimmt die Stoffwechseltätigkeit in ihren präfrontalen Regionen auffällig zu. Bei schizophrenen Patienten fällt dieser Anstieg viel geringfügiger aus.

Angesichts der Tatsache, dass die Schizophrenie eine genetische Komponente hat, ist es vielleicht nicht überraschend, dass das Arbeitsgedächtnis auch bei 40 bis 50 Prozent der Verwandten ersten Grades von Schizophrenie-Patienten (also bei Eltern, Kindern und Geschwistern) leicht beeinträchtigt ist, obwohl diese Verwandten keine klinischen Symptome der Krankheit erkennen lassen. Außerdem zeigen sich bei diesen Verwandten ebenfalls abnorme Funktionen des präfrontalen Cortex, was die Bedeutung dieser Region für die genetische Expression von Schizophrenie belegt.

Der Umstand, dass die kognitiven Symptome der Schizophrenie den Verhaltensbeeinträchtigungen ähneln, die auftreten, wenn die Stirnlappen in Tierexperimenten chirurgisch vom Rest des Gehirns getrennt werden, bewog uns zu der Frage: Was liegt auf molekularer Ebene dem Defekt des Arbeitsgedächtnisses im präfrontalen Cortex zugrunde?

EIN GROSSTEIL DESSEN, WAS WIR ÜBER DIE BIOLOGIE DER SCHIZOphrenie wissen, verdanken wir den Studien über Medikamente, die diese Erkrankung lindern. In den fünfziger Jahren kam der französische Neurochirurg Henri Laborit auf die Idee, die Angst, die viele Patienten vor einer Operation empfinden, gehe vielleicht auf eine massive Ausschüttung von Histamin zurück, einer hormonartigen Substanz, die in Reaktion auf Stress erzeugt wird, die Blutgefäße erweitert und dadurch den Blutdruck senkt. Laborit vertrat die Auffassung, der extrem erhöhte Histaminspiegel trage möglicherweise zu einigen unerwünschten Nebenwirkungen der Narkose bei – etwa Unruhe, Schock und plötzlichem Tod. Bei der Suche nach einem Medikament, das die Wirkung von Histamin unterbinden und die Patienten beruhigen könnte, stieß er auf das gerade von dem französischen Pharmakonzern Rhône-Poulence entwickelte Chlorpromazin. Laborit war von der beruhigenden Wirkung des Medikaments so beeindruckt, dass er sich fragte, ob es nicht auch die extreme Unruhe von Patienten mit psychiatrischen Störungen lindern würde. Die beiden französischen Psychiater Jean Delay und Pierre Deniker griffen den Gedanken auf und beobachteten, dass eine hohe Dosis Chlorpromazin erregte und aggressive Patienten mit Schizophreniesymptomen tatsächlich besänftigte.

Im Laufe der Zeit stellte man fest, dass Chlorpromazin und verwandte Mittel nicht nur wirkungsvolle Beruhigungsmittel waren, welche die Patienten zudem nicht übermäßig ruhig stellten, sondern auch antipsychotische Wirkstoffe, dank denen sich die psychotischen Symptome der Schizophrenie enorm lindern ließen. Diese ersten Medikamente gegen eine der großen psychischen Erkrankungen revolutionierten die Psychiatrie. Sie lenkten das Interesse der psychiatrischen Gemeinschaft unter anderem auf die Frage, worauf die Wirkung eines Antipsychotikums beruht.

Der erste Hinweis auf den Wirkmechanismus des Chlorpromazins ergab sich aus der Analyse einer seiner Nebenwirkungen, einem Syndrom, das der Parkinson-Krankheit ähnelt. 1960 machte Arvid Carlsson, ein Pharmakologieprofessor an der Universität Göteborg, mit dem ich mir später den Nobelpreis teilen sollte, drei bemerkenswerte Entdeckungen, die entscheidende Einblicke in die Parkinson-Krankheit und die Schizophrenie gewährten. Zunächst stieß er auf das Dopamin und bewies, dass es ein Neurotransmitter im Gehirn ist. Dann stellte er fest, dass wir, wenn wir die Dopaminkonzentration im Gehirn von Versuchstieren um einen kritischen Wert verringern, ein Modell der Parkinson-Krankheit erzeugen. Aus diesem Ergebnis zog er den Schluss, dass die Parkinson-Krankheit aus einem Rückgang der Dopaminkonzentration in Hirnregionen resultieren mochte, die an der Bewegungssteuerung beteiligt sind. Als er und andere diese Idee testeten, zeigte sich, dass sie Parkinson-Symptome beheben konnten, indem sie Patienten zusätzliches Dopamin verabreichten.

Im Zuge dieser Untersuchungen fiel Carlsson jedoch auf, dass Patienten, die übermäßige Dopamindosen erhielten, psychotische Symptome entwickelten, die denen von Schizophrenie-Patienten ähnelten, so dass er schließlich als tieferen Grund für Schizophrenie eine exzessive Dopaminübertragung vermutete. Antipsychotika entfalten ihre therapeutische Wirkung, so sein Schluss, durch Blockierung der Dopaminrezeptoren. Das reduziert die Dopaminübertragung auf mehreren entscheidenden Nervenbahnen und verringert so die Folgen einer übermäßigen Dopaminproduktion. Carlssons These wurde später experimentell bestätigt. Für diese Hypothese sprach außerdem die erwähnte Beobachtung, dass bei der Behandlung von Patienten mit Antipsychotika häufig parkinsonähnliche Symptome als Nebenwirkung der Behandlung auftreten, was ebenfalls nahe legte, dass diese Mittel die Wirkung des Dopamins im Gehirn blockieren.

Nach Carlssons Ansicht war die Überaktivität der dopaminproduzierenden Neurone für alle Symptome der Schizophrenie verantwortlich – die positiven, negativen und kognitiven. Das überschüssige Dopamin rufe in der Bahn zum Hippocampus, zur Amygdala und zu verwandten Strukturen Positivsymptome hervor, während es in der Bahn zum Cortex, besonders angesichts der überreichlich vorhandenen synaptischen Verbindungen dieser Bahn zum präfrontalen Cortex, die kognitiven und Negativsymptome erzeuge. Nach und nach wurde ersichtlich, dass alle Medikamente, die Schizophreniesymptome lindern, in erster Linie auf einen bestimmten Dopaminrezeptor, den D2-Rezeptor, zielen. Solomon Snyder von der Johns Hopkins University und Philip Seeman von der University of Toronto entdeckten beide eine hohe Korrelation zwischen der Wirksamkeit antipsychotischer Medikamente und ihrer Fähigkeit, den D2-Rezeptor zu blockieren. Gleichzeitig wurde jedoch klar, dass Antipsychotika nur gegen die Positivsymptome der Schizophrenie helfen. Sie sind in der Lage, Wahnvorstellungen, Halluzinationen und einige Arten von Denkstörungen zu lindern oder sogar zu beseitigen, wirken sich aber kaum auf die kognitiven oder Negativsymptome der Krankheit aus. Diese Diskrepanz war schwierig zu erklären.

2004 ENTDECKTEN EINIGE FORSCHER, DASS EINE GENETISCHE DISPOSITION oder Anfälligkeit für Schizophrenie sich in einer abnorm großen Zahl von D2-Rezeptoren im Striatum ausdrückt – einer Hirnregion, die, wie beschrieben, gewöhnlich am Gefühl des Wohlbefindens beteiligt ist. Das Vorhandensein einer großen Zahl von Dopamin bindenden D2-Rezeptoren erhöht die Dopaminübertragung. Simpson, Kellendonk, Polan und ich wollten nun herausfinden, welche Rolle diese genetische Disposition für die Entstehung der kognitiven Defizite bei Schizophrenie spielen. Zu diesem Zweck schleusten wir auf gentechnischem Wege Mäusen ein Gen ein, das einen großen Überschuss an D2-Rezeptoren im Striatum exprimiert. Es zeigte sich, dass das Arbeitsgedächtnis dieser Mäuse tatsächlich beeinträchtigt ist, wie Carlssons Hypothese vorhersagte.

Anschließend wollten wir wissen, warum es Medikamenten, die D2-Rezeptoren blockieren, nicht gelingt, die kognitiven Schizophreniesymptome zu lindern. Für ein entsprechendes Experiment verwendeten wir genetische Werkzeuge, die wir zehn Jahre zuvor entwickelt hatten. Sobald eine Maus ausgewachsen war, schalteten wir das Transgen ab, das für die Produktion der überschüssigen Dopaminrezeptoren verantwortlich war, und stellten fest, dass die Beeinträchtigung des Arbeitsgedächtnisses unvermindert anhielt. Mit anderen Worten: Die Korrektur des molekularen Defekts in adulten Gehirnen behob das kognitive Defizit nicht.

Dieses Ergebnis ließ darauf schließen, dass ein Übermaß an D2-Rezeptoren während der Entwicklung Veränderungen im Mausgehirn bewirkt, die bis ins Erwachsenendasein anhalten. Diese Veränderungen könnten der Grund dafür sein, dass sich Antipsychotika nicht auf die kognitiven Symptome der Schizophrenie auswirken. Die Überproduktion von D2-Rezeptoren im Striatum entfaltet ihren Einfluss zu einem frühen Zeitpunkt der Entwicklung, lange bevor die Krankheit sich manifestiert, vielleicht indem sie bestimmte irreversible Veränderungen im Dopaminsystem einer anderen Gehirnregion hervorruft. Sobald dies geschieht, sind die Funktionsdefizite des präfrontalen Cortex, der Struktur, die an den kognitiven Symptomen im Striatum beteiligt ist, möglicherweise nicht mehr dadurch zu beheben, dass man die Zahl der D2-Rezeptoren auf ihr normales Maß einschränkt.

Wir haben bislang zumindest eine Veränderung bestimmt, die im präfrontalen Cortex auf eine Überproduktion von D2-Rezeptoren zurückgeht: eine Abnahme bei der Aktivierung eines anderen Dopaminrezeptors, des D1-Rezeptors. Frühere Experimente von Goldman-Rakic haben den Schluss nahe gelegt, dass man, wenn man die Aktivierung von D1-Rezeptoren einschränkt, auch die Konzentration von cAMP verringert und dadurch das Arbeitsgedächtnis beeinträchtigt.

Wie diese Experimente zeigen, können gentechnisch veränderte Mäuse durchaus als nützliche Modelle für die Untersuchung komplexer psychiatrischer Krankheiten eingesetzt werden, da sie uns die Möglichkeit eröffnen, die Krankheit in einfachere, leichter zu analysierende molekulare Komponenten zu zerlegen. Wir können an mutanten Mäusen nicht nur erforschen, in welchem Maße genetische Faktoren an der Schizophrenie beteiligt sind, sondern auch die Umwelt der Mäuse verändern – in der Gebärmutter und während der frühen Entwicklung –, um festzustellen, welche Interaktion zwischen Genen und Umwelt möglicherweise für den Ausbruch der Krankheit verantwortlich ist.

DIE DEPRESSION, EINE WEITERE HÄUFIGE ERKRANKUNG, DIE DAS SEElische Wohlbefinden in schwerster Weise beeinträchtigt, wurde erstmals im fünften Jahrhundert v. Chr. von dem griechischen Arzt Hippokrates beschrieben, der glaubte, dass Stimmungen vom Gleichgewicht der vier Körpersäfte abhingen: Blut, Schleim, gelbe Galle und schwarze Galle. Ein Übermaß an schwarzer Galle verursache die Depression. (Melancholie, die altgriechische Bezeichnung für Depression, bedeutet auch »schwarze Galle«.) Obwohl die hippokratische Erklärung der Depression heute etwas phantastisch anmutet, wird die ihr zugrunde liegende Auffassung, dass in psychischen Störungen physiologische Funktionsdefizite zum Ausdruck kommen, allgemein anerkannt.

Die klinischen Merkmale der Depression lassen sich leicht zusammenfassen. »Wie ekel, schal und flach und unersprießlich / Scheint mir das ganze Treiben dieser Welt!«, klagt Hamlet. Unbehandelt dauert eine depressive Episode in der Regel vier Monate bis ein Jahr. Sie ist durch eine düstere Stimmung gekennzeichnet, die Tag ein, Tag aus die meiste Zeit über anhält. Hinzu kommen seelisches Leid, die Unfähigkeit, Freude zu empfinden, und ein allgemeiner Verlust des Interesses an der Welt. Begleiterscheinungen der Depression sind häufig Schlafstörungen, Appetitlosigkeit, Gewichtsverlust, Antriebslosigkeit, Libidoverlust und verlangsamtes Denken.

Eine depressive Episode erleiden rund fünf Prozent der Weltbevölkerung irgendwann in ihrem Leben. In den Vereinigten Staaten sind zu einem gegebenen Zeitpunkt durchschnittlich acht Prozent der Bevölkerung betroffen. Eine schwere Depression kann eine weit reichende Beeinträchtigung sein: In extremen Fällen stellen die Patienten das Essen oder jegliche Körperpflege ein. Zwar haben einige Menschen nur eine einzige Episode, doch tritt die Krankheit in der Regel wiederholt auf. Rund 70 Prozent der Menschen, die eine schwere depressive Episode erleiden, machen im Laufe ihres Lebens mindestens noch eine weitere durch. Das Durchschnittsalter des Ausbruchs liegt bei etwa 28 Jahren; die erste Episode kann allerdings auf fast jeder Altersstufe auftreten. Sogar Kleinkinder leiden manchmal unter Depressionen, zumeist jedoch unerkannt. Auch ältere Menschen erkranken an Depression. Oft haben Menschen, die im Alter depressiv werden, keine frühere Episode durchlitten; ihre Depression erweist sich als hartnäckiger. Frauen erkranken zwei bis drei Mal so häufig wie Männer.

GEGEN DEPRESSION SIND MEHRERE WIRKSAME ARZNEIMITTEL GEFUNden worden. Das erste – ein Monoamin-Oxidase-Hemmer (MAO-Hemmer) – wurde ursprünglich entwickelt, um eine ganz andere Krankheit zu bekämpfen: die Tuberkulose. Die Wirkung von MAO-Hemmern beruht darauf, dass sie den Abbau von Serotonin und Noradrenalin verlangsamen. Dadurch stehen höhere Konzentrationen dieser Neurotransmitter an den Synapsen zur Ausschüttung zur Verfügung. Schon bald bemerkten Ärzte, deren Patienten diese Mittel erhielten, dass diese, gemessen an der Schwere ihrer Erkrankung, erstaunlich beschwingt und gut gelaunt waren. Es dauerte nicht lange, bis den Ärzten klar wurde, dass MAO-Hemmer die Depressionen besser als die Tuberkulose bekämpften, was zur Entwicklung einer Gruppe von Arzneien führte, die heute bei 70 Prozent der Patienten mit schweren Depressionen wirken.

Mit der Entdeckung der Antipsychotika und der Antidepressiva trat die Psychiatrie in ein neues Zeitalter ein. Vergessen waren die Zeiten, als es keine effektive Behandlung für Patienten mit schweren seelischen Erkrankungen gab. Jetzt verfügte die Psychiatrie über ein therapeutisches Rüstzeug, das durchaus mit dem anderer medizinischer Fachgebiete vergleichbar war.

Medikamente, die gegen Depressionen helfen, wirken in erster Linie auf zwei modulatorische Transmittersysteme des Gehirns ein; das eine ist Serotonin, das andere Noradrenalin. Vor allem beim Serotonin, das stark mit Stimmungszuständen des Menschen zusammenhängt, sind die Belege eindeutig: Hohe Serotoninkonzentrationen sind mit Wohlgefühl verknüpft, während geringe Konzentrationen mit Depressionssymptomen einhergehen. Tatsächlich haben Menschen, die Selbstmord begehen, einen außerordentlich niedrigen Serotoninspiegel.

Die wirksamsten Antidepressiva sind die so genannten selektiven Serotonin-Wiederaufnahme-Hemmer. Diese Medikamente erhöhen die Serotoninkonzentration im Gehirn durch Hemmung des molekularen Transportsystems, welches das Serotonin aus dem synaptischen Spalt entfernt, wo es durch präsynaptische Neurone freigesetzt wird. Gestützt auf diese Erkenntnis, geht eine Hypothese davon aus, dass Depressionen dadurch verursacht werden, dass dem Gehirn zu wenig Serotonin, Noradrenalin oder zu wenig von beidem zur Verfügung stehen.

Dadurch lässt sich die Reaktion von Patienten auf Antidepressiva zwar in einigen Hinsichten erklären, zahlreiche wichtige Phänomene kann diese Hypothese jedoch nicht beleuchten. Insbesondere bleibt unklar, warum Antidepressiva nur Stunden brauchen, um die Wiederaufnahme von Serotonin zu hemmen, aber erst nach Wochen die Depressionssymptome bei Menschen lindern. Wenn Antidepressiva tatsächlich ihre Wirkung nur dadurch entfalten, dass sie die Wiederaufnahme hemmen und so die Serotoninakkumulation in den Synapsen verstärken, stellt sich die Frage, was für die Verzögerung verantwortlich ist. Vielleicht dauert es mindestens drei Wochen, bis der erhöhte Serotoninspiegel auf die relevanten neuronalen Schaltkreise im gesamten Gehirn eingewirkt hat – bis das Gehirn »gelernt« hat, wieder glücklich zu werden. Allerdings wissen wir mittlerweile, dass Antidepressiva nicht nur die Wiederaufnahme und Akkumulation von Serotonin beeinflussen, sondern auch andere Prozesse.

Einen aufschlussreichen Hinweis zum Thema Depression verdanken wir der Arbeit von Roland Duman von der Yale und Rene Hen von der Columbia University. Sie haben festgestellt, dass Antidepressiva auch auf eine kleine Region des Hippocampus einwirken, den Gyrus dentatus, der infolgedessen seine Fähigkeit zur Erzeugung neuer Nervenzellen steigert. Obwohl sich die große Mehrheit der Nervenzellen nicht mehr teilt, bleibt die Teilungsfähigkeit in diesem kleinen Nest von Stammzellen erhalten, die sich dann zu differenzierten Nervenzellen weiterentwickeln. Über einen Zeitraum von zwei bis drei Wochen, die Zeit, die Antidepressiva brauchen, um zu wirken, werden einige der Zellen in die neuronalen Netze des Gyrus dentatus eingebunden. Die Funktion dieser Stammzellen ist unklar. Um sie zu erforschen, zerstörte Hen den Gyrus dentatus im Mausmodell einer durch Stress verursachten Depression. Es zeigte sich, dass Antidepressiva bei Mäusen ohne Stammzellen das depressionsartige Verhalten nicht mehr umkehren können.

Diese bemerkenswerten Ergebnisse lassen möglicherweise darauf schließen, dass Antidepressiva ihren Einfluss auf das Verhalten zum Teil deshalb ausüben, weil sie die Neuronenproduktion im Hippocampus anregen. Die These deckt sich mit dem Befund, dass Depressionen das Gedächtnis häufig stark in Mitleidenschaft ziehen. Vielleicht muss man erst die Fähigkeit des Hippocampus, neue Nervenzellen zu erzeugen, wiederherstellen, um die Schäden zu beheben, die dem Gehirn durch die Depression zugefügt wurden. Eine bemerkenswerte Idee, die im kommenden Jahrzehnt sicherlich eine neue Generation von Psychiatrieforschern beschäftigen wird.

OFFENSICHTLICH IST DIE MOLEKULARBIOLOGIE IM BEGRIFF, FÜR DIE Psychiatrie das zu leisten, was sie für die Neurologie bereits in Gang gesetzt hat. Genetische Mausmodelle schwerer psychischer Störungen könnten daher auf mindestens zwei Arten nützlich sein. Erstens: Wenn Studien an menschlichen Patienten zur Entdeckung von Genvarianten führen, die Menschen für psychische Krankheiten prädisponieren (wie etwa die Variante des D2-Rezeptor-Gens, die ein Risikofaktor für Schizophrenie ist), lassen sich diese Gene in Mäuse einschleusen, um spezifische Hypothesen über die Ursachen und Entwicklung bestimmter Krankheiten zu testen. Zweitens: Dank genetischer Studien an Mäusen werden wir die komplexen molekularen Bahnen, die diesen Krankheiten zugrunde liegen, mit einer Genauigkeit und Vollständigkeit erforschen können, wie es uns an menschlichen Patienten nicht möglich wäre. Solche grundlegenden neurobiologischen Studien werden unsere Fähigkeit verbessern, psychische Störungen zu diagnostizieren und zu klassifizieren, und eine empirische Basis für die Entwicklung neuer molekularer Therapien liefern.

Aufs große Ganze betrachtet, befinden wir uns im Übergang von einem Jahrzehnt, in dem wir die Rätsel der Gehirnfunktion erforscht haben, in ein Jahrzehnt, in dem wir die Funktionsstörungen des Gehirns untersuchen. In den fünfzig Jahren, die seit dem Beginn meines Medizinstudiums vergangen sind, ist der unüberwindliche Graben zwischen Grundlagenforschung und klinischer Medizin zugeschüttet worden. Heute sind einige der interessantesten neurowissenschaftlichen Fragen unmittelbar mit dringlichen Problemen in der Neurologie und Psychiatrie verknüpft. Infolgedessen ist die Translationsforschung – das Bestreben, die Erkenntnisse der Grundlagenforschung möglichst schnell in die klinische Praxis umzusetzen – keine esoterische Übung mehr, die von ein paar Leuten in weißen Kitteln betrieben wird. Die Möglichkeit einer therapeutischen Nutzung ist heute vielmehr ein wesentliches Leitmotiv der neurowissenschaftlichen Forschung.

In den neunziger Jahren, dem so genannten Jahrzehnt des Gehirns, wurden wir alle Translationsforscher. Im ersten Jahrzehnt des 21. Jahrhunderts haben die Fortschritte in der Forschung das Jahrzehnt der Gehirntherapeutik eingeläutet. Psychiatrie und Neurologie sind näher zusammengerückt, und in nicht allzu ferner Zukunft werden junge Ärzte aus beiden Disziplinen in ihrer Facharztausbildung vermutlich ein gemeinsames Jahr absolvieren, so wie Fachärzte vor ihrer Spezialisierung auf Herz- oder beispielsweise Magen-Darm-Krankheiten heute schon ein gemeinsames Jahr mit allgemeiner innerer Medizin verbringen.

KAPITEL 27

Die Biologie und die Renaissance der psychoanalytischen Theorie

Als die Psychoanalyse in den ersten Jahrzehnten des zwanzigsten Jahrhunderts in Wien entwickelt wurde, stellte sie einen radikal neuen Ansatz zum Verständnis des Geistes und seiner Störungen dar. Das Aufsehen, das diese Theorie der unbewussten geistigen Prozesse erregte, erreichte einen neuen Höhepunkt, als die Psychoanalyse Mitte des Jahrhunderts von Emigranten aus Deutschland und Österreich in die Vereinigten Staaten gebracht wurde.

Als Student am Harvard-College teilte ich diese Begeisterung, nicht nur, weil die Psychoanalyse eine Sicht auf den Geist bot, die einen hohen Erklärungswert zu besitzen schien, sondern auch, weil sie die intellektuelle Atmosphäre Wiens zu Anfang des zwanzigsten Jahrhunderts heraufbeschwor, eine Atmosphäre, die ich bewunderte und vermisste. An Anna Kris und ihren Eltern schätzte ich nicht zuletzt die Einsichten und Erkenntnisse, die mir die Gespräche mit ihnen und ihrem Kreis über das Leben im Wien der dreißiger Jahre vermittelten. Da war die Rede von der *Neuen Freien Presse*, Wiens wichtigster Tageszeitung, die laut den Krises weder besonders neu noch besonders frei war. Auch von den eindrucksvollen, theatralischen Vorträgen des Kultur- und Sprachkritikers Karl Kraus war die Rede, den ich sehr bewunderte. Kraus, der mit spitzer Zunge die Wiener Heuchelei bloßlegte, hatte in seinem großartigen Theaterstück *Die letzten Tage der Menschheit* prophezeit, was kommen würde: der Zweite Weltkrieg und der Holocaust.

Doch mit Beginn meiner psychiatrischen Ausbildung 1960 legte sich meine Begeisterung. Die Verbindung mit Denise, einer empirischen Soziologin, und meine eigene Forschungstätigkeit – zunächst in Harry Grundfests Labor an der Columbia University und dann in Wade Marshalls Labor am National Institute of Mental Health – ließen meine Liebe zur

Psychoanalyse abkühlen. Zwar bewunderte ich nach wie vor die komplexe, differenzierte Auffassung vom menschlichen Seelenleben, die wir der Psychoanalyse verdankten, war aber doch enttäuscht, als ich während meiner klinischen Ausbildung sah, wie wenig Fortschritte die Psychoanalyse auf dem Weg zu einer empirischen Wissenschaft gemacht hatte. Ferner war ich von vielen meiner Lehrer an der Harvard University enttäuscht – Ärzten, die sich zwar wie ich aus humanitären Gründen der psychoanalytischen Psychiatrie zugewandt hatten, sich aber wenig für die naturwissenschaftlichen Aspekte interessierten. Ich hatte das Gefühl, dass die Psychoanalyse auf eine vorwissenschaftliche Stufe zurückfiel und dass sie die Psychiatrie mit sich riss.

UNTER DEM EINFLUSS DER PSYCHOANALYSE WURDE AUS DER PSYCHIAtrie in den Jahrzehnten nach dem Zweiten Weltkrieg statt einer experimentellen, eng mit der Neurologie verwandten, medizinischen Disziplin ein nicht empirisches Fachgebiet, das sich auf die Kunst der Psychotherapie konzentrierte. In den fünfziger Jahren kappte die Psychiatrie, die an den Universitäten gelehrt wurde, einige der Wurzeln, die sie mit der Biologie und der Experimentalmedizin verbanden, und entwickelte sich allmählich zu einer therapeutischen Disziplin, die sich auf psychoanalytische Theorien stützte. In dieser Form zeigte sie sich seltsam uninteressiert an empirischen Daten oder am Gehirn als dem Organ, wo geistige Aktivität stattfindet. Die Medizin hingegen verwandelte sich im selben Zeitraum von einer therapeutischen Kunst in eine therapeutische Wissenschaft, ausgehend von einem reduktionistischen Ansatz, den sie zunächst von der Biochemie und dann von der Molekularbiologie übernahm. Im Medizinstudium hatte ich diese Entwicklung miterlebt und war von ihr beeinflusst worden. Daher fiel mir die Sonderstellung der Psychiatrie innerhalb der Medizin natürlich auf.

Die Psychoanalyse hatte eine neue Methode entwickelt, um das Seelenleben ihrer Patienten zu untersuchen – die Methode der freien Assoziation und Interpretation. Freud lehrte die Psychiater, ihren Patienten sorgfältig zuzuhören, und zwar auf eine neue Weise. Sie sollten ein Gespür für den latenten und den manifesten Sinn in den Mitteilungen des Patienten entwickeln. Außerdem schuf er ein vorläufiges Schema für die Interpretation dessen, was einem sonst als beziehungs- und zusammenhangloses Gerede vorgekommen wäre.

Dieser Ansatz erwies sich als so neu und leistungsfähig, dass nicht nur

Freud, sondern auch andere intelligente und kreative Psychoanalytiker viele Jahre behaupten konnten, die psychotherapeutische Begegnung zwischen Patient und Analytiker biete den besten Kontext für die wissenschaftliche Erforschung des Geistes, insbesondere der unbewussten psychischen Prozesse. Und in ihren frühen Jahren hatte die Psychoanalyse tatsächlich viel Nützliches und Eigenständiges zu unserem Verständnis des Geistes beigetragen: durch Zuhören und Überprüfung der Thesen, die sich aus der Psychoanalyse ergaben – etwa zur frühkindlichen Sexualität –, in Beobachtungsstudien der normalen kindlichen Entwicklung. Zudem deckte sie verschiedene Arten bewusster und vorbewusster geistiger Prozesse auf, die Vielschichtigkeit menschlicher Motive, Übertragung (die Verlagerung früherer Beziehungen in das gegenwärtige Leben des Patienten) und Widerstand (die unbewusste Neigung des Patienten, sich gegen die Bemühungen des Therapeuten zu wehren, der das Verhalten des Patienten verändern möchte).

Sechzig Jahre nach ihrer Einführung hatte sich ihre innovative Kraft jedoch weitgehend erschöpft. 1960 war selbst mir klar, dass kaum neue Erkenntnisse und Einsichten dadurch zu gewinnen waren, dass man einzelne Patienten beobachtete und ihnen aufmerksam zuhörte. Obwohl die Psychoanalyse sich historisch durchaus als Naturwissenschaft verstand – sie hatte immer eine empirische, überprüfbare Wissenschaft des Geistes entwickeln wollen –, war sie in ihren Methoden nur selten wissenschaftlich. Es gelang ihr in all den Jahren nicht, ihre Annahmen wiederholbaren Experimenten zu unterwerfen. Infolgedessen konnte die Psychoanalyse keine Fortschritte erzielen, die mit anderen Disziplinen der Psychologie und Medizin vergleichbar gewesen wären. Ich hatte sogar den Eindruck, dass die Psychoanalyse von ihrem Weg abkam. Statt sich auf Bereiche zu konzentrieren, die empirisch überprüfbar waren, erweiterte sie ihren Gegenstandsbereich und machte sich die Heilung von geistigen und körperlichen Erkrankungen zur Aufgabe, für deren Behandlung sie nicht sonderlich geeignet war.

Ursprünglich diente die Psychoanalyse zur Behandlung bestimmter psychischer Erkrankungen: Neurosen, Zwangsstörungen, Hysterie und Angstzuständen. Doch nach und nach widmete man sich in der psychoanalytischen Therapie fast allen psychischen Krankheiten, auch der Schizophrenie und Depressionen. Zum Teil durch die Erfolge, die man bei der Behandlung von kriegsbedingten psychiatrischen Problemen von Soldaten erzielt hatte, waren viele Psychiater Ende der vierziger Jahre zu der

Überzeugung gelangt, dass psychoanalytische Erkenntnisse auch bei der Therapie von medizinischen Erkrankungen helfen können, die nur schlecht auf Medikamente ansprachen. Krankheiten wie Bluthochdruck, Asthma, Magengeschwüre und Colitis ulcerosa galten als psychosomatisch – das heißt, durch unbewusste Konflikte bedingt. 1960 war die psychoanalytische Theorie für viele Psychiater, vor allem an der Ost- und Westküste der Vereinigten Staaten, das vorherrschende Modell zum Verständnis aller geistigen und einiger körperlicher Erkrankungen geworden.

Dieser erweiterte therapeutische Zuständigkeitsbereich schien oberflächlich betrachtet das Erklärungsvermögen und die klinische Erkenntnisleistung der Psychoanalyse zu stärken, tatsächlich aber schwächte sie die Wirksamkeit der Psychiatrie und behinderte deren Versuch, eine empirische, mit der Biologie verschwisterte Disziplin zu werden. Als Freud 1894 erstmals die Bedeutung unbewusster geistiger Prozesse für das Verhalten untersuchte, hatte er sich auch bemüht, eine empirische Psychologie zu entwickeln. Er suchte nach einem neuronalen Modell des Verhaltens, doch da damals die Hirnforschung noch in den Kinderschuhen steckte, gab er das biologische Modell zugunsten eines anderen auf, das sich auf sprachliche Schilderungen subjektiver Erfahrungen stützte. Als ich für meine psychiatrische Facharztausbildung an die Harvard University kam, begann man in der Biologie wichtige Ansätze zum Verständnis höherer geistiger Prozesse zu erarbeiten. Trotz dieser Fortschritte vertraten zahlreiche Psychoanalytiker eine weit radikalere Haltung – die Biologie, so ihre These, sei für die Psychoanalyse irrelevant.

Die Gleichgültigkeit, wenn nicht gar Verachtung für die Biologie war eines der beiden Probleme, mit denen ich mich während meiner psychiatrischen Ausbildung konfrontiert sah. Ein noch größeres Problem war das mangelnde Interesse der Psychoanalytiker, objektive Untersuchungen durchzuführen oder auch nur die Voreingenommenheit der Forscher zu überprüfen. Andere medizinische Fachbereiche kontrollierten derartige subjektive Einflüsse durch Blindversuche, in denen der Forscher nicht weiß, welcher Patient die Behandlung erhält, die Gegenstand des Versuchs ist, und welcher nicht. Doch die Daten, die in psychoanalytischen Sitzungen gesammelt werden, sind fast immer privat. Die Kommentare, Assoziationen, Sprechpausen, Körperhaltungen, Bewegungen und anderen Verhaltensweisen werden vertraulich behandelt. Natürlich ist dieser Umstand von entscheidender Bedeutung für das Vertrauen, das dem Analytiker entgegengebracht werden muss – aber das ist auch der Haken. In fast jedem

Fall ist der subjektive Bericht des Analytikers darüber, was seiner Meinung nach geschah, die einzige Aufzeichnung. Seit langem mahnt der Forscher und Psychoanalytiker Hartvig Dahl an, dass solche Interpretationen in den meisten wissenschaftlichen Kontexten nicht als Beweise akzeptiert werden. Doch Psychoanalytiker betrachten die Tatsache, dass Berichte über Therapiesitzungen notgedrungen subjektiv sind, selten als problematisch.

Als ich meine psychiatrische Assistenzzeit begann, war ich der Meinung, dass die Psychoanalyse von einem gemeinsamen Vorgehen mit der Biologie enorm profitieren konnte. Falls es der Biologie im zwanzigsten Jahrhundert gelänge, einige der uralten Fragen über den menschlichen Geist zu beantworten, dann würden diese Antworten, so meinte ich, umfassender und aufschlussreicher ausfallen, wenn sie in Zusammenarbeit mit der Psychoanalyse gewonnen würden. Eine solche Zusammenarbeit würde im Gegenzug die Psychoanalyse mit einer solideren wissenschaftlichen Grundlage ausstatten. Ich war damals der Überzeugung – und bin es heute in noch höherem Maße –, dass die Biologie die physische Basis verschiedener geistiger Prozesse beschreiben kann, die den Kern der Psychoanalyse bilden – unbewusste geistige Prozesse, psychischen Determinismus (den Umstand, dass keine Handlungs- und Verhaltensweise, kein Versprecher vollkommen zufällig oder beliebig ist), die Rolle des Unbewussten in der Psychopathologie (das heißt, die Verknüpfung psychischer Ereignisse, selbst höchst ungleichartiger, im Unbewussten) und die therapeutische Wirkung der Psychoanalyse selbst. Besonders faszinierte mich auf Grund meines Interesses an der Biologie des Gedächtnisses die Möglichkeit, dass die Psychotherapie – die ihre Wirkung vermutlich zum Teil dem Umstand verdankt, dass sie eine Umgebung schafft, in der die Menschen lernen, sich zu verändern – strukturelle Veränderungen im Gehirn hervorruft und dass man mittlerweile in der Lage war, diese Veränderungen direkt zu bewerten.

GLÜCKLICHERWEISE WAREN NICHT ALLE PSYCHOANALYTIKER DER ANsicht, die empirische Forschung sei für die Zukunft der Disziplin ohne Bedeutung. In den vierzig Jahren seit dem Abschluss meiner klinischen Ausbildung haben sich zwei Trends herausgebildet, die das psychoanalytische Denken zunehmend beeinflussen. Der eine ist die Forderung, dass sich die Psychotherapie auf empirische Daten stützen müsse. Der zweite, schwieriger zu realisierende Trend ist der Versuch, die Psychoanalyse mit der gerade entstehenden Biologie des Geistes zu verbinden.

Der vielleicht wichtigste Vertreter des ersten Trends war Aaron Beck, ein Psychoanalytiker an der University of Pennsylvania. Unter dem Eindruck der modernen kognitiven Psychologie entdeckte Beck, dass der bestimmende kognitive Stil eines Patienten – das heißt die Art und Weise, wie ein Mensch die Welt wahrnimmt, sich vorstellt und über sie nachdenkt – ein entscheidender Faktor für eine Reihe von psychischen Störungen ist, etwa für Depressionen, Angstzustände und Zwangsstörungen. Mit dieser Betonung der Bedeutung von kognitivem Stil und Ich-Funktionen befand sich Beck in der Nachfolge von Heinz Hartmann, Ernst Kris und Rudolph Loewenstein.

Neu war allerdings, dass Beck bewussten Denkprozessen eine wesentliche Rolle für geistige Störungen einräumte. Nach traditioneller psychoanalytischer Auffassung erwachsen psychische Probleme aus unbewussten Konflikten. In den fünfziger Jahren beispielsweise, als Beck mit seinen Untersuchungen anfing, galt die Depression allgemein als »introjizierte Wut«. Freud hatte die Auffassung vertreten, dass depressive Patienten Feindseligkeit und Wut gegen jemanden empfinden, den sie lieben. Da Patienten nicht mit negativen Gefühlen gegen jemanden umgehen können, der für sie wichtig ist, den sie brauchen und schätzen, verdrängen sie diese Gefühle und richten sie unbewusst gegen sich selbst. Diese gegen sich selbst gerichteten Gefühle der Wut und des Hasses rufen einen Mangel an Selbstwertgefühl hervor.

Beck testete Freuds These, indem er die Träume depressiver mit denen nicht-depressiver Patienten verglich. Dabei zeigte sich, dass depressive Patienten nicht mehr, sondern weniger Feinseligkeit zum Ausdruck brachten als andere Patienten. Als Beck im Zuge dieser Studie seinen Patienten aufmerksam zuhörte, bemerkte er, dass depressive Menschen nicht etwa Feindseligkeit äußern, sondern eine systematische negative Tendenz in ihren Gedanken über das Leben. Fast immer stellen sie unrealistisch hohe Erwartungen an sich selbst, zeigen bei jeder Enttäuschung extreme Überreaktionen, werten sich bei jeder Gelegenheit ab und sind pessimistisch, was die Zukunft angeht. Wie Beck erkannte, sind diese verzerrten Denkmuster nicht einfach ein Symptom, das Spiegelbild eines Konfliktes, der tief in der Seele verborgen liegt, sondern ein entscheidender Faktor für die konkrete Entwicklung und Fortdauer der depressiven Störung. Beck stellte die kühne Hypothese auf, dass man durch Bestimmung und Beeinflussung der negativen Überzeugungen, Denkprozesse und Verhaltensweisen den Patienten helfen könnte, diesen kognitiven Stil durch gesunde, positive Überzeugungen zu ersetzen. Dies sei auch unabhängig von Persönlichkeitsfaktoren und den ihnen möglicherweise zugrunde liegenden unbewussten Konflikten möglich.

Um seine Idee klinisch zu testen, zeigte Beck seinen Patienten Belege aus ihren eigenen Erfahrungen, Handlungen und Leistungen auf, die ihre negativen Auffassungen in Frage stellten, widerlegten und korrigierten. Es zeigte sich, dass sie oft nach bemerkenswert kurzer Zeit Fortschritte machten und sich schon nach sehr wenigen Sitzungen besser fühlten und besser zurechtkamen. Dieses positive Ergebnis veranlasste Beck, eine systematische psychologische Kurzzeitbehandlung für depressive Patienten zu entwickeln, die sich nicht mit ihren unbewussten Konflikten befasst, sondern mit ihrem bewussten kognitiven Stil und ihren verzerrten Denkweisen.

Beck und seine Kollegen führten kontrollierte klinische Versuche durch, um die Wirksamkeit dieser Behandlungsmethode im Vergleich zu Placebos und Antidepressiva zu bewerten. Sie stellten fest, dass die kognitive Verhaltenstherapie bei der Behandlung von Patienten mit leichter bis mittlerer Depression im Allgemeinen genauso wirksam ist wie antidepressive Medikation. In einigen Fällen zeigte sich sogar, dass die kognitive Verhaltenstherapie Rückfälle eher verhindern kann. In späteren klinischen Studien gelang es, die kognitive Verhaltenstherapie auch erfolgreich auf Angststörungen, vor allem auf Panikattacken, posttraumatische Belastungssyndrome, soziale Phobien, Ess- und Zwangsstörungen anzuwenden.

Beck begnügte sich nicht damit, eine neue Form der Psychotherapie einzuführen und sie empirisch zu testen. Er entwickelte auch Skalen und Listen zur Bewertung der Symptome, der Schwere der Depression und anderer psychiatrischer Erkrankungen – Maße, die der Psychotherapieforschung neue wissenschaftliche Exaktheit verliehen haben. Außerdem schrieben seine Kollegen und er Anleitungen für die Durchführung der Behandlungen. Auf diese Weise hat Beck die psychoanalytische Therapie um eine kritische Haltung bereichert: um das Bemühen um empirische Daten und den Wunsch, die Wirksamkeit einer gegebenen Therapie zu bewerten.

In Anlehnung an Becks Ansatz entwickelten Gerald Klerman und Myrna Weissman mit der interpersonellen Psychotherapie eine zweite wissenschaftlich triftige Form der Kurzzeitpsychotherapie. Bei dieser Behandlung beschränkt sich der Therapeut darauf, die fehlerhaften Annahmen des Patienten und die Art seiner Kommunikation in verschiedenen Interaktionen mit anderen Menschen zu korrigieren. Wie die kognitive

Verhaltenstherapie hat sich die interpersonelle Psychotherapie in kontrollierten Studien bei der Behandlung von leichten bis mittleren Depressionen als wirksam erwiesen und ist in Anleitungen kodifiziert worden. Diese Behandlungsform scheint sich besonders gut für Lebenskrisen wie den Verlust eines Partners oder eines Kindes zu eignen, während die kognitive Therapie offenbar vor allem bei der Behandlung von chronischen Störungen wirksam ist. In ähnlicher Weise, wenn auch noch nicht ausführlich erforscht, haben Peter Sifneous und Habib Davanloo eine dritte Kurzzeittherapie formalisiert – die dynamische Kurztherapie, die sich vor allem mit Abwehrmechanismen und Widerständen des Patienten befasst. Otto Kernberg hat eine Psychotherapie erarbeitet, die sich auf die Übertragung konzentriert.

Im Gegensatz zur traditionellen Psychoanalyse versuchen alle vier psychotherapeutischen Kurzformen empirische Daten zu erheben und mit ihrer Hilfe die Wirksamkeit der Behandlung zu bestimmen. Dadurch haben sie die Methoden der Kurzzeittherapie (und sogar der Langzeittherapie) erheblich verändert und die Disziplin für empirische Prozess- und Ergebnisstudien geöffnet.

Die Langzeitwirkungen der neuen Psychotherapien sind jedoch noch ungewiss. Obwohl sie häufig in fünf bis fünfzehn Sitzungen Ergebnisse erzielen – sowohl in Hinblick auf den therapeutischen Erfolg wie auf das grundlegende Verständnis –, haben die Verbesserungen nicht immer Bestand. Es sieht so aus, als ob einige Patienten, um dauerhafte Erfolge zu erzielen, die Therapie ein bis zwei Jahre fortsetzen müssen, vielleicht weil die Behandlung der Symptome ihrer Störung ohne Berücksichtigung der zugrunde liegenden Konflikte nicht immer wirksam ist. Aus wissenschaftlicher Sicht ist der Umstand noch wichtiger, dass Beck und die meisten anderen Vertreter empirischer Therapieformen aus der psychoanalytischen Tradition der Beobachtung kommen und nicht aus der biologischen Tradition der experimentellen Forschung. Von wenigen Ausnahmen abgesehen, haben sich die führenden Vertreter dieser psychotherapeutischen Richtung noch nicht der Biologie zugewandt, um herauszufinden, welche Basis das beobachtete Verhalten hat.

WAS WIR BRAUCHEN, IST EIN BIOLOGISCHER ANSATZ DER PSYCHOtherapie. Bis in jüngste Zeit hat es kaum überzeugende Versuche gegeben, psychodynamische Ideen oder die Wirksamkeit therapeutischer Verfahren mit biologischen Mitteln zu überprüfen. Das ließe sich zum Beispiel durch eine Kombination aus effektiver Kurzzeitpsychotherapie und Hirnscans leisten, denn damit könnte man die psychische Dynamik mit den Funktionen des lebenden Gehirns vergleichen. Wenn psychotherapeutische Veränderungen von Dauer sind, darf man mit Fug und Recht annehmen, dass verschiedene Formen der Psychotherapie zu unterschiedlichen Strukturveränderungen im Gehirn führen, so wie es auch bei unterschiedlichen Formen des Lernens der Fall ist.

Die Vorstellung, dass man mit Hirnscans die Ergebnisse verschiedener Psychotherapieformen bewerten könne, ist nicht aus der Luft gegriffen, wie Studien an Patienten mit Zwangsstörungen gezeigt haben. Man vermutet seit langem, dass in diesen Erkrankungen eine Störung der Basalganglien zum Ausdruck kommt, einer Gruppe von Strukturen, die tief im Gehirn liegen und entscheidend an der Verhaltensmodulation beteiligt sind. Eine Struktur der Basalganglien, der Nucleus caudatus, ist der erste Empfänger von Informationen, die aus der Großhirnrinde und anderen Hirnregionen kommen. Hirnscans haben gezeigt, das Zwangsstörungen mit einem erhöhten Stoffwechsel im Nucleus caudatus einhergehen. Lewis Baxter jr. und seine Kollegen an der University of California in Los Angeles haben festgestellt, dass sich Zwangsstörungen durch Verhaltenstherapie behandeln lassen. Sie können auch pharmakologisch behoben werden – durch Hemmung der Wiederaufnahme von Serotonin. Beide Behandlungsformen – Medikation und Psychotherapie – reduzieren den erhöhten Stoffwechsel im Nucleus caudatus.

Neuroimaging-Studien an Patienten mit Depressionen lassen in der Regel einen Aktivitätsrückgang auf der dorsalen Seite des präfrontalen Cortex und einen Aktivitätszuwachs auf der ventralen Seite erkennen. Auch diese Anomalien beheben sowohl Psychotherapie als auch Medikation. Hätte es 1895, als Freud seine Abhandlung *Psychologie für den Neurologen* schrieb, schon Hirnscans gegeben, hätte er der Psychoanalyse vielleicht eine ganz andere Richtung gegeben und sie in enger Abstimmung mit der Biologie entwickelt, so wie er es in diesem Aufsatz skizzierte. Unter diesem Gesichtspunkt stellt die Verbindung von Neuroimaging und Psychotherapie eine Untersuchung des Geistes von oben nach unten dar und setzt das wissenschaftliche Programm fort, das sich Freud ursprünglich vorgenommen hatte.

Wie gesehen, gibt es heute mindestens vier Formen der Kurzzeitpsychotherapie, und das Neuroimaging könnte sich als ein wissenschaftliches Mittel erweisen, Unterscheidungen zwischen ihnen zu treffen. In diesem

Fall wird sich möglicherweise herausstellen, dass alle wirksamen Psychotherapien durch die gleichen anatomischen und molekularen Mechanismen wirken. Es gibt noch eine andere – und wahrscheinlichere – Möglichkeit: Die Psychotherapien erreichen ihre Ziele durch deutlich verschiedene Mechanismen im Gehirn. Außerdem haben Psychotherapien wahrscheinlich – wie Medikamente – nachteilige Nebenwirkungen. Die empirische Überprüfung von Psychotherapien könnte uns helfen, die Sicherheit und Wirksamkeit dieser wichtigen Behandlungsformen zu verbessern, so wie es auch bei Arzneimitteln der Fall ist. Unter anderem dank solcher Tests ließen sich vielleicht auch die Ergebnisse bestimmter Psychotherapieformen vorhersagen, so dass man den Patienten jeweils die Behandlungsmethode vorschlagen könnte, die sich für sie am besten eignet.

DIE KOMBINATION AUS KURZZEITPSYCHOTHERAPIE UND NEUROimaging würde die Psychoanalyse endlich in die Lage versetzen, ihren eigenen Beitrag zur neuen Wissenschaft des Geistes zu leisten. Es wäre höchste Zeit. Es gibt einen riesigen öffentlichen Bedarf an wirksamen Therapien für eine Vielzahl von leichten und mittleren psychischen Erkrankungen. Studien von Ronald Kessler an der Harvard University lassen darauf schließen, dass bei fast 50 Prozent der Bevölkerung irgendwann im Leben ein psychiatrisches Problem auftritt. Bisher hat man viele dieser Menschen medikamentös behandelt. Arzneimittel sind ein großer Fortschritt für die Psychiatrie, aber sie können Nebenwirkungen haben. Außerdem bleiben Medikamente häufig wirkungslos. Viele Patienten sprechen besser auf eine Kombination von Psychotherapie und Medikamenten an, es gibt aber auch eine erstaunlich große Zahl von Patienten, bei denen die Psychotherapie allein recht gute Erfolge erzielt.

In ihrem Buch *Eine ruhelose Seele* beschreibt Kay Jamison, welche Vorteile beide Behandlungsformen selbst bei einer schweren Erkrankung haben – in ihrem Fall einer manisch-depressiven (bipolaren) Störung. Die Behandlung mit Lithium dämpfte ihre katastrophalen Hochgefühle, ersparte ihr eine stationäre Behandlung, rettete ihr das Leben, weil sie sie vor dem Selbstmord bewahrte, und ermöglichte eine Langzeitpsychotherapie. Jamison: »[Die Psychotherapie] ist eigentlich unbeschreiblich in ihrer heilsamen Wirkung. Sie sieht einen Sinn in der Verwirrung, hält die erschreckenden Gedanken und Gefühle an, gibt eine gewisse Kontrolle zurück und Hoffnung sowie die Möglichkeit, aus all dem zu lernen. Tabletten können einen in der Realität nicht wieder heimisch machen.«

Mich fasziniert, dass Jamison die Psychotherapie als Lernerfahrung begreift, die es ihr ermöglicht, alle Stränge ihrer Erfahrung – ihrer Lebensgeschichte – zusammenzuführen. Zu einem zusammenhängenden Ganzen wird das eigene Leben natürlich durch das Gedächtnis verwoben. In dem Maße, wie die Psychotherapie einer strengeren Erfolgskontrolle unterworfen wird und man ihre Wirkungen in biologischen Studien erfasst, werden wir in der Lage sein, die Funktionen von Gedächtnis und Geist zu untersuchen. Beispielsweise werden wir verschiedene Denkstile untersuchen können, um herauszufinden, wie sie unsere Einstellung zur und unser Verhalten in der Welt beeinflussen.

EIN REDUKTIONISTISCHER ANSATZ IN DER PSYCHOANALYSE WIRD UNS außerdem ein gründlicheres Verständnis menschlichen Verhaltens erschließen. Die wichtigsten Schritte in diese Richtung sind die Studien zur kindlichen Entwicklung, ein Gebiet, für das sich Ernst Kris sehr interessierte. Freuds begabte Tochter Anna untersuchte die traumatische Wirkung von Familien, die durch den Zweiten Weltkrieg zerrissen wurden, und fand erste überzeugende Belege für die Bedeutung der Bindung zwischen Eltern und Kindern in Zeiten starker Belastung. Mit den Auswirkungen familiären Zerfalls befasste sich auch der New Yorker Psychoanalytiker René Spitz, der zwei Gruppen von Säuglingen verglich, die von ihren Müttern getrennt waren. Eine Gruppe wuchs in einem Waisenhaus auf und wurde von Kinderpflegerinnen betreut, von denen jede für sieben Säuglinge verantwortlich war. Die andere Gruppe befand sich in einem Kinderheim, das einem Frauengefängnis angeschlossen war. Dort wurden die Babys täglich während eines kurzen Zeitraums von ihren Müttern betreut. Am Ende des ersten Lebensjahres waren die motorischen und geistigen Leistungen der Waisenhauskinder weit hinter denen der Kinder im Gefängnisheim zurückgeblieben: Die Waisenhauskinder waren in sich gekehrt und zeigten wenig Neugier oder Fröhlichkeit. Diese klassischen Studien wurden in *The Psychoanalytical Study of the Child* veröffentlicht, einem mehrbändigen Werk, das drei Pioniere auf dem Gebiet der Beobachtungsstudien an Kindern herausgaben: Anna Freud, Heinz Hartmann und Ernst Kris.

In einem beispielhaften Forschungsvorhaben, das deutlich machte, wie der Reduktionismus unser Verständnis psychologischer Prozesse erweitern kann, hat Harry Harlow von der University of Wisconsin den Mutterentzug am Tiermodell simuliert. Er fand heraus, dass neugeborene

Affen, die ein halbes bis ganzes Jahr isoliert und dann wieder mit anderen Affen zusammengebracht wurden, zwar körperlich gesund, aber zu keinem normalen Verhalten mehr in der Lage waren. Sie kauerten sich in eine Ecke und wiegten sich hin und her, wie schwer gestörte oder autistische Kinder. Weder interagierten sie mit anderen Affen, noch kämpften und spielten sie oder zeigten das geringste sexuelle Interesse. Die Isolation eines älteren Tieres über einen vergleichbaren Zeitraum richtete keinen Schaden an. Es gibt also bei Affen wie bei Menschen eine kritische Phase der sozialen Entwicklung.

Anschließend entdeckte Harlow, dass sich das Syndrom teilweise dadurch beheben ließ, dass man den isolierten Äffchen eine Ersatzmutter, eine stoffüberzogene Holzpuppe, gab. Die isolierten Äffchen umklammerten immerhin den Ersatz; ein ganz normales Verhalten entwickelten sie aber nicht. Die normale soziale Entwicklung fand nur dann statt, wenn das Äffchen neben der Ersatzmutter auch einige Stunden pro Tag Kontakt zu einem normalen Affenjungen hatte, das den Rest des Tages in der Affenkolonie verbrachte.

Die Arbeit von Anna Freud, Spitz und Harlow wurde von John Bowlby fortgeführt, der die Theorie entwickelte, dass der schutzlose Säugling die enge Beziehung zu seiner Bezugsperson durch ein System von Gefühls- und Verhaltensmustern herstellt, das er »Bindungssystem« nannte. Bowlby verstand das Bindungssystem als ein angeborenes Instinkt- oder Motivationssystem, wie Hunger oder Durst, das die Gedächtnisprozesse des Säuglings organisiert und das Kind veranlasst, die Nähe und Kommunikation mit der Mutter zu suchen. Aus evolutionärer Sicht erhöht das Bindungssystem offenkundig die Überlebenschancen des Säuglings, indem es seinem unreifen Gehirn die Möglichkeit eröffnet, mit Hilfe der reifen Funktionen der Mutter seine eigenen Lebensprozesse zu organisieren. Dem Bindungsmechanismus des Säuglings entsprechen die emotionalen Reaktionen des Elternteils auf die Signale des Säuglings. Die Elternreaktionen dienen dazu, die positiven emotionalen Zustände eines Säuglings zu verlängern und zu verstärken. Diese wiederholten Erfahrungen werden im prozeduralen Gedächtnis als Erwartungen eingespeichert, die dem Säugling ein Gefühl der Sicherheit vermitteln.

Heute stehen weitere experimentelle Methoden zur Verfügung, um psychoanalytische Ideen über die Funktionen des Geistes zu untersuchen. Beispielsweise gibt es die Möglichkeit, die prozeduralen (impliziten) geistigen Prozesse, die unser Gedächtnis für Wahrnehmungs- und Bewegungsfertigkeiten widerspiegelt, von zwei anderen Arten unbewusster geistiger Prozesse zu unterscheiden: dem dynamischen Unbewussten, das unsere Konflikte, sexuellen Impulse und verdrängten Gedanken und Handlungen festhält, und dem Vorbewussten, das für Organisation und Planung zuständig ist und bereits Zugang zum Bewusstsein hat.

Mit biologischen Ansätzen zum Verständnis der psychoanalytischen Theorie könnte man im Grunde alle drei Arten unbewusster Prozesse erforschen. Eine Möglichkeit dazu – die im folgenden Kapitel erläutert wird – besteht darin, die unbewussten Vorstellungen von bestimmten Aktivitäten mit bewussten Wahrnehmungszuständen zu vergleichen und zu beobachten, welche Hirnregionen in dem einen und dem anderen Fall aktiviert werden. Die meisten Aspekte unserer kognitiven Prozesse beruhen auf unbewussten Schlussfolgerungen, auf Prozessen, die ohne unser Bewusstsein stattfinden. Wir sehen die Welt mühelos und als zusammenhängendes Ganzes – den Vordergrund einer Landschaft und den Horizont dahinter –, weil die visuelle Wahrnehmung, die Verbindung der verschiedenen Elemente des visuellen Bildes miteinander, sich vollzieht, ohne dass wir ihrer bewusst sind. Infolgedessen glauben die meisten Hirnforscher – wie Freud es tat –, dass uns die Mehrzahl der kognitiven Prozesse nicht bewusst ist, sondern dass wir immer nur das Ergebnis dieser Prozesse bewusst wahrnehmen. Ein ähnliches Prinzip scheint für unser bewusstes Empfinden zu gelten, wir hätten einen freien Willen.

Wenn wir die Biologie und die psychoanalytischen Ideen zusammenbringen, werden wir dadurch wahrscheinlich die Bedeutung der Psychiatrie in der modernen Medizin beleben und dafür sorgen, dass sich eine empirisch begründete psychoanalytische Theorie jenen Kräften zugesellt, welche die moderne Wissenschaft des Geistes prägen. Das Ziel dieser Fusion besteht darin, den radikalen Reduktionismus, der für die Fortschritte in der biologischen Grundlagenforschung verantwortlich ist, mit dem humanistisch geprägten Bemühen um das Verständnis des menschlichen Geistes zu verbinden, das die treibende Kraft der Psychiatrie und Psychoanalyse ist. Denn dies ist letztlich das Ziel der Hirnforschung: die physikalische und biologische Erforschung der natürlichen Welt und ihrer lebenden Bewohner mit den Erkenntnissen über die innerste Struktur des menschlichen Geistes und der menschlichen Erfahrung zu verknüpfen.

KAPITEL 28

Bewusstsein

Die Psychoanalyse hat uns mit dem Unbewussten in seinen verschiedenen Erscheinungsformen vertraut gemacht. Wie viele Wissenschaftler, die sich heute mit dem Gehirn beschäftigen, bin ich seit langem von der wichtigsten Frage fasziniert, die sich im Zusammenhang mit dem Gehirn stellt: Wie ist das Bewusstsein beschaffen, und welche unbewussten psychischen Prozesse tragen zum bewussten Denken bei? Bei meinen ersten Gesprächen mit Harry Grundfest über Freuds Strukturtheorie des Geistes – Ich, Es und Über-Ich – interessierte mich vor allem, wie sich bewusste und unbewusste Prozesse in Hinblick auf ihre Repräsentation im Gehirn unterscheiden. Doch erst in jüngerer Zeit hat die neue Wissenschaft des Geistes die Werkzeuge zur experimentellen Untersuchung dieser Frage entwickelt.

Um produktive Erkenntnisse über das Bewusstsein zu gewinnen, musste die neue Wissenschaft des Geistes zunächst eine Arbeitsdefinition des Bewusstseins entwickeln. Die lautet: Es handelt sich um einen Zustand bewusster Wahrnehmung oder um selektive Aufmerksamkeit in großem Maßstab. Im Wesentlichen ist das Bewusstsein *(consciousness)* beim Menschen die Bewusstheit *(awareness)* des Selbst, die Bewusstheit, bewusst zu sein. Bewusstsein bezeichnet also unsere Fähigkeit, nicht einfach Lust und Unlust zu empfinden, sondern auf diese Empfindungen zu achten und sie zu reflektieren, und das im Kontext unseres unmittelbaren Lebens und unserer Lebensgeschichte. Bewusste Aufmerksamkeit erlaubt uns, unwesentliche Erfahrungen auszublenden und uns ganz auf das wichtige Ereignis zu konzentrieren, mit dem wir es zu tun haben, egal, ob es Lust oder Unlust ist, das Blau des Himmels, das kühle, nördliche Licht in einem Vermeer-Gemälde oder die Schönheit und Stille, die uns der Anblick eines Meeresufers vermittelt.

DAS BEWUSSTSEIN ZU VERSTEHEN, IST DIE BEI WEITEM ANSPRUCHS-vollste Aufgabe, die sich der Naturwissenschaft heute stellt. Sehr deutlich zeigt sich das in der beruflichen Laufbahn von Francis Crick, dem vielleicht kreativsten und einflussreichsten Biologen in der zweiten Hälfte des zwanzigsten Jahrhunderts. Als Crick nach dem Zweiten Weltkrieg seine Karriere als Biologe begann, gab es zwei Fragen, von denen man meinte, die Wissenschaft könne sie nicht beantworten: Was unterscheidet die lebendige von der nichtlebendigen Welt? Und wie ist das Bewusstsein biologisch beschaffen? Crick wandte sich zunächst dem leichteren Problem zu, der Unterscheidung von belebter und unbelebter Materie, und erforschte die Beschaffenheit des Gens. 1953, nach nur zweijähriger Zusammenarbeit, hatten Jim Watson und er wesentlich dazu beigetragen, das Geheimnis zu lüften. Später schrieb Watson in dem Buch *Die Doppelhelix,* wie Crick mittags in den Eagle, einen Pub, gestürzt sei und allen Gästen in Hörweite erzählt habe, sie hätten das Geheimnis des Lebens entdeckt. In den nächsten zwanzig Jahren hatte Crick großen Anteil an der Entschlüsselung des genetischen Codes: wie die DNA RNA herstellt und die RNA Protein.

1976, mit sechzig Jahren, wandte Crick sich dem anderen wissenschaftlichen Rätsel zu: der biologischen Beschaffenheit des Bewusstseins, einem Gegenstand, dem er zusammen mit Christof Koch, einem Informatiker und Neurowissenschaftler, bis zum Ende seines Lebens treu blieb. Crick ging dieses Problem mit der ihm eigenen Intelligenz und Zuversicht an und schaffte es, das Bewusstsein zu einem zentralen Anliegen der wissenschaftlichen Gemeinschaft zu machen, die bis dahin kaum Notiz davon genommen hatte. Doch trotz fast dreißigjähriger Bemühungen konnte Crick nur bescheidene Fortschritte erzielen. Einige Wissenschaftler und Philosophen halten die Frage des Bewusstseins sogar für so unergründlich, dass sie befürchten, sie lasse sich nicht in naturwissenschaftlichen Begriffen erklären. Wie kann ein biologisches System, eine biologische Maschine, so ihr Einwand, irgendetwas fühlen? Noch problematischer: Wie kann es über sich selbst nachdenken?

Diese Fragen sind nicht neu. Im abendländischen Denken wurden sie erstmals im fünften Jahrhundert v. Chr. von Hippokrates und dem Philosophen Platon gestellt, dem Gründer der Akademie in Athen. Hippokrates ließ als erster Arzt jeglichen Aberglauben beiseite, verließ sich stattdessen ganz auf klinische Beobachtungen und vertrat die Auffassung, dass alle geistigen Prozesse im Gehirn entstünden. Platon, der von Beobachtungen und Experimenten nichts hielt, glaubte, wir könnten uns nur deshalb über uns und unseren sterblichen Körper Gedanken machen, weil wir eine immaterielle und unsterbliche Seele besäßen. Die Idee der unsterblichen Seele fand später Eingang in das christliche Denken. Im dreizehnten Jahrhundert griff Thomas von Aquin diesen Gedanken auf. Aquin und spätere religiöse Denker waren der Ansicht, die Seele – die Erzeugerin des Bewusstseins – sei nicht nur vom Körper getrennt, sondern auch göttlichen Ursprungs.

Im siebzehnten Jahrhundert entwickelte René Descartes die These, dass der Mensch eine duale Natur besitze: Er habe einen Körper, der aus materiellem Stoff sei, und einen Geist, der sich aus der spirituellen Beschaffenheit der Seele herleite. Demnach empfängt die Seele Signale vom Körper und kann seine Handlungen beeinflussen, besteht aber selbst aus etwas Immateriellem, das nur dem Menschen eigen ist. Descartes' Ideen führten zu der Auffassung, dass Handlungen wie Essen und Gehen, Sinneswahrnehmungen, Triebe, Leidenschaften und sogar einfache Formen des Lernens durch das Gehirn vermittelt werden und daher der wissenschaftlichen Erforschung zugänglich sind. Der Geist jedoch, so diese Auffassung, sei heilig und eigne sich daher nicht als Gegenstand wissenschaftlicher Analyse.

Es ist erstaunlich, dass diese Ideen aus dem siebzehnten Jahrhundert noch in den achtziger Jahren des zwanzigsten Jahrhunderts gang und gäbe waren. Karl Popper, der in Wien geborene Wissenschaftsphilosoph, und John Eccles, der mit einem Nobelpreis ausgezeichnete Neurobiologe, vertraten diesen Dualismus ihr Leben lang. Sie waren sich mit Thomas von Aquin darin einig, dass die Seele unsterblich und vom Gehirn unabhängig sei. Der britische Wissenschaftsphilosoph Gilbert Ryle bezeichnete den Seelenbegriff als »Gespenst in der Maschine«.

HEUTE SIND SICH DIE MEISTEN PHILOSOPHEN DES GEISTES DARIN einig, dass das, was wir Bewusstsein nennen, aus dem materiellen Gehirn hervorgeht, doch einige bezweifeln im Gegensatz zu Crick, dass es sich jemals wissenschaftlich ergründen lässt. Colin McGinn und einige andere Forscher glauben, dass sich das Bewusstsein der Erforschung entziehe, weil den kognitiven Fähigkeiten des Menschen durch die Hirnstruktur Grenzen gesetzt seien. Nach McGinns Auffassung ist der menschliche Verstand einfach nicht in der Lage, bestimmte Probleme zu lösen. Die Gegenposition wird von Philosophen wie Daniel Dennett vertreten und besagt, dass es überhaupt kein Problem gebe. Dennett hält – ganz ähnlich wie der Neurologe John Hughlings Jackson hundert Jahre zuvor – das Bewusstsein nicht für einen separaten Prozess im Gehirn, sondern für das kombinierte Ergebnis vieler Rechenleistungen in höheren Hirnregionen, die mit späteren Stadien der Informationsverarbeitung befasst sind.

Philosophen wie John Searle und Thomas Nagel schließlich nehmen eine Art Mittelposition ein: Ihrer Ansicht nach ist das Bewusstsein ein eigenes System biologischer Prozesse. Diese seien einer Analyse zwar zugänglich, doch hätten wir wenig Fortschritte bei ihrer Erforschung gemacht, weil sie sehr komplex, das heißt mehr als die Summe ihrer Teile seien. Daher sei das Bewusstsein sehr viel komplizierter als irgendeine Eigenschaft des Gehirns, die wir verstünden.

Searle und Nagel schreiben dem bewussten Zustand zwei Merkmale zu: Einheit und Subjektivität. Die einheitliche Beschaffenheit des Bewusstseins bezieht sich auf den Umstand, dass wir unsere Erfahrungen als Ganzheit erleben. All die verschiedenen Sinnesmodalitäten werden zu einer einzigen, zusammenhängenden, bewussten Erfahrung verschmolzen. Wenn ich also im Botanischen Garten von Wave Hill in der Nähe meines Hauses in Riverdale an einen Rosenbusch herantrete, rieche ich den köstlichen Duft der Blüten, sehe gleichzeitig die wunderbare rote Farbe – und nehme diesen Rosenstrauch vor dem Hintergrund des Hudson River und der Felsen des Palisade-Gebirges dahinter wahr. Meine Wahrnehmung ist nicht nur in dem Augenblick, da ich sie erlebe, ganzheitlich, sie hat diesen Charakter auch noch zwei Wochen später, wenn ich eine geistige Zeitreise unternehme, um dieses Augenblicks noch einmal habhaft zu werden. Ungeachtet der Tatsache, dass wir verschiedene Organe zum Riechen und Sehen haben und dass jedes seine eigenen Bahnen verwendet, laufen sie im Gehirn so zusammen, dass meine Wahrnehmung zu einem Ganzen zusammengefügt wird.

Die ganzheitliche Natur des Bewusstseins wirft ein schwieriges Problem auf, das aber nicht unüberwindlich sein muss. Diese Einheit kann zerfallen. Ein Patient, dessen Gehirnhälften chirurgisch voneinander getrennt werden, erlebt ein doppeltes Bewusstsein, wobei jedes Bewusstsein seinen eigenen einheitlichen Wahrnehmungsinhalt besitzt.

Subjektivität, das zweite Merkmal des Bewusstseins, stellt uns in wissenschaftlicher Hinsicht vor eine noch größere Herausforderung. Jeder Mensch erlebt eine Welt privater und einzigartiger Empfindungen, die für ihn realer ist als die Erfahrungen anderer. Unsere Ideen, Stimmungen und

Empfindungen durchleben wir unmittelbar, während wir die Erfahrung eines anderen Menschen nur indirekt wahrnehmen können, indem wir sie beobachten oder von ihnen hören. Daher können wir fragen: »Ist deine Reaktion auf das Blau, das du siehst, und auf den Jasmin, den du riechst – die Bedeutung, die diese Sinneswahrnehmungen für dich haben –, identisch mit meiner Reaktion auf das Blau, das ich sehe, und den Jasmin, den ich rieche, und mit der Bedeutung, die diese Sinneswahrnehmungen für mich haben?«

Es geht hier nicht um die Wahrnehmung an sich. Es geht nicht darum, ob wir alle eine ganz ähnliche Schattierung desselben Blaus sehen. Das lässt sich relativ leicht feststellen, indem man die Aktivität einzelner Nervenzellen im Sehsystem verschiedener Individuen aufzeichnet. Das Gehirn rekonstruiert unsere Wahrnehmung eines Objekts, aber das wahrgenommene Objekt – die Farbe Blau oder das mittlere C auf dem Klavier – scheint den physikalischen Eigenschaften der Wellenlänge des reflektierten Lichts oder der Frequenz des emittierten Tons zu entsprechen. Hier geht es vielmehr um die Bedeutung dieses Blaus oder dieses Tons für jeden Einzelnen. Was wir nämlich nicht verstehen, ist die Frage, wie elektrische Aktivität in Neuronen die Bedeutung hervorruft, die wir einer Farbe oder einer Wellenlänge des Schalls zuschreiben. Der Umstand, dass die bewusste Erfahrung für jeden Menschen so einzigartig ist, wirft die Frage auf, ob sich überhaupt irgendwelche allen Menschen gemeinsamen Merkmale des Bewusstseins objektiv bestimmen lassen. Denn wenn die Sinne letztlich Erfahrungen vermitteln, die vollkommen subjektiv sind, können wir, so wird argumentiert, auf Grund der persönlichen Erfahrung zu keiner allgemeinen Definition des Bewusstseins gelangen.

Nagel und Searle erläutern die Schwierigkeit, die es bereitet, die subjektive Natur des Bewusstseins physikalisch zu erklären, wie folgt: Nehmen wir an, es gelingt uns, die elektrische Aktivität von Neuronen in einer Region aufzuzeichnen, von der wir wissen, dass sie für das Bewusstsein von Bedeutung ist, während der Mensch, der untersucht wird, eine Aufgabe ausführt, die bewusste Aufmerksamkeit von ihm verlangt – während ich beispielsweise einen Rosenstrauch in Wave Hill betrachte und des Anblicks der roten Blüten gewahr werde. Mit der Bestimmung der beteiligten Neurone hätten wir einen ersten Schritt zur Untersuchung des Bewusstseins gemacht; wir hätten entdeckt, was Crick und Koch das neuronale Korrelat des Bewusstseins für dieses eine Perzept, diesen Wahrnehmungsinhalt, nennen. Die meisten von uns würden das als einen großen

Fortschritt ansehen, weil damit eine materielle Begleiterscheinung bewusster Wahrnehmung nachgewiesen wäre. In einem nächsten Schritt könnten wir versuchen, experimentell zu bestimmen, ob diese Korrelate sich auch zu einem zusammenhängenden Ganzen zusammenfügen, das heißt, zu dem Hintergrund des Hudson River und des Palisade-Gebirges. Doch für Nagel und Searle ist dies das leichte Problem des Bewusstseins. Das schwierige Problem ist das zweite Rätsel, das der subjektiven Erfahrung.

Wie kommt es, dass ich auf das rote Bild einer Rose mit einem Gefühl reagiere, das nur mir eigen ist? Oder nehmen wir ein anderes Beispiel: Eine Mutter schaut ihr Kind an. Welche Gründe haben wir für die Annahme, dass die Aktivität von Zellen in der Cortexregion, die für die Gesichtererkennung verantwortlich ist, die Emotionen hervorruft, welche die Mutter empfindet, und ihre Fähigkeit erklärt, die Erinnerungen an diese Emotionen und an den Anblick ihres Kindes abzurufen?

Bislang wissen wir selbst bei den einfachsten Fällen noch nicht, wie die Aktivität bestimmter Neurone zu den subjektiven Komponenten der bewussten Wahrnehmung führt. Laut Searle und Nagel fehlt es uns noch an einer überzeugenden Theorie dafür, wie ein objektives Phänomen – elektrische Signale im Gehirn – eine subjektive Erfahrung wie etwa Unlust hervorrufen kann. Da die Wissenschaft, wie wir sie gegenwärtig betreiben, eine reduktionistische, analytische Sichtweise komplizierter Ereignisse ist, während das Bewusstsein auf nicht zu zerlegende Weise subjektiv ist, liegt eine solche Theorie gegenwärtig außerhalb unserer Reichweite.

Nagel zufolge kann die Wissenschaft das Problem des Bewusstseins erst dann angehen, wenn sie ihre Methodologie so wesentlich verändert, dass es den Forschern möglich wird, die Elemente subjektiver Erfahrung zu identifizieren und zu analysieren. Diese Elemente seien wahrscheinlich die grundlegenden Komponenten der Hirnfunktion, so wie Atome und Moleküle die fundamentalen Bestandteile der Materie sind, dürften aber in einer Form vorliegen, die wir uns noch nicht vorstellen können. Die Reduktionen, die in der Naturwissenschaft üblicherweise vorgenommen werden, hält Nagel nicht für problematisch. Die biologische Forschung könne leicht erklären, wie sich die Eigenschaften einer bestimmten Materieart aus den objektiven Eigenschaften der sie konstituierenden Moleküle ergeben. Es fehle der Wissenschaft jedoch an Regeln, die erläutern, wie subjektive Eigenschaften (Bewusstsein) aus den Eigenschaften der Objekte (untereinander verbundenen Nervenzellen) entstehen.

Nagel vertritt die Auffassung, dass uns unser vollständiger Mangel an Erkenntnissen über die Elemente subjektiver Erfahrung nicht daran hindern sollte, nach den neuronalen Korrelaten des Bewusstseins zu suchen und nach den Regeln, die Bewusstseinsphänomene mit zellulären Prozessen im Gehirn in Verbindung bringen. Nur mit solchen Informationen seien wir eines Tages vielleicht in der Lage, subjektive auf materielle und objektive Phänomene zu reduzieren. Doch um eine Theorie zu entwickeln, die diese Reduktion ermögliche, müssten wir uns zunächst über die Elemente des subjektiven Bewusstseins klar werden. Diese Entdeckung, so Nagel, werde so bedeutsam und folgenreich sein, dass sie eine Revolution der Biologie und höchstwahrscheinlich eine vollkommene Tranformation des wissenschaftlichen Denkens erfordere.

Die meisten in der Bewusstseinsforschung tätigen Neurowissenschaftler setzen sich sehr viel bescheidenere Ziele. Sie streben keine Revolution des wissenschaftlichen Denkens an und erwarten sie auch nicht. Obwohl sie mit erheblichen Schwierigkeiten zu kämpfen haben, um Bewusstseinsphänomene so zu definieren, dass sie sich für Experimente eignen, sind die Forscher keineswegs der Meinung, dass diese Schwierigkeiten eine experimentelle Untersuchung unter den gegebenen Paradigmen ausschließen. Die Neurowissenschaftler glauben – und Searle mit ihnen –, dass sie erhebliche Fortschritte in der Neurobiologie der Wahrnehmung und des Gedächtnisses erzielen konnten, ohne die individuelle Erfahrung erklären zu müssen. Kognitive Neurowissenschaftler haben beispielsweise ein sehr viel klareres Bild von der neuronalen Basis gewonnen, auf die sich die Wahrnehmung der Farbe Blau stützt, ohne der Frage nachzugehen, wie jeder von uns auf dieses Blau reagiert.

WAS WIR NICHT VERSTEHEN, IST DAS SCHWIERIGE PROBLEM DES BEwusstseins – das Rätsel, wie neuronale Aktivität subjektive Erfahrung hervorbringt. Crick und Koch haben die Auffassung vertreten, dass wir, sobald wir das leichte Problem des Bewusstseins, seine Einheit, gelöst hätten, in der Lage wären, diese neuronalen Systeme experimentell zu manipulieren und so das schwierige Problem zu lösen.

Die Einheit des Bewusstseins ist eine Spielart des Bindungsproblems, dass zum ersten Mal bei der Erforschung der visuellen Wahrnehmung erkannt wurde. Während ich die subjektive Freude bei meinem Besuch in Wave Hill empfinde, ist ein wesentliches Element dieser Erfahrung die Art und Weise, wie der Anblick und der Duft der Rosen in den Gärten miteinander verbunden und mit meinem visuellen Eindruck vom Hudson, dem Palisade-Gebirge und all den anderen Teilen meiner Wahrnehmung vereinigt werden. Jedes dieser Elemente meiner subjektiven Erfahrung wird durch verschiedene Hirnregionen in meinem visuellen, olfaktorischen und emotionalen System vermittelt. Die Einheit meiner bewussten Erfahrung setzt voraus, dass der Bindungsprozess diese separaten Hirnareale in irgendeiner Weise verknüpft und integriert.

In einem ersten Schritt zur Lösung des leichten Problems in puncto Bewusstsein müssen wir fragen, ob die Einheit des Bewusstseins – eine Einheit, von der man meint, sie werde durch neuronale Systeme bewirkt, welche die selektive Aufmerksamkeit vermitteln – in einem oder in einigen wenigen Arealen lokalisiert ist, was uns die Möglichkeit gäbe, sie biologisch zu manipulieren. Die Antwort auf diese Frage ist keineswegs klar. Gerald Edelman, ein namhafter Wissenschaftler, der sich mit den theoretischen Problemen des Gehirns und Bewusstseins beschäftigt, hat überzeugend vorgebracht, dass die neuronale Maschinerie für die Einheit des Bewusstseins wahrscheinlich weiträumig über den Cortex und den Thalamus verteilt sei. Daher sei es unwahrscheinlich, dass es uns gelänge, das Bewusstsein durch ein einfaches System neuronaler Korrelate zu finden. Crick und Koch dagegen glauben, dass es für die Einheit des Bewusstseins durchaus direkte neuronale Korrelate gebe, weil sie höchstwahrscheinlich von einer Reihe spezifischer Neurone mit spezifischen molekularen oder neuroanatomischen Merkmalen konstituiert würden. Die neuronalen Korrelate kämen wahrscheinlich mit einer geringen Anzahl von Neuronen aus, die wie Scheinwerfer funktionierten: als Lichtkegel der Aufmerksamkeit. Daher stelle sich zunächst die Aufgabe, im Gehirn die wenigen Neurone zu lokalisieren, deren Aktivität am stärksten mit der Einheit der bewussten Erfahrung korreliere, und dann die neuronalen Schaltkreise zu bestimmen, zu denen sie gehören.

Wie sollen wir diese kleine Population von Nervenzellen finden, die die Einheit des Bewusstseins vermitteln könnten? Welche Kriterien müssen sie erfüllen? Crick und Koch mutmaßten in ihrem letzten Artikel (den Crick noch auf dem Weg ins Krankenhaus korrigierte, wenige Stunden bevor er am 28. Juli 2004 starb), das Claustrum, eine Hirnstruktur unterhalb der Großhirnrinde, sei für die Einheit der Erfahrung verantwortlich. Man weiß wenig über das Claustrum, nur dass es mit fast allen sensorischen und motorischen Cortexregionen verbunden ist und auch mit der Amygdala Informationen austauscht, die eine wichtige Rolle bei Emotionen spielt. Crick und Koch vergleichen das Claustrum mit dem Dirigenten eines Orchesters. Tatsächlich erfüllen die neuroanatomischen Verbindungen des Claustrums die Bedingungen eines Dirigenten; es kann die verschiedenen Gehirnregionen, die für die Einheit der bewussten Erfahrung notwendig sind, zusammenbinden und koordinieren.

Die Idee, von der Crick am Ende seines Lebens besessen war – dass das Claustrum der Scheinwerfer der Aufmerksamkeit sei, die Struktur, die verschiedene Elemente der Perzepte verbinde –, ist der letzte einer Reihe von wichtigen Gedanken, die Crick vorgeschlagen hat. Cricks herausragende Beiträge zur Biologie (die Doppelhelix-Struktur der DNA, die Beschaffenheit des genetischen Codes, die Entdeckung der Messenger-RNA, die Translationsmechanismen, mit deren Hilfe die Messenger-RNA in die Aminosäuresequenz eines Proteins übersetzt wird, und die Legitimierung der Biologie des Bewusstseins) stellen ihn auf eine Stufe mit Kopernikus, Newton, Darwin und Einstein. Doch sein intensives, lebenslanges Interesse für die wissenschaftliche Forschung, für intellektuelle Probleme teilt er mit vielen Kollegen aus der wissenschaftlichen Gemeinschaft. Diese Besessenheit ist charakteristisch für die naturwissenschaftliche Forschung in ihrer vornehmsten Form. Der kognitive Neurowissenschaftler Vilayanur Ramachandran, ein Freund und Kollege von Crick, beschreibt dessen obsessive Beschäftigung mit dem Claustrum während seiner letzten Wochen:

> Drei Wochen vor seinem Tod besuchte ich ihn in seinem Haus in La Jolla. Er war 88 Jahre alt, hatte Krebs im Endstadium, litt unter Schmerzen und unterzog sich einer Chemotherapie. Trotzdem arbeitete er offenbar ununterbrochen an seinem letzten Projekt. Sein riesiger Schreibtisch – er nahm das halbe Zimmer ein – war mit Artikeln, Briefen, Umschlägen, neueren Ausgaben der Zeitschrift *Nature*, einem Laptop (trotz seiner Abneigung gegen Computer) und Neuerscheinungen über Neuroanatomie bedeckt. Während der zwei Stunden, die ich dort war, erwähnte er seine Krankheit nicht mit einem einzigen Wort; stattdessen präsentierte er mir eine Fülle von Ideen über das Claustrum, das die Mainstream-Experten seiner Meinung nach weitgehend vernachlässigten. Als ich ging, sagte er: »Rama, ich glaube, das Geheimnis des Bewusstseins liegt im Claustrum. Meinst du nicht? Warum sollte diese winzige Struktur sonst mit so vielen Hirnregionen verbunden sein?« – Verschwörerisch zwinkerte er mir zu. Es war das letzte Mal, dass ich ihn sah.

Da über das Claustrum so wenig bekannt war, hatte Crick vor, ein Institut zu gründen, das sich mit der Funktion dieser Struktur beschäftigte. Insbesondere wollte er herausfinden, ob das Claustrum angeschaltet wird, wenn sich die unbewusste, unterschwellige Wahrnehmung eines gegebenen Reizes durch die Sinnesorgane eines Menschen in ein bewusstes Perzept verwandelt.

EIN BEISPIEL FÜR EIN SOLCHES »AUSSCHALTEN«, DAS CRICK UND KOCH besonders interessierte, ist die binokulare Konkurrenz. Dabei werden einer Versuchsperson zwei verschiedene Bilder – sagen wir, senkrechte und waagerechte Streifen – gleichzeitig so dargeboten, dass jedes Auge nur Streifen einer Ausrichtung sieht. Manchmal kombiniert die Versuchsperson die beiden Bilder und berichtet, sie erblicke ein Karomuster, doch häufiger sieht die Person erst ein Bild und dann das nächste, wobei waagerechte und senkrechte Streifen sich spontan ablösen.

Mit Hilfe der Kernspintomographie haben Eric Lumer und seine Kollegen vom University College London die frontale und parietale Region des Cortex als die Hirnregionen identifiziert, die aktiv werden, wenn die bewusste Aufmerksamkeit eines Menschen von einem Bild zu einem anderen wechselt. Beide Regionen spielen bei der Fokussierung der bewussten Aufmerksamkeit auf Objekte im Raum eine Rolle. Umgekehrt scheinen die präfrontale und die hintere parietale Region des Cortex die Entscheidung, welches Bild hervorgehoben werden soll, auf das Sehsystem umzuschalten, welches das Bild dann ins Bewusstsein holt. Tatsächlich haben Menschen mit einer Schädigung des präfrontalen Cortex in Situationen binokularer Konkurrenz Schwierigkeiten, von einem Bild auf das andere umzuwechseln. Crick und Koch könnten vorbringen, dass die frontalen und parietalen Regionen des Cortex vom Claustrum in Anspruch genommen werden, das die Aufmerksamkeit von einem Auge auf das andere übergehen lässt und die Bilder vereinigt, die dem Bewusstsein von jedem Auge dargeboten werden.

Wie diese Überlegungen deutlich machen, bleibt das Bewusstsein ein großes Problem. Doch durch die Bemühungen von Edelman auf der einen und Crick und Koch auf der anderen Seite verfügen wir jetzt über zwei spezifische und überprüfbare Theorien, die einer eingehenderen Untersuchung wert sind.

DA MEIN BESONDERES INTERESSE DER PSYCHOANALYSE GILT, WOLLTE ich das Paradigma von Crick und Koch – den Vergleich zwischen der bewussten und unbewussten Wahrnehmung desselben Reizes – einen Schritt weiterführen und überlegen, wie die visuelle Wahrnehmung mit Emotion angereichert wird. Anders als die einfache visuelle Wahrnehmung dürfte sich dieser Vorgang von einem Menschen zum anderen unterscheiden. Daher stellt sich die Frage: Wie und wo werden unbewusste emotionale Wahrnehmungen verarbeitet?

Amit Etkin, ein phantasievoller, kreativer Doktorand, und ich führten in Zusammenarbeit mit Joy Hirsch, einem Experten für Neuroimaging an der Columbia University, eine Studie durch, in der wir die bewusste und unbewusste Wahrnehmung emotionaler Reize untersuchten. Wir wendeten im emotionalen Bereich die gleiche Methode an, die Crick und Koch im kognitiven Bereich benutzt hatten. Dazu erfassten wir die bewussten und unbewussten Reaktionen von Versuchspersonen, denen Bilder von Menschen mit einem eindeutig neutralen und einem ängstlichen Gesichtsausdruck vorgelegt wurden. Die Bilder stellte uns Paul Ekman von der University of California in San Francisco zur Verfügung.

Ekman, der eine Sammlung von mehr als 100 000 menschlichen Gesichtsausdrücken besitzt, konnte wie Charles Darwin vor ihm nachweisen, dass die bewusste Wahrnehmung von sieben Gesichtsausdrücken – Glück, Furcht, Ekel, Verachtung, Zorn, Überraschung und Traurigkeit – für jeden Menschen, unabhängig von Geschlecht oder Kultur, im Grunde die gleiche Bedeutung hat (Abbildung 28.1). Daher gingen wir von der Annahme aus, dass furchtsame Gesichter bei den Versuchspersonen in unserer Studie – gesunden, normalen Medizinstudenten – jeweils eine ähnliche Reaktion auslösen würden, egal, ob sie den Reiz bewusst oder unbewusst wahrnahmen. Für eine bewusste Wahrnehmung der Furcht sorgten wir, indem wir die ängstlichen Gesichter über einen längeren Zeitraum zeigten, so dass die Versuchspersonen Zeit hatten, über sie nachzudenken. Die unbewusste Wahrnehmung von Furcht lösten wir aus, indem wir dieselben Gesichter so rasch darboten, dass die Versuchspersonen nicht berichten konnten, was für einen Ausdruck sie gesehen hatten. Sie waren noch nicht einmal sicher, überhaupt ein Gesicht gesehen zu haben!

Da sich sogar normale Menschen in ihrer Empfänglichkeit für Gefahr unterscheiden, ließen wir alle Freiwilligen einen Fragebogen ausfüllen, der die Hintergrundangst erfassen sollte. Im Gegensatz zur aktuellen Angst,

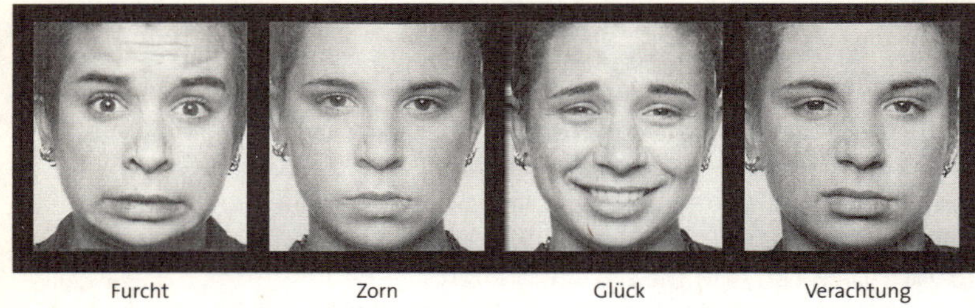

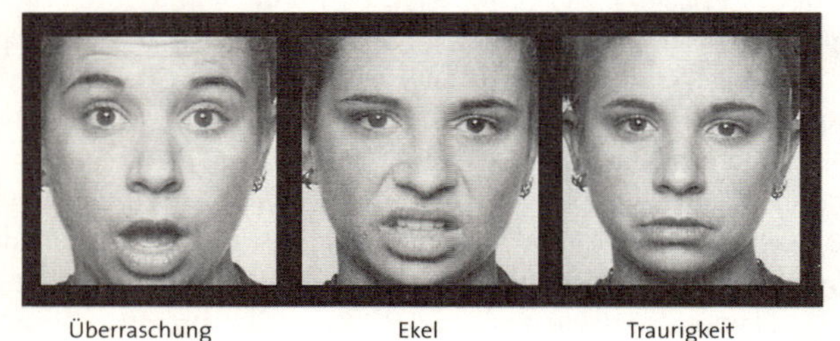

28.1 Ekmans sieben universelle Gesichtsausdrücke

welche die meisten Menschen in einer neuen Situation empfinden, kommt in der Hintergrundangst ein dauerhaftes Merkmal zum Ausdruck.

Wie nicht anders zu erwarten, beobachteten wir eine auffällige Aktivität in der Amygdala, der tief im Gehirn liegenden Struktur, die Furcht vermittelt, als wir den Versuchspersonen Bilder von Gesichtern mit ängstlichen Ausdrücken zeigten. Überraschend war allerdings, dass bewusste und unbewusste Reize verschiedene Regionen der Amygdala beeinflussten und dass das bei verschiedenen Versuchspersonen, je nach ihrer Grundangst, in unterschiedlichem Maße der Fall war.

Die unbewusste Wahrnehmung ängstlicher Gesichter aktivierte den basolateralen Kern. Bei Menschen – und Mäusen – empfängt diese Region der Amygdala den größten Anteil der eintreffenden sensorischen Informationen und ist vorrangig für die Kommunikation mit dem Cortex verantwortlich. Die Aktivierung des basolateralen Kerns durch die unbewusste Wahrnehmung ängstlicher Gesichter stand in direktem Verhältnis zur Hintergrundangst einer Versuchsperson: Je höher der Wert für Hintergrundangst, desto ausgeprägter die Reaktion der Versuchsperson. Menschen mit geringer Hintergrundangst zeigten überhaupt keine Reaktion. Die bewusste Wahrnehmung ängstlicher Gesichter dagegen aktivierte die hintere Region der Amygdala, die den zentralen Kern enthält, und dieser Vorgang war unabhängig von der Hintergrundangst der Versuchsperson. Der zentrale Kern der Amygdala schickt Informationen an Regionen des Gehirns, die zum autonomen Nervensystem gehören – Regionen, die für Erregung und Abwehrreaktionen verantwortlich sind. Alles in allem beeinflussen unbewusst wahrgenommene Bedrohungen Menschen mit großer Hintergrundangst unverhältnismäßig stark, während bewusst wahrgenommene Bedrohungen bei allen Versuchspersonen die Kampf-oder-Flucht-Reaktion aktiviert.

Ferner zeigte sich, dass die unbewusste und bewusste Wahrnehmung ängstlicher Gesichter verschiedene neuronale Netze außerhalb der Amygdala aktiviert. Auch hier wurden die durch unbewusst wahrgenommene Bedrohungen aktivierten Netze nur von den ängstlichen Versuchspersonen in Anspruch genommen. Überraschenderweise rufen aber sogar unbewusste Wahrnehmungen die Teilnahme von Regionen in der Großhirnrinde auf.

Der Anblick erschreckender Reize aktiviert zwei verschiedene Gehirnsysteme: eines, an dem bewusste, vermutlich von oben nach unten organisierte Aufmerksamkeit beteiligt ist, und eines, an dem unbewusste, von unten nach oben organisierte Aufmerksamkeit oder Wachsamkeit mitwirkt, ähnlich dem Effekt eines Auffälligkeitssignals im expliziten und impliziten Gedächtnis der *Aplysia* und der Maus.

Das sind faszinierende Ergebnisse. Erstens zeigen sie, dass ein Reiz im Bereich der Emotion, wie im Bereich der Wahrnehmung, sowohl unbewusst als auch bewusst wahrgenommen werden kann. Sie sprechen außerdem für Cricks und Kochs These, dass bei der Wahrnehmung unterschiedliche Hirnareale mit der bewussten und der unbewussten Wahrnehmung eines Reizes verknüpft sind. Zweitens liefern diese Studien einen biologischen Beleg für die Bedeutung des psychoanalytischen Konzepts der unbewussten Emotionen. Sie lassen darauf schließen, dass Angst dann den größten Einfluss auf das Gehirn hat, wenn der Reiz der Phantasie überlassen bleibt und nicht unbedingt bewusst wahrgenommen wird. Sobald der Anblick eines ängstlichen Gesichtes bewusst in Augenschein genommen wird, können auch ängstliche Menschen genau einschätzen, ob wirklich eine Bedrohung vorliegt.

Hundert Jahre, nachdem Freud die These aufgestellt hatte, dass die Psychopathologie aus einem Konflikt auf unbewusster Ebene entsteht und behoben werden kann, wenn man die Ursache des Konflikts entdeckt und bewusst anspricht, lassen unsere Neuroimaging-Studien erkennen, wie solche konfliktträchtigen Prozesse möglicherweise im Gehirn vermittelt werden. Außerdem unterfüttert die Entdeckung einer Korrelation zwischen der Hintergrundangst von Versuchspersonen und ihren unbewussten neuronalen Prozessen biologisch Freuds These, dass unbewusste geistige Prozesse an der Informationsverarbeitung im Gehirn beteiligt sind. Obwohl es Freuds Ideen seit mehr als hundert Jahren gibt, ist vorher noch nie der Versuch unternommen worden, im Zuge von Neuroimaging-Studien zu erklären, wie unterschiedliche Verhaltensweisen und Weltdeutungen aus Unterschieden in der unbewussten Emotionsverarbeitung erwachsen. Der Befund, dass die unbewusste Furchtwahrnehmung den basolateralen Kern der Amygdala in direktem Verhältnis zur Grundangst eines Menschen aktiviert, liefert ein biologisches Erkennungszeichen für die Diagnose eines Angstzustands und eine Richtschnur, um die Wirksamkeit verschiedener Arzneimittel und Psychotherapieformen zu bewerten.

Durch die Entdeckung, dass es einen Zusammenhang zwischen der Aktivität eines neuronalen Schaltkreises einerseits und der bewussten und unbewussten Wahrnehmung einer Bedrohung andererseits gibt, beginnen wir das neuronale Korrelat einer Emotion – der Furcht – zu umreißen. Diese Beschreibung könnte durchaus zu einer wissenschaftlichen Erklärung der bewusst wahrgenommenen Furcht führen. Ein halbes Jahrhundert, nachdem ich die Psychoanalyse zugunsten der Biologie des Geistes aufgab, schickt sich nun die neue Biologie des Geistes an, einige der zentralen Fragen von Psychoanalyse und Bewusstsein anzugehen.

Eines dieser Probleme ist die Natur des freien Willens. Angesichts von Freuds Entdeckung des psychischen Determinismus – der Tatsache, dass ein Großteil unseres kognitiven und affektiven Lebens unbewusst ist – fragt sich, was an persönlichem Entscheidungsspielraum, an Handlungsfreiheit bleibt.

Dazu hat Benjamin Libet von der University of California in San Francisco eine Reihe sehr aufschlussreicher Experimente durchgeführt. Libet ging von einer Entdeckung des deutschen Neurowissenschaftlers Hans Kornhuber aus: Dieser hatte seine Versuchspersonen aufgefordert, ihren rechten Zeigefinger zu bewegen. Anschließend maß er diese Willkürbewegung mit einem Dehnungsmesser, während er gleichzeitig die elektrische Aktivität des Gehirns mittels einer an der Kopfhaut angebrachten Elektrode erfasste. In Hunderten von Versuchen fand Kornhuber heraus, dass jeder Bewegung stets ein kleines Zeichen in der Aufzeichnung der elektrischen Gehirnaktivität vorausging, ein Funken des freien Willens! Er nannte dieses Potenzial im Gehirn das »Bereitschaftspotenzial« und stellte fest, dass es eine Sekunde vor der Willkürbewegung auftrat.

In Anlehnung an Kornhubers Ergebnis führte Libet ein Experiment durch, bei dem er seine Versuchspersonen aufforderte, immer dann einen Finger zu heben, wenn sie den Impuls dazu verspürten. Er setzte der Versuchsperson eine Elektrode an die Kopfhaut und registrierte ein Bereitschaftspotenzial ungefähr eine Sekunde, bevor die Versuchsperson ihren Finger hob. Dann verglich er die Zeit, welche die Person brauchte, um das Wollen in Bewegung umzusetzen, mit dem Auftreten des Bereitschaftspotenzials und fand zu seinem Erstaunen heraus, dass das Bereitschaftspotenzial nicht nach dem Impuls zum Bewegen des Fingers auftrat, sondern 200 Millisekunden davor! Allein durch die Beobachtung der Hirnaktivität konnte Libet also vorhersagen, was eine Versuchsperson tun würde, bevor dieser tatsächlich bewusst wurde, dass sie sich dafür entschieden hatte.

Für die Philosophie wirft dieses Ergebnis die Frage auf: Wenn die Entscheidung im Gehirn schon gefallen ist, bevor wir uns zum Handeln entschließen, wo bleibt dann der freie Wille? Ist unser Empfinden, die Handlung zu wollen, nur eine Illusion, eine nachträgliche Rationalisierung dessen, was geschehen ist? Oder wird die Entscheidung zwar frei, aber nicht bewusst getroffen? Wenn das stimmt, könnte die Entscheidung beim Handeln – wie bei der Wahrnehmung – die Bedeutung unbewusster Schlussfolgerungen widerspiegeln. Libet vermutet, dass die Willkürhandlung zwar in einem unbewussten Teil des Gehirns eingeleitet wird, dass sich aber kurz vor Ausführung der Handlung das Bewusstsein einschaltet, um die Handlung zu billigen oder abzulehnen. In den 200 Millisekunden, bevor sich ein Finger hebt, entscheidet das Bewusstsein, ob er bewegt wird oder nicht.

Unabhängig von den Gründen für die Verzögerung zwischen Entscheidung und Bewusstsein hat Libets Ergebnis auch eine moralische Komponente: Wie kann man für Entscheidungen, an denen das Bewusstsein nicht beteiligt ist, verantwortlich gemacht werden? Die Forscher Richard Gregory und Vilayanur Ramachandran haben diesem Argument eine Grenze gesetzt, als sie erklärten: »Unser bewusster Geist hat vielleicht keinen freien Willen, aber er hat ein freies ›Ich will nicht‹.« Michael Gazzaniga, einer der Pioniere auf dem Gebiet der kognitiven Neurowissenschaft und ein Mitglied des amerikanischen Rats für Bioethik, ergänzt: »Gehirne funktionieren automatisch, aber Menschen sind frei.« Wir können mitnichten auf die Gesamtheit der neuronalen Aktivität schließen, indem wir einfach ein paar neuronale Schaltkreise im Gehirn betrachten.

Sechster Teil

Der wahre Wiener lebt von geborgten Erinnerungen. Mit dem bittersüßen Weh der Nostalgie erinnert er sich an Dinge, die er nie gekannt hat … Das Wien, das es nie gab, ist die wunderbarste Stadt aller Zeiten.

Orson Welles, »Vienna 1968«

KAPITEL 29

Wiederentdeckung Wiens über Stockholm

An Jom Kippur, dem 9. Oktober 2000, weckte mich um 5 Uhr 15 das Läuten des Telefons. Es steht auf Denises Seite des Bettes. Daher nahm sie ab und weckte mich mit einem Rippenstoß.

»Ein Anruf aus Stockholm, Eric. Muss für dich sein. Für mich ist er nicht.«

Am Telefon war Hans Jörnvall, der Generalsekretär der Nobel-Stiftung. Ich hörte stumm zu, während er mir mitteilte, dass ich gemeinsam mit Arvid Carlsson und meinem langjährigen Freund Paul Greengard den Nobelpreis für Physiologie oder Medizin für die Signalübertragung im Nervensystem gewonnen hätte. Das Gespräch kam mir höchst unwirklich vor.

Die Stockholmer Beratungen dürften zu den bestgehüteten Geheimnissen der Welt gehören. Es sickert praktisch nie etwas durch. Infolgedessen lässt sich auch nie sagen, wer jeweils im Oktober den Preis erhalten wird. Allerdings ahnen die meisten, die infrage kommen, schon etwas, zumal das Karolinska-Institut regelmäßige Symposien veranstaltet, auf denen es die namhaftesten Biologen der Welt versammelt. Auch ich hatte wenige Wochen zuvor daran teilgenommen. Trotzdem hatte ich nicht mit diesem Anruf gerechnet. Viele überaus preiswürdige Kandidaten, deren Auszeichnung immer wieder erwartet wurde, haben den Nobelpreis nie bekommen. Ich hielt es einfach für unwahrscheinlich, dass man mich auswählen würde.

Ungläubig, wie ich war, wusste ich nichts zu sagen, als meinen Dank zu stammeln. Jörnvall bat mich, bis sechs Uhr morgens niemanden anzurufen. Dann werde die Presse informiert, und danach könne ich telefonieren, so viel ich wolle.

Denise machte sich allmählich Sorgen. Endlos, wie ihr schien, lag ich stumm da, das Telefon am Ohr. So wortkarg kannte sie mich nicht. Als ich schließlich auflegte und ihr die Neuigkeit mitteilte, freute sie sich doppelt: darüber, dass ich den Nobelpreis gewonnen hatte, und darüber, dass ich meine Sprache wiedergefunden hatte. »Hör mal, es ist noch so früh«, meinte sie dann. Warum schläfst du nicht noch ein bisschen?«

»Machst du Witze?«, erwiderte ich »Wie soll ich jetzt schlafen?«

Eine halbe Stunde später rief ich Gott und die Welt an: unsere Kinder Paul und Minouche – für Letztere, die an der Westküste lebte, war es noch mitten in der Nacht; Paul Greengard, dem ich zu unserem gemeinsamen Glück gratulierte; meine Freunde an der Columbia University, nicht nur, um ihnen die Nachricht mitzuteilen, sondern auch, um sie darauf vorzubereiten, dass am Nachmittag wahrscheinlich eine Pressekonferenz einberufen werden würde, trotz Jom Kippur, des Tags der Versöhnung und höchsten jüdischen Feiertags.

Noch bevor ich mit meinen ersten Anrufen fertig war, klingelte es an der Haustür: unsere Nachbarn und Kollegen Tom Jessell und Jane Dodd samt Töchtern und einer Flasche Wein, ein hochwillkommenes Stück Bodenhaftung im schwindelerregenden Nobel-Wunderland. Gemeinsam setzten wir uns zum Frühstück nieder (der Wein wurde auf später verschoben), während das Telefon ununterbrochen läutete.

Alle riefen sie an – Radio, Fernsehen, Zeitungen, Freunde. Besonders interessant fand ich die Anrufe aus Wien, in denen mir versichert wurde, wie erfreut Österreich sei, wieder einen Nobelpreisträger zu haben. Ich musste sie daran erinnern, dass dieser Nobelpreis an die USA gehe. Dann meldete sich die Pressestelle der Columbia University und bat mich, um 13 Uhr 30 an einer Pressekonferenz im Alumni Auditorium teilzunehmen.

Auf dem Weg dorthin hielt ich kurz an unserer Synagoge – um zu bereuen und zu feiern. Im Labor wurde ich jubelnd begrüßt. Es war einfach überwältigend! Ich dankte allen für die Mühe, die sie in unsere gemeinsame Arbeit gesteckt hatten; dieser Nobelpreis gelte uns allen.

Bei der Pressekonferenz waren viele Fakultätskollegen anwesend, außerdem die führenden Köpfe der Universität, und sie begrüßten mich liebenswürdigerweise mit einer Standing Ovation. David Hirsch, der Dekan der medizinischen Fakultät, stellte mich kurz der Presse vor. Ich dankte der Universität und meiner Familie, bevor ich kurz meine Arbeit erläuterte. Im Laufe der nächsten Tage gingen mehr als tausend E-Mails, Briefe und Anrufe ein. Es meldeten sich Leute, die ich seit Jahrzehnten nicht gesehen hatte. In all dem Trubel erwies sich eine Verpflichtung, die ich lange zuvor eingegangen war, als unerwartet günstig. Ich hatte mich bereit erklärt, am 17. Oktober in Italien einen Vortrag zu Ehren von Massimiliano Aloisi zu halten, einem namhaften Professor der Universität Padua. Nun war dies für Denise und mich eine ideale Gelegenheit, dem ganzen Trubel zu entkommen. Padua war wunderbar, und Turin, wohin wir weiterreisten, da mir die Universität einen Ehrendoktor verlieh, nicht minder. Dort fand Denise auch eine Schneiderin, deren Entwürfe ihr so gut gefielen, dass sie gleich mehrere Kleider kaufte, unter anderem eines für die Nobelpreisverleihung.

Abgesehen davon, dass ich Denise innig liebe, bin ich ihr auch unendlich dankbar dafür, dass sie mich und meine Arbeit in unserem gemeinsamen Leben so rückhaltlos unterstützt hat. Sie hat sich an der Columbia University einen hervorragenden Ruf als Epidemiologin erworben, aber ohne Frage ist sie bei ihrer Arbeit und – noch mehr – in ihrem Privatleben Kompromisse eingegangen, um die Lücken zu schließen, die ich durch meine besessene Hinwendung zur wissenschaftlichen Forschung entstehen ließ.

Am 29. November, kurz bevor wir nach Stockholm aufbrachen, lud der schwedische Botschafter die sieben amerikanischen Nobelpreisträger nach Washington ein, damit sich die Preisträger und ihre Ehepartner kennen lernen konnten. Zu dem Besuch gehörte ein Empfang bei Präsident Clinton im Oval Office, der den Raum mit seiner Präsenz erfüllte, Makroökonomie mit den Preisträgern auf diesem Gebiet erörterte und liebenswürdig mit Denise und mir sowie all den anderen Preisträgern nebst ihren Ehepartnern für Fotos posierte. Clinton musste in Kürze das Weiße Haus verlassen, äußerte sich sehr positiv über seine Aufgabe und witzelte, er habe mittlerweile so viel Übung darin, Menschen zum Fotoshooting aufzustellen, dass er und der Fotograf des Weißen Hauses wahrscheinlich ein gemeinsames Geschäft aufmachen würden. Nach dem Besuch im Weißen Haus fand ein Festbankett in der schwedischen Botschaft statt.

DER NOBELPREIS VERDANKT SEINE EXISTENZ DER BEMERKENSWERTEN Initiative eines einzigen Menschen: Alfred Nobel. 1833 in Stockholm geboren, verließ er Schweden im Alter von neun Jahren und kehrte nur gelegentlich zu Kurzbesuchen zurück. Schwedisch, Deutsch, Englisch, Französisch, Russisch und Italienisch sprach er zwar fließend, aber eine wirkliche Heimat hatte er nicht. Als genialer Erfinder entwickelte Nobel mehr als dreihundert Patente und hegte sein Leben lang eine große Liebe zur Wissenschaft.

Die Erfindung, mit der er ein Vermögen verdiente, war das Dynamit. 1866 entdeckte er, dass flüssiges Nitroglyzerin, wenn es von einer Art verkieselter Erde, so genannter Kieselgur, absorbiert wurde, nicht mehr instabil war. In dieser Form konnte es zu Stäben geformt und sicher verwendet werden, weil jetzt ein Zünder erforderlich war, um es zur Explosion zu bringen. Dynamitstäbe schufen die Voraussetzung für den modernen Bergbau und eine nie da gewesene Ausweitung der Infrastruktur. Schienennetz, Kanäle (einschließlich des Suezkanals), Häfen, Straßen und Brücken konnten dank der Sprengkraft des Dynamits nun weitaus leichter angelegt werden.

Nobel, der nie heiratete, hinterließ bei seinem Tod am 10. Dezember 1896 einen Besitz von 31 Millionen Schwedenkronen, was zu dieser Zeit 9 Millionen Dollar entsprach, ein Riesenvermögen nach damaligem Geldwert. In seinem Testament heißt es: »Mit dem gesamten Rest meines realisierbaren Vermögens ist folgendermaßen zu verfahren: Das Kapital [...] soll einen Fonds bilden, dessen jährliche Zinsen als Preise denen zugeteilt werden, die im verflossenen Jahr der Menschheit den größten Nutzen gebracht haben.« Zugute kommen sollten die Preise der Physik, der Chemie, der Physiologie oder Medizin, der Literatur und »dem, der am meisten oder am besten für die Verbrüderung der Völker gewirkt hat«; gemeint ist der Friedensnobelpreis.

Trotz seiner außerordentlichen Klarheit und Weitsicht warf das Testament Probleme auf. Zunächst einmal beanspruchten verschiedene Parteien das Erbe: Verwandte Nobels, einige schwedische Akademien, die schwedische Regierung und, vor allem, die französische Regierung. Die Franzosen behaupteten, Nobels gesetzmäßiger Wohnsitz liege in Frankreich. Nach seinem neunten Lebensjahr habe er nur noch selten sein Geburtsland Schweden besucht, dort nie Steuern gezahlt (Steuerzahlungen in einem Land gelten in der Regel als Beweis für Staatsbürgerschaft), außerdem habe er fast dreißig Jahre in Frankreich gelebt. Die französische Staatsbürgerschaft hatte Nobel jedoch nie beantragt.

Ragnar Sohlman, Nobels Assistent und Testamentsvollstrecker (der sich später als fähiger und weitsichtiger geschäftsführender Direktor der Nobel-Stiftung erwies), führte daraufhin mit Hilfe der schwedischen Regierung zunächst den Nachweis, dass Nobel Schwede war. Da Nobel sein Testament auf Schwedisch geschrieben habe, einen Schweden als Testamentsvollstrecker eingesetzt und verschiedene schwedische Akademien bestimmt habe, um die Klauseln seines Testaments zu erfüllen, sei er rechtlich als Schwede zu betrachten. 1897 beauftragte die schwedische Regierung den Justizminister des Landes offiziell, die Verfügungen des Testaments nach schwedischer Rechtsprechung zu erfüllen.

Damit war das Problem indes nur teilweise gelöst. Es blieb die zögernde Haltung der Akademien. Sie äußerten eine Reihe Bedenken: Man brauche unterrichtete Nominatoren, Übersetzer, Berater und Sachverständige, um die Preise zu verleihen. Doch für diese Kosten sehe Nobels Testament keine Mittel vor. Schließlich regte Sohlman ein Gesetz an, das jedem Komitee einen Teil des Preises als Honorare und Spesen für die Mitglieder und Berater zur Verfügung stellte. Die Entschädigungen für die Mitglieder beliefen sich auf rund ein Drittel des Jahresgehalts eines Professors.

Am 10. Dezember 1901, Nobels fünftem Todestag, wurde schließlich der erste Nobelpreis verliehen. Sohlman hatte Nobels Kapital so klug angelegt, dass die Stiftungsmittel inzwischen auf 3,9 Milliarden Schwedenkronen oder etwas mehr als eine Milliarde Dollar angewachsen waren. Jeder Preis war mit neun Millionen Schwedenkronen dotiert. Die Preise für die Naturwissenschaften und die Literatur wurden in einem Festakt in Stockholm überreicht, der sich bis heute jedes Jahr wiederholt hat, ausgenommen die Jahre des Ersten und des Zweiten Weltkrieges.

VON DEM AUGENBLICK AN, DA DENISE UND ICH AM 2. DEZEMBER AM ABfertigungsschalter der Scandinavian Airlines eintrafen, rollte man für uns den roten Teppich aus. In Stockholm wurden wir von Professor Jörnvall abgeholt und erhielten für die Dauer unseres Aufenthalts eine Limousine mit Fahrer. Irene Katzman, Referentin im schwedischen Auswärtigen Amt, nahm uns alle organisatorischen Probleme ab. Im Grand Hotel, dem ersten Haus am Platz, wohnten wir in einer prächtigen Suite mit Blick auf den Hafen und aßen an diesem ersten Abend mit Irene, ihrem Mann und ihren Kindern. Am nächsten Tag organisierte Irene auf unsere Bitte hin einen Privatausflug ins Jüdische Museum, in dem dokumentiert ist, wie die jüdische Gemeinde in Schweden dazu beitrug, einen großen Teil der jüdischen Gemeinde Dänemarks während der Hitlerzeit zu retten.

Es folgten zahlreiche Veranstaltungen, die alle auf ihre Art beeindruckend und unterhaltsam waren. Am 7. Dezember gaben Arvid Carlsson, Paul Greengard und ich eine Pressekonferenz. Am Abend waren wir mit dem Nobelpreiskomitee für Physiologie oder Medizin zu einem Festbankett geladen. Die Mitglieder des Komitees, die uns ja ausgewählt hatten, scherzten, sie wüssten über uns vermutlich ebenso viel wie unsere Ehefrauen; schließlich hätten sie sich seit zehn Jahren eingehend mit uns befasst.

Dann trafen unsere Kinder in Stockholm ein: Minouche und ihr Mann Rick Sheinfield, Paul und seine Frau Emily, außerdem unsere älteren Enkelkinder, Pauls und Emilys Töchter Allison, die damals acht war, und Libby, fünf Jahre alt.

Denise und ich hatten auch unsere älteren Kollegen von der Columbia University eingeladen – Jimmy und Cathy Schwartz, Steve Siegelbaum und Amy Bedik, Richard Axel, Tom Jessell und Jane Dodd, John Koester und Kathy Hilten. Alle waren langjährige Freunde, denen ich viel verdankte. Eine Brücke zwischen Verwandten und Freunden bildeten Ruth und Gerry Fischbach. Ruth ist eine Cousine zweiten Grades von Denise und Direktorin des Zentrums für Bioethik an der Columbia University, Gerry ein hervorragender Neurowissenschaftler und ein sehr einflussreiches Mitglied der wissenschaftlichen Gemeinschaft in den Vereinigten Staaten. Kurz vor unserer Reise nach Stockholm wurde ihm das Dekanat am College of Physicians and Surgeons und die Vizepräsidentschaft für Health Science an der Columbia University angeboten. Als er eintraf, hatte er das Angebot angenommen und war mein neuer Chef.

Die Gelegenheit war zu schön, um sie ungenutzt zu lassen. An unserem einzigen freien Abend in Stockholm gaben wir eine Dinnerparty in einem schönen privaten Speisesaal des Grand Hotels für alle Gäste und Verwandte, die gekommen waren, um dieses wunderbare Ereignis mit uns zu begehen (Abbildung 29.1).

Am Nachmittag des 8. Dezembers hielten Arvid, Paul und ich unsere Nobelpreisreden im Karolinska-Institut vor den Professoren und Studenten des Instituts, unseren Gästen und Freunden. Als ich auf die *Aplysia* zu sprechen kam, konnte ich mir einen kleinen Witz nicht verkneifen. Unter dem Hinweis, es handele sich nicht nur um ein sehr schönes, sondern auch um ein gebildetes Tier, projizierte ich ein Bild an die Wand, das Jack Byrne, einer meiner ersten Doktoranden, mir geschickt hatte: eine stolze *Aplysia* mit einer Nobelpreismedaille um den Hals (Abbildung 29.2). Die Zuhörer brachen in schallendes Gelächter aus.

Jedes Jahr lädt die jüdische Gemeinde von Stockholm, die rund siebentausend Mitglieder umfasst, die jüdischen Nobelpreisträger am Samstag in die Große Synagoge von Stockholm ein, wo sie den Segen des Rabbiners und ein symbolisches Geschenk entgegennehmen – an diesem

29.1 Meine Familie in Stockholm. Stehend, von links: Alex und Annie Bystryn, Jean-Claude Bystryn, Ruth und Gerry Fischbach, Marcia Bystryn. Sitzend, von links: Libby, Emily und Paul Kandel, Denise, ich, Minouche, ihr Mann Rick und Allison.

9. Dezember eine schöne, kleine Glasnachbildung der Synagoge. Denise wurde von einer Frau aus der Gemeinde, die sich während des Krieges ebenfalls in Frankreich verborgen hatte, mit einer roten Rose gewürdigt.

Der folgende Tag, der 10. Dezember, war der Tag der eigentlichen Verleihung. Der Festakt fand in der Stockholmer Konzerthalle statt und war das bemerkenswerteste und denkwürdigste Ereignis von allen. Jedes Detail hat den Schliff von hundert Jahren Erfahrung. Die Halle war mit Blumen aus San Remo geschmückt, wo Nobel die letzten Jahre seines Lebens verbracht hatte. Die Stockholmer Philharmonie, auf einem Balkon hinter der Bühne untergebracht, sorgte für die festliche musikalische Umrahmung der Feierstunde.

Die Zeremonie begann um 16 Uhr. Als alle Preisträger und die Nobel-Versammlung sich auf der Bühne versammelt hatten, betrat König Carl XVI. Gustaf mit seiner Familie den Raum. Kaum hatten sie Platz genommen, erhoben sich die zweitausend Würdenträger im Saal und stimmten die königliche Hymne an. Und über allem thronte ein großes Gemälde von Alfred Nobel. Es war eine einzigartige Atmosphäre.

Die Verleihung begann mit einer kurzen Rede von Bengt Samuelsson, dem Vorsitzenden des Nobel-Stiftungsrates, auf Schwedisch. Anschließend sprachen Vertreter der fünf Preiskomitees und beschrieben die gewürdigten Entdeckungen und Leistungen. In unserem Fall war dies Urban Ungerstadt, ein namhafter Neurophysiologe und Mitglied des Nobelpreiskomitees am Koralinska-Institut. Nachdem er unsere jeweiligen Beiträge auf Schwedisch skizziert hatte, wandte er sich uns auf Englisch zu:

> Lieber Arvid Carlsson, Paul Greengard und Eric Kandel. Ihre Entdeckungen zur »Signalübertragung im Nervensystem« haben unser Verständnis der Hirnfunktionen gründlich verändert.
>
> Dank Arvid Carlssons Forschungsarbeit wissen wir heute, dass die Parkinson-Krankheit auf ein Versagen der Dopaminausschüttung an den Synapsen zurückzuführen ist. Ferner wissen wir, dass wir die ausgefallene Funktion durch ein einfaches Molekül ersetzen können: L-DOPA, das die leeren Dopaminspeicher wieder auffüllt und auf diese Weise Millionen Menschen ein besseres Leben ermöglicht.
>
> Paul Greengards Arbeit hat uns gezeigt, wie diese Vorgänge zustande kommen. Wie sekundäre Botenstoffe die Proteinkinase aktivieren, woraufhin sich die Zellreaktionen verändern. Wir beginnen zu erkennen, dass die Phosphorylierung entscheidend an der Regulierung der verschiedenen Transmitterinputs in der Nervenzelle beteiligt ist.
>
> Eric Kandels Arbeit hat uns schließlich erschlossen, wie diese Transmitter – mittels sekundärer Botenstoffe und Proteinphoshorylierung – das Kurzzeit- und Langzeitgedächtnis erschaffen und damit die Grundlage für unsere Fähigkeit, sinnvoll in unserer Welt zu existieren und mit ihr in Kontakt zu treten.
>
> Ich möchte Ihnen im Namen der Nobelversammlung am Karolinska-Institut unsere herzlichen Glückwünsche aussprechen und Sie bitten, vorzutreten, um den Nobelpreis aus den Händen Seiner Majestät des Königs entgegenzunehmen.

Einer nach dem anderen standen Arvid, Paul und ich auf und gingen nach vorn. Jeder von uns gab dem König die Hand und erhielt von ihm eine reich verzierte Urkunde und das Lederkästchen mit der goldenen Medaille. Auf der einen Seite der Medaille prangt ein Porträt von Alfred Nobel (Abbildung 29.3), auf der anderen sind zwei Frauengestalten abgebildet: Die eine stellt den Geist der Medizin dar, die andere ein krankes

29.2 *Aplysia* mit einem Nobelpreis.

29.3 Meine Enkelinnen Libby und Allison nach der Verleihung.

Mädchen. Der Geist der Medizin hält ein offenes Buch im Schoß und schöpft Wasser aus einer Felsquelle, um den Durst des kranken Mädchens zu löschen. Zum Klang der Trompeten verbeugte ich mich, wie vorgeschrieben, drei Mal: vor dem König, der Nobelversammlung und schließlich vor meiner Familie und dem Rest des erlauchten Publikums. Als ich mich setzte, spielte die Stockholmer Philharmonie den dritten

Satz aus Mozarts herrlichem Klarinettenkonzert – ein unübertroffener Genuss.

Beim anschließenden Bankett im Rathaus, an dem die königliche Familie, der Ministerpräsident, Mitglieder der preisverleihenden Institutionen, Angehörige der großen Universitäten, hochrangige Vertreter aus Regierung und Wirtschaft sowie einige Studenten von allen schwedischen Universitäten teilnahmen, hatte jeder Preisträger oder ein Vertreter jeder Preisträgergruppe Gelegenheit, ein paar Worte zu sagen. Ich sprach für meine Gruppe:

> Über dem Eingang des Apollotempels von Delphi standen in Stein gemeißelt die Worte: Erkenne dich selbst. Seit Sokrates und Platon erstmals über die Beschaffenheit des menschlichen Geistes spekulierten, ließen es sich ernsthafte Denker aller Zeiten – von Aristoteles bis Descartes, von Aischylos bis Ingmar Bergman – angelegen sein, sich selbst und das eigene Verhalten zu verstehen …
>
> Arvid Carlsson, Paul Greengard und ich, die Sie heute Abend ehren, und unsere Generation von Wissenschaftlern haben versucht, die abstrakten philosophischen Fragen nach dem Geist in die empirische Sprache der Biologie zu übersetzen. Dabei folgt unsere Arbeit einem wichtigen Prinzip: Der Geist ist eine Klasse von Operationen, die vom Gehirn ausgeführt werden, einem erstaunlich komplexen Informationsverarbeitungssystem, das unsere Wahrnehmung der Außenwelt konstruiert, unsere Aufmerksamkeit ausrichtet und unsere Handlungen steuert.
>
> Wir drei haben die ersten Schritte unternommen, um den Geist mit den Molekülen zu verbinden, indem wir bestimmten, in welcher Beziehung die Biochemie der Signalübertragung in und zwischen den Nervenzellen zu geistigen Prozessen und geistigen Störungen steht. Dabei haben wir festgestellt, dass die neuronalen Netze des Gehirns nicht unveränderlich sind, sondern von Neurotransmittern reguliert werden können, deren Entdeckung wir der traditionsreichen schwedischen Pharmakologie verdanken.
>
> In Hinblick auf die Zukunft ist unsere Generation von Wissenschaftlern zu der Überzeugung gelangt, dass die Biologie des Geistes für das gegenwärtige Jahrhundert die Bedeutung haben wird, welche die Biologie des Gens für das zwanzigste Jahrhundert besaß. In einem weiteren Sinn ist die biologische Erforschung des Geistes mehr als ein vielversprechendes wissenschaftliches Unterfangen. Sie ist auch ein wichtiges

humanistisches Projekt im klassischen Sinne. Die Biologie des Geistes ermöglicht den Brückenschlag zwischen den Naturwissenschaften – die, wie ihr Name schon sagt, mit der natürlichen Welt befasst sind – und den Geisteswissenschaften, deren Gegenstand die Bedeutung menschlicher Erfahrung ist. Erkenntnisse, die sich aus dieser neuen Synthese ergeben, werden nicht nur neue Einblicke in psychiatrische und neurologische Erkrankungen vermitteln, sondern auch zu einem vertieften Verständnis unserer selbst führen.

Schon unsere Generation hat erste biologische Einsichten gewonnen, die uns zu einem besseren Verständnis des Selbst verholfen haben. Wir wissen, dass das eingangs zitierte Motto heute zwar nicht mehr in Delphi in Stein verewigt ist, dafür aber in unserem Gehirn. Über Jahrhunderte wurde das Motto im menschlichen Gedächtnis durch eben jene molekularen Prozesse des Gehirns aufbewahrt, die Sie heute so freundlich anerkennen und die wir eben erst zu verstehen beginnen.

Am 11. Dezember folgte noch eine Einladung des Königspaares zu einem weiteren Bankett ins königliche Schloss, und kurz darauf verließen wir die Hauptstadt, um eine Reihe von Vorträgen an der Universität Uppsala zu halten. Zurück in Stockholm, wurden wir von den Stockholmer Medizinstudenten zu einem ausgelassenen und höchst vergnüglichen Santa-Lucia-Essen eingeladen. Am folgenden Tag flogen wir nach New York.

Vier Jahre später, am 4. Oktober 2004, befanden Denise und ich uns gerade auf einem Flug von Wien nach New York, als wir die Nachricht erhielten, mein Kollege und Freund Richard Axel und seine frühere Postdoktorandin Linda Buck würden in diesem Jahr für ihre wegweisenden Studien über den Geruchssinn mit dem Nobelpreis für Physiologie oder Medizin ausgezeichnet. Also reisten wir im Dezember 2004 alle wieder nach Stockholm, diesmal um Richard und Linda zu feiern. Das Leben ist wirklich ein Kreislauf!

EINIGE WOCHEN NACH DEM DENKWÜRDIGEN ANRUF AUS STOCKHOLM hatte ich ein Schreiben des damaligen österreichischen Bundespräsidenten Thomas Klestil erhalten. Er gratulierte und äußerte den Wunsch, mich als Nobelpreisträger Wiener Herkunft zu ehren. Ich nutzte die Gelegenheit, ihm ein Symposion mit dem Titel »Österreich und der Nationalsozialismus – Die Folgen für die wissenschaftliche und humanistische Bildung« vorzuschlagen. Ich hatte die Absicht, Österreichs Reaktion auf die Hitlerzeit – eine Leugnung jeglichen Unrechts – mit der Deutschlands zu vergleichen, also dem Versuch, die Vergangenheit ehrlich aufzuarbeiten.

Begeistert erklärte Bundespräsident Klestil sein Einverständnis und schickte mir die Kopien mehrerer Reden, in denen er sich zur schwierigen Situation heutiger Juden in Wien geäußert hatte. Dann stellte er den Kontakt zu Elisabeth Gehrer her, der Bundesministerin für Bildung, Wissenschaft und Kultur, die mir helfen wollte, das Symposion zu organisieren. Drei Zielen wollte ich mit dem Symposion dienen: erstens Österreichs Beteiligung am nationalsozialistischen Projekt der Judenvernichtung während des Zweiten Weltkrieges klarstellen; zweitens Österreichs stillschweigender Leugnung seiner Rolle während der NS-Zeit ein Ende setzen; und drittens abschätzen, was das Verschwinden der jüdischen Gemeinde Wiens für das wissenschaftliche Leben der Stadt bedeutete.

Hinsichtlich der ersten beiden Fragen ist die Situation ziemlich klar. Schon zehn Jahre vor dem Anschluss gehörte ein erheblicher Bruchteil der österreichischen Bevölkerung der nationalsozialistischen Partei an. Nach dem Anschluss stellten die Österreicher zwar nur 8 Prozent der Bevölkerung des Großdeutschen Reiches, aber rund 30 Prozent der Amtsträger, die an der Vernichtung des europäischen Judentums mitwirkten. Österreicher befehligten vier polnische Vernichtungslager und bekleideten viele Führungspositionen im Reich: neben Hitler waren dies unter anderem Ernst Kaltenbrunner, Leiter des Reichssicherheitshauptamtes, und Adolf Eichmann, der Organisator des Vernichtungsprogramms. Man schätzt, dass sechs Millionen Juden während des Holocaust umkamen; für rund die Hälfte der Toten sind Österreicher unter der Leitung Eichmanns verantwortlich.

Doch trotz ihrer aktiven Teilnahme am Holocaust behaupteten die Österreicher stets, Hitlers Aggressionspolitik zum Opfer gefallen zu sein – Otto von Habsburg, dem österreichischen Thronprätendenten, gelang es, die Alliierten davon zu überzeugen, Österreich sei das erste freie Land gewesen, dessen Hitler sich bemächtigt habe. Die Vereinigten Staaten und die Sowjetunion waren 1943 bereit, dieses Argument zu akzeptieren, weil Habsburg glaubte, damit ließe sich die österreichische Öffentlichkeit zum Widerstand animieren, wenn der Krieg sich seinem Ende zuneige. In späteren Jahren hielten beide Alliierten diesen Mythos aufrecht, um sich Österreichs Neutralität während des Kalten Krieges zu sichern. Da Österreich für die Geschehnisse zwischen 1938 und 1945 nie zur Rechenschaft gezogen wurde, kam es dort – anders als in Deutschland – nie zu der Gewissenserforschung und Klärung, die man in Deutschland unter dem Stichwort Vergangenheitsbewältigung zusammenfasst.

Allzu bereitwillig schlüpfte Österreich in die Rolle der verfolgten Unschuld, eine Einstellung, die viele staatliche Entscheidungen nach dem Krieg prägte, etwa den Umgang mit finanziellen Forderungen von jüdischer Seite. Die ursprünglich kompromisslose Ablehnung, Juden irgendwelche Reparationen zu zahlen, gründete sich auf die Prämisse, dass Österreich selbst ein Opfer nationalsozialistischer Aggression gewesen sei. Auf diese Weise wurden die Überlebenden einer der ältesten, größten und bekanntestes jüdischen Gemeinden Europas nach dem Krieg noch ein zweites Mal finanziell und moralisch entrechtet.

Die Alliierten bestätigten diese angebliche Unschuld noch, indem sie Österreich von Reparationszahlungen entbanden. Zwar drängten die alliierten Besatzungstruppen das österreichische Parlament 1945, ein Kriegsverbrechergesetz zu verabschieden, doch wurde erst 1963 eine Strafverfolgungsbehörde eingerichtet, um die beschlossenen Maßnahmen in die Tat umzusetzen. Am Ende wurden die meisten Angeklagten freigesprochen und nur wenige verurteilt.

Der Schaden, den das österreichische Geistesleben genommen hat, ist ebenso eindeutig wie dramatisch. Nur wenige Tage nach Hitlers Einmarsch kam das intellektuelle Leben Wiens vollkommen zum Erliegen. Rund die Hälfte der Professoren und Dozenten an der medizinischen Fakultät – einer der größten und anerkanntesten in Europa – wurden entlassen, weil sie Juden waren. Die medizinische Forschung in Wien hat sich von dieser »Säuberung« nie erholt. Besonders traurig ist die Tatsache, dass nach dem Zusammenbruch des Dritten Reiches wenig getan wurde, um das Unrecht an jüdischen Gelehrten wieder gutzumachen. Wenige jüdische Wissenschaftler wurden aufgefordert, nach Wien zurückzukehren, und noch weniger von ihnen erhielten eine Entschädigung für ihren verlorenen Besitz und ihre Einkommensverluste. Einige derer, die dennoch zurückkehrten, warteten vergeblich darauf, wieder in ihre alten Posten eingesetzt zu werden, und fast alle hatten große Schwierigkeiten, ihre Häuser oder auch nur die Staatsbürgerschaft zurückzuerhalten, deren man sie beraubt hatte.

Ebenso schockierend war der Umstand, dass viele nichtjüdische Professoren und Dozenten der medizinischen Fakultät, die sich während des Krieges zum Nationalsozialismus bekannt hatten, ihre Ämter nach dem Krieg durchaus behielten. Andere, die ihre Posten zunächst hatten aufgeben müssen, weil sie Verbrechen gegen die Menschlichkeit begangen hatten, durften später sogar in ihre alten Stellungen zurückkehren.

Um nur ein Beispiel zu nennen: Eduard Pernkopf, von 1938 bis 1943 Dekan der medizinischen Fakultät und von 1943 bis 1945 Rektor der Universität Wien, war schon Nationalsozialist, bevor Hitler in Österreich einmarschierte. Seit 1932 war Pernkopf unterstützendes und seit 1933 aktives Mitglied der nationalsozialistischen Partei. Drei Wochen nach dem Anschluss Österreichs wurde er zum Dekan ernannt. In brauner Uniform war er vor der versammelten medizinischen Fakultät erschienen, aus der er alle jüdischen Ärzte entfernt hatte, und hatte die Anwesenden mit zackigem »Heil Hitler« begrüßt (Abbildung 29.4). Nach dem Krieg wurde Pernkopf von den Alliierten in Salzburg inhaftiert, aber schon wenige Jahre später wieder entlassen, als er vom Kriegsverbrecher in eine minder schwere Kategorie zurückgestuft wurde. Für die Fertigstellung seines Anatomieatlasses, von dem man vermutete, dass er sich auf die Sektion von Leichen österreichischer KZ-Häftlinge stützt, durfte er ab 1949 sogar wieder Räume der Universität benutzen.

Pernkopf war nur einer von vielen Österreichern, die in der Nachkriegszeit »rehabilitiert« wurden, ein Vorgang, der das Bestreben Österreichs unterstreicht, die Ereignisse der NS-Zeit zu vergessen, zu verdrängen und zu leugnen. Österreichische Geschichtsbücher beschönigen die Beteiligung des Landes an Verbrechen gegen die Menschlichkeit, und offenkundige Nazis unterrichteten auch nach Kriegsende eine ganze Generation von Österreichern. Der namhafte österreichische Politologe Anton Pelinka nannte das Phänomen »das große Tabu«. Genau dieses moralische Vakuum hat übrigens Simon Wiesenthal veranlasst, sein Dokumentationszentrum des Bundes Jüdischer Verfolgter des Naziregimes in Österreich und nicht in Deutschland anzusiedeln.

IN GEWISSER WEISE HAT DIE ÄNGSTLICHKEIT ÖSTERREICHISCHER JUDEN – ich selbst nicht ausgenommen – zu diesem Tabu beigetragen. Als 1960, bei meinem ersten Besuch in Wien nach meiner Flucht, ein Mann auf mich zukam und mich als Hermann Kandels Sohn erkannte, erwähnte keiner von uns die zurückliegenden Jahre. Als zwanzig Jahre später Stephen Kuffler und ich zu Ehrenmitgliedern der Österreichischen Physiologischen Gesellschaft ernannt wurden, protestierte keiner von uns beiden, als ein akademischer Würdenträger unsere Flucht aus Wien beschönigend überging, als wäre nichts geschehen.

29.4 Eduard Pernkopf, der Dekan der medizinischen Fakultät der Universität Wien, begrüßt den Lehrkörper im April 1938 in SA-Uniform und mit Hitler-Gruß.

Doch 1989 hatte mein Schweigen ein Ende. In diesem Frühjahr lud Max Birnstiel, ein hervorragender Schweizer Molekularbiologe, mich nach Wien ein, um an einem Einführungssymposion für das Institut für Molekularpathologie teilzunehmen. Es war klar, dass Max vorhatte, das wissenschaftliche Leben in Wien mit neuem Leben zu erfüllen. Das Symposion fand im April, fast fünfzig Jahre nach meiner Flucht, statt; ich war begeistert über dieses zeitliche Zusammentreffen.

Ich begann meinen Vortrag mit einigen Bemerkungen über die Gründe, warum ich Wien verlassen hatte, und über die ambivalenten Gefühle, die ich bei meiner Rückkehr der Stadt gegenüber hegte. Ich schilderte die Zuneigung, die ich für Wien empfand, wo ich die Musik und Kunst kennen gelernt hatte, die mir heute so viel Freude bereiten, aber auch die ungeheure Wut, Enttäuschung und Qual durch die dort erlittenen Demütigungen. Es sei für mich ein großer Glücksfall gewesen, fügte ich hinzu, in die Vereinigten Staaten ausreisen zu können.

Nach diesen Bemerkungen gab es keinen Beifall, keine Anerkennung.

Niemand sagte ein Wort. Später trat eine kleine, ältere Dame zu mir und sagte auf typisch wienerische Art: »Wissen's, nicht alle Wiener waren schlecht!«

DAS SYMPOSION, DAS ICH BUNDESPRÄSIDENT KLESTIL VORGESCHLAGEN hatte, fand im Juni 2003 statt. Fritz Stern, ein Kollege von der Columbia University und guter Freund von mir, half mir bei der Organisation. Er und viele andere hervorragende Fachhistoriker für die auf dem Symposion behandelten Fragen nahmen teil. In den Vorträgen wurden der unterschiedliche Umgang Deutschlands, Österreichs und der Schweiz mit ihrer Vergangenheit thematisiert und die verheerenden Folgen, die der Weggang so vieler bedeutender Wissenschaftler und Gelehrter für das geistige Leben Wiens gehabt hatte. Popper, Wittgenstein und die wichtigsten Philosophen des Wiener Kreises, Freud, der Begründer und bedeutendste Vertreter der Psychoanalyse, führende Repräsentanten der angesehenen Wiener Medizin und Mathematik, sie alle hatten das Land verlassen müssen. Am letzten Tag sprachen drei Wiener Emigranten über den befreienden Einfluss des amerikanischen Wissenschaftsbetriebs, während Walter Kohn von der University of California in Santa Barbara, Wiener Emigrant und Nobelpreisträger für Chemie, und ich über unsere Erfahrungen in Wien berichteten.

Das Symposion gab mir außerdem Gelegenheit, Kontakt zur jüdischen Gemeinde aufzunehmen und darüber nachzudenken, was die Erfahrungen als Jude dort so unverwechselbar machte. Nachdem ich einen Vortrag im Jüdischen Museum gehalten hatte, lud ich mehrere Zuhörer zum Abendessen in ein nahe gelegenes Restaurant ein, wo wir über Vergangenheit und Zukunft sprachen.

An diesem Abend erinnerten mich die Gemeindemitglieder an all die Dinge, die verloren gegangen waren. Die Geschichte der österreichischen Kultur und Wissenschaft in der Neuzeit hatte sich weitgehend parallel zur Geschichte der österreichischen Juden entwickelt. Nur im Spanien des fünfzehnten Jahrhunderts hatten die europäischen Juden eine produktivere und kreativere Epoche erlebt als im Wien der späten Habsburgerherrschaft von 1860 bis 1916 und in dem Jahrzehnt danach. Hans Tietze hatte 1937 geschrieben: »Ohne Juden wäre Wien nicht, was es ist, und die Juden ohne Wien würden die strahlendste Periode ihrer Existenz während der letzten Jahrhunderte verlieren.«

Robert Wistrich bewertete die Bedeutung der Juden für Wien wie folgt:

> Ist die Kultur des 20. Jahrhunderts ohne die Beiträge von Freud, Wittgenstein, Mahler, Schönberg, Karl Kraus oder Theodor Herzl vorstellbar? … diese säkularisierte jüdische Intelligenz veränderte das Angesicht Wiens – ja, sogar der ganzen modernen Welt. Sie trugen dazu bei, dass eine Stadt, die keine Spitzenstellung im intellektuellen oder künstlerischen Leben Europas (außer in der Musik) innehatte, zum Experimentierfeld für schöpferische Triumphe und Niederlagen der modernen Welt wurde.

Nach dem Symposion kam ich wieder mit einigen der Wiener Juden zusammen, mit denen ich zu Abend gegessen hatte, und fragte sie, was das Symposion ihrer Meinung nach bewirkt habe. Ihrer Ansicht nach hatte es jungen Wissenschaftlern in Wien zu der Erkenntnis verholfen, dass Österreich die deutschen Nationalsozialisten beim Holocaust begeistert unterstützt habe. Außerdem habe es die allgemeine Aufmerksamkeit – durch die Berichterstattung in Zeitungen, Fernsehen, Radio und Zeitschriften – auf den Umstand gelenkt, dass sich Teile der internationalen Gemeinschaft für Österreichs Rolle in der Hitlerzeit interessierten. Das ließ mich auf einen allmählichen Wandel hoffen.

Doch ein bezeichnender Zwischenfall zeigt, dass Österreich auch weiterhin Schwierigkeiten hat, seine tiefe Schuld und Verantwortung gegenüber der jüdischen Gemeinde anzuerkennen. Als wir im Juni 2003 in Wien waren, erfuhren wir, dass die Wiener Kultusgemeinde, die für die Synagogen, die jüdischen Schulen und Krankenhäuser und den jüdischen Friedhof in Wien aufkommt, durch den Versuch, diese Einrichtungen gegen den grassierenden Vandalismus zu schützen, vor dem Bankrott stand. In der Regel entschädigen die europäischen Staaten jüdische Organisationen für derartige Ausgaben, doch die Zuwendungen des österreichischen Staates waren unzureichend. Infolgedessen musste die Kultusgemeinde tief in die eigene Tasche greifen und ihre gesamten Mittel ausgeben. Trotzdem wies die Regierung alle Bitten von Ariel Muzicant, dem Präsidenten der Kultusgemeinde, um Erhöhung der Zuschüsse ab.

Zurück in den Vereinigten Staaten, versuchten Walter Kohn und ich mit vereinten Kräften, Abhilfe zu schaffen. Walter hatte Peter Launsky-Tieffenthal kennen gelernt, den österreichischen Generalkonsul in Los Angeles, und Launsky-Tieffenthal organisierte eine Telefonkonferenz, an der er selbst, Muzicant, Kanzler Wolfgang Schüssel, Walter und ich teilnehmen sollten.

Wir glaubten, die Konferenz sei eine abgemachte Sache, doch im letzten Augenblick sagte Schüssel ab. Dafür hatte er zwei Gründe: Erstens befürchtete er, seine Teilnahme könne als Hinweis darauf gewertet werden, dass der österreichische Staat nicht genügend für die jüdische Gemeinde tue, was Schüssel entschieden leugnete. Zweitens war er zwar bereit, mit Walter Kohn zu sprechen, aber nicht mit mir, weil ich Österreich kritisiert hatte.

Zum Glück hatten Walter und ich bei unserem Wiener Aufenthalt Michael Häupl kennen gelernt, den Bürgermeister der Stadt Wien und Landeshauptmann des Bundeslandes Wien. Häupl, ursprünglich Biologe, hatte uns sehr beeindruckt. Er gab zu, dass die Kultusgemeinde zu kurz gehalten wurde. Als Schüssel sich weigerte, mit uns zu reden, schrieb Walter daher an Häupl, der sich unterhalb der Bundesebene einschaltete. Zur großen Freude von Walter und mir gelang es Häupl, die Landeshauptleute der österreichischen Bundesländer zu einer Finanzhilfe zu überreden. Im Juni 2004 bewahrten die Bundesländer die Kultusgemeinde vor der Zahlungsunfähigkeit, zumindest vorübergehend.

Bei diesen Verhandlungen glaubte ich noch, die Kultusgemeinde verdiene unsere Unterstützung allein aus grundsätzlichen Erwägungen – aus moralischen Gründen. Soweit ich wusste, hatte ich persönlich nicht das Geringste mit der Gemeinde zu tun. Einige Wochen später erfuhr ich, dass ich mich irrte.

Im Juli 2004 erhielt ich über das Holocaust-Museum in Washington die Kultusgemeinde-Akte meines Vaters. Darin fanden sich die Anträge meines Vaters zunächst darauf, meinem Bruder und mir die Überfahrt in die Vereinigten Staaten zu finanzieren, und dann der Antrag auf finanzielle Mittel, damit meine Eltern ausreisen konnten. Auf einen einfachen Nenner gebracht, verdanke ich meine Existenz in den Vereinigten Staaten der Großzügigkeit der Wiener Kultusgemeinde.

Trotz des Erfolgs von Bürgermeister Häupl sehen einige Wiener Juden in Österreich keine Zukunft für sich und ihre Kinder. Die Zahl der Juden in Wien ist klein. Gegenwärtig haben sich rund neuntausend Wiener bei der Kultusgemeinde offiziell als Juden gemeldet, vermutlich gibt es weitere achttausend Nichtregistrierte. Diese geringe Zahl setzt sich zusammen aus dem winzigen Bruchteil der ursprünglichen Gemeinde, der den Krieg überlebt hat, den wenigen Juden, die nach dem Krieg zurückgekehrt sind, und den Juden, die aus Osteuropa nach Wien gekommen sind. Sie sagt außerdem einiges darüber aus, wie wenig der österreichische

Staat unternommen hat, um seine Emigranten zur Rückkehr zu bewegen und, wie in Deutschland geschehen, osteuropäische Juden zur Einwanderung nach Österreich zu ermutigen.

Die Situation im heutigen Wien erinnert mich an Hugo Bettauers satirischen Roman *Die Stadt ohne Juden. Ein Roman von Übermorgen* von 1922. Bettauer schilderte das Wien von Übermorgen als eine Stadt, in der die antisemitische Regierung alle jüdischen Bürger vertrieben hat, auch diejenigen, die zum Christentum übergetreten waren, da man selbst ihnen nicht trauen könne. Doch ohne die Juden verkam das geistige und gesellschaftliche Leben der Stadt, und auch die Wirtschaft stagnierte. Eine Romanfigur kommentiert die Befindlichkeit der Stadt, die jetzt ohne Juden ist, wie folgt:

> Ich halte doch immer, in der Früh', wenn ich einkaufe, und im Konzert und in der Oper und der Straßenbahn die Augen und Ohren offen. Und ich höre, wie die Leute immer mehr mit Wehmut an die Vergangenheit zurückdenken und von ihr wie von etwas sehr Schönem sprechen … »Damals, als die Juden noch da waren«, das kann man täglich zehn Mal in allen Tonarten, nur in keiner gehässigen, hören. »Weißt Du, ich glaub', die Leute bekommen ordentlich Sehnsucht nach den Juden!«

Den Stadtvätern in Bettauers Roman blieb keine andere Wahl, als die Juden anzuflehen, nach Wien zurückzukehren. Leider ist dieser Romanschluss heute genauso unrealistisch wie vor achtzig Jahren.

IM SEPTEMBER 2004 KEHRTE ICH NACH WIEN ZURÜCK, UM DER VORstellung unseres Buches über das Symposion beizuwohnen und am Herbsttreffen der Träger des Ordens Pour le Mérite teilzunehmen. Der Orden, ursprünglich 1740 von Friedrich dem Großen als Militärorden gestiftet, ist heute eine Auszeichnung für führende Wissenschaftler und Künstler, die zur Hälfte an Deutsche und zur Hälfte an Deutsch sprechende Ausländer verliehen wird. Außerdem beschlossen Denise und ich, auf Drängen unserer Kinder Jom Kippur in der Hauptsynagoge von Wien zu feiern.

Vor der Synagoge wurden wir von Sicherheitsbeamten in Empfang genommen, da man antisemitische Ausschreitungen von Österreichern und Arabern befürchtete. Im Innern der Synagoge entdeckten wir, dass man uns beiden je einen Sitz in der ersten Reihe des Frauen- und Männerbereichs freigehalten hatte. Um mich zu ehren, forderte mich der Rabbiner Paul Chaim Eisenberg während des Gottesdienstes auf, zu ihm zu treten und den Vorhang des Thoraschreins aufzuziehen. Mir standen die Tränen in den Augen, ich fühlte mich aber wie erstarrt; ich konnte seiner Bitte nicht nachkommen.

Am folgenden Tag besuchte ich die Tagung der Ordensmitglieder, an der auch die Träger des österreichischen Ehrenzeichens für Wissenschaft und Kunst teilnahmen. Wir hörten einen Vortrag von Elisabeth Lichtenberger, die trotz ihrer achtzig Jahre noch einen sehr lebhaften Eindruck machte. Die bekannte Professorin für Geographie, Raumforschung und Raumordnung, die sich in einer ganzen Reihe von Büchern unter anderem mit den sozialen und wirtschaftlichen Verhältnissen der Ringstraße befasst hat, sprach über die Zukunft Europas. In der Mittagspause setzte sich Lichtenberger zu mir und wollte wissen, wie ich über die Unterschiede des Lebens in Österreich und den Vereinigten Staaten dachte. Ich erklärte ihr, ich könne keinen Vergleich anstellen, sei ich doch 1939 nur mit knapper Not aus Wien entkommen, während ich in den Vereinigten Staaten ein privilegiertes Leben genossen hätte.

Daraufhin beugte sich Lichtenberger vor und erklärte, was aus ihrer Sicht 1938 und 1939 geschehen sei. Bis 1938 sei die Arbeitslosigkeit in Wien sehr hoch gewesen. In ihrer Familie seien alle arm gewesen und schikaniert worden. Die Juden hätten alles kontrolliert: die Banken, die Zeitungen. Die meisten Ärzte seien Juden gewesen, und sie hätten jeden Pfennig aus dieser verarmten Bevölkerung gequetscht. Es sei schrecklich gewesen. Deshalb sei dies alles geschehen.

Im ersten Moment dachte ich, sie scherze, doch dann wurde mir klar, dass sie es ernst meinte. Ich wandte mich ihr zu und schrie sie buchstäblich an: »Ich glaube nicht, was Sie mir sagen! Sie als Wissenschaftlerin verkünden hier gedankenlos antisemitische Propaganda!«

Alle drehten sich zu unserem Tisch um und verfolgten verblüfft, wie ich mit ihr schalt. Als ich schließlich einsah, dass es zwecklos war, wandte ich ihr den Rücken zu und unterhielt mich mit einem Nachbarn auf der anderen Seite.

Mein Zusammenstoß mit Lichtenberger war eine von drei aufschlussreichen Begegnungen bei diesem Besuch mit Österreichern verschiedenen Alters. Das zweite fand statt, als eine Frau von ungefähr fünfzig Jahren, eine Wienerin, die als Sekretärin bei dem Quantenphysiker Anton Zeilinger, einem österreichischen Kollegen des Ordens, arbeitet, zu mir sagte:

»Ich bin so froh, dass ich Ihre Kommentare vom Symposion letztes Jahr gelesen habe. Bis dahin wusste ich nichts über die Kristallnacht.« Und schließlich erkannte mich ein junger österreichischer Geschäftsmann in der Empfangshalle des Hotels und sagte: »Es ist bewundernswert, dass Sie noch einmal nach Wien kommen. Es muss doch sehr schwierig für Sie sein!«

Diese Meinungen spiegeln wahrscheinlich das Spektrum der österreichischen Einstellungen gegenüber den Juden wider, ein Spektrum, das weitgehend vom Alter abhängig ist. Ich hoffe, dass diese unterschiedlichen Haltungen über drei Generationen hinweg ein Abklingen des Antisemitismus in Österreich signalisieren. Dieser Meinung sind sogar einige Juden in Wien.

Zwei andere Ereignisse waren sogar noch ermutigender. Zum einen gab es die Buchpräsentation des Symposionbandes, bei der Georg Winkler, der Rektor der Universität Wien, keinen Zweifel an der Zusammenarbeit der Universität mit den Nationalsozialisten ließ und sich dafür entschuldigte. »Die Universität hat zu lange gezögert, eine eigene Analyse vorzunehmen und ihre Verwicklungen in den Nationalsozialismus transparent zu machen«, erklärte er.

Zum anderen traf ich den neu gewählten österreichischen Bundespräsidenten Heinz Fischer – Klestil war kurz zuvor verstorben. Als Fischer anlässlich einer Veranstaltung des Pour le Mérite meinen Namen hörte, wusste er sofort, wer ich war, und lud Denise und mich zu einem privaten Abendessen ins Hotel Sacher ein. Der Bundespräsident erzählte uns, sein Schwiegervater sei von den Nationalsozialisten 1938 in ein Konzentrationslager gesteckt und nur entlassen worden, weil er ein Visum für Schweden bekommen hatte. Bundespräsident Fischer und seine Frau hatten große Anstrengungen unternommen, Karl Popper und andere jüdische Emigranten zu einer Rückkehr nach Wien zu bewegen.

Der neue Bundespräsident interessiert sich noch mehr für das jüdische Leben in Wien als sein Vorgänger. Außerdem fand ich den Gedanken ermutigend, dass ich 65 Jahre nach meiner Flucht aus Wien mit dem österreichischen Bundespräsidenten bei Wein, Abendessen und Sachertorte im Hotel Sacher sitzen und mit ihm ein privates und offenes Gespräch über jüdisches Leben in Wien führen konnte.

AM 4. OKTOBER, UNSEREM LETZTEN TAG IN WIEN, MACHTEN DENISE und ich auf dem Weg zum Flughafen in der Severingasse 8 Halt. Diesmal unternahmen wir keinen Versuch, das Wohnhaus zu betreten oder gar die kleine Wohnung zu besichtigen, die ich 65 Jahre zuvor verlassen hatte. Wir blieben nur vor dem Gebäude stehen und betrachteten die Haustür, die im hellen Sonnenlicht lag und dringend eines neuen Anstrichs bedurft hätte. Überrascht stellte ich fest, dass ich im Frieden mit mir war: unendlich froh, überlebt zu haben und relativ unbeschadet diesem Gebäude und dem Holocaust entkommen zu sein.

KAPITEL 30

Lernen vom Gedächtnis: Aussichten

Nach fünfzig Jahren Forschung und Lehre finde ich die wissenschaftliche Tätigkeit an einer Universität – in meinem Fall der Columbia University – noch immer so interessant wie am ersten Tag. Es macht mir große Freude, darüber nachzudenken, wie das Gedächtnis arbeitet, zu mutmaßen, wie es seine Dauer bewahrt, diese Ideen durch Gespräche mit Studenten und Kollegen zu präzisieren und dann zu beobachten, wie diese Hypothesen zurechtgerückt werden, wenn man sie in Experimenten testet. Noch immer erforsche ich meinen Gegenstandsbereich fast wie ein Kind – mit naiver Freude, Neugier und Verblüffung. Als besonderes Privileg empfinde ich, dass ich über die Biologie des Geistes arbeiten darf, ein Gebiet, das – anders als meine erste Liebe, die Psychoanalyse – in den letzten fünfzig Jahren enorme Fortschritte gemacht hat.

Wenn ich auf diese Jahre zurückblicke, bin ich überrascht, wie wenig anfangs dafür sprach, dass die Biologie die große Leidenschaft meines Berufslebens werden würde. Hätte ich in Harry Grundfests Labor nicht erfahren, wie spannend es sein kann, eigenhändig zu forschen, Experimente durchzuführen und Neues zu entdecken, hätte ich eine ganz andere Karriere eingeschlagen und vermutlich ein ganz anderes Leben geführt. In den ersten beiden Jahren des Medizinstudiums absolvierte ich zwar die vorgeschriebenen naturwissenschaftlichen Kurse, verstand sie aber bis zu dem Moment, da ich selber Experimente durchzuführen begann, lediglich als eine Voraussetzung für das, was ich wirklich tun wollte: Arzt werden, Patienten behandeln, ihre Krankheiten verstehen und mich darauf vorbereiten, Psychoanalytiker zu werden. Zu meinem Erstaunen stellte ich fest, dass die Arbeit im Labor – mit interessanten, kreativen Menschen *konkrete* Forschung zu betreiben – etwas ganz anderes ist, als naturwissenschaftliche Kurse zu besuchen und einschlägige Lehrbücher zu lesen.

Die konkrete Tätigkeit des Forschers, die tagtägliche Auseinandersetzung mit biologischen Rätseln, empfinde ich als außerordentlich befriedigend, nicht nur geistig, sondern auch emotional und sozial. Wenn ich Experimente durchführe, habe ich das aufregende Gefühl, die Wunder der Welt noch einmal zu entdecken. Hinzu kommt, dass die wissenschaftliche Forschung in einem intensiven und unendlich fesselnden sozialen Umfeld stattfindet. Das Leben eines forschenden Biologen in den Vereinigten Staaten strotzt vor Diskussionen und Debatten – es ist talmudische Tradition in Reinkultur. Doch statt einen religiösen Text zu kommentieren, kommentieren wir Texte, die durch evolutionäre Prozesse über viele hundert Millionen Jahre hinweg geschrieben wurden. Es gibt wenige menschliche Betätigungen, die ein solches Gefühl der Kameradschaft zwischen Kollegen, zwischen Alt und Jung, Studenten und Mentoren hervorrufen wie die gemeinsame Entdeckung eines interessanten Ergebnisses.

Die egalitäre Struktur des amerikanischen Wissenschaftsbetriebs fördert diese Kameraderie. Die Zusammenarbeit in einem modernen Biologielabor ist dynamisch, flexibel und funktioniert nicht nur von oben nach unten, sondern, was wichtig ist, auch von unten nach oben. Ich empfand es immer als äußerst angenehm, wie der Umgang an amerikanischen Universitäten Unterschiede in Alter und Status überbrückt. François Jacob, der französische Molekulargenetiker, dessen Arbeit mich so nachhaltig beeinflusst hat, erzählte mir einmal, bei seinem ersten Besuch in den Vereinigten Staaten habe ihn am tiefsten beeindruckt, dass Studenten Arthur Kornberg, einen weltbekannten Biochemiker, mit seinem Vornamen anredeten. Mich überraschte das nicht. Grundfest, Purpura und Kuffler haben mich und alle ihre Studenten immer als Ihresgleichen behandelt. Doch das wäre im Österreich, Deutschland, Frankreich und vielleicht sogar im England von 1955 nicht möglich gewesen. In den Vereinigten Staaten ergreifen junge Leute das Wort und finden Gehör, wenn sie etwas Interessantes zu sagen haben. Daher habe ich nicht nur von meinen Mentoren gelernt, sondern auch von einer ganzen Reihe ungewöhnlich begabter Studenten und Postdoktoranden.

Wenn ich an all die Studenten und Postdoktoranden denke, mit denen ich in meinem Labor zusammengearbeitet habe, kommt mir die Werkstatt des Renaissancemalers Andrea del Verrocchio in den Sinn. Zwischen 1470 und 1475 arbeitete eine Reihe talentierter junger Maler in seiner Werkstatt, unter anderem Leonardo da Vinci, der bei ihm lernte und dabei wesentlich zum Gelingen der Gemälde beitrug, an denen Verrocchio arbeitete. Noch heute zeigen Leute auf Verrocchios *Taufe Christi*, die in Florenz in den Uffizien hängt, und sagen: »Den schönen knienden Engel dort links hat Leonardo 1472 gemalt.« Wenn ich einen Vortrag halte und riesige Zeichnungen von *Aplysia*-Neuronen und ihren Synapsen auf die Leinwand eines Auditoriums werfe, erläutere ich meinen Zuhörern in ganz ähnlicher Weise: »Diese neuartige Zellkultur wurde von Kelsey Martin entwickelt. Diesen CREB-Aktivator und -Repressor hat Dusan Bartsch entdeckt, und diese schönen prionartigen Moleküle an der Synapse fielen Kausik Si auf!«

DIE WISSENSCHAFTLICHE GEMEINSCHAFT IN IHRER BESTEN FORM IST nicht nur in den Vereinigten Staaten, sondern überall auf der Welt von einem wunderbaren Gefühl der Kollegialität und gemeinsamer Zielsetzung durchdrungen. Und sosehr es mich freut, dass meine Kollegen und ich einen Teil zum allmählich entstehenden Bild der Gedächtnisspeicherung im Gehirn beitragen konnten – noch stolzer macht mich der Gedanke, dass ich zu jenen Forschungsergebnissen beitragen konnte, die international zur Entstehung einer neuen Wissenschaft des Geistes geführt haben.

Allein in der Zeitspanne meiner Berufstätigkeit ist die biologische Gemeinschaft fast unfehlbar von Erfolg zu Erfolg geeilt: Erst hat sie die molekulare Beschaffenheit des Gens und des genetischen Codes verstanden, dann das gesamte menschliche Genom entschlüsselt und schließlich die genetische Basis vieler menschlicher Krankheiten entdeckt. Heute stehen wir kurz davor, zahlreiche Aspekte der geistigen Funktionen, einschließlich psychischer Störungen, erklären zu können. Eines Tages werden wir vielleicht sogar die biologische Grundlage des Bewusstseins erkennen. Die Gesamtleistung – die Synthese, die während der letzten fünfzig Jahre in den biologischen Wissenschaften erzielt wurde – ist phänomenal. Sie hat die einst deskriptive Wissenschaft Biologie, was Exaktheit und das Verständnis der grundlegenden Mechanismen angeht, an die Physik und Chemie herangeführt. Als ich mit dem Medizinstudium begann, hielten die meisten Physiker und Chemiker die Biologie für eine »weiche Wissenschaft«; heute wandern viele Physiker und Chemiker – neben Informatikern, Mathematikern und Ingenieuren – in biologische Disziplinen ab.

Lassen Sie mich die Synthese in den biologischen Wissenschaften an einem Beispiel verdeutlichen. Bald nachdem ich begonnen hatte, bei der *Aplysia* durch zellbiologische Verfahren Neurone mit Gehirnfunktionen und Verhaltenweisen zu verknüpfen, suchten Sydney Brenner und Seymour Benzer nach genetischen Ansätzen, um Neurone bei zwei anderen einfachen Tieren mit Hirnfunktionen und Verhaltensweisen in Verbindung zu bringen. Brenner untersuchte das Verhalten des winzigen Wurms *C. elegans*, der in seinem zentralen Nervenstrang nur 302 Zellen aufweist. Benzer beschäftigte sich mit dem Verhalten der Fruchtfliege *Drosophila*. Jedes Experimentalsystem hat klare Vorzüge und Nachteile. Die *Aplysia* besitzt große, leicht zugängliche Nervenzellen, eignet sich aber nicht besonders für die traditionelle Genetik. *C. elegans* und die *Drosophila* sind für genetische Experimente ideal, wegen ihrer kleinen Nervenzellen für zellbiologische Studien aber nicht besonders brauchbar.

Zwanzig Jahre lang wurden diese Experimentalsysteme innerhalb verschiedener Traditionen und in ganz verschiedene Richtungen entwickelt. Parallelen waren nicht zu erkennen. Doch die Dynamik der modernen Biologie hat sie immer näher aneinander herangeführt. Bei der *Aplysia* haben wir die Möglichkeit – anfangs dank der rekombinanten DNA-Technik, heute durch eine fast vollständige DNA-Karte des Genoms –, Gene in einzelne Zellen zu übertragen und sie zu manipulieren. Ergänzend dazu haben neue Fortschritte in der Zellbiologie und die Einführung raffinierterer Verfahren zur Verhaltensanalyse die Chance eröffnet, auch das Verhalten von Fruchtfliegen und Würmern auf zellbiologischem Wege zu erforschen. Infolgedessen erkannte man, dass sich die auf molekularer Ebene zu beobachtende evolutionäre Tendenz zur Konservierung nicht nur auf die Biologie von Genen und Proteinen erstreckt, sondern auch auf die Biologie der Zellen, der neuronalen Schaltkreise, des Verhaltens und des Lernens.

SO BEFRIEDIGEND DIE WISSENSCHAFTLICHE FORSCHUNG IST, SO SCHWIErig ist sie. Ich habe viele Augenblicke intensiver Freude erlebt und die tagtägliche Arbeit als ungeheuer anregend empfunden. Doch das eigentlich Aufregende an dieser Tätigkeit ist die Erkundung von Wissensgebieten, die relativ unbekannt sind. Wie jeder, der sich ins Unbekannte vorwagt, habe ich mich ohne einen ausgetretenen Pfad, dem ich folgen konnte, manchmal allein und unsicher gefühlt. Jedes Mal, wenn ich eine neue Richtung einschlug, gab es wohlmeinende Leute – Freunde wie Kollegen –, die mir davon abrieten. Ich musste früh lernen, mit der Ungewissheit zu leben und in wichtigen Fragen auf das eigene Urteil zu vertrauen.

Das geht und ging natürlich nicht nur mir so. Die meisten Wissenschaftler, welche die ausgetretenen Pfade, und sei es geringfügig, verlassen und all die Schwierigkeiten und Enttäuschungen hingenommen haben, die eine solche Entscheidung nach sich zieht, wissen von solchen Warnungen zu berichten. Bei den meisten von uns wird dadurch jedoch nur die Abenteuerlust geweckt.

In beruflicher Hinsicht die schwierigste Entscheidung meines Lebens war der Entschluss, die potenzielle Sicherheit einer psychiatrischen Praxis für die Ungewissheit der Forschung aufzugeben. In der erwartungsvollen Stimmung, in die diese, von Denise vorbehaltlos unterstützte Entscheidung uns versetzt hatte, machten wir beide 1965 einen Kurzurlaub. Wir nahmen eine Einladung meines guten Freundes Henry Nunberg an, einige Tage im Sommerhaus seiner Eltern in Yorktown Heights bei New York zu verbringen. Henry absolvierte damals seine psychiatrische Facharztausbildung an dem Krankenhaus, an dem auch ich war, dem Massachusetts Mental Health Center. Seine Eltern kannten Denise und mich nur flüchtig.

Henrys Vater, Herman Nunberg, war ein herausragender Psychoanalytiker und einflussreicher Universitätslehrer, dessen Lehrbuch ich wegen seiner Klarheit bewunderte. Er hatte ein breites, wenn auch dogmatisches Interesse an vielen Aspekten der Psychiatrie. Bei unserem ersten gemeinsamen Abendessen skizzierte ich begeistert meine neuen Pläne – die Lernstudien an der *Aplysia*. Herman Nurnberg betrachtete mich erstaunt und murmelte: »Es hört sich an, als sei Ihre Psychoanalyse nicht richtig erfolgreich gewesen. Sie scheinen Ihre Übertragung nie so ganz bewältigt zu haben.«

Ich fand die Bemerkung komisch, irrelevant und typisch für viele amerikanische Psychoanalytiker der sechziger Jahre, die einfach nicht verstehen konnten, dass das Interesse an der Hirnforschung nicht unbedingt die Ablehnung der Psychoanalyse bedeuten muss. Wäre Herman Nunberg heute noch am Leben, würde sein Urteil über einen psychoanalytisch orientierten Psychiater, der in die Hirnforschung überwechselt, vermutlich anders ausfallen.

In den ersten zwanzig Jahren meiner Tätigkeit kehrte dieses Thema regelmäßig wieder. Als Morton Reiser, der Dekan des psychiatrischen Fachbereichs an der Yale University, 1986 in den Ruhestand ging, bat er mehrere Kollegen, darunter auch mich, auf einem Symposion, das ihm zu Ehren veranstaltet wurde, einen Vortrag zu halten. Zu den Eingeladenen zählte auch Reisers enger Mitarbeiter Marshall Edelson, ein bekannter Psychiatrieprofessor und zuständig für alle Studienfragen am Fachbereich Psychiatrie der Yale University. In seinem Vortrag vertrat Edelson die Ansicht, dass alle Versuche, die psychoanalytische Theorie auf eine neurobiologische Grundlage zu stellen oder zu ergründen, wie verschiedene geistigen Prozesse durch verschiedene Systeme im Gehirn vermittelt werden, Ausdruck einer tiefen logischen Verwirrung seien. Geist und Körper müssten separat betrachtet werden. Wir dürften nicht nach kausalen Verknüpfungen zwischen ihnen suchen. Man werde in der naturwissenschaftlichen Forschung schließlich zu dem Schluss gelangen, dass die Unterscheidung zwischen Geist und Körper kein methodologischer Stolperstein sei, der sich aus der Unzulänglichkeit unserer gegenwärtigen Denkweise ergebe und auf lange Sicht aus dem Weg geräumt werden könne, sondern eine absolut logische und begriffliche Barriere, die keine künftige Entwicklung werde überwinden können.

Als ich an der Reihe war, hielt ich einen Vortrag über Lernen und Gedächtnis bei der Schnecke und wies darauf hin, dass alle geistigen Prozesse – die trivialsten wie die erhabensten – aus dem Gehirn hervorgehen. Ferner müsse jede psychische Erkrankung unabhängig von den Symptomen mit erkennbaren Veränderungen im Gehirn einhergehen. Während der Diskussion erhob sich Edelson und sagte, er stimme zwar mit mir überein, dass psychotische Erkrankungen Funktionsstörungen des Gehirns seien, dass aber die Störungen, die Freud beschrieben habe und die in der Praxis der Psychoanalytiker behandelt würden, etwa Zwangsneurosen und Angstzustände, nicht mittels der Hirnfunktion beschrieben werden könnten.

Edelsons Ansichten und Herman Nunbergs eher persönliches Urteil sind sicherlich eigenwillige Extreme, aber gleichwohl symptomatisch für die Auffassung, die eine überraschend große Zahl von Psychoanalytikern noch vor nicht allzu langer Zeit vertraten. Die Isoliertheit dieser Ansichten, vor allem die mangelnde Bereitschaft, die Psychoanalyse im größeren Zusammenhang der Neurowissenschaften zu reflektieren, hemmte die Weiterentwicklung der Psychoanalyse im goldenen Zeitalter der Biologie. Rückblickend denke ich, dass weder Nunberg noch Edelson wirklich glaubten, Geist und Gehirn seien getrennt, sondern dass sie nur nicht wussten, wie sie sie verbinden sollten.

Seit den achtziger Jahren zeichnet sich deutlicher ab, wie diese Verbindung aussehen könnte. Infolgedessen ist der Psychiatrie eine neue Rolle zugefallen. Sie ist zugleich Ansporn und Nutznießer des modernen Denkens in der Biologie. In den letzten Jahren habe ich bei den Vertretern der Psychoanalyse ein beträchtliches Interesse an der Biologie beobachtet. Heute wissen wir, dass jeder geistige Zustand ein Gehirnzustand und jede geistige Störung eine Störung der Gehirnfunktion ist. Behandlungsmethoden verändern die Struktur und Funktion des Gehirns.

Negativen Reaktionen, wenn auch anderer Art, begegnete ich ebenfalls, als ich beschloss, nicht mehr den Hippocampus im Säugerhirn zu untersuchen, sondern einfache Lernformen bei der Meeresschnecke. Die Wissenschaftler, die damals über das Säugerhirn arbeiteten, waren überzeugt, es unterscheide sich grundsätzlich vom Gehirn niederer Wirbeltiere wie Fischen und Fröschen und sei unendlich viel komplexer als das von wirbellosen Tieren. Den Umstand, dass Hodgkin, Huxley und Katz mit ihrer Untersuchung des Riesenaxons beim Tintenfisch und der Synapse zwischen Nerv und Muskel beim Frosch eine Basis geschaffen hatten, auf der sich das Nervensystem erforschen ließ, betrachteten diese Säugetier-Chauvinisten als Ausnahme. Zwar gaben sie zu, dass alle Nervenzellen ähnlich seien, behaupteten aber, neuronale Schaltkreise und Verhalten liefen bei Wirbeltieren und wirbellosen Tieren grundverschieden ab. Dieses Schisma blieb bestehen, bis die Molekularbiologie die erstaunliche Konservierung von Genen und Proteinen im Laufe der Evolution offenbarte.

Außerdem stritt man über die Frage, ob die zellulären oder molekularen Mechanismen des Lernens und des Gedächtnisses, die man bei einfachen Tieren entdeckt hatte, in Bezug auf komplexere Tiere verallgemeinert werden könnten. Uneinigkeit herrschte insbesondere darüber, ob Sensitivierung und Habituation forschungsrelevante Gedächtnisformen seien. Die Ethologen, die Verhalten an Tieren in ihrer natürlichen Umgebung studieren, hielten diese beiden einfachen Gedächtnisformen für wichtig und allgemein. Die Behavioristen hingegen konzentrierten sich auf eher assoziative Lernformen wie die klassische und operante Konditionierung, die zweifellos komplexer sind.

Der Streit wurde schließlich auf zweierlei Weise beigelegt. Erstens bewies Benzer, dass cAMP, dessen Bedeutung für die Kurzzeitsensitivierung wir an der *Aplysia* beobachtet hatten, auch für eine komplexere Lernform bei einem komplexeren Tier erforderlich war – für die klassische Konditionierung bei der *Drosophila*. Zweitens, und noch wichtiger, erwies sich das Regulatorprotein CREB, das erstmals in *Aplysia*-Studien entdeckt wurde, als wichtige Komponente beim Wechsel vom Kurzzeit- zum Langzeitgedächtnis, und zwar bei vielen Lernformen und vielen Organismen – von Schnecken über Fliegen bis hin zu Mäusen und Menschen. Außerdem zeigte sich, dass Lernen und Gedächtnis wie die synaptische und neuronale Plastizität einer Familie von Prozessen angehören, denen die Logik und einige Schlüsselelemente gemein sind, die sich aber in den Einzelheiten ihrer molekularen Mechanismen unterscheiden.

In den meisten Fällen erwiesen sich solche Auseinandersetzungen, sobald sich die Aufregung gelegt hatte, als förderlich: Sie präzisierten das Problem und brachten die Forschung voran. Und das war für mich das Wichtige: das Gefühl, dass wir uns in die richtige Richtung bewegten.

WOHIN WIRD SICH DIE NEUE WISSENSCHAFT DES GEISTES IN DEN KOMMENDEN Jahren entwickeln? Bei der Erforschung der Gedächtnisspeicherung befinden wir uns jetzt in den ersten Ausläufern einer hohen Gebirgskette. Wir besitzen einige Kenntnisse über die zellulären und molekularen Mechanismen der Gedächtnisspeicherung, müssen aber über diese Mechanismen hinausgelangen und uns mit den Systemeigenschaften des Gedächtnisses beschäftigen. Welche neuronalen Schaltkreise sind für verschiedene Gedächtnisarten wichtig? Wie werden die inneren Repräsentationen eines Gesichts, einer Umgebung, einer Melodie oder eines Erlebnisses im Gehirn eingespeichert?

Um die Schwelle zwischen dem Ort, wo wir sind, und dem Ort, wo wir hinwollen, zu überqueren, müssen wir die theoretischen Vorzeichen verändern, unter denen wir das Gehirn untersuchen. Eine dieser Veränderungen wird, wie erwähnt, darin bestehen, dass wir vom Studium elementarer Prozesse – einzelner Proteine, einzelner Gene und einzelner Zellen – fortschreiten zur Untersuchung von Systemen: von Mechanismen, die aus vielen Proteinen bestehen, komplexen Systemen von Nervenzellen, von Funktionen ganzer Organismen bis hin zur Interaktion von Organismengruppen. Zelluläre und molekulare Ansätze werden sicherlich auch in Zukunft wichtige Informationen liefern, doch mit ihnen allein werden sich die Rätsel der inneren Repräsentationen in neuronalen Schaltkreisen oder die Interaktion von Schaltkreisen nicht lösen lassen, die entscheidend für die Verknüpfung von zellulärer und molekularer Neurowissenschaft mit der kognitiven Neurowissenschaft sind

Zu diesem Zweck, der Verbindung von neuronalen Systemen mit komplexen kognitiven Funktionen, müssen wir uns auf die Ebene des neuronalen Schaltkreises begeben, und wir müssen bestimmen, wie Aktivitätsmuster in verschiedenen neuronalen Schaltkreisen zu einer kohärenten Repräsentation zusammengeschlossen werden. Um zu erkunden, wie wir komplexe Erfahrungen wahrnehmen und in Erinnerung rufen, müssen wir herausfinden, wie neuronale Netze organisiert sind und wie Aufmerksamkeit und Bewusstsein die Neuronenaktivität in diesen Netzen regulieren und rekonfigurieren. Die Biologie wird sich also stärker auf nichtmenschliche Primaten und auf Menschen als bevorzugte Systeme konzentrieren müssen. Dazu werden wir bildgebende Verfahren brauchen, welche die Aktivität einzelner Neurone und neuronaler Netze auflösen können.

ANGESICHTS ALL DIESER ERWÄGUNGEN HABE ICH MIR ÜBERLEGT, MIT welchen Fragen ich mich heute wohl beschäftigen würde, wenn ich noch einmal anfangen könnte. Ein wissenschaftliches Problem muss zwei Voraussetzungen besitzen, um mich zu interessieren: Erstens muss es mir ermöglichen, ein neues Gebiet zu erschließen, das mich sehr lange beschäftigen wird. Ich ziehe langjährige Beziehungen kurzen Affären vor. Zweitens arbeite ich gerne an Problemen, die auf der Grenze von zwei oder mehr Disziplinen liegen. Unter Berücksichtigung dieser Vorlieben habe ich drei Fragen entdeckt, die mir zusagen würden.

Erstens würde ich gerne verstehen, wie die unbewusste Verarbeitung sensorischer Informationen vonstatten geht und wie die bewusste Aufmerksamkeit die Gehirnmechanismen steuert, die das Gedächtnis stabilisieren. Nur dann können wir in biologisch sinnvoller Weise die Theorien über bewusste und unbewusste Konflikte und Gedächtnisprozesse angehen, die Freud im Jahr 1900 erstmals vorgeschlagen hat. Mir leuchtet das Argument von Crick und Koch unmittelbar ein, dass die selektive Aufmerksamkeit nicht nur ein wichtiger Aspekt an sich, sondern auch ein entscheidender Ansatzpunkt für die Erforschung des Bewusstseins ist. Ich würde gern einen reduktionistischen Forschungsansatz für das Problem der Aufmerksamkeit entwickeln, indem ich mich auf die Frage konzentrierte, warum Ortszellen im Hippocampus eine dauerhafte räumliche Karte nur dann anlegen, wenn der Organismus auf seine Umgebung achtet. Wie ist dieser Scheinwerfer der Aufmerksamkeit beschaffen? Wie ermöglicht er die ursprüngliche Einspeicherung der Erinnerung überall in dem neuronalen Schaltkreis, der am räumlichen Gedächtnis beteiligt ist? Welche anderen modulatorischen Systeme im Gehirn werden, vom Dopamin abgesehen, in Anspruch genommen, wenn ein Tier aufmerksam ist, und wie werden sie in Anspruch genommen? Stabilisieren sie Ortszellen und Langzeitgedächtnis mit Hilfe eines prionartigen Mechanismus? Natürlich müsste man solche Studien auch auf Menschen ausdehnen. Wie ermöglicht es mir die Aufmerksamkeit, mich auf meine geistige Zeitreise in unsere kleine Wohnung in Wien zu begeben?

Ein zweites, mit dem ersten eng verwandtes Problem, das mich fasziniert, ist die Beziehung zwischen unbewusster und bewusster geistiger Verarbeitung beim Menschen. Die erstmals von Hermann von Helmholtz vorgeschlagene Idee, dass uns ein großer Teil unseres geistigen Lebens nicht bewusst ist, ist von zentraler Bedeutung für die Psychoanalyse. Freud hat den interessanten Gedanken beigesteuert, dass wir uns zwar in den meisten Fällen der geistigen Verarbeitung nicht bewusst sind, dass wir uns aber zu den meisten dieser Vorgänge bewussten Zugang verschaffen können, indem wir unsere Aufmerksamkeit auf sie richten. Aus dieser Sicht, der sich heute die meisten Neurowissenschaftler angeschlossen haben, spielt sich der größte Teil unseres geistigen Lebens unbewusst ab. Er wird nur in Worten und Vorstellungen bewusst. Mit Hirnscans könnte man eine Verbindung zwischen der Psychoanalyse einerseits und der Hirnanatomie und den neuronalen Funktionen andererseits herstellen, indem man bestimmt, wie diese unbewussten Prozesse in Krankheitszuständen verändert werden und wie sie sich durch Psychotherapie rekonfigurieren lassen. Angesichts der Bedeutung von unbewussten psychischen Prozessen ist der Gedanke beruhigend, dass uns die Biologie heute eine Menge über sie mitteilen kann.

Schließlich gefällt mir der Gedanke, mittels der Molekularbiologie mein Forschungsfeld, die Molekularbiologie des Geistes, mit Denises Disziplin, der Soziologie, zu verbinden und auf diese Weise eine realistische molekulare Soziobiologie zu entwickeln. Mehrere Forscher haben hier verheißungsvolle Ansätze entwickelt. Cori Bargmann, eine Genetikerin, die heute an der Rockefeller University forscht, hat zwei Varianten von *C. elegans* untersucht, die sich in ihren Ernährungsmuster unterscheiden. Die eine Spielart ist ein Einzelgänger und sucht sich ihre Nahrung allein. Die andere ist gesellig und sucht sich ihre Nahrung in Gruppen. Der einzige Unterschied zwischen beiden ist eine Aminosäure in einem ansonsten gemeinsamen Rezeptorprotein. Überträgt man den Rezeptor von einem geselligen Wurm auf einen einzelgängerischen Wurm, wird der Einzelgänger gesellig.

Das männliche Werbeverhalten bei der *Drosophila* ist ein Instinktverhalten, das auf ein entscheidendes Protein, das so genannte *fruitless*, angewiesen ist. Das *fruitless*-Gen wird in zwei verschiedenen Formen exprimiert: eine in männlichen Fliegen, die andere in weiblichen Fliegen. Ebru Demir und Barry Dickson gelang nun eine bemerkenswerte Entdeckung. Wenn die männliche Form des Gens in Weibchen exprimiert wird, zeigen die Weibchen männliches Werbeverhalten, das sich an andere Weibchen richtet oder Männchen gilt, die gentechnisch so verändert wurden, dass sie einen typisch weiblichen Duftstoff, ein Pheromon, erzeugen. Im weiteren Verlauf ihrer Untersuchungen stellte Dickson fest, dass das *fruitless*-Gen während der Entwicklung die Verdrahtung des neuronalen Schaltkreises für das Werbeverhalten und sexuelle Präferenzen steuert.

Giacomo Rizzolatti, ein italienischer Neurowissenschaftler, fand heraus, dass bei einem Affen, der eine bestimmte Bewegung mit seiner Hand ausführt, beispielsweise eine Erdnuss in den Mund steckt, bestimmte Neurone im prämotorischen Cortex aktiv werden. Interessanterweise feuern die gleichen Neurone, wenn ein Affe einen anderen Affen (oder sogar einen Menschen) beobachtet, der sich Nahrung in den Mund steckt. Rizzolatti bezeichnet diese Nervenzellen als »Spiegelneurone« und stellt die Hypothese auf, dass sie einen ersten Hinweis auf Nachahmung, Identifikation, Empathie und möglicherweise die Fähigkeit, Lautäußerungen nachzumachen, liefern – die geistigen Prozesse, die entscheidend für menschliche Interaktion sind. Vilayanur Ramachandran hat Belege für ähnliche Neurone im prämotorischen Cortex des Menschen gefunden.

Wir müssen nur diese drei Forschungsstränge betrachten, um zu erkennen, dass sich jeweils ein neues Forschungsfeld für die Biologie auftut, das uns Aufschluss darüber geben kann, was uns zu geselligen, kommunikationsfähigen Geschöpfen macht. Ein ehrgeiziges Unterfangen wie dieses könnte nicht nur die Faktoren aufdecken, welche die Mitglieder einer zusammenhängenden Gruppe in die Lage versetzen, einander zu erkennen, sondern uns auch über die Determinanten Aufschluss geben, die jenes tribalistische Verhalten hervorrufen, das so häufig mit Furcht, Hass und Intoleranz gegenüber Außenstehenden verbunden ist.

ICH WERDE HÄUFIG GEFRAGT: »WAS HAT IHNEN IHRE PSYCHIATRISCHE Ausbildung gebracht? Hat Sie Ihnen bei Ihrer Tätigkeit als Neurowissenschaftler geholfen?«

Solche Fragen überraschen mich immer, weil für mich auf der Hand liegt, dass meine psychiatrische Ausbildung und mein Interesse an der Psychoanalyse zum Kern meines wissenschaftlichen Denkens gehören. Sie haben mir eine Einstellung zum Verhalten vermittelt, die fast jeden Aspekt meiner Arbeit beeinflusst hat. Wenn ich meine Assistenzzeit übersprungen hätte und früher nach Frankreich gegangen wäre, um in einem Labor für Molekularbiologie zu arbeiten, hätte ich mich vielleicht zu einem etwas früheren Zeitpunkt der Molekularbiologie der Genregulation im Gehirn zugewandt. Doch die übergreifenden Ideen, die meine Arbeit und mein Interesse am bewussten und unbewussten Gedächtnis bis heute prägen, erwuchsen aus einer Auffassung vom Geist, die ich der Psychiatrie und der Psychoanalyse verdanke. Daher war meine anfängliche Tätigkeit als Psychoanalytiker kaum ein Umweg, sondern vielmehr die Grundausbildung, die alles Weitere erst ermöglichte.

Häufig kommen Medizinstudenten, die in die Forschung wollen, zu mir und fragen mich, ob sie weitere grundlegende Kurse belegen oder augenblicklich mit der Forschung beginnen sollen. Ich rate ihnen immer, sofort in ein gutes Labor zu gehen. Natürlich sind die Kurse wichtig – ich habe noch während meiner Jahre am National Institute of Mental Health welche besucht. Bis auf den heutige Tage lerne ich von Vorträgen und Tagungen, von meinen Kollegen und von Studenten. Doch es ist sehr viel sinnvoller und interessanter, die wissenschaftliche Literatur über Experimente zu lesen, die einen selbst etwas angehen, als sich die wissenschaftlichen Fakten abstrakt einzuprägen.

Wenige Dinge sind so spannend und anregend für die Fantasie wie die Entdeckung von etwas Neuem, mag es auch noch so bescheiden sein. Ein neues Ergebnis eröffnet dem Forscher einen ersten Blick auf einen bis dato unbekannten Teil der Natur – ein kleines Puzzlestückchen, das die Funktion eines Forschungsgegenstandes offenbart. Sobald ich mich für ein Problem entschieden habe, finde ich es außerordentlich förderlich, mir einen vollständigen Überblick zu verschaffen, in Erfahrung zu bringen, was die Forscher vor mir darüber gedacht haben. Mich interessiert nicht nur, welche theoretischen Ansätze sich als produktiv erwiesen haben, sondern auch, welche unergiebig waren. Freud, James, Thorndike, Pawlow, Skinner und Ulric Neisser, die sich alle mit Lernen und Gedächtnis befassten, waren daher nicht nur durch ihr Denken, sondern auch durch ihre Irrtümer enorm aufschlussreich für meine Arbeit.

Ich halte es außerdem für wichtig, den Mut zu haben, schwierige Probleme in Angriff zu nehmen, vor allem solche, die ursprünglich unübersichtlich und verschwommen zu sein scheinen. Man sollte keine Angst haben, neue Dinge zu erproben, etwa von einer Disziplin zu einer anderen zu wechseln oder im Grenzgebiet zwischen verschiedenen Disziplinen zu arbeiten, da gerade hier einige der interessantesten Probleme zu entdecken sind. Naturwissenschaftler, die in der Forschung tätig sind, lernen ständig neue Dinge und lassen sich nicht von einem neuen Forschungsfeld abhalten, nur weil sie es nicht kennen. Instinktiv folgen sie ihren Interessen und bringen sich, während sie Neuland betreten, die erforderlichen Kenntnisse selbst bei. Auf meine Zeit bei Grundfest und Purpura war ich wissenschaftlich nicht vorbereitet; als ich die Zusammenarbeit mit Jimmy Schwartz aufnahm, waren meine Einblicke in die Biochemie eher bescheiden; und bis Richard Axel und ich uns zusammentaten, wusste ich nichts über Molekulargenetik. In jedem Fall war es beunruhigend und faszinierend zugleich, etwas ganz Neues auszuprobieren. Es ist besser, einige Jahre zu verlieren, weil man etwas Neues und Grundlegendes erprobt, als Routineexperimente durchzuführen, die alle anderen auch machen – und zwar mindestens so gut wie man selbst (wenn nicht noch besser).

Am wichtigsten aber ist es, ein Problem oder eine Reihe zusammenhängender Probleme auszuwählen, die eine langfristige Perspektive bieten. Ich hatte gleich zu Beginn meines Forscherdaseins das Glück, mit der Arbeit über den Hippocampus und das Gedächtnis auf ein interessantes Problem zu stoßen und mich dann für die Untersuchung des Lernens an einem einfachen Organismus zu entscheiden. Beide Gegenstände waren so interessant und wichtig, dass sie mir über viele experimentelle Holzwege und Enttäuschungen hinweggeholfen haben.

Infolgedessen blieb mir erspart, was einige meiner Kollegen beschrieben haben: irgendwann in mittleren Jahren festzustellen, dass der eigene Forschungsgegenstand einen langweilt, und sich nach etwas anderem umsehen zu müssen. Ich habe neben der Forschung noch viele andere Dinge getan – Lehrbücher geschrieben, in wissenschaftlichen Ausschüssen an der Columbia University und landesweit mitgewirkt und ein Biotech-Unternehmen gegründet. Aber ich habe nichts von alledem getan, weil mich die Forschung gelangweilt hätte. Richard Axel nennt die beflügelnde Kraft von Daten – neue und interessante Ergebnisse in immer neuen Kombinationen durchzuspielen – eine Sucht. Wenn neue Daten ausbleiben, fällt Richard in ein tiefes Loch, ein Gefühl, das viele von uns kennen.

MEINE FORSCHUNGSARBEIT WURDE AUSSERDEM DURCH DENISES UND meine leidenschaftliche Begeisterung für Musik und Kunst bereichert. Als wir im Dezember 1964 von Boston nach New York zogen, erwarben wir ein hundert Jahre altes Haus im Stadtteil Riverdale, der zur Bronx gehört. Von dem Grundstück aus hat man einen wunderschönen Blick auf den Hudson River und das Palisade-Gebirge. Im Laufe der Jahrzehnte haben wir das Haus mit Stichen, Zeichnungen und Gemälden gefüllt, vor allem Art déco der Jahrhundertwende, das stilistisch in Wien wie in Frankreich wurzelt. Wir sammelten französische Jugendstilmöbel, Vasen und Lampen von Louis Majorelle, Emile Gallé und den Gebrüdern Daum, ein Interesse, das von Denise ausging. Ihre Mutter wies uns diese Richtung, indem sie uns zur Hochzeit einen wunderschönen Teetisch schenkte, den Gallé für seine erste Ausstellung angefertigt hatte.

Sobald wir in New York waren, richteten wir unser Interesse auf das graphische Werk der österreichischen und deutschen Expressionisten: Klimt, Kokoschka und Schiele, Max Beckmann, Emil Nolde und Ernst Ludwig Kirchner. Dieses Interesse ging von mir aus. Fast zu jedem wichtigeren Geburtstag – und manchmal auch zwischendurch, wenn wir es nicht abwarten können – kaufen Denise und ich ein Bild, von dem wir meinen, es werde dem anderen gefallen. Doch meistens suchen wir die Werke gemeinsam aus. Während ich dies schreibe, kommt mir der Verdacht, dass unsere Sammlung der Versuch sein könnte, unsere unwiderruflich verlorene Jugend zurückzuholen.

RÜCKBLICKEND SCHEINT DER WEG VON WIEN NACH STOCKHOLM SEHR lang zu sein. Mein frühzeitiger Fortgang aus Wien eröffnete mir die Möglichkeit zu einem bemerkenswert glücklichen Leben in den Vereinigten Staaten. Die Freiheit, die ich in Amerika und seinen akademischen Einrichtungen erfahren habe, war für mich, wie für viele andere, eine Voraussetzung für den Nobelpreis. Da meine erste akademische Ausbildung in Geschichte und den Geisteswissenschaften mich gelehrt hatte, wie deprimierend das Leben sein kann, bin ich außerordentlich froh, dass ich schließlich zur Biologie wechselte, wo immer noch ein illusionärer Optimismus den Ton angibt.

Hin und wieder, wenn ich an meine Jahre in der Forschung zurückdenke, während ich nach einem weiteren langen, erschöpfenden und häufig sehr befriedigenden Tag auf den dunkler werdenden Hudson River hinausblicke, staune ich immer noch, dass ich tue, was ich tue. Ich ging ans

Harvard-College, um Historiker zu werden, verließ es, um Psychoanalytiker zu werden, und gab beide Pläne auf, weil mir meine Intuition sagte, dass der Geist über die zellulären Signalwege des Gehirns erschlossen werden muss. Durch den Entschluss, meinen Instinkten, meinen unbewussten Gedankenprozessen zu folgen und ein Ziel anzustreben, das damals unendlich fern schien, führte mich mein Weg in ein Leben, das mir unermessliche Freude bereitete.

Glossar

Acetylcholin
: Ein chemischer Neurotransmitter (Botenstoff), der von Motoneuronen an Synapsen mit Muskelzellen (neuromuskulären Endplatten) und an Synapsen zwischen Neuronen im Zentralnervensystem freigesetzt wird.

Agnosie
: Verlust des Erkennens; die Unfähigkeit, Objekte über ansonsten normal arbeitende Sinnesbahnen zu erkennen, zum Beispiel Tiefenagnosie, Bewegungsagnosie, Farbagnosie und Prosopagnosie (Beeinträchtigung der Gesichtererkennung).

Aktionspotenzial
: Ein starkes elektrisches Signal mit einer Amplitude von rund 1/10 Volt und einer Dauer von 1 bis 2 Millisekunden, das sich unvermindert entlang dem Axon bis zur präsynaptischen Endigung des Neurons ausbreitet. An der präsynaptischen Endigung löst das Aktionspotenzial die Ausschüttung von Neurotransmittern aus.

AMPA-Rezeptor
: (Alpha-Amino-3-hydroxy-5-methyl-4-Isoxazolpropionsäure): Eine von zwei Arten postsynaptischer Glutamatrezeptoren, an die ein Kanal gekoppelt ist. Der AMPA-Rezeptor ist für die normale synaptische Transmission an glutamatergen Synapsen verantwortlich (siehe NMDA-Rezeptor).

Amygdala
: Die Region im Gehirn, die speziell für Emotionen, etwa die Furcht, zuständig ist. Sie koordiniert autonome und endokrine Reaktionen mit emotionalen Zuständen und liegt dem emotionalen Gedächtnis zugrunde. Die Amygdala selbst ist eine Ansammlung von mehreren Kernen, die tief in den Schläfenlappen (Temporallappen) der Großhirnhälften liegen.

Aphasie
: Eine Kategorie von Sprachstörungen, die durch die Schädigung spezifischer Hirnstrukturen hervorgerufen wird. Solche Störungen bewirken eine Unfähigkeit, entweder Sprache zu verstehen (Wernicke-Aphasie) oder Sprache zu äußern (Broca-Aphasie) oder beides.

…chtnis
…e bestimmte Art von Kurzzeitgedächtnis, an der der präfrontale Cortex maßgeblich beteiligt ist. Es integriert Augenblickswahrnehmungen, die sich in einem relativ kurzen Zeitraum vollziehen, und verbindet sie mit Erinnerungen an frühere Erfahrungen. Das Arbeitsgedächtnis brauchen wir für scheinbar einfache Aspekte des Alltags – etwa wenn wir eine Unterhaltung führen, eine Reihe von Zahlen addieren oder ein Auto lenken. Dieses Gedächtnis ist bei Schizophreniepatienten beeinträchtigt.

Assoziatonslernen
Ein Prozess, in dessen Verlauf eine Versuchsperson oder ein Versuchstier die Beziehung zwischen zwei Reizen oder zwischen einem Reiz und einer Verhaltensreaktion erlernt.

Ausbreitung
(1) Ein Prozess, in dessen Verlauf Nervenimpulse durch das Neuron laufen. (2) Bei Prionen ein Prozess, in dessen Verlauf eine Form des Prions sich selbst erhält.

autonomes (vegetatives) Nervensystem
Einer der beiden Hauptteile des peripheren Nervensystems. Das autonome Nervensystem kontrolliert die Eingeweide, die glatten Muskeln und die exokrinen Drüsen. Ferner beeinflusst es die unwillkürliche Kontrolle von Herzfrequenz, Blutdruck und Atmung.

Axon
Die meist lange Output-Faser des Neurons, die in den präsynaptischen Endigungen endet und Signale an andere Zellen weiterleitet.

Bahnung
Der Prozess, durch den die synaptische Verbindung zwischen zwei Zellen verstärkt wird.

Basalganglien
Eine Gruppe von Hirnkernen, die tief in beiden Großhirnhälften liegen und an der Steuerung der motorischen Aktivität, aber auch an bestimmten kognitiven Vorgängen beteiligt sind. Zu den Basalganglien gehören Putamen, Nucleus caudatus (Schweifkern), Globus pallidus und Substantia nigra (schwarze Substanz). Putamen und Nucleus caudatus bilden zusammen mit dem Nucleus accumbens das Striatum.

Behaviorismus
Nach dieser Theorie, die Anfang des 20. Jahrhunderts entwickelt wurde, gibt es nur eine geeignete Methode zur Untersuchung des Verhaltens: die Handlungen einer Versuchsperson (oder eines Versuchstieres) direkt zu beobachten. »Geistige Funktionen« gelten als nicht beobachtbar. Der Behaviorismus steht im Gegensatz zu kognitiven Ansätzen der Verhaltensforschung, welche die psychologische Forschung in den letzten Jahrzehnten bestimmt haben.

Benzodiazepine
Eine Gruppe von angstdämpfenden Arzneimitteln und Muskelrelaxanzien

(muskelerschlaffenden Mitteln), zu denen Diazepam (Valium) und Lorazepam (zum Beispiel Laubeel) gehören. Benzodiazepine verringern die synaptische Übertragung, indem sie an die Rezeptoren des inhibitorischen Neurotransmitters GABA binden und dessen Wirkung auf die Neurone erhöhen.

Biochemie

Eine Disziplin der Biologie, in der man die Lebensprozesse zu verstehen versucht, indem man die verschiedenen chemischen Bahnen und Reaktionen analysiert, die in lebenden Organismen auftreten, vor allem die Rolle, die Proteine spielen.

Broca-Areal

Eine Region im hinteren Bereich des linken Frontallappens, der von entscheidender Bedeutung für die Spracherzeugung ist und eine schnelle grammatikalische Analyse der Sprache vornimmt. (Siehe Wernicke-Areal.)

Calcium (Ca^{2+})

Das positiv geladene Calciumion ist maßgeblich an vielen Signalkaskaden innerhalb einer Nervenzelle beteiligt und fungiert als sekundärer Botenstoff. Der Einstrom von Calciumionen, der von spannungsgesteuerten Calciumkanälen in der Membran der postsynaptischen Endigung geregelt wird, löst die Freisetzung von Neurotransmittern aus.

cAMP

Ein Molekül (zyklisches Adenosin-Monophosphat), das in der Zelle als sekundärer Botenstoff wirkt und Veränderungen in der Proteinstruktur und -funktion hervorruft. cAMP aktiviert das Enzym cAMP-abhängige Proteinkinase, das auf die Funktion einer Vielzahl von Proteinen einwirkt und sie verändert – unter anderem auch die der Ionenkanäle und der Proteine, welche zum Teil die Transkription der DNA in RNA regulieren. (Siehe Phosphorylierung, Proteinkinase A, sekundäre Botenstoffe, Transkription.)

chemische Synapse

Anatomische Struktur einer Nervenzelle, an dem ein Neuron ein chemisches Signal (Neurotransmitter) ausschüttet (Präsynapse), welches durch den synaptischen Spalt zu den Rezeptoren eines angrenzenden Neurons diffundiert und dort bindet. Die Rezeptoraktivierung bewirkt, dass das Signal erregt oder hemmt. (Siehe elektrische Synapse.)

chemische Theorie der synaptischen Übertragung

Eine Theorie, die bestimmte chemische Botenstoffe, so genannte Neurotransmitter, als Vermittler der synaptischen Übertragung zwischen zwei Neuronen voraussetzt.

Chlorid (Cl^-)

Die negativ geladenen Chlorionen regeln die Hemmung von Neuronen, zum Beispiel durch GABA-Rezeptoren.

Chromosom

Eine Struktur, die das genetische Material eines Organismus enthält, gewöhnlich in Form eines spiralförmig gewundenen, doppelsträngigen DNA-

Moleküls, das mit verschiedenen Proteinen durchsetzt ist. Die Chromosomen replizieren sich und ermöglichen den Zellen dadurch, sich zu reproduzieren und ihr Erbmaterial an nachfolgende Generationen weiterzugeben. (Siehe DNA.)

Cortexstrukturen höherer Ordnung
: Mehrere Regionen der Großhirnrinde, die Informationen von einem primären sensorischen oder motorischen Areal des Gehirns weiter verarbeiten.

CPEB
: Cytoplasmic Polyadenylation Element-binding Protein, ein Regulator der Translation an der Synapse. Man nimmt an, dass CPEB auf zellulärer Ebene zur Stabilisierung des Langzeitgedächtnisses beiträgt.

CREB
: cAMP Response Element-binding Protein, ein Genregulatorprotein, das durch cAMP und Proteinkinase A aktiviert wird. CREB aktiviert die Gene, die für das Langzeitgedächtnis verantwortlich sind. (Siehe cAMP, Proteinkinase A.)

Dendrit
: Die verzweigten Fortsätze der meisten Nervenzellen, mit denen ein Neuron Signale von anderen Neuronen empfängt (Input der Neurone).

Depolarisation
: Eine Veränderung im Membranpotenzial der Zelle in Richtung positiverer Werte und damit in Richtung des Schwellenwertes für Aktionspotenziale. Die Depolarisation erhöht die Wahrscheinlichkeit, dass ein Neuron ein Aktionspotenzial erzeugt, und ist daher erregend. (Siehe Hyperpolarisation.)

DNA (Desoxyribonukleinsäure): Eigentlich DNS, aber meist nach der englischen Bezeichnung *deoxyribonucleic acid* mit DNA abgekürzt. Die DNA, die aus vier Untereinheiten besteht, so genannten Nukleotiden, enthält alle für die Proteinsynthese erforderlichen Anweisungen. Im Gehirn wird ein größerer Anteil der gesamten in der DNAcodierten Information exprimiert als in irgendeinem anderen Körperorgan. (Siehe Chromosom.)

Dopamin
: Ein Neurotransmitter im Gehirn, der eine entscheidende Rolle bei Langzeitpotenzierung, Aufmerksamkeitssteuerung, Willkürbewegungen, Kognition und der Wirkung vieler Stimulanzien (etwa Kokain) spielt. Dopaminmangel führt zur Parkinson-Krankheit, Dopaminüberschuss möglicherweise zu Schizophrenie.

dynamische Polarisation
: Das Prinzip, dem zufolge Informationen in einem Neuron in eine einzige vorhersagbare und unveränderliche Richtung fließen.

elektrische Synapse
: Ein Ort, an dem ein Neuron Verbindung zu einem anderen aufnimmt, indem es Signale mittels eines elektrischen Stroms überträgt, der durch einen spezialisierten Zellkontakt zwischen den beiden Neuronen fließt. (Siehe chemische Synapse.)

Elektrode
Ein Sensor aus Glas oder Metall. Glaselektroden werden in ein Neuron eingeführt oder direkt auf die Zellmembran aufgesetzt, um die elektrische Aktivität aufzuzeichnen, die durch die Zellmembran hindurchgeht. Mit Metalldetektoren werden Aufzeichnungen außerhalb der Zelle vorgenommen.

endokrine Drüsen
Eine Klasse von Drüsen, die chemische Stoffe, so genannte Hormone, direkt in die Blutbahn absondern. Auf diesem Weg gelangen sie zu ihrem Zielgewebe und entfalten dort ihre Wirkung.

Erregbarkeitsveränderung
Die Veränderung des Schwellenwerts einer Nervenzelle für Aktionspotenziale, nachdem sie aktiv war.

erregend (exzitatorisch)
Bezeichnet ein Neuron oder eine Synapse, die ihr Ziel depolarisiert und damit die Wahrscheinlichkeit erhöht, dass das Neuron ein Aktionspotenzial feuert. (Siehe hemmend.)

Erregung
Die Depolarisation einer postsynaptischen Zelle, durch die die Wahrscheinlichkeit eines Aktionspotenzials erhöht wird.

Ethologie (Verhaltensforschung)
Die Untersuchung tierischen Verhaltens in natürlicher Umgebung.

explizites Gedächtnis
Die Speicherung von Informationen über Menschen, Ort und Dinge, für deren Gedächtnisabruf bewusste Aufmerksamkeit erforderlich ist (autobiografisches Gedächtnis und Faktengedächtnis). Solche Erinnerungen lassen sich durch Worte beschreiben. Die meisten Menschen meinen das explizite Gedächtnis, wenn sie vom Gedächtnis sprechen. Auch als deklaratives Gedächtnis bezeichnet. (Siehe implizites Gedächtnis.).

explizites Lernen
Eine Klasse von Lernprozessen, welche die bewusste Beteiligung des Lernenden verlangen und den Erwerb von Informationen über Menschen, Orte und Dinge betreffen. Auch als deklaratives Lernen bezeichnet. (Vgl. implizites Lernen.)

Expression
Siehe Genexpression.

Faser
Ein Axon.

Fornix
Ein Axonbündel, das Informationen in den Hippocampus und aus ihm hinaus befördert.

Forward Genetics
Eine genetische Technik, bei der im Allgemeinen mit einem chemischen Stoff Zufallsmutationen in einem einzelnen Gen hervorgerufen werden. Diese Mutanten werden dann für einen spezifischen Phänotyp ausgewählt.

Frontallappen

Von den vier Großhirnlappen beim Menschen der größte. Der Frontallappen (Stirnlappen) ist in erster Linie zuständig für Exekutivfunktion, Arbeitsgedächtnis, Denkfähigkeit, Planen, Sprechen und Bewegung. Bei der Schizophrenie liegen Störungen in den Frontallappen vor. (Siehe Okzipitallappen, Parietallappen, Temporallappen.)

funktionelle Kernspintomographie (funktionelle Magnetresonanztomographie, fMRT)

Ein nichtinvasives bildgebendes Verfahren der Biomedizin, das mit Hilfe eines starken und schnell wechselnden Magnetfeldes Veränderungen im Blutfluss und Sauerstoffverbrauch des Gehirns nachweist. Blutfluss und Sauerstoffverbrauch sind erhöht in Regionen, in denen Neurone aktiver sind, etwa während der Durchführung einer kognitiven Aufgabe.

GABA (Gamma-Amino-Butter-Säure)

Der wichtigste hemmende Neurotransmitter im Gehirn, der unter anderem Schlaf, Muskelentspannung und eine Verminderung der emotionalen Aktivität hervorrufen kann.

Ganglion (Mz. Ganglien)

Eine Anhäufung von funktional verwandten Nervenzellkörpern im peripheren Nervensystem von Wirbeltieren sowie im Zentralnervensystem der Meeresschnecke *Aplysia* und anderer wirbelloser Tiere.

Gedächtnis

Die Speicherung gelernter Information. Das Gedächtnis gibt es zumindest in zwei Phasen, kurzfristig (Minuten bis Stunden) und langfristig (Tage bis Wochen). Es besitzt auch zwei Formen: explizit und implizit. (Siehe explizites Gedächtnis, implizites Gedächtnis.)

Gehirn

Bildet zusammen mit dem Rückenmark das Zentralnervensystem. Es ist das Organ, das für alle geistigen Funktionen und alle Verhaltensweisen verantwortlich ist. Traditionell unterscheidet man zwischen mehreren Hauptteilen: Hirnstamm, Hypothalamus und Thalamus, Kleinhirn und zwei Großhirnhälften.

Gen

Eine spezifische DNA-Sequenz, die sich an einer bestimmten Stelle eines Chromosoms befindet und die Anleitung zur Synthese eines bestimmten Proteins enthält.

Genexpression

Die Herstellung von Proteinen anhand der spezifischen genetischen Information, die in der DNA eines Organismus verschlüsselt ist.

Gestaltpsychologie

Eine Forschungsdisziplin der Psychologie, die sich vor allem mit der visuellen Wahrnehmung beschäftigt und mit Nachdruck die Auffassung vertrat, dass Wahrnehmung eine Rekonstruktion der sensorischen Information im Gehirn sei, die auf einer Analyse der Beziehung zwischen einem Objekt und seiner Umgebung beruht.

gesteuerter Kanal

Ein Ionenkanal, der sich in Reaktion auf einen bestimmten Signaltyp öffnet und schließt. (Siehe transmittergesteuerter Kanal, spannungsgesteuerter Kanal.)

Glutamat

Eine verbreitete Aminosäure, die im Gehirn und im Rückenmark als wichtiger erregender Neurotransmitter wirkt.

Großhirnhälfte (Großhirnhemisphäre)

Die Großhirnhälften umschließen beim Menschen auf beiden Seiten das Gehirn und sind miteinander durch dicke Faserbündel verbunden, zum Beispiel vom Balken (Corpus callosum), der für die Einheit unserer bewussten Erfahrung sorgt. Die Großhirnhälften umfassen die Großhirnrinde und drei tiefer liegende Strukturen: Basalganglien, Hippocampus und Amygdala. (Siehe Gehirn.)

Großhirnrinde (zerebraler Cortex, Cortex Cerebri)

Der äußere Mantel der Großhirnhälften. Sie ist in vier Lappen unterteilt: Frontallappen (Stirnlappen), Parietallappen (Scheitellappen), Temporallappen (Schläfenlappen), Okzipitallappen (Hinterhauptslappen).

Gyrus (Mz. Gyri)

Der Kamm einer Windung an der Außenseite der Großhirnrinde. Viele Gyri haben stets die gleiche Lage und erleichtern daher die Identifikation von Cortexregionen. Die Furche zwischen zwei Gyri heißt Sulcus. Vor allem beim menschlichen Gehirn findet man durch Gyri und Sulci eine ausgeprägte Oberflächenvergrößerung des Gehirns.

Gyrus dentatus

Der Gyrus dentatus gehört zur Hippocampusformation und schickt seine Informationen direkt zum Hippocampus

Habituation (Gewöhnung)

Eine einfache, nichtassoziative Form des Lernens, bei der die Eigenschaften eines einzelnen, harmlosen Reizes gelernt werden. Der Organismus lernt, den Reiz zu ignorieren, was zu einer verminderten neuronalen Reaktion auf den Reiz führt.

hemmend (inhibitorisch)

Bezeichnet ein Neuron oder eine Synapse, die ihr Ziel hyperpolarisiert, indem sie die Wahrscheinlichkeit verringert, dass das nachgeschaltete Neuron ein Aktionspotenzial ausbildet. (Siehe erregend.)

hemmende Rückkopplungsschleife

Ein Schaltkreis, in dem ein Neuron ein hemmendes Interneuron erregt, das seinerseits Verbindung zum ersten Neuron hat und dessen Aktivität hemmt. Ein Schaltkreis dieses Typs ist eine Form der Selbstregulation.

Hemmung
Eine Veränderung des Membranpotenzials in Richtung negativerer Werte, welche die Wahrscheinlichkeit eines Aktionspotenzials in dieser Zelle beseitigt oder verringert.

heterosynaptische Bahnung
Neuronaler Mechanismus, der die Sensitivierung bewirkt. Bei der heterosynaptischen Bahnung werden die synaptischen Verbindungen zwischen zwei Nervenzellen durch die Aktivität einer dritten Zelle oder Zellgruppe verstärkt.

heterosynaptische Plastizität
Eine Veränderung (entweder Stärkung oder Schwächung) einer synaptischen Verbindung zwischen zwei Zellen, die durch die Aktivität in einer dritten Zelle oder Zellgruppe herbeigeführt wird.

Hippocampus
Der Hippocampus ist für die Speicherung des expliziten Gedächtnisses erforderlich. Es ist der Filter für das Langzeitgedächtnis, aber nicht der Ort von Langzeiterinnerungen im Gehirn. Es handelt sich um eine Struktur in den Tiefen des Temporallappens. Der Hippocampus, der Gyrus dentatus und das Subiculum bilden die Hippocampus-Formation.

Hirnstamm
Eine Sammelbezeichnung für drei anatomische Strukturen – das verlängerte Mark, die Brücke (Pons) und das Mittelhirn –, die alle im unteren Hirnbereich über dem Rückenmark gelegen sind. Der Hirnstamm ist die Eintrittsstelle von Hirnnerven, die mit Sinneswahrnehmung der Haut und Gelenke in Kopf, Hals und Gesicht sowie Wahrnehmungen spezieller Sinne wie Hören, Schmecken und Gleichgewicht assoziiert sind. Ferner regelt er bestimmte lebenswichtige Funktionen – etwa Atmung, Herzfrequenz und Verdauung. Der sensorische Input und motorische Output wird von den Gehirnnerven übermittelt. (Siehe Gehirn.)

homosynaptische Depression
Neuronaler Mechanismus, der die Habituation bewirkt. Bei der homosynaptischen Depression werden die synaptischen Verbindungen zwischen zwei Nervenzellen durch die Aktivität in einer, der anderen oder beiden Zellen verringert. Diese abgeschwächte Reaktion erfolgt, wenn eine Bahn wiederholt stimuliert wird, während die andere unstimuliert bleibt.

homosynaptische Plastizität
Eine Veränderung (Stärkung oder Schwächung) einer synaptischen Verbindung zwischen zwei Zellen, die durch die Aktivität in einer, der anderen oder beiden Zellen herbeigeführt wird. (Siehe auch homosynaptische Depression.)

Hormon
Ein chemischer Stoff, der von endokrinen Drüsen im Körper produziert wird und als Botenstoff dient; meist werden Hormone von endokrinen Drüsen direkt in die Blutbahn abgesondert, in der sie zu ihrem Ziel getragen werden. (Siehe endokrine Drüse.)

Hyperpolarisation

Eine Veränderung des Membranpotenzials eines Neurons in Richtung eines negativeren Wertes. Die Hyperpolarisation verringert die Wahrscheinlichkeit, dass ein Neuron ein Aktionspotenzial erzeugt, und ist daher in ihrer Wirkung hemmend. (Siehe Depolarisation.)

Hypothalamus

Eine Hirnstruktur unmittelbar unter dem Thalamus, die autonome, endokrine und viszerale Funktionen reguliert. (Siehe Gehirn.)

implizites Gedächtnis

Die Informationsspeicherung, die keine bewusste Aufmerksamkeit für den Abruf braucht – gewöhnlich in Form von Gewohnheiten, perzeptorischen und motorischen Strategien/Bewegungsabläufen sowie assoziativer und nichtassoziativer Konditionierung. Auch als prozedurales Gedächtnis bezeichnet. (Siehe auch explizites Gedächtnis.)

instrumentelle Konditionierung

Siehe operante Konditionierung.

Integration

Der Prozess, in dessen Verlauf ein Neuron alle eintreffenden erregenden und hemmenden Signale sammelt und entscheidet, ob es ein Aktionspotenzial erzeugt.

Interneuron

Einer der drei Hauptfunktionstypen der Neurone. Interneurone sind mit vielen anderen, meist benachbarten Neuronen verbunden oder kontrollieren sie. Viele Interneurone sind hemmend. (Siehe Motoneuron, sensorisches Neuron.)

Ion

Ein Atom oder Molekül, das eine positive oder negative Ladung besitzt. Die wichtigsten Ionen, die innerhalb oder außerhalb der Nervenzellmembran vorkommen, sind Kalium, Natrium, Chlorid, Calcium und Magnesium, außerdem organische Ionen wie bestimmte Aminosäuren.

Ionenhypothese

Die von Hodgkin und Huxley vorgeschlagene Hypothese, dass die Bewegungen von Natrium- und Kaliumionen durch die Membran unabhängig reguliert werden und dass sie für das Aktions- und Ruhepotenzial verantwortlich sind.

Ionenkanal

Siehe Kanal.

ionotroper Rezeptor

Ein Protein, das eine Zellmembran durchdringt und eine Bindungsstelle für einen Transmitter sowie einen Kanal enthält, den Ionen durchqueren können. Die Bindung des richtigen Transmitters öffnet oder schließt den mit dem Rezeptor assoziierten Kanal direkt für die Ionenbewegung. (Siehe transmittergesteuerter Kanal, metabotroper Rezeptor.)

Kalium(K^+)

Ein positiv geladenes Ion, das von entscheidender Bedeutung für die Funktion des Nervensystems ist. Die Kaliumkonzentration im Inneren eines Neurons ist höher als die außerhalb der Zelle.

Kanal

Ein membrandurchdringendes Protein, das eine Pore durch die Zellmembran bildet und den Ionenfluss in die Zellen und aus ihnen hinaus regelt. In Nervenzellen sind einige Kanäle für das Ruhepotenzial verantwortlich. Andere lösen die Veränderungen des Membranpotenzials aus, die das Aktionspotenzial erzeugen, während wieder andere die Erregbarkeit der Nervenzellen verändern. Ionenkanäle können durch Veränderungen des Membranpotenzials (spannungsgesteuert) oder durch die Bindung chemischer Botenstoffe (transmittergesteuert) geöffnet oder geschlossen werden. Sie können die Ionen aber auch passiv leiten (nichtgesteuert). (Siehe nichtgesteuerter Kanal, transmittergesteuerter Kanal, spannungsgesteuerter Kanal.)

Kern

(1) Das Verarbeitungszentrum einer Zelle, in dem sich alles genetisches Material befindet. Der Zellkern ist von einer Membran umgeben, der ihn vom Zytoplasma trennt. (2) Eine Anhäufung funktional verwandter Zellkörper von Neuronen im Zentralnervensystem. Im peripheren Nervensystem oder im Zentralnervensystem wirbelloser Tiere Neuronengruppen, die zu Ganglien angeordnet sind. (Siehe Zellkörper, Zytoplasma.)

Kernspintomographie (Magnetresonanztomographie, MRT)

Ein nichtinvasives bildgebendes Verfahren zur Darstellung der Gehirne lebender Versuchspersonen; es wird zur Untersuchung von Strukturen spezifischer Hirnareale verwendet.

klassische Konditionierung

Eine Form impliziten Lernens, das von Iwan Pawlow entdeckt wurde. Ein Organismus lernt, einen zuvor neutralen konditionierten Reiz mit einem unkonditionierten Reiz zu verknüpfen, der in der Regel eine Reflexhandlung hervorruft. In Experimenten mit Hunden beispielsweise ruft die Darbietung von Nahrung (der unkonditionierte Reiz) normalerweise Speichelfluss hervor. Wenn der Klang einer Glocke (der zuvor neutrale konditionierte Reiz) ständig mit Nahrung zeitlich gepaart wird, lernt der Hund, den Glockenklang mit Nahrung zu verknüpfen, so dass er immer, wenn er die Glocke hört, Speichel absondert, egal, ob Nahrung vorhanden ist oder nicht. Wird andererseits der Glockenklang mit einem schmerzhaften Elektroschock gepaart, der das Tier veranlasst, das Bein zu heben, hebt der Hund schon bald das Bein in Reaktion auf den Klang allein.

Kleinhirn

Eine der wichtigsten Hirnregionen für die motorische Kontrolle und den Gleichgewichtssinn. Sie regelt den Kraftaufwand und die Reichweite der Bewegung. Außerdem ist sie an der Bewegungskoordination und dem Lernen motorischer Fertigkeiten beteiligt. (Siehe Gehirn.)

kognitive Karte
Die Repräsentation eines bestimmten externen materiellen Raums im Gehirn. Ein Beispiel ist die räumliche Karte, die im Hippocampus nachgewiesen wurde.

kognitive Neurowissenschaft
Eine Verbindung der Begriffe und Methoden der kognitiven Psychologie (dazu bestimmt, geistige Prozesse zu untersuchen) mit denen der Neurowissenschaft (dazu bestimmt, das Gehirn zu untersuchen). Die Methoden, mit denen diese kombinierte Disziplin arbeitet, stammen aus der Neurowissenschaft, kognitiven Psychologie, der Verhaltensneurologie und der Informatik.

kognitive Verarbeitung höherer Ordnung
Neuronale Verarbeitung, die jenseits der primären sensorischen oder motorischen Hirnareale stattfindet.

konditionierte Reaktion
Die Reaktion, die nach klassischer Konditionierung durch den konditionierten Reiz hervorgerufen wird. Diese Reaktion ähnelt der Reaktion, die ursprünglich durch den unkonditionierten Reiz ausgelöst wird. (Siehe klassische Konditionierung.)

konditionierter Reiz
Ein neutraler Reiz, der vor dem Training keine messbare Reaktion hervorruft; er lässt sich durch klassische Konditionierung mit einem unkonditionierten Reiz verknüpfen. (Siehe klassische Konditionierung.)

Lokalisation
Eine Theorie, die besagt, dass spezifische Funktionen von spezialisierten Teilen des Nervensystems ausgeführt werden. (Siehe Massenwirkung.)

MAP-Kinase
Mitogen-aktivierte Proteinkinase, eine Kinase, die häufig in Verbindung mit der Proteinkinase A das Langzeitgedächtnis aktiviert. Man nimmt an, dass sie bei der *Aplysia* auf CREB-2 einwirkt (den Hemmer der CREB-vermittelten Transkription). (Siehe CREB, Proteinkinase A.)

Massenwirkung
Die von Marie Jean Pierre Flourens und Karl Lashley in der ersten Hälfte des zwanzigsten Jahrhunderts vertretene Auffassung, dass die Gehirnfunktion ganzheitlich ist und nicht in spezialisierbare und lokalisierbare Untereinheiten zerlegt werden kann. Flourens und Lashley glaubten, dass Funktionalitätsverluste durch Hirnschädigung direkt proportional zur Menge des geschädigten Hirngewebes und nicht zum Ort der Läsion seien. (Siehe Lokalisation.)

Membranhypothese
Die Idee, dass selbst im Ruhezustand eine ständige Spannungsdifferenz an der Neuronenmembran liegt.

Membranpotenzial
Siehe Ruhemembranpotenzial.

Messenger-RNA (mRNA): Die Form der Ribonukleinsäure (RNA), welche die Anweisungen für ein bestimmtes Protein von der DNA im Kern einer Zelle zur Proteinsynthesemaschinerie im Zytoplasma befördert. Die Herstellung der RNA bezeichnet man als Transkription, die Herstellung des Proteins aus mRNA als Translation. (Siehe Translation, Transkription.)

metabotroper Rezeptor
Ein Protein in der Zellmembran, an das ein Transmitter oder Hormon (der primäre Botenstoff) bindet und dann einen chemischen Stoff im Inneren der Zelle aktiviert (den sekundären Botenstoff), der eine Reaktion der ganzen Zelle auslöst. (Siehe ionotroper Rezeptor.)

Mittelhirn
Der höchstgelegene Teil des Hirnstamms; er kontrolliert viele sensorische und motorische Funktionen, unter anderem die Augenbewegungen und die Koordination der visuellen und akustischen Reflexe.

modulierender Schaltkreis (modulating circuit)
Der Schaltkreis für regulatorische (nicht reflexhafte) Verarbeitung, etwa Sensitivierung und klassische Konditionierung; er modifiziert die Funktion des primären, am Verhalten beteiligten Schaltkreises. (Siehe vermittelnder Schaltkreis.)

Molekularbiologie
Eine Mischdisziplin aus Genetik und Biochemie, die versucht, die Lebensprozesse auf der Ebene der in der Zelle vorhandenen Makromoleküle sowie ihres Baus und ihrer Funktion zu erklären.

Motoneuron
Einer von drei wichtigen Funktionstypen der Neurone. Motoneurone bilden Synapsen mit Muskelzellen, übermitteln Informationen aus dem Zentralnervensystem und wandeln sie in Bewegung um. (Siehe Interneuron, sensorisches Neuron.)

motorisches System
Der Teil des Nervensystem, der für Bewegung und andere aktive Funktionen verantwortlich ist (Output), im Gegensatz zum sensorischen System, das Reize empfängt und verarbeitet (Input).

Natrium (Na^+)
Ein positiv geladenes Ion, das ein wesentliches Element für die Funktion eines Nervensystems ist. Die Natriumkonzentrationen in einem Neuron im Ruhezustand sind niedriger als diejenigen außerhalb der Zelle.

Nerv
Ein Axonbündel.

Nervenzelle
Siehe Neuron.

Neurologie
Das klassische Feld der Medizin, das mit dem gesunden und kranken Nervensystem befasst ist. Die klinische Neurologie diagnostiziert und behandelt Störungen des Nervensystems, die sich gewöhnlich nicht unmittelbar auf

geistige Prozesse auswirken. Einschlägige Erkrankungen sind Schlaganfall, Epilepsie, Huntington-, Alzheimer- und Parkinson-Krankheit. Die Neurologie hat viele wichtige Fragen aufgeworfen, welche die kognitive Neurowissenschaft zu beantworten versucht. Im Gegensatz dazu versucht die Psychiatrie, Störungen des Gehirns zu behandeln, die sich auf geistige Prozesse auswirken.

Neuron

Die grundlegende Einheit aller Nervensysteme. Das menschliche Gehirn enthält rund 100 Milliarden Neurone, von denen jedes ungefähr 1000 bis 10 000 Synapsen bildet. Neurone sind anderen Zellen insofern ähnlich, als sie die gleiche molekulare Maschinerie für grundlegende Zellfunktionen besitzen, aber sie haben die ganz besondere Fähigkeit, sehr rasch, über große Entfernungen und äußerst genau miteinander über elektrische und chemische Signale zu kommunizieren.

neuronale Karte

Eine systematische topographische Anordnung von Neuronen im Zentralnervensystem, in der sich die räumlichen Beziehungen der Neurone des primären Sinnesorgans widerspiegeln. Das Gehirn enthält eine ähnlich geordnete motorische Karte für Bewegungen.

neuronaler Schaltkreis

Eine Gruppe von mehreren Neuronen, die miteinander verbunden sind und kommunizieren.

neuronales Analogon des Lernens

Der Versuch, die in Lernexperimenten verwendeten Sinnesreize zu simulieren, indem man Axone elektrisch stimuliert, die an einer Zielzelle in einem isolierten Ganglion enden.

neuronales Korrelat des Bewusstseins

Ein Prozess, der in Neuronen stattfindet, wenn ein Mensch oder ein Versuchstier einer Tätigkeit nachgeht, die bewusste Aufmerksamkeit erfordert.

Neuronenlehre

Die Theorie, dass einzelne Neurone die elementaren Signalelemente des Nervensystems sind.

Neurotransmitter

Eine chemische Substanz (Botenstoff), die von einem Neuron abgesondert wird, an Rezeptoren eines anderen Neurons bindet und dadurch den Elektrizitätsfluss oder innere biochemische Vorgänge in der nachgeschalteten Zelle verändert. Die spezifische Wirkung eines Neurotransmitters hängt von den Eigenschaften des Rezeptors ab. Es gibt für einen einzigen Neurotransmitter viele verschiedene Rezeptorarten.

nichtgesteuerter Kanal *(nongated channel)*

Ein Kanal in der Membran von Nervenzellen, der Ionen (meist Kaliumionen) passiv durch die Zellmembran befördert. Der Ionenfluss durch diese Kanäle ist für das Ruhemembranpotenzial der Zelle verantwortlich. (Siehe gesteuerter Kanal.)

NMDA-Rezeptor (N-Methyl-D-Aspartat)
Einer von zwei Arten postsynaptischer Glutamatrezeptoren, die im vorliegenden Buch erörtert werden. Der NMDA-Rezeptor spielt eine entscheidende Rolle für die Langzeitpotenzierung. (Siehe AMPA-Rezeptor.)

Nukleinsäure
Die Grundbausteine der DNA oder RNA. Es gibt in der Regel vier Arten, deren Kombinationen für Gene codieren. In der DNA sind die vier Basen Thymin, Adenin, Cytosin und Guanin. In der RNA wird das Thymin durch Uracil ersetzt.

Okzipitallappen
Einer von vier Lappen der Großhirnrinde. Der Okzipitallappen (Hinterhauptslappen) liegt im hinteren Bereich des Cortex und enthält die ersten Verarbeitungsstufen des Sehsystems. (Siehe Frontallappen, Parietallappen, Temporallappen.)

operante Konditionierung
Eine Form impliziten Assoziationslernens, bei der die Versuchsperson (oder das Versuchstier) durch Belohnung oder Bestrafung lernt, in Reaktion auf einen zuvor neutralen konditionierten Reiz eine Handlung (keinen schon vorher vorhandenen Reflex) auszuführen oder zu unterlassen. Auch als instrumentelle Konditionierung oder Versuch-Irrtums-Lernen bezeichnet.

organische Ionen
Moleküle, die Kohlenstoffatome enthalten und eine elektrische Ladung tragen (darunter auch einige Aminosäuren und Proteine); sie sind an biologischen Prozessen beteiligt.

Ortszellen
Neurone im Hippocampus, die nur feuern, wenn ein Tier sich an einem bestimmten Ort in seiner Umwelt befindet, und die zusammen eine kognitive Karte dieser Umgebung bilden. Begibt sich das Tier an einen anderen Ort, werden andere Ortszellen aktiv.

Parietallappen
Einer der vier Lappen der Großhirnrinde. Der Parietallappen (Scheitellappen) liegt zwischen dem Frontal- und Okzipitallappen. Er verarbeitet Sinneswahrnehmungen wie Tast-, Druck- und Schmerzreize und spielt eine wichtige Rolle bei der Integration vielfältiger Sinneswahrnehmungen zu einer einzigen Erfahrung. (Siehe Frontallappen, Okzipitallappen, Temporallappen.)

peripheres Nervensystem
Der Teil des Nervensystems – einschließlich des autonomen Nervensystems –, in dem motorische oder autonome Tätigkeiten von Neuronen vermittelt werden, die außerhalb des Rückenmarks und Hirnstamms liegen. Das periphere Nervensystem steht in funktionaler Wechselbeziehung zum Zentralnervensystem. (Siehe Zentralnervensystem.)

Phosphorylierung
Die Anlagerung einer Phosphatgruppe an ein Protein, wodurch die Struktur,

Ladung oder Aktivität des Proteins verändert wird. Phosphorylierung wird durch eine spezielle Klasse von Enzymen bewirkt, die so genannten Proteinkinasen.

Phrenologie
Eine Theorie, die sich im neunzehnten Jahrhundert großer Beliebtheit erfreute. Sie postulierte einen Zusammenhang zwischen Persönlichkeitsmerkmalen und Schädelform. Man glaubte, die häufige Verwendung der tiefer liegenden Hirnstrukturen würde zu einer Vergrößerung dieser Strukturen führen, und diese Verdickungen würden die Ausbildung von Schädelhöckern bewirken.

Plastizität
Die Fähigkeit von Synapsen, Neuronen oder Hirnregionen, ihre funktionellen und strukturellen Eigenschaften in Reaktion auf ihre Verwendung oder andere Stimulationsmuster zu verändern. Auch als plastische Veränderung bezeichnet.

Positronenemissionstomographie (PET-Scan)
Eine computerisierte Tomographietechnik zur bildlichen Darstellung der Hirnfunktionen in lebenden Organismen. Vom Ansatz her hat die Technik Ähnlichkeit mit der funktionellen Kernspintomographie, nur dass sie zur Sichtbarmachung bestimmter Hirnaktivitäten wie Blutfluss und Stoffwechsel radioaktive Moleküle verwendet. (Siehe funktionale Kernspintomographie.)

postsynaptische Zelle, postsynaptisches Neuron
Das Neuron, das (elektrische oder chemische) Signale von einem anderen an der Synapse liegenden Neuron empfängt. Die Signale beeinflussen die Erregbarkeit der postsynaptischen Zelle.

postsynaptischer Rezeptor
Siehe Rezeptor.

Potenzierung
Der Prozess, in dessen Verlauf die Aktivität in einem Neuron die synaptische Verbindung mit ihrem Ziel verstärkt. Langzeitpotenzierung ist eine dauerhafte Zunahme (von Stunden oder Tagen) der synaptischen Reaktion eines postsynaptischen Neurons nach wiederholter Stimulation des präsynaptischen Neurons oder nach mehrfacher simultaner Reizung von prä- wie postsynaptischem Neuron einer Synapse.

präfrontaler Cortex
Der vorderste Teil des frontalen Cortex, der mit Planung, Entscheidungsfindung, Kognition höherer Ordnung, Aufmerksamkeit und Aspekten der motorischen Funktionen in Zusammenhang gebracht wird.

präsynaptische Endigung
Die Axonendigung des präsynaptischen Neurons, wo die in synaptischen Vesikeln enthaltenen Neurotransmitter ausgeschüttet werden, die für die postsynaptische Zelle bestimmt sind (chemische Synapse), oder wo eine elektrische Verbindung zur postsynaptischen Zelle hergestellt wird (elektrische Synapse).

präsynaptische Zelle

Das Neuron, das (chemische oder elektrische) Signale an ein anderes an der Synapse gelegenes Neuron schickt.

primärer Botenstoff

Der Neurotransmitter oder das Hormon, das an einen Rezeptor an der Zeloberfläche bindet und einen chemischen Stoff (den sekundären Botenstoff) im Inneren der Zelle aktiviert.

Prion (proteinaceous infectious particles – infektiöses proteinhaltiges Partikel)

Eine kleine Klasse infektiöser Proteine, die zwei funktionell unterschiedliche Formen annehmen, die rezessive Form, die inaktiv ist oder eine konventionelle, physiologische Rolle spielt, und die dominante Form, die sich selbst erhält und für Nervenzellen toxisch ist. In der dominanten Form können Prionen degenerative Krankheiten des Nervensystems wie Rinderwahnsinn (bovine spongiforme Enzephalopathie) und, bei Menschen, Creutzfeldt-Jakob-Krankheit hervorrufen, indem sie zu Proteinstrukturdeformationen führen.

Promotor

Eine spezifische Stelle für jedes Gen auf der DNA, an die regulatorische Proteine binden, um auf diese Weise das Gen an- oder abzuschalten.

Protein

Ein großes Molekül (Eiweiß), das aus einer oder mehreren Ketten von Aminosäuren besteht und eine komplexe dreidimensionale Struktur bildet. Proteine nehmen in lebenden Systemen regulatorische, strukturale und katalytische Aufgaben wahr.

Proteinkinase A

Das Ziel von cAMP und dem Enzym, das Zielproteine phosphoryliert. Es besteht aus vier Untereinheiten: zwei regulatorischen Untereinheiten, welche die beiden katalytischen Untereinheiten hemmen. Die katalytische Untereinheit phosphoryliert andere Enzyme.

Proteinkinase

Ein Enzym, das die Phosphorylierung anderer Proteine katalysiert und dadurch ihre Funktion modifiziert.

prozedurales Gedächtnis

Siehe implizites Gedächtnis.

Psychiatrie

Das medizinische Fachgebiet, das sich mit den normalen und abnormen geistigen Funktionen befasst. Die klinische Psychiatrie ist für Störungen wie Schizophrenie, Depression, Angst und Drogenabhängigkeit zuständig.

Pyramidenzellen

Eine bestimmte Neuronenart, in der Regel erregend und in der Großhirnrinde gelegen, die in etwa wie eine Pyramide geformt ist. Pyramidenzellen sind die Neuronenart im Hippocampus, die in erster Linie für die Encodierung von Ortsinformationen zuständig sind. (Siehe Ortszellen.)

Quantum (Mz. Quanten)
Kleines Päckchen, das rund 5000 Moleküle eines Neurotransmitters enthält, die von der präsynaptischen Endigung des Axons ausgeschüttet werden. Einem Quantum entspricht wahrscheinlich die Menge an Neurotransmittern, die in synaptischen Vesikeln verpackt sind. (Siehe synaptisches Vesikel.)

räumliche Karte
Eine interne Repräsentation der Außenwelt, die im Hippocampus durch eine Kombination vieler Ortszellen entsteht. Ein Typus der kognitiven Karte.

räumliches Gedächtnis
Eine Form des expliziten Gedächtnisses, die für die Orientierung im Raum verantwortlich ist.

reduktionistische Analyse, Reduktionismus
Ein wissenschaftliches Verfahren, bei dem man bestrebt ist, all jene Merkmale des untersuchten Prozesses auszuklammern, die für seine Funktion nicht erforderlich sind, um auf diese Weise die wichtigsten Teilprozesse zu isolieren. Das bedeutet unter Umständen, dass man ein einfaches Modell für einen komplizierteren Prozess entwickelt, weil der kompliziertere Prozess für eine Untersuchung möglicherweise zu schwierig ist.

Reflex
Eine nicht erlernte, unwillkürliche Instinktreaktion auf einen Reiz. Im Falle des Spinalreflexes werden diese Reaktionen durch das Rückenmark vermittelt und sind nicht darauf angewiesen, dass Nachrichten ans Gehirn gesandt werden. (Siehe willkürliche Aufmerksamkeit.)

Refraktärzeit
Der Zeitraum, in dem das Neuron, nachdem es ein Aktionspotenzial gefeuert hat, eine höhere Schwelle für die Erzeugung weiterer Aktionspotenziale hat.

Reiz
Jedes Ereignis, das eine Reaktion hervorruft. Reize besitzen vier Eigenschaften: Modalität (Bahn), Intensität, Dauer und Lokalisation.

rekombinante DNA
Ein DNA-Molekül, das sich durch die Kombination der Stränge zweier ursprünglich getrennter DNA-Moleküle bildet.

Replikation
Die Herstellung von Kopien doppelsträngiger DNA. Die beiden DNA-Stränge teilen sich, und jeder dient als Schablone oder Mutterstrang und wird kopiert. Die neuen Stränge oder Tochterstränge haben den gleichen Chromosomensatz.

Repressor
Ein Regulatorprotein, das an den Promotor bindet und dadurch verhindert, dass ein Gen oder eine ganze Genkassette angeschaltet wird.

Reverse Genetics
Eine Gentechnik, bei der ein Gen entweder aus einem Mausgenom entfernt oder darin eingepflanzt und die Wirkung dieser genetischen Veränderung überprüft wird, um eine bestimmte Hypothese zu testen.

rezeptives Feld
Der Teil der insgesamt sinnlich wahrnehmbaren Welt, der ein bestimmtes sensorisches Neuron aktiviert. Beispielsweise kann das rezeptive Feld eines sensorischen Neurons in der Netzhaut auf einen Lichtfleck reagieren, der sich in einem genau definierten Bereich eines Gesichtsfeldes zeigt.

Rezeptor
Ein spezialisiertes Protein in der Zellmembran von Zellen, die Botenstoffe binden und intrazelluläre Reaktionen auslösen. In Neuronen sind Rezeptoren vor allem um den von der präsynaptischen Zelle ausgeschütteten Neurotransmitter zu erkennen. Alle Rezeptoren für chemische Transmitter haben zwei Funktionen: Sie erkennen Transmitter und führen eine Effektorfunktion innerhalb der Zelle aus. Beispielsweise können sie an der Steuerung von Ionenkanälen oder der Aktivierung von sekundären Botenstoffen beteiligt sein. Anhand dieser Steuerungs- oder Aktivierungsfunktion unterteilt man die Rezeptoren in zwei Kategorien die ionotropen und die metabotropen Rezeptoren. (Siehe ionotroper Rezeptor, metabotroper Rezeptor)

Rezeptorzelle
Eine sensorische Zelle, die darauf spezialisiert ist, auf eine bestimmte physikalische Eigenschaft zu reagieren, zum Beispiel auf Oberflächenbeschaffenheit, Licht, Schall oder Temperatur.

RNA (Ribonukleinsäure)
Eigentlich RNS, aber meist nach der englischen Bezeichnung *ribonucleic acid* mit RNA abgekürzt. Ein mit der DNA verwandtes Nukleotid; zu dieser Klasse von Nukleinsäuren gehört auch die Messenger-RNA.

Rückenmark
Ein Teil des Zentralnervensystems, der Bewegungen der Gliedmaßen und des Rumpfes steuert, sensorische Informationen von der Haut, den Gelenken und Muskeln der Gliedmaßen und des Rumpfes verarbeitet und autonome Funktionen kontrolliert. (Siehe Gehirn.)

Ruhemembranpotenzial
Der elektrische Ladungsunterschied an der inneren und äußeren Fläche einer Nervenzellmembran, der durch eine ungleiche Verteilung von Natrium-, Kalium- und Chloridion hervorgerufen wird. Das Ruhemembranpotenzial beträgt in den meisten Nervenzellen von Säugetieren etwa minus 60 bis minus 70 Millivolt.

Schaffer-Kollateralen
Bahnen im Hippocampus, die bei der expliziten Gedächtnisspeicherung eine Rolle spielen und daher ein wichtiges Modell für die gedächtnisrelevante synaptische Veränderung waren.

Sehsystem
Eine Sinnesbahn von der Netzhaut bis zum Cortex, die Reize in der Umwelt registriert und ein Bild der Außenwelt konstruiert. Das Sehsystem beginnt in der Netzhaut und wird von da über den Thalamus in den Okzipitallappen

der Großhirnrinde verschaltet. Von dort gibt es verschiedene weitere Verschaltungen in andere Areale der Großhirnrinde; im Temporallappen beispielsweise werden Objekte weiter analysiert, im Parietallappen die Bewegung von Objekten.

sekundärer Botenstoff

Ein chemischer Stoff, der in der Zelle hergestellt wird, wenn ein Neurotransmitter an der Zelloberfläche an eine bestimmte Klasse von Rezeptoren bindet. Zyklisches AMP (cAMP) ist bei Neuronen ein verbreiteter sekundärer Botenstoff. (Siehe primärer Botenstoff, cAMP, metabotroper Rezeptor.)

Sensitivierung

Eine Form nichtassoziativen Lernens, bei der die Darbietung eines schädlichen Reizes eine stärkere Reflexantwort auf andere, auch harmlose Reize hervorruft. (Siehe heterosynaptische Bahnung.)

sensorisches Neuron

Einer von drei wichtigen Funktionstypen der Neuronen. Sensorische Neurone übertragen Informationen über Umweltreize von einem sensorischen Rezeptor an andere Neurone in einer Sinnesbahn. (Siehe Interneuron, Motoneuron, sensorischer Rezeptor.)

Serotonin

Ein modulatorischer Neurotransmitter im Gehirn, der an der Regulierung von Stimmungen beteiligt ist – Depression, Angst, Essstörungen, unkontrollierter Gewalttätigkeit und anderen.

Signal

Eine Veränderung im Membranpotenzial eines postsynaptischen Neurons infolge eines Inputs von einem präsynaptischen Neuron oder einem sensorischen Rezeptor. Es gibt zwei Signalarten. Lokale Signale sind synaptische Potenziale. Sie sind räumlich begrenzt und breiten sich nicht aktiv aus. Im Gegensatz dazu sind weitergeleitete Signale Aktionspotenziale. Sie breiten sich entlang dem Axon bis zur synaptischen Endigung aus. Das Aktionspotenzial tritt im gesamten Nervensystem als weitgehend stereotypes Signal auf; die »Nachricht«, die von einem Aktionspotenzial übermittelt wird, hängt allein von der Bahn ab, in der sich das aktive Neuron befindet.

Sinneswahrnehmung

Tastsinn, Schmerzempfinden, Sehen, Hören, Riechen, Schmecken.

somatosensorischer Cortex

Der im Parietallappen gelegene Anteil der Großhirnrinde, der Sinneswahrnehmungen verarbeitet – unter anderen Tasterlebnisse, Schwingungen, Druck und Körperlage. (Siehe Parietallappen.)

somatosensorisches System

Das sensorische System, das für Sinneswahrnehmungen der Haut an der Körperoberfläche (Tasterlebnisse, Schwingungen, Druck, Schmerz) und der Körperlage zuständig ist. Die Signale werden vom peripheren Nervensystem ans Gehirn übertragen.

spannungsgesteuerter Kanal

Ein Ionenkanal, der sich in Reaktion auf Veränderungen im Membranpotenzial der Zelle öffnet und schließt. Spannungsgesteuerte Kanäle in Neuronen können für Natrium, Kalium oder Calcium durchlässig sein. Spannungsgesteuerte Kanäle können beispielsweise das Aktionspotenzial erzeugen oder Calzium in die Zelle strömen lassen, um eine Neurotransmitterausschüttung auszulösen, je nach Beschaffenheit des Kanals und seiner Lage in der Zelle. (Siehe transmittergesteuerter Kanal.)

Spinalreflex

Eine unwillkürliche Bewegung; sie wird durch sensorischen Input ausgelöst und durch neuronale Schaltkreise hervorgerufen, die auf das Rückenmark beschränkt sind.

Striatum

Ein Teil des Basalganglions, der für Bewegung und Kognition von Bedeutung ist. Das Striatum besteht aus dem Putamen, dem Nucleus caudatus und dem Nucleus accumbens. Bei Parkinson-Patienten ist seine Funktion gestört. Es vermittelt Lustempfindungen und zeigt bei Schizophrenie starke Beeinträchtigungen. (Siehe Basalganglien.)

Synapse

Der für die Kommunikation zwischen zwei Neuronen zuständige Bereich. Eine Synapse besteht aus drei Teilen: einer präsynaptischen Endigung; einer postsynaptischen Membran und einer Appositionszone – dem synaptischen Spalt dazwischen. Je nach Beschaffenheit der Appositionszone lässt sich die Synapse als chemisch oder elektrisch klassifizieren – zwei Kategorien, die unterschiedliche Mechanismen der synaptischen Übertragung verwenden.

synaptische Endigung

Siehe präsynaptische Endigung.

synaptische Markierung

Ein Prozess, in dessen Verlauf Synapsen gekennzeichnet und auf die Langzeitverstärkung vorbereitet werden.

synaptische Plastizität

Eine kurzfristige oder langfristige Erhöhung oder Verminderung der Synapsenstärke, infolge von spezifischen neuronalen Aktivitätsmustern. Wie sich gezeigt hat, ist sie entscheidend an bestimmten Formen des Lernens und des Gedächtnisses beteiligt.

synaptischer Spalt

Der Spalt zwischen zwei Neuronen bei einer chemischen Synapse.

synaptisches Potenzial

Eine stufenweise Veränderung im Membranpotenzial eines postsynaptischen Neurons, die durch das (meist chemische) Signal eines präsynaptischen Neurons hervorgerufen wird. Ein synaptisches Potenzial kann entweder erregend oder hemmend sein; bei hinreichender Stärke löst ein erregendes synaptisches Potenzial ein Aktionspotenzial in der postsynaptischen Zelle aus. Daher ist das synaptische Potenzial ein Zwischenschritt, der ein Aktionspotenzial in der präsynaptischen Endigung mit einem Aktionspotenzial in der postsynaptischen Zelle verknüpft.

synaptisches Vesikel
Ein Bläschen (Vesikel) an der präsynaptischen Membran, das rund 5000 Moleküle eines Neurotransmitters enthält und von der präsynaptischen Endigung nach dem Alles-oder-Nichts-Prinzip freigesetzt wird. (Siehe Quantum.)

Temporallappen
Einer der vier Lappen der Großhirnrinde. Zwischen dem Frontal- und Parietallappen gelegen, ist der Temporallappen (Schläfenlappen) in erster Linie für Hören und Sehen (Objekterkennung, zum Beispiel Gesichter) sowie verschiedene Aspekte des Lernens, des Gedächtnisses und der Emotionen zuständig. (Siehe Frontallappen, Okzipitallappen, Parietallappen.)

Thalamus
Als wichtige Umschaltstation des Gehirns verteilt der Thalamus den größten Teil der sensorischen Informationen auf die Großhirnrinde sowie die motorischen Informationen, die von den motorischen Cortexarealen an die Muskeln geschickt werden, damit sie bestimmte Bewegungen ausführen.

Transgen
Ein fremdes Gen, das in das Genom eines anderen Organismus eingeschleust wurde.

Transgenese
Die Einschleusung von Genen eines Organismus in das Genom eines anderen dergestalt, dass die Gene an die Nachkommen vererbt werden.

Transkription
Die Herstellung von Messenger-RNA nach einer DNA-Vorlage.

Translation
Die Herstellung von Proteinen aus Messenger-RNA anhand des genetischen Codes.

Transmitter
Siehe Neurotransmitter.

transmittergesteuerter Kanal
Ein Ionenkanal, dessen Öffnung und Schließung durch die Bindung eines chemischen Botenstoffes, etwa eines Neurotransmitters, reguliert wird. Die Bindung des Transmitters kann die Bewegung von Ionen direkt regeln oder die Aktivierung eines sekundären Botenstoffes bewirken. Transmittergesteuerte Kanäle können erregend oder hemmend sein. Sie sind an der Kommunikation zwischen Neuronen beteiligt, während spannungsgesteuerte Kanäle an der Erzeugung des Aktionspotenzials in einer einzelnen Zelle mitwirken. (Siehe spannungsgesteuerter Kanal.)

unkonditionierter Reiz
Ein belohnender oder aversiver Reiz, der immer eine offene Reaktion hervorruft.

unwillkürliche Aufmerksamkeit
Aufmerksamkeit, die sich auf einen bestimmten – inneren oder äußeren – Reiz richtet, bedingt durch eine Reflexreaktion auf einen Aspekt des Reizes. Gewöhnlich handelt es sich um einen auffälligen, schädlichen oder in anderer Hinsicht außerordentlich neuartigen Reiz.

verlängertes Mark
Der Teil des Stammhirns, der direkt über dem Rückenmark liegt. Zum verlängerten Mark gehören mehrere Zentren, die für so lebenswichtige autonome Funktionen wie Verdauung, Atmung und Regelung der Herzfrequenz verantwortlich sind.

vermittelnder Schaltkreis (mediating circuit)
Der primäre, an einem Reflex mitwirkende Schaltkreis; er umfasst Motoneurone, sensorische Neurone und Interneurone, die direkt an dem Reflex beteiligt sind. (Siehe modulierender Schaltkreis.)

Versuch-Irrtums-Lernen
Siehe operante Konditionierung.

Wernicke-Areal
Der Anteil des linken Parietallappens, der für das Sprachverständnis, vor allem für die Semantik der Sprache, zuständig ist. (Siehe Broca-Areal.)

willkürliche Aufmerksamkeit
Aufmerksamkeit, die entsprechend unserer eigenen Empfänglichkeit auf einen bestimmten – inneren oder äußeren – Reiz gerichtet ist; sie wird intern, durch unsere Gehirnprozesse, bestimmt. (Siehe Reflex.)

Zellbiologie
Eine Disziplin der Biologie, in der man versucht, im Kontext der Zelle – ihrer subzellulären Strukturen und ihrer physiologischen Prozesse – bestimmte Lebensprozesse wie Wachstum, Entwicklung, Anpassung und Reproduktion zu verstehen.

Zellkörper
Das Stoffwechselzentrum des Neurons. Der Zellkörper enthält den Kern mit seinen Chromosomen. Er bildet zwei Arten von Fortsätzen aus, das Axon und die Dendriten, die beide elektrische Signale leiten.

Zellkultur
Tierzellen, die im Labor unter kontrollierten Bedingungen in einer Petrischale unter sterilen Bedingungen gezüchtet werden.

Zelltheorie
Die in den dreißiger Jahren des neunzehnten Jahrhunderts von den Anatomen Jakob Schleiden und Theodor Schwann vorgeschlagene Idee, dass alle lebenden Gewebe und Organe im Körper aller Tiere eine Struktur- und Funktionseinheit gemeinsam haben – die Zelle – und dass alle Zellen aus anderen Zellen hervorgegangen sind.

Zentralnervensystem (ZNS)
Einer der beiden Teile des Nervensystems, der andere ist das periphere Ner-

vensystem. Das Zentralnervensystem setzt sich zusammen aus dem Gehirn und dem Rückenmark. Obwohl anatomisch unterschieden, sind das zentrale und das periphere Nervensystem funktional miteinander verbunden.

Zytoplasma
Alles Material im Inneren der Zelle, vom Zellkern abgesehen. Dort befindet sich auch die Maschinerie zur Herstellung von Proteinen.

Anmerkungen und Literatur

VORWORT

Die Struktur der DNA und ihre Bedeutung für die Replikation gaben J.D. Watson und F.H.C. Crick in zwei Aufsätzen bekannt, »Molecular structure of nucleic adds: A structure for deoxyribose nucleic acid«, *Nature* 171 (1953), S. 737f., und »Genetical implications of the structure of deoxyribonucleic acid«, ebenda, S. 964–967.

Die erste Ausgabe unseres Lehrbuchs lautete: E.R. Kandel und J.H. Schwartz, *Principles of Neural Science*, New York 1981.

Einige der in diesem Buch geschilderten autobiographischen Einzelheiten finden sich in Kurzform in meiner Nobelpreisrede, die auch veröffentlicht wurde: E.R. Kandel, The *Molecular Biology of Memory Storage. A Dialog Between Genes and Synapses. Les Prix Nobel*/The Nobel Prizes, hg. von der Nobel-Stiftung, Stockholm 2001.

KAPITEL 1

Zu einer Erörterung der geistigen Zeitreise vgl. D. Schacter, *Wir sind Erinnerung. Gedächtnis und Persönlichkeit*, Reinbek 1999.

Zur Geschichte der Genetik und Molekularbiologie vgl. die beiden ausgezeichneten Bücher von H.F. Judson, *Der achte Tag der Schöpfung. Sternstunden der neuen Biologie*, Wien 1980, und F. Jacob, *The Logic of Life. A History of Heredity*, New York 1982.

Zur Biologie des Gedächtnisses vgl. L. Squire und E.R. Kandel, *Memory. From Mind to Molecules*, New York 1999.

Zur Geschichte der Biologie sind die folgenden Schriften besonders zu empfehlen: C. Darwin, *Die Entstehung der Arten durch natürliche Zuchtwahl*, Stuttgart 1980; E. Mayr, *Die Entwicklung der biologischen Gedankenwelt. Vielfalt, Evolution und Vererbung*, Berlin 1984; R. Dawkins, *The Ancestor's Tale. A Pilgrimage to the Dawn of Evolution*, New York 2004, und S.J. Gould, »Evolutionary Theory and Human Origins«, *Medicine, Science, and Society*, hg. von K.J. Isselbacher, New York 1984.

Zur fachlichen Erörterung der neuen Wissenschaft des Geistes vgl. T.D. Albright, T.M. Jessell, E.R. Kandel und M.I. Posner, »Neural science: A century of progress and the mysteries that remain«, *Neuron* Suppl. 25, S2 (2000), S. 1–55, sowie E.R. Kandel, J.H. Schwartz und T.M. Jessell, *Principles of Neural Science,* 4. Aufl., New York 2000.

Andere Informationen zu diesem Kapitel sind Y. Dudai, *Memory from A to Z,* Oxford 2002, entnommen.

KAPITEL 2

Meine Darstellung der Geschichte der Wiener Juden stützt sich stark auf G.E. Berkley, *Vienna and Its Jews. The Tragedy of Success, 1880s–1980s*, Cambridge 1988, sowie C. E. Schorske, *Wien, Geist und Gesellschaft im Fin de Siècle*, München 1994. Aus Berkleys Buch stammen das Zitat »Die Wiener haben geschafft ...« (S. 45), William Johnstons Kommentar über Wien (S. 75), Hans Ruzickas Bemerkung (S. 303) und der Hinweis auf den Leitartikel in der *Reichspost* (S. 307). Schorskes Erörterung der stürmischen kulturellen Entwicklung um 1900 gilt heute als Klassiker; das Zitat über den Kulturbegriff der Mittelschicht findet sich auf S. 283.

Zu Hitlers Erwartungen vor dem Anschluss vgl. I. Kershaw, *Hitler, 1936–1945: Nemesis*, New York 2000 sowie E.B. Bukey, *Hitlers Österreich. »Eine Bewegung und ein Volk«*, Hamburg 2001.

Zu Kardinal Innitzers Treffen mit Hitler siehe vor allem G. Brook-Shepherd, *Der Anschluss*, Graz 1963, außerdem Berkley, *Vienna and Its Jews,* S. 323, und Kershaw, *Hitler,* S. 81f.

Zuckmayers Bericht aus dem Wien von 1938 stammt aus seiner Autobiographie, Carl Zuckmayer, *Als wär's ein Stück von mir*, Frankfurt am Main 1966, S. 84.

Zu Hitlers Plänen und Leistungen als Künstler vgl. P. Schjeldahl, »The Hitler show«, *The New Yorker,* 1. April 2002, S. 87.

Zur Aneignung des Eigentums von Nachbarn vgl. T. Walzer und S. Templ, *Unser Wien. »Arisierung« auf Österreichisch*, Berlin 2001, S. 110.

Zur Rolle der katholischen Kirche bei der Verbreitung des Antisemitismus vgl. F. Schweitzer: *Jewish-Christian Encounters over the Centuries. Symbiosis, Prejudice, Holocaust, Dialogue,* hg. von M. Perry, New York 1994, besonders S. 136f.

Das Kapitel stützt sich außerdem auf die Akte meines Vaters bei der Wiener Kultusgemeinde und die folgenden Veröffentlichungen:

Applefeld, A., »Always, darkness visible«, *New York Times*, 27. Januar 2005, S. A25.

Beller, S., *Wien und die Juden*, Wien 1993.

Clare, G., *Letzter Walzer in Wien. Spuren einer Familie*, Frankfurt am Main 1984.

Freud, S., »Zur Psychopathologie des Alltagslebens«, *Gesammelte Werke*, Bd. 10, Frankfurt am Main 1969.

Gedye, G.E.R., *Betrayal in Central Europe. Austria and Czechoslovakia. The Fallen Bastions*, New York 1939, besonders S. 284.

Kamper, E., »Der schlechte Ort zu Wien: Zur Situation der Wiener Juden von dem Anschluss zum Novemberprogrom 1938«, *Der Novemberprogrom 1938. Die »Reichskristallnacht« in Wien*, Wien 1988, besonders S. 36.

Lee, A., »La ragazza«, *The New Yorker,* 16.–23. Februar 2004, S. 174–187, besonders S. 176.

Lesky, E., *The* Vienna *Medical School of the Nineteenth Century*, Baltimore 1976.

McCragg, W. O., jr., *A History of the Habsburg Jews. 1670–1918*, Bloomington 1992.

Neusner, J., *A Life of Yohanan ben Zaggai. Ca. 1–80 C.E.*, 2. Aufl., Leiden 1970.

Pulzer, P., *Die Entstehung des politischen Antisemitismus in Deutschland und Österreich. 1867 bis 1914*, Göttingen 2004.

Sachar, H.M., *Diaspora. An Inquiry into the Contemporary Jewish World*, New York 1985.

Schütz, W., »The medical faculty of the University of Vienna sixty years following Austria's annexation«, *Perspectives in Biology and Medicine* 43 (2000), S. 389–396.

Spitzer, L., *Hotel Bolivia. Auf den Spuren der Erinnerung an eine Zuflucht vor dem Nationalsozialismus*, Wien 1998.

Stern, F., *Einstein's German World*, Princeton 1999.

Weiss, D.W., *Reluctant Return. A Survivor's Journey to an Austrian Town*, Bloomington 1999.

Zweig, S., *Die Welt von gestern. Erinnerungen eines Europäers*, Frankfurt am Main 1976.

KAPITEL 3

Als Erörterung des akademischen Leistungswillens Wiener Emigranten vgl. G. Holton und G. Sonnert, »What happened to Austrian refugee children in America?«, *Österreichs Umgang mit dem Nationalsozialismus*, Wien 2004.

Die Jeschiwa von Flatbush ist heute die größte jüdische Tagesschule und noch immer eine der besten in den Vereinigten Staaten. 1927 baten die Eltern, welche die Schule gründeten, Dr. Joel Braverman, einen außergewöhnlichen Pädagogen, die Schule zu leiten. Er stellte hervorragende hebräischsprachige Lehrer aus dem damaligen Palästina und aus Europa ein und bewirkte einen radikalen Wandel der jüdischen Schulbildung in den Vereinigten Staaten. Erstens fand die Religionslehre – die den halben Lehrplan einnahm – nicht mehr auf Englisch oder Jiddisch statt, damals die Umgangssprache unter jüdischen Einwanderern, sondern auf Hebräisch, das damals außerhalb Palästinas kaum gesprochen wurde. Die Jeschiwa von Flatbush war die erste Schule im Lande, die das Prinzip »Hebräisches auf Hebräisch« praktizierte. Zweitens wurde auf den weltlichen Lehrplan ebenso viel Wert gelegt, dieser Unterricht auf Englisch abgehalten, und die Schule stellte dafür ausgezeichnete Lehrer ein. Drittens war die Jeschiwa eine moderne Schule und nahm fast genauso viele Mädchen wie Jungen auf. Andere Schulen sollten dem Beispiel der Jeschiwa von Flatbush folgen. Zur Geschichte dieser Institution vgl. Jodi Bodner DuBow (Hg.), *The Yeshivah of Flatbush: The First Seventy-five Years*, Brooklyn 2002.

Die Erasmus Hall High School wurde 1787 gegründet. Mit ursprünglich 27 Schülern war sie die erste weiterführende Schule, die von dem Aufsichtskomitee der Universität des Staates New York gefördert wurde. Häufig wird die Erasmus Hall als »Mutter der Highschools« bezeichnet – sie leitete die Entwicklung des Highschool-Systems im Staat New York ein. Das ursprüngliche Gebäude, das immer noch in der Mitte des Schulgeländes steht, wurde im Gründungsjahr mit Mitteln erbaut, die John Jay, Aaron Burr und Alexander Hamilton zur Verfügung gestellt hatten. Zur Geschichte der Erasmus Hall vgl. Rita Rush (Hg.), *The Chronicles of Erasmus Hall High School*, New York 1987. Das Jahrbuch meines Jahrgangs von 1948, *The Arch,* war ebenfalls eine unschätzbare Quelle für diesen Abschnitt.

Das Harvard-College wurde 1636 in Cambridge, Massachusetts, gegründet. Zu meiner Zeit wurde es von James Bryant Conant geleitet. Conant führte vier Neuerungen ein, die Harvards führende akademische Rolle noch verfestigten, erstens ein System von Ad-hoc-Komitees aus unabhängigen Forschern zur Eignungsprüfung jeder einzelnen akademischen Berufung. Dadurch wurde sichergestellt, dass jede Festanstellung (*Tenure*) auf Grund der wissenschaftlichen Leistung und nicht wegen der gesellschaftlichen Stellung des Kandidaten oder anderer Faktoren erfolgte. Zweitens wurde das National Scholars Program initiiert, das zwei begabten Schülern aus jedem Bundesstaat der Union ein Vollstipendium garantierte und dadurch den Leistungsstand der Studentenschaft förderte. Drittens führte Conant einen allgemeinen Fächerkanon ein, der von den Studenten verlangte, sowohl naturwissenschaftliche als auch geisteswissenschaftliche Kurse zu belegen, und dafür sorgte, dass sie eine breite Allgemeinbildung erhielten. Viertens schloss er ein Abkommen mit dem Radcliffe College, das den Studentinnen dort freien Zugang zu Harvard-Kursen ermöglichte. Vgl. H. Hawkins, *Between Harvard and America. The Educational Leadership of Charles W. Eliot*, New York 1972, sowie R.A. McCaughey, »The transformation of American academic life: Harvard University 1821–1892«, *Perspectives in American History* 8 (1974), S. 301–305.

Zu Freud vgl. Peter Gay, *Freud. Eine Biographie für unsere Zeit*, Frankfurt am Main 1989, und E. Jones, *Sigmund Freud. Leben und Werk*, München 1984. Zum Behaviorismus vgl. E. Kandel, *Cellular Basis of Behavior. An Introduction to Behavioral Neurobiology*, San Francisco 1976; J.A. Gray, *Ivan Pavlov*, New York 1981, sowie G.A. Kimble, *Hilgard and Marquis' Conditioning and Learning*, 2. Aufl., New York 1961.

Das Kapitel stützt sich außerdem auf:

Freud, S., »Zur Psychopathologie des Alltagslebens«, *Gesammelte Werke*, Bd. 13, Frankfurt am Main 1969. Das Zitat stammt von S. 65.

Kandel, E., »Carl Zuckmayer, Hans Carossa, and Ernst Jünger: A study of their attitude toward National Socialism«, Abschlussarbeit, Harvard-College, Juni 1952.

Stern, F., *Der Traum vom Frieden und die Versuchung der Macht. Deutsche Geschichte im 20. Jahrhundert*, Berlin 1999, und *Einstein's German World*, Princeton 1999.

Viëtor, K., *Georg Büchner*, Bern 1949, *Goethe*, Bern 1949, sowie *Der junge Goethe*, Bern 1950.

KAPITEL 4

Zur Psychoanalyse und Hirnfunktion vgl. L.S. Kubie, »Some implications for psychoanalysis of modern concepts of the organization of the brain«, *Psychoanalytic Quarterly 22* (1953), S. 21–68; M. Ostow: »A psychoanalytic contribution to the study of brain function I: The frontal lobes«, *Psychoanalytic Quarterly 23* (1954), S. 317–338, und ders. »A psychoanalytic contribution to the study of brain function II: The temporal lobes«, *Psychoanalytic Quarterly* 24 (1955), S. 383–423.

Zur Geschichte der Zelltheorie und der Neuronenlehre vgl. E. Mayr, *Die Entwicklung der biologischen Gedankenwelt. Vielfalt, Evolution und Vererbung*, Berlin 2002; P. Mazzarello, *The Hidden Structure. The Scientific Biography of Camillo Golgi*, Oxford 1999; sowie G.M. Shepherd, *Foundations of the Neuron Doctrine*, New York 1991.

Sherringtons Worte über Cajal stammen aus seinem Aufsatz »A memorial on Ramon y Cajal«, der ursprünglich erschien in: D.F. Cannon (Hg.), *Explorers of the Human Brain. The Life of Santiago Ramon y Cajal*, New York 1949. Er ist nachgedruckt in: J. C. Eccles und W. C. Gibson, *Sherrington: His Life* and *Thought*, Berlin 1979; »Wenn er [Cajal] beschrieb ...« steht auf S. 204, »Die eindringlichen anthropomorphen Beschreibungen ...« auf S. 204f.; »Ist die Behauptung zu hoch gegriffen ...« stammt von S. 203.

Cajals Memoiren, *Recollections of My Life,* erschienen 1937 auf Englisch in: *Am Philos. Soc. Mem.* 8. Zellen vergleicht er auf S. 324f. mit einem »gänzlich ausgewachsenen Wald«, die Charakterisierung von sich und Golgi als »siamesische Zwillige« stammt von S. 553. Golgis Nobelpreisrede wurde in seinen *Opera Omnia*, hg. von L. Sala, E. Veratti und G. Sala, Bd. 4, Mailand 1929, abgedruckt; das Zitat stammt von S. 1259.

Hodgkins Bemerkungen über wissenschaftliche Eifersucht stammen aus seinem Aufsatz »Autobiographical essay«, *The History of Neuroscience in Autobiography*, hg. von L.R. Squire, Bd. 1, Washington 1996, S. 254. Darwins Äußerung zum gleichen Thema ist R.K. Merton, »Priorities in scientific discovery: A chapter in the sociology of science«, *Am. Soc. Rev.* 22 (1957), S. 635–659, entnommen.

Zu Sherringtons Leben und Forschung vgl. C. Sherrington, *The Integrative Action of the Nervous System*, New Haven 1906, sowie R. Granit, *Charles Scott Sherrington. A Biography of the Neurophysiologist*, Garden City, N.Y., 1966.

Robert Holts Bemerkungen über Freud finden sich in: Frank J. Sulloway: *Freud, Biologe der Seele. Jenseits der psychoanalytischen Legende*, Köln-Löwenich 1982, S. 47. Freud selbst wird über die glückliche Zeit seines Lebens zitiert in: W. R. Everdell, *The First Moderns*, Chicago 1997, S. 131.

Das Kapitel stützt sich außerdem auf:

Cajal, S. R., »The Croonian Lecture: La fine structure des centres nerveux«, *Proc. R. Soc. London Ser.* B 55 (1894), S. 444–467; *Histologie du système nerveux de l'homme et des vertèbres*, 2 Bde., Madrid 1909–1911; *Neuron Theory or Reticular Theory: Objective Evidence of the Anatomical Unity of Nerve Cells*, Madrid 1954, und »History of the synapse as a morphological and functional structure«, *Golgi Centennial Symposium: Perspectives* in *Neurobiology,* hg. von M. Santini, New York 1975, S. 39–50.

Freud, S., »Neue Folge der Vorlesungen zur Einführung in die Psychoanalyse«, *Gesammelte Werke*, Frankfurt am Main 1969, Bd. 15, S. 85.

Kandel, E.R., J.H. Schwartz und T.M. Jessell, *Principles of Neural Science,* 4. Aufl., New York 2000.

Katz, B., *Electrical Excitation of Nerve,* London 1939.

Reuben, J.P. »Harry Grundfest – January 10, 1904–October 10, 1983«, *Biog. Mem. Natl. Acad. Sci.* 66 (1995), S. 151–166.

KAPITEL 5

Eine elegante Schilderung der Nervenimpulse lieferte Adrian in seinem Buch *The Basis of Sensation. The Action of the Sense Organs*, London 1928. Motorische Entladungen werden erörtert in: E.D. Adrian und D.W. Bronk, »The discharge of impulses in motor nerve fibers. Part I: Impulses in single fibers of the phrenic nerve«, *J. Physiol.* 66 (1928), S. 81–101; »Die motorischen Fasern ...« stammt von S. 98. Adrians Loblied auf Sherrington ist nachzulesen in: J.C. Eccles und W.C. Gibson, *Sherrington. His Life and Thought*, Berlin 1979, S. 84.

Zu Hermann von Helmholtz' bemerkenswerten Beiträgen zu Nervenleitung, Wahrnehmung und unbewusstem Schluss vgl. E.G. Boring, *A History of Experimental Psychology,* 2. Aufl., New York 1950.

Julius Bernsteins Beitrag diskutieren A.L. Hodgkin, *The Conduction of the Nervous Impulse*, Liverpool 1967; A. Huxley, »Electrical activity in nerve: The background up to 1952«, *The Axon. Structure, Function and Pathophysiology,* hg. von S.G. Waxman, J.D. Kocsis und P.K. Stys, S. 3–10, New York 1995; B. Katz, *Nerv, Muskel und Synapse*, Stuttgart 1971, sowie S.M. Schuetze, »The discovery of the action potential«, *Trends in Neuroscience* 6 (1983), S. 164–168.

Das Kapitel stützt sich außerdem auf:

Adrian, E.D., *The Mechanism of Nervous Action. Electrical Studies of the Neuron*, London 1932.

Bernstein, J., »Investigations on the thermodynamics of bioelectric currents«, *Pflugers Arch* 92 (1902), S. 521–562.

Doyle, D.A., J.M. Cabral, R.A. Pfuetzner, A. Kuo, J.M. Gulbis, S.L. Cohen, B.T. Chait und R. MacKinnon: »The structure of the potassium channel: Molecular basis of K^+ conduction and selectivity«, *Science* 280 (1998), S. 69–77.

Galvani, L., *Commentary on the Effect of Electricity on Muscular Motion*, Cambridge 1953.

Hodgkin, A. L.: *Chance and Design*, Cambridge 1992, und »Autobiographical essay«, *The History of Neuroscience in Autobiography,* Bd. 1., S. 253–292.

ders. und A.F. Huxley, »Action potentials recorded from inside a nerve fibre«, *Nature* 144 (1939), S. 710f.

Young, J.Z.: »The functioning of the giant nerve fibers of the squid«, *J. Exp. Biol.* 15 (1938), S. 170–185.

KAPITEL 6

Grundfest blieb noch lange Zeit ein »Sparker«, selbst als Eccles und die meisten anderen Neurophysiologen von der chemischen Natur der synaptischen Übertragung überzeugt waren. Erst im September 1954, ein Jahr, bevor ich an sein Labor kam, änderte er auf einem bedeutenden Symposion über Nervenimpulse seine Sichtweise. Er schrieb: »Eccles ist unlängst zu der Auffassung gelangt, dass diese Übertragung [von Nervenzelle zu Nervenzelle] chemisch vermittelt wird. Einige von uns lehnten diese Ansicht ab ... Möglicherweise haben wir uns geirrt.« Siehe D. Nachmansohn und H.H. Merrit (Hg.), *Nerve Impulses. Transactions*, New York 1956, S. 184.

Zur Geschichte der synpatischen Übertragung vgl. W.M. Cowan und E.R. Kandel, »A brief history of synapses and synaptic transmission«, *Synapses*, hg. von W.M. Cowan, T.C. Südhof und C.F. Stevens, Baltimore 2000, S. 1–87.

Seine Ankunft in Großbritannien schilderte Bernard Katz in: »To tell you the truth, sir, we do it because it's amusing!« *The History of Neuroscience in Autobiography*, Bd. 1; das Zitat stammt von S. 373.

Zu Eccles über Popper vgl. »Under the spell of the synapse«, *The Neurosciences: Paths of Discovery*, hg. von F.G. Worden, J.P. Swazey und G. Adelman, Cambridge 1976, S. 159–180; die Zitate finden sich auf S. 162f. Zu anderen Erinnerungen an die Geschichte der Synapse und an die Soup-contra-Spark-Kontroverse vgl. S.R. Cajal, *Recollections of My Life*, erschienen 1937 in: Am. Philos. Soc. Mem. 8; H.H. Dale, »The beginnings and the prospects of neurohumoral transmission,« *Pharmacol. Rev.* 6 (1954), S. 7–13; O. Loewi, *From the Workshop of Discoveries*, Lawrence 1953. Ein Überblick zur synaptischen Übertragung findet sich in: Paul Fatt: »Biophysics of junctional transmission«, *Physiol. Rev.* 34 (1954), S. 674–710; das Zitat stammt von S. 704.

Das Kapitel stützt sich außerdem auf:

Brown, G.L., H.H. Dale und W. Feldberg »Reactions of the normal mammalian muscle to acetylcholine and eserine«, *J. Physiol.* 87 (1936), S. 394–424.

Eccles, J.C., *Physiology of the Synapses*, Berlin 1964.

Furshpan, E.J., und D.D. Potter: »Transmission at the giant motor synapses of the crayfish«, *J. Physiol.* 145 (1959), S. 289–325.

Grundfest, H., »Synaptic and ephaptic transmission«, *Handbook of Physiology*, Section I, *Neurophysiology*, S. 147–197, Washington 1959.

Kandel, E.R., J.H. Schwartz und T.M. Jessell, *Principles of Neural Science*, 4. Aufl., New York 2000.

Katz, B., *Electric Excitation of Nerve*, Oxford 1939; *The Release of Neural Transmitter Substances*, Liverpool 1969, und »Stephen W. Kuffler«, *Steve. Remembrances of Stephen W. Kuffler*, hg. von O.J. McMahan, Sunderland, Mass. 1990.

Loewi, O., und E. Navratil: »On the humoral propagation of cardiac nerve action.

Communication X: The fate of the vagus substance«, *Cellular Neurophysiology: A Source Book,* hg. von I. Cooke und M. Lipkin Jr., S. 478–485, New York 1972.

Palay, S. L.: »Synapses in the central nervous system.« *J. Biophys. Biochem. Cytol.* 2 (Suppl., 1956), S. 193–202.

Popper, K.R., und J.C. Eccles: *Das Ich und sein Gehirn*, Neuausg., München 1989.

KAPITEL 7

Visuelle Erlebnisse bei Einnahme von LSD werden beschrieben in: L. Huxley, *Die Pforten der Wahrnehmung*, München 1970; J.H. Jaffe, »Drugs of addiction and drug abuse«, *The Pharmacological Basis of Therapeutics,* 7. Aufl., hg. von L.S. Goodman und A. Gilman, New York 1985, sowie D.W. Woolley und E.N. Shaw, »Evidence for the participation of serotonin in mental processes«, *Annals N.Y. Acad. of Sci.* 66 (1957), S. 649–665; die Erörterung findet sich auf den Seiten 665ff.

Als ich versuchte, mir für dieses Kapitel meine Erinnerungen an Wade Marshall ins Gedächtnis zu rufen, profitierte ich von den Diskussionen mit William Landau, Stanley Rappaport und Tom Marshall, Wade Marshalls Sohn.

Zu Marshalls ersten bedeutenden Arbeiten zählten R.W. Gerard, W.H. Marshall und L.J. Saul, »Cerebral action potentials«, *Proc. Soc. Exp. Biol. and Med.* 30 (1933), S. 1123ff., und R.W. Gerard, W.H. Marshall und L.J. Saul, »Electrical activity of the cat's brain«, *Arch. Neurol. and Psychiat.* 36 (1936), S. 675–735. Zu den klassischen Aufsätzen seiner späteren Forschungen gehören, W.H. Marshall, C.N. Woolsey und P. Bard, »Observations on cortical somatic sensory mechanisms of cat and monkey«, *J. Neurophysiol.* 4 (1941), S. 1–24, und W.H. Marshall und S.A. Talbot, »Recent evidence for neural mechanisms in vision leading to a general theory of sensory acuity«, *Visual Mechanisms*, hg. von H. Kluver, Lancaster 1942, S. 117–164.

Das Kapitel stützt sich außerdem auf:

Eyzaguirre, C., und S.W. Kuffler, »Processes of excitation in the dendrites and in the soma of single isolated sensory nerve cells of the lobster and crayfish«, *J. Gen. Physiol.* 39 (1955), S. 87–119, und »Further study of soma, dendrite and axon scitation in single neurons«, ebenda, S. 121–153.

Jackson, J.H., *Selected Writings of John Hughlings Jackson*, hg. von J. Taylor, Bd. 1., London 1931.

Katz, B., »Stephen W. Kuffler«, *Steve. Remembrancer of Stephen W. Kuffler*, hg. von O.J. McMahan, Sunderland, Mass. 1990.

Kuffler, S.W., und C. Eyzaguirre: »Synaptic inhibition in an isolated nerve cell.« *J. Gen. Physiol.* 39 (1955), S. 155–184.

Penfield, W., und E. Boldrey, »Somatic motor and sensory representation in the cerebral cortex of man as studied by electrical stimulation«, *Brain* 60 (1937), S. 389–443.

Penfield, W., und T. Rasmussen, *The Cerebral Cortex of Man: A Clinical Study of Localization of Function*, New York 1950.

Purpura, D.P., E.R. Kandel und G.F. Gestrig, »LSD-serotonin interaction on central synaptic activity«, zitiert in: D.P. Purpura, »Experimental analysis of the inhibitory action of lysergic acid diethylamide on cortical dendritic activity in psychopharmacology of psychotomimetic and psychotherapeutic drugs«, *Annals N.Y. Acad. of Sci.* 66 (1957), S. 515–536.

Sulloway, F. J., *Freud, Biologe der Seele. Jenseits der psychoanalytischen Legende*, Köln-Löwenich 1982.

KAPITEL 8

Zu Gall vgl. A. Harrington, *Medicine, Mind, and the Double Brain. A Study in Nineteenth-Century Thought*, Princeton 1987, sowie R.M. Young, *Mind, Brain and Adaptation in the 19th Century*, Oxford 1970.

Brocas Erklärung aus dem Jahr 1864, dass die linke Hemisphäre für die Sprache verantwortlich sei, wurde abgedruckt in: »Sur le siège de la faculté du langue articulé«, *Bull. Soc. Antropol.* 6 (1868), S. 337–393; das Zitat findet sich auf S. 378.

Milner schrieb über H.M. in: P.J. Hills, *Memory's Ghost*, New York 1995, S. 110.

Zu Broca und Wernicke vgl. N. Geschwind, *Selected Papers on Language and the Brain* [*Boston Studies in the Philosophy of Science* 16], Norwell 1974, sowie T.F. Feinberg und M.J. Farah, *Behavioral Neurology and Neuropsychology*, New York 1997.

Das Kapitel stützt sich außerdem auf:

Bruner, J.S., »Modalities of memory«, *The Pathology of Memory*, hg. von G.A. Talland und N.C. Waugh, New York 1969.

Flourens, P., *Recherches experimentales sur les propriétés et les fonctions du système nerveux dans les animaux vertebras*, Paris 1824.

Gall, F.J., und G. Spurzheim, *Anatomie et physiologie du système nerveux en géneral, et du cerveau en particulier, avec des observations sur la possibilité de reconnaître plusieurs dispositions intellectuelles et morales de l'homme et des animaux, par la configuration de leurs têtes*, Paris 1810.

James, W., *The Works of William James: The Principles of Psychology*, hg. von F. Burkhardt und F. Bowers, 3 Bde., 1890: Neudruck, Cambridge, Mass., 1981.

Lashley, K.S., »In search of the engram«, *Soc. Exp. Biol.* 4 (1950), S. 454–482.

Milner, B., L.R. Squire und E.R. Kandel: »Cognitive neuroscience and the study of memory«, *Review. Neuron* 20 (1998), S. 445–468.

Ryle, G., *Der Begriff des Geistes*, Stuttgart 1959.

Schacter, D., *Wir sind Erinnerung. Gedächtnis und Persönlichkeit*, Reinbek 1999.

Scoville, W.B., und B. Milner: »Loss of recent memory after bilateral hippocampal lesion«, *J. Neurol. Neurosurg. Psychiat.* 20 (1957), S. 411–421.

Searle, J.R., *Mind: A Brief Introduction*, London 2004.

Spurzheim, J.G., *A View of the Philosophical Principles of Phrenology,* 3. Aufl., London 1825.

Squire, L.R., *Memory and Brain*, New York 1987.

ders. und E.R. Kandel: *Memory: From Mind to Molecules*, New York 1999.
ders., P.C. Slater und P.M. Chace, »Retrograde amnesia: Temporal gradient in very long term memory following electroconvulsive therapy«, *Science* 187 (1975), S. 77ff.
Warren, R.M., *Helmholtz on Perception: Its Physiology and Development*, New York 1968.
Wernicke, C., *Der Aphasische Symptomencomplex*, Breslau 1874.

KAPITEL 9

Alden Spencer und ich veröffentlichten mehrere gemeinsame Arbeiten über den Hippocampus. Vgl. E.R. Kandel, W.A. Spencer und F.J. Brinley jr., »Electrophysiology of hippocampal neurons. I: Sequential invasion and synaptic organization«, *J. Neurophysiol.* 24 (1961), S. 225–242; E.R. Kandel und W.A. Spencer, »Electrophysiology of hippocampal neurons. II: After-potentials and repetitive firing«, ebenda, S. 243–259; W.A. Spencer und E.R. Kandel, »Electrophysiology of hippocampal neurons. III: Firing level and time constant,« ebenda, S. 260–271; W.A. Spencer und E.R. Kandel, »Electrophysiology of hppocampal neurons. IV: Fast prepotentials«, ebenda, S. 272–285; E.R. Kandel und W.A. Spencer, »The pyramidal cell during hippocampal seizure«, *Epilepsia* 2 (1961), S. 63–69, sowie W.A. Spencer und E.R. Kandel, »Hippocampal neuron responses to selective activation of recurrent collaterals of hippocampofugal axons«, *Exptl. Neurol.* 4 (1961), S. 149–161.

Die Experimente über Lernen und Gedächtnis und den Tractus perforans wurden 2004 durchgeführt und veröffentlicht in: M.F. Nolan, G. Malleret, J.T. Dudman, D.L. Buhl, B. Santoro, E. Gibbs, S. Vronskaya, G. Buzsaki, S.A. Siegelbaum, E.R. Kandel und A. Morozov, »A behavioral role for dendritic integration: HCN1 channels constrain spatial memory and plasticity at inputs to distal dendrites of CAl pyramidal neurons«, *Cell* 119 (2004), S. 719–732.

Die Vorteile und die Biologie der *Aplysia* werden beschrieben in: E.R. Kandel, *Cellular Basis of Behavior. An Introduction to Behavioral Neurobiology*, San Francisco 1976, und *The Behavioral Biology of Aplysia. A Contribution to the Comparative Study of Opisthobranch Molluscs*, San Francisco 1979.

Das Kapitel stützt sich außerdem auf:

Brenner, S., *My Life* in *Science*, London 2002; »Man muss das System …« stammt von S. 56–60, und »Nature's gift to science«, *Les Prix Nobel/The Nobel* Prizes, hg. von der Nobel-Stiftung, Stockholm 2002, S. 268–283.
Hilgard, E., *Theorien des Lernens*, Stuttgart o. J.

KAPITEL 10

Zu einer früheren Erörterung des Massachusetts Mental Health Center vgl. E.R. Kandel, »A new intellectual framework for psychiatry«, *Am. J. Psych.* 155 (1998), S. 457–469. Die Studie, die ich während meiner Assistenzzeit ausführte, lautete: »Electrical properties of hypothalamic neuroendocrine cells«, *J. Gen. Physiol.* 47 (1964), S. 691-717.

Zum Behaviorismus vgl. I. P. Pavlow, *Conditioned Reflexes: An Investigation of the Physiological Activity of the Cerebral Cortex,* London 1927; B.F. Skinner, *The Behavior of Organisms*, New York 1938; E.G. Boring, *A History of Experimental Psychology*, 2. Aufl., New York 1950; G.A. Kimble, *Hilgard and Marquis' Conditioning and Learning*, 2. Aufl., New York 1961, und J. Kornorski, *Conditioned Reflexes and Neuron Organization*, Cambridge 1948; das Zitat findet sich auf S. 79f.

Das Zitat von Max Perutz über Jim Watson stammt von H.F. Judson, *Der achte Tag der Schöpfung*, Wien 1980, S. 16.

Das Zitat von Eccles findet sich in: J.C. Eccles, »Conscious experience and memory«, *Brain and Conscious Experience*, hg. von J.C. Eccles, New York 1966, S. 314–344; das Zitat stammt von S. 330.

Das Kapitel stützt sich außerdem auf:

Cajal, S.R., »The Croonian Lecture. La fine structure des centres nerveux«, *Proc. R. Soc. London Ser.* B 55 (1894), S. 444–467. »Geistige Übung erleichtert ...« steht auf S. 466.

Dory, R.W., und C. Guirgea, »Conditioned reflexes established by coupling electrical excitation to two cortical areas«, *Brain Mechanisms and Learning,* hg. von A. Fessard, R.W. Gerard und J. Kornoski, Oxford 1961, S. 133–151.

Kimble, G.A., *Foundations of Conditioning and Learning*, New York 1967.

KAPITEL 11

Die Studien zu den Analoga von Habituation und Sensitivierung wurden an Zelle R2 durchgeführt, die man früher die Riesenzelle der *Aplysia* nannte. Sie wurden veröffentlicht in: E. R. Kandel und L. Tauc, »Mechanism of heterosynaptic facilitation in the giant cell of the abdominal ganglion of *Aplysia depilans*«, *J. Physiol.* (London) 181 (1965), S. 28–47. Zu den Studien über klassische Koinditionierung, die an kleineren Zellen in der Umgebung durchgeführt wurden, vgl. dies., »Heterosynaptic facilitation in neurons of the abdominal ganglion of *Aplysia depilans*«, ebenda, S. 1–27; das Zitat »Der Umstand, dass die Verbindungen ...« stammt von S. 24.

Konrad Lorenz' Zitat über Regenwürmer ist nachzulesen in: Y. Dudai, *Memory from A to Z*, Oxford 2002, S. 225.

Katz' Bemerkung über Hill findet sich in seinem Aufsatz »To tell you the truth, sir, we do it because it's amusing!« *The History of Neuroscience in Autobiography,* hg. von L.R. Squire, Bd. 1, Washington 1996, S. 348–381.

Als ausgezeichnete Diskussion von Lernparadigmen, die mich beeinflusst haben, vgl. E. Hilgard, *Theories of Learning*, New York 1956; und G.A. Kimble, *Foundations of Conditioning and Learning*, New York 1967.

Zur Geschichte des Antisemitismus in Frankreich vgl. I.Y. Zingular und S.W. Bloom (Hg.), *Inclusion and Exclusion: Perspectives on Jews from the Enlightenment to the Dreyfus Affair*, Leiden und Boston 2003.

Das Kapitel stützt sich außerdem auf:

Kandel, E.R., *Cellular Basis of Behavior. An Introduction to Behavioral Neurobiology*, San Francisco 1976

Kandel, E.R., und L. Tauc: »Mechanism of prolonged heterosynaptic facilitation«, *Nature* 202 (1964) S. 145–147; »Heterosynaptic facilitation in neurons of the abdominal ganglion of Aplysia depilans«, *J. Physiol.* (London) 181 (1965), S. 1–27, und »Mechanism of heterosynaptic facilitation in the giant cell of the abdominal ganglion of Aplysia depilans«, ebenda, S. 28–47.

KAPITEL 12

Die Atmosphäre an der Harvard University während der Ära Kuffler wird anschaulich beschrieben in: O.J. McMahan (Hg.), *Steve. Remembrances of Stephen W. Kuffler*, Sunderland, Mass., 1990, sowie D.H. Hubel und T.N. Wiesel, *Brain and Visual Perception*, Oxford 2005.

Das Zitat von Per Andersen ist nachzulesen in: »A prelude to long-term potentiation,« *LTP: Long-Term Potentiation,* hg. von T. Bliss, G. Collingridge und R. Morris, Oxford 2004. Zu Spencers und meinem Überblick siehe E.R. Kandel und W.A. Spencer, »Cellular neurophysiological approaches in the study of learning«, *Physiol. Rev.* 48 (1968), S. 65–134.

KAPITEL 13

Die Kartierung von Verbindungen zwischen identifizierten Zellen ist angelehnt an: W.T. Frazier, E.R. Kandel, I. Kupfermann, R. Waziri und R.E. Coggeshall, »Morphological and functional properties of identified neurons in the abdominal ganglion of *Aplysia californica*«, *J. Neurophysiol.* 30 (1967), S. 1288–1351; E.R. Kandel, W.T. Frazier, R. Waziri und R.E. Coggeshall, »Direct and common connections among identified neurons in *Aplysia*«, *J. Neurophysiol.* 30 (1967), S. 1352 bis 1376; I. Kupfermann und E.R. Kandel, »Neuronal controls of a behavioral response mediated by the abdominal ganglion of *Aplysia*«, *Science* 164 (1969), S. 847 bis 850. In den ersten Experimenten verabreichten wir als starken unkonditionierten Reiz in Sensitivierungsexperimenten den Schock häufig am Kopf und nicht am Schwanz.

Das Kapitel stützt sich außerdem auf:

Arvanitaki, A., und N. Chalazonitis, »Configurations modales de l'activité, propres a différents neurons d'un même centre«, *J. Physiol.* (Paris) 50 (1958), S. 122 bis 125.

Byrne, J., V. Castellucci und E.R. Kandel, »Receptive fields and response properties of mechanoreceptor neurons innervating siphon skin and mantle shelf of *Aplysia*«, *J. Neurophysiol.* 37 (1974), S. 1041–1064 und »Contribution of individual mechanoreceptor sensory neurons to defensive gill-withdrawal reflex in *Aplysia*«, *J. Neurophysiol.* 41 (1978), S. 418–431.

Cajal, S.R., »The Croonian Lecture: La fine structure des centres nerveux«, *Proc. R. Soc. London Ser.* B 55 (1894), S. 444–467.

Carew, T.J., R.D. Hawkins und E.R. Kandel, »Differential classical conditioning of a defensive withdrawal reflex in *Aplysia californica*«, *Science* 219 (1983), S. 397 bis 400.

Goldschmidt, R., »Das Nervensystem von *Ascaris lubicoides* und *megalocephala*. Ein Versuch, in den Aufbau eines einfachen Nervensystems einzudringen«, *Zeitschrift für Wissenschaftliche Zoologie* 90 (1908), S. 73–126; das Zitat findet sich auf S. 95.

Hawkins, R.D., V.F. Castellucci und E.R. Kandel, »Interneurons involved in mediation and modulation of the gill-withdrawal reflex in *Aplysia*. II: Identified neurons produce heterosynaptic facilitation contributing to behavioral sensitization«, *J. Neurophysiol.* 45 (1981), S. 315–326.

Kandel, E.R., *Cellular Basis of Behavior. An Introduction to Behavioral Neurobiology*, San Francisco 1976, und *The Behavioral Biology of Aplysia. A Contribution to the Comparative Study of Opisthobranch Molluscs*, San Francisco 1979.

Köhler, W., *Die Aufgabe der Gestaltpsychologie*, Berlin 1971.

Pinsker, H., I. Kupfermann, V. Castellucci und E.R. Kandel, »Habituation and dishabituation of the gill-withdrawal reflex in *Aplysia*«, *Science* 167 (1970), S. 1740ff.

Thorpe, W.H., *Learning and Instinct in Animals*, überarb. Aufl., Cambridge, Mass., 1963.

KAPITEL 14

Zu Freuds Theorien über synaptische Plastizität und Gedächtnis vgl. S. Freud, »Entwurf einer Psychologie für den Neurologen«, *Gesammelte Werke*, Nachtragsband, Frankfurt am Main 1987, S. 373–485; K.H. Pribram und M.M. Gill, *Freud's »Project« Reassessed. Preface to Contemporary Cognitive Theory and Neuropsychology*, New York 1976, sowie F.J. Sulloway, *Freud, Biologe der Seele. Jenseits der psychoanalytischen Legende*, Köln-Löwenich 1982.

Wir beschäftigten uns auch mit den Mechanismen der klassischen Konditionierung. 1983 beschrieben Hawkins, Carew und ich eine präsynaptische Komponente, eine Verstärkung des Mechanismus, der zur Sensitivierung beiträgt. 1992 fand ich zusammen mit Nicholas Dale heraus, dass das sensorische Neuron Glutamat als Transmitter verwendet. 1994 machten mein ehemaliger Student David Glanzman und anschließend Robert Hawkins und ich die hochinteressante Beobachtung, dass es auch eine wichtige postsynaptische Komponente gibt. Vgl. X.Y. Lin und D.L. Glanzman, »Long-term potentiation of *Aplysia* sensorimotor synapses in cell culture regulation by postsynaptic voltage«, *Biol. Sci.* 255 (1994), S. 113–118, sowie I. Antonov, I. Antonova, E.R. Kandel und R.D. Hawkins, »Activity-dependent presynaptic facilitation and Hebbian LTP are both required and interact during classical conditioning in *Aplysia*«, *Neuron* 37 (2003), S. 135–147.

Zu alternativen Auffassungen über die Mechanismen des Lernens vgl. R. Adey, »Electrophysiological patterns and electrical impedance characteristics in orienting and discriminative behavior«, *Proc. Int. Physiol. Soc.* (Tokio) 23 (1965),

S. 324 - 329, Zitat auf S. 235; B.D. Burns, *The Mammalian Cerebral Cortex*, London 1958, Zitat auf S. 96; S.R. Cajal, »The Croonian Lecture. La Fine structure des centers nerveux«, *Proc. R. Soc. London Ser.* B 55 (1894), S. 444–467, sowie D.O. Hebb, *The Organization of* Behavior. A *Neuropsychological Theory*, New York 1949.

Das Kapitel stützt sich außerdem auf:

Castellucci, V., H. Pinsker, I. Kupfermann und E.R. Kandel, »Neuronal mechanisms of habituation and dishabituation of the gill-withdrawal reflex in *Aplysia*«, *Science* 167 (1970), S. 1745–1748; »Die Daten lassen darauf schließen ...« stammt von S. 1748.

Hawkins, R.D., T.W. Abrams, T.J. Carew und E.R. Kandel, »A cellular mechanism of classical conditioning in *Aplysia*: Activity-dependent amplification of presynaptic facilitation«, *Science* 219 (1983), S. 400–405.

Kandel, E.R., *A Cell-Biological Approach to Learning*, Grass Lecture Monograph I, Bethesda, Md., 1978.

Kupfermann, I., V. Castellucci, H. Pinsker und E.R. Kandel, »Neuronal correlates of habituation and dishabituation of the gill-withdrawal reflex in Aplysia«, *Science* 167 (1970), S. 1743–1745.

Pinsker, H., I. Kupfermann, V. Castellucci und E.R. Kandel, »Habituation and dishabituation of the gill-withdrawal reflex in *Aplysia*«, ebenda, S. 1740–1743; »Die Untersuchung der neuronalen Lernmechanismen ...« findet sich auf S. 1740.

KAPITEL 15

Die Erörterung der Helmholtz-These vom unbewussten Schluss orientiert sich an C. Frith, »Disorders of cognition and existence of unconscious mental processes: An introduction«, E. Kandel et al., *Principles of Neural Science,* 5. Aufl., New York, in Vorb.; R.M. Warren und R.P. Warren: *Helmholtz on Perception: Its Physiology and Development*, New York 1968; R.J. Herrnstein und E. Boring (Hg.), *A Source Book in the History of Psychology*, Cambridge, Mass., 1965, besonders S. 189–193, und R.L. Gregory (Hg.), *The Oxford Companion to the Mind*, Oxford 1987, S. 308f.

Zu Ebbinghaus vgl. H. Ebbinghaus, *Über das Gedächtnis,* Darmstadt 1992.

Zu strukturellen Veränderungen bei der *Aplysia* vgl. C.H. Bailey und M. Chen, »Long-term memory in *Aplysia* modulates the total number of varicosities of single identified sensory neurons«, *Proc. Natl. Acad. Sci. USA* 85 (1988), S. 2373 bis 2377; dies., »Time course of structural changes at identified sensory neuron synapses during long-term sensitization in *Aplysia*«, *J. Neurosci.* 9 (1989), S. 1774–1780, sowie C.H. Bailey und E.R. Kandel, »Structural changes accompanying memory storage«, *Annu. Rev. Physiol.* 55 (1993), S. 397–426.

Das Kapitel stützt sich außerdem auf:

Cajal, S.R., »The Croonian Lecture: La fine structure des centres nerveux«, *Proc. R. Soc. London Ser.* B 55 (1894), S. 444–467.

Dudai, Y., Memory *from A to Z,* Oxford 2002.

Duncan, C.P., »The retroactive effect of electroshock on learning«, *J. Comp. Physiol. Psychol.* 42 (1949), S. 32–44.

Elbert, T., C. Pantev, C. Wienbruch, B. Rockstroh und E. Taub, »Increased cortical representation of the fingers of the left hand in string players«, *Science* 270 (1995), S. 305ff.

Flexner, J.B., L.B. Flexner und E. Stellar, »Memory in mice as affected by intracerebral puromycin«, *Science* 141 (1963), S. 57ff.

Jenkins, W.M., M.M. Merzenich, M.T. Ochs, T. Allard und E. Guic-Robles, »Functional reorganization of primary somatosensory cortex in adult owl monkeys after behaviorally controlled tactile stimulation«, *J. Neurophysiol.* 63 (1990), S. 83–104.

KAPITEL 16

Zu Hintergrundinformationen über cAMP vgl. R.J. DeLange, R.G. Kemp, W.D. Riley, R.A. Cooper und E.G. Krebs, »Activation of skeletal muscle phosphorylase kinase by adenosine triphosphate and adenosine 3',5'-monophosphate«, *J. Biol. Chem.* 243, 9 (1968), S. 2200–2208; E.G. Krebs, »Protein phosphorylation and cellular regulation, I«, *Les Prix Nobel (The Nobel Prizes),* hg. von der Nobel-Stiftung, Stockholm 1992; T.W. Rail und E.W. Sutherland, »The regulatory role of adenosine 3',5'-phosphate. Cold Spring Harbor Symp.«, *Quant. Biol.* 26 (1961), S. 347–354; A.E. Gilman, »Nobel lecture. G Proteins and regulation of adenylyl cyclase«, *Biosci. Reports* 15 (1995), S. 65–97; P. Greengard, »The neurobiology of dopamine signaling«, *Les Prix Nobel (The Nobel Prizes),* hg. von der Nobel-Stiftung, S. 262–281, Stockholm 2000.

Zu cAMP bei der *Aplysia* vgl. J.H. Schwartz, V.F. Castellucci und E.R. Kandel, »Functioning of identified neurons and synapses in abdominal ganglion of *Aplysia* in absence of protein synthesis«, *J. Neurophysiol.* 34 (1971), S. 939–953; H. Cedar, E.R. Kandel und J.H. Schwartz, »Cyclic adenosine monophosphate in the nervous system of *Aplysia californica:* Increased synthesis in response to synaptic stimulation«, *J. Gen. Physiol.* 60 (1972), S. 558–569; M. Brunelli, V. Castellucci und E.R. Kandel, »Synaptic facilitation and behavioral sensitization in *Aplysia:* Possible role of serotonin and cyclic AMP«, *Science* 194 (1976), S. 1178–1181; außerdem V.F. Castellucci, E.R. Kandel, J.H. Schwartz, F.D. Wilson, A.C. Nairn und P. Greengard, »Intracellular injection of the catalytic subunit of cyclic AMP-dependent protein kinase simulates facilitation of transmitter release underlying behavioral sensitization in *Aplysia*«, *Proc. Natl. Acad. Sci. USA* 77 (1980), S. 7492–7496.

Zu cAMP bei der *Drosophila* vgl. S. Benzer, »Behavioral mutants of *Drosophila* isolated by counter current distribution«, *Proc. Natl. Acad. Sci.* 58 (1967), S. 1112 bis 1119; D. Byers, R.L. Davis und J.R. Kiger Jr., »Defect in cyclic AMP phosphodiesterase due to the dunce mutation of learning in *Drosophila melanogaster*«, *Nature* 289 (1981), S. 79ff.; Y. Dudai, Y.N. Jan, D. Byers, W.G. Quinn und S. Benzer, »Dunce, a mutant of *Drosophila* deficient in learning«, *Proc. Natl. Acad. Sci. USA* 73,5 (1976), S. 1684–1688.

Das Kapitel stützt sich außerdem auf:

Castellucci, V., und E.R. Kandel, »Presynaptic facilitation as a mechanism for behavioral sensitization in *Aplysia*«, *Science* 194 (1976), S. 1176ff.

Dale, N., und E.R. Kandel, »L-glutamate may be the fast excitatory transmitter of *Aplysia* sensory neurons«, *Proc. Nat. Acad. Sci. USA* 90 (1993), S. 7163–7167.

Jacob, F., *The Possible and the Actual*, New York 1982; Zitat auf den Seiten 33ff., und *Die innere Statue. Autobiographie eines Genbiologen und Nobelpreisträgers*, Zürich 1988.

Kandel, E.R., *Cellular Basis of Behavior. An Introduction to Behavioral Neurobiology*, San Francisco 1976.

Kandel, E.R., M. Klein, B. Hochner, M. Shuster, S. Siegelbaum, R. Hawkins, D. Glanzman, V.F. Castellucci und T. Abrams, »Synaptic modulation and learning: New insights into synaptic transmission from the study of behavior«, *Synaptic Function*, hg. von G.M. Edelman, W.E. Gall und W.M. Cowan, New York 1987, S. 471–518.

Kistler, H.B. jr., R.D. Hawkins, J. Koester, H.W.M. Steinbusch, E.R. Kandel und J.H. Schwartz, »Distribution of serotonin-immunoreactive cell bodies and processes in the abdominal ganglion of mature Aplysia«, *J. Neurosci.* 5 (1985), S. 72–80.

Kriegstein, A., V.F. Castellucci und E.R. Kandel, »Metamorphosis of *Aplysia californica* in laboratory culture«, *Proc. Nat. Acad. Sci. USA* 71 (1974), S. 3654–3658.

Kuffler, S., und J. Nicholls, *Vom Neuron zum Gehirn. Zum Verständnis der zellulären und molekularen Funktion des Nervensystems*, Heidelberg 2002.

Siegelbaum, S., J.S. Camardo und E.R. Kandel, »Serotonin and cAMP close single K^+ channels in *Aplysia* sensory neurons«, *Nature* 299 (1982), S. 413–417.

KAPITEL 17

Über Tag- und Nachtwissenschaft schreibt François Jacob in: *Die innere Statue. Autobiographie eines Genbiologen und Nobelpreisträgers*, Zürich 1988.

Zu Thomas Hunt Morgan sind zwei Biographien zu empfehlen: G.E. Allen, *Thomas Hunt Morgan: The Man and His Science*, Princeton, N.J., 1978, und A.H. Sturtevant, *Thomas Hunt Morgan*, New York 1959. Vgl. ferner E.R. Kandel, »Thomas Hunt Morgan at Columbia: Genes, chromosomes, and the origins of modern biology«, und »An American century of biology«, *Living Legacies: Great Moments in the Life of Columbia for the 250th Anniversary*, Herbstausgabe 1999, *Columbia: The Magazine of Columbia University*, S. 29–35 und S. 36–39.

Watson und Crick gaben ihre Ergebnisse erstmals in der Zeitschrift *Nature* bekannt; »Molecular structure of nucleic acids: A structure of deoxyribose nucleic acid«, *Nature* 171 (1953), S. 737–738, Zitat auf S. 738, und »Genetical implications of the structure of deoxyribonucleic acid«, ebenda, S. 964–967; J.D. Watson, *Die Doppelhelix. Ein persönlicher Bericht über die Entdeckung der DNS-Struktur*, Reinbek 1969; J.D. Watson und A. Berry, *DNA. The Secret of Life*, New York 2003; zu Watsons

Überlegungen siehe S. 88. Schrödingers Aufsatz wurde veröffentlicht in: E. Schrödinger, *Was ist Leben? Die lebende Zelle mit den Augen des Physikers betrachtet*, München 1951.

Das Kapitel stützt sich außerdem auf:

Avery, O.T., C.M. MacLeod und M. McCarty, »Studies on the chemical nature of the substance inducing transformation of pneumococcal types: Induction of transformation by a desoxyribonucleic acid fraction isolated from Pneumococcus Type III.«, *J. Exp. Med.* 79 (1944), S. 137–158.

Chimpanzee Genome, Sonderheft über Schimpansen, *Nature* 437, 1. September 2005.

Cohen, S.N., A.C. Chang, H.W. Boyer und R.B. Helling, »Construction of biologically functional bacterial plasmids *in vitro*«, *Proc. Natl. Acad. Sci. USA* 70,11 (1973), S. 3240–3244.

Crick, F.H., L. Barnett, S. Brenner und R.J. Watts-Tobin, »General nature of the genetic code for proteins«, *Nature* 192 (1961), S. 1227–1232.

Gilbert, W., »DNA sequencing and gene structure«, *Science* 214 (1981), S. 1305 bis 1312.

Jackson, D.A., R.H. Symons und P. Berg, »Biochemical method for inserting new genetic information into DNA Simian Virus 40: circular SV40 DNA molecules containing lambda phage genes and the galactose operon of *Escherichia coli*«, *Proc. Nat. Acad. Sci. USA* 69 (1972), S. 2904–2909.

Jessell, T.M., und E.R. Kandel, »Synaptic transmission: A bidirectional and a self-modifiable form of cell-cell communication«, *Cell* 72/*Neuron 10* (Suppl., 1993), S. 1–30.

Matthaei, H., und M.W. Nirenberg, »The dependence of cell-free protein synthesis in E. coli upon RNA prepared from ribosomes«, *Biochem. Biophys. Res. Commun.* 4 (1961), S. 404–408.

Sanger, F., »Determination of nucleotide sequences in DNA«, *Science* 214 (1981), 1205–1210.

KAPITEL 18

Die klassische Arbeit von Jacob und Monod ist: F. Jacob und J. Monod, »Genetic regulatory mechanisms in the synthesis of proteins«, *J. Molec. Biol.* 3 (1961), S. 318–356.

Das Kapitel stützt sich außerdem auf:

Buck, L., und R. Axel: »Novel multigene family may encode odorant receptors: A molecular basis for odor recognition«, *Cell* 65,1 (1991), S. 175–187.

Jacob, F., *Die innere Statue. Autobiographie eines Genbiologen und Nobelpreisträgers*, Zürich 1988.

Kandel, E.R., A. Kriegstein und S. Schacher, »Development of the central nervous system of *Aplysia* in the terms of the differentiation of its specific identifiable cells«, *Neurosci.* 5 (1980), S. 2033–2063.

Scheller, R.H., J.F. Jackson, L.B. McAllister, J.H. Schwartz, E.R. Kandel und R. Axel, »A family of genes that codes for ELH, a neuropeptide eliciting a stereotyped pattern of behavior in *Aplysia*« *Cell* 28 (1982), S. 707–719; das Zitat stammt von S. 707.

Weinberg, R.A., *Racing to the Beginning of the Road: The Search for the Origin of Cancer*, San Francisco 1998; das Zitat findet sich auf S. 162f.

KAPITEL 19

Die beiden Forschungsüberblicke von Phillip Goelet sind: P. Goelet, V.F. Castellucci, S. Schacher und E.R. Kandel, »The long and short of long-term memory – a molecular framework«, *Nature* 322 (1986), S. 419–422, sowie P. Goelet und E.R. Kandel, »Tracking the flow of learned information from membrane receptors to genome«, *Trends Neurosci.* 9 (1986), S. 472–499.

In den Experimenten zur Translokation der cAMP-abhängigen Proteinkinase arbeiteten wir mit Roger Tsien zusammen, einem Howard-Hughes-Forscher an der University of California in San Diego, der die Methode entwickelte, mit deren Hilfe wir die Bewegung der cAMP-abhängigen Proteinkinase zum Kern sichtbar machten. Vgl. dazu B.J. Bacskai, B. Hochner, M. Mahaut-Smith, S.R. Adams, B.-K. Kaang, E.R. Kandel und R.Y. Tsien, »Spatially resolved dynamics of cAMP and protein kinase A subunits in *Aplysia* sensory neurons«, *Science* 260 (1993), S. 222–226.

Die Entwicklung von Gewebekulturen für das *Aplysia*-Neuron wurde von Sam Schacher in Zusammenarbeit mit meinen Studenten Stephen Rayport, Pier Giorgio Montarolo und Eric Proshansky entwickelt.

Die ursprünglichen Belege für die Rolle von CREB bei der mit Lernen zusammenhängenden Plastizität sind nachzulesen in: P.K. Dash, B. Hochner und E.R. Kandel, »Injection of cAMP-responsive element into the nucleus of *Aplysia* sensory neurons blocks long-term facilitation«, *Nature* 345 (1990), S. 718–721.

Die Daten, die auf einen Repressor bei der *Aplysia* schließen lassen, werden beschrieben in: D. Bartsch, M. Ghirardi, P.A. Skehel, K.A. Karl, S.P. Herder, M. Chen, C.H. Bailey und E.R. Kandel, »Aplysia CREB-2 represses long-term facilitation: Relief of repression converts transient facilitation into long-term functional and structural change«, *Cell* 83 (1995), S. 979–992.

Zur neuen Methode der Gedächtnisforschung an der *Drosophila* vgl. T. Tully, T. Preat, S.C. Boynton und M. Del Vecchio, »Genetic dissection of consolidated memory in *Drosophila melanogaster*«, *Cell* 79 (1994), S. 35–47.

Die Studien an der *Drosophila*, die auf die Rolle von CREB als Repressor schließen lassen, der das Langzeitgedächtnis blockiert, und als Aktivator, der überexprimiert die Gedächtnisspeicherung für erlernte Furcht verstärkt, sind beschrieben in: J.C.P. Yin, J.S. Wallach, M. Del Vecchio, E.L. Wilder, H. Zhuo, W.G. Quinn und T. Tully, »Induction of a dominant negative CREB transgene specifically blocks long-term memory in *Drosophila*«, *Cell* 79 (1994), S. 49–58; J.C.P. Yin, M. Del Vecchio, H. Zhou und T. Tully, »CREB as a memory modulator: Induced expression of a dCREB2 activator isoform enhances long-term memory in Drosophila«, *Cell* 81 (1995), S. 107–115.

Zu Daten über CREB bei der Honigbiene vgl. D. Eisenhardt, A. Friedrich, N. Stollhoff, U. Müller, H. Kress und R. Menzel, »The *AmCREB* gene is an ortholog of the mammalian CREB/CREM family of transcription factors and encodes several splice variants in the honeybee brain«, *Insect Molecular Biol.* 12 (2003), S. 373–382.

Die Daten zu CREB über erlernte Furcht bei der Maus finden sich in: P.W. Frankland, S.A. Josselyn, S.G. Anagnostaras et al., »Consolidation of CS and US representations in associative fear conditioning«, *Hippocampus* 14 (2004), S. 557–569, sowie S. Kida, S.A. Josselyn, S.P. de Ortiz et al., »CREB required for the stability of new and reactivated fear memories«, *Nature Neurosci.* 5 (2002), S. 348–355.

Zu Belegen für CREB beim Lernen des Menschen vgl. J.M. Alarcon, G. Malleret, K. Touzani, S. Vronskaya, S. Ishii, E.R. Kandel und A. Barco, »Chromatin acetylation, memory, and LTP are impaired in CBP$^{+/-}$ mice: A model for the cognitive deficit in Rubinstein-Taybi Syndrome and its amelioration«, *Neuron* 42 (2004), S. 947–959.

Das Kapitel stützt sich außerdem auf:

Bailey, C.H., P. Montarolo, M. Chen, E.R. Kandel und S. Schacher, »Inhibitors of protein and RNA synthesis block structural changes that accompany long-term heterosynaptic plasticity in *Aplysia*«, *Neuron* 9 (1992), S. 749–758.

Bartsch, D., A. Casadio, K.A. Karl, P. Serocio und E.R. Kandel, »CREB-1 encodes a nuclear activator, a repressor, and a cytoplasmic modulator that form a regulatory unit critical for long-term facilitation«, *Cell* 95 (1998), S. 211–223.

Bartsch, D., M. Ghirardi, A. Casadio, M. Giustetto, K.A. Karl, H. Zhu und E.R. Kandel, »Enhancement of memory-related long-term facilitation by ApAF, a novel transcription factor that acts downstream from both CREB-1 and CREB-2«, *Cell* 103 (2000), S. 595–608.

Casadio, A., K.C. Martin, M. Giustetto, H. Zhu, M. Chen, D. Bartsch, C.H. Bailey und E.R. Kandel, »A transient neuron-wide form of CREB-mediated long-term facilitation can be stabilized at specific synapses by local protein synthesis«, *Cell* 99 (1999), S. 221–237.

Chain, D.G., A. Casadio, S. Schacher, A.N. Hegde, M. Valbrun, N. Yamamoto, A.L. Goldberg, D. Bartsch, E.R. Kandel und J.H. Schwartz, »Mechanisms for generating the autonomous cAMP-dependent protein kinase required for long-term fadlitation in *Aplysia*«, *Neuron* 22 (1999), S. 147–156.

Dale, N., und E.R. Kandel, »L-glutamate may be the fast excitatory transmitter of Aplysia sensory neurons«, *Proc. Natl. Acad. Sci. USA* 90 (1993), S. 7163–7167.

Glanzman, D.L., E.R. Kandel und S. Schacher, »Target-dependent structural changes accompanying long-term synaptic facilitation in *Aplysia* neurons«, *Science* 249 (1990), 799–802.

Kaang, B.-K., E.R. Kandel und S.G.N. Grant, »Activation of cAMP-responsive genes by stimuli that produce long-term facilitation in *Aplysia* sensory neurons«, *Neuron* 10 (1993), S. 427–435.

Lorenz, K.Z., *Vergleichende Verhaltensforschung. Grundlagen der Ethologie*, Wien 1978.
Martin, K.C., D. Michael, J.C. Rose, M. Barad, A. Casadio, H. Zhu und E.R. Kandel, »MAP kinase translocates into the nucleus of the presynaptic cell and is required for long-term facilitation in *Aplysia*«, *Neuron* 18 (1997), S. 899–912.
Martin, K.C., A. Casadio, H. Zhu, E. Yaping, J. Rose, C.H. Bailey, M. Chen und E.R. Kandel, »Synapse-specific transcription-dependent long-term facilitation of the sensory to motor neuron connection in *Aplysia*: A function for local protein synthesis in memory storage«, *Cell* 91 (1997), S. 927–938.
Mayford, M., A. Barzilai, F. Keller, S. Schacher und E.R. Kandel, »Modulation of an NCAM-related adhesion molecule with long-term synaptic plasticity in *Aplysia*«, *Science* 256 (1992), S. 638–644.
Montarolo, P.G., P. Goelet, V.F. Castellucci, J. Morgan, E.R. Kandel und S. Schacher, »A critical period for macromolecular synthesis in long-term heterosynaptic facilitation in *Aplysia*«, *Science* 234 (1986), S. 1249–1254.
Montminy, M.R., K.A. Sevarino, J.A. Wagner, G. Mandel und R.H. Goodman, »Identification of a cyclic-AMP-responsive element within the rat somatostatin gene«, *Proc. Natl. Acad. Sci. USA* 83, 18 (1986), S. 6682–6686.
Prusiner, S.B., »Prions«, *Les Prix Nobel/The Nobel Prizes*, hg. von der Nobel-Stiftung, Stockholm 1997.
Rayport, S.G., und S. Schacher, »Synaptic plasticity in vitro: Cell culture of identified *Aplysia* neurons mediating short-term habituation and sensitization«, *J. Neurosci.* 6 (1986), S. 759–763.
Schacher, S., V.F. Castellucci und E.R. Kandel, »cAMP evokes long-term facilitation in *Aplysia* sensory neurons that requires new protein synthesis«, *Science* 240 (1988), S. 1667ff.
Si, K., M. Giustetto, A. Etkin, R. Hsu, A.M. Janisiewicz, M.C. Miniaci, J.-H. Kim, H. Zhu und E.R. Kandel, »A neuronal isoform of CPEB regulates local protein synthesis and stabilizes synapse-specific long-term facilitation in *Aplysia*«, *Cell* 115 (2003), S. 893–904.
Si, K., S. Lindquist und E.R. Kandel, »A neuronal isoform of the *Aplysia* CPEB has prion-like properties«, *Cell* 115 (2003), S. 879–891.
Steward, O., und E.M. Schuman, »Protein synthesis at synaptic sites on dendrites«, *Annu. Rev. Neurosci.* 24 (2001), S. 299–325.

KAPITEL 20

Virginia Woolf beschrieb die Erinnerungen an ihre Mutter in »Sketches of the Past«, einem Aufsatz, der noch einmal abgedruckt wurde in: J. Schulkind (Hg.), *Moments of Being*, New York 1985, S. 98; zitiert wird sie in: S. Nalbation, *Memory in Literature: Rousseau to Neuroscience*, New York 2003.

Das Tennessee-Williams-Zitat stammt aus Tennessee Williams: *Der Milchzug hält hier nicht mehr*, Frankfurt am Main 1968, S. 34.

Ortszellen wurden erstmals beschrieben in: J. O'Keefe und J. Dostrovsky, »The hippocampus as a spatial map. Preliminary evidence from unit activity in the freely-moving rat«, *Brain Res.* 34, 1 (1971), S. 171–175.

Als ausgezeichneten Forschungsüberblick über Langzeitpotenzierung vgl. T. Bliss, G. Collingridge und R. Morris (Hg.), *LTP: Long-Term Potentiation*, Oxford 2003. Zu den vielen erhellenden Artikeln in diesem Band gehören: P. Andersen, »A prelude to long-term potentiation«; R. Malinow, »AMPA receptor trafficking and long-term potentiation«; R.G.M. Morris, »Long-term potentiation and memory«, und R.A. Nicoll, »Expression mechanisms underlying long-term potentiation: a postsynaptic view«.

Das Kapitel stützt sich außerdem auf:

Baudry, M., R. Siman, E.K. Smith und G Lynch, »Regulation by calcium ions of glutamate receptor binding in hippocampal slices«, *Euro. J. Pharmacol.* 90,2–3 (1983), S. 161–168.

Bliss, T.V., und T. Lemo, »Long-lasting potentiation of synaptic transmission in the dentate gyrus of the anesthethized rabbit following stimulation of the perforant path«, *J. Physiol.* 232 (1973), S. 331–356.

Collingridge, G.L., S.J. Kehl und H. McLennan, »Excitatory amino acids in synaptic transmission in the Schaffer collateral-commissural pathway of the rat hippocampus«, *J. Physiol.* (London) 334 (1983), S. 33–46.

Curtis, D.R., J.W. Phillis und J.C. Watkins, »The chemical excitation of spinal neurons by certain acidic amino acids«, *J. Physiol.* 150 (1960), S. 656–682.

Eccles, J.C., *The Physiology of Synapses*, Berlin 1964.

Hebb, D.O., *The Organization of Behavior. A Neuropsychological Theory*, New York 1949; das Zitat stammt von S. 62.

Nowak, L., P. Bregestovski, P. Ascher, A. Herbet und A. Prochiantz, »Magnesium gates glutamate-activated channels in mouse central neurons«, *Nature* 307 (1984), S. 462–465.

O'Dell, T.J., S.G.N. Grant, K. Karl, P.M. Soriano und E.R. Kandel, »Pharmacological and genetic approaches to the analysis of tyrosine kinase function in long-term potentiation«, Cold Spring Harbor Symp., *Quant. Biol.* 57 (1992), S. 517–526.

Roberts, P.J., und J.C. Watkins, »Structural requirements for inhibition for L-glutamate uptake by glia and nerve endings«, *Brain Res.* 85,1 (1975), S. 120–125.

Schacter, D.L., *Wir sind Erinnerung. Gedächtnis und Persönlichkeit*, Reinbek 1999.

Spencer, W.A., und E.R. Kandel, »Electrophysiology of hippocampal neurons. IV: Fast prepotentials«, *J. Neurophysiol.* 24 (1961), S. 272–285.

Westbrook, G.L., und M.L. Mayer, »Glutamate currents in mammalian spinal neurons resolution of a paradox«, *Brain Res.* 301,2 (1984), S. 375–379.

KAPITEL 21

Methoden zur Entwicklung genetisch veränderter Mäuse sind beschrieben in: R.L. Brinster und R. Palmiter, »Induction of foreign genes in animals«, *Trends Biochem. Sci.* 7 (1982), S. 438ff., und M.R. Capecchi, »High-efficiency transformation by direct micro-injection of DNA into cultured mammalian cells«, *Cell* 22,2 (1980), S. 479–488.

Die Wirkung der Ausschaltung von Genen bei der Langzeitpotenzierung und der räumlichen Erinnerung wurde erstmals beschrieben in: S.G.N. Grant, T.J. O'Dell, K.A. Karl, P.L. Stein, P. Soriano und E.R. Kandel, »Impaired long-term potentiation, spatial learning, and hippocampal development in fyn mutant mice«, *Science* 258 (1992), S. 1903–1910, sowie A.J. Silva, R. Paylor, J.M. Wehner und S. Tonegawa, »Impaired spatial learning in alpha-calcium-calmodulin kinase II mutant mice«, *Science* 257 (1992), S. 206–211.

Die Experimente, die in Zusammenarbeit mit Steven Siegelbaum entstanden und von denen bereits in Kapitel 9 die Rede war, wurden von Matt Nolan und Josh Dudman durchgeführt. Als Beschreibung vgl. M.F Nolan, G. Malleret, J.T. Dudman, D. Buhl, B. Santoro, E. Gibbs, S. Vronskaya, G. Buzsaki, S.A. Siegelbaum, E.R. Kandel und A. Morozov, »A behavioral role for dendritic integration: HCN1 channels constrain spatial memory and plasticity at inputs to distal dendrites of CAl pyramidal neurons«, *Cell* 119 (2004), S. 719–732.

Das Kapitel stützt sich außerdem auf:

Mayford, M., T. Abel und E.R. Kandel, »Transgenic approaches to cognition« *Curr. Opin. Neurobiol.* 5 (1995), S. 141–148.

Mayford, M., M.E. Bach, Y.-Y. Huang, L. Wang, R.D. Hawkins und E.R. Kandel, »Control of memory formation through regulated expression of a CaMLIIa transgene«, *Science* 274 (1996), S. 1678–1683.

Mayford, M., D. Baranes, K. Podyspanina und E.R. Kandel, »The 3'-untranslated region of CaMLIIa is a cis-acting signal for the localization and translation of mRNA in dendrites«, *Proc. Natl. Acad. Sci. USA* 93 (1996), S. 13250–13255.

Silva, A.J., C.F. Stevens, S. Tonegawa und Y. Wang, »Deficient hippocampal long-term potentiation in alpha-calcium-calmodulin kinase-II mutant mice«, *Science* 257 (1992), S. 201–206.

Tsien, J.Z., D.F. Chen, D. Gerber, C. Tom, E.H. Mercer, D.J. Anderson, M. Mayford, E.R. Kandel und S. Tonegawa, »Subregion and cell-type restricted gene knockout in mouse brain«, *Cell* 87 (1996), S. 1317–1326.

Tsien, J.Z., P.T. Huerta und S. Tonegawa, »The essential role of hippocampal CAl NMDA receptor-dependent synaptic plasticity in spatial memory«, *Cell* 87 (1996), S. 1327–1338.

KAPITEL 22

Als Auffassung eines Neurologen von der Kognition vgl. S. Freud: *Die Traumdeutung, Gesammelte Werke*, Bd. 2/3, Frankfurt am Main 1969, und O. Sacks, *Der Mann, der seine Frau mit einem Hut verwechselte,* Reinbek 1987.

Zur kognitiven Psychologie vgl. G.A. Miller, *Psychology: The* Science *of Mental Life*, New York 1962, sowie U. Neisser, *Kognitive Psychologie*, Stuttgart 1974.

Zur Arbeit von Mountcastle, Hubel und Wiesel vgl. D.H. Hubel und T.N. Wiesel, *Brain and Visual Perception*, Oxford 2005; V.B. Mountcastle, »Central nervous mechanisms in mechanoreceptive sensibility«, *Handbook of Physiology*, Abschnitt 1: *The Nervous System*, Bd. 3: *Sensory Processes,* Teil 2, hg. von I. Darian Smith, Bethesda, Md., 1984, S. 789–878, sowie V.B. Mountcastle, »The view from within: Pathways to the study of perception«, *Johns Hopkins Med J.* 136,3 (1975), S. 109–131, Zitat auf S. 109 (Hervorhebung im Original).

Das Kapitel stützt sich außerdem auf:

Evarts, E.V., »Pyramidal tract activity associated with a conditioned hand movement in the monkey«, *J. Neurophysiol.* 29 (1966), S. 1011–1027.

Gregory, R.L. (Hg.), *The Oxford Companion to the Mind*, Oxford 1987, S. 308f.

Marshall, W.H., C.N. Woolsey und P. Bard, »Observations on cortical somatic sensory mechanisms of cat and monkey«, *J. Neurophysiol.* 4 (1941), S. 1–24.

Marshall, W.H., und S.A. Talbot, »Recent evidence for neural mechanisms in vision leading to a general theory of sensory acuity«, *Visual Mechanisms*, hg. von H. Kluver, Lancaster 1942, S. 117–164

Movshon, J.A., »Visual processing of moving images«, *Images and Understanding. Thoughts About Images. Ideas About Understanding,* hg. von H. Barlow, C. Blakemore und M. Weston-Smith, New York 1990, S. 122–137.

Tolman, E.C., *Purposive Behavior in Animals and Men*, New York 1932.

Wurtz, R.H., M.E. Goldberg und D.L. Robinson, »Brain mechanisms of visual attention«, *Sri. Am.* 246,6 (1982), S. 12.

Zeki, S.M., *A Vision of the Brain*, Oxford 1993; das Zitat findet sich auf S. 295f. (Hervorhebung im Original).

KAPITEL 23

Als eingehende Erörterung von Hippocampus und Raumwahrnehmung vgl. J. O'Keefe und L. Nadel, *The Hippocampus as a Cognitive Map*, 1978, Zitat auf S. 5.

Zur Aufmerksamkeit vgl. W. James, *The Works of William James. The* Principles *of Psychology,* hg. von F. Burkhardt und F. Bowers, 3 Bde., Cambridge, Mass., 1981; das Zitat stammt aus Bd. I, S. 380f. (Hervorhebung im Orginal).

Zu Aufmerksamkeit, Raumwahrnehmung und Gedächtnis vgl. F.A. Yates, *Gedächtnis und Erinnern. Mnemonik von Aristoteles bis Shakespeare*, Weinheim 1990.

Geschlechterunterschiede werden erörtert in: E.A. Maguire, N. Burgess und J. O'Keefe, »Human spatial navigation: Cognitive maps, sexual dimorphism and neural substrates«, *Current Opin. Neurobiol.* 9,2 (1999), S. 171–177.

Das Kapitel stützt sich außerdem auf:

Agnihotri, N.T., R.D. Hawkins, E.. Kandel und C.G. Kentros, »The long-term stability of new hippocampal place fields requires new protein synthesis«, *Proc. Natl. Acad. Sci. USA* 101 (2004), S 3656–3661.

Bushnell, M.C., M.E. Goldberg und D.L. Robinson, »Behavioral enhancement of visual responses in monkey cerebral cortex. 1: Modulation in posterior parietal cortex related to selective visual attention«, *J. Neurophysiol.* 46,4 (1981), S. 755–772.

Kentros, C.G., N.T. Agnihotri, S. Streater, R.D. Hawkins und E.R. Kandel, »Increased attention to spatial context increases both place field stability and spatial memory«, *Neuron* 42 (2004), S. 283–295.

McHugh, T.J., K.I. Blum, J.Z. Tsien, S. Tonegawa und M.A. Wilson, »Impaired hippocampal representation of space in CA1-specific NMDAR1 knockout mice«, *Cell* 87 (1996), S. 1339–1349.

O'Keefe, J., und J. Dostrovsky, »The hippocampus as a spatial map: Preliminary evidence from unit activity in the freely-moving rat«, *Brain Res.* 34,1 (1971), S. 171–175.

Rotenberg, A., M. Mayford, R.D. Hawkins, E.R. Kandel und R.U. Müller, »Mice expressing activated CaMKII lack low frequency LTP and do not form stable place cells in the CAl region of the hippocampus«, *Cell* 87 (1996), S. 1351 bis 1361.

Theis, M., K. Si und E.R. Kandel, »Two previously undescribed members of the mouse CPEB family of genes and their inducible expression in the principal cell layers of the hippocampus«, *Proc. Natl. Acad. Sci. USA* 100 (2003), S. 9602 bis 9607.

Zeki, S.M., *A Vision of the Brain*, Oxford 1993.

KAPITEL 24

Einen Überblick über Pasteurs Beiträge zu Wissenschaft und Industrie bieten R.J. Dubos, *Louis Pasteur*, Boston 1950, sowie M. Perutz, »Deconstructing Pasteur«, *I Wish I'd Made You Angry Earlier. Essays on Science, Scientists and Humanity*, Plainview, N.Y., 1998, S. 119–130.

Zu Dales Wirken zwischen Universität und Industrie vgl. H.H. Dale, *Adventures in Physiology*, London 1953.

Zu den Anfängen der Biotechnologie vgl. S. Hall, *Invisible Frontier. The Race to Synthesize a Human Gene*, New York 1987, sowie J.D. Watson und A. Berry; *DNA: The Secret of Life*, New York 2003; Hall (S. 94) ist die Quelle für den »Sündenfall«. Vgl. auch Kenney, M., *Biotechnology. The University-Industrial Complex*, New Haven 1986.

Zur Neuroethik vgl. M.J. Farah, J. Illes, R. Cook-Deegan, H. Gardner, E.R. Kandel, P. King, E. Parens, B. Sahakian und P.R. Wolpe, »Science and society: Neurocognitive enhancement: What can we do and what should we do?«, *Nat. Rev. Neurosci.* 5 (2004), S. 421–425; S. Hyman, »Introduction: The brain's special status«, *Cerebrum* 6,4, (2004), S. 9–12; das Zitat stammt von S. 9. Außerdem S.J. Marcus (Hg.), *Neuroethics: Mapping the Field*, New York 2004.

Das Kapitel stützt sich außerdem auf:

Bach, M.E., M. Barad, H. Son, M. Zhuo, Y.-F. Lu, R. Shih, I. Mansuy, R.D. Hawkins und E.R. Kandel, »Age-related defects in spatial memory are correlated with defects in the late phase of hippocampal long-term potentiation in *vitro* and are attenuated by drugs that enhance the cAMP signaling pathway«, *Proc. Natl. Acad. Sci. USA* 96 (1999), S. 5280–5285.

Barad, M., R. Bourtchouladze, D. Winder, H. Golan und E.R. Kandel, »Rolipram, a type IV-specific phosphodiesterase inhibitor, facilitates the establishment of long-lasting long-term potentiation and improves memory,« *Proc. Natl. Acad. Sci. USA* 95 (1998), S. 15020–1525.

KAPITEL 25

Einen weiteren wichtigen Impuls für die Entstehung der molekularen Neurologie gaben die Patientenselbsthilfegruppen. Hinsichtlich bestimmter Krankheiten hatten sich mindestens seit den dreißiger Jahren Patienten, ihre Angehörigen und Freunde zu Gruppen zusammengeschlossen, angespornt durch die Nationale Stiftung für Kinderlähmung, die auf Betreiben von Präsident Franklin D. Roosevelt, der 1921 an spinaler Kinderlähmung erkrankt war, die Hilfsorganisation March of Dimes gründete. Die Stiftung unterstützte sowohl die Grundlagen- als auch die klinische Forschung, was zur Entwicklung von Polioimpfstoffen führte und dadurch die Krankheit schließlich besiegte. Dieser bemerkenswerte Erfolg verdankte sich der Fähigkeit der Stiftung, erhebliche Geldsummen zu beschaffen und wissenschaftliche Berater auszuwählen, die einfallsreiche und exakte Forschungsprojekte unterstützten.

In den sechziger Jahren folgte man bei dem Kampf gegen Erbkrankheiten des Nervensystems einem ähnlichen Ansatz. Die Historikerin Alice Wexler, selbst Mitglied einer Patientenselbsthilfegruppe, meinte dazu: »Die Atmosphäre der sechziger Jahre, einer Zeit des politischen Aufbruchs und der Bürgerinitiativen, trug zur Mobilisierung von Familien bei, die unmittelbar von der Krankheit betroffen waren. Die Bürgerrechtsbewegung, die Frauengesundheitsbewegung und die Bewegung für Patientenrechte der sechziger und siebziger Jahre schufen ein Umfeld, das die Angehörigen [von Patienten mit Erbkrankheiten] ermutigte ..., sich für ihre Interessen einzusetzen« (A. Wexler: *Mapping Fate: A Memoir of Family, Risk, and Genetic Research*, New York 1995, S. XV).

1967 starb der Liedermacher und Dichter Woody Guthrie an der schrecklichen Huntington-Krankheit. Seine Frau, die Tänzerin Marjorie Guthrie, organisierte Familien mit erkrankten Angehörigen im Committee to Combat Huntington's, der späteren Huntington's Disease Society of America. Diese Selbsthilfegruppe drängte den Kongress, die Entwicklung wirksamer Therapien voranzutreiben und Familienmitglieder und Angestellte des Gesundheitswesens besser darauf vorzubereiten, die Folgen der Krankheit zu lindern.

In dem Jahr, als Woody Guthrie starb, wurde auch bei Leonore Wexler Huntington diagnostiziert; ihre beiden Geschwister waren schon vorher daran erkrankt. Leonores Mann Milton Wexler, ein hervorragender und weitsichtiger Psychoanalytiker mit einer gut gehenden Praxis in Los Angeles, wusste, dass die Erkrankung eines Elternteils an Huntington für seine Töchter Alice, eine Historikerin, und Nancy, eine Psychologin und spätere Freundin und Kollegin an der Columbia University, bedeutet, mit fünfzigprozentiger Wahrscheinlichkeit die Krankheit geerbt zu haben. Wexler gründete die Hereditary Disease Foundation. Diese

Stiftung verfolgte einen anderen Ansatz als Guthries Organisation. Sie bewirkte einen doppelten Paradigmenwechsel: für Patientenselbsthilfegruppen, aber auch bezüglich der Methoden für die Erforschung von genetischen Störungen.

Wexler beschloss, sich nicht auf die Behandlung der Krankheit zu konzentrieren, weil zu wenig über die Krankheit bekannt war, sondern sich der Grundlagenforschung zuzuwenden. Er beschaffte Geldmittel für Forschungsprojekte, um das für die Krankheit verantwortliche mutierte Gen zu finden und zu beschreiben. Doch Wexler gab sich nicht mit der Mittelbeschaffung zufrieden, sondern bildete und leitete außerdem hervorragend bestückte Forschungsgruppen, um alternative Strategien zu diskutieren und die mit den besten Erfolgsaussichten herauszufinden.

Diese Strategie, die Miltons Tochter Nancy dreißig Jahre lang weiter verfolgte, erwies sich als erstaunlich erfolgreich. Menschen mit der Huntington-Krankheit wurden ermittelt, die Krankengeschichte ihrer Familien dokumentiert und Gewebebanken eingerichtet. Die wissenschaftliche Gemeinschaft wurde über diese Projekte informiert, so dass jeder Schritt, den die Stiftung unternahm – von der Lokalisierung des Gens (durch Nancy Wexler und Jim Gusella) bis zu seiner Klonierung und der Simulation der Krankheit an Tiermodellen –, entsprechend gewürdigt und beurteilt werden konnte. Vgl. dazu A. Wexler: *Mapping Fate. A Memoir of Family, Risk, and Genetic Research*, New York 1995.

Der Erfolg der Hereditary Disease Foundation ließ die Verwandten psychisch erkrankter Menschen aufhorchen. Mittlerweile sind zahlreiche Patienteninteressengruppen für psychische Erkrankungen gebildet worden; die einflussreichste in den USA ist die National Association for Research in Schizophrenia and Depression (NARSAD). Die NARSAD wurde 1986 von Connie und Steve Lieber sowie Herbert Pardes, dem ehemaligen Direktor des National Institute of Mental Health, gegründet. Die Stiftung unterstützt die Erforschung einschlägiger Krankheiten durch Beratung und Geldmittel. Heute üben mehrere andere Stiftungen, die von Patienteninteressengruppen getragen werden – unter anderem die National Alliance for Mental Illness, die Fragile-X Foundation und die Cure Autism Now –, großen Einfluss auf die Erforschung von psychischen Krankheiten aus.

Als allgemeinen Überblick über die Biologie der emotionalen Zustände vgl. C. Darwin, *Der Ausdruck der Gemüthsbewegungen bei dem Menschen und den Thieren*, Repr. nach d. Stuttgarter Ausg. von 1872, Nördlingen 1986.; W.B. Cannon, »The James-Lange theory of emotions: A critical examination and an alternative theory«, *Am. J. Psychol.* 39 (1927), S. 106–124; ders., *The* Wisdom *of the Body*, New York 1932; A.R. Damasio, *Ich fühle, also bin ich. Die Entschlüsselung des Bewusstseins*, München 2000; M. Davis, »The role of the amygdala in fear and anxiety«, *Annu. Rev. Neurosci.* 15 (1992), S. 353–375; J.E. LeDoux, *Das Netz der Gefühle. Wie Emotionen entstehen*, München 2003; J. Panksepp, *Affective Neuroscience. The Foundations of Human and Animal Emotions*, New York 1998; W. James, »What is an emotion?« *Mind* 9, 34 (1884), S. 188–205, sowie C.G. Lange, *Om Sindsbe Vaegelser et Psycho*, Kopenhagen 1885. James veröffentlichte Langes Theorie in seinem Werk *Principles of Psy-*

chology, das heute in einer sorgfältig edierten dreibändigen Ausgabe vorliegt: *The Works of William James*, hg. von F. Burkhardt und F. Bowers, Cambridge, Mass., 1981.

Das Kapitel stützt sich außerdem auf:

Cowan, W.M., und E.R. Kandel, »Prospects for neurology and psychiatry«, *JAMA* 285 (2001), S. 594–600.

Huang, Y.-Y., K.C. Martin und E.R. Kandel, »Both protein kinase A and mitogen-activated protein kinase are required in the amygdala for the macromolecular synthesis-dependent late phase of long-term potentiation«, *J. Neurosci.* 20 (2000), S. 6317–6325.

Kandel, E.R., »Disorders of mood: Depression, mania and anxiety disorders«, *Principles of Neural Science,* 4. Aufl., hg. von E.R. Kandel, J.H. Schwartz und T.M. Jessell, New York 2000, S. 1209–1226.

Rogan, M.T., M.G. Weisskopf, Y.-Y. Huang, E.R. Kandel und J.E. LeDoux, »Long-term potentiation in the amygdala: Implications for memory«, *Neuronal Mechanisms of Memory Formation: Concepts of Long-Term Potentiation and Beyond,* hg. von C. Holscher, Cambridge 2001, Kapitel zwei, S. 58-76.

Rogan, M.T., K.S. Leon, D.L. Perez und E.R. Kandel, »Distinct neural signatures for safety and danger in the amygdala and striatum of the mouse«, *Neuron* 46 (2005), S. 309–320.

Shumyatsky, G.P., E. Tsvetkov, G. Malleret, S. Vronskaya, M. Hatton, L. Hampton, J.F. Battey, C. Dulac, E.R. Kandel und V.Y. Bolshakov, »Identification of a signaling network in lateral nucleus of amygdala important for inhibiting memory specifically related to learned fear«, *Cell* 111 (2002), S. 905–918.

Snyder, S.H., *Chemie der Psyche. Drogenwirkung im Gehirn,* Heidelberg 1988.

Tsvetkov, E., W.A. Carlezon jr., F.M. Benes, E.R. Kandel und V.Y. Bolshakov, »Fear conditioning occludes LTP-induced presynaptic enhancement of synaptic trans-mission in the cortical pathway to the lateral amygdala«, *Neuron* 34 (2002), S. 289–300.

KAPITEL 26

Das Kapitel stützt sich auf folgende Veröffentlichungen:

Abi-Dargham, A., D.R. Hwang, Y. Huang, Y. tea-Ponce, D. Martinez, I. Lombardo, A. Broft, T. Hashimoto, M. Slifstein, O. Mawlawi, R. VanHeertum und M. Laruelle, »Quantitative analysis of striatal and extrastriatal D_1 receptors in humans with [^{18}F]fallypride: Validation and reproducibility«, in Vorbereitung.

Ansorge, M.S., M. Zhou, A. Lira, R. Hen und J.A. Gingrich, »Early-life blockade of the 5-HT transporter alters emotional behavior in adult mice«, *Science* 306 (2004), S. 879–881.

Baddeley, A.D., *Working Memory*, Oxford 1986.

Carlsson, M.L., A. Carlsson und M. Nilsson, »Schizophrenia: From dopamine to glutamate and back«, *Curr. Med. Chem.* 11,3 (2004), S. 267–277.

Fuster, J.M., »The prefrontal cortex – an update: Time is of the essence«, *Neuron* 30,2 (2001), S. 319–333.

Goldman-Rakic, P., »The ›psychic‹ neuron of the cerebral cortex«, *Ann. N.Y. Acad. Sci.* 868 (1999), S. 13-26.

Huang, Y.-Y., E. Simpson, C. Kellendonk und E.R. Kandel, »Genetic evidence for the bi-directional modulation of synaptic plasticity in the prefrontal cortex by DI receptors«, *Proc. Natl. Acad. Sci. USA* 101 (2004), S. 3236–3241.

Jacobsen, C.F., *Studies of Cerebral Function in Primates*, Baltimore 1936.

Kandel, E.R., »Disorders of thought: Schizophrenia«, *Principles of Neural Science*, 3. Aufl., hg. von E.R. Kandel, J.H. Schwartz und T.M. Jessell, New York 1991, S. 853–868.

Lawford, B.R., R.M. Young, E.P. Noble, B. Kann, L. Arnold, J. Rowell und T.L. Ritchie, »D2 dopamine receptor gene polymorphism: Paroxetine and social functioning in posttraumatic stress disorder«, *Euro. Neuropsychopharm.* 13,5 (2003), S. 313-320.

Santarelli, L., M. Saxe, C. Gross, A. Surget, F. Battaglia, S. Dulawa, N. Weisstaub, J. Lee, R. Duman, O. Arancio, C. Belzung und R. Hen, »Requirement of hippocampal neurogenesis for the behavioral effects of antidepressants«, *Science* 301 (2003), S. 805–809.

Seeman, P., T. Lee, M. Chau-Wong und K. Wong, »Antipsychotic drug doses and neuroleptic/dopamine receptors«, *Nature* 261 (1976), S. 717–719.

Snyder, S.H., *Chemie der Psyche. Drogenwirkung im Gehirn,* Heidelberg 1988.

Schwartz, J.M., P.W. Stoessel, L.R. Baxter, K.M. Martin und M.B. Phelps, »Systematic changes in cerebral glucose metabolic rate after successful behavior modification treatment of obsessive-compulsive disorders«, *Arch Gen Psychiatry* 53 (1996), S. 109–113.

KAPITEL 27

Als Einführung in die Psychoanalyse vgl. C. Brenner, *Grundzüge der* Psychoanalyse, Frankfurt am Main 1977.

Als Einführung in Aaron Becks Arbeit vgl. J.S. Beck, *Praxis der kognitiven Therapie*, Weinheim 1999.

Als konstruktive Kritik der empirisch gestützten Psychotherapien vgl. D. Westen, C.M. Novotny und H. Thompson Brenne, »The empirical status of empirically supported psychotherapies: Assumptions, findings, and reporting in controlled clinical trials«, *Psychol. Bull.* 130 (2004), S. 631–663.

Das Kapitel stützt sich außerdem auf:

Etkin, A., K.C. Klemenhagen, J.T. Dudman, M.T. Rogan, R. Hen, E.R. Kandel und J. Hirsch, »Individual differences in trait anxiety predict the response of the basolateral amygdala to unconsciously processed fearful faces«, *Neuron* 44 (2004), S. 1043–1055.

Etkin, A., C. Pittenger, H.J. Polan und E.R. Kandel, »Towards a neurobiology of psychotherapy: Basic science and clinical applications«, *J. Neuropsychiatry Clin. Neurosci.* 17 (2005), S. 145–158.

Jamison, K.R., *Meine ruhelose Seele. Die Geschichte einer manischen Depression,* München 1999; das Zitat findet sich auf S. 106.

Kandel, E.R., »A new intellectual framework for psychiatry«, *Am. J. Psych.* 155, 4 (1998), S. 457–469; »Biology and the future of psychoanalysis: A new intellectual framework for psychiatry revisited«, *Am. J. Psych.* 156,4 (1999), S. 505 bis 524 (vgl. insbesondere die in diesem Artikel zitierten Literaturhinweise), und *Psychiatry, Psychoanalysis and the New Biology of Mind*, Arlington 2005.

KAPITEL 28

Zum Geist-Gehirn-Dualismus vgl. P.S. Churchland, *Brain Wise Studies* in *Neurophilosophy*, Cambridge, Mass., 2002; A.R. Damasio, *Descartes' Irrtum*, München 1995; R. Descartes, *Philosophische Werke*, Leipzig 1922; J.C. Eccles, *Die Evolution des Gehirns. Die Erschaffung des Selbst*, München 1989; sowie M.S. Gazzaniga und M.S. Steven, »Free will in the twenty-first century: A discussion of neuroscience and the law«, *Neuroscience and the Law*, hg von B. Garland, New York 2004, S. 57; dort wird V. Ramachandran zitiert.

Als Erörterung der unbewussten Wahrnehmungsprozesse vgl. C. Frith, »Disorders of cognition and existence of unconscious mental processes: An introduction«, *Principles of Neural Science,* 5. Aufl., hg. von E. R. Kandel et al., New York, in Vorbereitung.

Zu einer Erörterung des freien Willens vgl. ebenda; außerdem S. Blackmore, *Consciousness. An Introduction*, Oxford/New York 2004; L. Deecke, B. Grozinger und H.H. Kornhuber, »Voluntary finger movement in man: Cerebral potential and theory«, *Biol. Cyber.* 23 (1976), S. 99–119; B. Libet, »Autobiography«, *History of Neuroscience in Autobiography*, hg. von L. R. Squire, Bd. 1, Washington 1996, S. 414 bis 453; B. Libet, C.A. Gleason, E.W. Wright und D.K. Pearl, »Time of conscious intention to act in relation to onset of cerebral activity (readiness-potential): The unconscious initiation of a freely voluntary act«, *Brain* 106 (1983), S. 623–642, sowie M. Wegner, *The Illusion of Conscious Will*, Cambridge, Mass., 2002.

Die von Platon gegründete Akademie in Athen gibt es noch heuete. Ich wurde 2005 zum externen Mitglied gewählt!

Das Kapitel stützt sich außerdem auf:

Bloom, P., »Dissecting the right brain«, Rezension des Buches *The Ethical Brain* von M. Gazzaniga, *Nature* 436 (2005), S. 178–179; das Zitat findet sich auf S. 178.

Crick, F.C., und C. Koch, »What is the function of the claustrum?«, *Philos. Trans. R. Soc. Lond. B Biol. Sci.*, 30. Juni 2005, S. 1271–1279.

Durnwald, M., »The psychology of facial expression«, *Discover* 26 (2005), S. 16ff.

Edelman, G., *Das Licht des Geistes. Wie Bewusstsein entsteht*, Düsseldorf 2004.

Etkin, A., K.C. Klemenhagen, J.T. Dudman, M.T. Rogan, R. Hen, E.R. Kandel und J. Hirsch, »Individual differences in trait anxiety predict the response of the basolateral amygdala to unconsciously processed fearful faces«, *Neuron* 44 (2004), S. 1043–1055.

Kandel, E.R., »From nerve cells to cognition: The internal cellular representation required for perception and action«, *Principles of Neural Science,* 4. Aufl., hg. von E.R. Kandel, J.H. Schwartz und T.M. Jessell, New York 2000, S. 381–403.

Koch, C., *Bewusstsein. Ein neurologisches Rätsel*, München 2004.

Lumer, E.D., K.J. Friston und G. Rees, »Neural correlates of perceptual rivalry in the human brain«, *Science* 280 (1998), S. 1930–1934.

Miller, K., »Francis Crick, 1916-2004«, *Discover* 26 (2005), S. 62.

Nagel, T., »What is the mind-brain problem?« *Experimental and Theoretical Studies of Consciousness*, CIBA Foundation Symposium Series 174, New York 1993, S. 1–13.

Polonsky, A., R. Blake, J. Braun und D.J. Heeger, »Neuronal activity in human primary visual cortex correlates with perception during binocular rivalry«, *Nature Neuroscience* 3 (2000), S. 1153–1159.

Ramachandran, V., »The astonishing Francis Crick«, *Perception* 33 (2004), S. 1151 bis 1154; Zitat auf S. 1154.

Searle, J.R., *Mind: A Brief Introduction*, Oxford 2004, und »Consciousness: What we still don't know«, Rezension des Buchs *The Quest for Consciousness* von Christof Koch, *New York Review of Books* 52 (2005), S. 36–39.

Stevens, C.F., »Crick and the claustrum«, *Nature* 435 (2005), S. 1040f.

Watson, J.D., *Die Doppelhelix. Ein persönlicher Bericht über die Entdeckung der DNS-Struktur*, Reinbek 1969.

Zimmer, C., *Soul Made Flesh. The Discovery of the Brain and How It Changed the World*, New York 2004.

KAPITEL 29

Es gibt mehrere gute Biografien über Alfred Nobel. Vgl. etwa T. Frangsmyr, *Alfred Nobel,* Stockholm 1996, und Ragnar Sohlman, *The Legacy of Alfred Nobel. The Story Behind the Nobel Prize,* London 1983.

Zum Nobelpreis und einer kurzen Geschichte Nobels und seines Testaments vgl. B. Feldman, *The Nobel Prize*, New York 2000, und I. Hargittai, *Nobel Prizes, Science, and Scientists*, Oxford 2002.

Eine Abhandlung über die amerikanischen Preisträger aus soziologischer Perspektive bietet H. Zuckerman, *Scientific Elite. Nobel Laureates in the United States*, New York 1977.

Das Schicksal der jüdischen Ärzte an der Universität wird in einer Sonderausgabe (27. Februar 1998) der *Wiener Klinischen Wochenschrift* erörtert, Wiens wichtigster Medizinzeitschrift: Schütz, W., K. Holubar und W. Druml, »On the 60th Anniversary of the Dismissal of the Jewish Faculty Members from the Vienna Medical School«, *Wiener Klinische Wochenschrift*, 110,4-5 (1998). Zu Eduard Pernkopf vgl. ebenda Peter Malina, S. 193–201, außerdem G. Weissman, »Springtime for Pernkopf«, *Hospital* Practice 30 (1985), S. 142–168.

Eine unentbehrliche Quelle für dieses Kapitel war George Berkley, *Vienna and Its Jews. The Tragedy of Success, 1880s-1980s*, Cambridge, Mass., 1988. Die Zahlen über die Beteiligung von Österreichern am Holocaust finden sich auf S. 318, das Zitat von Hans Tietze auf S. 41.

Die Ergebnisse des Symposions sind zusammengefasst in: F. Stadler, E.R. Kandel, W. Kohn, F. Stern und A. Zeilinger (Hg.), *Österreichs Umgang mit dem Nationalsozialismus*, Wien 2004.

Elisabeth Lichtenbergers Vortrag »Was war und was ist Europa?« erschien in *Reden und Gedenkworte* 32 (2004), hrsg. vom Orden Pour le Mérite für Wissenschaften und Künste, Göttingen 2004, S. 145–156. Am 25. Juli 2006, einige Monate nachdem dieses Buch erschienen war, schrieb mir Elisabeth Lichtenberger, um mir mitzuteilen, dass ihre Kommentare in unserem Gespräch vom Oktober 2004 nicht ihre persönliche Meinung wiedergegeben hätten, sondern lediglich die »Situationsdeutung bestimmter Menschen« ihres damaligen »Wiener Sozialmileus«. Dies sei nicht mit iher »persönlichen Weltsicht« gleichzusetzen.

Das Kapitel stützt sich außerdem auf:

Bettauer, H., *Die Stadt ohne Juden. Ein Roman von Übermorgen*, Wien 1924; Zitat auf S. 149.

Sachar, H.M., *Diaspora. An Inquiry into the Contemporary Jewish World*, New York 1985.

Wistrich, R., *Die Juden Wiens im Zeitalter Kaiser Franz Josephs*, Wien 1999; Zitat auf S. 1.

Young, J.E., *Formen des Erinnerns. Gedenkstätten des Holocaust*, New Haven 1993.

KAPITEL 30

Zu Leonardo da Vincis Ausbildung in Andrea del Verrochios Werkstatt vgl. E.T. DeWald, *History of Italian Painting. 1200-1600*, New York 1961, besonders S. 356f.

Das Kapitel stützt sich außerdem auf:

De Bono, M., und C.I. Bargmann, »Natural variation in a neuropeptide Y receptor homolog modifies social behavior and food responses in *C. elegans*«, *Cell* 94 (1998), S. 679–689.

Demir, E., und B.J. Dickson, »Fruitless splicing specifies male courtship behavior in *Drosophila*«, *Cell* 121 (2005), S. 785–794.

Insel, T.R., und L.J. Young, »The neurobiology of attachment«, *Nat. Rex Neurosci.* 2 (2001), S. 129–136.

Kandel, E.R., *Psychiatry, Psychoanalysis and the New Biology of Mind*, Arlington 2005.

Rizzolatti, G., L. Fadiga, V. Gallese und L. Fogassi, »Premotor cortex and the recognition of motor actions«, *Cogn. Brain Res.* 3 (1996), S. 131–141.

Stockinger, P., D. Kvitsiani, S. Rotkopf, L. Titian und B.J. Dickson, »Neural circuitry that governs *Drosophila* male courtship behavior«, *Cell* 121 (2005), S. 795–807.

Danksagung

Ich durfte im Laufe meines Berufslebens mit vielen begabten Forschern zusammenarbeiten und von ihnen lernen – Kollegen, Postdoktoranden und Studenten –, und ich habe überall in diesem Buch versucht, ihre Beiträge zu würdigen. Von einzelnen Kollegen abgesehen, hat meine Forschung außerdem enorm von dem kommunikativen Klima im Center for Neurobiology and Behavior am College of Physicians and Surgeons der Columbia University profitiert. Man dürfte für seine akademische Entfaltung kaum ein idealeres Umfeld finden. Von besonderer Bedeutung waren dabei meine langjährigen Freundschaften mit Richard Axel, Craig Bailey, Jane Dodd, Robert Hawkins, Michael Goldberg, Samuel Schacher, John Koester, Thomas Jessell, James H. Schwartz, Steven Siegelbaum und Gerald Fischbach, dem gegenwärtigen Dekan des College of Physicians and Surgeons. Auch John Koester bin ich für seine ausgezeichnete Leitung des Center for Neurobiology and Behavior dankbar.

Meine Forschungsarbeit wurde großzügig vom Howard Hughes Medical Institute und von den NIH unterstützt. Zu besonderem Dank verpflichtet bin ich der Leitung des Howard Hughes Medical Institute: Donald Frederickson, George Cahill, Purnell Chopin, Max Cowan, Donald Harter und, in jüngerer Zeit, Tom Cech und Gerry Rubin. Ihre weitsichtige Strategie hat die Hughes-Forscher ermutigt, ihre Projekte langfristig anzulegen und schwierige Probleme anzugehen. Die Studien über Lernen und Gedächtnis erfüllen zweifellos beide Kriterien!

Der Sloan Foundation danke ich für ein Forschungsstipendium, das mir half, dieses Buch in Angriff zu nehmen, und meinen Agenten John Brockman und Katinka Matson möchte ich für ihre Hilfe bei der Planung und Fertigstellung des vorliegenden Buches danken.

Viele Leute haben Teile mehrerer Vorfassungen gelesen. Professor Edward Timms, ein Historiker und Kenner der österreichischen Zeitgeschichte an der University of Sussex in England, und Dieter Kuhl, der sich intensiv mit der Wiener Kultur beschäftigt, waren so liebenswürdig, die Kapitel 2 und 24 zu lesen. David Olds, ein Professor für Psychoanalyse und Kollege an der Columbia University, steuerte Kommentare zu den Kapiteln 3, 22 und 27 bei. Mehrere meiner naturwissenschaftlichen Kollegen haben eine oder mehrere Versionen des gesamten Textes gelesen. Besonderen Dank schulde ich Tom Jessell, Jimmy Schwartz, Tom Carew, Jack Byrne, Yadin Dudai, Tamas Bartfei, Roger Nicoll, Sten Grillner, David Olds, Rod MacKinnon, Michael Bennett, Dominick Purpura, Dusan Bartsch, Robert Wurtz, Tony Movshon, Chris Miller, Anna Kris Wolfe, Marianne Goldberger, Christof Koch und Bertil Hille für ihre klugen Kommentare. Als äußerst nützlich hat sich auch die kritische Lektüre früherer Fassungen durch einige Nichtwissenschaftler erwiesen: Connie Casey, Amy Bednick, June Bingham Birge, Natalie Lehman Haupt, Robert Kornfeld und Sarah Mack, die mich darauf hinwiesen, dass einige fachwissenschaftliche Erörterungen schwer verständlich waren.

Jane Nevins, der Chefredakteur der DANA Foundation, und Sibyl Golden lasen spätere Versionen des Manuskripts und halfen mir, einige sehr wissenschaftliche Teile für den Laien verständlicher aufzubereiten. Howard Beckman, mein langjähriger Freund, der mehrere Versionen des Buchs *Principles of Neural Science* bearbeitet hat, war großzügigerweise bereit, den Text zu lesen und zu kommentieren, und der hervorragende Wissenschaftsautor Geoffrey Montgomery hat mit mir mehrere Kapitel durchgearbeitet, um sie lebendiger zu machen. Vor allem aber bin ich meiner ausgezeichneten Lektorin Blair Burns Potter zu großem Dank verpflichtet. Sie hat fast alle Versionen des Textes und der Abbildungen begleitet und in allen Fällen ihre Klarheit und Schlüssigkeit erheblich verbessert. Bevor ich mit diesem Buch anfing, hatte ich schon viel von Blairs Fähigkeiten gehört, sie aber nur flüchtig kennen gelernt. Durch unseren intensiven E-Mail-Verkehr habe ich sie als wunderbare Freundin schätzen gelernt.

Bei den Grafiken und Abbildungen haben mich zum Glück Maya Pines, eine langjährige Freundin und Wissenschaftsredakteurin beim Howard Hughes Medical Institute, und Sarah Mack unterstützt, eine Kollegin an der Columbia und Art Direktorin bei *Principles of Neural Science*. Sarah und Charles Lam, die mir ebenfalls dabei halfen, erfüllten mit Leben, was vorher nur verschwommene Ideen waren. Außerdem möchte ich meinen Mitarbeitern an der Columbia University danken: Aviva Olsavsky für die Hilfe bei Glossar und Text, Shoshana Vasheetz für die Hilfe bei der Textverarbeitung, Seta Izmirly, Millie Pellan, Arielle Rodman, Brian Skorney und Heidi Smith für das Korrekturlesen der Fahnen, vor allem aber Maria Palileo für die aufmerksame Organisation der zahlreichen Manuskriptfassungen.

Angela von der Lippe, meine Lektorin bei Norton, half mir, Teile des Buches zu überdenken und umzustellen und es dadurch in vielerlei Hinsicht zu verbessern. Angelas Kollegen bei Norton, insbesondere Vanessa Levine-Smith, Winfrida Mbewe und Trent Duffy, der den Text genau durchsah, haben selbstlos dazu beigetragen, dass das Buch seine gegenwärtige Gestalt gewonnen hat. Ihnen allen gilt mein tief empfundener Dank.

Namenregister

Abbildungen

Cajal Institute, Madrid: 76
Dokumentationsarchiv des österreichischen Widerstands, Wien: 38
Hoover Institution Archives, Stanford, Ca.: 33
Österreichische Gesellschaft für Zeitgeschichte, Wien: 435
Penfield Archive, Montreal Neurological Institute: 144
Privatbesitz C. Bailey und M. Chen: 119(m)
Privatbesitz Ron Berman: 53
Privatbesitz Jack Byrne: 429 (o)
Privatbesitz Hanna Damasio: 140(u)
Privatbesitz Paul Ekman: 414
Privatbesitz Jonathan Hodgkin: 100(l)
Privatbesitz Andrew Huxley: 100(r)
Privatbesitz Eric Kandel:
29, 30, 66, 72, 122, 156, 205, 228, 262, 272, 427, 429(u)
Privatbesitz Paul Kandel: 210
Privatbesitz Damien Kuffler: 113
Privatbesitz Louise Marshall: 126
Privatbesitz Kelsey Martin: 293(o)
Privatbesitz Sam Schacher: 279
Privatbesitz Thomas Teyke: 165
Privatbesitz Anthony A. Walsh: 137(r)
Wiener Stadt- und Landesbibliothek: 37
Yad Vashem Fotoarchiv, Jerusalem: 34

Die Zeichnung auf S. 70 stammt aus Freuds *Neue Folge der Vorlesungen zur Einführung in die Psychoanalyse,* Wien 1933. Die Abbildung auf S. 79 ist in Anlehnung an »Abbildung 23« mit freundlicher Genehmigung der Oxford University Press dem Band *Cajal on the Cerebral Cortex*, hg. von Javier DeFelipe und Edward Jones, Oxford 1988, entnommen. Das Foto auf S. 86 stammt aus *The Integrative Action of the Nervous System*, Cambridge 1947. Die Aufnahme auf S. 92, die Fotos auf S. 140, die Darstellungen auf den Seiten 147 und 212 sowie die Zeichnung auf S. 279 sind dem Band *Essentials of Neural Science and Behavior*, hg. von E. Kandel, J. Schwartz und T. Jessell, Norwalk (Conn.) 1995, entnommen. Die Darstellungen auf S. 119 stammen aus *Cell* 10 (1993), S. 2. Der Nachdruck erfolgt mit freundlicher Genehmigung des Elsevier Verlags. Die Abbildung auf S. 130 ist dem Band von Colin Blakemore, *Mechanics of the Mind*, Cambridge 1977, entnommen. Das Foto auf S. 186 stammt aus E. R. Kandel, *Cellular Basis of Behavior*, San Francisco 1976. Die Abbildung auf S. 239 lehnt sich an Jenkins u.a., »Functional reorganization of primary somatosensory cortex in adult owl monkeys after behaviorally controlled tactile stimulation«, *J. Neurophysiol.* 63 (1990), S. 83–104, an.